Jochen Apelt

W0004509

umwelt: technik 7-10

Ausgabe B

Ein Informationsbuch
für den Technikunterricht

Werner Bleher
Klaus Helling
Gerhard Hessel
Heinrich Kaufmann
Alfred Köger
Peter Kornaker
Walter Kosack
Rainer Schönherr
Wolfgang Zeiller

Ernst Klett Verlag
Stuttgart Düsseldorf Leipzig

1. Auflage 1 9 8 | 2008 2007

Alle Drucke dieser Auflage können im Unterricht nebeneinander benutzt werden, sie sind untereinander unverändert. Die letzte Zahl bezeichnet das Jahr dieses Druckes.

© Ernst Klett Verlag GmbH, Stuttgart 1999.
Alle Rechte vorbehalten.
Internetadresse: http://www.klett-verlag.de

Repro: Reprostudio Günther, Gerlingen
Druck: Firmengruppe APPL, aprinta druck, Wemding
Grafiken: Jörg Mair Computergraphik, Herrsching
Umschlaggestaltung: Höllerer Kommunikation, Stuttgart

ISBN 3-12-757800-8

Inhalt

Entwickeln, Herstellen und Bewerten eines Produkts

Holz

Metall

Kunststoff

Mehrfachfertigung

Inhalt

Maschinen 112

Treibstoff 128

Bautechnik 154

Energienutzung 178

Umwelt 194

Elektronik *214*

Informationstechnik *258*

Technisches Zeichnen *300*

Anhang

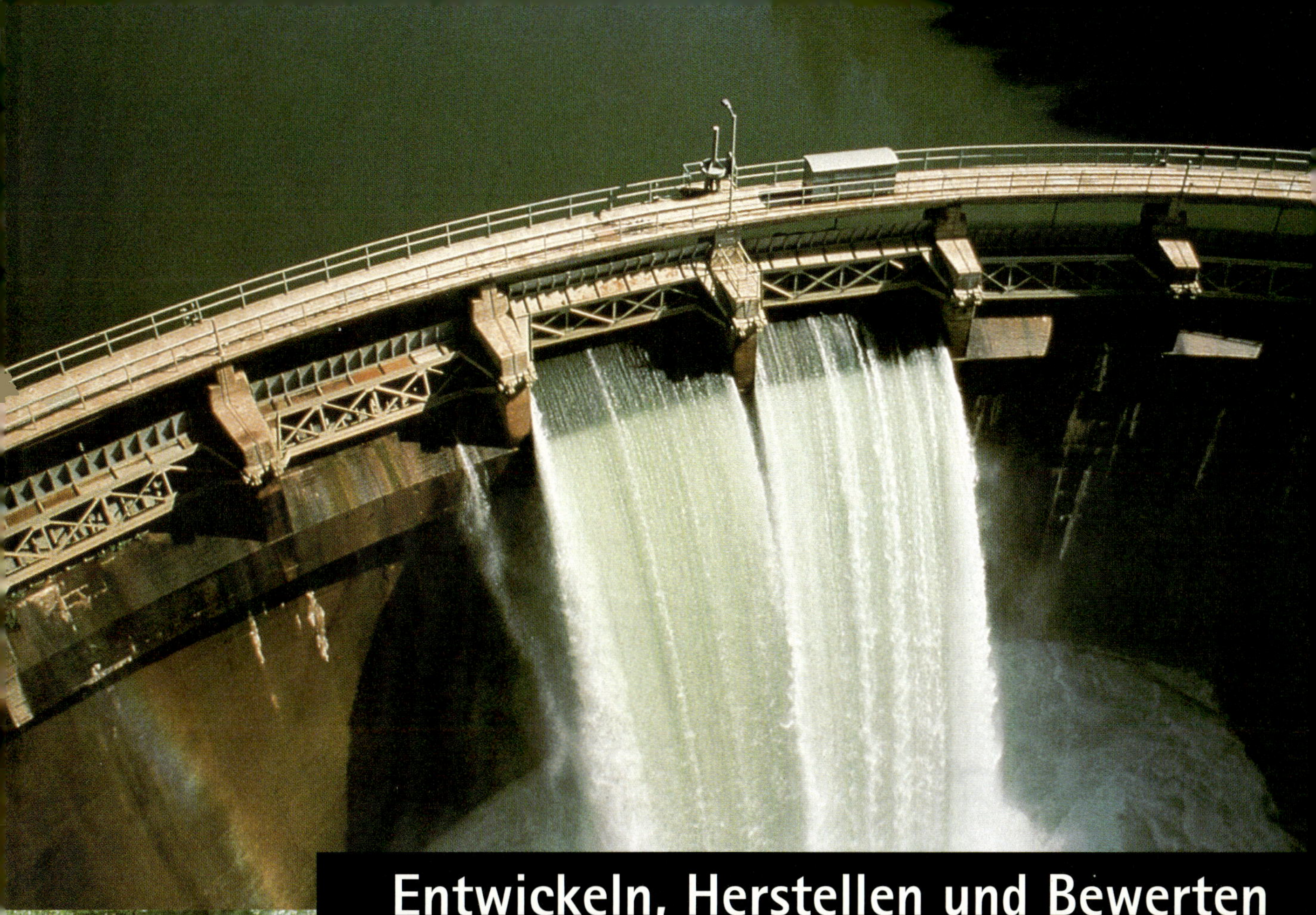

Entwickeln, Herstellen und Bewerten eines Produkts

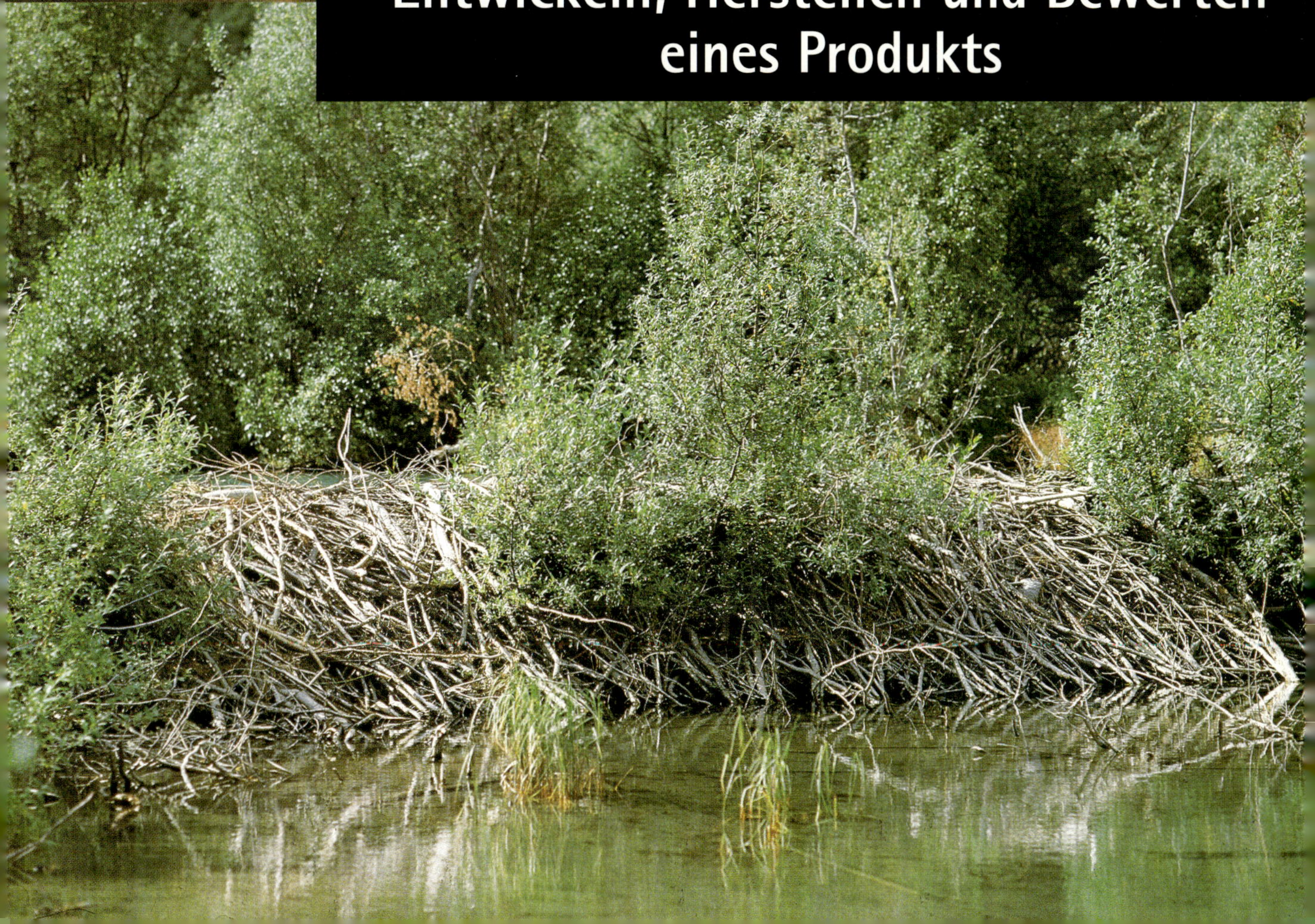

Warum das Thema wichtig ist

Industrie, Handel und Gewerbe schaffen die Voraussetzungen dafür, dass jeder sich annähernd alles kaufen kann, was er zu seiner Bedürfnisbefriedigung und zur Bewältigung verschiedener Lebenssituationen benötigt.

1 Vielfältiges Waren- und Dienstleistungsangebot

Doch immer wieder stoßen wir in technischen Bereichen auf Probleme, für die es keine geeigneten Lösungen gibt, auf Produkte, mit denen wir nicht zufrieden sind oder die in den angebotenen Ausführungen einfach zu teuer sind. Dann müssen wir uns selbst helfen, indem wir ein auf unser Problem oder Bedürfnis abgestimmtes technisches Produkt selbst entwickeln und herstellen. Außerdem müssen wir in der Lage sein, die Qualität der technischen Lösung zu beurteilen.

2 Informationsbeschaffung

Voraussetzung dafür ist natürlich, dass wir über das erforderliche technische Grundwissen und die notwendigen Fertigkeiten verfügen.
Technische Gegenstände werden im industriellen und handwerklichen Herstellungsprozess nach wissenschaftlichen Gesetzmäßigkeiten und – wenn immer möglich – auf dem neuesten Stand der Technik produziert. Durch diese sich ständig weiterentwickelnden Techniken sind z.B. Werkzeuge, Maschinen und viele andere technische Objekte sehr schnell veraltet und sollten aus Sicht des Herstellers eigentlich ausgemustert und durch den Kauf neuer ersetzt werden. Für den Verbraucher ist es deshalb wichtig zu erkennen, ob die technischen Neuerungen für seinen Anwendungsbereich wesentlich oder unwesentlich sind.

Durch das selbstständige Entwickeln, Herstellen und Bewerten eines Produkts wirst du in die Lage versetzt, eigene Erfahrungen zu sammeln und sie auch auf die kritische Beurteilung anderer Produkte zu übertragen.

Was du lernen und üben kannst

Bei der Auseinandersetzung mit dem Thema „Entwickeln, Herstellen und Bewerten eines Produkts“ lernst du,
- ein Bedürfnis zu beschreiben,
- Fachwissen zu beschaffen, um damit Ideen in praktische Lösungen umzusetzen,
- eine Konstruktionsaufgabe zu lösen.

Lernen und üben kannst du auch Folgendes:

Welche Beurteilungskriterien können herangezogen werden?

3 Schüler beurteilen eine Schalung

Welche Fertigungsverfahren gibt es zur Verwirklichung deiner Ideen?

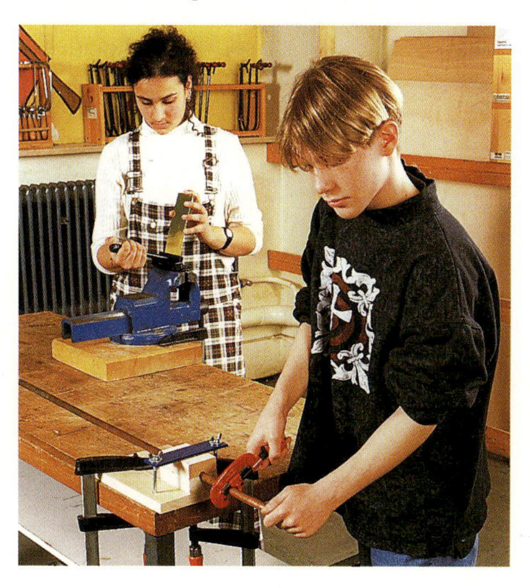

5 Möglichkeiten zum Biegen und Trennen

Welche Werkstoffe sind zur Lösung des Problems geeignet?

4 Werkstoffauswahl

Welche Werkzeuge und Maschinen können eingesetzt werden?

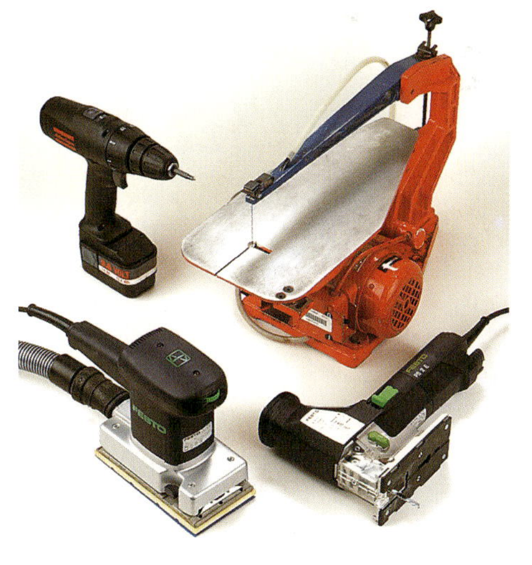

6 Mögliche Arbeitsmittel

Außerdem lernst und übst du,
- wie du im Team wirkungsvoll arbeiten kannst,
- welche Sicherheitsregeln du einhalten musst,
- anhand welcher Gesichtspunkte du dein Produkt mit einem industriell hergestellten vergleichen kannst.

Ein Produkt planen, herstellen und bewerten

Deine Aufgabe ist es, ein Produkt herzustellen, das die folgenden Bedingungen erfüllt:

a) Es muss den vorgegebenen oder von dir festgelegten Zweck erfüllen.
b) Seine Funktionsweise soll naturwissenschaftliche oder technische Gesetzmäßigkeiten erkennen lassen oder anwenden.
c) Es muss mit den Werkzeugen und sonstigen Arbeitsmitteln, die im Technikraum vorhanden sind, produziert werden können.
d) Seine Herstellung darf nicht zu schwierig sein und nicht zu lange dauern.

Bildet Gruppen und diskutiert darüber, für welchen Zweck die abgebildeten Produkte geeignet sind und ob sie die Bedingungen erfüllen.

1 Werkzeugtrage

3 Schalldämmbox

2 Fahrradanhänger

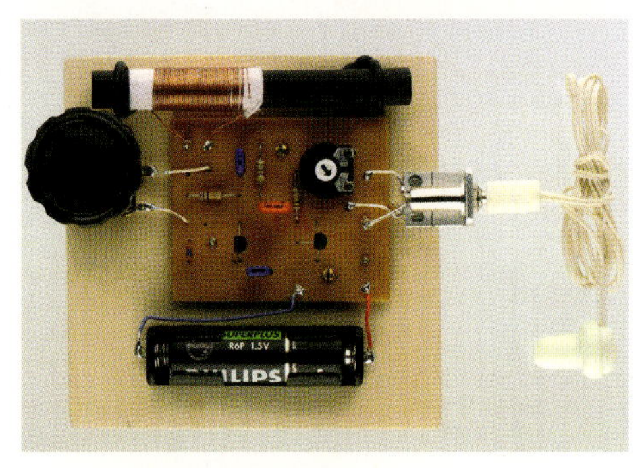

4 Mittelwellenradio

1. Schritt: Ideen sammeln

Sucht nach weiteren Ideen für Produkte, welche die Bedingungen erfüllen, und sprecht auch über folgende Punkte:

- Welche Vor- und Nachteile haben die Produkte?
- Aus welchen Einzelteilen bestehen sie und wie könnten diese gestaltet sein?
- Wollt ihr eines der abgebildeten Produkte herstellen oder ein anderes entwickeln?
- Welche Kenntnisse sind erforderlich, z.B. über Holz-, Metall- und Kunststoffbearbeitung?
- Sind Kenntnisse zur Bearbeitung anderer Werkstoffe, z.B. von Glas, Beton, Wärmedämmmaterialien, notwendig?
- Müssen elektrotechnische oder elektronische Schaltungen als Funktionsteile geplant und hergestellt werden?

Macht euch Skizzen und Notizen. Wählt innerhalb der Gruppe einen Vorschlag aus, den ihr der Klasse vorstellen wollt. Wie man Ideen gezielt entwickelt, könnt ihr unter „Brainstorming“ und „Morphologische Methode“ nachlesen.

2. Schritt: Entscheidungen treffen

Befestigt die Skizzen und Notizen der einzelnen Gruppen an der Wand. Bestimmt ein Gruppenmitglied, das der Klasse die vorher gemeinsam besprochenen Gesichtspunkte erläutert.

Entscheidet mit der ganzen Klasse:
a) Welche der vorgestellten Produkte sind realisierbar?
b) Sollen „verschiedene" Produkte hergestellt werden?
c) Welches Produkt soll von wem hergestellt werden?
d) Wie soll die Arbeit in den einzelnen Gruppen aufgeteilt werden?
e) Kann grundsätzlich jede Gruppe ihre Vorgehensweise selbst bestimmen?

Werkstoffeigenschaften:
Wie lassen sich deine ausgewählten Werkstoffe z. B. mit den typischen Holz-, Metall- oder Kunststoffbearbeitungswerkzeugen bearbeiten?
Wird Spezialwerkzeug benötigt?
Helfen Experimente weiter?

Notiere, welche Werkstoffe für dein Produkt am besten geeignet sind. In einer Tabelle wie der folgenden kannst du durch Ankreuzen Werkstoffe und Werkstoffeigenschaften, die dir bekannt sind, einander zuordnen. Informiere dich auch in Fachbüchern und Schulbüchern.

3. Schritt: Anforderungsliste erstellen

Erstelle eine Liste, in der alle Anforderungen an das Produkt aufgeführt werden, möglichst in der Form eines Pflichtenheftes.
Informiere dich, wie ein solches Pflichtenheft aussehen könnte.

4. Schritt: Informationen beschaffen

Mit der genauen Planung deines Produkts kannst du erst dann beginnen, wenn du dir Informationen beschafft hast, z. B. über
- benötigte Werkstoffeigenschaften,
- geeignete Werkstoffe,
- Beschaffung der Werkstoffe,
- naturwissenschaftliche Gesetzmäßigkeiten,
- Nutzen des Produkts.

Darüber solltest du dich zunächst alleine oder zusammen mit anderen informieren. Informationsbeschaffung ist möglich z. B. durch
- Nachschlagen im Buch,
- Fachliteratur lesen und auswerten,
- Experimente durchführen,
- Experten befragen,
- Referat ausarbeiten und vortragen.

Notiere, was dir wichtig erscheint, und besprich mit anderen, was du herausgefunden oder nicht richtig verstanden hast.

Werkstoffeigenschaften / Werkstoff	leicht	elastisch	hart	verformbar	korrosionsbeständig	weich lötbar	durchsichtig	kratzfest	elektrisch leitfähig	wärmeleitfähig
Metalle:										
Kupfer										
Zink										
Stahl										
Aluminium										
Messing										
...										
Kunststoffe:										
Acrylglas										
Polystyrol										
Polyamid										
Polyurethan										
...										
Holz:										
Schnittholz										
Leimholzplatte										
Sperrholz										
Holzspanplatte										
Hartfaserplatte										
...										

5 Werkstoffeigenschaften

5. Schritt: Skizzen anfertigen

Fertige Skizzen mit den wichtigsten Einzelheiten und Maßen an.
So ähnlich wie die unten dargestellte Ideenskizze für eine Wärmedämmbox könnte auch deine Skizze aussehen.

Arbeitshinweise:

- Für Funktionsteile deines Produkts, die sehr genau hergestellt werden müssen, weil sonst ihre Funktion nicht gewährleistet ist, solltest du genaue Fertigungszeichnungen machen. Verwende dazu, wenn möglich, ein CAD-Programm.
- Kontrolliere, ob deine Skizzen oder Fertigungszeichnungen alle Angaben enthalten, die du zur Herstellung benötigst. Du solltest sie auch von einem Gruppenmitglied überprüfen lassen.
- Ergänze deine Skizzen oder Fertigungszeichnungen nach den Korrekturvorschlägen.

6. Schritt: Stückliste anfertigen

Erstelle eine vollständige Stückliste. Ein Muster dazu zeigt dir der dargestellte Ausschnitt (Abb. 2).

Name: Michaela Berg Klasse: 9a Datum: 12.11.97

Stückliste für Gehörschutzkapsel

Teil	Stück	Benennung	Werkstoff	Abmessungen
1	2	Schale	Polystyrol	150 x 120 x 1
2	1	Kopfbügel	Acrylglas	400 x 30 x 3
3	2	Einlage	Schaumstoff	120 x 100 x 15
4	4	Schraube	Stahl	M4 x 12

2 Ausschnitt aus einer Stückliste

Auch die Stückliste kannst du mit deinen Gruppenmitgliedern gegenseitig austauschen und korrigieren. Gehe in ähnlicher Weise vor wie beim Austausch der Zeichnungen oder Skizzen.

7. Schritt: Beurteilungskriterien festlegen

Die Tabelle auf Seite 13 zeigt euch einen Bewertungsbogen, wie er in dieser und in ähnlicher Form von Juroren des Wettbewerbs JUGEND FORSCHT im Fachgebiet Technik verwendet wird. Schaut ihn euch an und erarbeitet Vorschläge für einen Bewertungsbogen, den ihr für eure Arbeiten verwenden könnt. Legt ihn anschließend eurem Lehrer oder eurer Lehrerin vor.

Juror: *Mitglied einer Bewertungskommission*

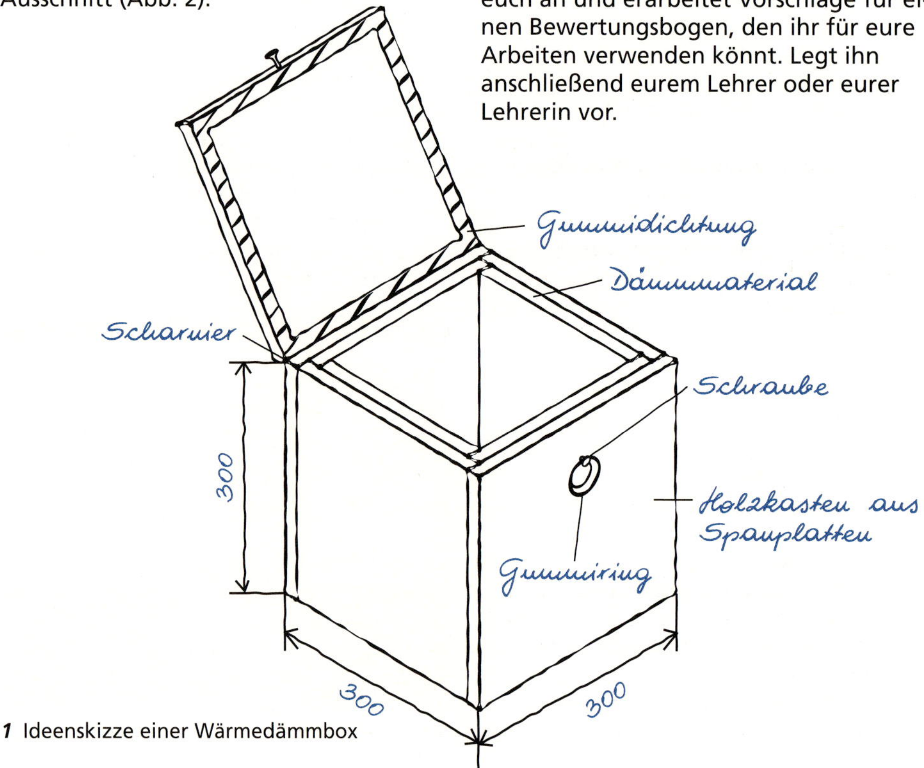

1 Ideenskizze einer Wärmedämmbox

Landeswettbewerb **JUGEND FORSCHT** Fachgebiet **TECHNIK**		max. Punktzahl	Wettbewerbsarbeit Nr.					
			1	2	3	4	5	6
Aufgabenstellung	Aktualität und Neuheit des Themas	10						
Lösung der Aufgabe	Originalität und Pfiffigkeit der Lösung Zielstrebigkeit und Qualität des Lösungsweges	5						
	Schwierigkeit und Korrektheit der theoretischen Lösung	10						
	Schwierigkeit und Korrektheit der praktischen Arbeit	10						
	Funktionstüchtigkeit, Qualität und Erscheinungsbild der praktischen Arbeit	5						
	Einbeziehung und Reflexion von Querverbindungen zu anderen Fachgebieten und Sachverhalten (z.B. Umwelt, Gesellschaft und Wirtschaft)	5						
	Kritische Beurteilung der eigenen Arbeit (z.B. hinsichtlich Vorteilen, Nachteilen und Leistungsgrenzen)	5						
	Zeitaufwand für die Durchführung der Arbeit	10						
Präsentation	Qualität des Vortrags (strukturierte Darstellung, Verständlichkeit, Sprache, Sicherheit im Fachgespräch)	5						
	Wissen und Können des Wettbewerbsteilnehmers	10						
	Präsentation und Demonstration der Arbeit am Stand	5						
	Gestaltung und Form der schriftlichen Arbeit	5						
Formalien	Einhaltung der formalen Vorgaben (Seitenzahl, Kurzfassung mit Angabe von Zielsetzung, Methode, Ergebnisse)	10						
Sonstiges	Besondere Leistungen (z.B. besonders hoher Grad von Eigeninitiative, Selbstständigkeit, Teamfähigkeit)	5						
	Punkte	100						

8. Schritt: Arbeitsplan erstellen

Lege in einem Arbeitsplan die Arbeitsschritte und ihre Reihenfolge sowie Werkzeuge und sonstige Arbeitsmittel fest. Schätze die benötigten Arbeitszeiten und trage sie in eine Spalte des Arbeitsplans ein.

9. Schritt: Produkt herstellen

Stelle jetzt dein Produkt her. Beachte dabei folgende Hinweise:
- Richte deinen Arbeitsplatz ein. Arbeite nach deiner Planung. Sollte es sich während der Herstellungsphase als notwendig erweisen davon abzuweichen, mache dir dazu Notizen für die spätere Besprechung der Arbeitsergebnisse.
- Kontrolliere immer wieder die Qualität deiner Arbeitsergebnisse.
- Besteht das Produkt aus mehreren Funktionsteilen, die von unterschiedlichen Gruppenmitgliedern hergestellt wurden, müssen die Teile zusammengefügt werden und die Gesamtfunktion des Produkts muss erprobt werden.

3 Schüler montieren Flachkollektor

10. Schritt: Kosten ermitteln

Ermittle die Menge aller Materialien und sonstigen Hilfsmittel, die du verbraucht hast, vergleiche sie mit deiner Stückliste und berechne die Materialkosten für dein Produkt. Ziehe dazu auch Kataloge und Preislisten von Lieferanten heran. Vergleiche die ermittelten Kosten mit dem Verkaufspreis eines Industrieprodukts, das die gleichen Funktionen erfüllt. Beachte dabei aber auch, dass bei einem industriell hergestellten Produkt Kosten z.B. für Entwicklung, Personal, Gebäude, Lagerung, Transport, Werbung, Verkaufsrisiko, für Energieversorgung und Abfallentsorgung in den Verkaufspreis mit einkalkuliert sind.

2 Präsentation von Arbeitsergebnissen

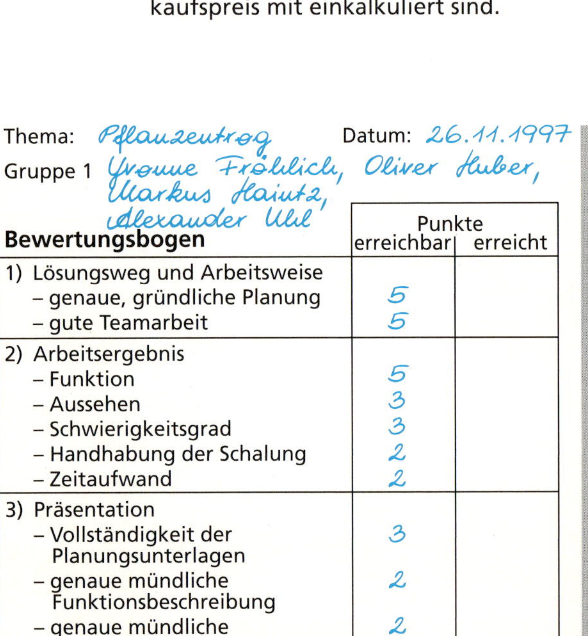

Thema: Pflanzentrog Datum: 26.11.1997

Gruppe 1 Yvonne Fröhlich, Oliver Huber, Markus Haintz, Alexander Uhl

Bewertungsbogen

	Punkte erreichbar	Punkte erreicht
1) Lösungsweg und Arbeitsweise		
– genaue, gründliche Planung	5	
– gute Teamarbeit	5	
2) Arbeitsergebnis		
– Funktion	5	
– Aussehen	3	
– Schwierigkeitsgrad	3	
– Handhabung der Schalung	2	
– Zeitaufwand	2	
3) Präsentation		
– Vollständigkeit der Planungsunterlagen	3	
– genaue mündliche Funktionsbeschreibung	2	
– genaue mündliche Beschreibung der Herstellung	2	
Punkte insgesamt	32	

Note:

1 Auszug aus einem Bewertungsbogen

11. Schritt: Beurteilung und Bewertung durchführen

Bildet Jurorengruppen (jeweils 3 bis 5 Personen) und bewertet die Arbeiten, die von den einzelnen Arbeitsgruppen oder einzelnen Schülerinnen oder Schülern präsentiert werden. Verwendet dazu euren selbst entwickelten Bewertungsbogen.

12. Schritt: Nachbetrachtung durchführen

Versucht gemeinsam u.a. folgende Fragen zu beantworten:

a) Weshalb hast du dich mit diesem Produkt beschäftigt?
b) Welche Ziele hast du dir gesteckt?
c) Welche Ziele hast du erreicht, welche nicht oder nur unzureichend?
d) Welche konstruktiven Lösungen sind besonders gut gelungen, welche weniger gut?
e) Welche Schritte von der Idee bis zum fertigen Produkt waren erforderlich?
f) Sollte man die Vorgehensweise der einzelnen Schritte etwas verändern?
g) Welche Sicherheitsregeln mussten besonders beachtet werden?
h) Welche naturwissenschaftlichen Sachverhalte kann man mit dem Produkt besonders gut verdeutlichen?
i) Wurden umweltgerechte Produkte gefertigt?
j) Wie wurden Werkstoffreste entsorgt?
k) Hätte man das Produkt auch mit anderen Werkstoffen herstellen können?

Methoden: Brainstorming durchführen

Brainstorming-Methode: *Gedankensturm- oder Geistesblitz-Methode*

Ein Verfahren zur Ideenfindung ist die Brainstorming-Methode. Führt sie einmal zusammen mit eurem Lehrer oder eurer Lehrerin durch und wendet sie dann in eurer Gruppe an. Haltet euch dabei an die folgenden Phasen:

Vorbereitungsphase

Der Leiter oder die Leiterin des Brainstorming übernimmt die folgenden Aufgaben:

- Er oder sie schafft eine angenehme und störungsfreie Arbeitsatmosphäre. Dazu gehört z.B. dafür zu sorgen, dass sich alle Teilnehmer und Teilnehmerinnen gegenseitig gut sehen und hören können.
- Er oder sie schreibt das Problem für jeden gut sichtbar auf, z.B. an die Tafel.
- Er oder sie erklärt die Vorgehensweise zur Lösung des Problems.
- Er oder sie schlägt den zeitlichen Rahmen vor, etwa 5 bis 10 Minuten.

Durchführungsphase

Der Leiter oder die Leiterin führt in die Problematik ein, beschreibt diese ausführlich und sorgt dafür, dass die folgenden Arbeitsregeln eingehalten werden:

1 Jede spontane Idee und jeder Vorschlag sollte gesagt werden dürfen und auch gesagt werden, denn die „verrücktesten Ideen" sind häufig die besten!

2 Es sollen so viele Vorschläge wie möglich gemacht werden.

3 Während der Ideenfindungsphase darf sich niemand wertend zu einer Idee oder einem Vorschlag äußern, (z.B. durch Äußerungen wie „Du spinnst wohl!" oder „Das geht doch gar nicht!"), denn das kann dazu führen, dass die kritisierte Person weitere Ideen für sich behält.

4 Ideen und Vorschläge sollten möglichst stichwortartig genannt werden; lange Erklärungen dazu sollten in der Auswertungsphase gemacht werden.

5 Das Aufgreifen und Weiterentwickeln von zuvor geäußerten Beiträgen ist erlaubt.

6 Die vorgebrachten Ideen und Vorschläge notiert der Leiter oder die Leiterin für alle möglichst gut sichtbar (z.B. durch Notizen auf Tafeln, Folien, Kärtchen für Pinnwand; auch die Aufnahme auf eine Tonkassette ist möglich).

7 Über die Brauchbarkeit der Ideen und Vorschläge wird erst später in der Auswertungsphase entschieden.

Auswertungsphase

Der Leiter oder die Leiterin fordert jetzt dazu auf, die Beiträge zu erläutern, wenn notwendig zu ergänzen und zu ordnen (ähnliche Aussagen werden untereinander notiert).
Im Gespräch bewertet ihr nun die einzelnen Vorschläge gemeinsam und legt abschließend fest, welche Lösungen ihr aufgreifen und realisieren wollt.

Hinweis:
Der Vorteil des Brainstorming liegt darin, dass es zunächst keine Grenzen für deine Kreativität gibt. So musst du keine Angst davor haben, dass du zu einer Aussage gezwungen oder unsachlich kritisiert wirst.

3 Ideenfindung

Methoden: Morphologische Methode durchführen

Eine andere Methode zur gezielten Ideenfindung mit genauen Vorschlägen zur Lösung von Teilproblemen ist die morphologische Methode.

morphologische Methode: *Aus mehreren einzelnen Teilen entsteht etwas Ganzes.*

Bei der morphologischen Methode müsst ihr euch über folgende Punkte Gedanken machen:

- Aus welchen Elementen (Bauteilen, Teilproblemen) besteht das Produkt?
- Welche verschiedenen Lösungen gibt es „rein theoretisch" für die einzelnen Bauteile?
- Welche ist die am besten geeignete Teillösung?

Folgender Kasten (Abb. 2) verdeutlicht die morphologische Methode am Beispiel der Entwicklung eines Kompostierers. Die markierten Teillösungen könnten z. B. ausgewählt worden sein.

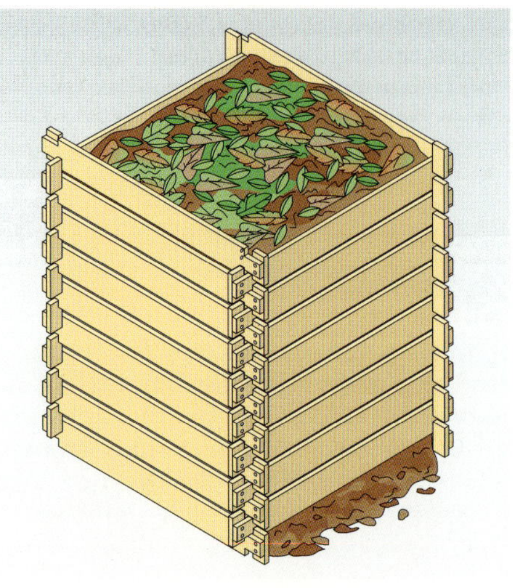

1 Kompostierer

Elemente (Bauteile, Teilprobleme)	*Wie man die Bauteile realisieren und die Teilprobleme lösen könnte*
tragendes Gestell	selbsttragende Konstruktion, Skelett aus Dachlatten, aus Stahlrohr oder aus Holzbalken, ...
äußere Form	rund, quadratisch, rechteckig, fünfeckig, sechseckig, oval, ...
Gestaltung der Seitenwände	geschlossene Wände aus einem Stück, geschlossene Wände mit Löchern oder Schlitzen, offene Wände aus mehreren Brettern auf Lücke, ...
Boden	ohne Boden, mit Boden aus einem Stück, mit Boden aus mehreren Brettern ohne Zwischenräume, mit Boden aus mehreren Brettern mit Zwischenräumen, ...
Auflage- bzw. Standfläche	Füße (z. B. je 4 runde, viereckige, ...) , ohne Füße (die Seitenbretter dienen gleichzeitig als Auflagefläche), ...
Werkstoff für die Seitenwände	Naturholz (Kiefer, Fichte, Tanne, Lärche), Holzwerkstoffe (Spanplatte, Holzfaserplatte, Schichtholz, Sperrholz, Tischlerplatte, Leimholzplatte), Kunststoff, Metall (z. B. Stahl, Aluminium, ...), Textilien, Steine (z. B. Tonziegel, Fliesen, Leichtbeton, ...), Stroh-Lehm-Geflecht, Weiden-Lehm-Geflecht, ...
Oberflächenschutz	unbehandelt, lasiert, lackiert, gewachst, imprägniert, kunststoffbeschichtet, geflammt, ...
Art der Fügeverbindungen der Einzelteile	geschraubt, genagelt, gedübelt, gezinkt, überblattet, geleimt, auf Gehrung, stumpf, ineinander gesteckt, mit Schnellverschluss, ...

2 Morphologischer Kasten

Methoden: Pflichtenheft erstellen

3 Solarofen

Das Pflichtenheft ist eine Zusammenstellung von grundsätzlichen Anforderungen, die ein technisches Produkt erfüllen soll. Am Beispiel eines Solarofens wird es im Folgenden konkretisiert.

1. Ansprechpartner der Gruppen

Hier können auch alle Gruppenmitglieder aufgeführt werden.

Holzkiste:	Achim Klein, Ute Voss
Herdmulde:	Sandra Müller, Jens Ott
Glasrahmen:	Ferdy Tectan, Britta Frey
Reflektor:	Uwe Müller, Ayshe Yükel

2. Allgemeine Bedingungen

Bedingungen, die das Produkt erfüllen muss

Der Solarofen
- soll eine gut isolierte Holzkiste sein,
- soll im Innern Temperaturen mindestens bis zu 150 °C speichern können,
- muss eine dicht zu verschließende Glasabdeckung haben,
- muss im Innern mit schwarzer, hitzebeständiger Farbe beschichtet sein,
- soll im rechten Winkel zu den einfallenden Sonnenstrahlen ausgerichtet werden können,
- muss einen Reflektordeckel haben, den man so feststellen kann, dass die Sonnenstrahlen in die Herdmulde fallen,
- soll so groß sein, dass er einen Kochtopf mit ca. 25 cm ∅ und 12 cm Höhe aufnehmen kann,
- soll zwei Tragegriffe haben.

3. Einsatz und Umweltbedingungen

Wozu kann das Produkt verwendet werden?

Mit dem Solarofen soll gekocht werden, wenn die Sonne intensiv scheint. Er soll zu Demonstrationszwecken, z. B. bei Schulfesten oder Projekttagen, eingesetzt werden können.

Diese sind bei den einzelnen Baugruppen näher zu beschreiben.

4. Genauigkeitsanforderungen

Hängt z. B. von der regelmäßigen Wartung ab.

5. Lebens- und Gebrauchsdauer

6. Wartung

7. Vorschriften

8. Lagerbedingungen, Transportvorschriften

Sicherheitsmaßnahmen, die man bei der Herstellung, beim Gebrauch und bei der Aufbewahrung des Produkts beachten muss

9. Stückzahl

Abhängig von der Produktnachfrage

10. Kosten

Werden anhand der Stückliste ermittelt

11. Patente, Rechte

12. Zeitrahmen

Verschiedene Lösungen und Ausführungen des jeweiligen Produkts sind erwünscht und benötigen unterschiedliche Herstellungszeiten. (Patent-Nachbauten dürfen nicht verkauft werden.)

Beschreibung der einzelnen Baugruppen

Holzkiste
Aus feuchtigkeitsbeständigen Holzwerkstoffen fertigen. Holzteile mit wasserbeständigem Leim fügen. Als oberen Abschluss einen Rahmen verwenden.

Herdmulde
Aus Blech fertigen. Zum Biegen einen Netzplan (Abwicklung) zeichnen. Die fertig gebogene Herdmulde in den Herdrahmen einfügen. Die Blechkante ist bündig mit der Oberkante des Rahmens. Befestigung mit Nägeln. Herdmulde mattschwarz beschichten. Den Hohlraum vollständig mit Isoliermaterial ausfüllen.

4 Ausschnitt aus einem Netzplan bzw. einer Abwicklung

Glasrahmen
Die Rahmenleisten mit Zapfen zu einem Fensterrahmen verleimen. Die Glasscheiben mit Glashalteleisten und Abstandsleisten einsetzen. Fensterrahmen mit Leisten gegen Verrutschen sichern.

Reflektor
Reflektordeckel mit Alufolie überziehen, am Fensterrahmen befestigen.

Weitere Detailarbeiten
- zwei Tragegriffe anbringen,
- Reflektorstütze fertigen,
- Spannschnur anbringen.

Methoden: Referat schreiben und vortragen

Themenwahl
Das Thema sollte entweder für die ganze Klasse wichtig sein oder für diejenigen, die das gleiche Produkt entwickeln und herstellen.

Deutsch: Sprechen und Schreiben (Arbeitstechniken)

a) Themen für die ganze Klasse, z. B.:
   - neue Werkstoffe (Dämmmaterial, Kunststoffe, Metalle, Rohrsysteme, Fügetechniken, ...)
   - besondere Werkzeuge und Hilfseinrichtungen (Hartlötanlage, Biegevorrichtung für Rohre, Abläng- und Trennvorrichtungen, ...)
   - Konstruktions-Software (CAD-Programme, ...)

b) Themen für einzelne Gruppen, z. B.:
   - alternative Energiegewinnung, angewandte Solartechniken, Windgeneratoren, ...
   - Müllaufkommen und Müllvermeidung
   - Funktionsweise verschiedener Verbrennungsmotoren
   - Aufbau und Funktionsweise eines Dreiwegekatalysators
   - ...

Informationen sammeln
Du benötigst umfangreiche Informationen. Dabei können dir folgende Quellen helfen: Lexika, Sach- und Fachbücher, Bilder, Broschüren, Fernsehsendungen, Internet, Statistiken, Zeitungsberichte.

Lesen und Auswerten
Den Grundgedanken einer Informationsquelle kannst du nach dem genauen Lesen zusammenfassen und herausschreiben. Häufig muss man auch Begriffe erläutern, damit sie der Zuhörer oder Leser verstehen kann.
Das folgende Beispiel zeigt eine mögliche Vorgehensweise:

Hinweis: *Markiere die wesentlichen Begriffe, z. B. mit einem Textmarker. Er ist ein sehr hilfreiches Schreibzeug, um wichtige Stellen eines Textes auffällig hervorzuheben.*

Informationsquelle	*Was wichtig ist*	*Begriffserklärung*
Aufbau und Funktionsweise eines Dreiwegekatalysators Der Einsatz von Katalysatoren ermöglicht die Verminderung der Schadstoffanteile in den Abgasen der Benzinmotoren. Als sehr wirkungsvoll hat sich die Verwendung eines geregelten Dreiwegekatalysators erwiesen. Träger für den Katalysator sind fast ausnahmslos wabenartig aufgebaute Keramikzylinder mit kreisrundem bzw. ovalem Querschnitt. Dieser Keramikkörper zeichnet sich durch äußerst geringe Wärmeausdehnung bei sehr hoher Hitzebeständigkeit aus. Die Wabenstruktur ergibt sich aus einer Vielzahl feiner quadratischer Kanäle, getrennt durch dünne Wände (0,05 bis 0,07 mm). Die Beschichtung mit den Katalysatormetallen Platin, Rhodium und zu geringem Teil Palladium wird auf einer Zwischenschicht aus Aluminiumoxid aufgebracht. Der Anteil der Edelmetalle liegt je nach Motorgröße bei etwa 2 bis 3 g. [...]	Verminderung der Schadstoffanteile geregelter Dreiwegekatalysator wabenartiger Keramikzylinder geringe Wärmeausdehnung bei sehr hoher Hitzebeständigkeit Vielzahl feiner quadratischer Kanäle, getrennt durch dünne Wände Beschichtung einer Zwischenschicht aus Aluminiumoxid mit Platin, Rhodium, Palladium 2 bis 3 g Edelmetalle	Katalysator: führt chemische Reaktionen herbei Dreiwege: wandelt drei Schadstoffe um – Kohlenmonooxid, Kohlenwasserstoff, Stickstoffoxid Platin: ist gegen Luft und nicht oxidierende Säuren beständig, silbrig glänzendes Edelmetall Rhodium: silberweißes, gut verformbares Edelmetall Palladium: silberhelles, hartes, zähes, dehnbares Edelmetall Edelmetall: korrosionsfestes Metall, z. B. Gold, Silber, Platin

Mithilfe von Zitaten kannst du deine Aussagen belegen. Gleichzeitig können sie auch deine Darstellung auflockern. Zitatanfang und Zitatschluss werden kenntlich gemacht. Die Angabe deiner Quelle darfst du nicht vergessen. Quellenangaben muss man am Ende eines Referats in einer Liste aufführen, z. B. so:

Troitzsch/Weber: Die Technik von den Anfängen bis zur Gegenwart, Unipart-Verlag, Stuttgart 1987, Seite ...

Klären

Überlege, ob alle Punkte, die du herausgearbeitet hast, für deine Zuhörer oder Leser wichtig sind, ob sie zu ausführlich oder noch zu ungenau sind. Kläre auch, worüber du besonders genau informieren möchtest.

Ordnen

Ordne deine unterschiedlichen Punkte und bringe sie in eine sinnvolle Reihenfolge, etwa vom weniger Wichtigen zum Wichtigsten. Eine solche Gliederung kann sich an dem Aufbauschema eines herkömmlichen Aufsatzes orientieren:

- **Einleitung**
  Mit einem motivierenden Einstieg das Interesse der anderen wecken – z. B. Filmausschnitt, Karikatur, Zeitungsmitteilung, aktuelle Ereignisse, ...

- **Hauptteil**
  Den Inhalt des Hauptteils übersichtlich gliedern. Dazu den jeweiligen Abschnitten ein Dezimalsystem voranstellen, z. B. so:

- **Schluss**
  In einer Zusammenfassung die wichtigsten Sachverhalte des Themas hervorheben, ohne dabei ins Detail zu gehen oder Zitate wiederzugeben.

Die Form

- Möglichst mit Schreibmaschine oder Computer schreiben,
- Rand auf der linken Seite des Blatts 2,5 cm, 54 Zeilen je Blatt,
- einen neuen inhaltlichen Gesichtspunkt mit einer neuen Zeile und eventuell mit Einzug beginnen.

Vortragen

- Das Gliederungsschema vorstellen (Tafelanschrieb, Overhead-Folie),
- „frei" vortragen, das wirkt überzeugender als ablesen,
- laut, deutlich und langsam sprechen,
- Veranschaulichen der Ausführungen, z. B. mit Tafelkärtchen, Tafelnotizen, Folien, Schaubildern, Dias, Videos usw.
- Eingehen auf Zuhörerfragen; vor dem Referieren klären, ob Zwischenfragen sofort oder erst am Ende des Vortrags abgehandelt werden,
- Ankündigen der Zitate: zu Beginn der zitierten Ausführungen „Zitat" und an deren Ende „Zitat Ende".

Beurteilen und Bewerten

Bevor das Referat geschrieben wird, muss man die Kriterien für die Benotung kennen. Besprecht mit eurem Lehrer oder eurer Lehrerin, nach welchen Kriterien es beurteilt werden soll, und erstellt eine Beurteilungsskala, z. B.:

Baustoffe

1	Begriffsbestimmung
2	Einteilung der Baustoffe
2.1	Natürliche Baustoffe
2.1.1	Holz
2.1.2	Natursteine
2.1.3	Ton
2.1.4	Leder
2.2	Künstliche Baustoffe
2.2.1	Beton
2.2.2	Ziegel
2.2.3	...

	maximale Punkte:
– Schwierigkeitsgrad	8
– Vollständigkeit	8
– Aufbauschema	4
– erklärende Formulierungen	4
– Umfang/Seitenzahl	4
– Fotokopien, Folien	4
– Literatur/Literaturangaben	2
– Vortrag	10
– Experimente, Tafelskizzen	6
gesamt max.	50

Informationen könnt ihr euch auch mit Experimenten beschaffen.
Am Beispiel „Klebeverbindungen" werdet ihr erfahren, welche Schritte beim Experimentieren notwendig sind und was ihr dazu alles im Voraus überlegen müsst.

1. *Warum ihr das Experiment durchführt (Begründung)*
In der Werkstoffsammlung des Technikraums sind in der Regel verschiedene Klebstoffe vorhanden, z. B. Alleskleber, Weißleim, Kontaktkleber, Textilkleber, Zweikomponentenkleber, Kunststoffkleber, Silikon usw.
Die meisten dieser Klebstoffe haben einen speziellen Anwendungsbereich und ermöglichen nur bei diesem optimale Festigkeit. Mit Experimenten könnt ihr ermitteln, wofür die jeweiligen Klebstoffe am besten geeignet sind.

2. *Was ihr herausfinden sollt (Zielsetzung)*
Welcher Klebstoff fügt gleiche und verschiedene Werkstoffe zusammen und bewirkt dabei die höchste Stabilität der Fügung bei
a) Schubbeanspruchung,
b) Biegebeanspruchung?

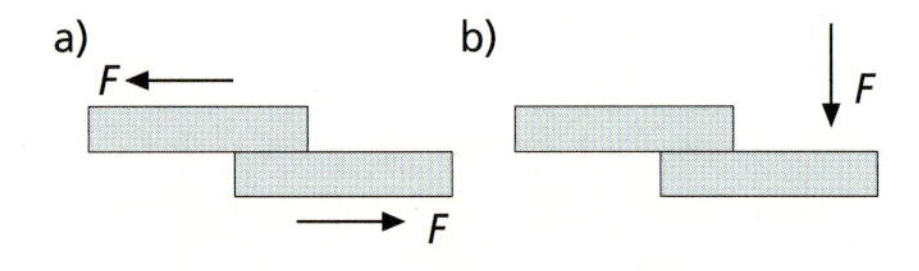

Die folgende Tabelle zeigt die Werkstoffpaarungen, die ihr mit Probekörpern testen solltet:

	Holz	Stahl	Kupfer	Acrylglas	Polystyrol
Holz	X	X	X	X	X
Stahl		X	X	X	X
Kupfer			X	X	X
Acrylglas				X	X
Polystyrol					X

1 Werkstoffpaarungen

3. *Welche Vermutungen ihr habt (Hypothesen)*
Aufgrund der Erfahrungen, die ihr im Umgang mit Klebstoffen in der Schule und im privaten Bereich gemacht habt, tragt ihr eure Vermutungen in eine Tabelle wie die folgende ein:

	Holz	Stahl	Kupfer	Acrylglas	Polystyrol
Holz	Weißleim	Kontaktkleber	Kontaktkleber	Kunststoffkleber	Kunststoffkleber
Stahl		Kontaktkleber	Kontaktkleber	Kunststoffkleber	Alleskleber
Kupfer			2-Komponentenkleber	Kunststoffkleber	Alleskleber
Acrylglas				Kunststoffkleber	Kunststoffkleber
Polystyrol					Kunststoffkleber

2 Zuordnungstabelle (Hypothesen)

4. *Wie der Versuchsaufbau aussehen könnte (Aufbau)*
Zum Experimentieren benötigt ihr jeweils 10 Probekörper aus den entsprechenden Werkstoffen, die ihr mit einer Überlappung (Abb. 4) fügt. Bildet Gruppen und stellt die Probekörper durch Trennen und Fügen her. Die Klebstoffe werden nach den Gebrauchsanweisungen der jeweiligen Hersteller verarbeitet, wobei darauf zu achten ist, dass die Überlappung und damit die Klebefläche bei allen Probekörpern gleich groß ist. Jeder Probekörper bekommt eine Bohrung (Abb. 3).

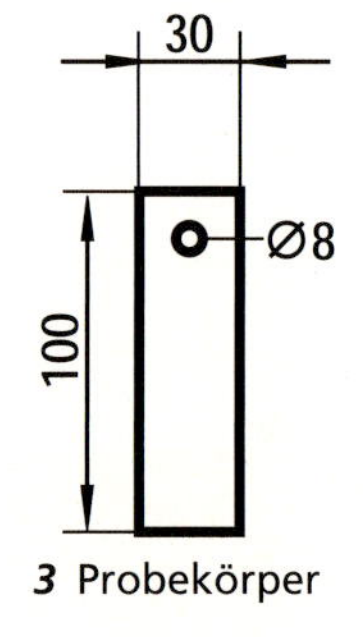

3 Probekörper

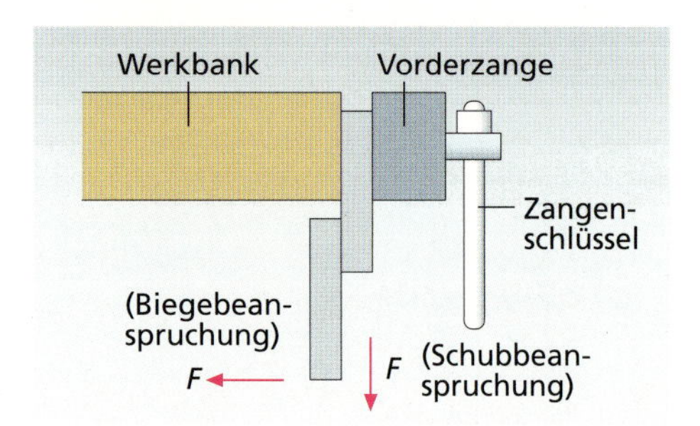

4 Versuchsaufbau für Biege- und Schubbeanspruchung

5. *Welche Arbeitsmittel ihr benötigt (Arbeitsmittel)*

- Weißleim, Kontaktkleber, Alleskleber, Kunststoffkleber, Zweikomponentenkleber;
- Sperrholzabfälle oder Zahnspachtel zum gleichmäßigen Verstreichen der Klebstoffe auf den Fügestellen der Probestücke;
- Schraubzwingen zum Pressen der Weißleimfügung;
- Hartholzbeilagen zum Anpressen der Probestücke;
- Kraftmesser;
- Schutzbrille;
- Schreibzeug, Protokollblatt (Mess tabelle).

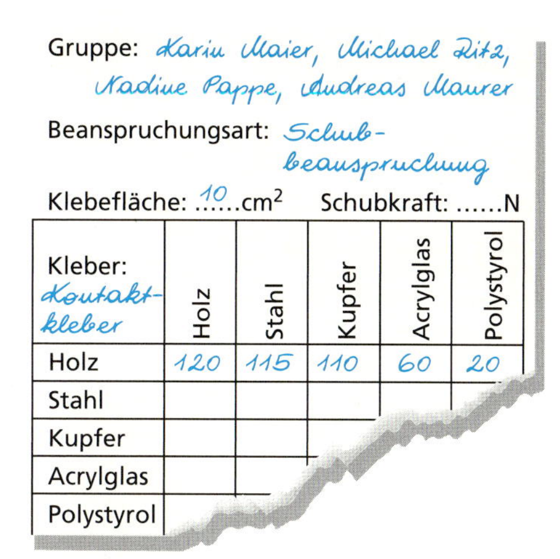

Gruppe: Karin Maier, Michael Ritz, Nadine Pappe, Andreas Maurer

Beanspruchungsart: Schubbeanspruchung

Klebefläche: ..10..cm² Schubkraft: ......N

Kleber: Kontaktkleber	Holz	Stahl	Kupfer	Acrylglas	Polystyrol
Holz	120	115	110	60	20
Stahl					
Kupfer					
Acrylglas					
Polystyrol					

5 Messtabelle

6. *Welche Werte ihr ermitteln sollt (Messwerte)*

Mit einem Kraftmesser ermittelt ihr die Belastbarkeit der Fügung auf Biege- und Schubbeanspruchung. Der Kraftmesser muss bis 100 N ausgelegt sein. Mit zwei Kraftmessern, die in die gleiche Richtung wirken, könnt ihr die Gesamtkraft erhöhen.

7. *Welche Tätigkeiten ihr beim Experimentieren durchführen müsst (Ablauf)*

Fünf Gruppen testen die Festigkeit jeweils eines Klebstoffs an den ausgewählten Werkstoffen.

Die Kraftmesser werden mithilfe eines Hakens in die Bohrung der jeweiligen Probe eingehängt.

Jemand zieht langsam am Kraftmesser oder hängt Gewichtsstücke an – so lange, bis sich die Fügung löst oder bis der Kraftmesser den Maximalausschlag anzeigt. Die anderen lesen ab und tragen die Messwerte in eine vorbereitete Messtabelle (Abb. 5) ein.

Jede Gruppe benötigt für jeden Klebstoff, den sie erprobt, und für jede Beanspruchungsart eine Messtabelle.

Führt die Beanspruchung zum Werkstoffbruch des Probekörpers, dann muss auch dies in eure vorbereitete Tabelle eingetragen werden.

8. *Wie ihr die Messungen auswerten könnt (Auswertung)*

Die Gruppen werten ihre Ergebnisse aus, indem sie die höchsten Belastungen in den Tabellen z. B. farblich markieren. Die Auswertungsergebnisse werden in Blockdiagrammen (Abb. 6) dargestellt und den anderen gezeigt.

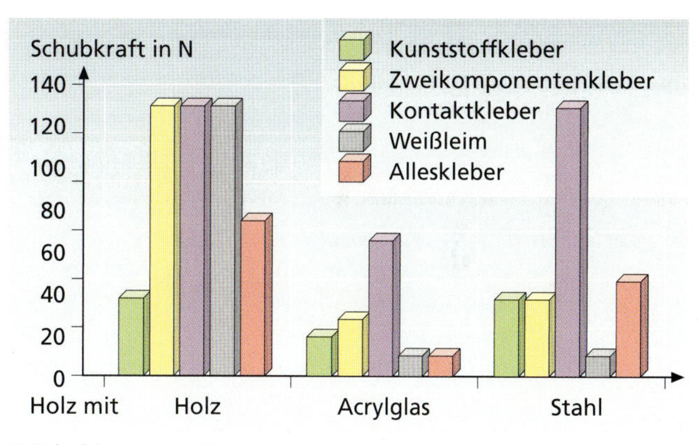

6 Schubbeanspruchung

9. *Welche Erkenntnisse ihr gewinnen könnt (Erkenntnisse und Anwendungen)*

Bei der Herstellung von Gegenständen sind Fügungen notwendig. Die Messwerte zeigen die Eignung der verschiedenen Klebstoffe für bestimmte Werkstoffpaarungen bei unterschiedlicher Beanspruchung.

Ihr könnt jetzt gezielt den am besten geeigneten Klebstoff für Fügungen, die unterschiedlich beansprucht werden, einsetzen.

Holz

Warum das Thema wichtig ist

Holz ist ein Werkstoff, den die Menschen zu allen Zeiten vielfältig genutzt haben.

1 Altes Schiff aus Holz

Sie haben damit z. B. Fahrzeuge, Werkzeuge, Maschinen, Verkehrswege, Geschütze hergestellt.

Holz diente auch zum Hausbau und zur Herstellung von Hausrat unterschiedlichster Art.

Im Innenausbau kann Holz durch seine natürliche Farbe und durch die Maserung Wärme und wohnliche Atmosphäre vermitteln.

2 Holz als Baustoff

Holz hat viele Eigenschaften, die wichtig sind, wenn daraus Gegenstände hergestellt werden sollen.

Holz ist im Vergleich zu vielen anderen Werkstoffen preiswert und leicht zu bearbeiten.

Holz ist lange witterungsbeständig, wenn es sachgemäß verarbeitet und verwendet wird.

Wenn Holzgegenstände nicht mehr brauchbar sind, können sie umweltfreundlich entsorgt werden.

3 Sägewerk

Die Verwendung von heimischem Holz stellt sicher, dass unsere Wälder auch in Zukunft ihre Funktionen erfüllen können.

In Deutschland gibt es in vielen Regionen Wald. Dort wurden die Verarbeitungsstätten errichtet, damit das Holz nicht weit transportiert werden muss.

In der Schule wird Holz gerne verwendet, weil man damit den Umgang mit Werkzeugen einüben und interessante Aufgaben lösen kann.

Die Bedeutung des Waldes

Zu allen Zeiten war bei uns die Lebensqualität der Bevölkerung eng mit dem Wald verbunden.
Früher war er für sie Lebensraum, er versorgte sie mit Nahrung, Werkstoff, Baustoff und Brennholz. Aber auch heute hat der Wald wichtige Funktionen zu erfüllen.

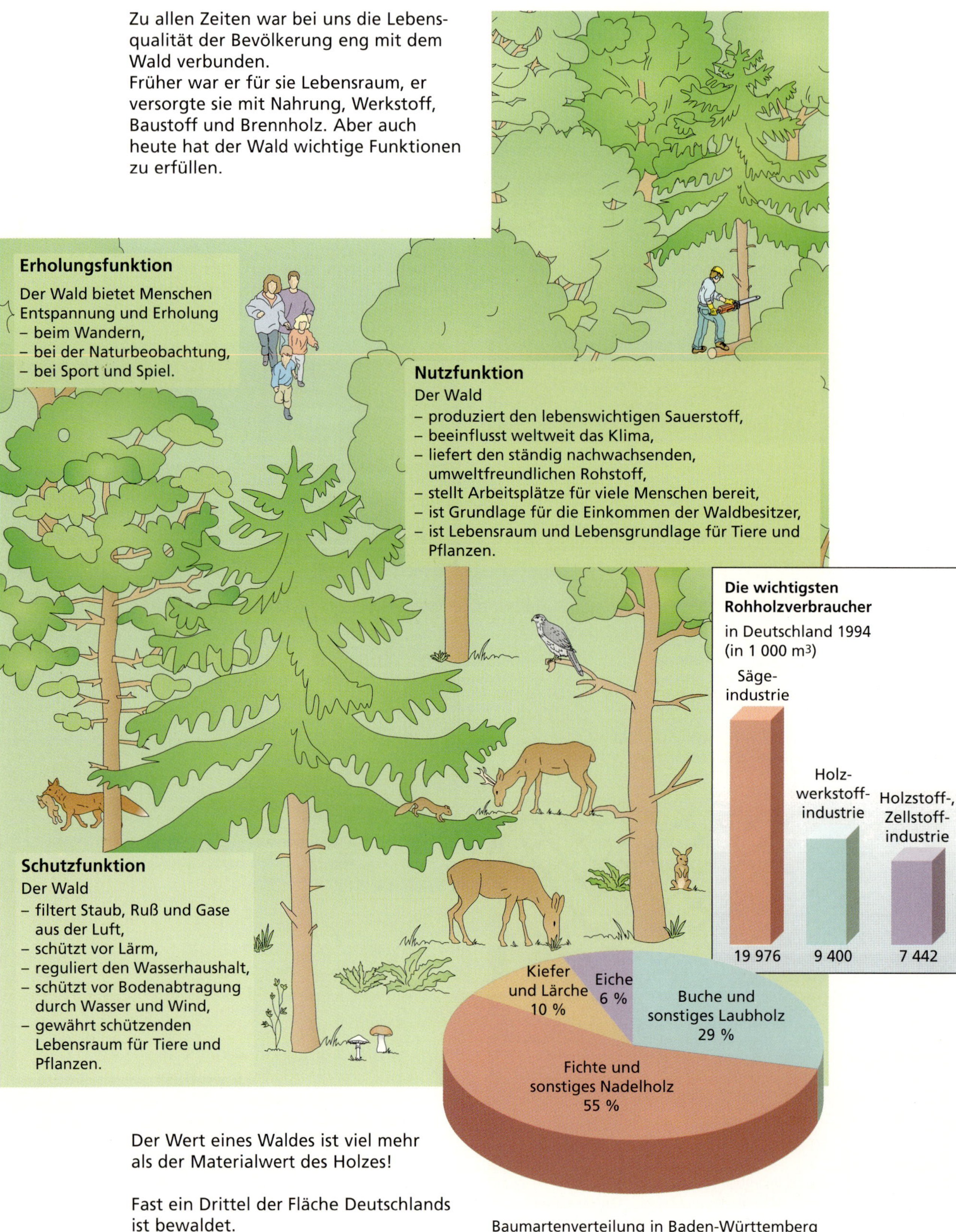

Erholungsfunktion
Der Wald bietet Menschen Entspannung und Erholung
– beim Wandern,
– bei der Naturbeobachtung,
– bei Sport und Spiel.

Nutzfunktion
Der Wald
– produziert den lebenswichtigen Sauerstoff,
– beeinflusst weltweit das Klima,
– liefert den ständig nachwachsenden, umweltfreundlichen Rohstoff,
– stellt Arbeitsplätze für viele Menschen bereit,
– ist Grundlage für die Einkommen der Waldbesitzer,
– ist Lebensraum und Lebensgrundlage für Tiere und Pflanzen.

Schutzfunktion
Der Wald
– filtert Staub, Ruß und Gase aus der Luft,
– schützt vor Lärm,
– reguliert den Wasserhaushalt,
– schützt vor Bodenabtragung durch Wasser und Wind,
– gewährt schützenden Lebensraum für Tiere und Pflanzen.

Die wichtigsten Rohholzverbraucher
in Deutschland 1994
(in 1 000 m³)
Säge-industrie
19 976
Holz-werkstoff-industrie
9 400
Holzstoff-, Zellstoff-industrie
7 442

Kiefer und Lärche 10 %
Eiche 6 %
Buche und sonstiges Laubholz 29 %
Fichte und sonstiges Nadelholz 55 %

Baumartenverteilung in Baden-Württemberg

Der Wert eines Waldes ist viel mehr als der Materialwert des Holzes!

Fast ein Drittel der Fläche Deutschlands ist bewaldet.

Aufbau und Wachstum des Baumes

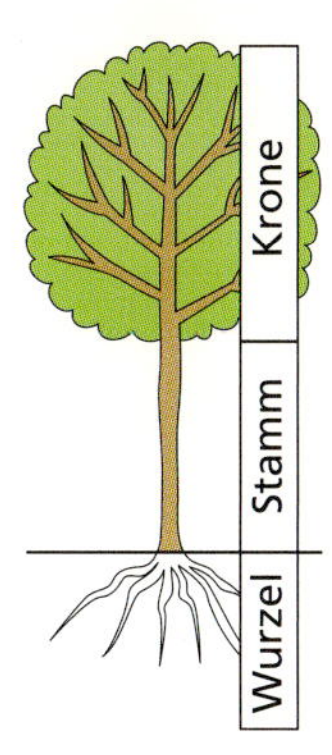

1 Aufbau des Baumes

Aufbau des Baumes
Der Baum besteht aus Wurzeln, Stamm und Krone. Jeder dieser Teile erfüllt wichtige Aufgaben:

Die ***Wurzeln*** geben dem Baum Halt in der Erde und dienen mit ihren Wurzelhaaren der Aufnahme von Wasser und den darin gelösten Nährstoffen.

Der ***Stamm*** enthält die „Versorgungsleitungen" und transportiert das Wasser mit den Nährstoffen in die Krone.

Die ***Krone*** besteht aus Ästen und Zweigen mit Blättern, Blüten oder Früchten. Die in den Blättern gebildeten Aufbaustoffe (Traubenzucker und Stärke) werden zu den Speicherzellen des Baumes geführt.

Aufbau des Stammes

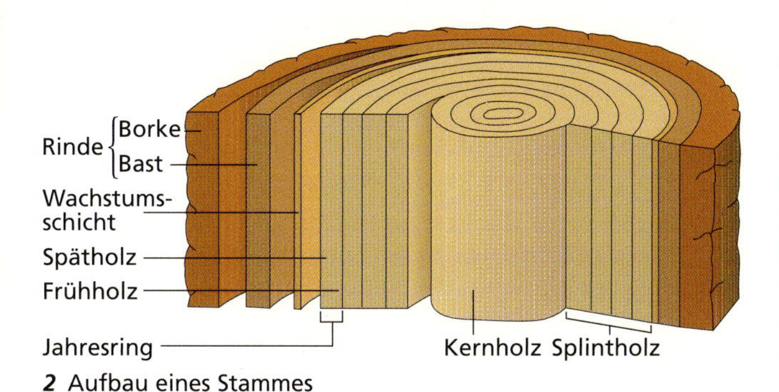

2 Aufbau eines Stammes

Die ***Borke*** (äußere Rinde) schützt den Baum vor Wasserverlust, Umwelteinflüssen, Pilz- und Insektenbefall.

Der ***Bast*** (innere Rinde) enthält die „Leitungen" (Siebröhrchen) des Baumes, durch die die Aufbaustoffe (Traubenzucker und Stärke) in die unteren Baumteile gelangen. Der Bast stirbt ab, verkorkt und wird Teil der Borke.

Die ***Wachstumsschicht*** ist hauchdünn. Sie ist der eigentlich wachsende Teil des Stammes und erzeugt jedes Jahr nach außen Bast und nach innen neues Holz (Splintholz).

Das ***Splintholz*** ist das junge, weiche Holz. In ihm befinden sich die „Wasserleitungen" des Baumes und die Speicherzellen. Außerdem werden in den Speicherzellen Nähr-, Gerb- und Farbstoffe gelagert. Das Splintholz des Laubbaumes enthält auch die festigenden Faserzellen. Mit der Ausbildung von Splintholz sterben bei einigen Baumarten (z. B. Eiche und Kiefer) die Zellen im inneren Teil des Stammes ab und bilden das harte, wertvolle Kernholz.

Das ***Kernholz*** bildet den tragenden Teil des Baumes. Bei einigen Bäumen (z. B. Lärche und Nussbaum) verfärbt sich das Kernholz bei der Verkernung deutlich dunkel (Kernholzbäume). Zu den Hölzern, die keinen Farbunterschied zwischen Kern- und Splintholz aufweisen (Reifholzbäume), gehören z. B. Fichte, Rotbuche und Linde.

Der Querschnitt eines Stammes zeigt Jahresringe.
Ein Jahresring wird durch das Holz gebildet, das während einer Wachstumsperiode hinzuwächst. Vom Frühjahr bis in den Sommer hinein wächst das Frühholz mit dünnwandigen Zellen bzw. größeren Poren. Es erscheint daher hell.

Spätholz, das im Sommer und Herbst gebildet wird, enthält enge, dickwandige Zellen bzw. kleinere Poren und sieht deshalb dunkler aus als Frühholz. Frühholz und Spätholz bilden zusammen den Jahresring. Nadelbäume haben Harzkanäle, die helle oder dunkle Punkte bilden.

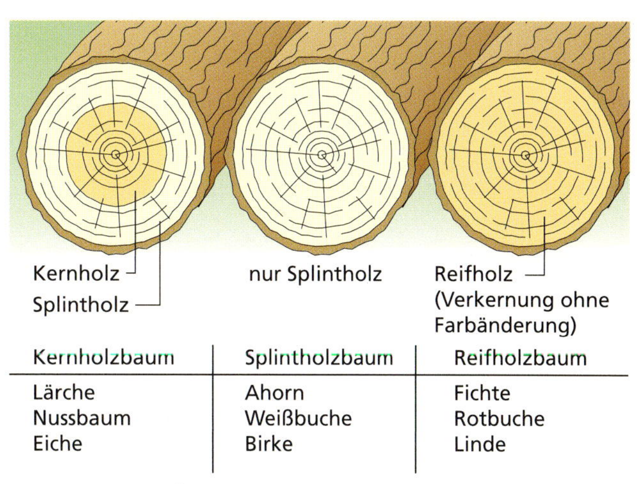

Kernholzbaum	Splintholzbaum	Reifholzbaum
Lärche	Ahorn	Fichte
Nussbaum	Weißbuche	Rotbuche
Eiche	Birke	Linde

3 Baumarten nach Kern- und Splintholzanteil

Schwinden, Quellen und Verwerfen von Holz

Schwinden und Quellen
Das Volumen der Zellhohlräume und Zellwände im lebenden Stamm besteht je nach Holzart aus mindestens 60 % Wasser. Nach dem Fällen und beim Lagern entweicht zunächst das Wasser der Zellräume, dann enthält das Holz nur noch 30 % Wasser. Das ursprüngliche Volumen des Holzes ist aber noch unverändert (Abb. 1 a).

Holz schwindet und quillt in seinen Wachstumsrichtungen (z. B. längs der Fasern und in Richtung der Jahresringe) unterschiedlich.
Abbildung 3 enthält durchschnittliche Schwindmaße für abgelagertes Holz häufig verwendeter Holzarten.

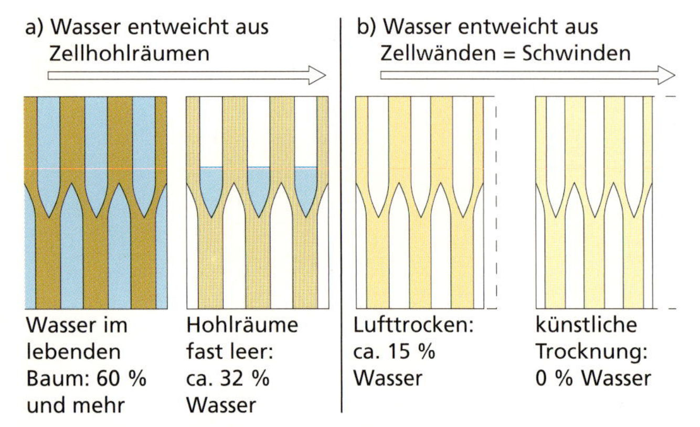

1 Schwinden des Holzes

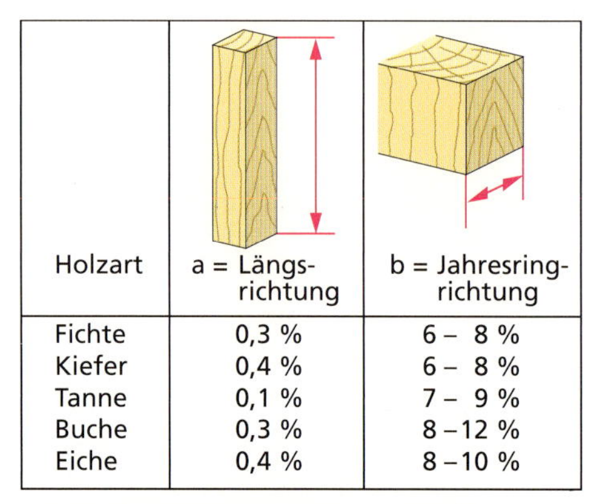

Holzart	a = Längsrichtung	b = Jahresringrichtung
Fichte	0,3 %	6 – 8 %
Kiefer	0,4 %	6 – 8 %
Tanne	0,1 %	7 – 9 %
Buche	0,3 %	8 – 12 %
Eiche	0,4 %	8 – 10 %

3 Schwindmaße verschiedener Holzarten

Durch natürliche oder künstliche Trocknung verdunstet erneut Wasser. Nun tritt es aus den Zellwänden aus (Abb. 2). Erst jetzt verringert sich das Volumen des Holzes (Abb. 1 b). Diesen Vorgang bezeichnet man als ***Schwinden.***

Hartes Holz mit dickwandigen Zellen

Weiches Holz mit dünnwandigen Zellen

Schwindmaß

starker Schwund; Hohlraum gleich

Schwindmaß

geringer Schwund; Hohlraum kaum verändert

2 Schwinden von Weich- und Hartholz

Das Holz nimmt aber auch umgekehrt Wasser auf, z. B. durch die umgebende feuchte Luft. Dieser Vorgang heißt ***Quellen***. Wenn Holz schwindet oder quillt, sagt man, es „arbeitet". Aus den dickeren Zellwänden harter Hölzer kann mehr Wasser entweichen als aus den dünneren von weichem Holz. Harte Hölzer, wie z. B. Eiche, Esche, Buche, schwinden deshalb stärker.

Verwerfen
Das unterschiedliche Schwinden in den Wuchsrichtungen führt bei zugeschnittenem Holz zur Veränderung der Form, die man Verwerfung nennt (Abb. 4).
Seitenbretter verwerfen sich um so stärker, je weiter sie von der Stammmitte entfernt sind. Ihre linke, vom Kern abgewandte Seite wird hohl, die rechte, dem Kern zugewandte zieht sich rund.
Das Kernbrett aus der Stammmitte schwindet in Breite und Dicke, bleibt aber im Wesentlichen gerade.

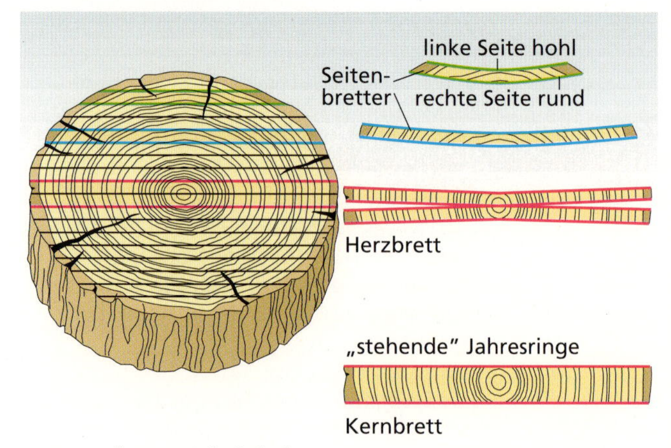

4 Verwerfen von Schnittholz

Merkmale, Eigenschaften und Verwendung einiger Holzarten

Fichte
Längsschnitt: Holz gelblich weiß bis gelblich braun, leicht seidiger Glanz, Splint und Kern gleichfarbig
Holzaufbau: Jahresringe gut sichtbar, Harzkanäle vorhanden
Eigenschaften: leicht und weich, schwindet wenig, harzhaltig, elastisch, biegefest
Verwendungsbeispiele: Bauholz, Innenausbau, Industrieholz (Zellstoff, Papier, Spanplatten), einfache Möbel

5 Fichte

Kiefer
Längsschnitt: Splint gelblich bis rötlich weiß, Kern rötlich gelb bis rotbraun
Holzaufbau: Jahresringe deutlich sichtbar, Harzkanäle zahlreich und größer als bei der Fichte
Eigenschaften: leicht und mäßig hart, schwindet wenig, harzreich, elastisch, dauerhaft
Verwendungsbeispiele: Innenausbau (Massivholz und Furniere), Industrieholz (Zellstoff, Span- und Faserplatten), einfache Möbel, Kisten

6 Kiefer

Buche
Längsschnitt: Holz rötlich weiß, Splint und Kern gleichfarbig, Holzstrahlen im mittigen Schnitt als helle Querstreifen
Holzaufbau: Jahresringe deutlich sichtbar, breite Holzstrahlen sind charakteristisch, keine Harzkanäle
Eigenschaften: schwer, hart, sehr zäh und wenig elastisch, schwindet stark
Verwendungsbeispiele: Treppen, Parkett, Spielzeug, Griffe und Werkzeugstiele, Werkbänke, Furniere

7 Buche

Eiche
Längsschnitt: Splint gelblich weiß, Kern hellbraun bis gelblich braun, dunkelt nach
Holzaufbau: Jahresringe deutlich sichtbar, im Querschnitt Poren des Frühholzes mit bloßem Auge zu erkennen, breite Holzstrahlen
Eigenschaften: schwer und hart, dauerhaft, Kernholz elastisch und biegefest, schwindet wenig, frisches Holz riecht säuerlich (Gerbsäure)
Verwendungsbeispiele: Möbelbau (Massivholz und Furnier), Türen, Fässer, Parkett, Schnitz- und Drechslerware.

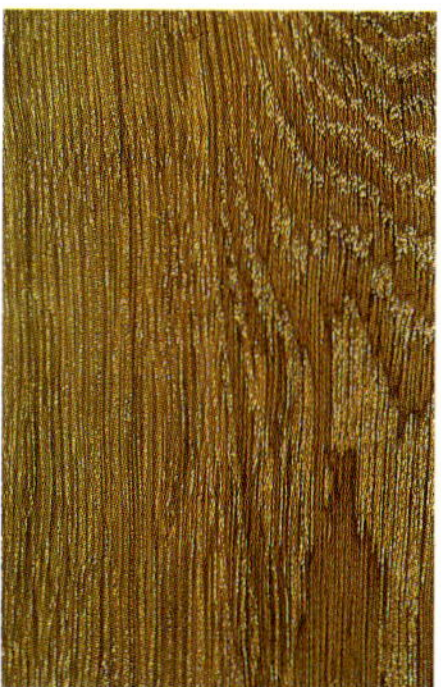

8 Eiche

Handelsformen

Schnittholz

Wenn wir von „Holz“ sprechen, dann meinen wir zunächst einmal das Naturerzeugnis, das uns der Wald zur Verfügung stellt. Dieser Rohstoff wird zu 100 Prozent sinnvoll genutzt. Das Sägewerk ist für die zur industriellen Weiterverarbeitung vorgesehenen Baumstämme die erste Station. Dort werden sie mit Sägemaschinen zu Kanthölzern, Bohlen, Brettern und Leisten unterschiedlicher Qualität und Abmessungen verarbeitet. Dieses so hergestellte Schnittholz muss in Stapeln getrocknet werden. Dies geschieht in Trockenkammern oder über längere Zeit an der frischen Luft. Dabei können „Trockenrisse“ entstehen.

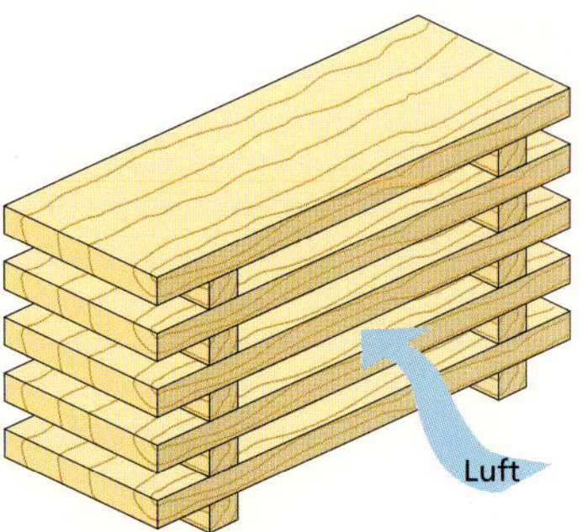

1 Holztrocknung

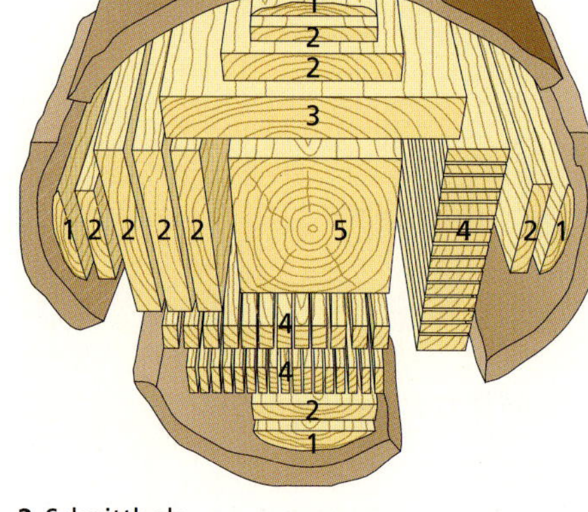

1 Schwarten
2 Bretter
3 Bohlen
4 Leisten
5 Kantholz

2 Schnittholz

Halbfertigerzeugnisse aus Schnittholz

Schnittholz kann zu Halbfertigerzeugnissen (Halbzeuge) weiterverarbeitet werden,

- zu gehobelten Bohlen und Brettern mit festgelegten Maßen, z. B. Nut- und Federbrettern für den Ausbau eines Wohnraums und
- zu Leisten und Stäben mit unterschiedlichen Profilen.

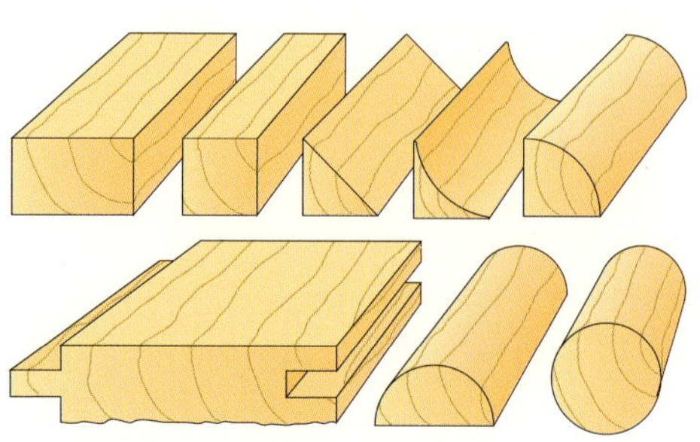

3 Profilbretter, -leisten und -stäbe

Furniere

Furniere sind dünne Holzblätter, die durch Schälen, Messern oder Sägen von einem Stamm abgetrennt werden.

4 Furnier

Holzwerkstoffe

Aus natürlichem Holz wird unter Zugabe von Leimen und Zuschlagstoffen ein künstlicher Werkstoff, häufig in Form großer Platten, hergestellt.

Schichtholz

Beim Schichtholz werden Holzschichten (z. B. Furniere) in Faserrichtung aufeinander geleimt. Diese Werkstoffe, die sehr biege- und druckfest sind, arbeiten (d. h. schwinden, quellen, werfen, reißen) wenig.

Durch Verleimen in Formpressen unter Verwendung von duroplastischem Kunstharzleim werden gebogene Werkstücke mit hoher Festigkeit hergestellt, z. B. Sitzmöbel.

5 Stuhl aus Schichtholz

Sperrholz

Dieser Holzwerkstoff besteht aus einer ungeraden Anzahl (3, 5 oder mehr) gleich dicker, aufeinander geleimter Furniere, deren Faserrichtungen rechtwinklig zueinander liegen.

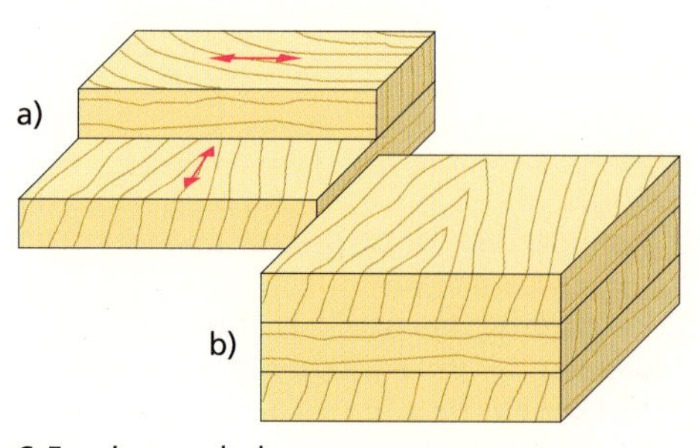

6 Furniersperrholz

Tischlerplatte

Sie hat Mittellagen aus nicht miteinander verleimten Vollholzleisten oder miteinander verleimten Vollholz- bzw. Furnierstäben. Je nach Mittellage arbeiten sie unterschiedlich stark.

Streifensperrholz

unterschiedlich verlaufende Jahresringe arbeiten stark

für untergeordnete Zwecke

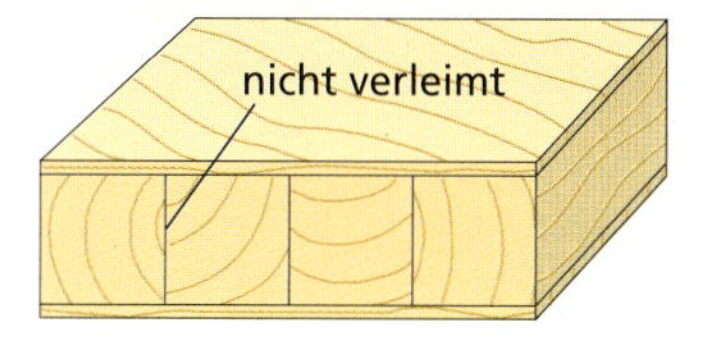

Stabsperrholz

vorwiegend „stehende" bis „schräge" Jahresringe arbeiten

z. B. für Böden und Seiten im Möbelbau

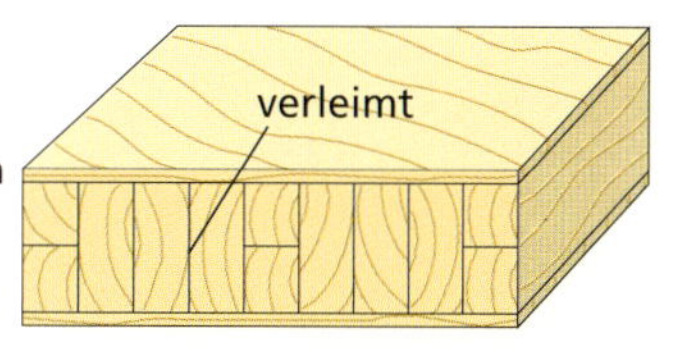

Stäbchensperrholz

„stehende" Jahresringe arbeiten kaum

z. B. für sichtbare Flächen im Möbel- und Innenausbau

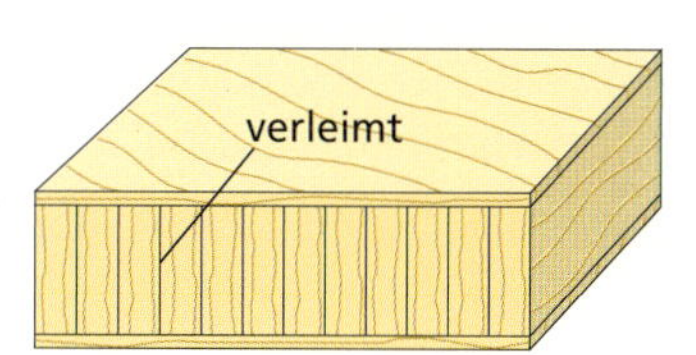

7 Tischlerplatten

Leimholzplatte

Die Leimholzplatte besteht aus Stäben, die miteinander ohne Deckfurniere verleimt sind. Sie werden z. B. im Regalbau verwendet.

8 Leimholzplatte

Holzspanplatte

Holzspanplatten sind großflächige Platten, die aus zerspantem Holz und holzartigen Faserstoffen (z. B. Hanf oder Reisstroh) unter Zugabe von Bindemitteln gepresst werden. Manche dieser Bindemittel enthalten z. B. Formaldehyd, das auch noch nach Jahren aus der Spanplatte als gesundheitsschädliches Gas freigesetzt wird. Im Innenraum sollte man Holzspanplatten nur dann verwenden, wenn sie die Bezeichnung E 1 (Emissionsklasse 1) tragen, also nur wenig Formaldehyd enthalten.

9 Holzspanplatte

Holzfaserplatte

Dieser Werkstoff wird aus verholzten Fasern geringwertigen Holzes oder Holzabfällen und Bindemitteln durch Pressen hergestellt.
Je nach Pressdruck entstehen Holzfaserplatten mit unterschiedlichen Dichten und Eigenschaften für verschiedene Verwendungszwecke:

– Die harte Holzfaserplatte verwendet man z. B. als Rückwand für Schränke oder für Schubladenböden.

10 Harte Holzfaserplatte

– Die poröse Holzfaserplatte hat schall- und wärmedämmende Eigenschaften. Man verarbeitet sie z. B. zu Trennwänden oder setzt sie zur Trittschalldämmung für Fußböden ein.

11 Poröse Holzfaserplatte

Holzbearbeitung – Spannen, Messen und Anreißen

Vorgang | *Arbeitsmittel*

Spannen von Werkstücken an der Werkbank
Zum Spannen längerer Teile kann man die Hinterzange zusammen mit Bankhaken benutzen. Mit Holzbeilagen werden Druckstellen verhindert.

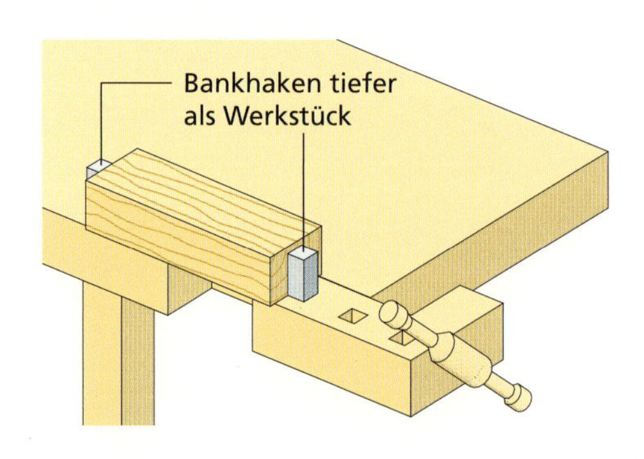

Spannen mit der Schraub- und Klemmzwinge
Damit kann man Gegenstände zusammenspannen und auf der Werkbank befestigen. Mit der Klemmzwinge wird weniger Druck ausgeübt. Für die Schraubzwinge Holzbeilagen verwenden!

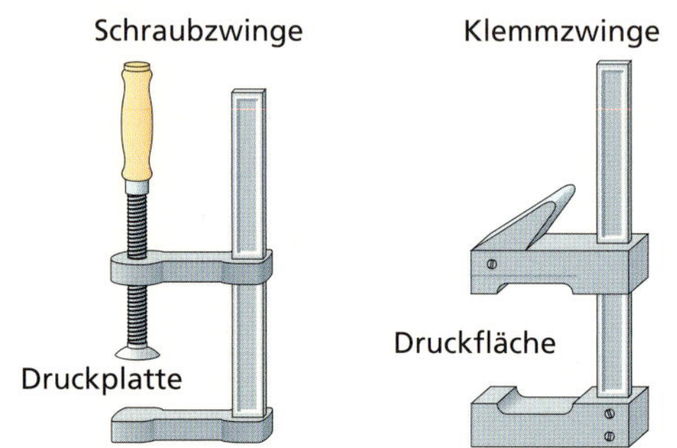

Messen mit dem Gliedermaßstab und dem Stahlmaßstab
Der Gliedermaßstab (Zweimetermaßstab) hat eine Millimetereinteilung. Der Stahlmaßstab ist in der Regel 400 mm lang. Er ist sehr handlich. Mit Beilagen erzielt man genauere Messergebnisse.

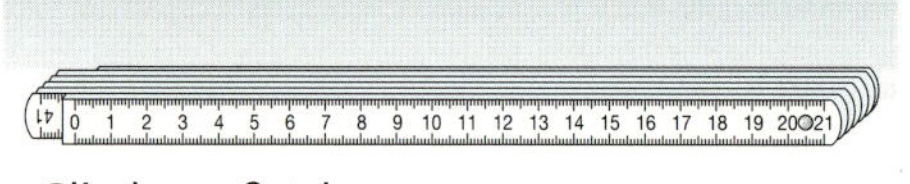
Gliedermaßstab

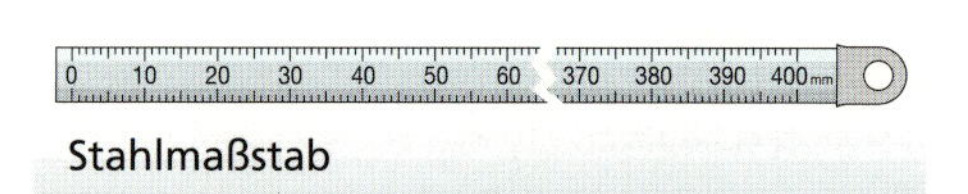
Stahlmaßstab

Messen mit dem Messschieber
Der Messschieber hat einen beweglichen und einen festen Messschenkel, mit dem Außen-, Innen- und Tiefenmessungen durchgeführt werden.
Auf dem beweglichen Messschenkel (dem Schieber) befindet sich ein Ablesemaßstab, den man Nonius nennt. Mit ihm liest man die Zehntelmillimeter ab.
Beim Ablesen des Messwertes geht man wie folgt vor:
1. Zuerst die ganzen Millimeter ablesen. Sie stehen auf der Hauptskala links vom Nullstrich des Nonius (hier: 28).
2. Nachschauen, welcher Strich des Nonius genau unter einem Strich der Hauptskala steht. Auf der Noniusskala kann man jetzt die Zehntelmillimeter ablesen (hier: 6). Das Maß beträgt hier also 28,6 mm.

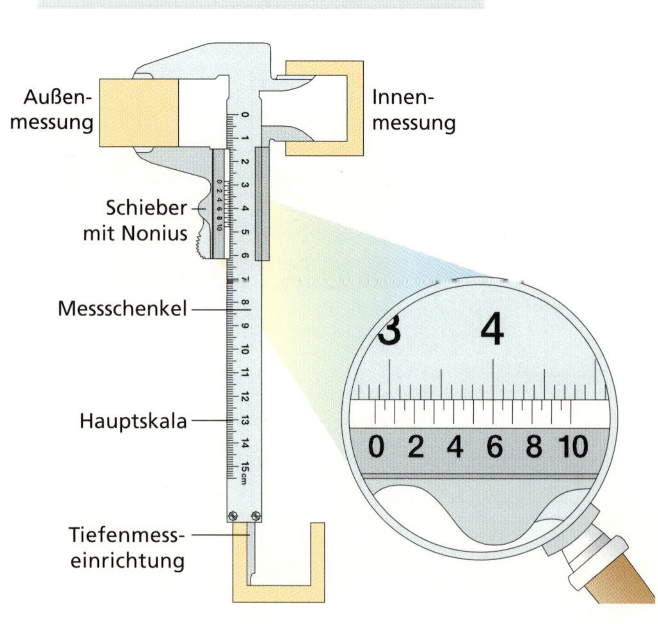

Arbeitsmittel | *Vorgang*

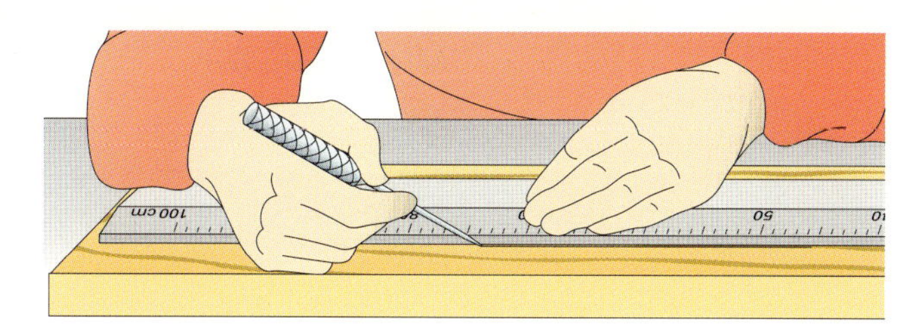

Anreißen mit Bleistift, Spitzbohrer und Reißnadel

Da Spitzbohrer und Reißnadel das Holz einritzen, sollte man sie nur benutzen, wenn der Riss später wegfällt oder verdeckt wird. Sonst kann ein Bleistift verwendet werden, aber niemals ein Kugelschreiber oder Faserstift.

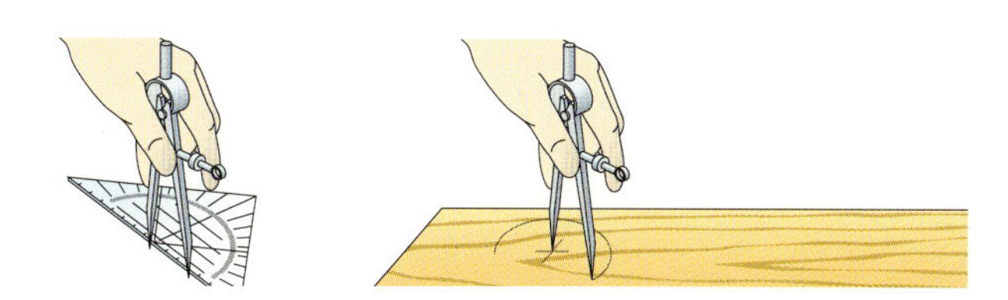

Anreißen mit Reißzirkel

Zum Anreißen von Rundungen und Kreisen wird ein Reißzirkel aus Stahl mit gehärteten Spitzen verwendet. Mit ihm kann man auch ein Maß direkt vom Maßstab abnehmen.

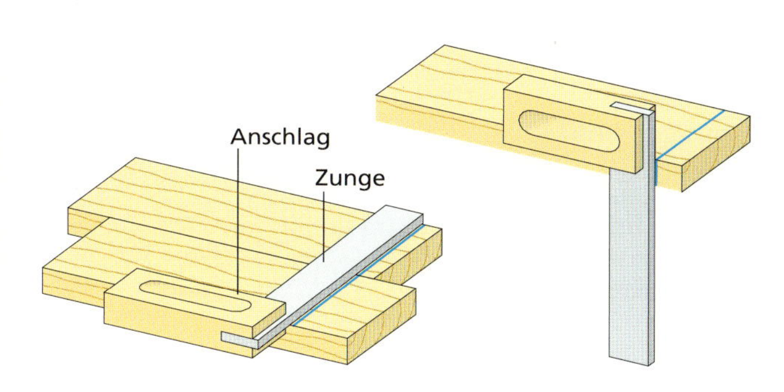

Risse festlegen mit dem Anschlagwinkel

Anschlagwinkel dienen dazu, rechtwinklige Risse festzulegen. Dabei drückt man mit einer Hand den Anschlag fest an den anzureißenden Gegenstand. Der Riss kann auf eine andere Seite des Werkstücks übertragen werden. Mit diesem Winkel kann man z. B. einen Holzwerkstoff vor dem Anreißen auf Winkligkeit prüfen.

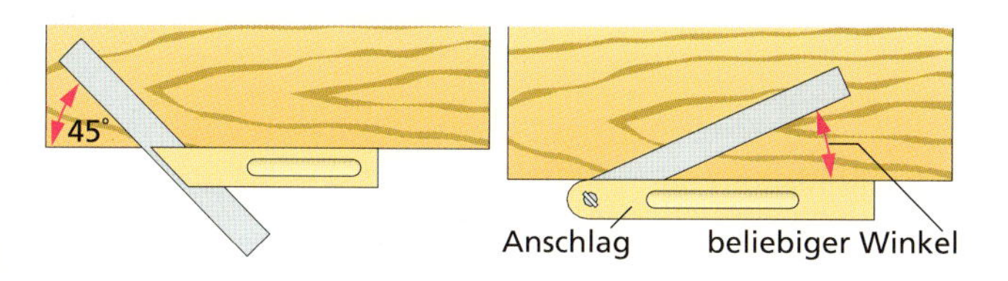

Mit Gehrungswinkel und Schmiege anreißen

Beide Anreißzeuge haben einen Anschlag. 45°-Winkel können mit dem Gehrungswinkel, alle anderen Winkel mit der Schmiege übertragen werden.

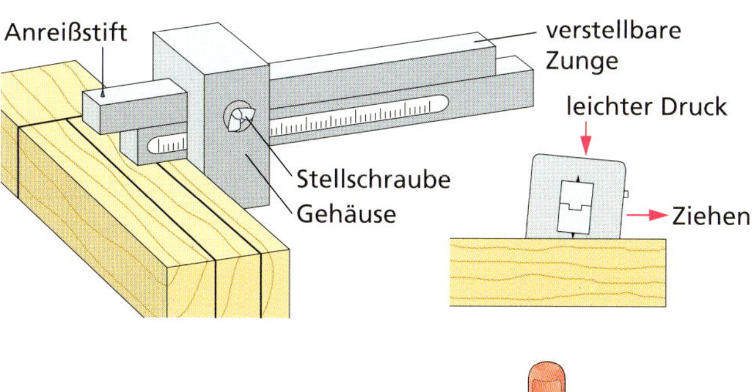

Risse mit dem Streichmaß festlegen

Dieses Messzeug wird dort eingesetzt, wo parallel verlaufende Risse notwendig sind. Die beiden Anreißstifte in den verstellbaren Zungen kann man gleichzeitig auf zwei verschiedene Maße einstellen. Das Streichmaß wird am Gehäuse festgehalten und an der Werkstückkante entlanggezogen.

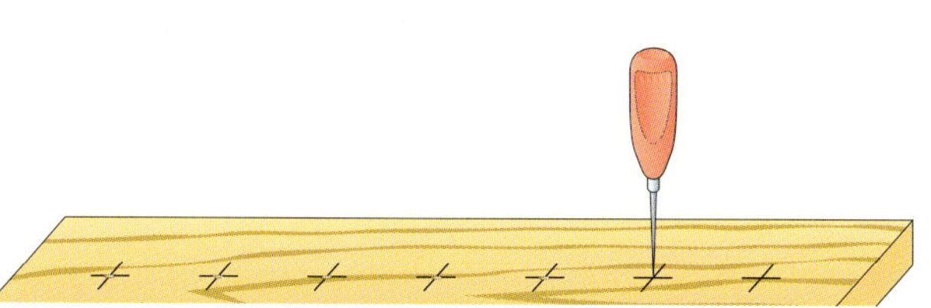

Bohrloch anreißen

Die Lage des Bohrlochs wird mit einem Kreuz gekennzeichnet. Den Mittelpunkt sticht man mit einem Spitzbohrer vor.

Trennen von Holz

Sägen

Sägearten
Man unterscheidet eingespannte und nicht eingespannte Sägen (Abb. 1). Bei den eingespannten Sägen (Spannsägen) erhält das Sägeblatt die nötige Spannung durch einen Bügel oder ein Gestell. Nicht eingespannte Sägen (Heftsägen) erhalten ihre Spannung durch größere Blattdicken oder durch Versteifung des Blattrückens.

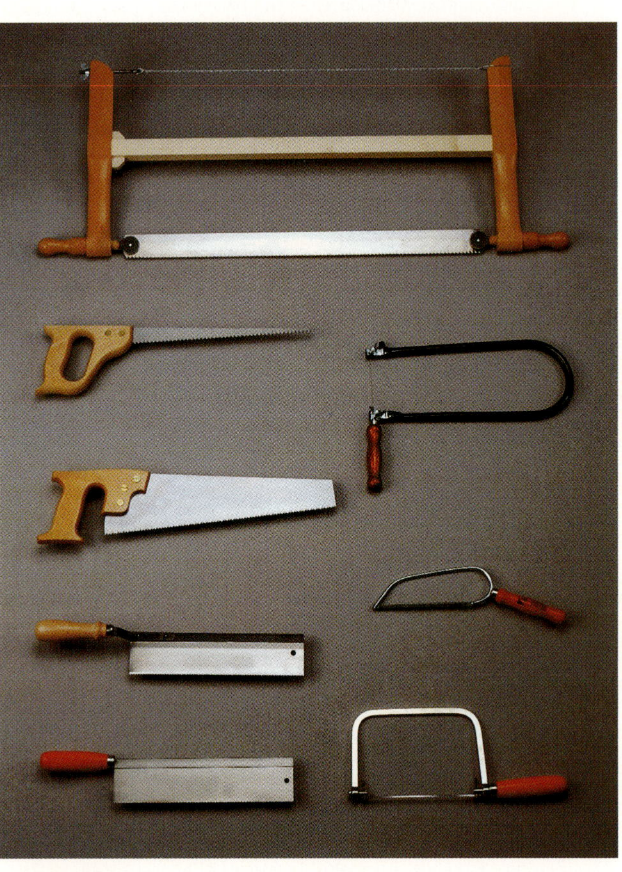

1 Sägearten

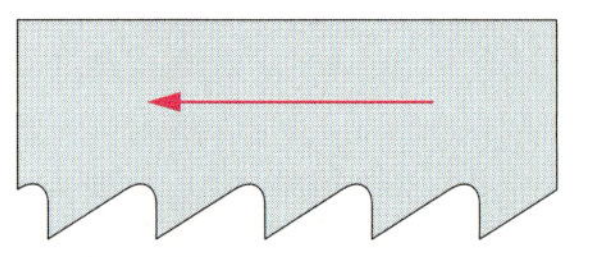

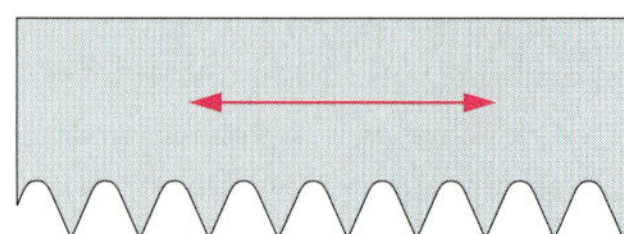

3 Sägezähne

Sägezähne
Sägezähne sind so geformt, dass sie entweder in eine Richtung oder in beide Richtungen wirken.
Der Fuchsschwanz und die Feinsäge arbeiten auf Stoß, die Laubsäge und die Puksäge auf Zug. Die Baumsäge und spezielle Gestellsägen wirken beidseitig.

Zahngröße
Größere Zähne ergeben einen groben Schnitt. Solche Sägen werden für dickes Holz, Weichholz und Längsschnitte eingesetzt. Sägen mit vielen kleinen Zähnen arbeiten feiner. Man verwendet sie für Schnitte quer zur Faser des Holzes, für Hartholz und für dünnes Holz.

Schränkung
Schnitt und Leistung einer Säge hängen auch von ihrer Schränkung ab. Bei geschränkten Sägen sind die Zähne abwechselnd etwas nach rechts und links ausgebogen (geschränkt). Somit wird ihre Schnittbreite größer als die Blattdicke. Das Sägeblatt hat dadurch im Schnitt Bewegungsfreiheit und klemmt nicht. Den Schnitt kann man auch beim Sägen leicht korrigieren, weil die geschränkten Zähne etwas breiter sägen als das Sägeblatt dick ist. Sägen für feine Schnitte sind wenig, Sägen für grobe mehr geschränkt.

Lochsäge
Diese Säge besteht aus einem Führungsbohrer mit ringförmigen Sägen, die verschiedene Durchmesser haben. Sie wird in das Bohrfutter einer elektrischen Bohrmaschine eingespannt. Damit kann man verschieden große und tiefe Löcher in Holzwerkstoffe sägen.

2 Lochsäge

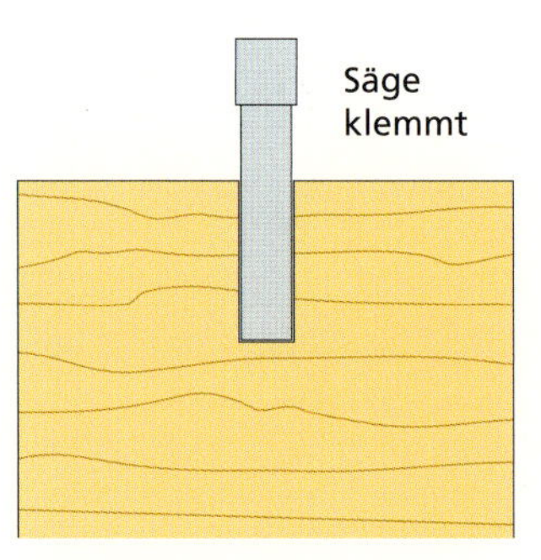

4 Sägeblatt ungeschränkt

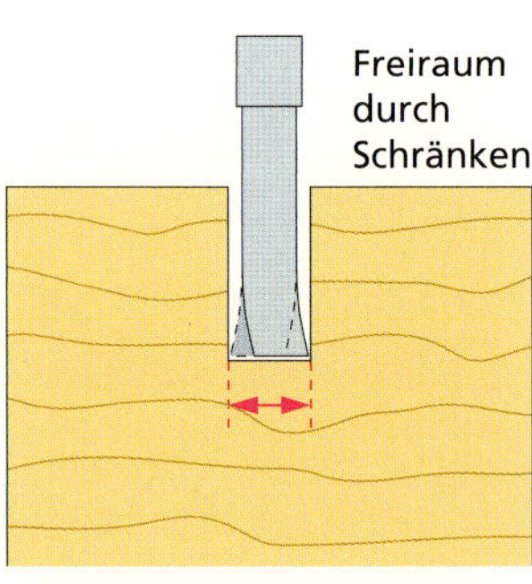

5 Sägeblatt geschränkt

Handhabung von Sägen

Tipp!
Eine Säge gleitet besser, wenn man mit einer Kerze oder Seife einen feinen Schmierfilm auf das Blatt aufbringt.

- Das Werkstück fest einspannen, damit es nicht federt.
- Die Säge auf der abfallenden Seite so am Riss ansetzen, dass dieser nach dem Sägen noch sichtbar ist.
- Ein aufgelegtes oder mit der Schraubzwinge festgespanntes Holzstück gibt dem Sägeblatt die nötige Führung und vermeidet eine Verletzung deiner Hand durch eine „springende Säge" (Abb. 6).
- Den Sägeschnitt mit einer Rückwärtsbewegung der Säge beginnen, damit sie nicht „springen" kann.
- Ohne besonderen Druck sägen.
- Wenn die Säge die Unterseite erreicht, das abfallende Ende des Werkstücks stützen, kurz bevor es abgetrennt wird. So reißt die Unterseite nicht aus und der Schnitt wird sauber.

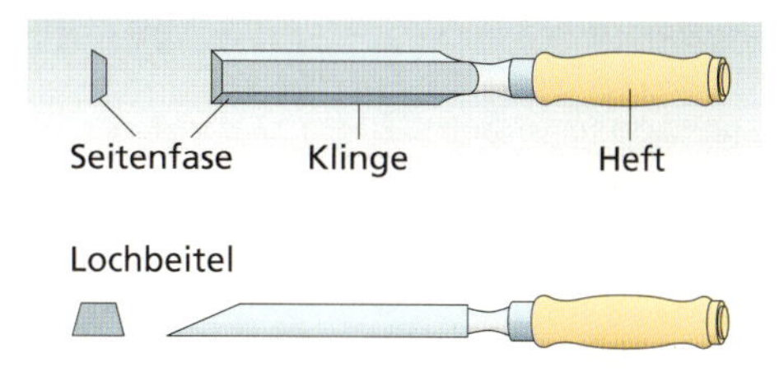

7 Stechbeitel

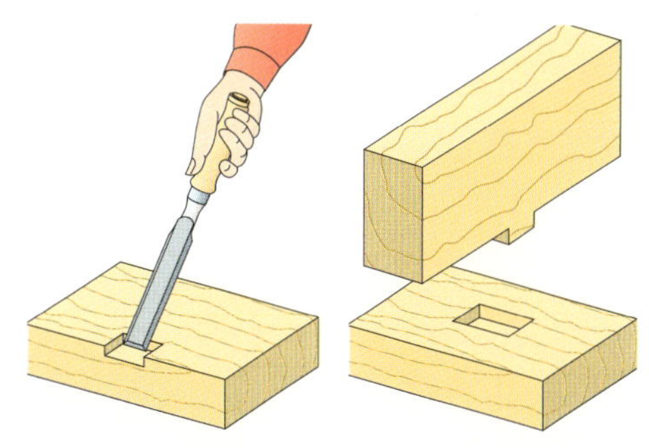

8 Eckige Vertiefung **9** Zapfenloch

6 Richtiges Sägen

> ***Arbeitssicherheit:***
> Die Verletzungsgefahr ist beim Stemmen besonders groß.
>
> - Spanne das Werkstück fest ein!
> - Führe den Stechbeitel niemals zum Körper hin!
> - Lege die Hand beim Stechen nicht vor den Stechbeitel!
> - Lege das Werkzeug nach dem Gebrauch geordnet auf den Tisch.

Stemmen

Mit dem Stechbeitel kann man z. B. eckige Vertiefungen oder ganze Öffnungen (Zapfenloch) herstellen. Stechbeitel gibt es in verschiedenen Klingenbreiten (zwischen 15 und 40 mm). Sie werden nach den Erfordernissen der Fertigung ausgewählt. Zum Stemmen nur einen Holzhammer benutzen. Wie man mit dem Stechbeitel arbeitet, kannst du auf Seite 40 nachlesen.

10 Werkstück eingespannt

Raspeln und Feilen

Die Raspel
Mit der Raspel wird die grobe Bearbeitung von Vollholz durchgeführt. Die Raspelzähne (Hiebe) ragen aus dem Blatt. Sie reißen deshalb bei der Vorschubbewegung Holzfasern aus dem Material und hinterlassen tiefe Spuren in der Oberfläche, die man z. B. mit der Feile glätten kann.

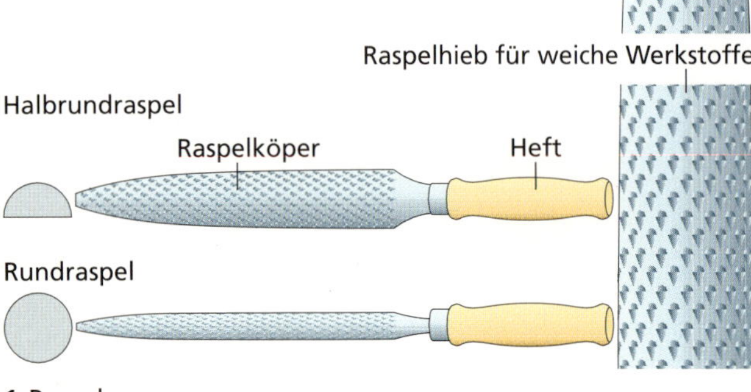

1 Raspeln

Die Feile
Die Feile soll zur Feinbearbeitung einer Form benutzt werden. Feilen mit schrägem Hieb sind besonders geeignet, weil sie sich nicht so schnell mit Spänen festsetzen.

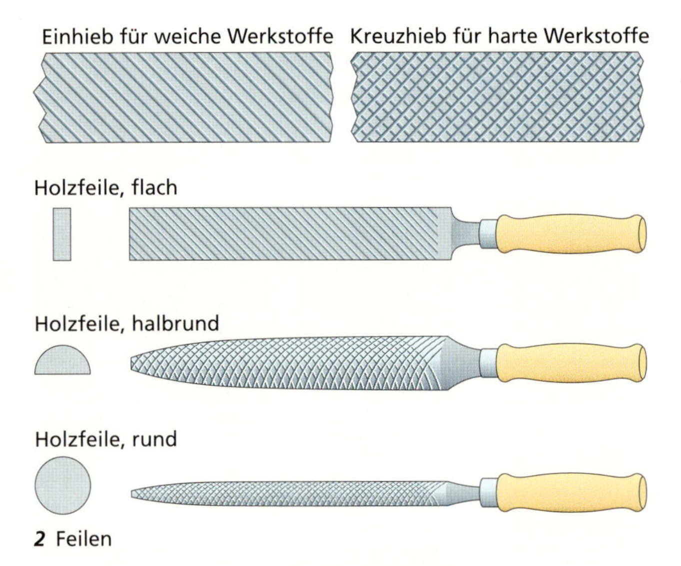

2 Feilen

Handhabung von Raspeln und Feilen
Die richtige Handhabung der Raspel und der Feile beachten. Damit das Werkstück beim Bearbeiten nicht federt, wird es mit geringem Überstand eingespannt.

Da Raspeln und Feilen nur „auf Stoß" wirken, wird nur während der Vorwärtsbewegung Druck ausgeübt. Um ein Absplittern oder Ausreißen zu vermeiden, geht man wie folgt vor:

- Feilen und Raspeln nach vorn und seitlich mit geringem Druck führen.
- Kanten vor dem Raspeln anschrägen (anfasen) oder eine Beilage verwenden.

3 Richtiges Raspeln

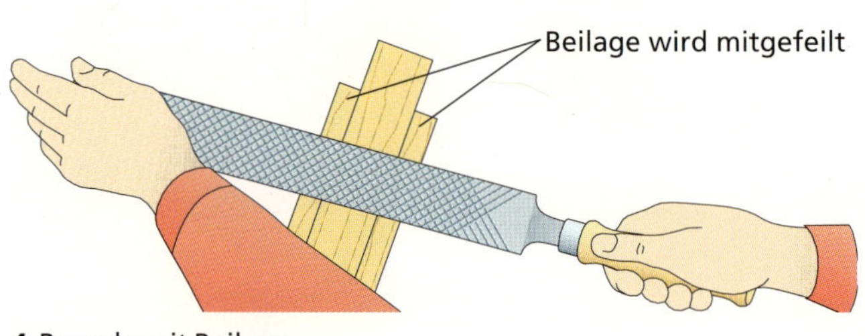

4 Raspeln mit Beilage

Ist der Hieb mit Harz, Leim oder feuchtem Holz verstopft, muss man ihn in Seifenwasser „einweichen" und mit einer Feilenbürste reinigen. Die Feilenbürste nur in einer Richtung durch den Hieb ziehen!

Raspeln und Feilen arbeiten nur gut, wenn sie scharf sind. Deshalb sollten ihre Hiebe andere Werkzeuge aus Metall (z. B. Hammer, Säge) nicht berühren. So werden ihre Hiebe geschont und andere Werkzeuge nicht beschädigt.

Bohrer	Verwendung	Hinweise
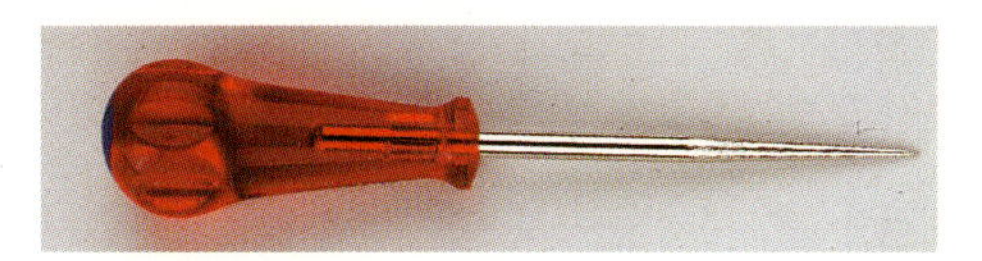 Spitzbohrer – Vorstecher	Mit ihm kann man Löcher für kleine Schrauben oder zum Ansetzen anderer Bohrer vorstechen.	Spitze mit Korken versehen, um Verletzungen vorzubeugen!
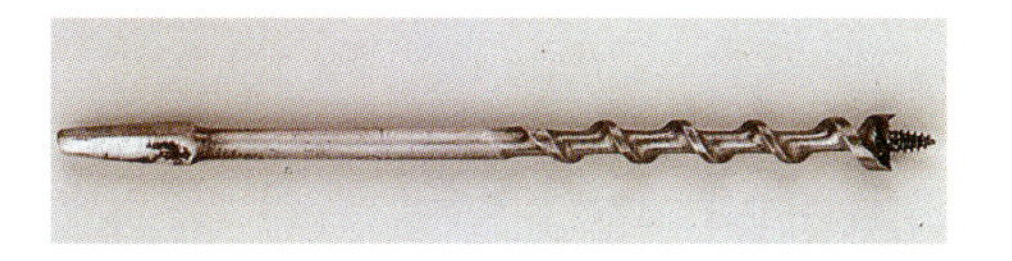 Schneckenbohrer	Er eignet sich mithilfe der Bohrwinde zum genauen Bohren von Hart- und Weichholz sowie für Holzwerkstoffe. Seine Förderschnecke transportiert die Späne aus dem Bohrloch.	Nicht für den Einsatz mit der elektrischen Bohrmaschine geeignet!
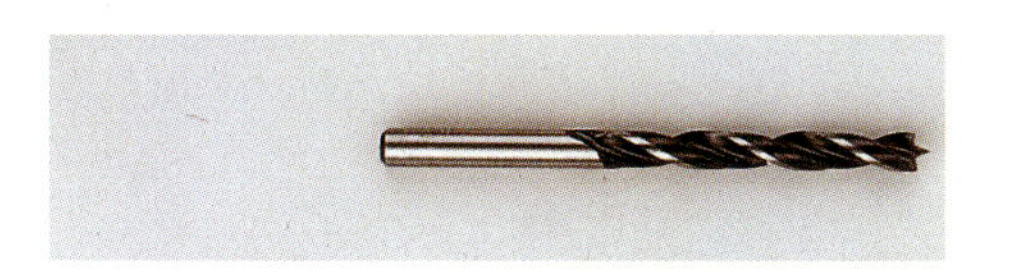 Holzspiralbohrer	Dieser Bohrer kann mit der elektrischen Bohrmaschine betrieben werden. Seine Zentrierspitze verhindert das Verlaufen des Bohrers.	Kann auch mit Handbohrmaschinen betrieben werden.
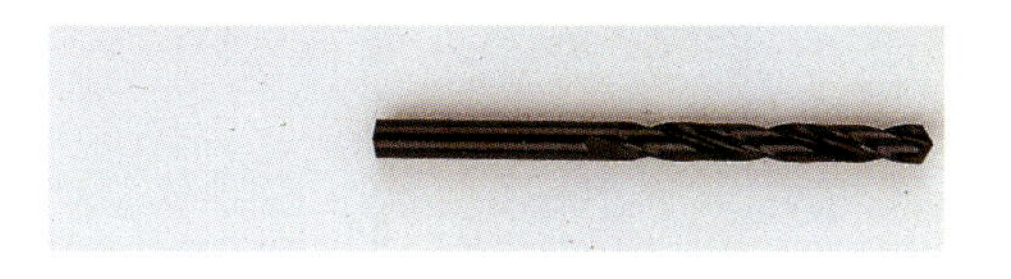 Universalbohrer	Beide Hauptschneiden sind zu einem Spitzenwinkel von 118–140° angeschliffen. Universalbohrer werden auch zum Bohren von Metallen und Kunststoffen verwendet.	Um das Verlaufen des Bohrers zu verhindern, sticht man das Bohrloch vor.
 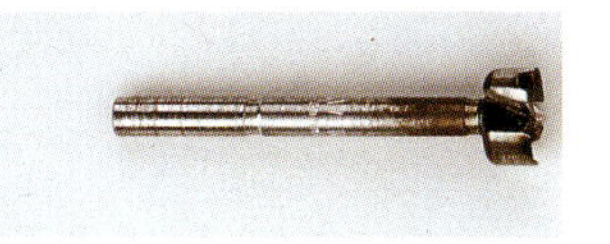 Forstnerbohrer	Grund und Wandung einer Bohrung werden sauber und glatt. Mit seiner Zentrierspitze kann man ihn genau ansetzen.	Bohrer mit Zentrierspitze darf man nicht mit anderen harten Gegenständen in Berührung bringen, denn sie könnten dadurch beschädigt werden.
 Versenkbohrer – Krauskopf	Mit ihm kann man Bohrungen entgraten oder trichterförmig erweitern, um z. B. Senkkopfschrauben in den Werkstoff oberflächenbündig einzudrehen.	Tiefenanschlag z. B. bei der Ständerbohrmaschine genau einstellen, damit sich der Versenkbohrer nicht zu tief in die Bohrung bohrt.

Bohrmaschinen

Die ***Bohrwinde*** eignet sich für Bohrer mit Vierkantschaft (z. B. Schnecken-, Schlangen- und Zentrumsbohrer). Sie wird häufig eingesetzt, um Bohrungen mit großem Durchmesser herzustellen. Wo durch Platzmangel keine volle Umdrehung möglich ist, wird eine Bohrwinde mit Knarre verwendet. Mit der Knarre kann man die Kurbel nach jeder Teildrehung zurückdrehen, ohne dass der Bohrer sich mit zurückdreht.

Die ***Handbohrmaschine*** ermöglicht höhere Drehzahlen. Mit ihr werden vor allem kleinere Löcher gebohrt.

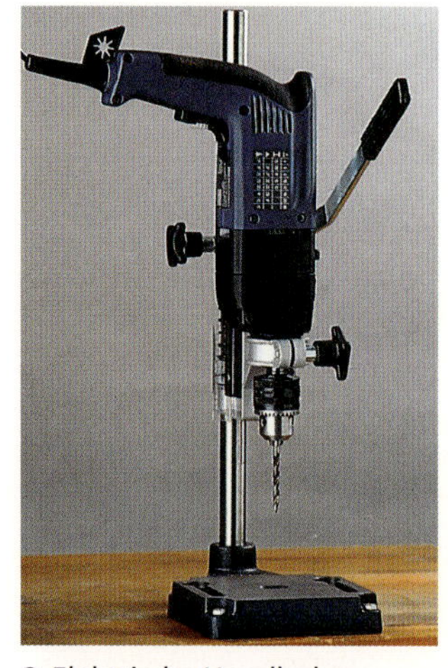

2 Elektrische Handbohrmaschine im Bohrständer

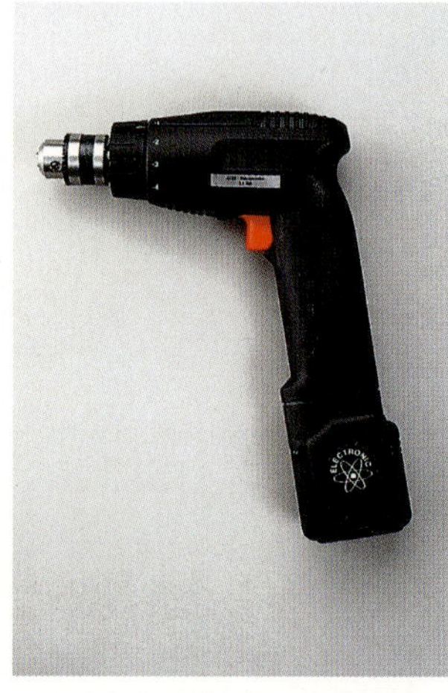

3 Akku-Handbohrmaschine

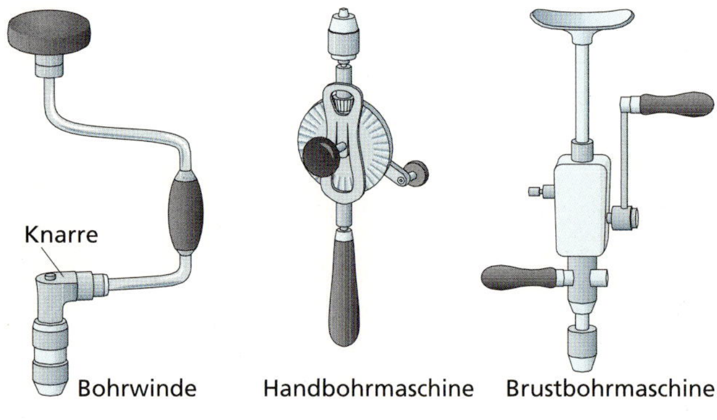

1 Handbohrmaschinen

Bei der ***Brustbohrmaschine*** kann man das Übersetzungsverhältnis durch das Umsetzen der Kurbel ändern. Bei einer Umdrehung der Kurbel dreht sich dann der Bohrer z. B. dreimal.

Elektrische Handbohrmaschinen
kann man in einem Bohrständer betreiben. Mithilfe eines Maschinenschraubstocks wird genau und sicher gearbeitet.

Akku-Bohrmaschinen ermöglichen ein Arbeiten unabhängig vom Netzstrom. Sie können auch als Bohrschrauber für „Spax-Schrauben" eingesetzt werden.

Tischbohrmaschinen sind sehr leise und ermöglichen noch genaueres Bohren. Sie haben häufig ein stufenlos regelbares Getriebe.

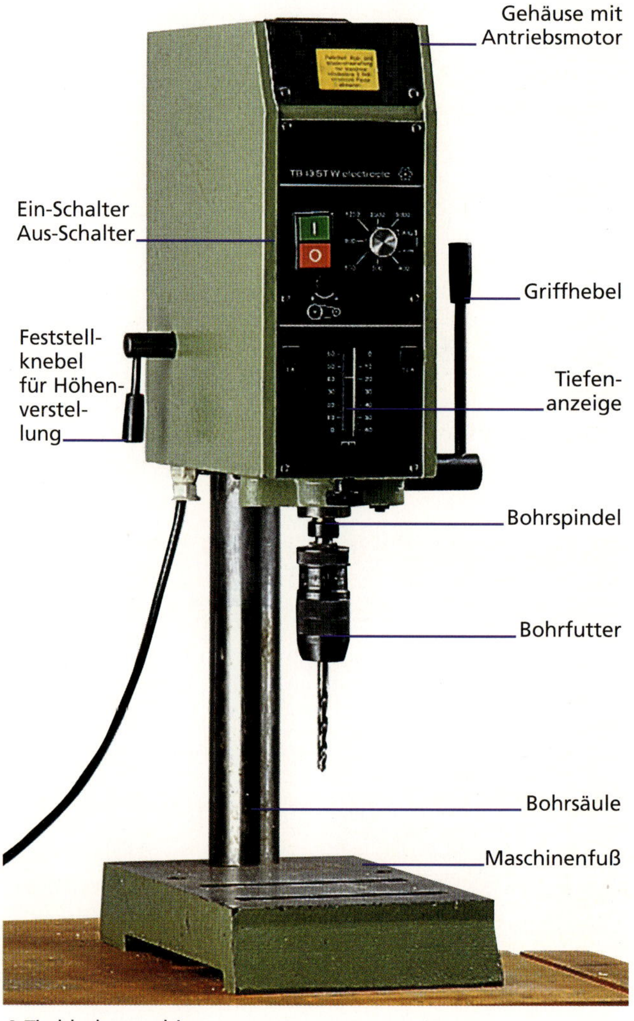

4 Tischbohrmaschine

Umgang mit Werkzeugen und Maschinen – Unfallverhütung

5 Werkstück einspannen

6 Richtiges Bearbeiten

Umgang mit Werkzeugen
Lockere Hefte (z. B. von Feilen, Stechbeiteln) sind gefährlich. Zum Reparieren wende dich an deinen Lehrer oder deine Lehrerin.
Klingen, Spitzen und Schneiden können zu Verletzungen führen (z. B. durch Abrutschen). Spanne deshalb Werkstücke in geeignete Vorrichtungen ein und führe Werkzeuge vom Körper weg.

Tipp: Gehe umsichtig und sicherheitsbewusst mit Werkzeugen, Maschinen und anderen Arbeitsmitteln um. Das hilft, Gefahren rechtzeitig zu erkennen, Unfälle zu vermeiden, Werkzeuge und Maschinen zu schonen.

7 Eingespanntes Werkstück

8 Haarschutz tragen

Umgang mit Maschinen
Schülerinnen und Schülern ist nur die Benutzung bestimmter elektrisch betriebener Maschinen gestattet. Verwende sie nur
- nach Einweisung in ihre Bedienung und Handhabung,
- in einwandfreiem Zustand (z. B. von Gehäuse, Kabel und Stecker),
- zusammen mit geeignetem Werkzeug (z. B. keinen Schneckenbohrer in die Bohrmaschine).

Hinweis!
Kreissäge, Bandsäge, Handkreissäge, Hobelmaschine und „Schleifbock“ darfst du nicht benutzen.

Umgang mit der elektrischen Bohrmaschine
Beachte dabei die folgenden Regeln:
- Benutze die Handbohrmaschine nur im Bohrständer.
- Trage nur eng anliegende Kleidung, keine lose hängenden Schals, Ketten, Fahrkartentaschen, Armbänder und Ähnliches.
- Schütze deine Haare! Trage Kopftuch, Mütze oder Schutzhelm.
- Spanne den zu bohrenden Gegenstand fest (z. B. im Maschinenschraubstock oder mit Zwingen).
- Trage beim Bohren spröder Werkstoffe eine Schutzbrille.
- Wenn du bohrst, sollte aus Sicherheitsgründen unbedingt jemand neben dem Notausschalter stehen und dich beobachten.

9 Einsatz von Zwingen

10 Sicherheitsmaßnahme beim Bohren

Fügen von Holz

Einzelteile eines mehrteiligen Gegenstandes müssen miteinander verbunden werden. Dazu sind verschiedene Fügetechniken erforderlich, z. B. Leimen, Nageln, Schrauben, Dübeln, Nuten, Schlitzen, Zapfen, Überblatten.

Leimen
Zum Verleimen von Holzwerkstoffen ist in der Regel der Weißleim geeignet. Er wird nach der Gebrauchsanweisung verarbeitet.

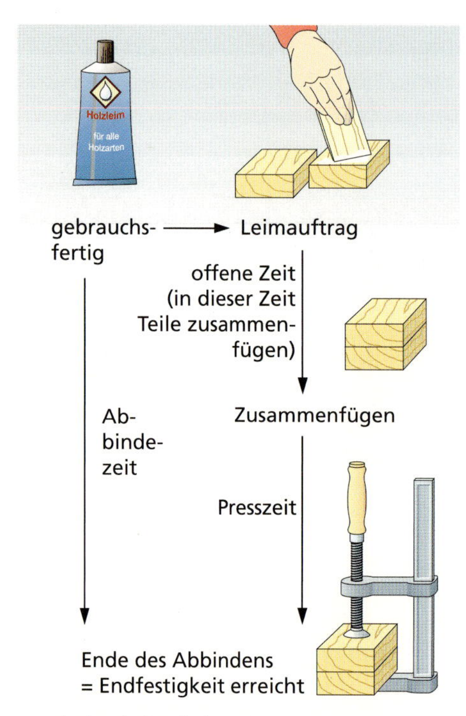

1 Arbeitsschritte beim Leimen

Nageln
Nagelverbindungen sind schnell und leicht herzustellende Verbindungen. Nägel gibt es in verschiedenen Längen und Kopfformen.

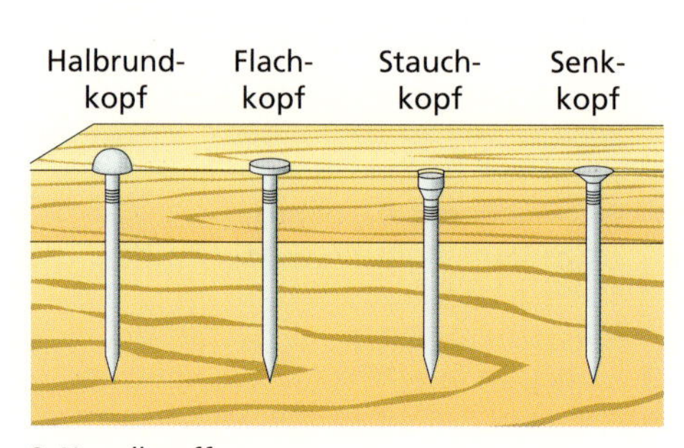

2 Nagelkopfformen

Bei einer Nagelverbindung muss man wie folgt vorgehen:

Nagel bestimmen

Länge: Brettdicke x 3.
Dicke: 1/10 der Dicke des dünneren Bretts.
Form: z. B. Flachkopf für grobe Arbeiten.

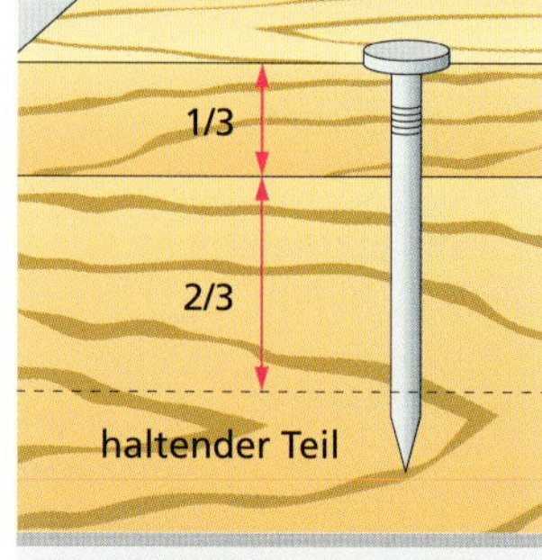

Nagellinie festlegen

Bei rechtwinkliger Nagelung von zwei Brettern müssen die Nägel genau in die Mitte der Schmalseite eines Bretts.

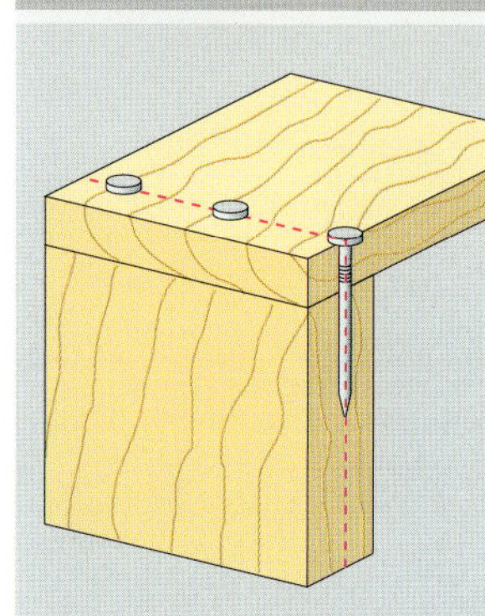

Nageln

Hammer am Stielende festhalten.
Nagelspitze durch leichten Hammerschlag „stauchen".

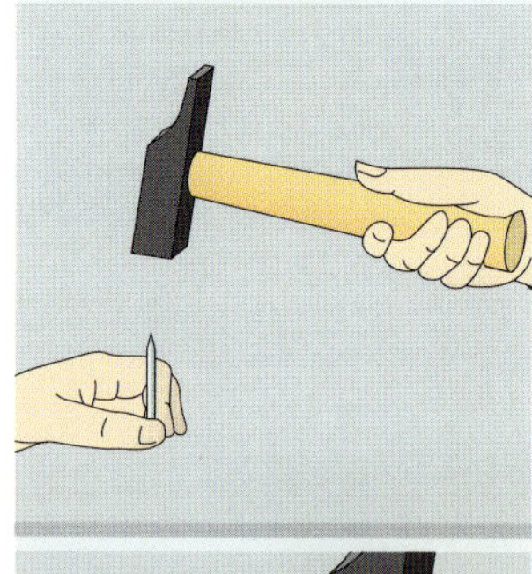

Fixieren der beiden Bretter mit einem Nagel, die restlichen Nägel abwechselnd schräg einschlagen.

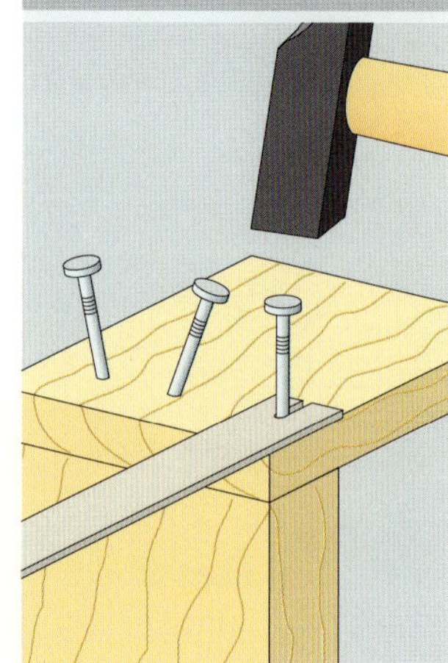

Schrauben

Eine Verschraubung ist sinnvoll, wenn die Verbindung wieder gelöst werden muss oder wenn eine verleimte Verbindung zusätzlich verstärkt werden soll.

Beim Schrauben muss man folgendermaßen vorgehen:

Schraube bestimmen

Länge: glatter Schaft so lang wie das obere Brett.
Form: z. B. Senkkopfschrauben für verdeckte Schraubungen.

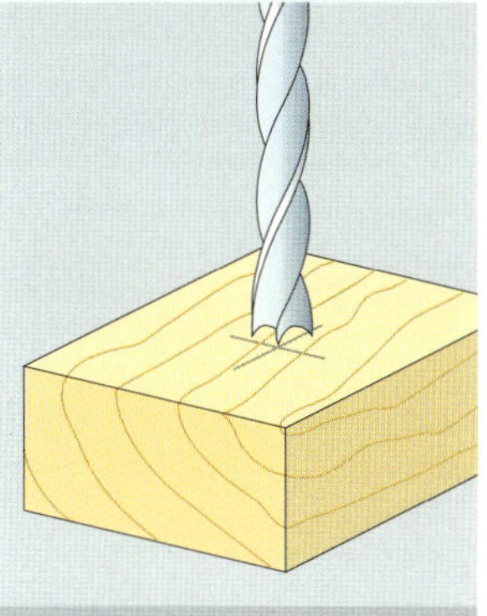

Vorbohren

- Bohrloch mit „Kreuz" anreißen.
- Oberes Brett mit Schaftdurchmesser vorbohren.
- Unteres Brett ca. 1 mm dünner als Kerndurchmesser vorbohren.

Für kleine Schrauben Bohrloch nur vorstechen.

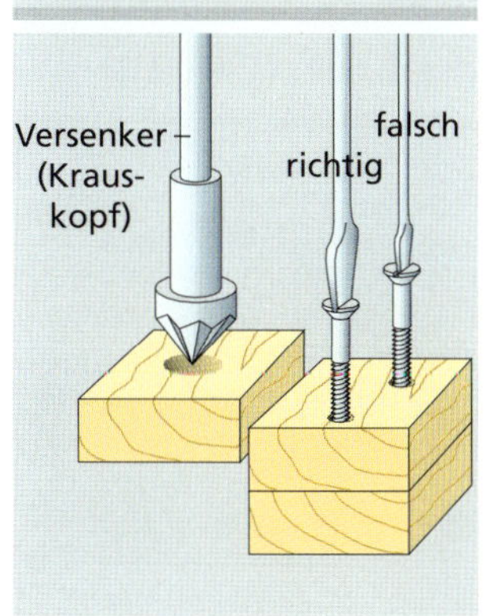

Schrauben

- Für Senkkopfschrauben das Durchgangsloch ansenken.
- Schraubengewinde mit Wachs oder Seife bestreichen.
- Passenden Schraubendreher verwenden.
- Schraube eindrehen und nicht einschlagen.

Dübeln

Dübel werden häufig dort verwendet, wo sichtbare Verbindungselemente (z. B. Schrauben, Nägel) unerwünscht sind. Sie werden aus Hartholz (Buche) hergestellt und sind in verschiedenen Dicken und Längen sowie mit und ohne Längsrillen erhältlich.

Beim Dübeln muss Folgendes beachtet werden:

Dübel bestimmen

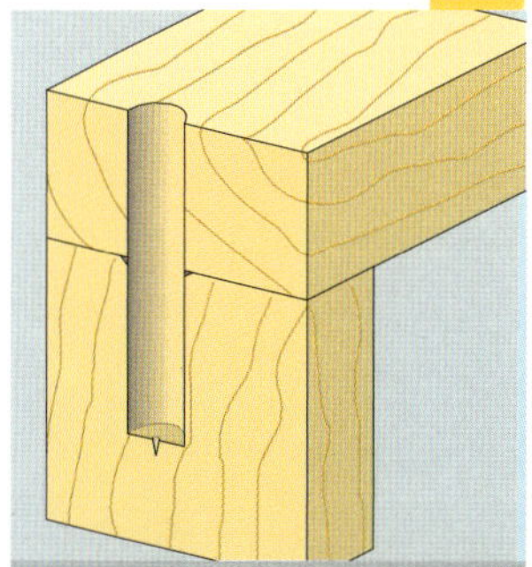

Durchmesser:
Bis zu einer Brettdicke von 20 mm wählt man als Dübeldurchmesser 1/2 Brettdicke.

Dübelloch markieren

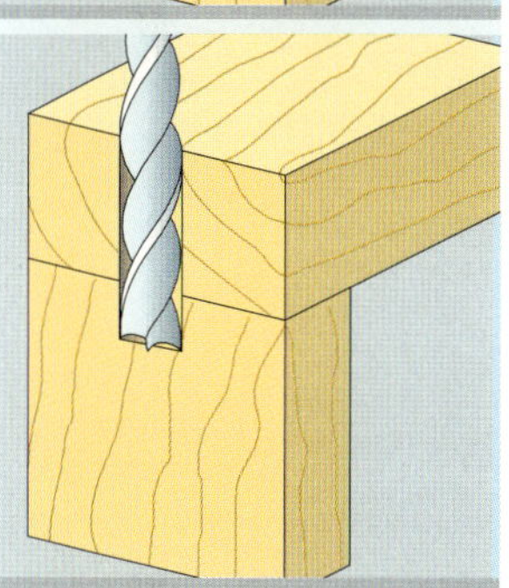

a) Offene Dübelung: beide Teile werden gemeinsam gebohrt.

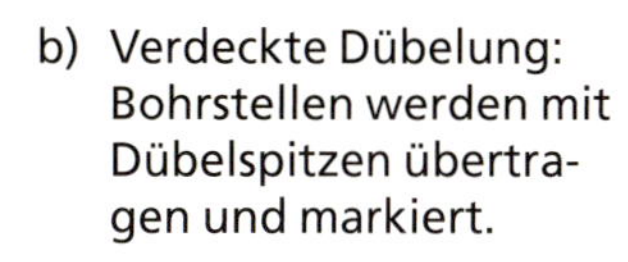

b) Verdeckte Dübelung: Bohrstellen werden mit Dübelspitzen übertragen und markiert.

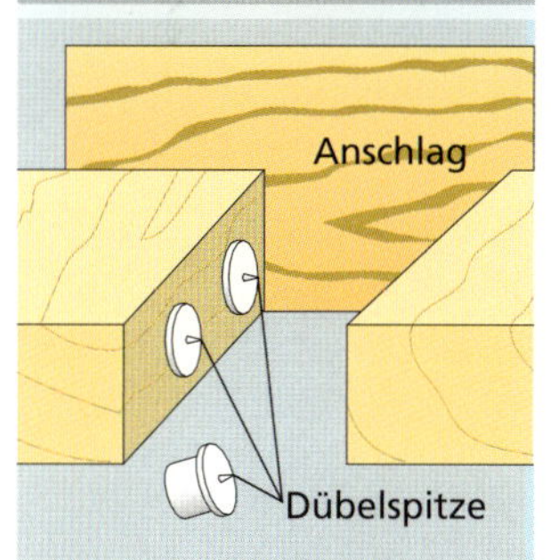

Dübeln

- Dübellöcher mit Holzspiralbohrer oder Forstnerbohrer bohren.
- Dübellöcher ansenken, um den Grat zu entfernen.
- Dübelenden anfasen.
- Leim zugeben.

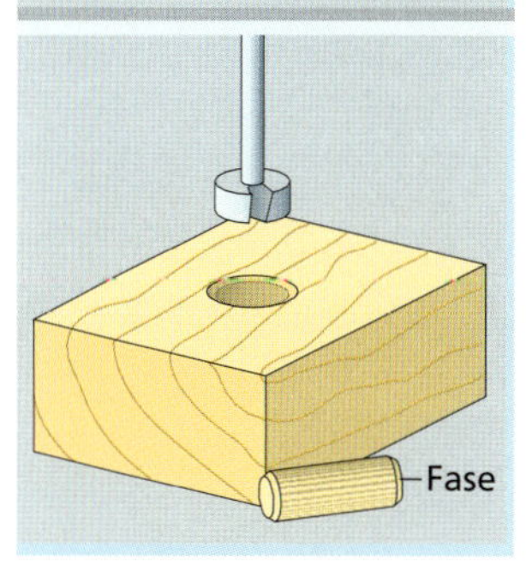

Fügen von Holz

Überblatten

Beim Überblatten werden z. B. aus zwei Latten jeweils Stücke bis zur halben Dicke herausgearbeitet („ausgeklinkt") und anschließend miteinander verleimt.
Die folgenden Abbildungen zeigen, wie man überblattet:

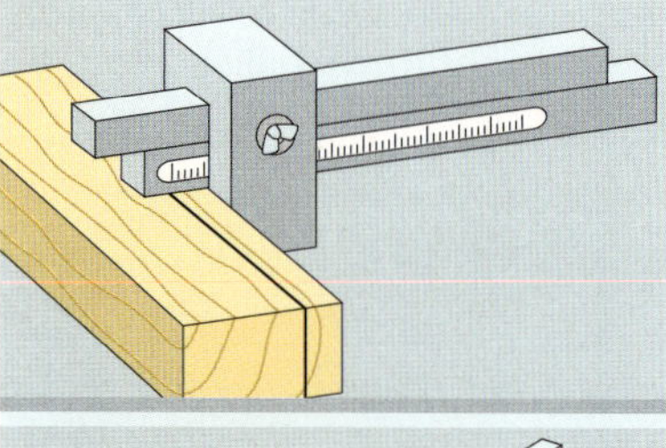

- Messen.
- Anreißen mit dem Streichmaß.

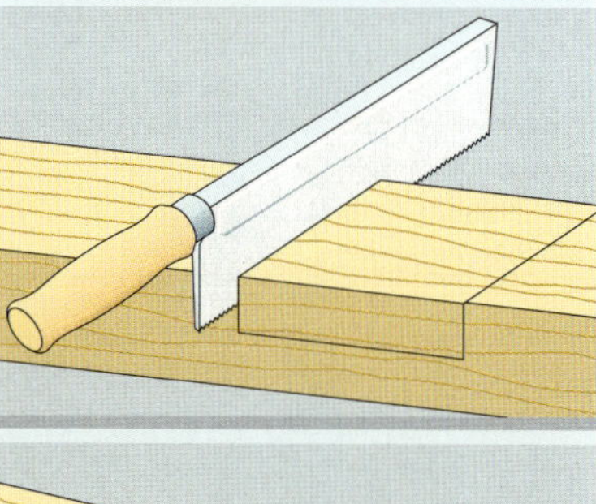

- Sägen mit der Feinsäge neben den Querrissen bis an die Längsrisse.

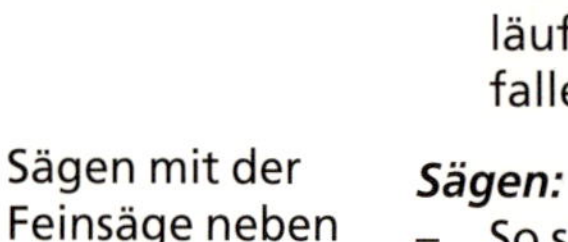

- Ausarbeiten mit dem Stechbeitel.
- Nacharbeiten mit der Feile.
- Kanten anfasen.

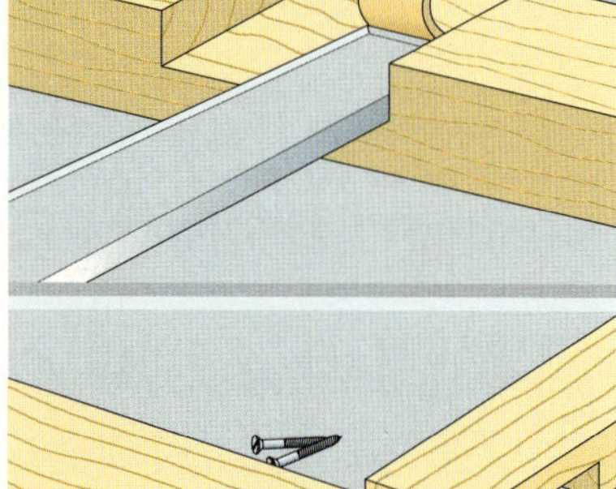

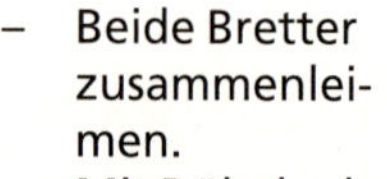

- Beide Bretter zusammenleimen.
- Mit Dübel oder Schrauben die Festigkeit erhöhen.

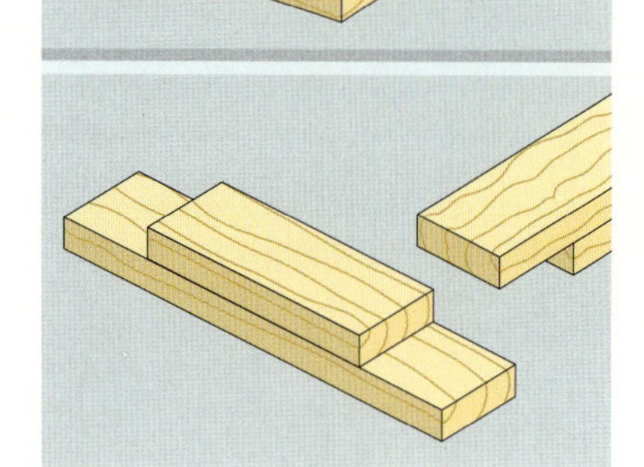

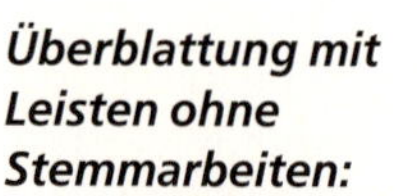

Überblattung mit Leisten ohne Stemmarbeiten:
- Leisten gleicher Dicke zusammenleimen.

Verbinden mit Schlitz und Zapfen

Schlitz und Zapfen ergeben durch ihre große Leimfläche eine stark belastbare Verbindung (z. B. von Fenster- und Türrahmen). Folgende Hinweise geben Hilfen, wie man bei dieser Fügetechnik vorgeht:

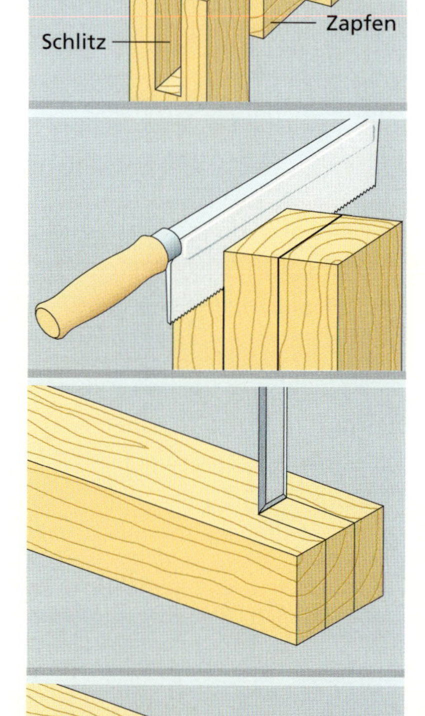

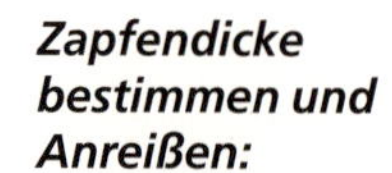

Zapfendicke bestimmen und Anreißen:
- Holzdicke x 1/3, mindestens 8 mm
- Der Riss verläuft im wegfallenden Teil.

Sägen:
- So sägen, dass die halbe Rissbreite gerade noch sichtbar bleibt.
- Zapfen am Querriss winklig absägen.

Stemmen des Schlitzes:
1. Stechbeitel senkrecht am Riss in das Holz treiben, Fasen zeigen nach außen.
2. Holz von außen nach innen abtragen, Fasen zeigen nach oben. Wenn notwendig, mit der Feile nacharbeiten.

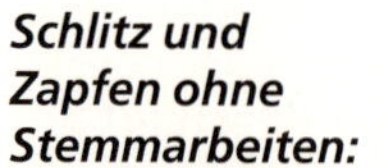

Schlitz und Zapfen ohne Stemmarbeiten:
Bei Leisten gleicher Länge ergibt sich durch Verschieben der mittleren Leiste ein Kantholz mit Schlitz und Zapfen.

Oberflächenbehandlung

Überzug	*Schutz/Wirkung*	*Arbeitsverfahren*
Öl Wachs	kurzzeitiger Schutz z. B. gegen Feuchtigkeit	Mit Pinsel oder Textilballen auftragen, gewachste Oberflächen polieren
Grundierung	Verbindung von Holz und nachfolgendem Überzug, muss auf diesen abgestimmt sein (Gebrauchsanweisung)	Gleichmäßig dünn auftragen (in Faserrichtung und quer zu ihr), nach gründlichem Trocknen schleifen
Überzugslack	Je nach Art: unterschiedlicher Schutz gegen Abrieb, Chemikalien und Witterungseinflüsse	Gleichmäßig und satt in Faserrichtung auftragen, trockene Zwischenschichten schleifen
Mattierung		Eventuell zuerst grundieren, mit Pinsel oder Ballen dünn auftragen
Lasur	wasserabweisend und witterungsbeständig, je nach Art: wasserdampfdurchlässig	Mehrmals in Faserrichtung auftragen und gleichmäßig verteilen

1 Endbehandlung einer Oberfläche

Die Oberfläche eines Werkstücks kann geschützt und veredelt werden.
Vor der Endbehandlung (Abb. 1) muss man Vorbereitungen treffen:

- Leimreste entfernen.
- Oberfläche schleifen.
- Zuerst grobes und dann feineres Schleifpapier verwenden.
  Dazu Kork oder Weichholz mit umwickeltem Schleifpapier verwenden.
- In Faserrichtung mit mäßigem Druck schleifen, damit die abgehobenen Späne nicht wieder in die Oberfläche eingedrückt werden.
- Die geschliffene Oberfläche wässern, denn niedergedrückte oder aufgerissene Fasern, die durch das Schleifen entstanden sind, quellen beim Auftragen von wässrigen Lacken, richten sich erneut auf und ergeben wieder eine raue Oberfläche. Dies kann man verhindern, indem man warmes, sauberes Wasser mit einem Schwamm oder Baumwolltuch aufträgt.
  Nach langsamem und gleichmäßigem Trocknen muss erneut mit einem feinkörnigen Schleifpapier nachgeschliffen und sorgfältig entstaubt werden.
- Nur in gut durchlüfteten Räumen streichen, wenn möglich im Freien, und alle Sicherheitsvorschriften beachten.

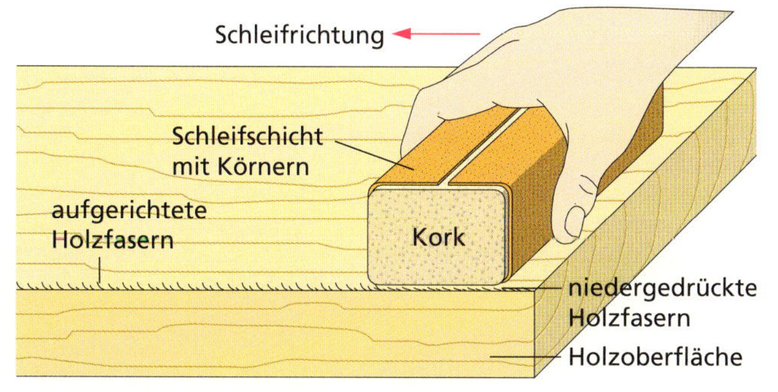

2 Schleifen

Arbeitssicherheit:
Überzugs-, Lösungs- und Reinigungsmittel gehören zu den gefährlichen Arbeitsstoffen. Sie sind leicht entzündlich und können explodieren. Wo sie gelagert oder verarbeitet werden, ist daher offenes Feuer verboten. Beim Umgang mit diesen Stoffen entstehen gesundheitsgefährdende Gase. Der Arbeitsraum muss deshalb gut belüftet werden. Kontakt mit der Haut kann zu Verätzungen führen. Symbole auf Tuben, Flaschen, Dosen usw. weisen auf diese Gefahren hin und müssen unbedingt beachtet werden!

Leicht entzündlich

Brandfördernd

Explosionsgefährlich

Gesundheitsschädlich

Ätzend

Giftig

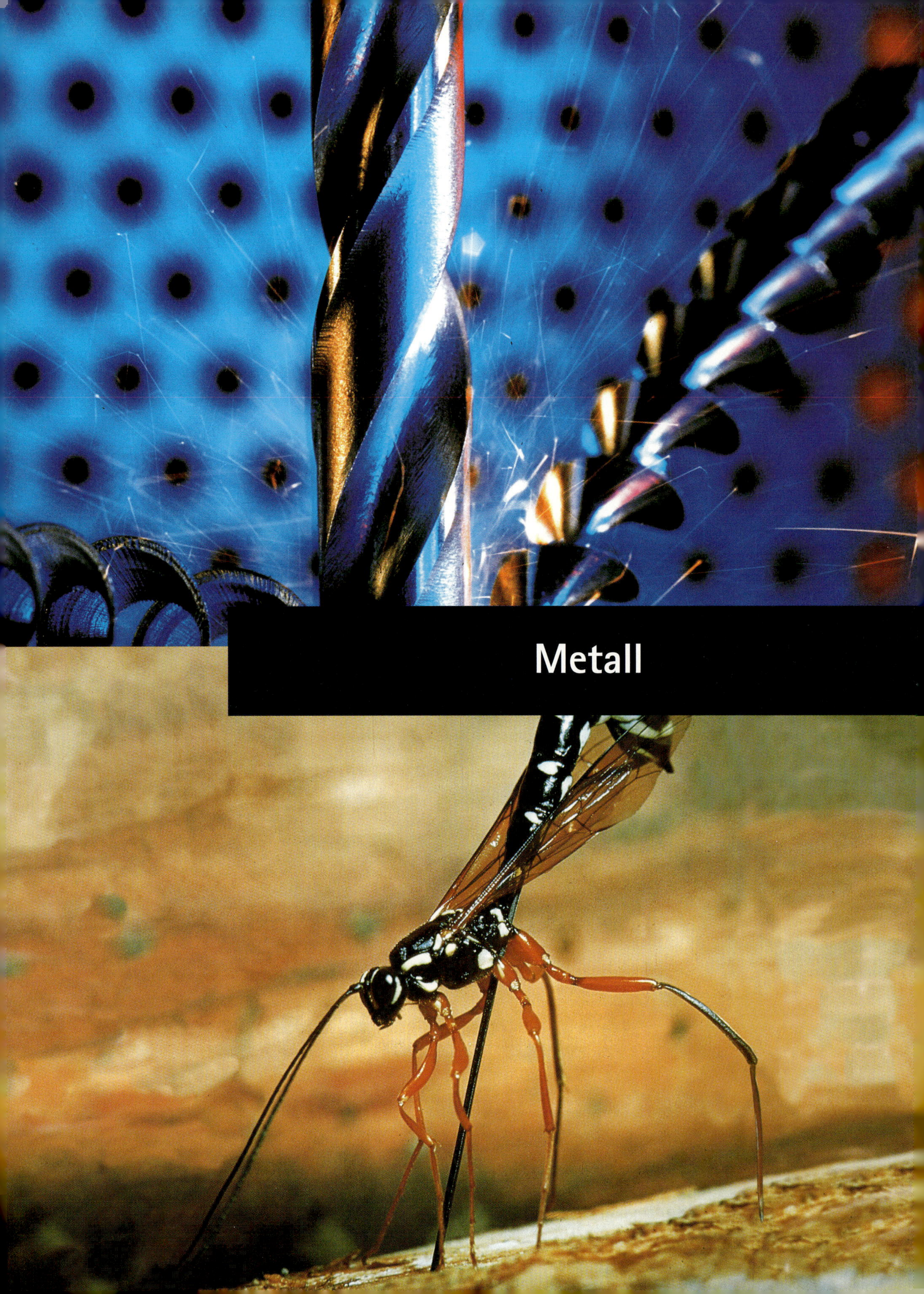

Metall

Warum das Thema wichtig ist

Die Metallindustrie ist einer der bedeutendsten und ältesten Produktions- und Industriezweige.

In früheren Zeiten wurden meist jene Völker bedeutend, die Kenntnisse über die Gewinnung von Metallen besaßen, weil sie mit den Metallwerkstoffen Waffen und Geräte herstellen konnten.

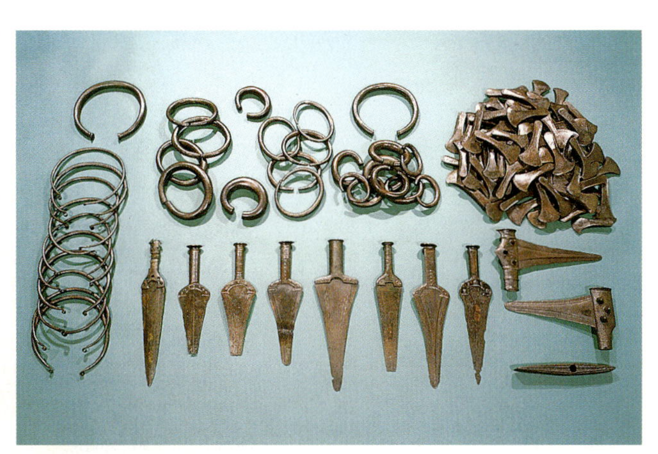

1 Gegenstände aus Bronze

Auch für uns heute sind Gegenstände aus Metallen selbstverständlich geworden. So gibt es zum Beispiel

- die Flugzeuge und Fensterrahmen aus Aluminium,
- die Dachrinnen und Dachgaubenverkleidungen aus Zink,
- die isolierten Elektrokabel und Kunstgegenstände aus Kupfer,
- die Türgriffe und Türschilder aus Messing,
- die Ringe und Ketten aus Gold,
- die Schmuckstücke und Kunstgegenstände aus Silber,
- die Konservendosen aus verzinntem Stahlblech (Weißblech) und vor allem
- die Werkzeuge, Maschinen und viele andere Gegenstände aus Eisen- und Stahlwerkstoffen.

Metalle sind für uns einfach unverzichtbar geworden. Das gilt besonders für die vielen und fast überall verwendeten Eisen- und Stahlwerkstoffe.

Viele wichtige technische Entwicklungen, wie die Dampfmaschine, die Eisenbahn, große Brücken, Maschinen und Fließbänder, hätte es ohne die Eisen- und Stahlwerkstoffe bestimmt nicht gegeben.

2 Brücke aus Stahl

Zum Glück für uns ist Eisen ein Element, das mit ca. 5,6 % in der Erdkruste enthalten ist und deshalb praktisch eine unerschöpfliche Rohstoffquelle darstellt. Sogar Schrott kann wieder verwertet werden (Metallrecycling).

3 Schrottplatz

In der Schule werden Metalle als Werkstoffe verwendet, weil man mit ihnen anspruchsvolle Aufgaben lösen und grundlegende Bearbeitungstechniken erlernen kann.

Vorkommen und Gewinnung von Metallen

Das Vorkommen und die Verwendung von Metallen waren schon immer für die Menschen von großer Bedeutung. Ganze Epochen der Vorgeschichte, nämlich Kupferzeit, Bronzezeit, Eisenzeit, hat man nach dem Metall benannt, mit dem Werkzeuge und Waffen hergestellt wurden.
Der Besitz von Gold, Silber, Kupfer, Zinn und Eisen war ausschlaggebend dafür, wie überlegen ein Volk gegenüber anderen Völkern war.

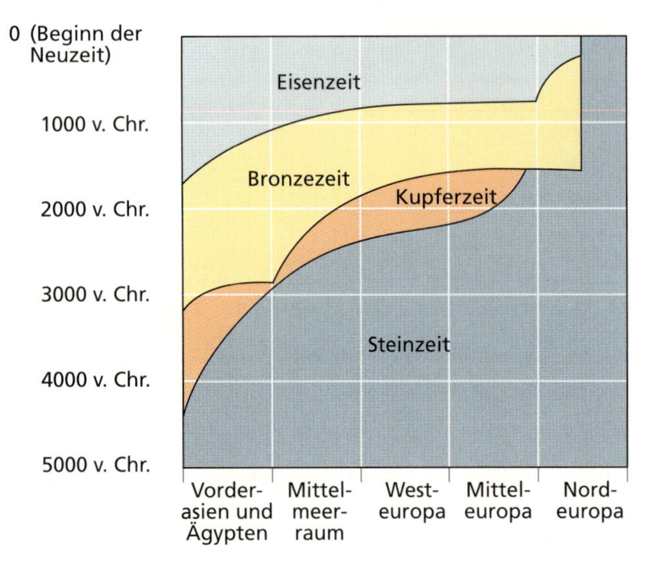

1 Werkstoffe und Zeitepochen

Trotz der großen Zahl der Metalle stößt man in der Natur kaum auf ein großes Stück reines Metall. Außer Gold und Platin lagern fast alle anderen Metalle als Erze in der Erde.
Erze sind teils Metalloxide, teils Metallverbindungen mit anderen Elementen und Mineralien, z. B. Schwefel, Kalk, Quarz. Selten liegen sie so nahe an der Oberfläche der Erdkruste, dass sie im Tagebau gewonnen werden können. Sie werden häufig in größeren Tiefen mit hohem technischem Aufwand kostspielig abgebaut.
Die meisten Metalle werden nicht rein, sondern als Teile von Legierungen verwendet.

Legierung: *Stoffgemisch aus mehreren in flüssigem Zustand gemischten Elementen, z. B. Zinn und Blei (Lötzinn), oder Eisen und Kohlenstoff (Stahl)*

Eisengewinnung

Um 700 n. Chr. entstand eine Eisenindustrie in der Steiermark, um 900 bis 1200 auch in Böhmen, Sachsen, Thüringen, im Harz, im Elsass und am Niederrhein. In Deutschland wurde vor allem das Siegerland zu einem Zentrum der Eisengewinnung.

Der Rennofen

Das Eisen wurde in den Anfängen der Eisengewinnung in niedrigen Rennöfen, die aus Lehm oder Stein errichtet wurden, gewonnen. Das Eisen der Eisenerze hat man mit glühender Holzkohle und natürlichem Luftzug oder Luft aus dem Blasebalg „reduziert". Das reduzierte Eisen sammelte sich am Boden des Ofens als feste bis teigige Eisenklumpen (Luppen) an. Diese Luppen waren noch stark mit Schlacke und Holzkohleresten versetzt und mussten deshalb weiter bearbeitet werden.

Reduzieren: *Entfernen von Sauerstoff*

2 Rennofen

Industrielle Eisenerzeugung

Erst mit der Entwicklung des Hochofens (etwa seit dem 16. Jh.) war es möglich, Eisen in großen Mengen zu gewinnen. Die Reduzierung wurde bis ins 18. Jh. mit Holzkohle durchgeführt. Später wurde mit Steinkohle und Koks reduziert, neuerdings auch mit Schweröl und Kunststoffabfällen.

Eisenverhüttung und Stahlherstellung

Eisenverhüttung und Stahlherstellung

Die Verwendung von Metallen ist für uns wichtig, weil sie besondere Werkstoffeigenschaften haben können, z.B. hohe Belastbarkeit, Härte, Magnetisierbarkeit, gute Wärmeleitfähigkeit, gute Verformbarkeit und Kratzfestigkeit. ***Stahl*** ist weltweit der wichtigste Industriewerkstoff. Mit ihm lassen sich Legierungen mit unterschiedlichen Eigenschaften herstellen, z.B. nicht rostender Stahl oder harter Stahl für schneidender Werkzeuge.

Eisen: *reines Eisen, chemisch: Fe, hat technisch keine Bedeutung*

Roheisenerzeugung

Bis zu 60 m hohe Hochöfen werden mit auf- und vorbereitetem Erz, Koks, und Zuschlägen beschickt. Koks dient als Reduktionsmittel. Er bindet den Sauerstoff des Eisenerzes an den Kohlenstoff des Kokses. Zuschläge, wie z. B. Kalk, werden dazugegeben, um unerwünschte Erzbestandteile zu binden und das flüssige Eisen vor erneuter Oxidation zu schützen. Beim Reduzieren des Eisenoxides zu Roheisen entsteht eine Eisen-Kohlenstoffverbindung. Durch das Verbinden des Kohlenstoffs mit Eisen erniedrigt sich der Schmelzpunkt.

Oxidieren: *Aufnehmen von Sauerstoff*

Aufbereitung: *Der Eisenanteil wird durch Abtrennen der steinigen Anteile erhöht.*

Vorbereitung: *Zur Weiterverarbeitung im Hochofen wird:*
– grobes Erz gebrochen, gemahlen, gesiebt
– feines Erz z. B. zu Pellets verarbeitet (Kugel bis Ø 15 mm)

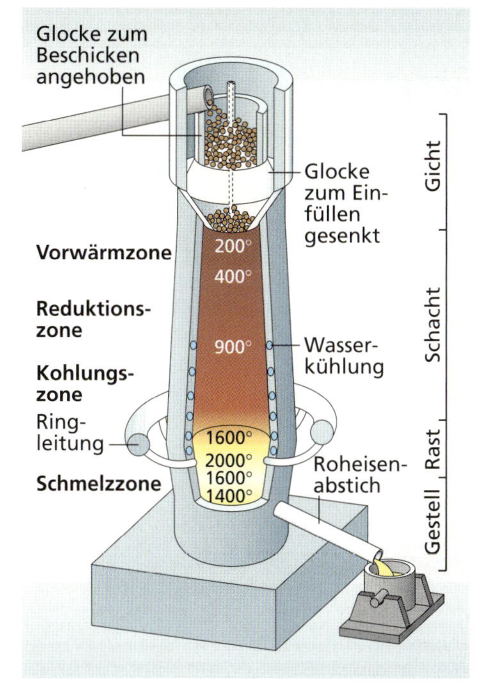

3 Hochofen

Stahlherstellung

Ausgangsmaterial für die Stahlherstellung ist Roheisen.
Das Roheisen, das aus dem Hochofen abgestochen wird, besitzt einen Kohlenstoffgehalt von 3 bis 5 %. Außerdem enthält es noch Silizium, Phosphor, Schwefel und andere Stoffe, die es so spröde machen, dass es für die meisten Anwendungen nicht brauchbar ist.
Bei der Verarbeitung des Roheisens zu Stahl müssen der Kohlenstoffgehalt gesenkt und die enthaltenen Beimengungen herausgebrannt werden. Dieser Verbrennungsvorgang wird in der Stahlindustrie „Frischen" genannt.

Frischen

Ein häufig angewandtes Verfahren zur Stahlherstellung ist z. B. das Linz-Donawitz-Verfahren (L-D-Verfahren).
Ein riesiger Schmelztiegel (Konverter) wird mit flüssigem Roheisen, Schrott und Eisenschwamm gefüllt. Unter hohem Druck wird reiner Sauerstoff dazu eingeblasen. Der Kohlenstoff reagiert unter Hitzeentwicklung mit dem Sauerstoff und verbrennt zu CO_2-Gas. Auch andere unerwünschte Stoffe werden bei diesem Vorgang verbrannt oder mit der Schlacke entfernt.
Der so entstandene Stahl hat jetzt noch einen Kohlenstoffgehalt von weniger als 2 % und ist damit schmiedbar und walzbar.

Eisenschwamm: *hochreduzierte, nicht aufgeschmolzene Eisenerze*

Chemie: Oxidation

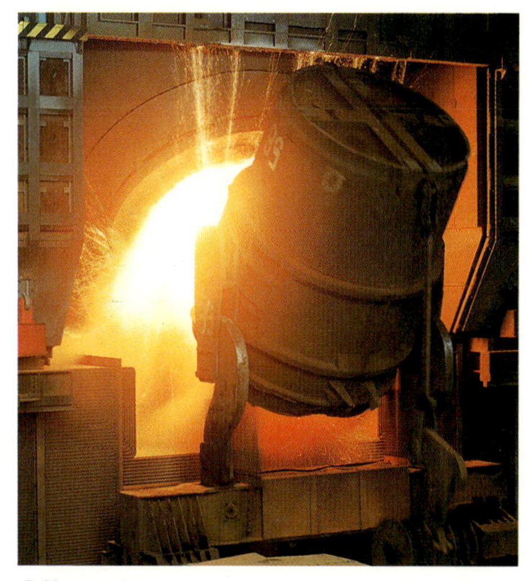

4 Konverter

Eigenschaften und Verwendung von Metallen

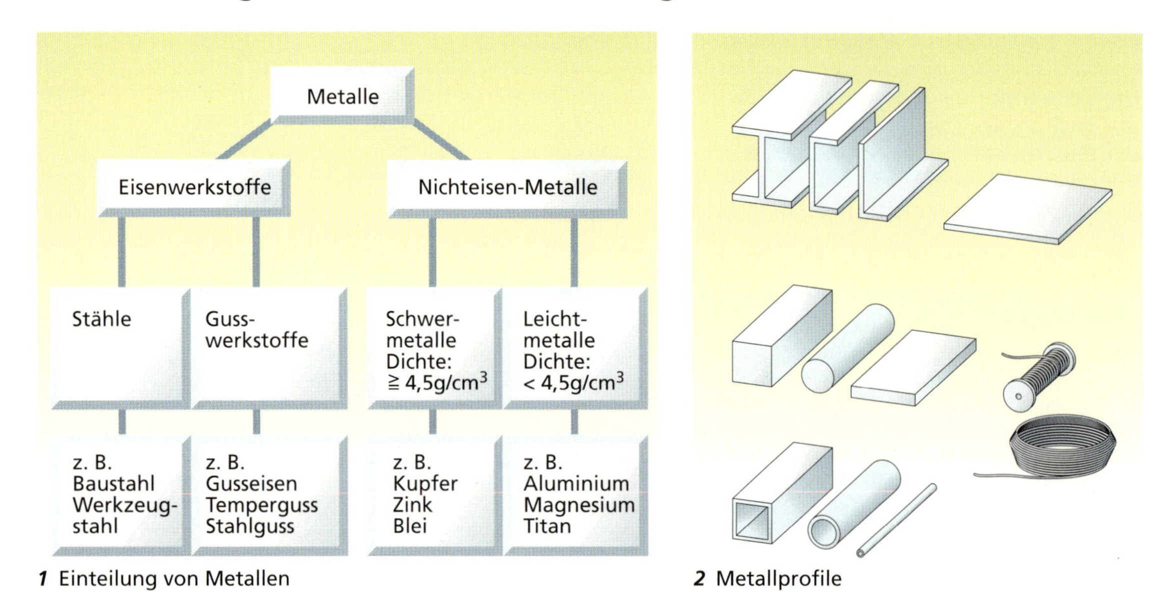

1 Einteilung von Metallen

2 Metallprofile

Wichtige Metalle und ihre Legierungen

Bezeichnung	Oberfläche	Eigenschaften	Abbau/Herstellung	Beispiele
Baustahl z. B. St 44-2 Dichte: 7,85 g/cm³ Schmelzpunkt: 1400 – 1500 °C	im polierten Zustand silbrig glänzend	zäh, hohe Streckfähigkeit, magnetisierbar, geringe Wärmedehnung, gute Zerspanbarkeit, schweißbar	zum Block oder Strang gegossener Stahl wird gewalzt	Baustahlmatten, Maschinen
Werkzeugstahl z. B. C 110 W 1 Dichte: 7,85 g/cm³ Schmelzpunkt: 1400 – 1500 °C	im polierten Zustand silbrig glänzend	als hochlegierter Stahl verschleißfest, z. B. als Schnellarbeitsstahl (SS) oder als Hochleistungsschnellarbeitsstahl (HSS) für hohe Schnittgeschwindigkeiten geeignet	unlegierter, legierter und hochlegierter Stahl wird gegossen und gewalzt, Legierungselemente sind z. B. Chrom, Nickel, Vanadium, Molybdän	Bohrer, Meißel
Aluminium (Al) Dichte: 2,7 g/cm³ Schmelzpunkt: ca. 660 °C	silbrig weiß, oxidiert sofort, Oxidhaut schützt vor weiterer Oxidation	sehr weich, walzbar und biegsam, guter Wärme- und Stromleiter	mit hohem elektrischen Aufwand aus Bauxit (Tonerde) gewonnen	Autokarosserie (z. B. Audi und BMW), Fensterrahmen
Kupfer (Cu) Dichte: 8,9 g/cm³ Schmelzpunkt: 1084 °C	polierte Oberfläche, hellrötlich, wird an der Luft dunkelbraun	weich, zäh und dehnbar, hohe Leitfähigkeit für Wärme und Strom, Grünspanbildung mit Säuren (giftig!)	Gewinnung durch Reduktion $2\,CuO + C \rightarrow 2\,Cu + CO_2\uparrow$	Hausdach Wasserleitungen

Bezeichnung	Oberfläche	Eigenschaften	Abbau/Herstellung	Beispiele
Zinn (Sn) (lat.: stannum) Dichte: 7,3 g/cm³ Schmelzpunkt: 232 °C	silbrig bis grau	sehr gut gießbar, korrosionsbeständig gegen Luft und Wasser	wichtigstes Zinnerz ist Zinnstein, Aufbereitung sehr aufwendig	Kunstgegenstand, Lötzinn
Zink (Zn) Dichte: 7,14 g/cm³ Schmelzpunkt: 420 °C	bläulich weiß, an frischen Oberflächen stark glänzend, „Eisblumenmuster"	gegen Witterungseinflüsse beständig, zwischen 100 – 150 °C leicht zu walzen und zu ziehen	wichtigstes Mineral zur Gewinnung: Zinkblende	verzinkte Dachrinne und Autokarosserien
Blei (Pb) (lat.: plumbum) Dichte: 11,3 g/cm³ Schmelzpunkt: 327 °C	blaugrau	weiches, schweres Metall, mit Messer schneidbar, gut gießbar, korrosionsbeständig gegen Säuren, giftig! Schirmt radioaktive Strahlen ab	selten gediegen vorkommend, sonst als Bleiverbindungen weit verbreitet. Wichtigstes Bleierz: Bleiglanz	Bleischürze als Schutz vor Röntgenstrahlen, Dachfenstereinfassung
Messing (Ms) Cu-Zn-Legierung Dichte: ca. 8,2 g/cm³ Schmelzpunkt: ca. 900 °C	goldgelb, oxidiert mattgelb	gute Polierbarkeit, korrosionsbeständig wie Kupfer	Legierung mit ca. 55 – 90 % Kupfer, 45 – 10 % Zink	Schiffsbeschläge, Armaturen, Türschilder
Bronze: Cu-Sn-Legierung Dichte: ca, 8,7 g/cm³ Schmelzpunkt: ca. 910 – 1040 °C	oxidiert dunkelbraun	hohe Verschleißfestigkeit und Korrosionsbeständigkeit, hohe elektrische Leitfähigkeit	Legierung mit mindestens 60 % Cu, z. B.: Zinn-Bronze mit 1 – 9 % Sn und Cu-Sn-Gusslegierungen mit mehr als 9 % Sn	Bronzekunst, Bronzemedaille, Lager, frühgeschichtliche Gegenstände
Silber (Ag) (lat.: argentum) Dichte: 10,5 g/cm³ Schmelzpunkt: 961 °C	im polierten Zustand weiß glänzend, im oxidierten Zustand grauschwarz	höchste elektrische Leitfähigkeit, weich, leicht verformbar	wichtigstes Erz für die Gewinnung: Bleiglanz, der 0,01 – 0,3 % Silber enthält	Schmuckwaren, Spiegel, Thermogefäße
Gold (Au) (lat.: aurum) Dichte: 19,3 g/cm³ Schmelzpunkt: 1063 °C	goldgelblich glänzend	dehnbares, mechanisch leicht zu bearbeitendes Metall, oxidiert und korrodiert nicht, Glanz bleibt erhalten, sehr hohe elektrische Leitfähigkeit	gediegenes Gold: kommt in Form von Körnern, Klumpen oder fein verteilt in Mineralien vor, Gewinnung z. B. durch Waschen	elektrische Kontakte, vergoldete Platine, Schmuck, Zahnbrücke, Goldmünzen, Währungsreserve
Platin (Pt) Dichte: 21,45 g/cm³ Schmelzpunkt: 1773 °C	grauweiß, matt glänzend	oxidiert und korrodiert nicht, wirkt bei chemischen Prozessen als Katalysator	sehr aufwendiger Herstellungsprozess, auch in Meteoriten enthalten	Katalysatorbeschichtung, Schmuck

Vorgang | *Arbeitsmittel*

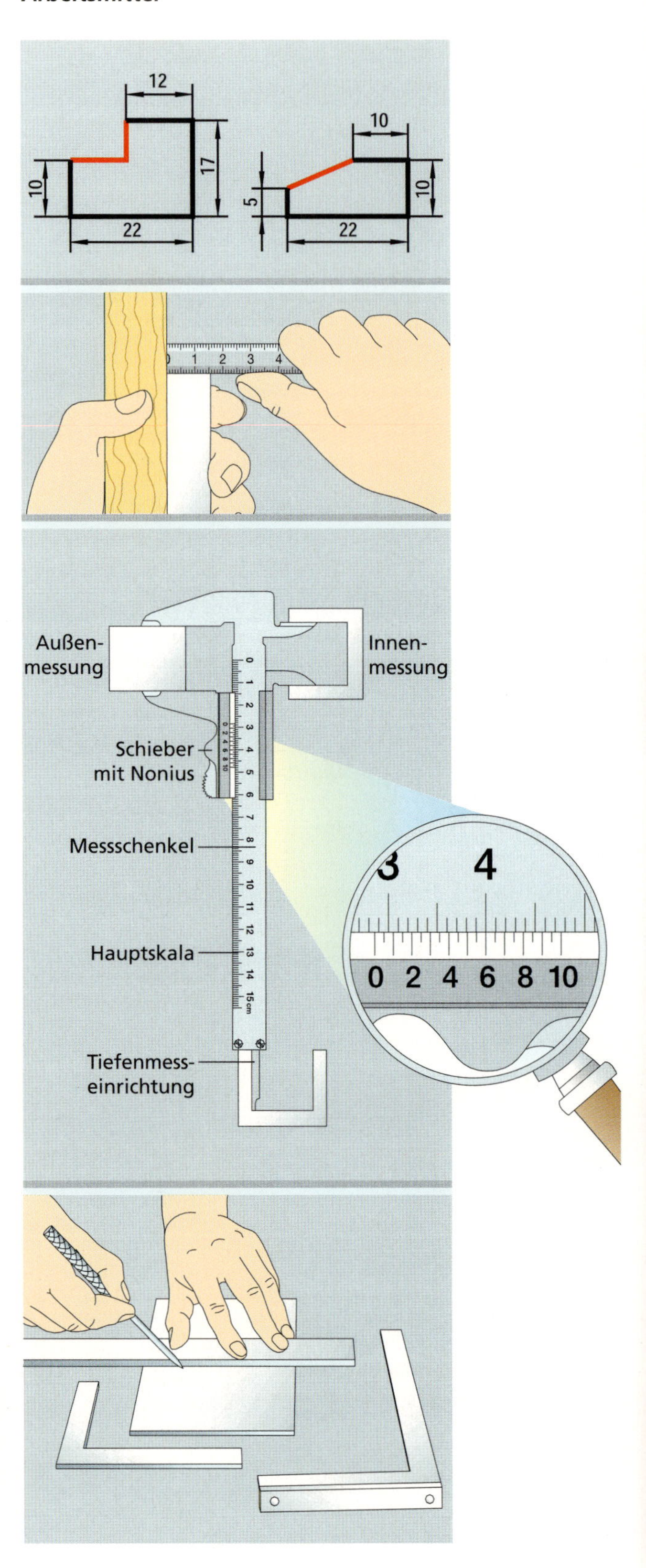

Maße der Fertigungszeichnung entnehmen

Beim Übertragen der Maße auf das Material verlangen Aussparungen, Schrägen und abfallende Reste besondere Beachtung.

Messen mit dem Stahlmaßstab

Wenn man eine Beilage verwendet, kann man leichter genau abmessen.

Messen mit dem Messschieber

Der Messschieber kann überall dort eingesetzt werden, wo die Messgenauigkeit der Maßstäbe nicht mehr ausreicht.
Auch zum Vermessen schwieriger Teile, wie Bleche, Drähte, Lochdurchmesser und Lochtiefen, ist er bestens geeignet.
Der Messschieber hat einen festen und einen beweglichen Messschenkel. Damit können Außenmaß, Innenmaß und die Tiefe gemessen werden.
Auf dem beweglichen Schieber befindet sich ein Ablesemaßstab, den man Nonius nennt. Mit ihm liest man Zehntelmillimeter ab.
Beim Ablesen des Messwerts geht man wie folgt vor:

1. Ermitteln der ganzen Millimeter. Sie stehen auf der Hauptskala links vom Nullstrich des Nonius (hier 28 mm).
2. Nachschauen, welcher Strich des Nonius genau unter einem Strich der Hauptskala steht. Auf der Noniusskala jetzt die Zehntelmillimeter abzählen (hier 6). Das Maß beträgt hier also 28,6 mm.

Anreißen mit der Reißnadel

Man führt die Reißnadel am Anschlagwinkel oder am Stahllineal entlang. Sie hinterlässt einen feinen, glänzenden Riss.

Arbeitssicherheit:

Das Anreißwerkzeug muss spitz sein und mit einem Korken geschützt werden.

Vorgang

Arbeitsmittel

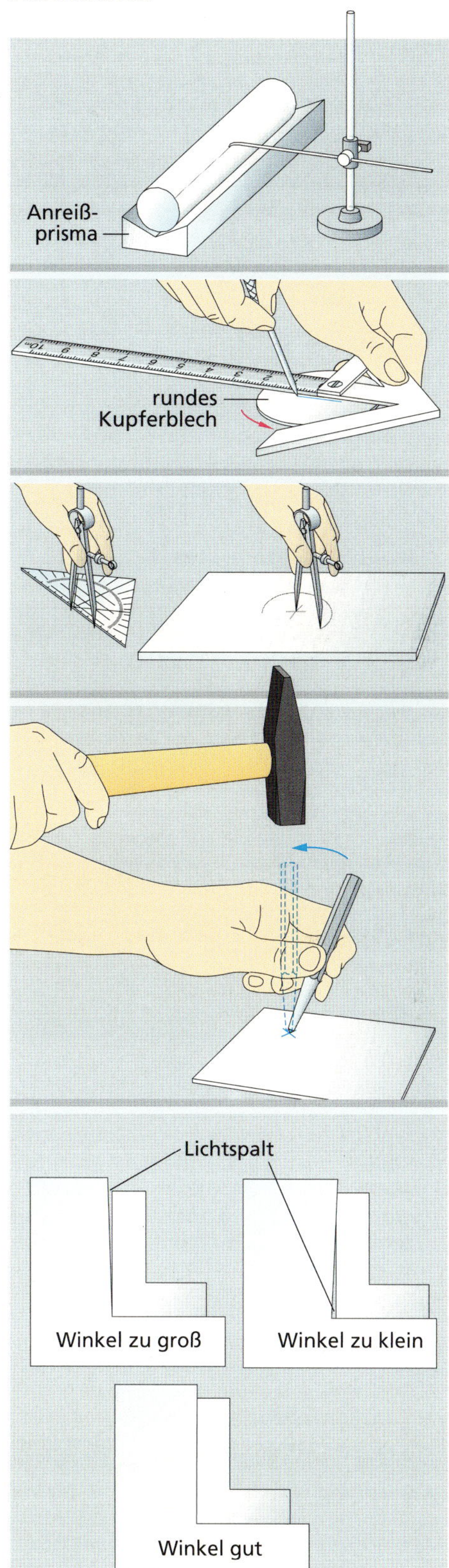

Anreißen mit dem Parallelreißer
Damit kann man Risse parallel zur Standfläche ziehen.

Anreißen mit dem Zentrierwinkel
Mit diesem Messzeug wird der Kreismittelpunkt angerissen.

Anreißen mit dem Reißzirkel
Mit ihm kann man Kreisbögen anreißen oder Maße direkt von der Skala eines Maßstabs abnehmen und auf das Werkstück übertragen.

Körnen
Damit Bohrer oder Reißzirkel genau angesetzt werden können, markiert man die Stelle mit einem Körner. Gekörnt wird im Schnittpunkt zweier Risslinien. Beim Ansetzen zielt man mit der feinen Spitze schräg auf den Schnittpunkt, stellt den Körner senkrecht und körnt mit einem Hammerschlag leicht an.

Prüfen
Beim Prüfen wird ermittelt, ob ein Werkstück die geforderten Eigenschaften erfüllt oder von einem festgelegten Wert abweicht. Die noch zulässige Ungenauigkeit – den Unterschied zwischen dem Größtmaß und dem Kleinstmaß – nennt man Toleranz.
Messzeuge, Flachwinkel, Lineal und Schablonen eignen sich zum Prüfen. Mit dem Lineal kann man Flächen auf Ebenheit prüfen. Im Gegenlicht zeigt ein Lichtspalt Unebenheiten an. Schablonen ermöglichen ein schnelles Überprüfen, z. B. beim Biegen oder Feilen von Rundungen oder beim Herstellen komplizierter Formen.

Stoffeigenschaft ändern von Metall

Härten

Wenn die Härte eines Werkzeugs, z. B. die Spitze eines Körners, nach dem Spitzfeilen nicht mehr ausreicht, um ein Material damit zu bearbeiten, muss es gehärtet werden. Härten ist eine Wärmebehandlung, die Stähle hart und verschleißfest macht.
Man muss dabei wie folgt vorgehen:

- Feuerfeste Unterlage, z. B. Schweißwagen mit Schamotteauflage, bereitstellen.
- Den Teil des Werkzeugs, der hart werden muss, mit einem Gasbrenner auf eine Temperatur von 780–850 °C (rot glühend) erwärmen. Die Temperatur richtet sich nach dem Kohlenstoffgehalt des Stahls. Stahl unter 0,2 % Kohlenstoffgehalt ist nicht härtbar.

1 Härten einer Reißnadelspitze

2 Richtiges Eintauchen

- Glühfarben beachten und damit Temperatur ermitteln.
- Schnell und gleichmäßig in Wasser (unlegierter Stahl) oder Öl (niedrig legierter Stahl) abkühlen. Flache und runde Werkstücke werden mit der schmalen Seite voraus eingetaucht.

Anlassen

Nach dem Härten und Abschrecken ist der Stahl hart und spröde und könnte beim Gebrauch brechen. Um das zu verhindern, muss man ihn erneut erwärmen, ihn „anlassen". Die Härte des Stahls nimmt dabei nur geringfügig ab. Er wird jedoch elastischer, also gebrauchsfähiger.
Man geht wie folgt vor:

- Eine Stelle der Werkstückoberfläche mit Schleifpapier blank reiben.
- Werkstück je nach Stahlart und Verwendungszweck auf ca. 230–300 °C erwärmen.
- Anlassfarben vergleichen.
- In Wasser abkühlen.

Glühfarben	Glühtemp. °C	**Anlassfarben** für unlegierten Werkzeugstahl	Anlasstemp. °C
Dunkelbraun	550	Weißgelb	200
Braunrot	630	Strohgelb	220
Dunkelrot	680	Goldgelb	230
Dunkelkirschrot	740	Gelbbraun	240
Kirschrot	780	Braunrot	250
Hellkirschrot	810	Rot	260
Hellrot	850	Purpurrot	270
gut Hellrot	900	Violett	280
Gelbrot	950	Dunkelblau	290
Hellgelbrot	1000	Kornblumenblau	300
Gelb	1100	Hellblau	320
Hellgelb	1200	Blaugrau	340
Gelbweiß	>1300	Grau	360

3 Glüh- und Anlassfarben von Stahl

Arbeitssicherheit:

Glühen bringt Gefahren mit sich: Der Kühlwasserbehälter muss neben der Heizquelle stehen, sodass du nicht mit dem glühenden Werkstück umhergehen musst. Benutze nur sichere Schmiedezangen. Trage Sicherheitshandschuhe und eine Schutzbrille. Arbeite immer in gut belüfteten Räumen.

Umformen von Metall

Viele Werkstücke werden durch Umformen bearbeitet: z. B. durch Biegen, Stauchen, Walzen, Ziehen, Schmieden, Verdrehen usw. Nur Reinmetalle und Legierungen mit genügender Geschmeidigkeit eignen sich zum Umformen. Man unterscheidet Kaltumformen und Warmumformen.

Treiben

Gegenstände wie Schalen oder Becher können aus Kupfer- oder Messingblech getrieben werden. Dabei geht man wie folgt vor:

- Als Arbeitsunterlage einen Hartholzklotz mit einer leichten Mulde verwenden.
- Man bearbeitet die entgratete Blechronde (0,8–1 mm dick) auf dem Hartholz mit einem Kugelhammer und setzt dabei vom Zentrum ausgehend Schlag um Schlag nebeneinander. Das Blech bekommt eine flache Hohlform. Durch das Hämmern wird das Material in sich verschoben, verdichtet und spröde. Es lässt sich bald nicht mehr weiter bearbeiten.
- Das Blech über einer Gasbrennerflamme erhitzen, bis es rot glühend wird (ca. 600 °C). Die Metallteilchen ordnen sich um, das Blech wird wieder weich und formbar.
- Anschließend in kaltem Wasser abschrecken.
- Mit feiner Stahlwolle den Zunder (lockere Oxidschicht) entfernen.

4 Kaltumformen – Treiben einer Schale

Biegen

Bleche, Rohre, Stäbe und andere Profile lassen sich durch Biegen umformen. Beim Biegen wird die äußere Schicht des Werkstoffs gedehnt und die innere gestaucht. Zwischen beiden Schichten liegt eine Faser, die spannungslos bleibt. Ihre Länge verändert sich beim Biegen nicht. Man nennt sie neutrale Faser.

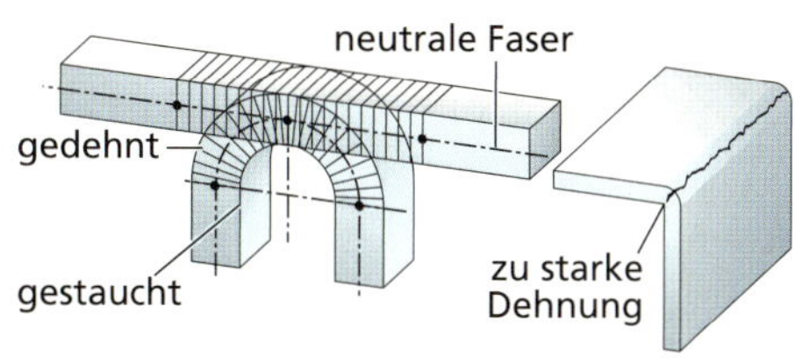

5 Biegezonen

Kleinere Blechstücke biegt man wie folgt:

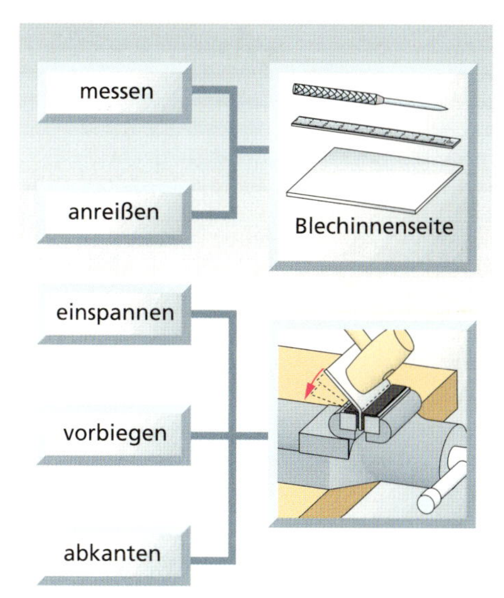

6 Bleche abkanten

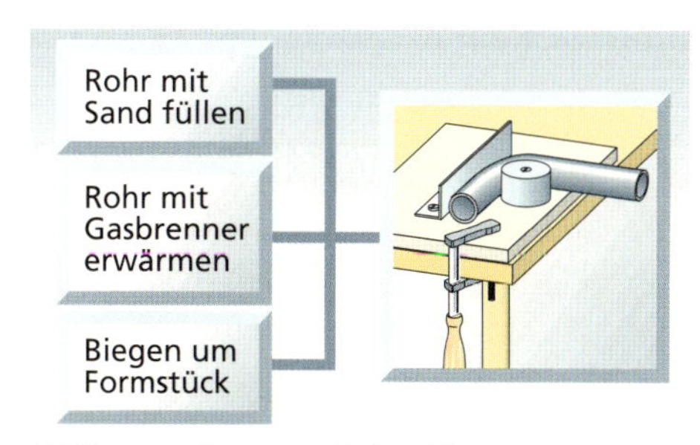

7 Warmumformen – Rohre biegen

Trennen von Metall

Scheren

Bleche bis 0,8 mm kann man mit der Handblechschere „spanlos" zerteilen.

Handhabung

Handscheren sind zweiseitige Hebel. Die Kraft, die man aufwenden muss, ist umso geringer, je länger ihr Griff ist und je näher das Werkstück am Drehpunkt liegt. Das Scherenmaul darf nicht zu weit geöffnet sein, da sonst das Material leicht wegrutscht. Geschnitten wird am Riss auf der Abfallseite des Blechs.

Scherenarten

Feinblechschere: gerade oder gebogene Schneide für Bleche bis 0,6 mm

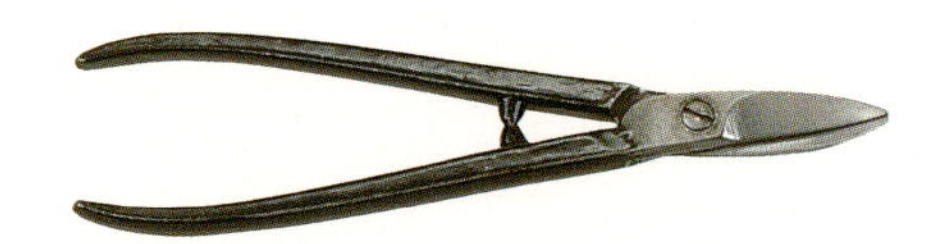

Durchlaufschere: für dickere Bleche

Hebelblechschere:
zum Abschneiden dickerer Bleche (ca. 2 mm).
Sie wird beim Schneiden nicht ganz zugedrückt. Bei längeren Schnitten wird in kurzen „Bissen" geschnitten und das Blech nachgeschoben.

Arbeitssicherheit:

Hebel am Ende halten. Nur alleine an der Hebelschere arbeiten. Zureichen, Halten und Wegnehmen geschnittener Teile durch andere muss unterbleiben!

Sägen

Zum Ablängen und Einschneiden von Metallwerkstoffen kann man verschiedene Sägen verwenden. Die Auswahl richtet sich nach der Dicke und Härte des Materials sowie nach der Länge des Schnitts.

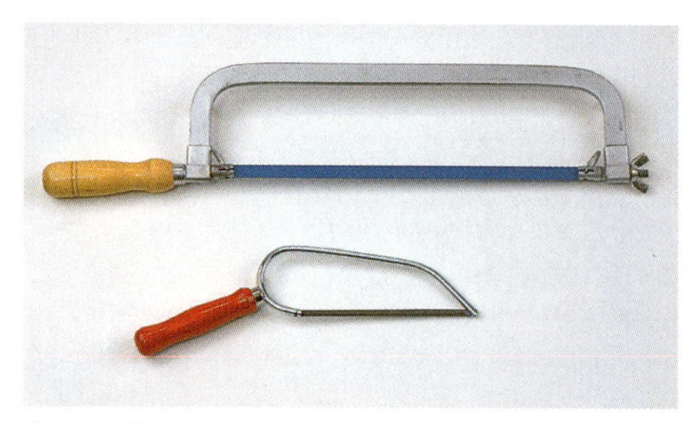

1 Metallsägen

Sägeblätter

Die Sägeblätter werden in einen Bügel eingespannt. Die Zähne der Metallbügelsäge zeigen dabei vom Griff weg, sie arbeitet auf Stoß. Die Zähne der Puksäge zeigen zum Griff, sie arbeitet auf Zug. Die einzelnen Zähne „spanen" das Metall wie ein kleiner Meißel. Die Lücken zwischen den Zähnen nehmen während des Schnitts die Späne auf. Damit das Sägeblatt frei läuft und nicht klemmt, sind seine Zähne in Wellenlinie angeordnet. Dadurch wird der Sägeschnitt breiter als das Sägeblatt dick ist.

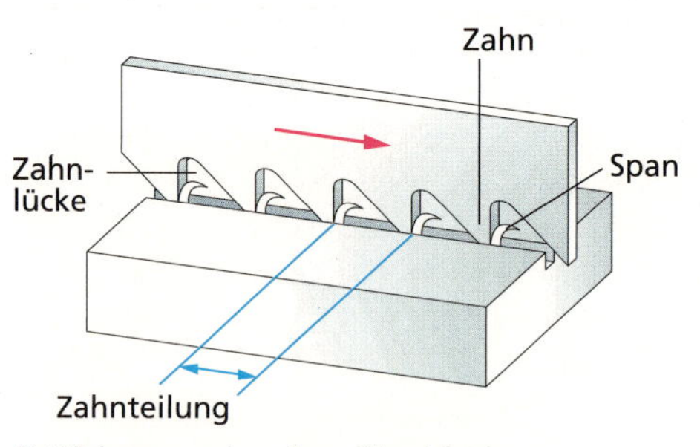

2 Wirkungsweise eines Sägeblatts

Handhabung

Zum Sägen wird das Werkstück in den Schraubstock eingespannt, sodass es nicht federn oder nachgeben kann. Das Ansetzen der Säge ist leichter, wenn man neben dem Riss eine Holzbeilage zum Anlegen des Sägeblatts befestigt.

Feilen
Mit Feilen kann man z. B. Oberflächen glätten, Kanten entgraten und Einzelteile, die zusammengefügt werden müssen, passgenau bearbeiten.

Aufbau der Feile
Die auf dem Feilenblatt eingehauenen oder eingefrästen Zähne nennt man Hieb. Damit die Späne, die beim Feilen entstehen, abgeleitet werden können, verläuft der Hieb schräg oder bogenförmig. Die meisten Feilen sind zweihiebig. Einhiebige verwendet man für weiche Materialien, z. B. für Kupfer.
Je weicher das Material ist, desto grober sollte die Feile sein.

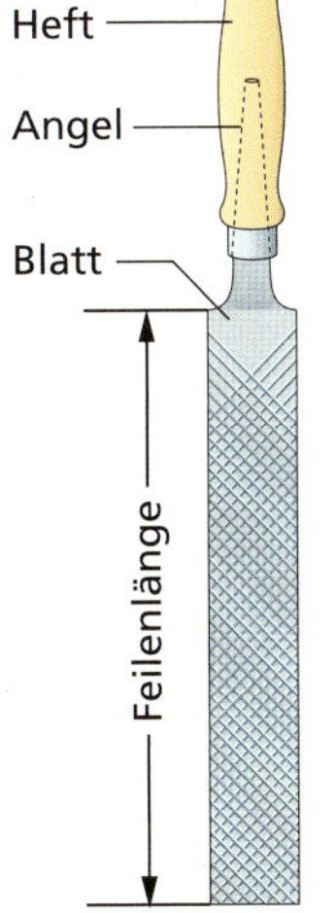

3 Aufbau einer Feile

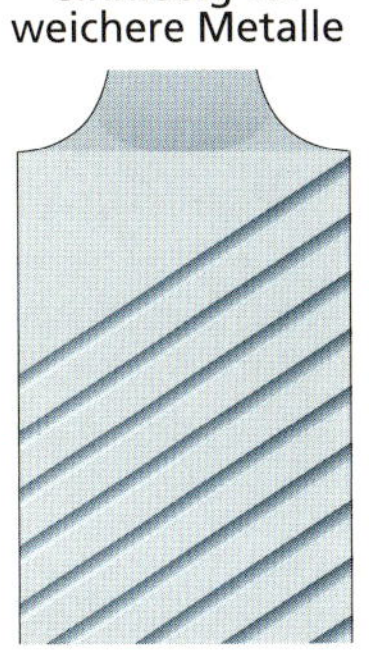

4 Hiebarten

Hiebnummer und Hiebzahl
Feilen werden in Hiebnummern eingeteilt. Diese sind abhängig von der Hiebzahl und der Feilenlänge. Feilen mit grobem Hieb haben kleine Hiebnummern (z. B. Nr. 1), Feilen mit feinem Hieb haben große Hiebnummern (z. B. Nr. 4).

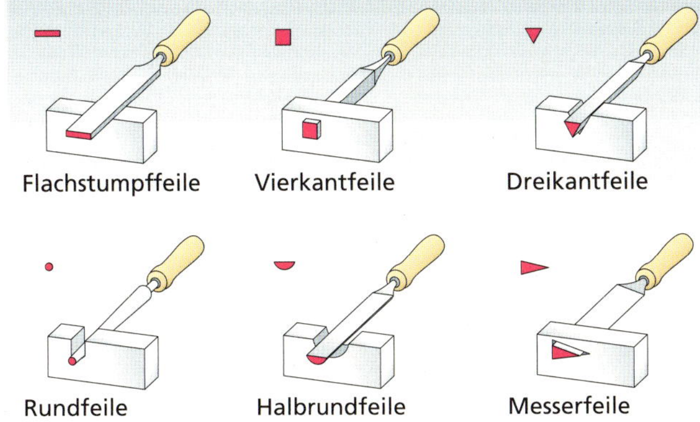

5 Auswahl der Feilen nach der Feilarbeit

Bohren
Beim Bohren wird das Material spanend bearbeitet. Bohrer rotieren im Uhrzeigersinn. Die Vorwärtsbewegung beim Bohren in das Material nennt man Vorschub.

Bohrwerkzeuge
Für die meisten Bohrarbeiten verwendet man Spiralbohrer.

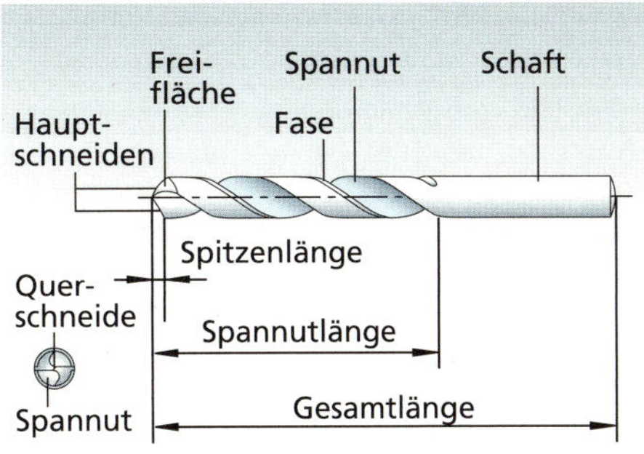

6 Spiralbohrer

Bohrvorgang

Vorbereitung
- Bohrlochmitte ausmessen und ankörnen.
- Werkstück in Maschinenschraubstock einspannen.
- Bleche auf Holzplatte mit Feilkloben festhalten. Große Werkstücke am Bohrtisch befestigen, mit Holzunterlagen Bohrtisch schützen.
- Umdrehungszahl mithilfe der Tabelle am Maschinengehäuse ermitteln.
- Bohrtiefe einstellen.

Durchführung
- Bohrungen über 7 mm mit kleinem Bohrer vorbohren.
- Mit Bohremulsion kühlen und schmieren.

Arbeitssicherheit:
Schutzbrille, Haarschutz und eng anliegende Kleidung tragen!

Fügen von Metall

Fügen durch Schrauben

Mit Schrauben werden zwei Teile miteinander verbunden, von denen eines z. B. eine durchgehende Bohrung hat und das andere ein Gewinde. Hat keines der Teile ein Gewinde, dann muss man mit Schraube und Mutter die Verbindung herstellen. Schraubverbindungen sind wieder lösbar.

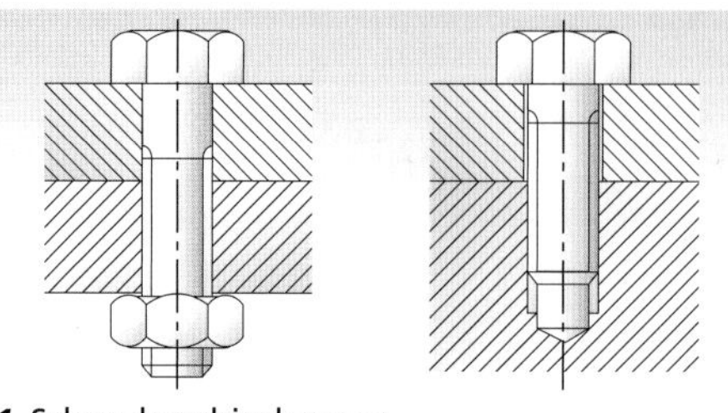

1 Schraubverbindungen

Schraubenart	*Verwendung*	*Verwendung*	*Schraubenart*
Zylinderkopf-schraube	Verbindungen, bei denen der Kopf sichtbar bleibt. Für Blechverbindungen mit Mutter.	Verbindungen, bei denen der Kopf nicht sichtbar bleiben soll. Schließt bündig mit der Oberfläche des Materials ab.	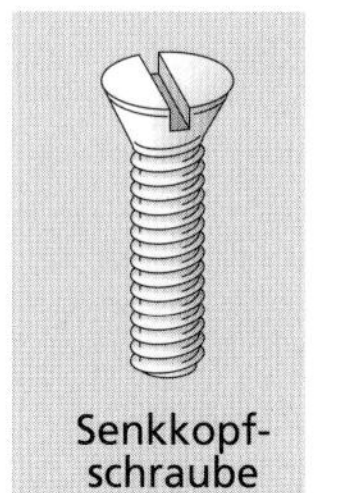 Senkkopf-schraube
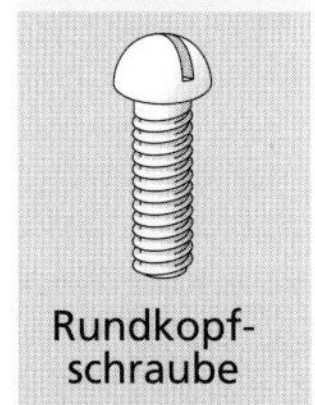 Rundkopf-schraube	Verbindungen, bei denen der Kopf sichtbar bleibt. Für Blechverbindungen mit Mutter.	Verbindungen für Bleche bis 2,5 mm Dicke. Schraube schneidet Gewinde selbst.	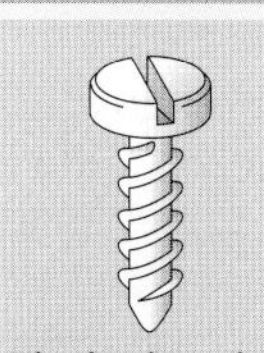 Blechschraube
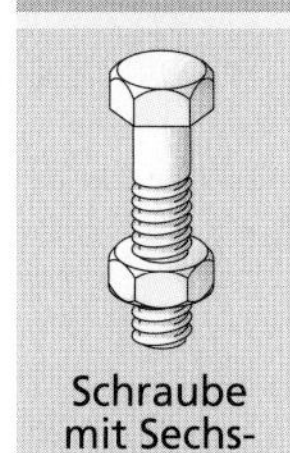 Schraube mit Sechs-kantmutter	Verbindungen mit großer Anzugskraft, bei denen der Kopf sichtbar bleibt.	Verbindungen für Bleche bis 10 mm Dicke. Schraube schneidet Gewinde mit Bohrspitze selbst.	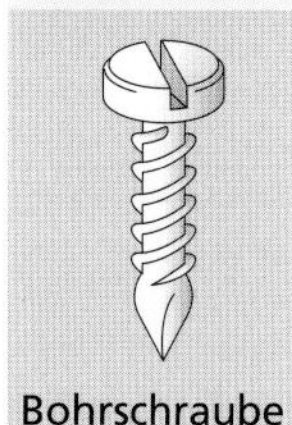 Bohrschraube
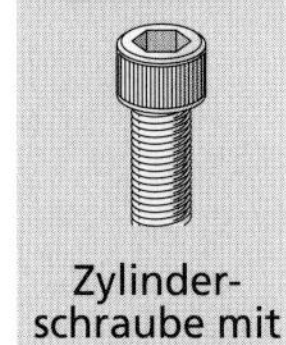 Zylinder-schraube mit Innensechs-kant	Verbindungen mit großer Anzugskraft, bei denen der Kopf nicht aus dem Werkstück herausragen soll.	Verbindungen, die von der Kopfseite aus nicht geöffnet werden können, Sicherheitsbeschläge an Fenstern und Türen.	 Halbrundkopf-schraube mit Rundansatz
 Flügel- und Rändelmutter	Verbindungen, die schnell mit der Hand zu öffnen und zu schließen sind. Die Muttern sollen niemals mit Zangen gefasst werden.	Verbindungen, die z. B. Zahnräder auf Wellen und Türgriffe auf Verbindungsstücken befestigen.	 Gewindestift (Maden-schraube)
Splint Kronenmutter	Verbindungen, die mit einem Splint gesichert werden, z. B. Radbefestigung auf einer Achse.	Verbindungen, die vor Verletzungen schützen und gut aussehen sollen. Verhindern Verschmutzung oder Korrosion am Gewindeende.	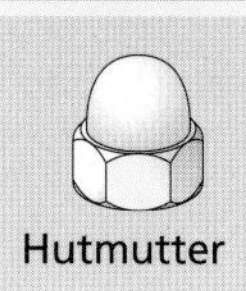 Hutmutter

Fügen durch Nieten
Teile, die nicht mehr gelöst werden müssen, kann man mit Nieten verbinden. Mit Blindnieten und den dazu gehörenden Spezialzangen kann man schnell und einfach arbeiten.

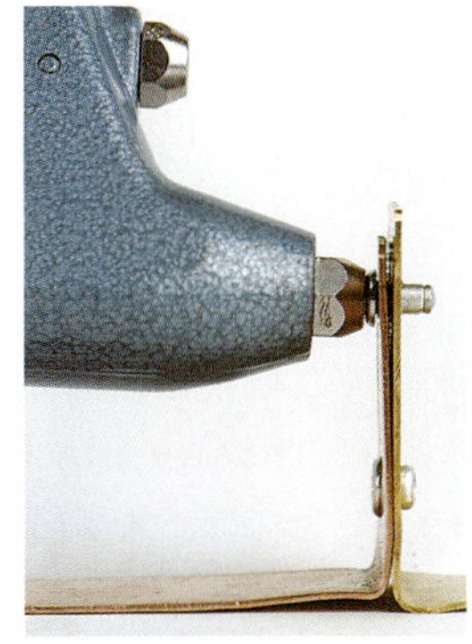

2 Nieten mit Blindniet

Der Nietvorgang

- Bohren eines knapp passenden Bohrlochs.
- Niet in Loch stecken. Nietschaft doppelt so lang wählen wie beide Bleche zusammen dick sind.
- Nietzange auf Nietschaft setzen und Dorn einziehen. Der Dorn bricht an seiner Sollbruchstelle ab.

Lot enthält giftiges Blei– Hände reinigen!

Fügen durch Löten
Durch Löten kann man viele gleiche und unterschiedliche metallische Werkstoffe miteinander verbinden. Benötigt wird dazu ein Zusatzmetall, das Lot, das man mit einem Lötgerät schmelzen muss. Man unterscheidet Weichlöten und Hartlöten.

- ***Weichlöten*** mit Lötzinn (Schmelztemperatur bis 450 °C): An die Belastbarkeit der Lötstelle werden keine hohen Anforderungen gestellt. Die Verbindung soll dicht und leitfähig sein.
- ***Hartlöten*** mit Hartlot (Schmelztemperatur über 450 °C): An die Belastbarkeit werden hohe Anforderungen gestellt, z. B. stabile Stoßverbindung aus Kupfer, Messing, Stahl und Silber.

3 Lötgerät, Ständer, Lötzinn, Lötfett

Arbeitssicherheit:

- Lötgerät auf elektrische Sicherheit überprüfen.
- Lötkolben in Ständer ablegen.
- Feuerfeste Unterlage verwenden.

Weichlöten
Dazu verwendet man Weichlot. Das ist eine Legierung aus Blei und Zinn, die bereits bei ca. 180 °C schmilzt. Der niedrige Schmelzpunkt erleichtert die Lötarbeit, da nicht so viel Wärme zugeführt werden muss. Hat ein Lot 60 % Zinnanteil, wird es mit „Sn 60" bezeichnet.

Beim Löten muss das Lot die Oberfläche „benetzen" – es muss fließen. Dabei dringen feinste Teilchen des heißen Lotes in die Oberfläche des Grundwerkstoffs ein, lösen einen Teil davon an und bilden mit ihm eine hauchdünne Legierungsschicht. Zwischen den zu verlötenden Teilen muss ein so schmaler Spalt sein, dass das flüssige Lot eingesaugt wird (Kapillarwirkung). Während des Abkühlens darf das Lot nicht erschüttert werden.

Richtige Lötung: zwischen beiden zu verbindenden Metallen ist Lötzinn eingeflossen

Lötfett oder Kolophonium sind „Flussmittel". Sie fördern die Benetzung und verhindern Oxidation beim Lötvorgang. Bestimmte Lötdrähte sind innen hohl und mit Kolophonium gefüllt. Hier erübrigt sich die Flussmittelzugabe.

Arbeitsablauf beim Löten

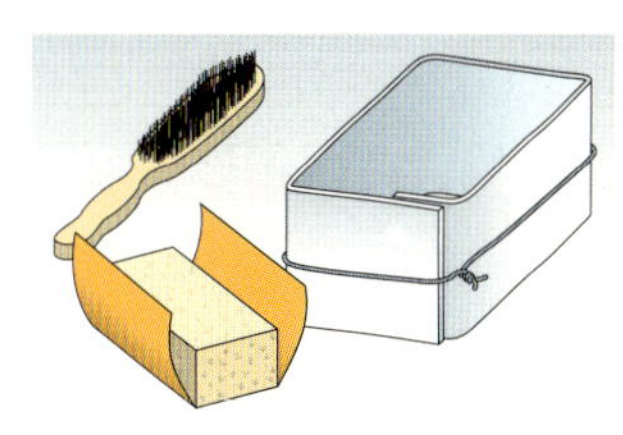

- Teile säubern und entfetten.
- Auseinander klaffende Teile mit Draht zusammenbinden, damit das Lot erschütterungsfrei erstarren kann.

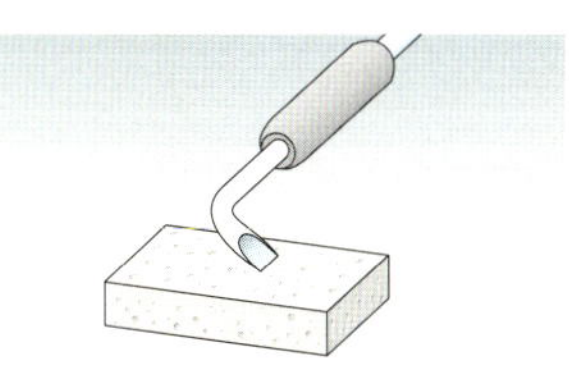

- Oxidierte Lötspitzen reinigen: Kupferspitze in kaltem Zustand mit Feile, verchromte Lötspitzen mit feuchtem Schwamm.
- Flussmittel dünn auftragen.

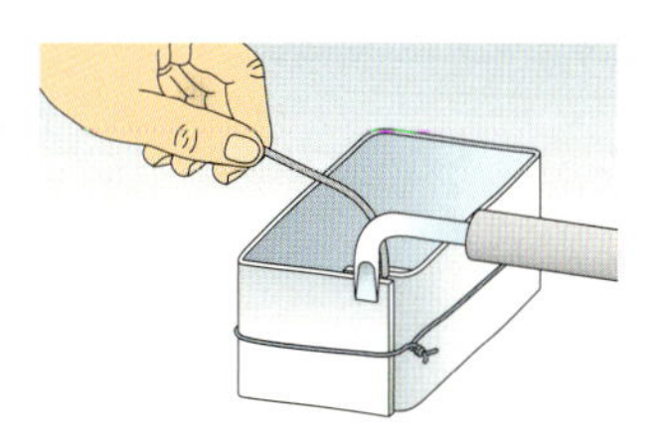

- Metall mit der Lötspitze erwärmen und dann das Lot an den Berührungspunkt von Spitze und Metall geben. Wenn das Lot fließt, mit der Lötspitze weiterleiten.

Gewindeschneiden in Metall

d = Nenndurchmesser
d_3 = Kerndurchmesser
p = Steigung

d
d_3
p

1 Gewinde

Gewinde werden zum Verbinden von Einzelteilen oder zum Bewegen von Teilen (z. B. Schraubstock) verwendet.

Innengewinde

Diese Gewinde (metrische ISO-Gewinde) schneidet man mit einem Satz Gewindebohrer in bereits vorgebohrte Löcher, so genannte Kernlöcher.

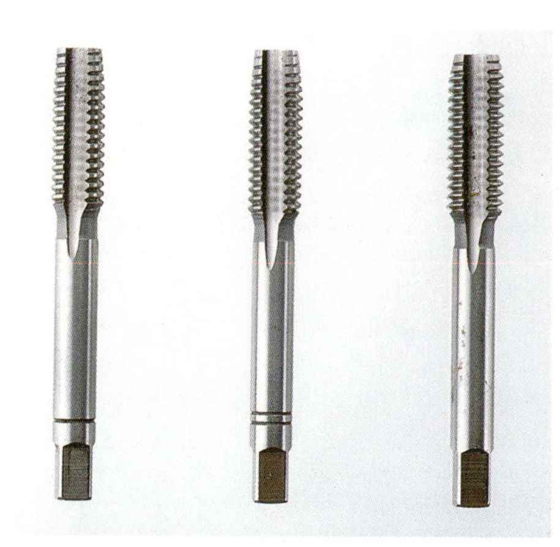

2 Gewindebohrersatz

Ein Gewindebohrersatz besteht häufig aus drei verschiedenen Bohrern, dem

1. Vorschneider: Er zerspant die Hälfte des Werkstoffs, trägt einen Ring als Markierung.
2. Mittelschneider: Er zerspant ein Viertel des Werkstoffs, trägt zwei Ringe.
3. Fertigschneider: Er zerspant das letzte Viertel des Werkstoffs, trägt keinen Ring.

Herstellung eines Innengewindes

1. Kernloch bohren.
- Durchmesser des Bohrers festlegen (= 0,8 x Gewindedurchmesser).
- Beispiel für ein 4-mm-Gewinde: 4 mm x 0,8 = 3,2 mm Bohrer-Ø.
2. Kernloch ansenken.
- Mit einem 90°-Kegelsenker ansenken.
3. Gewinde schneiden.
- Den Vorschneider im rechten Winkel ansetzen.
- Mit dem Windeisen im Uhrzeigersinn langsam den Vorschneider eindrehen und die entstandenen Späne durch Zurückdrehen abbrechen. Schneidöl verwenden.
- Nach Erreichen der geforderten Bohrtiefe den Gewindebohrer herausdrehen.
- Arbeitsgang mit dem Mittel- und dem Fertigschneider wiederholen.
- Bei Grundbohrungen nicht bis auf den Bohrgrund schneiden, sonst bricht der Gewindebohrer ab.

Kernlochtiefe
nutzbare Gewindelänge

5 Grundbohrung

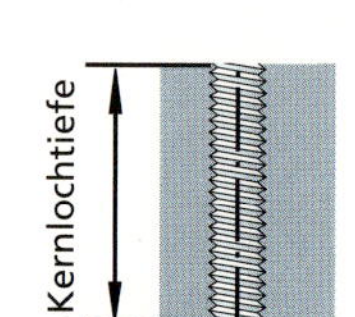

6 Durchgehende Bohrung

Außengewinde

Diese Gewinde schneidet man in einem Arbeitsgang. Im Schneideisenhalter werden die Schneideisen mit Schrauben eingespannt.

Herstellung eines Außengewindes

1. Rundstahl unter 45° anfasen.
2. Gewinde schneiden.
- Den Schneideisenhalter im rechten Winkel zum Rundstahl ansetzen.
- Im Uhrzeigersinn langsam drehen und durch Zurückdrehen die entstandenen Späne abbrechen.
- Schneidöl an die Schnittstelle geben.

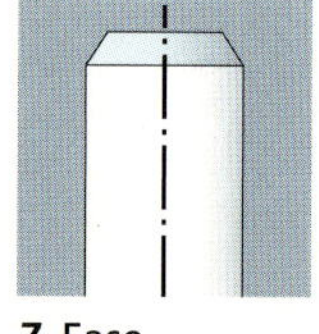

7 Fase

3 Herstellung eines Innengewindes

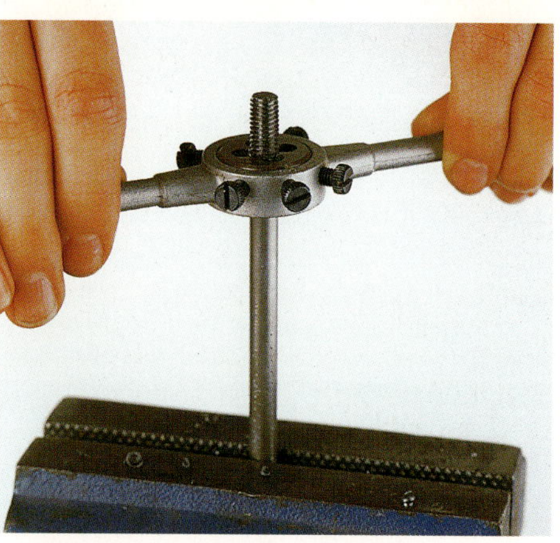

4 Herstellung eines Außengewindes

Beschichten von Metall

Gebrauchsmetalle werden durch den Luftsauerstoff, durch Feuchtigkeit und Säuren angegriffen, „zerfressen" – sie korrodieren. Wenn man Stahl berührt, kann er schon durch den Handschweiß korrodieren. Metallteile müssen deshalb mit einem geeigneten Oberflächenschutz überzogen werden.

Metallische Schutzschicht

Auf korrosionsanfällige Metalle werden durch verschiedene Verfahren solche Metallschichten aufgebracht, die widerstandsfähiger sind:

- Stahlblech, das z. B. der Flaschner für viele Arbeiten am Haus benötigt, kann mit einem Überzug aus wetterfestem Zink geschützt werden. Die Stahlteile werden in ein glutflüssiges Zinkbad getaucht und damit „feuerverzinkt". Auch Autokarosserien können verzinkt werden. Die Hersteller garantieren dann viele Jahre Korrosionsschutz.
- Weißblech ist verzinntes Stahlblech. Es wird in großen Mengen als Dosenblech verwendet.

Nichtmetallische Schutzschicht

Viele Metallgegenstände, z. B. Messzeuge oder Maschinenteile, müssen blank bleiben, damit sie ihren Zweck erfüllen können. Man kann sie für längere Zeit durch Einfetten oder Einölen schützen. Vaseline ist ein solches Fett, das dazu verwendet werden kann. Die verwendeten Fette und Öle müssen säurefrei sein.

Schutzanstrich

Bei nicht zu stark beanspruchten Metallgegenständen kann man Zaponlack, einen transparenten Zelluloselack, einsetzen. Lackieren kann man Gehäuseteile, Blechverkleidungen oder Stahlkonstruktionsteile, z. B. den Rahmen eines Fahrradanhängers.
Die Haltbarkeit eines Lackanstrichs hängt von der sachgerechten Vorbehandlung des zu schützenden Gegenstandes ab. Man geht wie folgt vor:

1. Oberfläche reinigen:
   Mit Stahlbürste, Stahlwolle, Schleifpapier entrosten und mit Waschlösung fettfrei machen.
2. Schutzanstrich auftragen:
   Mit Pinsel Grundierlack oder verdünnten Lack auftragen.

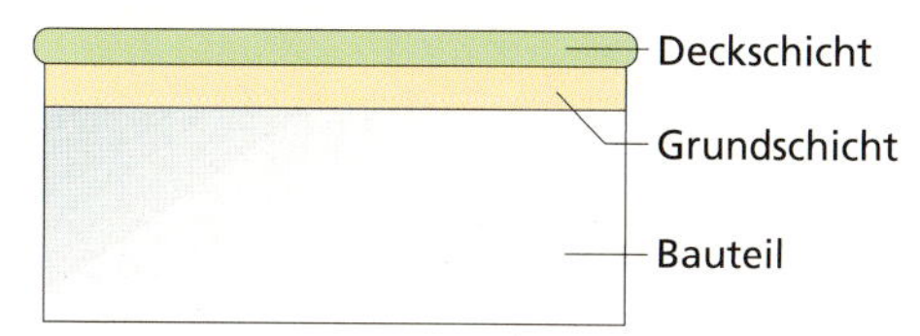

8 Aufbau eines Schutzanstrichs

Arbeitssicherheit:

Bei guter Raumdurchlüftung oder im Freien arbeiten!

Galvanisieren

Dies ist ein elektrisches Verfahren, mit dem man leicht korrodierbare Metalle (z. B. Stahl) mit einer Metallschicht, die korrosionsbeständiger ist, überziehen kann. Nickel und Chrom sind solche widerstandsfähigen Metalle, die man häufig auf elektrischem Weg aufbringt. Die Gegenstände werden zum Galvanisieren in ein Bad aus sehr giftigen Metallsalzen gehängt. Elektrische Spannung von wenigen Volt wird angelegt und aus dem Metallsalzbad legt sich ein feiner Metallüberzug auf den Gegenstand.
In einem Metallveredlungsbetrieb kann man selbst hergestellte Gegenstände galvanisieren lassen. Sie sind dann anschließend nicht nur korrosionsbeständig, sondern auch noch schöner.

9 Galvanisieren von Radkappen

Kunststoff

Warum das Thema wichtig ist

Seit ungefähr 50 Jahren steigt die Kunststoffproduktion von Jahr zu Jahr steil an. Viele Gegenstände, die wir täglich benutzen, sind aus Kunststoffen hergestellt. Wir können uns unsere Umgebung ohne Kunststoffe fast nicht mehr vorstellen.

1 Gebrauchsgegenstände aus Kunststoff

Die besonderen ***Eigenschaften*** von Kunststoffen werden vielfältig genutzt. Das zeigen schon wenige Anwendungsbeispiele: preiswertes Verpackungsmaterial, wasser- und winddichte Kleidung, wärmedämmende Baustoffe, Fahrzeugteile mit geringem Gewicht, gut isolierende Elektroartikel. Der Einsatz von Kunststoffen hat in vielen sportlichen Disziplinen die derzeitigen Weltrekorde erst ermöglicht.

Den zahlreichen positiven Eigenschaften von Kunststoffen stehen aber auch ***negative Auswirkungen*** gegenüber:
Kunststoffe verrotten sehr schlecht.
Bei der Herstellung, bei der Verarbeitung, beim Gebrauch oder bei der Müllverbrennung können Schadstoffe freigesetzt werden.
Kunststoffe werden überwiegend aus den wertvollen Rohstoffen Erdöl und Erdgas hergestellt, die nur begrenzt verfügbar sind.

2 Kunststoffe: Problematisch auf der Müllhalde

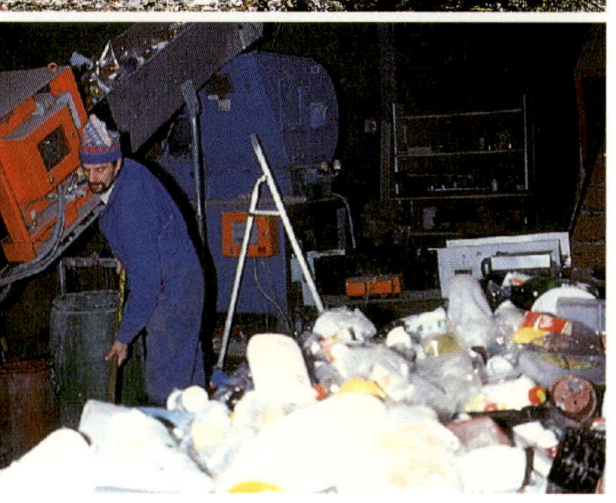

3 Recycling von Kunststoffabfällen

Aus der Geschichte der Kunststoffe

Celluloid, ein Kunststoff aus Baumwolle oder Holz

Die Geschichte des Kunststoffs begann vor über 100 Jahren, im Jahr 1846, mit einem lauten Knall: Der Chemiker ***Schönbein,*** Professor an der Universität Basel, experimentierte mit einem Säuregemisch, das er auf dem Boden verschüttete. Er wischte die ätzende Flüssigkeit mit einer Baumwollschürze auf. Danach wusch er die Schürze flüchtig aus und hängte sie zum Trocknen über einen Ofen. Kurz darauf ging die Schürze mit einem lauten Knall in Flammen auf und war verschwunden. Diesen zufällig entdeckten Explosivstoff bezeichnete Schönbein als ***Schießbaumwolle***.

Der englische Chemiker ***Parkes*** entdeckte 1862 bei Experimenten mit Schießbaumwolle ein hartes, gelbliches Material. Dieses unter dem Namen ***Parkesin*** gehandelte Material ließ sich als Isoliermaterial für Telegraphendrähte verwenden. Aus Parkesin wurden auch kunstvoll gestaltete Messergriffe und Schmuckdosen hergestellt. Parkes hatte aber bei der Nutzung des neuen Stoffs keinen großen Erfolg.

1 Celluloid

Um so erfolgreicher waren die amerikanischen Brüder ***Hyatt***. Durch einen 10 000-Dollar-Preis waren sie zur Erfindung eines neuen Werkstoffs für Billardkugeln angespornt. Billardkugeln wurden bislang aus Elfenbein gefertigt, dem teuren Naturstoff aus Elefanten-Stoßzähnen. 1868 gelang es ihnen, durch Weichmachen, Walzen und Pressen, Gegenstände aus dem von Parkes entdeckten Stoff herzustellen. Sie nannten den künstlich hergestellten Werkstoff ***Celluloid***.

Baumwolle besteht aus sehr reinem Zellstoff, man sagt dazu auch ***Zellulose***. Als Ausgangsstoff für die Herstellung von Celluloid wurde später Zellulose verwendet, die aus Holz gewonnen wurde.

2 Zellglas

Dieser erste Kunststoff hatte hervorragende Materialeigenschaften: Er war zähelastisch, durchsichtig und ließ sich gut färben. Aus dem neuen Material wurden nicht nur Billardkugeln hergestellt, sondern zahlreiche Gebrauchsgegenstände, wie Kämme, Haarspangen, Knöpfe, Brillengestelle oder Tischtennisbälle.

Die Filmindustrie wurde zum größten Verbraucher, denn dieser Kunststoff war als Trägermaterial für Filme besonders gut geeignet. Allerdings lag der große Nachteil in der leichten Entzündbarkeit und einem schnellen Verbrennen mit heftiger Flamme. Celluloid wird deshalb heute kaum noch verwendet. Stattdessen sind weiterentwickelte Zellulosekunststoffe wie ***Zellglas*** (Zellophan) oder Kunststoffe mit den chemischen Kurzbezeichnungen ***CA, CAB*** und ***CP*** in Gebrauch.

3 CAB

4 Radiogehäuse aus Phenol-Formaldehyd

Bakelit, der erste synthetische Kunststoff

Der in Belgien geborene Chemiker ***Baekeland*** beschäftigte sich zu Beginn unseres Jahrhunderts mit Substanzen, die chemisch so reagieren, dass daraus neue unschmelzbare und unlösliche Stoffe entstehen. Mehrere Jahre experimentierte er mit den Substanzen ***Phenol*** und ***Formaldehyd***. Phenol ist ein Produkt des Steinkohlenteers und Formaldehyd eine stechend riechende gasförmige Verbindung, die in wässriger Lösung als starkes Desinfektionsmittel wirkt.

1907 gelang es ihm, aus Phenol und Formaldehyd eine formbare Masse herzustellen, die durch Hitze und Druck aushärtet. Dem neuen Stoff gab er den Namen ***Bakelit***.

Bakelit war der erste Kunststoff, der aus verschiedenen Grundstoffen durch chemische Reaktionen zu einem völlig anderen Stoff zusammengefügt, also ***synthetisch*** hergestellt wurde. Bakelit hat den Grundstoffen entsprechend die chemische Bezeichnung ***Phenol-Formaldehyd*** (abgekürzt ***PF***) .

PF ist ein braunes oder schwarzes Material. Es ist hart und spröde und hat besonders gute elektrisch isolierende Eigenschaften.

Es ist wärmebeständig bis 200 °C, kurzzeitig sogar bis 300 °C. Bei höheren Temperaturen verkohlt es, ohne zu schmelzen.

Baekeland erkannte aber auch, dass die Erfindung eines neuen Stoffs erst wertvoll wird, wenn daraus auf preiswerte Art Gebrauchsartikel hergestellt werden können.

Im ***Pressverfahren*** wurde das Harz im pulverförmigen Zustand in eine heiße Form gebracht, in der es unter Hitze und Druck zusammenschweißte und die ganze Form ausfüllte. Die Pressmasse erstarrte. War der Aushärtungsprozess beendet, konnte der Pressling aus der geöffneten Form ausgestoßen werden. Das Pressverfahren ermöglichte einen schnellen Herstellungsprozess fertiger Teile, die kaum mehr nachgearbeitet werden mussten.

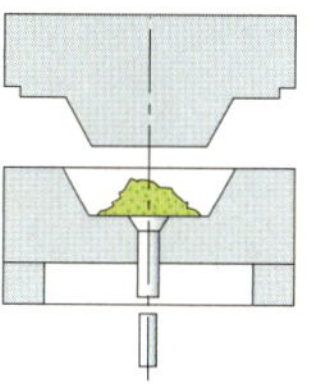

Füllen

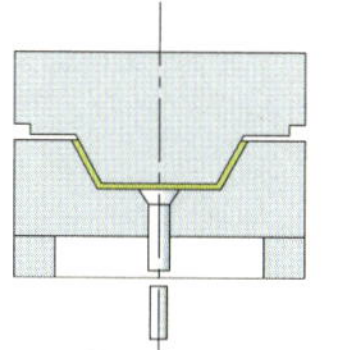

Pressen

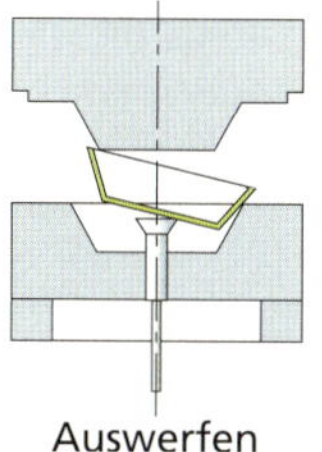

Auswerfen

Baekeland fand auch eine wichtige Grundlage für die technische Verwendung des spröden Materials durch Kombination mit ***Füll- und Verstärkungsstoffen,*** wie Sägespänen, Lappen, Gesteinsmehl. Mit diesen Stoffen kann aus dem spröden Material ein hoch beanspruchbarer Werkstoff hergestellt werden. Durch die Kombination mit solchen Füll- und Verbundstoffen lassen sich sogar Zahnräder herstellen.

Vom Rohstoff zum Gebrauchsgegenstand

Erdöl ist die wichtigste ***Rohstoffquelle*** für die meisten Kunststoffe. Trotz der hohen Jahreserzeugung von weltweit 100 Millionen Tonnen Kunststoffen wandern aber nur 4 % des gesamten Rohölverbrauchs in die Kunststofferzeugung. Der größte Anteil, nämlich ungefähr 80 % des wertvollen Rohstoffs Erdöl, wird als Heizöl und Motorkraftstoff verbraucht.

Erdöl ist ein Naturstoff aus einem Gemisch zahlreicher Stoffe. In ***Raffinerien*** wird Erdöl durch Erhitzen in verschiedene Bestandteilgemische getrennt. Ein Teilgemisch ist hierbei das ***Rohbenzin***.
Aus dem Rohbenzin werden die chemischen Grundstoffe für die Kunststofferzeugung gewonnen. Aus diesen werden Formmassen für die Kunststoffverarbeitung hergestellt, als Granulat (Körner), Pulver, Pasten oder flüssige Harze. Die ***Formmassen*** werden zu Halbzeugen (Folien, Platten, Rohre, Profile, ...) und zu vielen ***Fertigprodukten*** verarbeitet.

Die chemische Industrie produziert mehr als 50 ***Kunststoffsorten***. Jede einzelne Kunststoffsorte kann in zahlreichen Varianten hergestellt werden, z. B. durch Zusatzstoffe zum Weichmachen, Verstärken, durch Einfärben, Stabilisieren gegen das Sonnenlicht usw.

Die ***chemischen Bezeichnungen*** der Kunststoffe können sehr kompliziert sein. Die ***Kurzbezeichnungen*** lassen sich leichter aussprechen, z. B. PS für Polystyrol, PE für Polyethen, PP für Polypropen, PVC für Polyvinylchlorid. PS, PE, PP und PVC bilden den Hauptanteil der ***Massenproduktion*** von Kunststoffartikeln.

Ethen wird auch Ethylen genannt, Propen auch Propylen

Viele Kunststoffe sind uns nicht mit den chemischen Bezeichnungen, sondern mit den ***Handelsnamen*** bekannt, z. B. Nylon, Perlon, Plexiglas, Styropor.

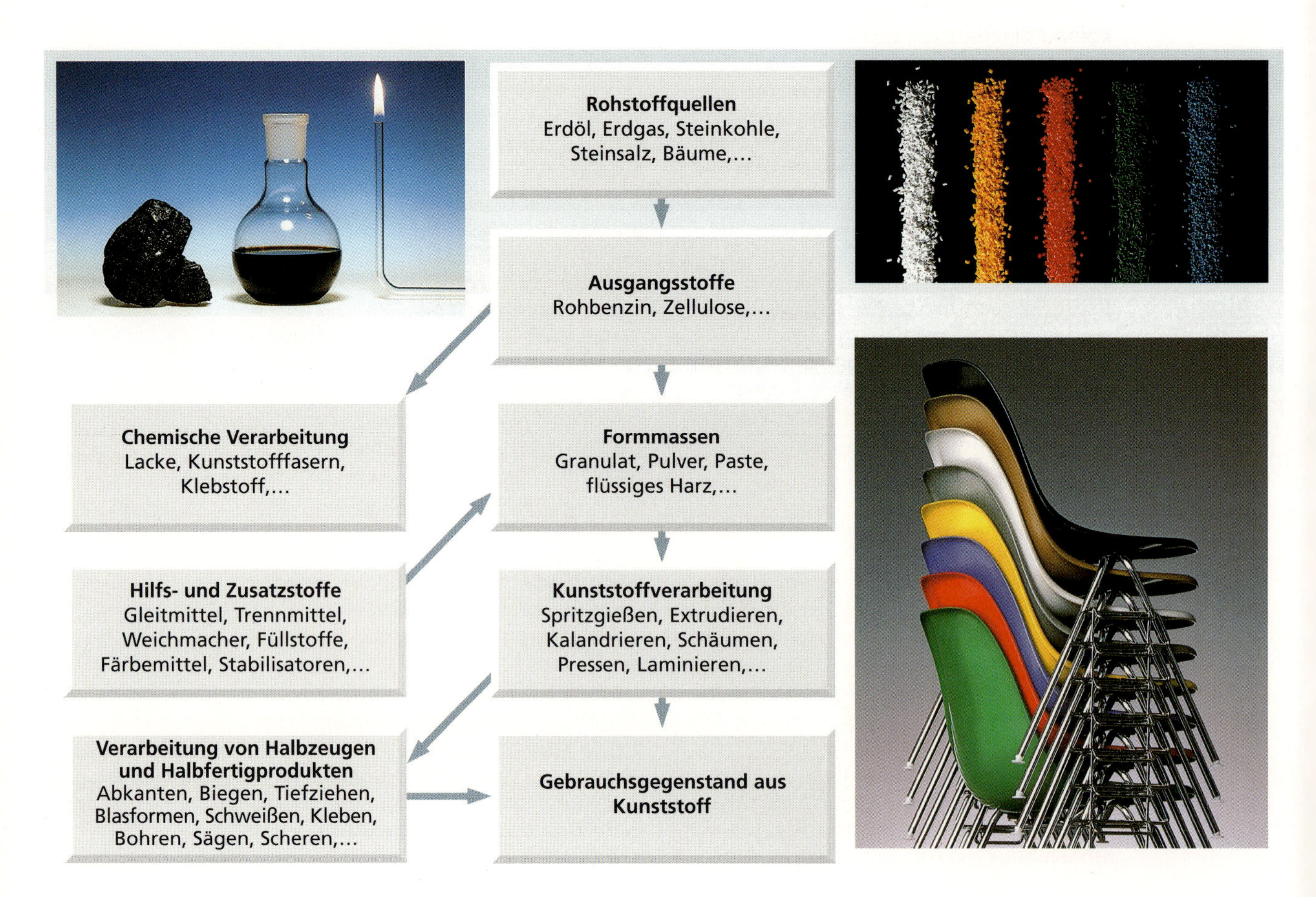

Thermoplaste, Duroplaste, Elastomere

Kunststoffe verhalten sich bei verschiedenen Temperaturen unterschiedlich.
Sie lassen sich dementsprechend in drei Gruppen einteilen, in Thermoplaste, Duroplaste und Elastomere.

Thermoplaste (thermos = warm) sind bei Raumtemperaturen fest. Sie verlieren mit zunehmender Temperatur ihre Festigkeit und werden gummiartig-elastisch. Nach dem Erkalten behalten umgeformte Thermoplaste ihre Form bei.
Beim Wiedererwärmen gehen sie durch innere Spannkräfte in ihre Ausgangsform zurück.

1 Thermoplast

Werden Thermoplaste über den thermoplastischen Bereich hinaus erwärmt, erreichen sie einen teigig-zähen bis flüssigen, plastischen Zustand. Bei Erwärmung über den plastischen Bereich hinaus zersetzen sie sich und sind nicht mehr verwendbar.

Beim Übergang vom festen Zustand zum elastischen und vom elastischen zum plastischen Bereich gibt es keine scharfen Temperaturgrenzen. Die Zustände ändern sich nicht schlagartig. Es gibt breite Übergangsbereiche.

Duroplaste (durus = hart) sind bei Raumtemperatur hart und bleiben auch bei Erwärmung fest. Erwärmung führt nicht zur Erweichung, sondern eine zu starke Erwärmung nur zur chemischen Zersetzung.
Die Formmassen sind flüssige, pastenartige, pulverförmige, granulierte (körnerartige) oder tablettenartige Harze. Die Herstellung von Gegenständen erfolgt bei harten Formmassen durch Pressen unter Hitzeeinwirkung. Bei flüssigen Reaktionsharzen wird vor der Formgebung Härter hinzugefügt. Nach der Formgebung lassen sich Duroplaste nur noch spanend bearbeiten, z. B. durch Bohren, Sägen und Feilen.

2 Duroplast

Elastomere (elastisch = dehnbar, biegsam) lassen sich bei Raumtemperatur gummiartig dehnen. Ihre Elastizität behalten sie über einen sehr großen Temperaturbereich bei. Werden sie stark erhitzt, erreichen sie nicht den plastischen Zustand, sondern zersetzen sich und sind nicht mehr verwendbar. Bei sehr großer Kälte werden Elastomere steif.

3 Elastomer

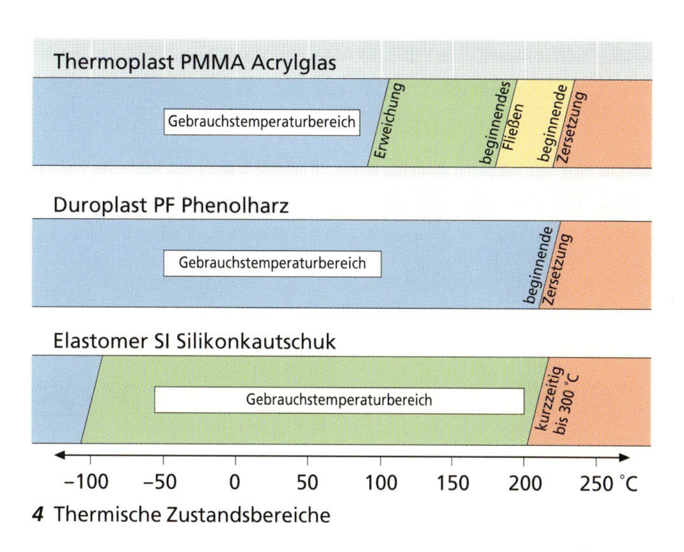

4 Thermische Zustandsbereiche

Verarbeitung von Kunststoffen

Extrudieren, Extrusionsblasen, Spritzgießen

Extrudieren, Extrusionsblasen und Spritzgießen zählen zu den wichtigsten Verarbeitungsverfahren von Kunststoffen. Bei diesen Verfahren werden Thermoplaste bis in den plastischen Bereich erwärmt.

Beim ***Extrudieren*** wird Granulat über einen Einfülltrichter dem Zylinder zugeführt. Eine Schnecke fördert die Kunststoffmasse wie bei einem Fleischwolf zum Werkzeug. Die Kunststoffmasse wird erwärmt, durchgeknetet und verdichtet. Das plastifizierte Material wird durch ein Extruderwerkzeug gepresst und anschließend gekühlt. Durch die Form des Extruderwerkzeugs entstehen endlose Profile, wie Tafeln, Folien, Schläuche, Rohre, Fäden oder Drahtummantelungen.

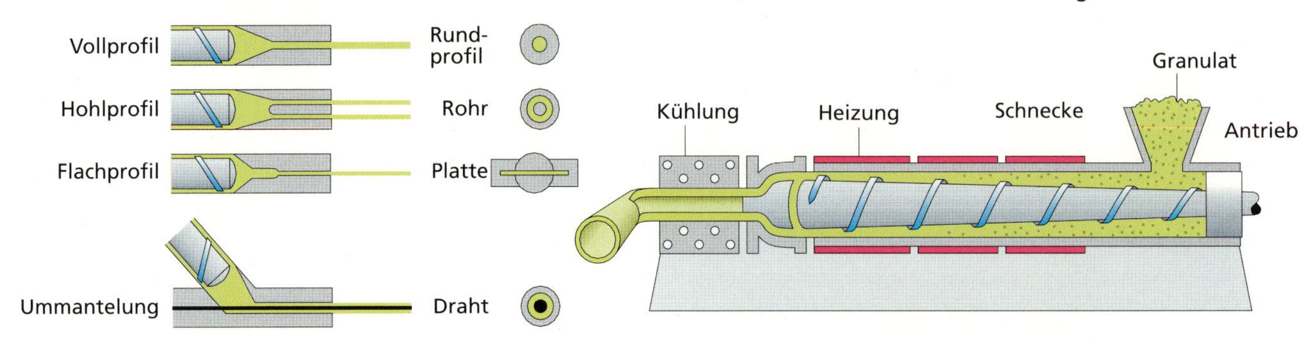

1 Schemazeichnung von Extruder und Werkzeugen

2 Extrusion von Stäben

3 Folienblasen

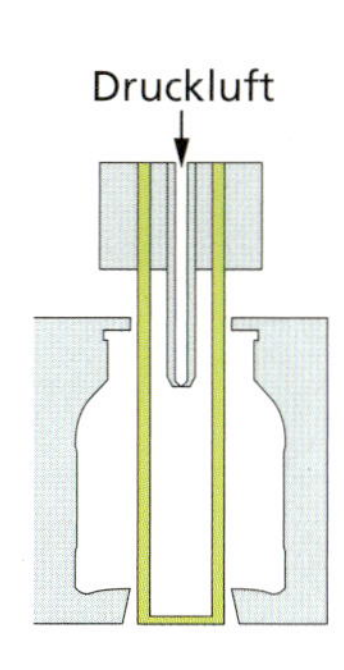

4 Extrusionsblasen von Hohlkörpern

Zur Herstellung von Flaschen, Kanistern oder anderen Hohlkörpern wird ein Schlauch extrudiert, von einem geöffneten Hohlwerkzeug erfasst und luftdicht abgequetscht. Eingeblasene Druckluft weitet den Schlauch auf und drückt ihn an die Innenwände des Hohlwerkzeugs. ***Extrusionsgeblasene Hohlkörper*** lassen sich zumeist an der „Längsnaht" erkennen, die durch die Schließfuge des Werkzeugs zustande kommt.

Beim ***Spritzgießen*** wird Granulat wie beim Extrudieren in einen beheizten Zylinder gefüllt. Die Schnecke ist aber zusätzlich längs verschiebbar. Sie fördert die Formmasse, plastifiziert sie und stößt sie aus.

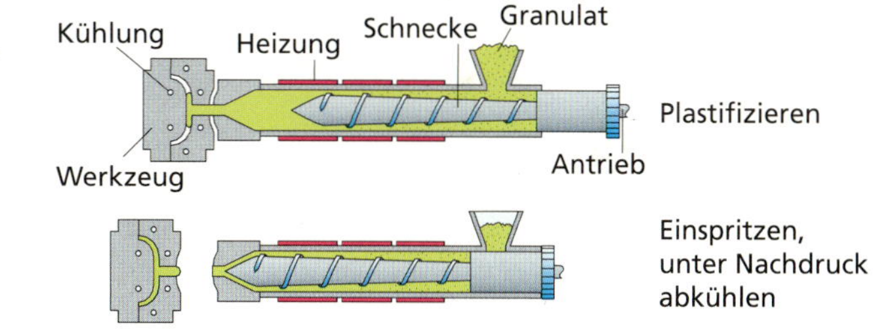

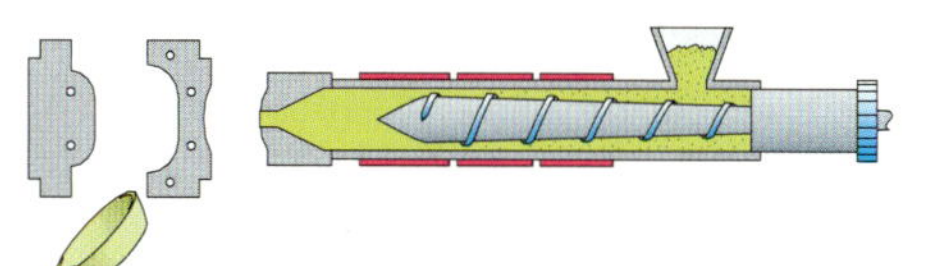

6 Schema Spritzgießen

5 Spritzgießautomat

Durch ***Spritzgießautomaten*** können komplizierte Formteile mit großer Maßgenauigkeit, ohne Nacharbeit und in hoher Stückzahl hergestellt werden, z. B. Telefongehäuse, Modellbauteile, Zahnräder und Haushaltsartikel. Spritzgussteile sind zumeist an der Angussstelle zu erkennen.

Verarbeitung von Kunststoffen

1 Sitzmöbel mit Polyurethan-Schaumstoffkern

Schäumen

PUR = Polyurethan

Wie bei der Herstellung von Schlagsahne kann in weiche Kunststoffmassen ***Luft eingeschlagen*** werden. Luft oder ein anderes Gas können auch eingeblasen werden. Dieses Verfahren wird z. B. beim Schäumen von PVC angewandt.

2 PUR-Schaumstoff

PUR-Schaum lässt sich durch ***Zusammenmischen*** von zwei flüssigen Stoffen herstellen. Beim Mischvorgang entsteht Gas, das die Stoffmischung aufschäumt.

Häufig wird mit ***chemischen Treibmitteln*** geschäumt. Beim PS-Hartschaum (z. B. Styropor) erfolgt das Schäumen in zwei Stufen: Zunächst werden aus dem Rohstoff treibmittelhaltige Polystyrol-Körnchen hergestellt. Durch Erwärmen mit heißem Wasserdampf blähen die Treibmittel die Körnchen auf. Sie vergrößern sich auf das 70fache. Nach diesem Vorschäumen muss in die Perlen Luft einwandern. In der 2. Stufe wird ein Formwerkzeug mit den vorgeschäumten Perlen gefüllt. Die geschlossene Form wird erwärmt. Die Perlen blähen auf und drücken in der geschlossenen Form aufeinander. Sie verschweißen sich so, dass ein fester Schaumstoffkörper entsteht.

Kalandrieren

Der ***Kalander*** ist eine Maschine, mit der weich gemachter Kunststoff ausgewalzt wird, um Folien herzustellen.
Das Auswalzen geschieht im Prinzip wie beim Breitwalzen von Kuchenteig mit der Teigrolle. Der Kunststoff läuft zwischen heißen Walzen hindurch, bis die gewünschte Dicke erreicht ist. Durch eingravierte Muster auf kalten Walzen können auch Oberflächen geprägt werden. Mit dem Kalander wird z. B. weiches ***Kunstleder*** hergestellt.

3 Folienziehen auf dem Kalander

4 Warmgeformtes Acrylglas (Schwarzwaldhalle)

Warmformen

Thermoplaste verlieren mit zunehmender Wärmezufuhr ihre Festigkeit und werden formbar. Dies nutzt man beim Warmformen aus, um z. B. Folien, Tafeln und Profile durch Biegen, Drücken oder Ziehen in die gewünschte Form zu bringen.
Nach der Formgebung wird das Teil so lange festgehalten, bis es abgekühlt und wieder fest geworden ist. Wasser oder Druckluft sorgen für schnelle Abkühlung. Durch Warmformen werden Kleinteile, wie z. B. Einlagen von Pralinenschachteln, Klarsichtverpackungen, und Großteile, wie Kühlschrankinnenteile, Bootskörper oder Badewannen, hergestellt.

Die folgenden beiden Warmformverfahren lassen sich auch im Unterricht anwenden:

Biegeumformen

Das Kunststoffhalbzeug wird nur in der Zone erwärmt, in der es gebogen werden muss. Soll die Biegestelle einen kleinen Radius einnehmen und möglichst kantig sein, wird nur eine schmale Zone erwärmt. Das Halbzeug wird nur in der Erwärmungszone weich, da Thermoplaste die Wärme schlecht weiterleiten.

Vor dem Biegen von Rohren werden diese mit Sand oder Korkmehl gefüllt und an den Enden verschlossen. Dadurch lässt sich das Einknicken des Rohrs an der Biegestelle vermeiden.

kleiner Biegeradius
schmale Erwärmungszone
Heizstab
großer Biegeradius
breite Erwärmungszone

5 Biegeumformen

Tiefziehen

Beim Tiefziehen wird die umzuformende Folie oder Tafel auf die Umformtemperatur gebracht und im Werkzeug eingespannt. Durch Druck mit einem Stempel, Blasen mit Druckluft oder Saugen kann geformt werden. Die Wanddicken des geformten Stücks sind geringer als die des Ausgangsmaterials.

Um möglichst gleichmäßige Wandstärken und große Ziehtiefen zu erreichen, werden mehrere Verfahren kombiniert, wie Vordehnen, Saugen, Einblasen von Heißluft oder Beheizen des Stempels.

Der große Vorteil des Tiefziehens im Vergleich zum Spritzgießen liegt in den niedrigeren Herstellungskosten für das Formwerkzeug.

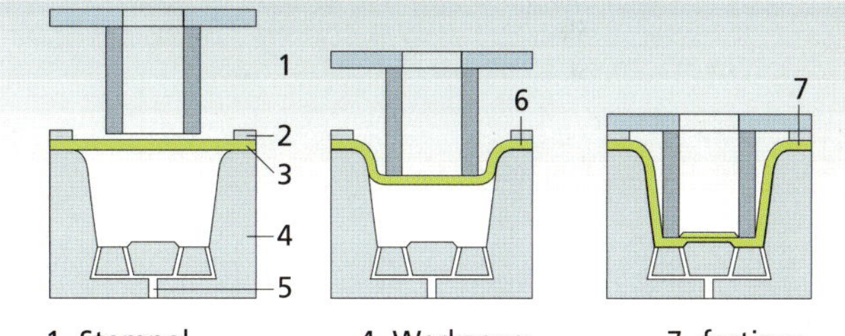

1 Stempel
2 feste Einspannung
3 Ausgangsmaterial
4 Werkzeug
5 Vakuumanschluss
6 vorgeformte Folie
7 fertiges Formteil

6 Tiefziehen durch Vordehnen und Saugen

7 Tiefziehen eines Modellautos

Verarbeitung von Kunststoffen

Laminieren

Kunststoff-Gießharze eignen sich zum Abgießen von Formen oder zur Herstellung transparenter Gießlinge für Anschauungszwecke. Beim Zusammenmischen von Gießharz und Härter entsteht eine chemische Reaktion, die das Harz verfestigt.

1 Mit Gießharz können Teile eingegossen werden

Ausgehärtete Gießharze sind spröde. Werden Glasfasern in die Formmasse eingearbeitet, erreicht man eine sehr hohe Festigkeit und Elastizität. So entstehen Glasfaserverstärkte Kunststoffe (***GFK*** bzw. Fiberglas).

Das einfachste Verfahren zur Verarbeitung von GFK ist das ***Handlaminieren***. Unter Laminieren versteht man das Einarbeiten der Faserverstärkung in das Harz. Mit diesem Verfahren können Formteile hergestellt oder Gegenstände witterungsbeständig beschichtet, abgedichtet und repariert werden.

Beschichten von Formkernen durch Handlaminieren

Auf den Formkern, z. B. einen PS-Hartschaumkern für ein Surfboard, kann Epoxidharz aufgetragen und die Faserverstärkung eingearbeitet werden. Nach dem Beschichten wird die ausgehärtete Oberfläche geschliffen.

Herstellen von Formteilen durch Handlaminieren

Beim Herstellen von Formteilen sind Negativformen günstig, da die Formteile beim Laminieren auf der glatten Innenseite der Form anliegen. Nach dem Ausformen ist die Außenseite des GFK-Formteils glatt.
Um das Entformen zu erleichtern, werden auf die Form Trennmittel aufgetragen.

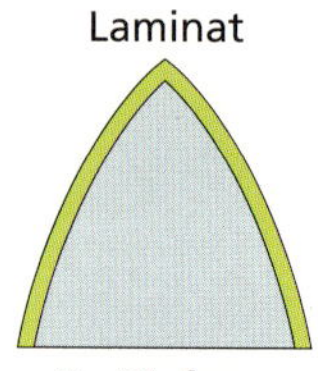

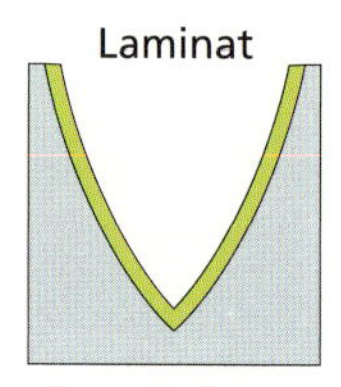

Mechanisierte Verfahren

Das Handlaminieren wird in Handwerksbetrieben durchgeführt, ist aber auch als Heimwerkertechnik möglich. Es ist sehr arbeitsaufwendig, verursacht aber keine hohen Form- und Werkzeugkosten. Die Kunststoff verarbeitende Industrie setzt dagegen vorwiegend mechanisierte Verfahren ein.

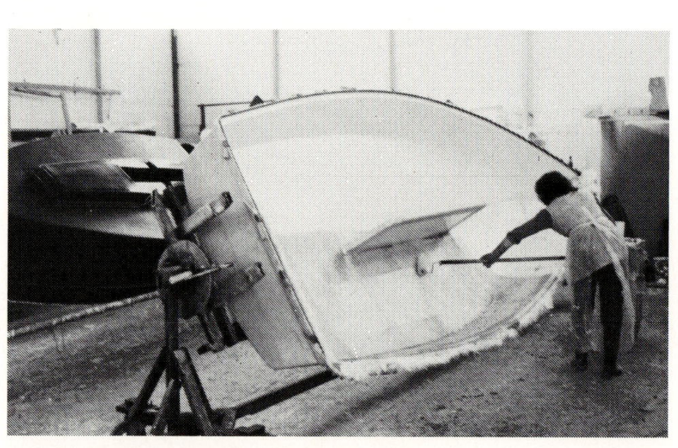

2 Laminieren einer äußeren Bootsschale

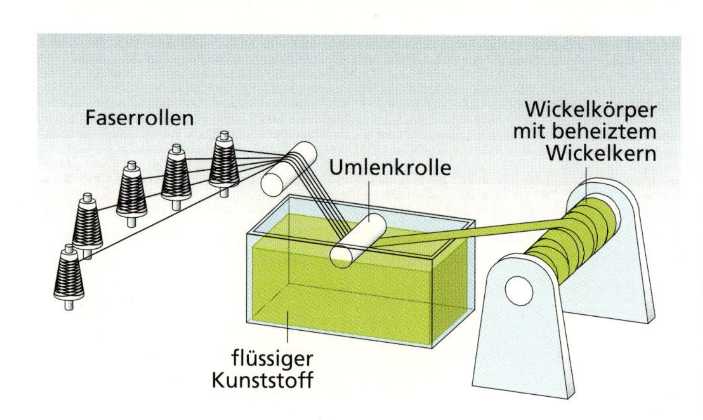

3 Mechanisiertes Verfahren: Wickeln

Kunststoffberufe

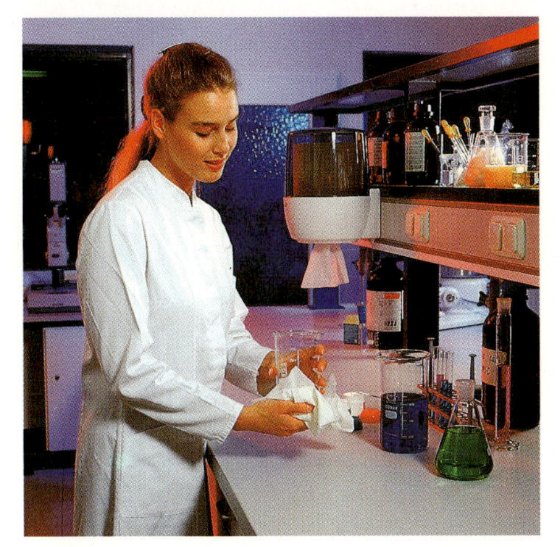

4 Chemikantin

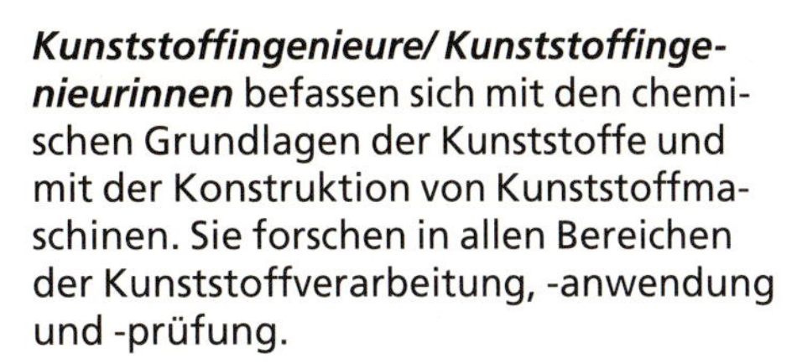

Kunststoffingenieure/ Kunststoffingenieurinnen befassen sich mit den chemischen Grundlagen der Kunststoffe und mit der Konstruktion von Kunststoffmaschinen. Sie forschen in allen Bereichen der Kunststoffverarbeitung, -anwendung und -prüfung.

Chemikanten/Chemikantinnen steuern und überwachen hauptsächlich Produktionsvorgänge zur Herstellung der Formmassen (Pulver, Pasten, Harze, Granulat) für die Kunststoffverarbeitung. Sie warten die Anlagen und führen selbstständig kleinere Reparaturen durch.

5 Kunststofftechnikerin

Kunststofftechniker/Kunststofftechnikerinnen entwerfen Werkzeuge und Vorrichtungen für die Kunststoff verarbeitenden Maschinen und sind für deren Einrichtung und Überwachung zuständig. Sie prüfen und kontrollieren Formmassen, Fertigerzeugnisse und den Produktionsablauf.

Kunststoff-Formgeber/Kunststoff-Formgeberinnen stellen Halbzeuge (Rohre, Tafeln, Stäbe, ...) aus Formmassen her. Sie bedienen Kunststoffmaschinen, richten sie ein, kontrollieren sie, überwachen den Verarbeitungsablauf und beseitigen an den Maschinen Betriebsstörungen.

6 Kunststoffschlosser

Kunststoffschlosser/Kunststoffschlosserinnen stellen Apparate, Rohrleitungen oder Behälter her. Sie bearbeiten dazu Halbzeuge durch Bohren, Drehen, Schweißen, Kleben oder Umformen mit Wärme.

Zahlreiche ***andere Berufe*** sind direkt mit der Herstellung, Verarbeitung und Prüfung von Kunststoffen und den dazu benötigten Maschinen und Werkzeugen beschäftigt, z. B. Werkstoffprüfer/Werkstoffprüferinnen und Werkzeugmechaniker/Werkzeugmechanikerinnen. Aber auch in fast allen anderen technischen Berufszweigen wird mit Kunststoffen gearbeitet.

Probleme mit Kunststoffen

Abfall

In Deutschland werden täglich Millionen kurzzeitig genutzter ***Verpackungen*** aus Kunststoffen verbraucht – in Form von Folien, Bechern, Tuben, Kanistern, Eimern usw. Jährlich sind es fast 1 Million Tonnen. Würden daraus Würfel mit einem Volumen von 1 m^3 gepresst, ergäben diese Würfel aneinandergereiht eine Straßenstrecke vom Bodensee bis nach Dänemark.

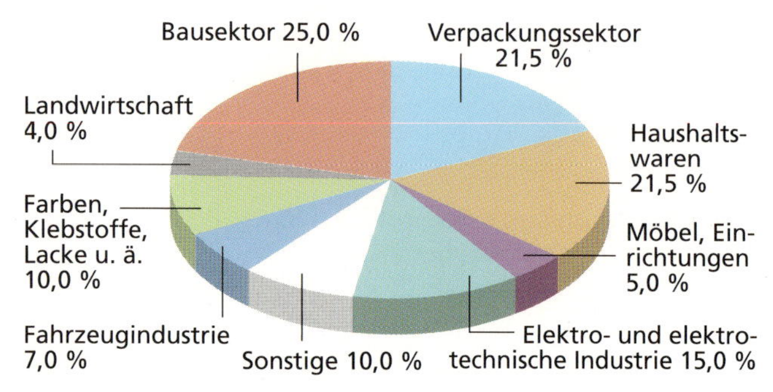

1 Einsatzgebiete von Kunststoffen

Die Kunststoffabfälle bestehen aber nicht nur aus Verpackungen. Auch langlebige Produkte wie Schaumstoffmatratzen oder Bodenbeläge aus Kunststoffen müssen entsorgt werden. Insgesamt gibt es in Deutschland jährlich mehr als 2,5 Millionen Tonnen Kunststoffabfälle durch private Haushalte.

Der große Kunststoffverbrauch ist auf die ***Vielseitigkeit des Werkstoffs*** und seine immer größer werdenden Anwendungsmöglichkeiten zurückzuführen. Es werden jedoch auch viele Kunststoffprodukte hergestellt, auf die wir verzichten könnten, z. B. auf Kleinverpackungen für Milch, Marmelade, Einwegbesteck, Einwegbecher, Kunststoffverpackungen von Lebensmitteln, die man frisch kaufen kann. Bei Süßwaren, Kosmetika, Geschenkverpackungen werden keine übermäßigen und mehrfachen Verpackungen benötigt. Statt der Kunststofftragetasche kann man auch eine Textileinkaufstasche oder einen Einkaufskorb verwenden.
Die Herstellung und Entsorgung von Verpackungen zahlt in jedem Fall der Verbraucher. Kunststoffabfälle aus dem Verpackungsmüll werden in den privaten Haushalten mit der ***„gelben Tonne"*** oder dem ***„gelben Sack"*** getrennt gesammelt, doch ihre Wiederverwertung ist noch schwierig. Denn die Kunststoffabfälle bestehen aus verschiedenen Sorten und sind verschmutzt. Sie lassen sich deshalb nicht so einfach wie ***sortenreine*** Abfälle aus der Produktion in den Materialkreislauf zurückführen (Recycling).

Aus ***sortenverschiedenen*** Kunststoffabfällen werden heute schon über 100 verschiedene Produkte hergestellt. Sie haben aber einen geringeren wirtschaftlichen Wert, da sie schlechtere Materialeigenschaften als sortenreine Kunststoffe haben. Beispiele für Produkte aus sortenverschiedenen Kunststoffabfällen sind Befestigungen für Lärmschutzwälle, Blumenkästen, Bedachungsmaterial, Möbelteile.

2 Möbel aus Recyclingmaterial

3 Kunststoffteile aus Recyclingmaterial

4 Kunststoffabfälle werden in einer Schredderanlage zerkleinert und anschließend zu neuen Formteilen gepresst

Eine andere Möglichkeit ist die ***Verbrennung*** in Heizkraftwerken, denn Kunststoffe haben einen hohen Energiegehalt. Dieser entspricht etwa dem des Heizöls. In modernen Heizkraftwerken werden die Abgase zwar gut gereinigt, aber der Schadstoffausstoß kann nicht völlig vermieden werden.

Die ***Deponielagerung*** ist ebenso problematisch, da handelsübliche Kunststoffe nicht verrotten und die Deponieräume sehr knapp sind. Verrottbare Kunststoffe für Verpackungen konnten sich bis jetzt noch nicht durchsetzen.

5 Recycling-symbol

Bedeutung der Ziffern:

01	PET	Polyethenterephthalat
02	PE-HD	Polyethen hoher Dichte („high density“)
04	PE-LD	Polyethen niedriger Dichte („low density“)
03	PVC	Polyvinylchlorid
05	PP	Polypropen
06	PS	Polystyrol
07	O	Sonstige („others“)

Es gibt verschiedene Verfahren, Thermoplaste wieder in gasförmige und flüssige ***Grundstoffe*** zu ***zerlegen***, um daraus neue Kunststoffe herzustellen. Der Nachteil besteht aber darin, dass sich die Grundstoffe aus den Rohstoffen billiger herstellen lassen.

Gesundheit

Kunststoffverpackungen können vor schädlichen Einwirkungen durch Licht schützen, Haltbarkeit gewährleisten, vor Verschmutzung bewahren, das Eindringen von Bakterien und Schädlingen verhindern. Aber aus dem Verpackungsmaterial können geringe Mengen in das verpackte Lebensmittel gelangen. Der Gesetzgeber schreibt deshalb die ***maximal zulässige Gesamtmenge der Stoffe*** vor, die von der Verpackung auf ein Lebensmittel übergehen darf. Welche Menge als ungefährlich betrachtet wird, beruht auf dem derzeitigen Erkenntnisstand.
Die meisten Kunststoffe sind bei normaler Temperatur nicht gesundheitsschädlich. Beim starken Erhitzen und beim Verbrennen entstehen jedoch ***giftige Gase***. Von angezündeten Kunststoffen können außerdem brennende Tropfen abfallen, die Verbrennungen auf der Haut verursachen.

! ***Arbeitssicherheit:***

Verbrenne keine Kunststoffe und führe ohne fachkundige Aufsicht keine Brennproben durch!

Häufig verwendete Kunststoffe

PE (Polyethen)

Thermoplast
Handelsnamen z. B. Hostalen, Vestolen, Lupolen

Gebräuchlichster Kunststoff, preiswerter Massenkunststoff

Anwendungsbeispiele: Flaschenkästen, Eimer, Schüsseln, Tragetaschen, Trinkwasser- und Abwasserrohre, Reservekraftstoffbehälter, Behälter zum Lagern von Chemikalien, Mülltonnen, Isolationsmaterial in der Funk- und Fernsehtechnik

Je nach Herstellungsverfahren unterscheidet man PE-weich und PE-hart. PE-weich ist schlagbeständiger. Das Material ist zäh-elastisch, fühlt sich wachsartig an, ist einer der leichtesten Kunststoffe. PE ist leicht einfärbbar, unzerbrechlich, geschmacks- und geruchsfrei und eignet sich für die Lebensmittelverpackung.
Gebrauchstemperatur: PE-weich bis 70 °C , PE-hart bis 90 °C.

PE lässt sich nicht fest verkleben, jedoch gut verschweißen.

PP (Polypropen)

Thermoplast
Handelsnamen z. B. Hostacom, Novolen, Vestolen P

Werkstoff für mechanisch stark beanspruchte Teile

Anwendungsbeispiele: Haushaltsgegenstände, Geschirr, Geschirrspülmaschinenteile, Autobatteriegehäuse, Apparateteile für die chemische Industrie, sterilisierbare medizinische Geräte, Rohrleitungen, Aktenkoffer, Seile, Scharniere, Verpackungsbänder

PP ist dem PE verwandt, jedoch härter, leichter und wärmebeständiger. Es ist chemikalien- und alterungsbeständig, eignet sich für die Lebensmittelverpackung.
Gebrauchstemperatur bis ca. 100 °C, kurzfristig bis 140 °C. In der Kälte wird PP spröde.

PP lässt sich nicht verkleben, jedoch gut verschweißen.

PVC (Polyvinylchlorid)

Thermoplast
Handelsnamen z. B. Hostalit, Vestolit, Pegulan, Skai

Wichtiger Werkstoff für die Bauindustrie und den Apparatebau, preiswerter Massenkunststoff

Anwendungsbeispiele:
PVC-hart: Rollladenprofile, Fensterprofile, Rohre, Schallplatten
PVC-weich: Tischtücher, Vorhänge, Fußbodenbeläge, Kunstlederwaren, Schuhsohlen, Drahtisolierungen

PVC-hart ist ein harter, steifer Werkstoff, der durch Zusatzstoffe zäh und elastisch gemacht werden kann. Er ist alterungsbeständig und beständig gegen Chemikalien. Durch Hinzufügen von Weichmachern wird PVC ein gummiartig biegsamer Werkstoff.
Bei hohen Temperaturen entstehen gesundheitsschädigende Dämpfe.
Die giftigen Weichmacher im PVC können sich auch bei normaler Gebrauchstemperatur herauslösen.
Dauergebrauchstemperatur von PVC-weich bis 55 °C, von PVC-hart bis 65 °C.

PVC lässt sich gut verschweißen und mit Lösungsmittelklebern gut verkleben.

PS (Polystyrol)

Thermoplast
Handelsnamen z. B. Hostalen, Trolitul, Styroflex, Styropor, Hostapor

Preiswerter Massenkunststoff mit guter Verarbeitbarkeit

Anwendungsbeispiele: einfache Haushaltsgegenstände, Campinggeschirr, Spielzeug, Dosen, Modeschmuck, Jogurtbecher.
Aufgeschäumtes PS für Platten zur Wärmeisolation, Verpackungsmaterial, Rettungsringe

„Normalpolystyrol" hat einen hohen Oberflächenglanz, ist kristallklar oder eingefärbt, steif, spröde, zerbrechlich, schlagempfindlich. PS ist weitgehend chemikalienbeständig, nicht beständig gegen Benzin oder Terpentin.
Eine besondere Form ist aufgeschäumtes PS (z. B. Styropor). PS ist geeignet zur Aufbewahrung von Lebensmitteln. Gebrauchstemperatur jedoch nur bis 70 °C.

PS lässt sich gut verschweißen und mit speziellen PS-Klebstoffen verkleben.

ABS (Acrylnitril-Butadien-Styrol)

Thermoplast
Handelsnamen z. B. Hostyren ABS, Novodur, Vestodur

Anwendungsbeispiele: Gehäuse für Radio, Fernseher, Telefonapparat, Haushaltsmaschinen

ABS ist hart, schlagzäh, unzerbrechlich, jedoch nicht sehr witterungsbeständig. ABS ist beim Kontakt mit Lebensmitteln unbedenklich.
Gebrauchstemperatur bis 85 °C.

ABS lässt sich verschweißen und verkleben.

PMMA
(Acrylglas, Polymethylmetacrylat)

Thermoplast
Handelsnamen z. B. Plexiglas, Resalit, Degalan

Technischer Kunststoff für lichtechte, transparente Gegenstände. Im Vergleich zu PE, PS oder PVC sehr teures Material

Anwendungsbeispiele: optische Linsen, Rückstrahler, beleuchtete Werbe- und Verkehrsschilder, Hauben an Flugzeugkanzeln, Lichtkuppeln, Badewannen, Zeichengeräte

PMMA ist glasklar, lichtdurchlässiger als Fensterglas, gut einfärbbar, sprödhart, fest, splittert nicht, weitgehend chemikalienbeständig, auch gegen Benzin und Terpentin. PMMA ist alterungs- und witterungsbeständig. Es zählt zu den Kunststoffen ohne gesundheitsschädigende Wirkung.
Gebrauchstemperatur bis 90 °C.

Hoher Oberflächenglanz ist durch Polieren zu erreichen. PMMA lässt sich nur mit speziellen Maßnahmen verschweißen, mit PMMA-Klebern jedoch gut verbinden.

Häufig verwendete Kunststoffe

PA (Polyamid)

Thermoplast
Handelsnamen z. B. Nylon, Perlon, Ultramid

Ein technischer Werkstoff für hochbelastete, wärmebeanspruchte Teile im Maschinen-, Fahrzeug- und Apparatebau und ein wichtiger Spinnfaserstoff

Anwendungsbeispiele: Zahnräder, Gleitlager, Mauerdübel, Schrauben, Kraftstoffleitungen, Wasserpumpenteile, Schutzhelme, verrottungsfeste Seile, Angelschnüre, Kochbeutel

Ungefärbte Teile sind trüb bis klar, glatt, hornartig. PA fühlt sich wachsartig an. Je nach Typ ist PA zäh, elastisch oder hart. Es ist äußerst abrieb- und verschleißfest und hat ein gutes Gleitreibungsverhalten. Beständig gegen Öle, Fette und Benzin. Für die Verpackung von Lebensmitteln geeignet. Fruchsäfte verfärben jedoch PA.
Gebrauchstemperatur bis 110 °C, kurzfristig bis 200 °C.

PA ist verschweißbar und mit Spezialklebern gut verklebbar.

PC (Polycarbonat)

Thermoplast
Handelsnamen z. B. Makrolon, Lexan

Überwiegend technischer Werkstoff, der den Forderungen nach Schlagzähigkeit und Schwerentflammbarkeit gerecht wird

Anwendungsbeispiele: Bruchsichere Verglasung, Visier von Sicherheitshelmen, Säuglingsmilchflaschen, Straßenleuchten, Bauteile der Elektrotechnik, Spezialschrauben, CDs

PC ist glasklar bis schwach gelblich, hart, sehr zäh, hoch biegefest, lässt sich dehnen. Starke Schlagbeanspruchung führt nicht zum Bruch, sondern zur Deformation wie bei Metallen. Gesundheitlich unbedenklich. Gebrauchsgegenstände aus PC können ausgekocht werden, eine Dauerbelastung mit heißem Wasser führt jedoch zur Zersetzung.
Maximale Gebrauchstemperatur bis ca. 135 °C.

PC lässt sich auf Hochglanz polieren, gut verkleben und verschweißen.

POM (Polyacetal, Polyoxymethylen)

Thermoplast
Handelsnamen z. B. Hostaform, Ultraform, Delrin

Hochleistungskunststoff für die Feinwerktechnik

Anwendungsbeispiele: Zahnräder, Steuerscheiben, Wasserarmaturen, Pumpengehäuse und -laufräder, Rohrleitungsschellen, Vergaserteile, Möbelbeschläge, Besteckgriffe

POM ist weiß und undurchsichtig. Es hat einen hohen Abriebwiderstand, ist zäh, steif, hat gute Gleiteigenschaften und ist beständig gegen Kraftstoff.
Es ist formbeständig in der Wärme; maximale Gebrauchstemperatur 100 °C.

Verschweißen ist möglich durch Reibung, z. B. mit einer Drehmaschine. POM ist mit einfachen Mitteln nicht verklebbar.

PTFE (Polytetrafluorethen)

Thermoplast
Handelsnamen z. B. Teflon, Greblon, Hostaflon

Sehr teurer Hochleistungskunststoff

Anwendungsbeispiele: Dichtungen für Kolben, wartungsfreie Lager, Beschichtungen für Heizelemente, Bratpfannen, Waffeleisen, Bügeleisen, chemikalienfeste Schläuche

PTFE fühlt sich wachsartig an, ist unzerbrechlich, lebensmittelfreundlich und hat Antihafteffekt. Es ist außergewöhnlich gut beständig gegen Chemikalien und hohe Temperaturen.
Die Dauergebrauchstemperatur liegt bei maximal 260 °C. Die Zersetzung beginnt bei 400 °C.

PTFE lässt sich nicht verschweißen und verkleben.

PUR (Polyurethan)

Thermoplast/Elastomer/Duroplast
Handelsnamen z. B. Moltopren, Vulkolan, Tesamoll

Sehr teurer Werkstoff für Sonderanwendungen

Anwendungsbeispiele: Laufrollen für Rolltreppen, Schuhsohlen, Skistiefel, Zahnriemen, Dämmstoffe gegen Kälte, Wärme und Schall, Schwämme, weichelastische Schaumstoffe für Polstermöbel und Matratzen

PUR kann je nach Mischung der Ausgangsstoffe thermoplastische, duroplastische oder gummi-elastische Eigenschaften haben. Es hat eine braune Eigenfarbe, ist zäh und abriebfest. PUR-Elastomer hat gute Haftfestigkeit. PUR ist gut beständig gegen Benzin und Öl, alterungsbeständig, jedoch unbeständig gegen heißes Wasser.
Die maximale Dauergebrauchstemperatur liegt je nach Typ bei 80 bis 110 °C.

PUR lässt sich gut verkleben.

SI (Silikon)

Thermoplast/Elastomer/Duroplast
Handelsnamen z. B. Silicon, Silopren

Hochleistungskunststoff mit stark wasserabweisender Wirkung

Anwendungsbeispiele: Schläuche, Schutzüberzüge, hitzebeständige Abformmassen, Kabelisolierungen. SI gibt es auch in Öl-, Wachs- und Pastenform

SI ist gut alterungs- und witterungsbeständig, jedoch nicht sehr chemikalienbeständig. Bei der Verarbeitung und Verwendung gesundheitlich unbedenklich.
Gebrauchstemperaturen bis 200 °C, kurzfristig bis 300 °C möglich.

SI ist mit Spezialklebern verklebbar.

Häufig verwendete Kunststoffe

MF (Melaminformaldehyd)

Duroplast
Handelsnamen z. B. Hostaset, Resopal, Leguval

MF wird hauptsächlich als Schichtpressstoff für die Beschichtung von Küchenmöbeln verwendet

Anwendungsbeispiele: Dekorplatten, Ess- und Trinkgeschirr, Abdeckplatten, Steuerwalzen, Grundstoff für wasserfesten Weißleim

MF ist glatt, glänzend, lichtecht, für helle Farbtöne gut geeignet und gut einfärbbar. MF hat ein gutes elektrisches Isoliervermögen. Es ist geschmacks- und geruchsfrei, in Verbindung mit Lebensmitteln verwendbar, beständig gegen Öle und Alkohol. Gute Wärmebeständigkeit und kochfest.
Maximale Gebrauchstemperatur bis 120 °C, bei Dauertemperatur bis 80 °C.

MF ist mit Kontaktklebern und Reaktionsklebern verklebbar, jedoch nicht verschweißbar. Bei spanender Bearbeitung werden Werkzeuge stark beansprucht.

UP (Ungesättigte Polyester)

Duroplast
Handelsnamen z. B. Leguval, Palatal, Vestopal, Prestolith, Hostaset

Werkstoff für Bauwesen und Karosseriebau, in der Elektrotechnik für Teile mit hoher Wärmebeanspruchung und Anforderung an die Isolierwirkung

Anwendungsbeispiele: Sturzhelme, Wasserski, Boote, Autokarosserien, Lagertanks, Silos, Reparaturmaterial, Schalter- und Steckerteile.

Das Harz wird als Flüssigkeit geliefert. Durch Zugaben eines Härters entsteht der duroplastische Kunststoff. Von Natur aus durchsichtig bis durchscheinend, licht-, wärme- und alterungsbeständig, gut einfärbbar. Es eignet sich zum Gießen und Einbetten von Gegenständen. UP ist spröde, die mechanischen Eigenschaften werden jedoch durch Füllstoffe verbessert, z. B. durch Glasfasern. Glasfaserverstärktes UP ist in hohem Maß zugfest, biegefest und schlagzäh.
Es ist je nach Typ bis 150 °C wärmebeständig.

PF (Phenol-Formaldehyd)

Duroplast
Handelsnamen z. B. Bakelit, Hostaset, Pertinax

Preiswerter technischer Werkstoff mit sehr großem Anwendungsbereich

Anwendungsbeispiele: Topfgriffe, Zündverteilerkappen, Zählergehäuse, Klemmleisten, Grundplatten für elektronische Schaltungen, Aschenbecher, in Verbindung mit Holzfurnieren gepresste Formteile für Stühle

PF hat eine gelbbraune Eigenfarbe, die durch Lichteinwirkung nachdunkelt, deshalb wird PF nur in Brauntönen oder in Schwarz geliefert. PF ist spröde und hart. Der Formmasse werden Füllstoffe wie Holzmehl, Stoffreste oder Papier zugemischt, um die mechanischen Eigenschaften zu verbessern. Es hat eine hohe Isolierfähigkeit, ist jedoch unbeständig gegen heißes Wasser. PF hat einen starken Eigengeruch. Es darf nicht mit Lebensmitteln in Berührung gebracht werden.
Maximale Dauergebrauchstemperatur in Luft 130 °C bis 150 °C, kurzfristig sind höhere Temperaturen möglich.

Bestimmung von Thermoplasten

1 Rußflocken beim Verbrennen einer Kunststoffprobe

Die Brenn- und Geruchsprobe ist ein wichtiges Erkennungsverfahren zur Bestimmung einer Kunststoffsorte. Zuerst wird das Probestück in der Flamme und danach außerhalb der Flamme beobachtet. Nach dem Erlöschen wird der unterschiedliche Geruch der Proben festgestellt. Mithilfe dieser Tabelle lassen sich Kunststoffsorten bestimmen.

Arbeitssicherheit:
Der Versuch sollte aus Sicherheitsgründen nur von deiner Lehrerin oder deinem Lehrer durchgeführt werden.

	Bestimmungstabelle	***PE***	***PP***	***PVC***	***PS***	***ABS***	***PMMA***	***PA***	***PC***	***POM***	***PTFE***
	Brenn- und Geruchsprobe										
in der Flamme	*leicht entflammbar*	*X*	*X*		*X*	*X*	*X*			*X*	**brennt nicht**
	entflammbar			*X*				*X*			
	schwer entflammbar								*X*		
	leuchtende Flamme	*X*	*X*		*X*	*X*	*X*		*X*		
	rußt				*X*	*X*			*X*		
	knistert						*X*				
	tropft	*X*	*X*					*X*		*X*	
außerhalb											
	erlischt			*X*				*X*	*X*		
	brennt weiter	*X*	*X*		*X*	*X*	*X*	*X*		*X*	
Geruch nach Auslöschen	*nach ausgelöschter Kerze*	*X*	*X*								
	stechend			*X*						*X*	
	süßlich				*X*						
	fruchtartig						*X*				
	nach verbranntem Haar							*X*			
	nach Gummi					*X*					
	unangenehm			*X*		*X*		*X*	*X*	*X*	
	Ritzprobe										
	ritzbar mit Fingernagel	*X*									
	Dichtebestimmung										
	Dichte in g/cm³	*0,91 bis 0,96*	*0,9 bis 0,91*	*1,38*	*1,65*	*1,06 bis 1,12*	*1,18*	*1,02 bis 1,21*	*1,2*	*1,4*	*2,0 bis 2,3*

2 Bestimmungstabelle für Thermoplaste

Mehrfachfertigung

Warum das Thema wichtig ist

Die meisten Gegenstände, die wir täglich benutzen, Kleidung, Möbel, Haushaltsgeräte, Fahrzeuge, wurden in riesigen Stückzahlen hergestellt – in ***Mehrfachfertigung***.

Nur weltweite Mehrfachfertigung als ***Serien- oder Massenproduktion*** kann die Bedürfnisse der heutigen Menschen erfüllen. Ohne rationelle Mehrfachfertigung könnte die Menschheit weder ausreichend mit Nahrung noch mit Kleidung versorgt werden!

Wichtige ***Gründe für Mehrfachfertigung*** sind die Herstellung großer Stückzahlen
- mit gleich bleibender Qualität,
- mit möglichst geringen Kosten,
- in möglichst kurzer Zeit.

Die Herstellung in ***Einzelfertigung*** hat heutzutage ganz andere ***Gründe***:
Für die Wünsche oder Bedürfnisse eines Einzelnen hergestellte Gegenstände, z. B. Maßanzüge, Möbel, Häuser, auch medizinische Prothesen, orthopädische Schuhe, Schmuck und Kunstgegenstände usw., müssen meist speziell angefertigt werden. Das ist sehr zeitaufwendig und verteuert die Produkte.

2 Beispiel für Serienprodukte

Bisher hast du Werkstücke meist alleine oder in Partnerarbeit hergestellt. Das waren typische Einzelfertigungen. Würdest du die benötigte Zeit für ein solches Werkstück nach Stundenlohn umrechnen, käme ein Verkaufspreis zustande, den wohl niemand bezahlen würde!

1 Beispiele von Einzelanfertigungen

3 Beispiel für Massenprodukte

Aus der Geschichte der Mehrfachfertigung

Die arbeitsteilige Herstellung von Gegenständen in großen Mengen ist keineswegs eine Erfindung unseres Maschinenzeitalters.
Man hat vollkommen gleichartige Steinwerkzeuge in weit auseinanderliegenden Gegenden gefunden. Daraus wird geschlossen, dass schon in der Frühzeit an den Orten mit geeignetem Steinmaterial richtige „Serien" von Steinhämmern, Steinäxten u. ä. „produziert" worden sind und in weit entfernte Gegenden gebracht wurden.

1 Steinwerkzeuge gleicher Art

3 Antiker römischer Ziegelbau

Papier wurde in Massenfertigung schon dreitausend Jahre vor Christus hergestellt. Dazu wurde das Mark der Papyruspflanze in dünnen Streifen kreuzweise übereinandergelegt, geschlagen, gepresst, verleimt und zu größeren Rollen aneinandergeklebt. Ägypten besaß hierfür ein Monopol und belieferte jahrtausendelang die Mittelmeerländer mit diesem Exportartikel.

2. Jahrhundert nach Christus:
Zur Zeit der römischen Kaiser gab es mit Sicherheit eine Massenfertigung von Ziegelsteinen, mit denen die Römer riesige Bauwerke errichteten.

14. Jahrhundert:
In Florenz arbeiteten im Jahr 1336 dreißigtausend Textilarbeiter!
In dieser Zeit beginnt der Übergang von reiner Handarbeit in arbeitsteilige, organisierte Textilproduktion mit Maschinen.

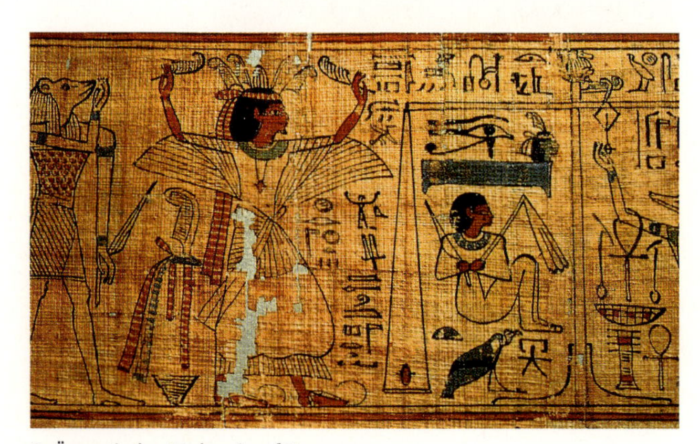

2 Ägyptische Malerei auf Papyrus

4 Florentiner Tuchmacher

Glanz und Elend des Fortschritts

5 Kinderarbeit im 19. Jahrhundert

Um 1879 berichtet der Besucher einer Baumwolle verarbeitenden Fabrik:
Ich bin zurückgetaumelt, als mir die staubige, stinkende, heiße Luft aus den niedrigen Räumen durch die Tür entgegenströmte. In den Wollspinnereien war die Staubentwicklung noch die geringste, weil das Material geölt wurde. Man bedenke nur, dass die damaligen Reißwölfe, in welchen die Baumwolle durch rasche Umdrehung zerfasert und gereinigt wird, ohne Umhüllung und Abzugventilatoren waren. Der ganze Raum war erfüllt von umherfliegenden Baumwollteilchen und eine schwere Wolke von feinstem und ganz grobem Staub schwebte über den Arbeitern und drang in ihre Atmungsorgane ein; der Lärm war so entsetzlich, dass kein Wort vernommen wurde …

um 1800:
Zu Beginn des Industriezeitalters reichte der Lohn eines Arbeiters, der 15 Stunden am Tag arbeitete, oft nicht aus, um seine Familie zu ernähren! Kinder wurden in allen Zweigen der Industrie eingesetzt, im Grubenbau, in Walzwerken, in Glashütten, in Spinnereien und Webereien. Der Arbeitstag dauerte vierzehn bis sechzehn Stunden.
Im Jahre 1849 arbeiteten z. B. in Preußen zweiunddreißigtausend Kinder unter 14 Jahren in Fabriken! In der Woche bekamen Kinder in der Baumwollindustrie 6 Mark Lohn, Erwachsene das Dreifache. In einer sächsischen Knopffabrik erhielten Frauen für das Aufnähen von 12 Dutzend Knöpfen 4 Pfennig, Kinder bekamen dafür 1 bis 2 Pfennig.

Rationalisierung 1880:
In Amerika begann die Serienherstellung von Nähmaschinen und Fahrrädern in industrieller Fertigung.
Wichtigstes Merkmal war die arbeitsteilige Fertigung mit vorgefertigten, genormten Einzelteilen.

6 Arbeitsteilige Fahrradproduktion in Amerika 1880

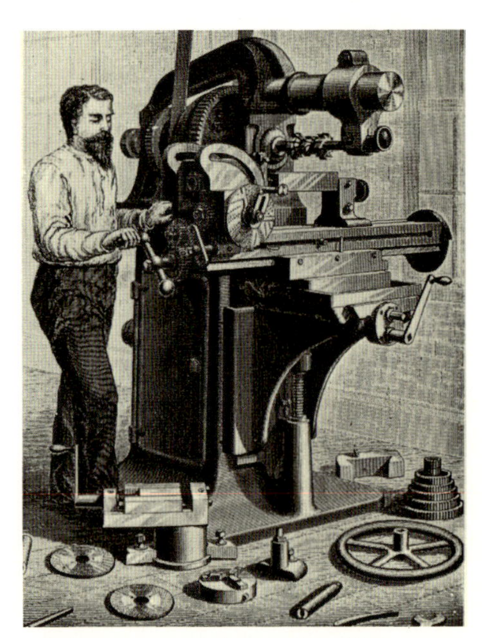

1 Arbeiter an ungeschützter Maschine

Die Sicherheit der Arbeiter in den Fabriken war gänzlich ungenügend: Für Unfälle an den ungeschützten Maschinen war allein der Arbeitende verantwortlich. Fabrikbesitzer hafteten nicht für die Folgen eines Unfalls.

Ein Beobachter berichtet über ein altes Fabrikgebäude bei Düsseldorf um 1880:
Ein fünfstöckiges Haus mit niedrigen Sälen, engen Fenstern, früher dicht gedrängten Maschinen; das Mühlwerk so eng, dass selbst der schlankste Jüngling nur mit äußerster Vorsicht zwischen der Wand und dem umgehenden Rade passieren kann; erst in meiner Gegenwart, also nach bald hundert Jahren, ordnete der Fabrikinspektor eine Schutzvorrichtung an ...

Bis zum Jahre 1900 wurde in Amerika kein einziges Patent für Schutzeinrichtungen an Maschinen angemeldet! Erst unter dem Druck der Unfallversicherungen wurden entsprechende Gesetze und Vorschriften für Schutzeinrichtungen erlassen.

1914:
Henry Ford führte im Jahre 1914 die erste Serienfertigung als Fließbandfertigung von Automobilen ein.

Der Typ T4, die „Tin Lizzy", lief bis 1927 genau 15007033-mal vom Band und konnte in Amerika sehr preisgünstig verkauft werden.
In Deutschland stellte man zu dieser Zeit Autos noch in Einzelfertigung her. Nur wenige reiche Leute konnten sich diese Fahrzeuge leisten.
Die in diesen Jahren einsetzende Serienfertigung zog tausende Menschen vom Land in die Städte, wo sie in Fabriken einen wesentlich höheren Lohn bekamen.

Oma Duck fährt den T4 noch heute

© Disney

Henry Ford erinnert sich 1925:
Ist die Zeit des Menschen, sagen wir fünfzig Cents die Stunde wert, so bedeutet eine zehnprozentige Zeitersparnis einen Mehrverdienst von fünf Cents ... Man erspare 12000 Angestellten täglich zehn Schritte, und man hat eine Weg- und Kraftersparnis von fünfzig Meilen erreicht.
Dies waren die Regeln, nach denen die Produktion meines Unternehmens eingerichtet wurde.
... Die früher von nur einem Arbeiter verrichtete Zusammensetzung des Motors zerfällt heute in 48 Einzelverrichtungen und die betreffenden Arbeiter leisten das Dreifache von dem was früher geleistet wurde ...

2 T4-Montage

Menschengerechte Arbeitsgestaltung

Industrielle Arbeit darf nicht nur unter dem Gesichtspunkt der rationellen Arbeitssteigerung – also der „Produktivität" – gesehen werden. Arbeitsplätze, die nur unter diesem Gesichtspunkt eingerichtet würden, wären zutiefst unmenschlich.
Auf Dauer kann ein Mensch nur an einem Arbeitsplatz arbeiten, an dem er sich wohl fühlt, sonst stellen sich körperliche und seelische Schäden ein.
Unzufriedene, mürrische Mitarbeiter beeinträchtigen das Arbeitsklima und damit auch die Wirtschaftlichkeit des Betriebes.
Betriebe schätzen eine zufriedene, mitdenkende Mitarbeiterschaft, weil sie am besten den wirtschaftlichen Erfolg der Firma sichert.

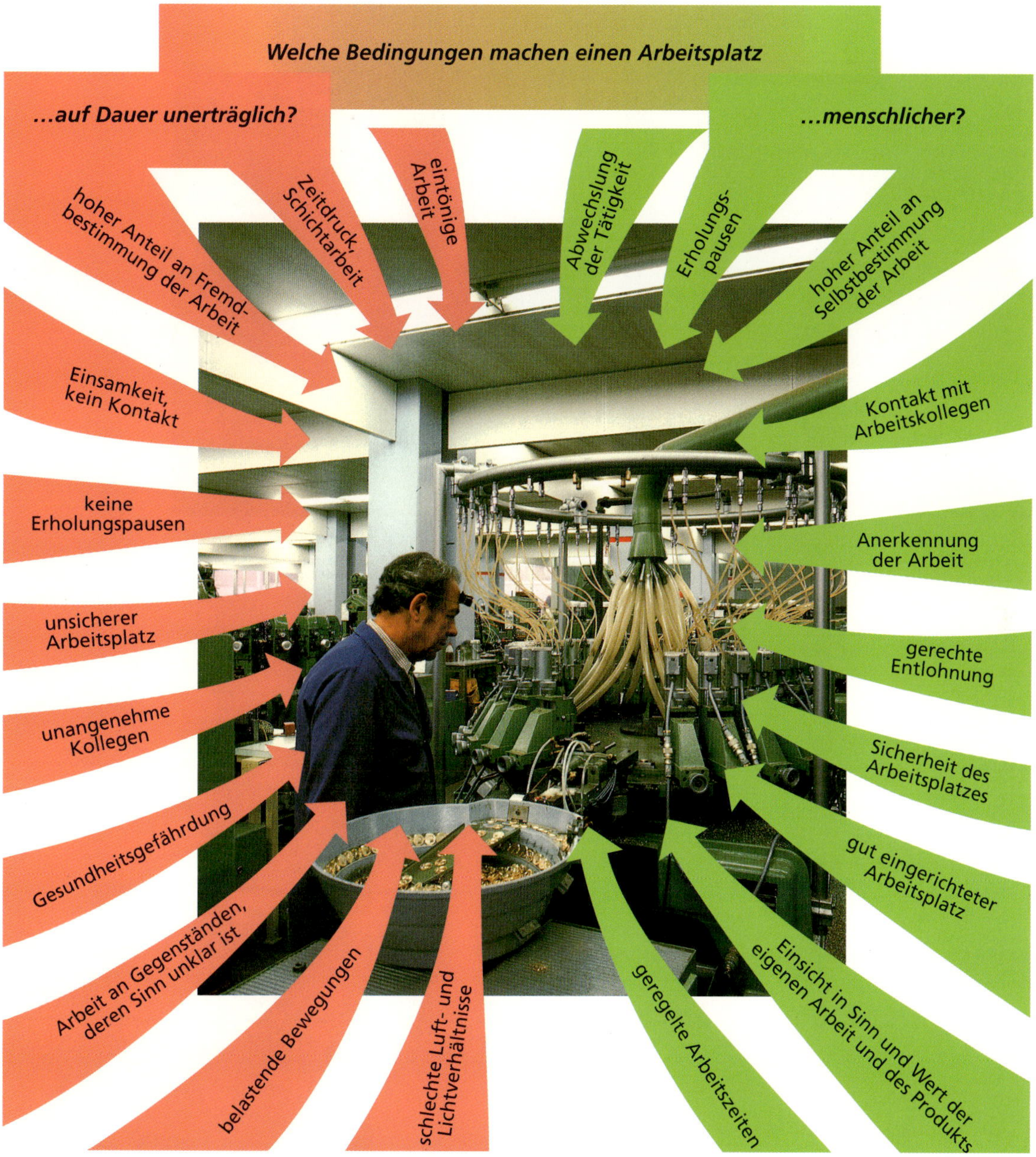

Welche Bedingungen machen einen Arbeitsplatz

...auf Dauer unerträglich?

hoher Anteil an Fremdbestimmung der Arbeit
Zeitdruck, Schichtarbeit
eintönige Arbeit
Einsamkeit, kein Kontakt
keine Erholungspausen
unsicherer Arbeitsplatz
unangenehme Kollegen
Gesundheitsgefährdung
Arbeit an Gegenständen, deren Sinn unklar ist
belastende Bewegungen
schlechte Luft- und Lichtverhältnisse

...menschlicher?

Abwechslung der Tätigkeit
Erholungspausen
hoher Anteil an Selbstbestimmung der Arbeit
Kontakt mit Arbeitskollegen
Anerkennung der Arbeit
gerechte Entlohnung
Sicherheit des Arbeitsplatzes
gut eingerichteter Arbeitsplatz
Einsicht in Sinn und Wert der eigenen Arbeit und des Produkts
geregelte Arbeitszeiten

3 Arbeitsplatz

Der gut eingerichtete Arbeitsplatz

Ergonomie

Viele Gebrauchsgegenstände sind bewusst so geformt oder eingerichtet, dass sie den menschlichen Körpermaßen, den körperlichen Belastungsgrenzen und Kräften angepasst sind. Man sagt, sie sind „ergonomisch" gut gestaltet.
Ein Fahrradsattel, auf dem man lange Zeit bequem sitzt, ist ergonomisch gut geformt; ein Schutzhelm, der im Falle eines Falles wirklich den Kopf schützt, ist ergonomisch richtig hergestellt. Ein Lenkergriff, bei dem nach kurzer Zeit die Hände schmerzen, ist dagegen ergonomisch schlecht konstruiert.
Für die Einrichtung von Arbeitsplätzen gibt es festgelegte, allgemeingültige Richtlinien: z. B. sollten Sitzhöhe, Arbeitstischhöhe, Beleuchtung, bequemer Greifraum für die Hände usw. für den menschlichen Arbeitsplatz unter ergonomischen Gesichtspunkten eingerichtet sein. Stressfreies Arbeiten wird dadurch möglich und gesundheitliche Dauerschäden werden vermieden.

1 Ergonomisch ungünstig eingerichteter Arbeitsplatz

2 Ergonomisch günstig eingerichteter Arbeitsplatz

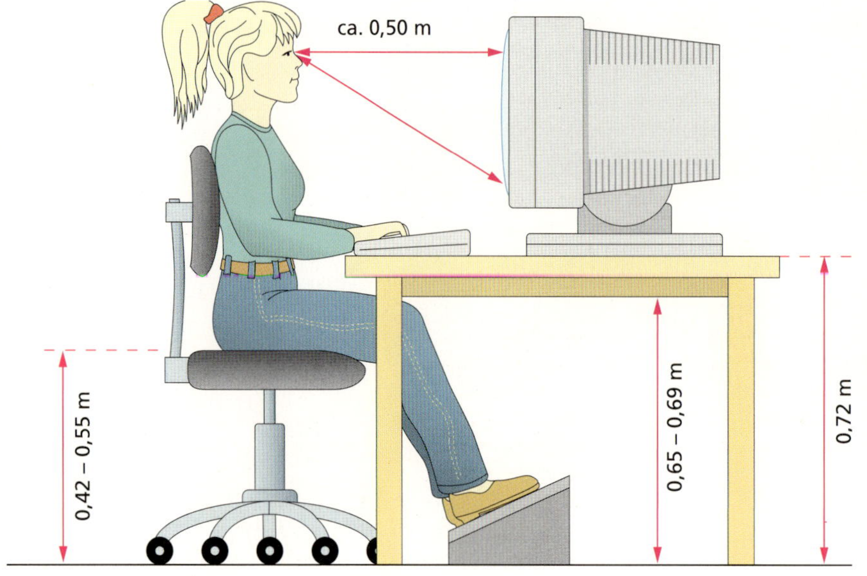

3 Bildschirmarbeitsplatz mit optimalen Maßen

4 Einstellbare Arbeitshöhe

Fertigungsarten

Fast alle Produkte, die wir kaufen, und fast alle Gegenstände, die wir benutzen, sind in großen Mengen maschinell hergestellt oder bearbeitet worden. Mit unseren Ansprüchen an Arbeits- und Freizeit könnten wir Menschen der Industriestaaten ohne Mehrfachfertigung weder mit genügend Kleidung noch mit ausreichender Nahrung versorgt werden.

Es ist für uns selbstverständlich geworden, dass z. B. Kleidung in allen Größen und in vielfältigen modischen Richtungen bereitsteht.
Die Herstellung dieser Menge Kleiderstoffe in Einzelfertigung an handbetriebenen Webstühlen ist ganz undenkbar.
Die Fertigung würde Millionen von Schneidereien erfordern!

Diese weltweite Mehrfachfertigung erfordert selbstverständlich ganz andere Fertigungsarten als früher: Brot wird z. B. auch in Betrieben hergestellt, in denen nur wenige Beschäftigte täglich viele tausend Laibe produzieren. In Großmolkereien wird Butter vollautomatisch und unberührt von Menschenhand zu Millionen Packungen verarbeitet.

Handarbeit und Einzelfertigung sind viel zu langsam und daher zu teuer für die Produktion von Massenartikeln.

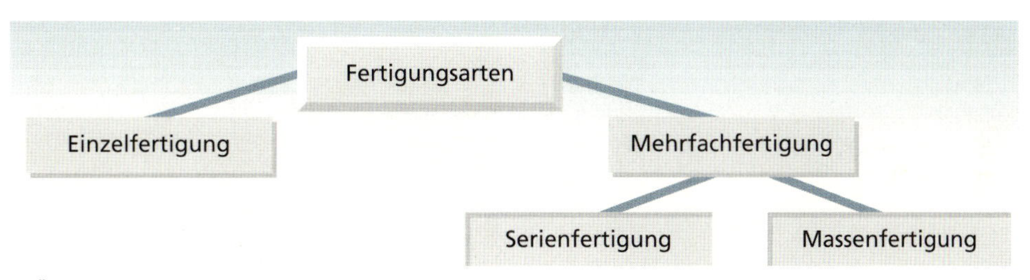

5 Übersicht Fertigungsarten

Der Erfolg der Mehrfachfertigung liegt in der rationellen, intelligenten Aufteilung und Verteilung der Arbeit!

Wie in Abb. 5 zu erkennen ist, kann man die ***Fertigungsarten*** einteilen in Einzelfertigung und Mehrfachfertigung.

Einzelfertigung
Architekten, Steinbildhauer, Orthopädiemechaniker (Prothesenbauer), Zahntechniker, Modellschreiner oder Kunstschlosser sind z. B. Berufe, die zumeist ***Einzelstücke*** in Einzelfertigung auf Bestellung herstellen. Die wechselnden Maße und Formen, die unterschiedlichen Wünsche und Anforderungen lassen eine zeitsparende Mehrfachfertigung nicht zu.
Jedes hergestellte Stück wird durch den Zeitaufwand für die Herstellung und die hohen Lohnkosten für qualifizierte Fachkräfte sehr teuer.

Mehrfachfertigung
Die Mehrfachfertigung kann man unterteilen in Serienfertigung und Massenfertigung.

Serienfertigung
Serien werden besonders von der Zulieferindustrie gefertigt: z. B. eine Serie Autofelgen mit speziellen Maßen oder einige tausend Fahrradlenker oder einige zehntausend Schokoladeosterhasen. Ist die Serie fertig, muss auf den nächsten Auftrag umgestellt werden.
Es wird also immer nur eine ***begrenzte Stückzahl*** hergestellt.
Serienfertigung verlangt gute Umrüstbarkeit der Maschinen und Umstellungsfähigkeit der Beschäftigten.

Massenfertigung
Massenprodukte, wie Schrauben und Streichhölzer, werden in ***unbegrenzter Stückzahl*** hergestellt. Die Produktion ist meist vollautomatisiert und wird nur überwacht. Ein Umrüsten der Maschinen ist nicht erforderlich.

Organisationsformen der Fertigung

Die Verteilung der Arbeit richtet sich zum einen danach, welche Arbeiten die Beschäftigten verrichten müssen, und zum anderen danach, wie die Arbeitsstellen zueinander angeordnet sind. Beides wirkt sich stark auf Arbeitsklima, Belastung und Qualifikationsanforderung der Arbeitenden aus!

Werkstattfertigung

Wenn Betriebe ihre Fertigung so organisiert haben, dass gleichartige Arbeiten in eigenen Werkstätten durchgeführt werden, z. B. in der Dreherei, Schweißwerkstatt oder Lackiererei, spricht man von der ***Werkstattfertigung***.

Fertigung nach dem Flussprinzip

1. Fließfertigung

Wichtigstes Merkmal ist der ***Zeittakt***. Die Fertigung ist in kleine Einheiten gestückelt, die etwa die gleiche Zeit benötigen. Das Produkt wandert ohne Unterbrechung von Arbeitsplatz zu Arbeitsplatz. Die einzelnen Arbeitsplätze sind zweckmäßig nacheinander angeordnet. Dieses Verfahren eignet sich besonders zur Montage, z. B. im Automobilbau.
Als ***Vorteile*** der Fließfertigung werden genannt: Bei gleicher Arbeiterzahl und Zeit wird mehr produziert; exakter Zeitplan und geringe Lagerkosten; Einsatz angelernter Arbeiter.

1 Werkstattfertigung

2 Fließbandfertigung

Der ***Vorteil*** liegt z. B. in der schnellen Umstellung auf unterschiedliche Produkte. Fällt eine Maschine aus, so wird nicht der ganze Arbeitsablauf unterbrochen.

Nachteilig wirken sich die langen Transportwege und die Zwischenlagerung der halbfertigen Produkte aus.
Werkstattfertigung erfordert höher qualifizierte Arbeitnehmer als Fließbandarbeit.

Als ***Nachteile*** der Fließfertigung wird kritisiert: Bei Störungen stoppt die ganze Fertigung; eine Umstellung auf andere Produkte dauert lange, ist aufwendig und teuer.
Die gesundheitliche Belastung der Beschäftigten ist groß durch eintönige Arbeit und einseitige Bewegungen sowie durch die damit meist verbundene Schichtarbeit mit wechselnden Tageszeiten.

2. Reihenfertigung
Wie bei der Fließfertigung werden auch bei der Reihenfertigung die einzelnen Arbeitsplätze, die das Werkstück durchlaufen muss, hintereinander angeordnet. Außerdem wird versucht, die ***Transportwege*** für die bearbeiteten Werkstücke ***so kurz wie möglich*** zu halten.

Anders als bei der Fließfertigung sind die ***Fertigungszeiten*** an den einzelnen Arbeitsplätzen jedoch ***nicht gleich***. Die bearbeiteten Werkstücke müssen deshalb in Sammelbehältern (Puffer) zwischengelagert werden.

Es sind zwei Verfahren möglich:
a) Jeder Arbeiter verrichtet immer die gleiche Arbeit (z. B. nur bohren oder montieren) und arbeitet dabei alleine – ***Einzelarbeit***.
b) Eine Gruppe von Arbeitern erledigt eine Vielzahl verschiedener Arbeiten im Team. Diese Art der Arbeitsorganisation nennt man ***Gruppenarbeit***.

Die Vorteile der Gruppenarbeit liegen im menschlicheren Arbeitsklima. Die Arbeitenden können mit anderen zusammenarbeiten und zum Teil auch ihr Arbeitstempo selbst bestimmen.

Einseitige Belastung und Eintönigkeit wird durch abwechslungsreichere Tätigkeit gemildert. Wichtig ist auch, dass die Arbeitenden sehen, dass sie etwas Sinnvolles herstellen und nicht an irgendwelchen Einzelteilen montieren, deren Verwendungszweck ihnen unbekannt bleibt. Die Gruppe ist für ihre Arbeit selbst verantwortlich.

3 Beispiel einer Reihenfertigung

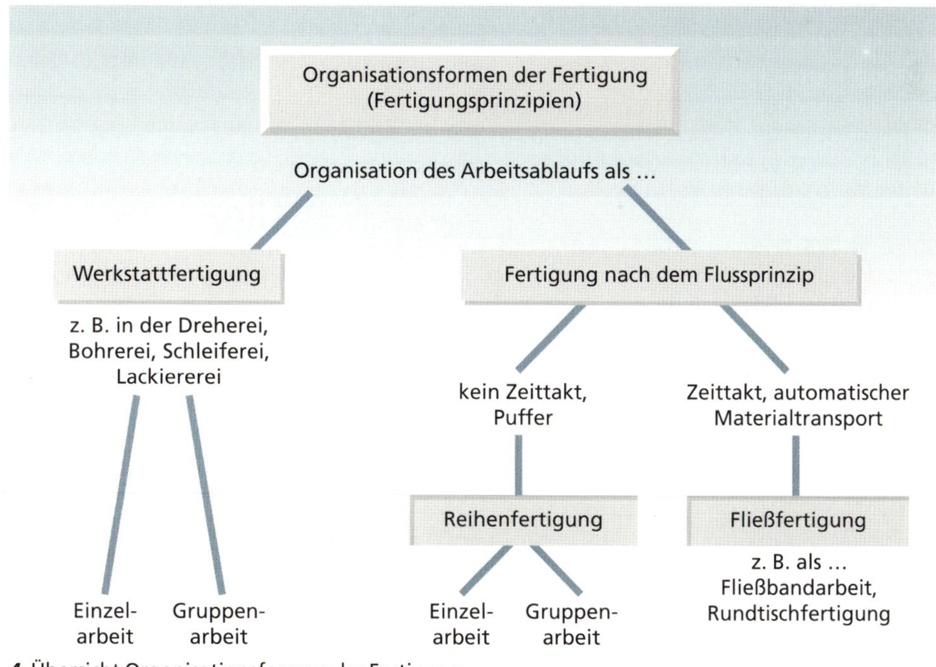

4 Übersicht Organisationsformen der Fertigung

Darstellung von Arbeitsabläufen

Bei kleineren Arbeiten, die man selbst erledigt, z. B. Verschrauben zweier Brettchen, hat man die richtige Abfolge der Arbeiten „im Kopf". Man braucht weder große Vorüberlegungen noch einen schriftlichen Plan.

Anders ist das bei der Planung größerer Arbeitsabläufe, an denen mehrere Personen beteiligt sind, die unterschiedliche Arbeiten verrichten.
Da muss die Organisation der Arbeit schriftlich geplant werden, sodass alle Beteiligten den Ablauf und ihre Rolle dabei überblicken können.
Außerdem hat der hauptverantwortliche Planer einen Überblick, ob seine Einteilung überhaupt funktioniert.

Bevor festgelegt werden kann, wie der Arbeitsablauf organisiert werden soll, müssen zum Beispiel folgende Überlegungen angestellt werden:

- Welche Arbeiten sind erforderlich?
- In welchem Nacheinander müssen die Arbeiten erledigt werden?
- Welche Zeiten erfordern die einzelnen Arbeiten?
- Welchen Weg soll das Material nehmen, welchen Weg die bearbeiteten Teile?
- Wie sollen die Arbeitsplätze angeordnet sein?
- Welche Personen sollen welchen Arbeitsplätzen zugeteilt werden?

Und schließlich ist noch zu überlegen, wo Engpässe oder Stauungen entstehen können, und nicht zuletzt, wo Qualitätskontrollen durchzuführen sind.

Um diese vielen Faktoren gut überblicken zu können, kann man die Arbeitsabläufe zeichnerisch z. B. als Balkendiagramm, als Materialfluss- und Arbeitsplatzdarstellung oder als Flussdiagramm darstellen. Jeder Berufszweig verwendet eine Darstellung, die für ihn am geeignetsten ist.

Die nebenstehenden Diagramme beziehen sich alle auf die Herstellung eines Deckels für ein Kästchen – natürlich in Mehrfachfertigung.

1. Balkendiagramm

Das linke Balkendiagramm (Abb. 1) zeigt die erforderlichen Arbeiten und die Zeiten, die für diese Tätigkeiten ermittelt wurden.
Das rechte Diagramm zeigt die gesamte Durchlaufzeit eines Werkstücks oder anders betrachtet die Zeit, die ein Arbeiter allein brauchen würde.
Wenn mehrere Gruppen gleichzeitig arbeiten sollen, könnte man weitere „Treppen" dieser Art parallel darüber anordnen.

2. Arbeitsplatzanordnung und Materialflussdarstellung

Bei dieser Planung wird eindeutig festgelegt, an welchen Plätzen welche Arbeiten erledigt werden müssen. Die Arbeitsplätze stimmen mit der wirklichen Verteilung im Raum überein.
Außerdem zeigen die Pfeile, auf welchen Wegen das bearbeitete Material weitergereicht werden soll (Abb. 2).
Da Symbole verwendet werden, eignet sich die Darstellung gut zum plakatartigen Aufhängen als Information.

3. Flussdiagramm

Man ersieht daraus die Abfolge der erforderlichen Arbeiten und aus der Einteilung der Personenzahl auch die relativen Zeiten, die den einzelnen Arbeitsgängen zugemessen wurden (Abb. 3):
„Ablängen" dauert viermal so lange wie „Bohren".
„Feilen" dauert doppelt so lange wie „Bohren".
Durch diese Planung sollte in der Gruppe weder Stau noch Leerlauf vorkommen.

Die wirkliche räumliche Anordnung der Arbeitsplätze kann dagegen völlig anders sein, als es in diesem Flussdiagramm dargestellt erscheint.

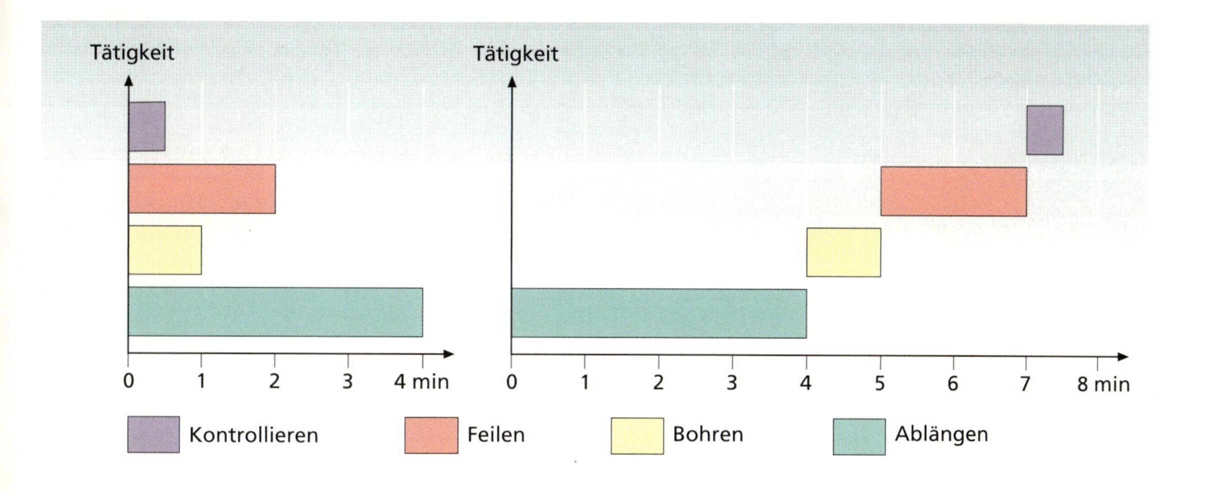

1 Balkendiagramme

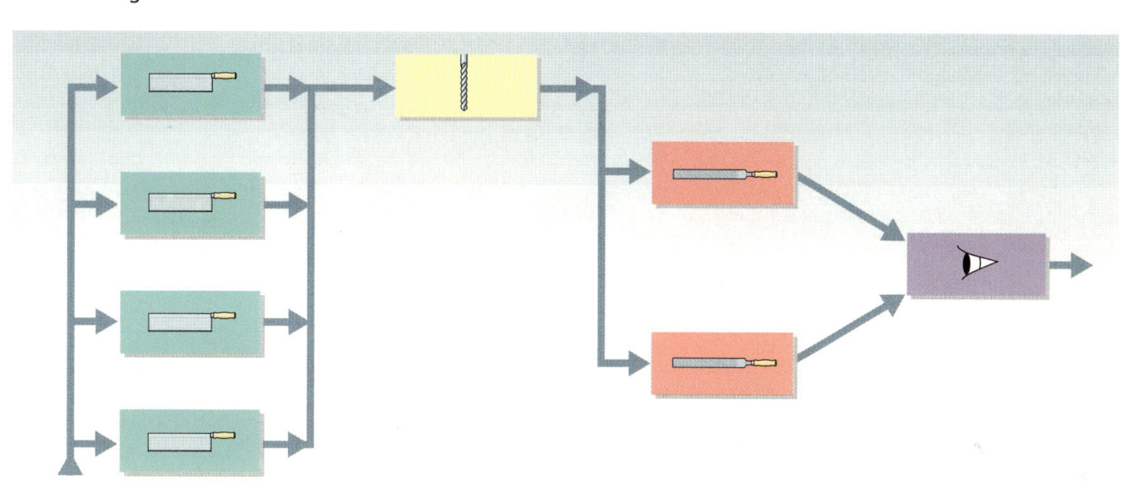

2 Arbeitsplatzanordnung und Materialflussdarstellung

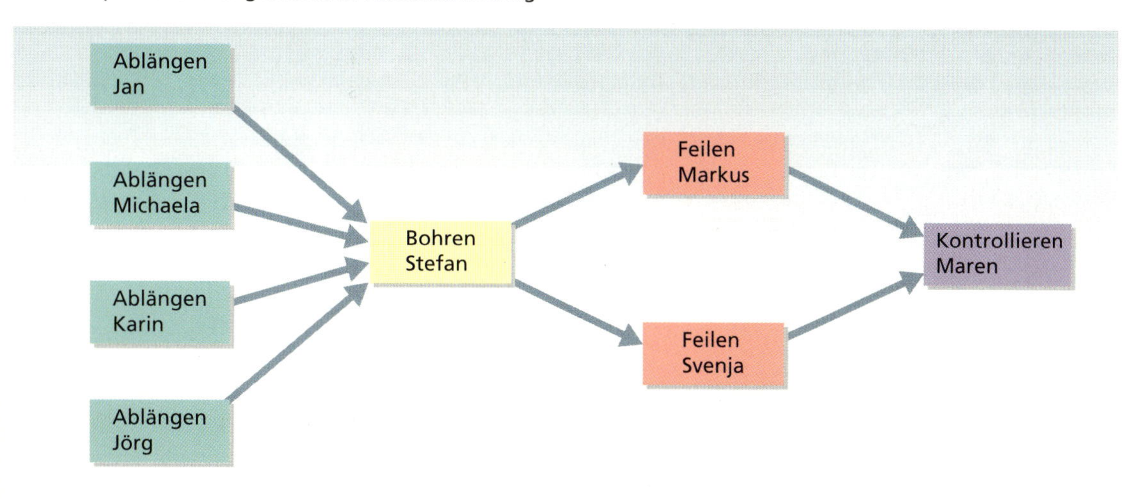

3 Flussdiagramm

Elektrotechnik

Warum das Thema wichtig ist

Die uns fast selbstverständlichen Einsatzmöglichkeiten bei der Nutzung des elektrischen Stroms haben viele Tätigkeiten angenehmer gemacht, haben das menschliche Zusammenleben und die berufliche Arbeitswelt verändert.
Wir schalten elektrisches Licht ein, betätigen den elektrischen Türöffner, schreiben Texte mit dem Computer, waschen und spülen mit elektrischen Maschinen, hören Musik mit dem CD-Player, bezahlen mit einer Magnetkarte, richten uns im Straßenverkehr nach einer elektrischen Ampelanlage, fahren mit elektrisch betriebenen Zügen. Allerdings ist es nicht immer einfach, diese Vorgänge zu durchschauen.

Den Vorteilen stehen aber auch Nachteile gegenüber. Dazu gehört vor allem, dass elektrischer Strom für uns Menschen sehr gefährlich sein kann. Gesundheitliche Gefahren können z. B. ausgehen von der

- Berührung von spannungsführenden Teilen,
- Einwirkung elektromagnetischer Felder aus elektrischen Leitungen, Transformatoren oder Mobilfunkgeräten,
- Strahlung von Bildröhren und Mikrowellenherden.

Außerdem kann die unsachgemäße Entsorgung von Elektroschrott zu einer sehr großen Umweltbelastung werden.

1 Kommunikation

3 Freizeit

2 Spiel

4 Elektrischer Strom kann gefährlich sein

Aus der Geschichte der elektrischen Beleuchtung

Gewaltige Fortschritte in der Beleuchtungstechnik gelangen im 19. Jahrhundert. Durch die Erfindungen der Petroleumlampe, des Gaslichts und des elektrischen Lichts wurden die künstlichen Lichtquellen heller und sicherer. Sie haben Nacht- und Schichtarbeit möglich gemacht, haben den privaten und gesellschaftlichen Lebensraum verändert.

Die naturgegebene Ordnung von Tag und Nacht wurde durchbrochen, als durch Gasbeleuchtung die Nacht zum Tag gemacht werden konnte.
Um die Jahrhundertwende war fast jede größere Stadt in Deutschland mit einer „Gasanstalt" versehen. Das Gas wurde bei der Koksproduktion durch Entgasung von Steinkohle gewonnen und zur Beleuchtung von Straßen und Wohnräumen und zum Kochen verwendet.

Gaslicht mit einem ***Glühstrumpf*** war sehr hell. Der Glühstrumpf bestand aus einem Baumwollgewebe, das mit einer Metall-Lösung imprägniert war und deshalb nicht verbrannte. Gasglühstrümpfe werden heute noch bei Camping-Gasleuchten verwendet.

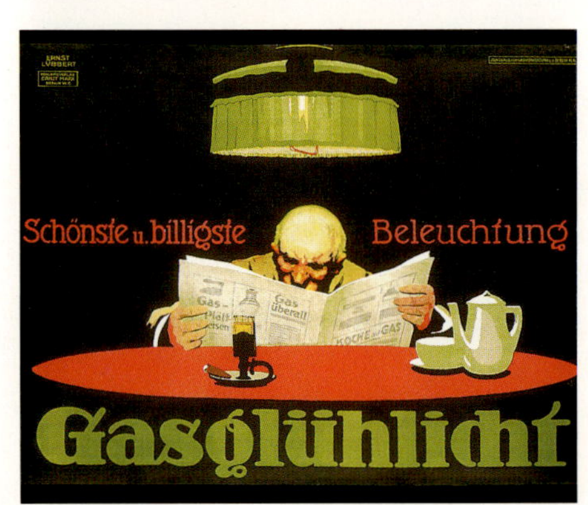

1 Werbeplakat für Gaslicht (1900)

Ab 1844 konnten mit einem elektrischen Lichtbogen zwischen zwei Graphitstäben große Plätze taghell beleuchtet werden. Wie mag dieses Licht der ***Bogenlampe*** die Begeisterung der Menschen entfacht haben? Trotz der Vorteile des elektrischen Lichts gegenüber dem Gaslicht setzte es sich nur langsam durch, da alle Voraussetzungen fehlten: Elektrizitätswerke, Leitungen und preiswerte, gut funktionierende elektrische Beleuchtungsmittel.

Für die Raumbeleuchtung privater Haushalte kamen nämlich Lichtbogenlampen nicht infrage, da das Licht zu grell, der technische Aufwand für die Stromerzeugung zu kostspielig und das „offene" Licht zu gefährlich war.

2 Bogenlicht

Bei der Suche nach einem elektrischen Glühlicht stellte sich heraus, dass glühende Fäden in einem luftleer gepumpten Glaskörper längere Zeit leuchteten. Als Erfinder einer brauchbaren ***Glühlampe*** gelten in Deutschland der Uhrmacher Heinrich Goebel (1854), in Großbritannien Joseph Swan (1878), in Amerika Thomas Alva Edison (1879).

3 Edison-Lampe

Unter allen Erfindern war ***Edison*** (1847 – 1931) am erfolgreichsten. In seiner „Erfinderfabrik" wurden etwa 6000 Materialien für Glühfäden erprobt, z. B. Fäden aus Metallen, Holz, Seide, Flachs und Haare. Am geeignetsten waren verkohlte Bambusfasern, die schon Goebel benutzt hatte. Glühlampen mit diesen ***Kohlefäden*** wurden in Serienproduktion hergestellt.

Die Edison-Gesellschaft entwickelte nicht nur Glühlampen, sondern sämtliche Einrichtungen vom Stromerzeuger bis zu Leitungsdrähten, Schaltern, Fassungen, Verteilern, Zählern, Sicherungen, Isolatoren. Außerdem wurden die Patentrechte weltweit gut vermarktet.

Kohlefadenlampen sandten ein gelbrotes Licht aus und hatten eine durchschnittliche Leuchtdauer von 500 Stunden. Sie hatten den großen Nachteil, dass nur 2 % der aufgewandten elektrischen Energie in Licht umgesetzt wurde. Außerdem konnte die Helligkeit des Kohlefadens nicht gesteigert werden, da dies die Lebensdauer der Glühlampe erheblich verkürzt hätte. Kohlefadenlampen sind deshalb heute nicht mehr gebräuchlich, aber von der Edison-Lampe wird bis auf den heutigen Tag das ***Elektro-Schraubgewinde*** verwendet. Sie würde in heutige Schraubfassungen passen.

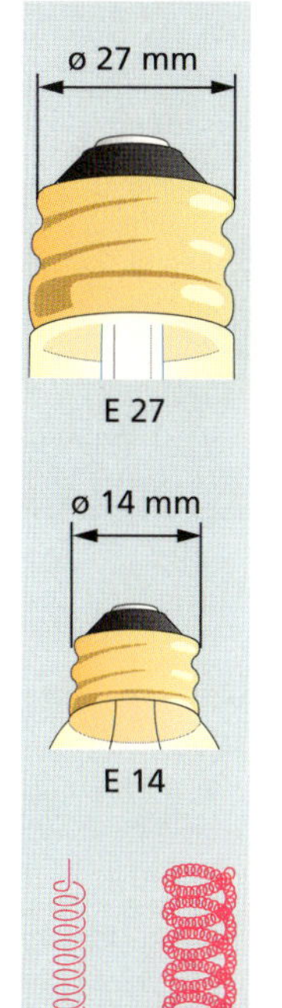

4 Elektro-Schraubgewinde und Glühdraht

Fast 50 Jahre dauerte die Entwicklung bis zur heute gebräuchlichen ***Glühlampe*** aus doppelt gewendeltem ***Wolframdraht*** und einer Füllung aus Stickstoff und Argon. Der Wolframdraht kann mit dieser Füllung bis 2500 °C erhitzt werden. Durch die Doppelwendel erhöht sich die Lichtausbeute im Vergleich zur Einfachwendel und durch die Gasfüllung wird das Abdampfen des heißen Glühdrahts vermindert. Die Leuchtdauer liegt bei 1000 Stunden. Trotz der langen Entwicklung der Glühlampe hat sie den schlechtesten Wirkungsgrad aller elektrischen Geräte. Nur 5 % der zugeführten Energie werden in Licht, 95 % werden in Wärme umgewandelt.

Seit 1960 sind ***Halogenlampen*** auf dem Markt. Durch Füllung mit den Halogen-Gasen Jod oder Brom kommt es zwischen dem abgedampften Wolfram und dem Halogen zu einer chemischen Reaktion, bei der der Wolframdampf sich wieder am Glühdraht niederschlägt. Die Glühtemperatur des Wolframdrahts kann dadurch bis auf 3000 °C erhöht werden. Daraus ergibt sich eine Verdoppelung der Lichtausbeute.

Leuchtstoffröhren sind weiterentwickelte Bogenlampen, die innen mit einer Leuchtschicht versehen sind. Ihre Lichtausbeute ist je nach Lichtfarbe 3- bis 6-mal höher als bei Glühlampen mit der gleichen Wattzahl und sie haben eine 5- bis 8-mal größere Lebensdauer als Glühlampen.

Energiesparlampen funktionieren wie Leuchtstoffröhren. Leider haben beide den Nachteil, dass sie giftige Stoffe enthalten und deshalb zum Sondermüll gehören, wenn sie defekt sind.

Eine elektrische Leuchte ist eine Vorrichtung, die eine elektrische Lichtquelle, z. B. eine Glühlampe, aufnimmt.

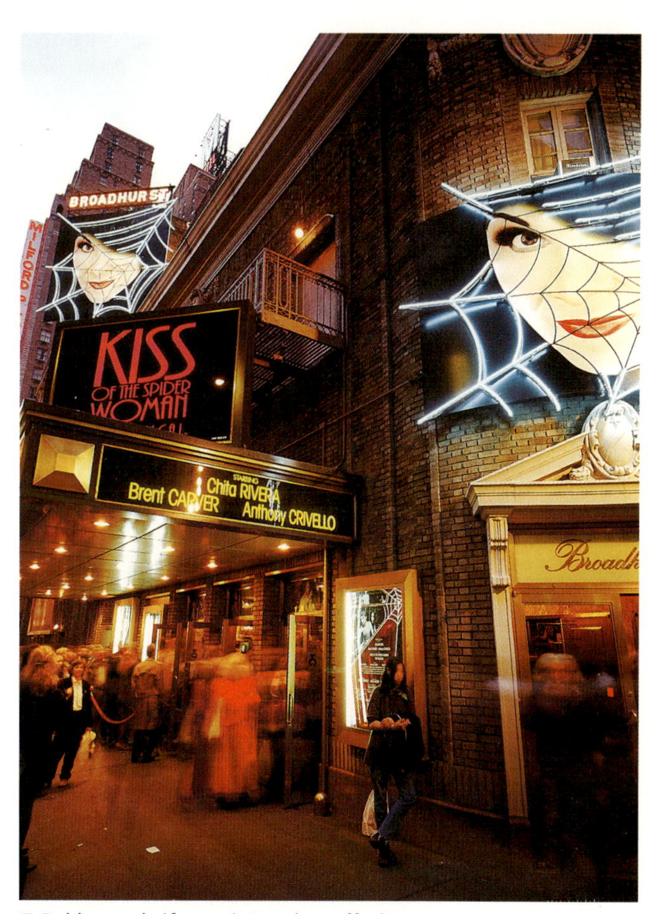

5 Reklameschriften mit Leuchtstoffröhren

Ruftafeln

Elektrische Klingel-, Türöffner- und Ruftafelanlagen verbreiteten sich vor mehr als 100 Jahren bei der Hausinstallation.

Ruftafelanlagen wurden für die Dienerschaft in herrschaftlichen Gebäuden und Hotels, für Arztpraxen und in Krankenhäusern installiert. Sie bestanden aus einer Klingelanlage und einem Anzeigefeld mit mehreren Klappen.

Bei Knopfdruck in einem Zimmer ertönte die Glocke bei der Ruftafel und eine Klappe wurde durch einen Elektromagneten bewegt. Die Klappe zeigte das Zimmer an, aus dem die Glocke betätigt wurde. Nach Empfang der Information wurde die Klappe mechanisch oder durch einen zweiten Elektromagneten zurückgestellt.

Die Leitungsdrähte der Spulen waren nicht wie heute mit einer Lackschicht isoliert. Die Isolation wurde durch Baumwollfäden erreicht, die um die Drähte eng aneinander gewickelt waren.

Die elektrische Spannung wurde durch Braunstein-Elemente bereitgestellt. Diese bestanden aus großen Glasbehältern, die mit Salmiaklösung gefüllt waren. Zinkplatten waren ringförmig um einen Kohlestab angeordnet. Der Kohlestab war mit einem Beutel umhüllt, der Braunsteinpulver enthielt.
Heute verwendete Monozellen oder Batterien sind weiterentwickelte Braunstein-Elemente.

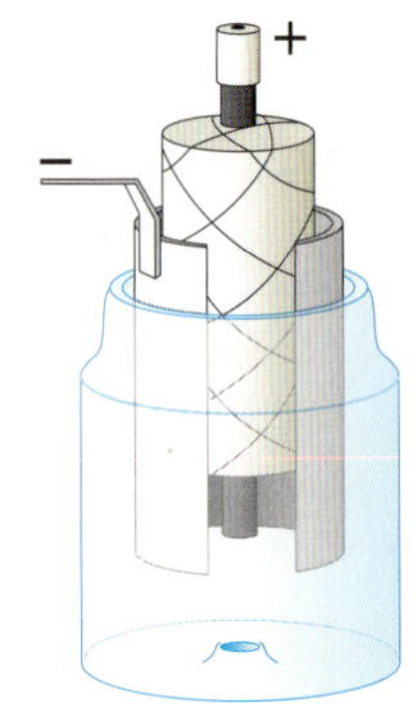

3 Braunstein-Element

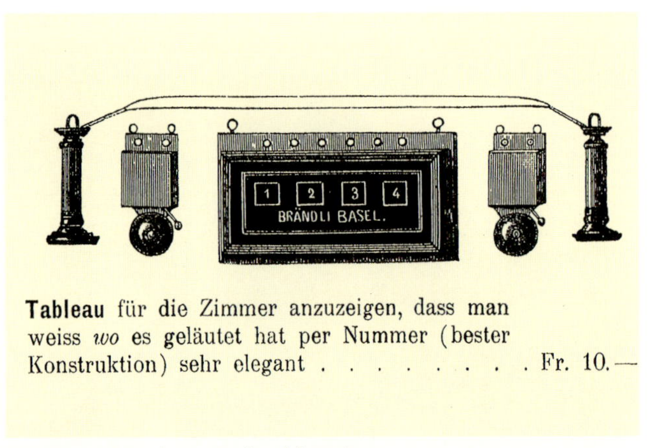

Tableau für die Zimmer anzuzeigen, dass man weiss *wo* es geläutet hat per Nummer (bester Konstruktion) sehr elegant . . . . Fr. 10.—

1 Auszug aus einem Verkaufskatalog

4 Ruftafel, Klingeltaster, Glocke

2 Ruftafel mit mechanischer Rückstellung

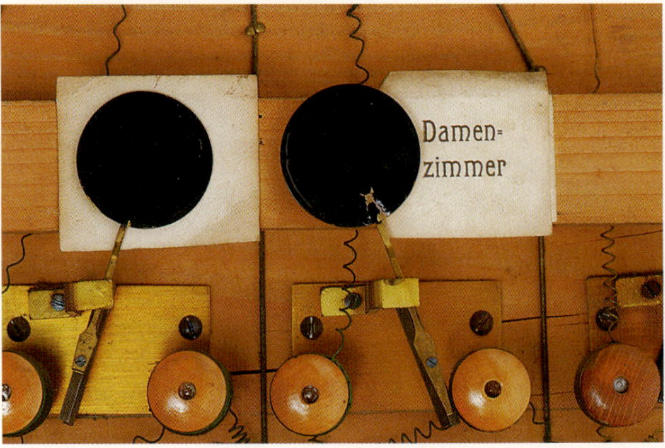

5 Stromwechsel-Ruftafel

Aus der Geschichte der Medizintechnik

Mit dem 1909 patentierten „elektrotherapeutischen Taschenapparat" des Erfinders Brändli aus Basel wurden Reizströme erzeugt. Man versprach sich vom Einsatz solcher Apparate eine heilende Wirkung bei Nerven- und Muskelkrankheiten.
Dieses Gerät funktioniert wie ein elektrischer Summer. Ziehen Spulen einen Anker an, unterbrechen sie den eigenen Stromkreis. Bei stromlosen Spulen wird der Selbstunterbrecher-Kontakt geschlossen. Dieser Vorgang wiederholt sich so rasch, dass der Anker summt. Die Selbstunterbrechung einer Spule hat aber noch eine andere Wirkung. Beim Unterbrechen der Spule entstehen Stromstöße mit hohen Spannungen. Diese werden beim „elektrotherapeutischen Taschenapparat" auf die Haut geleitet.
Einzelteile: Metallrohr (a); Monozelle (b); Spule (c) ; Eisenkern aus Eisendrähten (n) ; Anker (f^{o}); Taster (i); Massierwalze (Fig. 7 und 8) aus zwei Metallrädern, mit Holz verbunden; Bürsten (Fig. 9 und 10) mit Metallborsten, dazwischen nicht leitende Borsten.

Um die Jahrhundertwende wurden auf Jahrmärkten und in Restaurants „Elektrisiermaschinen" aufgestellt. Viele Menschen meinten, dass ein tägliches elektrisches „Durchrütteln" das Wohlbefinden des Menschen steigern und sich positiv auf die Gesundheit auswirken könnte. Diese Auffassung ist zu verstehen, da man der elektrotechnischen Entwicklung übersteigerte Erwartungen entgegenbrachte.

7 Elektrisiermaschine

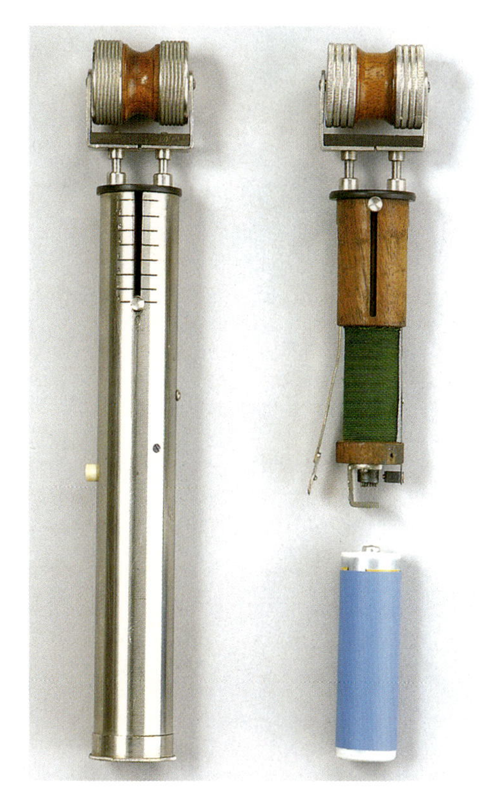

6 Elektrotherapeutischer Taschenapparat

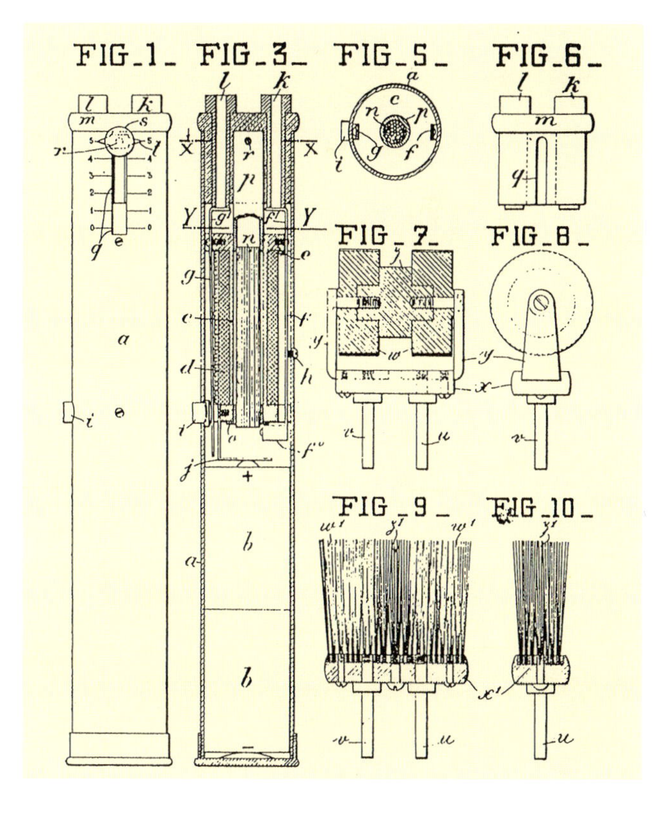

Spannungsquellen

Spannungsquellen können unterschiedlich große Spannungen haben. Wohngebäude werden z. B. mit 400 bzw. 230 Volt versorgt. Taschenlampen, Modellanlagen, elektrisches Spielzeug, Telefoneinrichtungen oder Lichtanlagen in Fahrzeugen werden mit Spannungen bis 24 Volt betrieben. Diese ***Kleinspannungen*** gefährden den Menschen nicht ernsthaft. Monozellen, Batterien, Akkus, Netzgeräte, Fahrraddynamos oder Solarzellen können Kleinspannungen bereitstellen.

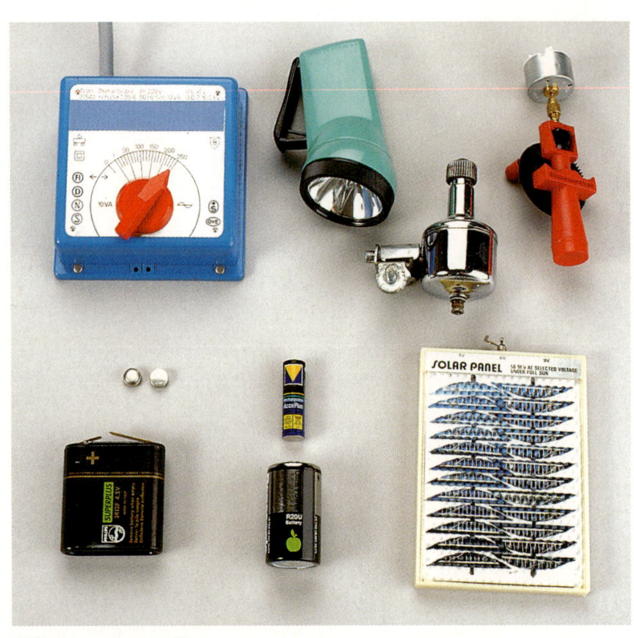

1 Spannungsquellen

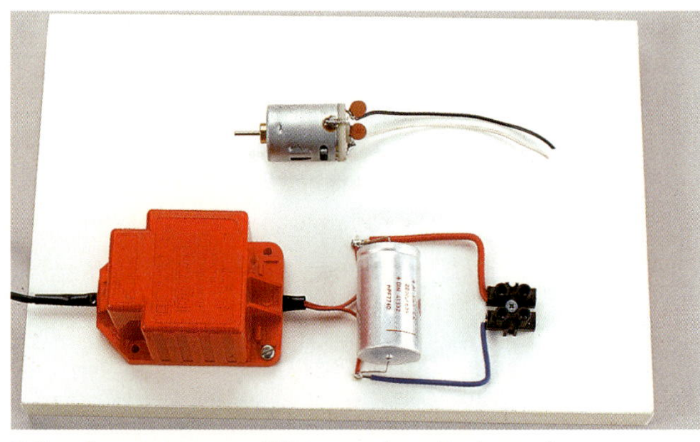
2 Kondensatoren zum Glätten und zur Funkentstörung

Monozellen, Akkus und Solarzellen liefern ***Gleichspannung*** bzw. ***Gleichstrom***. Die Polung der Gleichspannung wird durch ein Plus- und Minuszeichen gekennzeichnet. In der Schaltungstechnik ist es auch üblich, statt des Minuszeichens das Zeichen „0" zu verwenden. Die Angabe dieses Nullpunkts bedeutet, dass die Spannung von diesem Bezugspunkt aus gemessen wird.

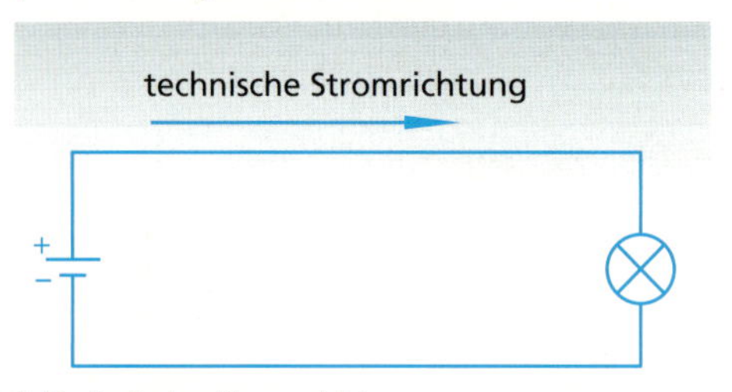

3 Technische Stromrichtung

Monozellen stellen durch chemische Vorgänge elektrische Energie bereit. Sie sind „verbraucht", wenn nur noch die halbe Nennspannung (= die auf der Monozelle oder Batterie angegebene Spannung) gemessen wird. Bei Akkumulatoren (kurz: Akkus) ist der chemische Vorgang umkehrbar. Sie können geladen und entladen werden. Verbrauchte Monozellen gehören in den Sondermüll.

Weiterführende Informationen auf den Seiten 233 und 234

Kondensatoren wirken wie kleine Akkus. Sie werden jedoch nicht als Spannungsquellen zum Betreiben elektrischer Geräte benutzt, sondern z. B. zum Glätten von welligen Gleichspannungen und zur Funkentstörung von Motoren (Abb. 2) oder zur Zeitverzögerung von Schaltvorgängen.

Bei Gleichspannungen ist die ***technische Stromrichtung*** in den Leitungen einer Schaltung vom Pluspol zum Minuspol festgelegt. Man traf diese Vereinbarung lange bevor entdeckt wurde, dass die Elektronen in leitenden Materialien gerade umgekehrt wandern, nämlich vom Minuspol zum Pluspol (= physikalische Stromrichtung).

Bei ***Wechselspannung*** wechselt der Strom ständig seine Richtung (Wechselstrom). Bei einer Glühlampe lässt sich nicht feststellen, ob sie mit einer Gleich- oder Wechselspannung betrieben wird. Transformatoren, Dynamos für Fahrräder oder Lichtmaschinen für Mofas liefern Wechselspannung.

Um Strom weiterzuleiten, werden bei einigen elektrisch betriebenen Gegenständen metallische Teile als Leitungsstücke verwendet, z. B. der Rahmen beim Fahrrad, die Karosserie beim Auto oder das metallische Gehäuse bei elektrischen Geräten, die mit Kleinspannung betrieben werden. Diese Leitungsstücke bezeichnet man als ***Masse***. Ein Pol der Spannungsquelle hat hierbei Masseanschluss.

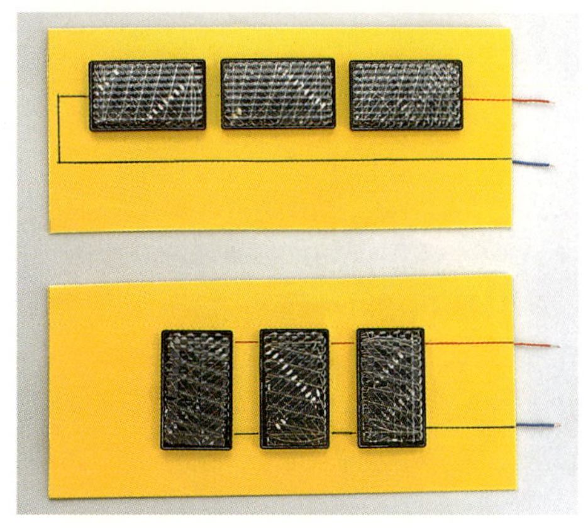

5 Reihen- und Parallelschaltung von Solarzellen

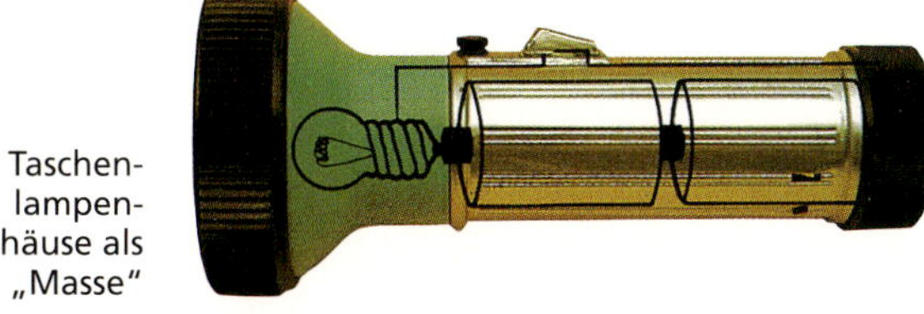

4 Taschenlampengehäuse als „Masse"

Möchte man mit Monozellen, Akkus oder Solarzellen die ***Spannung erhöhen***, schaltet man diese in Reihe. Ein Minuspol wird jeweils mit einem Pluspol verbunden. ***Batterien*** bestehen aus Monozellen, die in Reihe geschaltet sind. Muss man einen ***stärkeren Strom*** entnehmen oder sollen sich Monozellen und Akkus nicht so schnell erschöpfen, werden sie zueinander parallel geschaltet. Hierbei werden jeweils die gleichnamigen Pole miteinander verbunden.

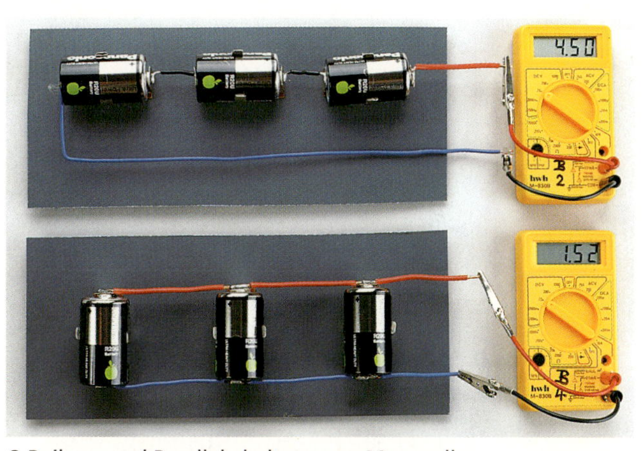

6 Reihen- und Parallelschaltung von Monozellen

Arbeitssicherheit:

- Experimente mit der Spannung 230 V unseres Stromnetzes sind lebensgefährlich und deshalb für dich verboten!
- In der Schule sind nur Experimente mit einer Kleinspannung bis 24 V erlaubt!
- Schließe niemals eine von dir hergestellte Schaltung an eine Spannung mit 230 V an!
- Gehäuse von Netzgeräten darfst du niemals öffnen!
- Dir ist es nicht erlaubt, Arbeiten an elektrischen Anlagen mit gefährlichen Spannungen vorzunehmen, z. B. Leitungen zu verlegen, Steckdosen oder Schalter anzubringen. Auf keinen Fall solltest du meinen, dass du das im Kleinspannungsbereich erworbene Wissen ohne weitere Fachkenntnisse bei elektrischen Geräten und Anlagen mit 230 Volt Netzspannung anwenden kannst. Schon beim Anschließen einer Deckenleuchte oder beim Anbringen einer Leitung an ein Elektrogerät mit 230 V Nennspannung müssen zahlreiche Schutzbestimmungen des Verbandes Deutscher Elektrotechniker (VDE) beachtet und eingehalten werden. Diese Bestimmungen gelten als gesetzlich anerkannte Regeln der Elektrotechnik.
- Bei Verwendung von Anlagen und Geräten mit Kleinspannung muss gewährleistet sein, dass die Spannungsquelle bei Überlastung durch eine Sicherung abgetrennt wird, z. B. beim Halogenlicht im Haus.
- Elektrolytkondensatoren (Elkos) können explodieren, wenn eine Spannung angelegt wird, die wesentlich höher ist als die Nennspannung, oder wenn der Kondensator mit falscher Polung angeschlossen wird! Achte deshalb unbedingt auf die Kennzeichnung der Polung.

Handbetätigte Schalter

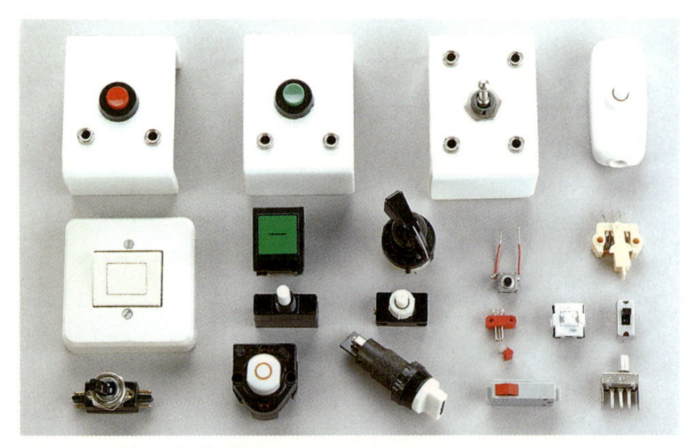

1 Tast- und Stellschalter

Tastschalter (kurz: Taster) sind Schalter, die in die Ausgangsstellung zurückfedern, wenn sie nicht mehr betätigt werden. Beim Betätigen eines Klingeltasters wird der Stromkreis geschlossen. Man bezeichnet ihn deshalb als ***EIN-Taster*** (Taster mit Schließerkontakt oder Schließer).

AUS-Taster (Taster mit Öffnerkontakt, Öffner oder Unterbrecher) öffnen bei Betätigung einen Stromkreis und schließen im unbetätigten Zustand. AUS-Taster werden am Türrahmen von Kühlschränken und Autos für die Innenbeleuchtung verwendet. Durch den Druck der geschlossenen Tür werden sie auf „AUS" geschaltet.

Als Geräte- und Lichtschalter verwendet man ***Stellschalter***. Nach Betätigung behalten sie ihre Schaltstellung bei.

Mit ***Wechselschaltern*** (UM-Schalter, Wechsler) kann man zwischen zwei Leitungswegen umschalten. Sie können als Stellschalter oder als Taster ausgeführt sein.

Um die Stromrichtung in einem Verbraucher, z. B. einem Elektromotor, umzukehren, kann man ***Polwendeschalter*** verwenden (Abb. 7).

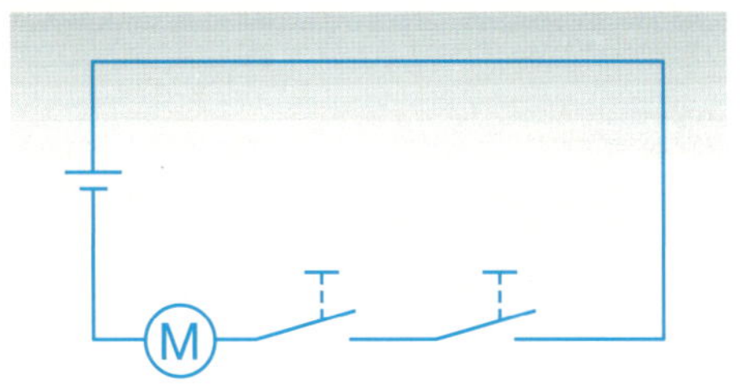

2 Reihenschaltung von Schaltern: Sicherheitsschaltung

3 EIN-Taster

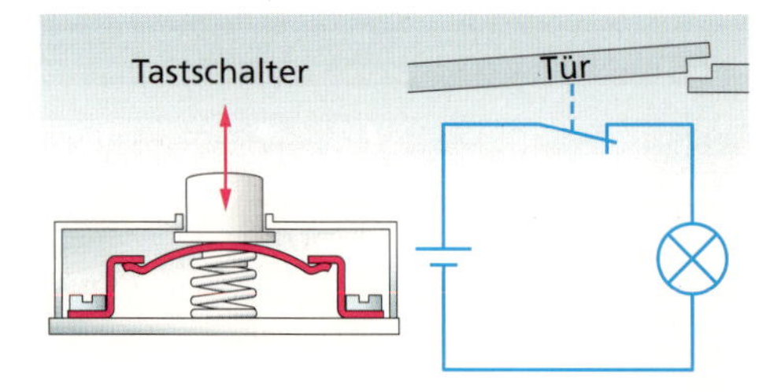

4 AUS-Taster

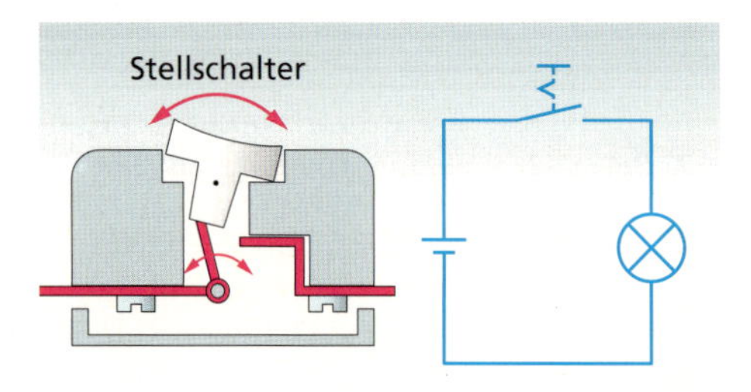

5 Stellschalter

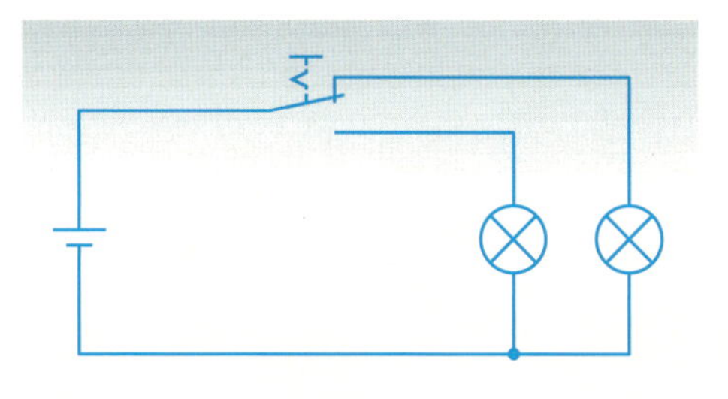

6 Stellschalter als Wechsler

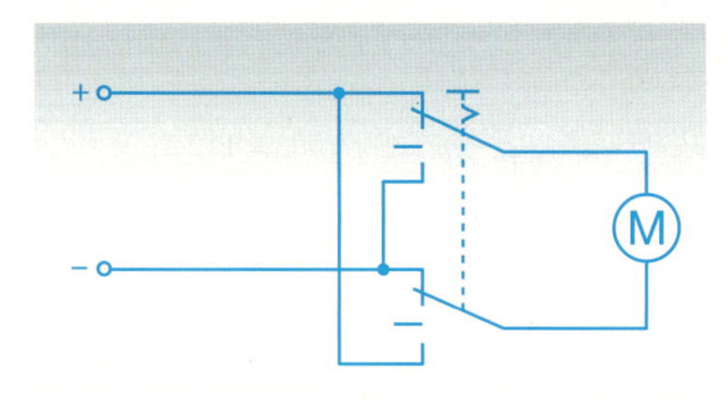

7 Polwendeschaltung: Umkehren der Stromrichtung

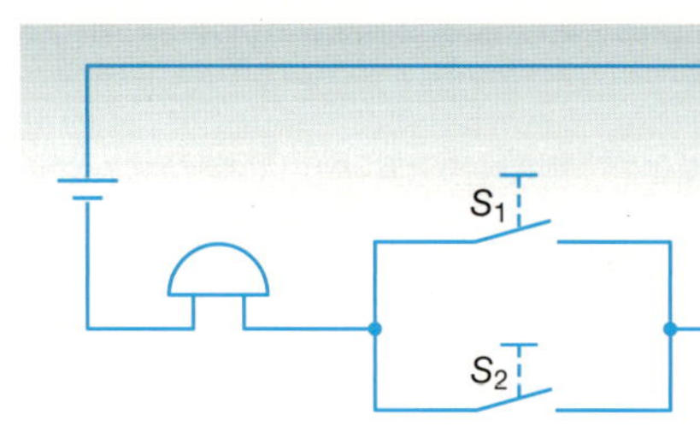

8 Parallelschaltung von Schaltern: Klingelanlage

Automatisch wirkende Schalter

Schalter können Größen wie Zeit, Temperatur, Druck, Füllstand, Magnetismus usw. automatisch erfassen. Solche Schalter gibt es in großer Vielfalt.

Mit ***Nockenschaltern*** oder Schaltern mit Stiftscheiben können Vorgänge nach einem festgelegten Zeitprogramm automatisch ein- und ausgeschaltet werden. Die Scheiben werden durch langsam laufende Getriebemotoren gedreht und betätigen hierbei Kontaktzungen. Sie werden z. B. in Schaltuhren für Waschmaschinen oder in Zeitschaltern für das Treppenhauslicht verwendet.

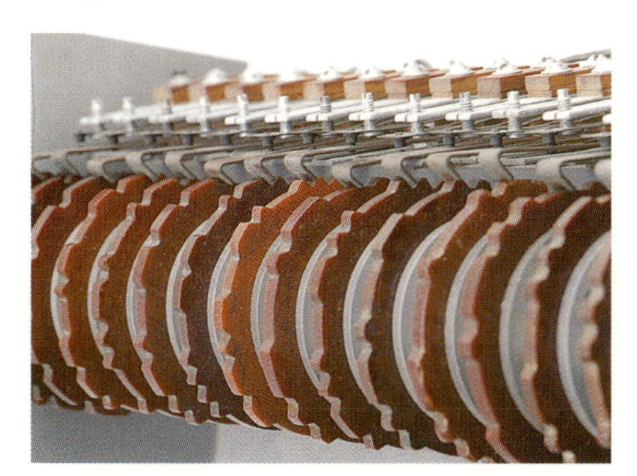

9 Nockenschalter

Bimetallschalter (bi…, lat.: zwei…) sind vielseitig einsetzbare temperaturabhängige Schalter. Bimetalle bestehen aus zwei Schichten verschiedener Metalle, die fest miteinander verbunden sind. Beim Erhitzen dehnt sich eine Metallschicht stärker aus als die andere. Dadurch krümmt sich der Blechstreifen und betätigt einen Schalter. Bimetallschalter finden Anwendung z. B. bei Bügeleisen, Heizlüftern oder Raumthermostaten.

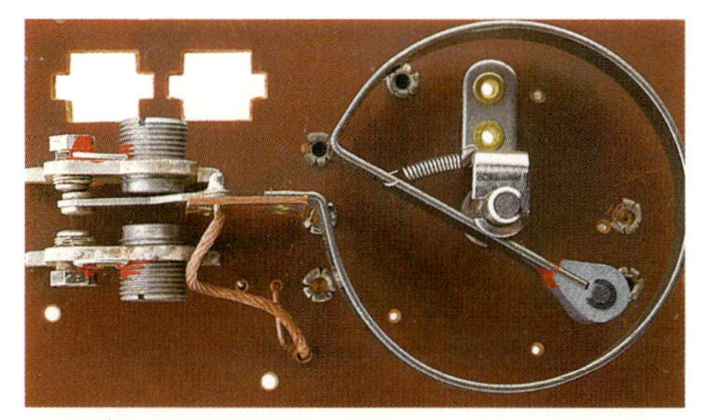

10 Bimetallschalter

Mit ***Druckwächtern*** wird die Füllstandshöhe einer Flüssigkeit in einem Behälter überwacht, z. B. der Wasserstand in einer Waschmaschine. Steigt der Füllstand im Röhrchen des Druckwächters an, nimmt der Luftdruck im Röhrchen zu und drückt auf eine Membran. Bei einem bestimmten Druck betätigt die Membran einen Schalter.

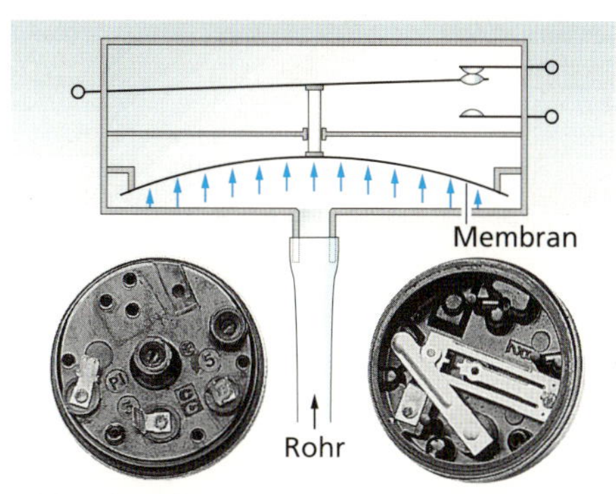

11 Druckwächter

Reedkontakt-Schalter (reed, engl.: Zunge eines Musikinstruments, z. B. einer Mundharmonika) sind Magnetschalter. Sie bestehen aus Kontaktzungen in einem luftdicht verschmolzenen Glasröhrchen. Wird ein Dauermagnet an das Glasröhrchen geführt, schalten die Kontaktzungen.

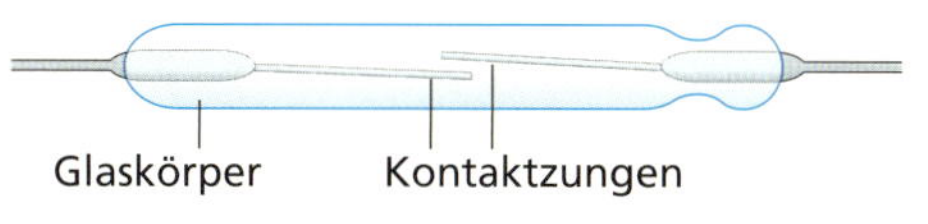

12 Reedkontakt-Schalter

Lichtschranken erfassen die Unterbrechung eines Lichtstrahls. Sie bestehen z. B. aus einer Lichtquelle und einem Fotowiderstand, der Helligkeit erfasst. Durch Lichtunterbrechung kann ein Relais oder Stromstoßzählwerk geschaltet werden.

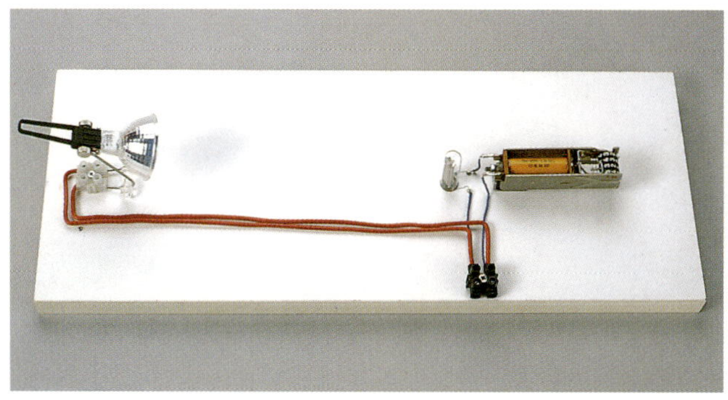

13 Lichtschranke mit Zählwerk

Elektrische Widerstände

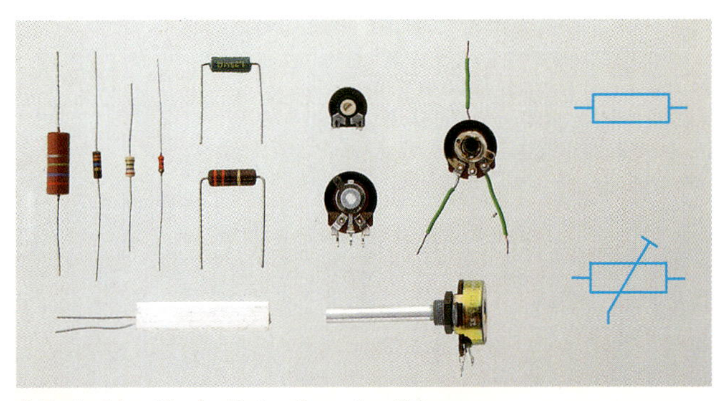

1 Festwiderstände, Potentiometer, Trimmer

Ringfarbe	1. Ring	2. Ring	3. Ring	4. Ring (Toleranz)	Beispiel
schwarz	0	0	x 1 Ω		
braun	1	1	x 10 Ω		gelb
rot	2	2	x 100 Ω		violett
orange	3	3	x 1 kΩ		rot
gelb	4	4	x 10 kΩ		
grün	5	5	x 100 kΩ		gold
blau	6	6	x 1 MΩ		
violett	7	7	x 10 MΩ		
grau	8	8	x 100 MΩ		
weiß	9	9	x 1 GΩ		47 x 100Ω =
gold				± 5 %	4,7 kΩ ± 5 %
silber				± 10 %	

2 Farbring-Code für Kohleschicht-Widerstände

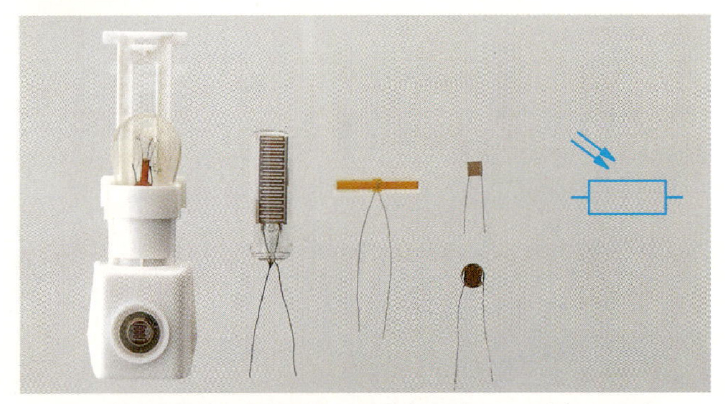

3 Fotowiderstände, Orientierungslicht mit Fotowiderstand

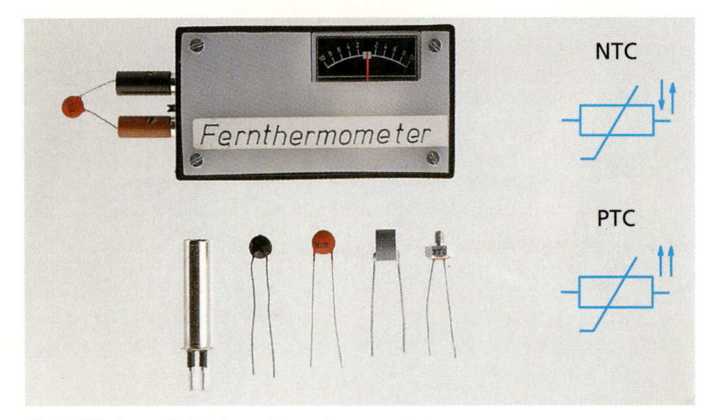

4 Heißleiter, Kaltleiter, Fernthermometer

Physik: Elektrizitätslehre

Mit Widerständen lassen sich Spannungen und Stromstärken verändern. Bei ***Festwiderständen*** können der elektrische Widerstandswert und die größte Abweichung vom Nennwert durch aufgedruckte Farbringe abgelesen werden. Festwiderstände für kleine Leistungen bestehen aus Kohle- oder Metalloxidspiralen, die auf einem Keramikkörper aufgebracht sind. Widerstände der Widerstandsreihe E 12 werden häufig in Schaltungen verwendet. Die Bezeichnung E 12 bedeutet, dass jede Zehnerpotenz (10 – 100, 100 – 1000 usw.) in 12 Widerstandswerte unterteilt ist.

Soll eine Lampe, eine Leuchtdiode oder ein anderer „Verbraucher" mit einer Spannungsquelle betrieben werden, deren Spannung höher ist als die Nennspannung des Verbrauchers, wird ein ***Schutzwiderstand*** (Vorwiderstand) in Reihe geschaltet (siehe Seite 107).

Mit einer Reihenschaltung von zwei Widerständen kann jede beliebige Spannung zwischen 0 Volt und der Betriebsspannung eingestellt werden. Soll eine Spannung stufenlos verändert werden können, verwendet man ***Stellwiderstände***. Sie haben drei Anschlüsse. Der mittlere Anschluss führt zum Schleifer, der sich über die Widerstandsbahn bewegt.

Weiterführende Informationen auf Seite 232

Potentiometer (kurz: Poti) werden mit einer Welle eingestellt. Sie werden z. B. als Lautstärkeregler beim Radio eingesetzt. Bei ***Trimmern*** wird der Schleifer mit einem Schraubendreher gedreht.

Fotowiderstände haben eine lichtempfindliche Fläche. Bei zunehmender Helligkeit nimmt der Widerstandswert ab. Mit ihnen können elektrische Objekte in Abhängigkeit vom Tageslicht automatisch gesteuert werden.

Weiterführende Informationen auf Seite 244

Heißleiter (kurz: NTC) und ***Kaltleiter*** (kurz: PTC) verändern ihren Widerstandswert in Abhängigkeit von der Temperatur. Mit zunehmender Temperatur vermindert sich der Widerstandswert bei Heißleitern, bei Kaltleitern erhöht er sich. Sie können als Messfühler in Schaltungen zur Temperaturüberwachung eingesetzt werden.

Weiterführende Informationen auf Seite 245

Elektrische Ventile

Gleichrichterdiode

Gleichrichterdioden lassen den Strom nur in einer Richtung durch. Sie wirken wie ein „elektrisches Ventil". Der Strom fließt vom Plusanschluss, der als Anode bezeichnet wird, zur Kathode (Minusanschluss). Gleichrichterdioden sperren in der umgekehrten Richtung. Die Pfeilrichtung beim Schaltzeichen entspricht der Durchlassrichtung des Stroms. Der Querstrich an der Pfeilspitze im Schaltzeichen ist auf dem Bauteil als Ring gekennzeichnet.
Ein wichtiger Anwendungsbereich der Gleichrichterdiode ist die Umwandlung von Wechselspannung in Gleichspannung (siehe Abb. 6 und Seite 250).

Weiterführende Informationen auf Seite 235

7 LED-Anzeige im Tonstudio

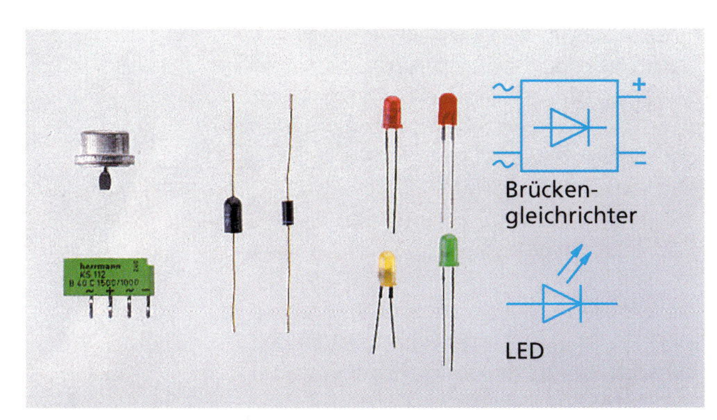

5 Brückengleichrichter, Gleichrichterdiode, LED

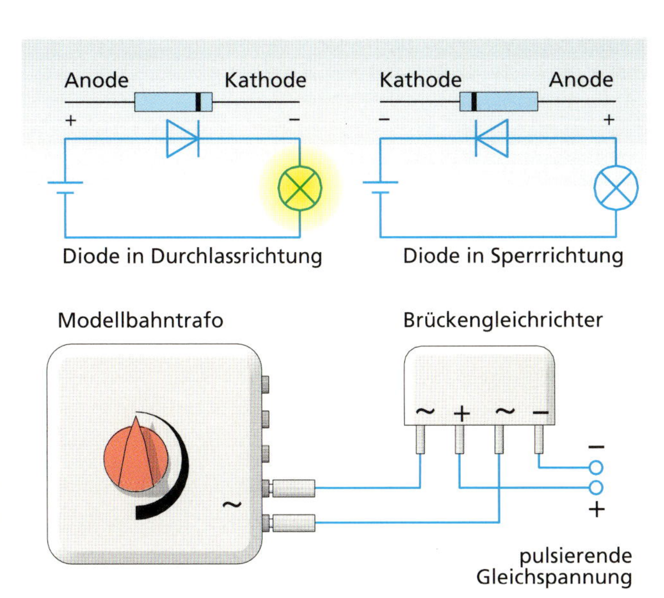

6 Gleichrichterdiode und Brückengleichrichter im Stromkreis

Leuchtdiode

Leuchtdioden können Anzeigelämpchen ersetzen. Sie sind Licht aussendende Dioden. Man bezeichnet sie kurz als LEDs (engl.: light emitting diode). LEDs werden in Durchgangsrichtung betrieben. Zur Verminderung der Stromaufnahme werden sie mit einem Widerstand in Reihe geschaltet (Abb. 8).

Weiterführende Informationen auf Seite 236

Vor- und Nachteile der LEDs (gegenüber Glühlämpchen)

- unempfindlich gegen Erschütterung
- geringer Stromverbrauch (ca. 20 mA, low-current-Typen nur ca. 2 mA)
- preisgünstiger als Glühlämpchen
- nahezu trägheitsfrei (Lichttonübertragung und Lichtfernsteuerung möglich)
- mit Ausnahme der teuren, superhellen Typen nur zur Anzeige geeignet (nicht zur Beleuchtung)
- keine Fassung notwendig (kleiner Platzbedarf)
- hohe Lebensdauer (ca. 100-mal höher als Glühlämpchen)

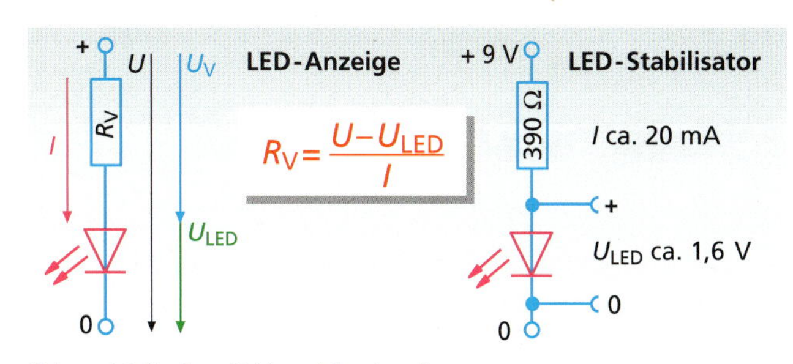

8 Leuchtdiode mit Vorwiderstand

Dauermagnet, Elektromagnet

1 Elektromagnet

Eisen, Eisenverbindungen, Nickel und Kobalt werden von Magneten angezogen und dabei selbst magnetisch. Sie verlieren bei Nachlassen des äußeren Magnetismus ihre magnetische Kraft. Werkstoffe mit diesen Eigenschaften bezeichnet man als ***weichmagnetische*** Werkstoffe. Das sind z. B. Eisen mit geringem Kohlenstoffanteil oder so genannte Elektrobleche aus einer Eisen-Siliziumlegierung. Weichmagnetische Werkstoffe werden als Eisenkerne in Elektromagneten, in Transformatoren und in Elektromotoren verwendet.

Dauermagnete (Permanentmagnete) werden aus ***hartmagnetischen*** Werkstoffen hergestellt, z. B. aus Kobaltstahl, Alnico-Werkstoff (aus Al, Ni, Co, Cu, Fe), Bariumferrit oder aus Verbundwerkstoffen mit Kunststoffen oder Gummi. Zur Herstellung von Dauermagneten bestreicht man hartmagnetische Werkstoffe mit einem starken Dauermagneten oder lässt auf sie einen starken Elektromagneten einwirken.

An den Enden eines stabförmigen Dauermagneten sind die magnetischen Kräfte am stärksten. Diese Stellen bezeichnet man als ***Nord- und Südpol***. Die Nägel in Abb. 2 zeigen die Wirkung der magnetischen Kräfte. Nähert man zwei Magnete einander, so stoßen sich gleichartige Pole ab. Verschiedenartige Pole ziehen sich an (Nord- und Südpol).

Dauermagnete werden vielfältig angewandt, z. B. bei Lautsprechern, Motoren, Messgeräten, Magnettafeln, Türverschlüssen oder Magnetschaltern. In der Tiermedizin gehören Magnete zu den ältesten Hilfsmitteln, um scharfkantige Eisenteile aus Kuhmägen zu entfernen. Weniger bekannt ist die Verwendung in der Humanmedizin bei Unterfunktion der Muskeln zum Öffnen der Augenlider. Unter den Augenbrauen können Dauermagnete eingepflanzt und oberhalb der Augenwimpern Eisenstreifen angebracht werden. Die Augenlider haften dadurch, wenn sie von Hand gehoben werden.

Denkst du jetzt über die Brauchbarkeit des Magnetverschlusses für deine Augenlider nach? Schlafen mit offenen Augen! Das wär's, oder?

Fließt Strom durch einen Draht, so erzeugt er ein magnetisches Kraftfeld. Wickelt man aus dem geraden Leiter eine Spule, so entsteht ein ***Elektromagnet***. Wenn Strom durch die Spule fließt, setzt sich die Kraftwirkung der Spule aus der Kraftwirkung der einzelnen Windungen zusammen. Die magnetische Kraft wird stärker mit zunehmender Stromstärke, mit größerer Windungszahl und durch Einführen eines Weicheisenkerns in die Spule. Die Spule wirkt wie ein Dauermagnet mit Nord- und Südpol, verliert aber ihre magnetische Kraft nach Abschalten des Stroms.

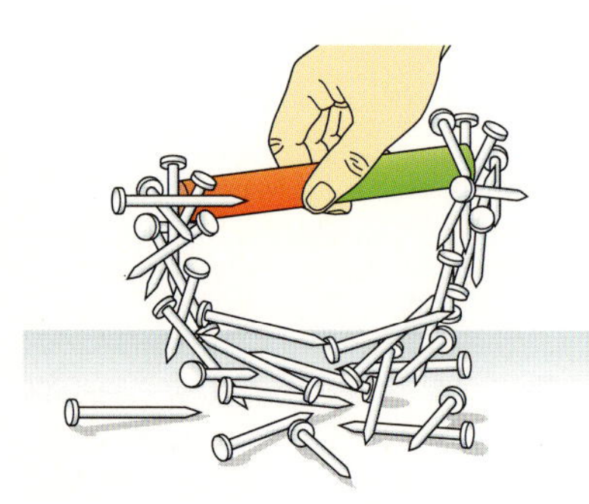

2 Wirkung des Magnetfeldes bei einem Stabmagneten

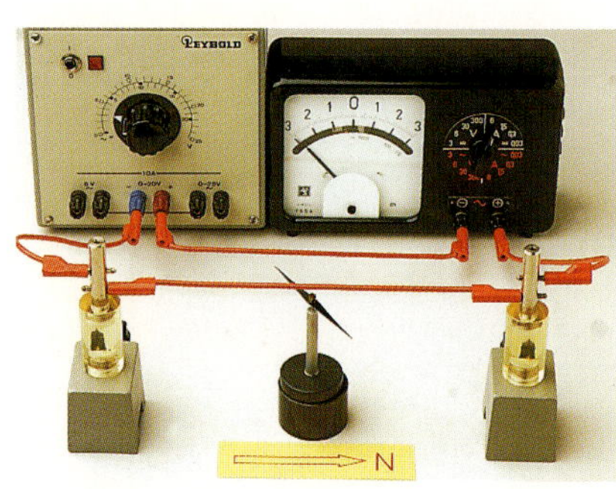

3 Ablenkung einer Kompassnadel bei elektrischem Strom

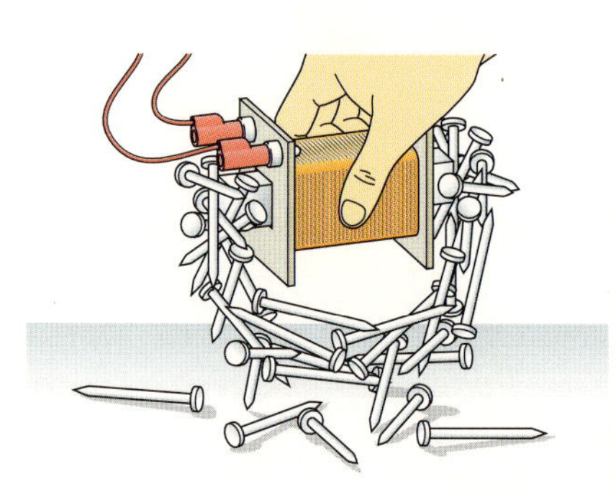

4 Wirkung des Magnetfeldes bei einem Elektromagneten

Elektromotor

Ein einfacher Elektromotor besteht aus einem drehbaren Elektromagneten im Magnetfeld eines Dauermagneten. Der feststehende Dauermagnet wird auch als ***Feldmagnet*** oder Stator und der drehbare Elektromagnet als Läufer, Rotor oder ***Anker*** bezeichnet.

Elektromotoren mit Dauermagneten als Feldmagneten sind nur für Gleichstrom geeignet. Ist der Feldmagnet ein Elektromagnet, kann der Motor sowohl für Gleichstrom als auch für Wechselstrom verwendet werden.

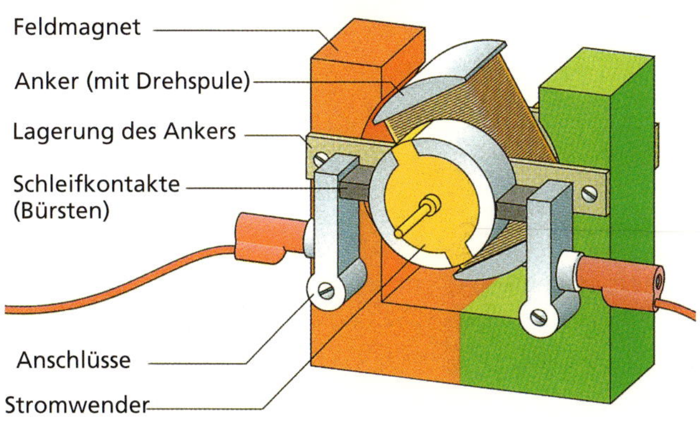

5 Zweipolmotor mit Stromwender

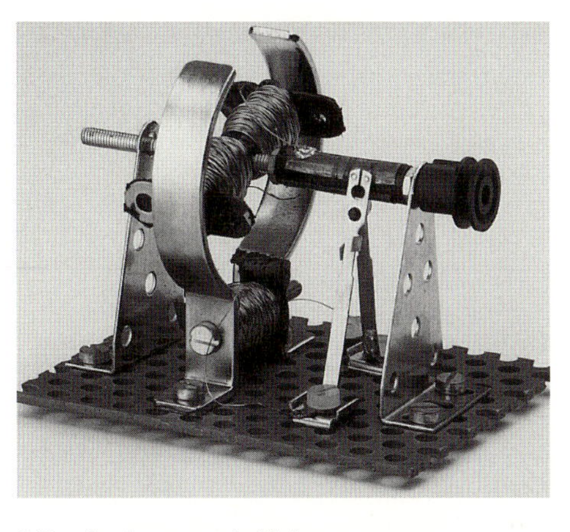

6 Zweipolmotor mit Elektromagnet

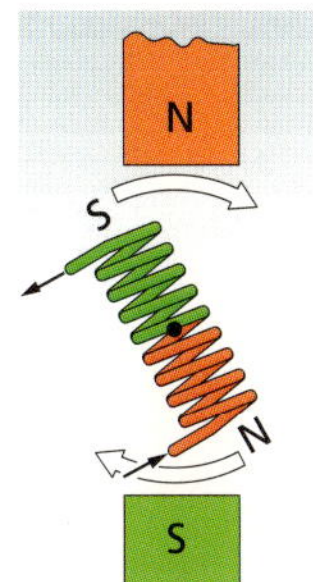

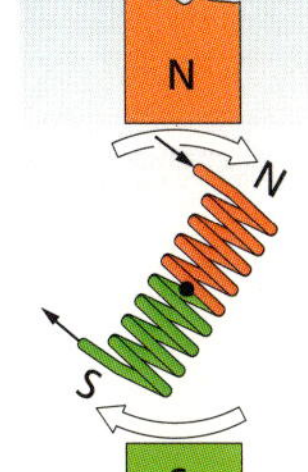

Fließt Strom durch die Ankerwicklung, wirken magnetische Kräfte zwischen Anker und Feldmagnet aufeinander. Der Anker dreht sich so weit, bis sich verschiedenartige Pole gegenüberstehen. Der Rotor würde nun stehen bleiben. Lässt man jetzt den Strom in der umgekehrten Richtung durch die Spule fließen, werden die Pole der Spule vertauscht. Der bisherige Nordpol wird Südpol und umgekehrt. Da sich jetzt gleichartige Pole gegenüberstehen, stoßen sie sich ab und der Anker wird weitergedreht.

Eine Vorrichtung, die den Strom in einem Anker umpolt, nennt man ***Stromwender***, Polwender oder Kommutator. Der Stromwender besteht aus Schleifringabschnitten, die mit den Ankerwicklungen verbunden sind. Die Schleifringabschnitte müssen voneinander isoliert sein. Sie sind so angeordnet, dass der Strom seine Richtung ändert, kurz bevor sich Nord- und Südpol gegenüberstehen.
Über Kontaktstifte wird der Strom zum Stromwender hin- und von ihm zurückgeführt. Sie werden als ***Bürsten*** bezeichnet, da sie früher aus kleinen Kupferbürsten bestanden, die jedoch zu starker Funkenbildung neigten. Heute bestehen die Kontaktstifte aus Graphit.

Motoren mit nur einer Spule und somit einem Stromwender aus zwei Schleifringhälften werden nur im Modellbau verwendet. Bei ihnen besteht der Nachteil, dass sie bei ungünstiger Lage des Rotors nicht selbst anlaufen. Außerdem laufen sie etwas „unrund".

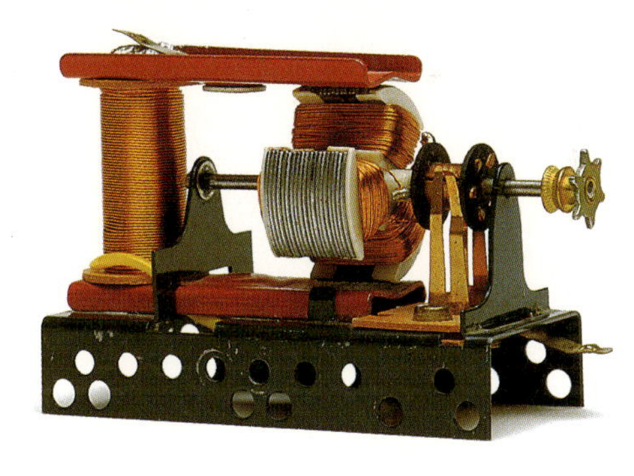

7 Dreipolmotor

Dreipolanker mit dreigeteiltem Stromwender laufen hingegen selbstständig an, da nie zwei Ankerpole gleichzeitig den Polen des Feldmagneten genau gegenüberstehen. Anker mit einer größeren Polzahl erhöhen die Leistung des Motors und laufen „runder". Man bezeichnet sie als ***Trommelanker***.

8 Trommelanker eines Elektromotors

Relais

Elektromagnetische Relais (gesprochen: Relä) sind Schalter, die durch Elektromagnete betätigt werden. Mit Relais lassen sich starke Ströme und hohe Spannungen durch schwache Ströme und niedrige Spannungen ein- und ausschalten. Über dünne Drähte ist eine gefahrlose Fernbedienung elektrischer Geräte möglich. So kann z. B. ein schwacher Steuerstrom aus einer 4,5-V-Flachbatterie einen starken Strom aus einer 230-V-Netzspannungsquelle schalten.

Das in Abb. 1 dargestellte Relais besteht aus einem Weicheisenkern, einer Spule, einem beweglichen Anker und zwei Kontaktfedern, die vom Anker isoliert sind. Wird der links dargestellte Stromkreis geschlossen, fließt Strom durch die Relaisspule. Dadurch wird der bewegliche Anker angezogen und drückt eine Kontaktzunge weg. Bei Kontakt leuchtet die Lampe.
Fließt kein Strom durch die Spule, sind die Kontaktzungen geöffnet, die Lampe leuchtet nicht. Die Kontaktzungen wirken als ***Schließer***.

Den linken Stromkreis in Abb. 1 bezeichnet man als ***Steuerstromkreis***. In ihm liegt die Relaisspule. Den rechten Stromkreis bezeichnet man als ***Last- oder Arbeitsstromkreis***. In ihm liegen die Kontaktzungen. Zwischen beiden Stromkreisen besteht keine elektrische Verbindung. Fachleute sprechen von einer ***„galvanischen Trennung"***.

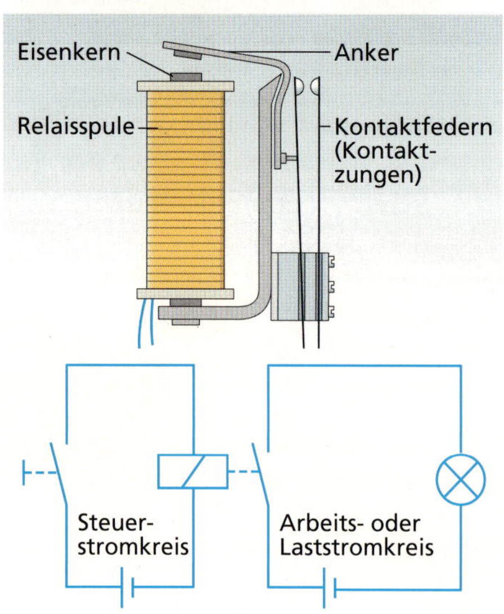

1 Schaltplan: Relais mit Schließer

Sind bei einem Relais in Ruhestellung die Kontaktzungen geschlossen, spricht man von einem ***Öffner***. Wird der Steuerstromkreis in der Schaltung nach Abb. 2 geschlossen, so wird der Laststromkreis geöffnet. Die Lampe erlischt.

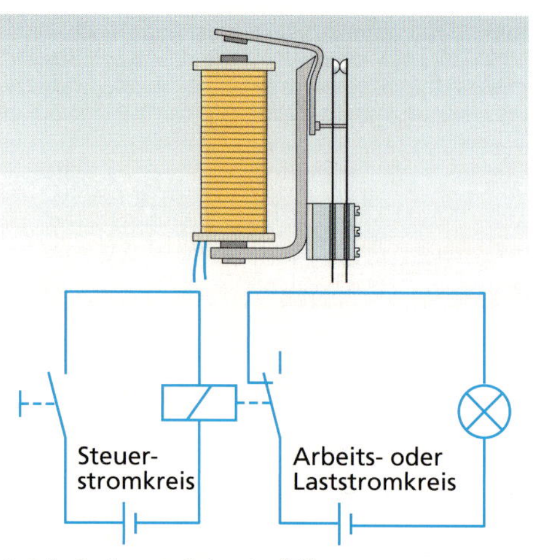

2 Schaltplan: Relais mit Öffner

Ein Relais mit ***Wechsler*** ist eine Kombination von Schließer und Öffner. Man kann Relais auch mit mehreren Kontaktsätzen aus Schließern, Öffnern und Wechslern kombinieren.

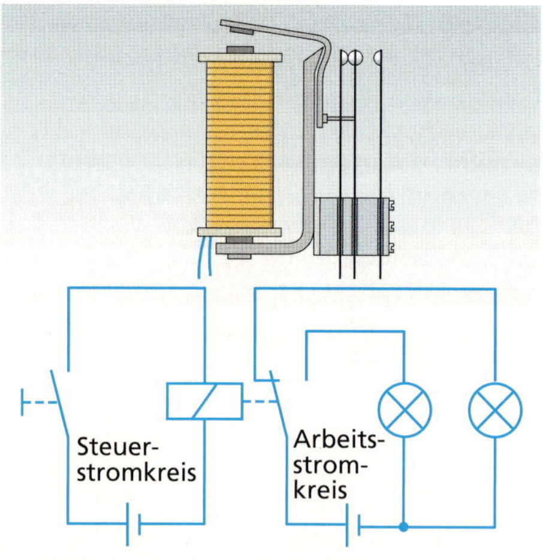

3 Schaltplan: Relais mit Wechsler

In Schaltplänen werden Relaisschaltungen wie andere Schaltungen auch im Ruhezustand dargestellt. Man zeichnet Relais in der Schaltstellung also so, als wäre die Spannungsquelle nicht angeschlossen.

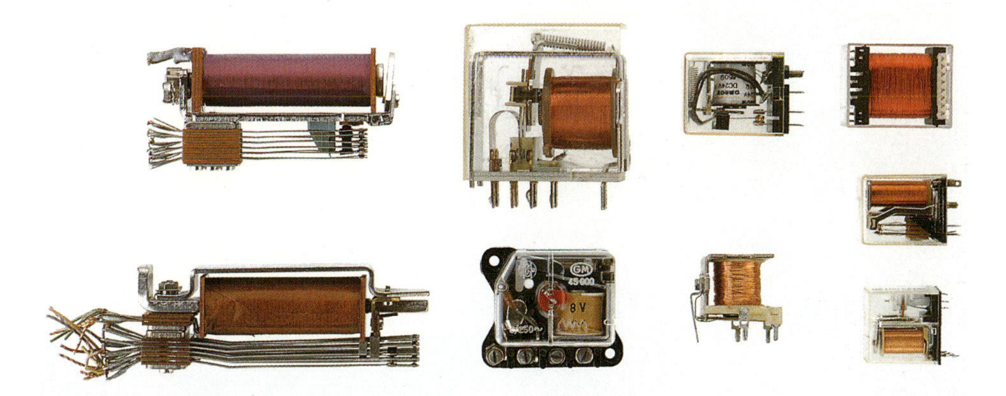

4 Verschiedene Relaistypen

Stromstoßschalter, Zwei-Spulen-Relais und ***gepolte Relais*** arbeiten wie Stellschalter. Nach dem Abschalten des Steuerstroms verharren sie in ihrer Schaltstellung. Wie die Namen sagen, erfolgt das Umschalten beim Stromstoßrelais durch weitere Stromstöße, beim Zwei-Spulen-Relais durch zwei Spulen und beim gepolten Relais durch Umpolen der Stromrichtung.

Im Gegensatz zu anderen Relais können Stromstoßschalter mit Wechselstrom betrieben werden. Bei ihnen wird der Sachverhalt genutzt, dass beim Einschalten eines Relais die wirksame Kraft des Elektromagneten am größten ist. Ein Stromstoß zieht den Stoßanker an, der eine Schaltscheibe bewegt. Bei jedem Stromstoß wird die Scheibe nach links oder rechts gekippt und bleibt in ihrer Kippstellung stehen. Die Kontaktpunkte werden dabei geöffnet oder geschlossen.

Stromstoßschalter haben schaltungstechnische Vorteile. Mit parallel geschalteten EIN-Tastern kann von beliebig vielen Stellen aus geschaltet werden. Zwei-Spulen-Relais und gepolte Relais eignen sich als elektrische Speicher für Steuerungen.

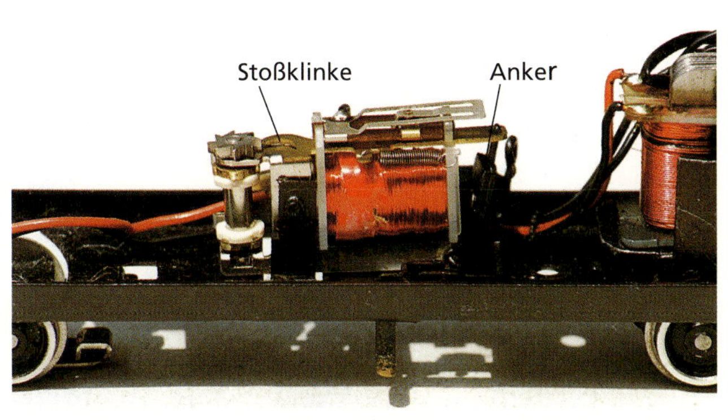

5 Umschalten der Fahrtrichtung bei einer Modell-Lokomotive durch Stromstoßschalter

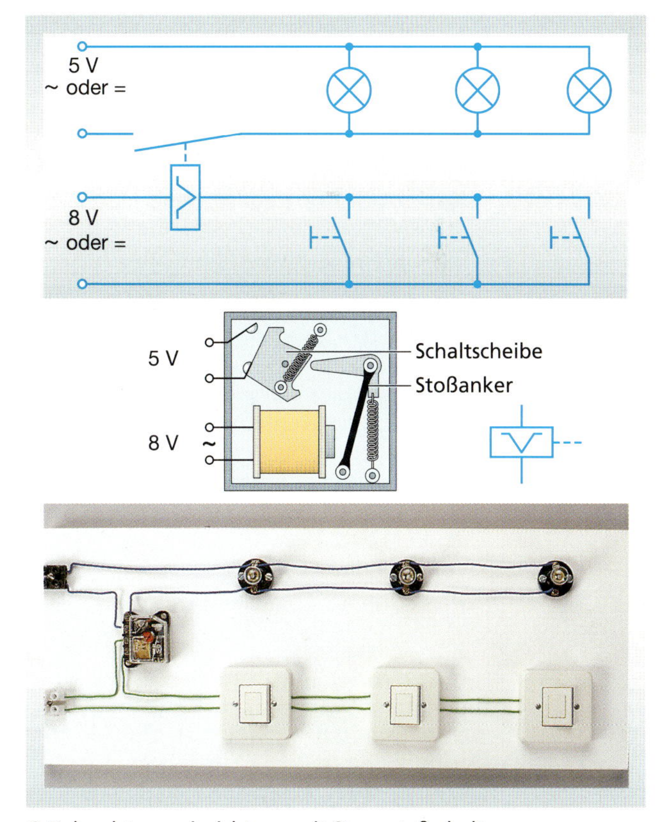

6 Beleuchtungseinrichtung mit Stromstoßschalter

Messen elektrischer Größen

1 Analog- und Digitalmessgerät

Zum Messen elektrischer Größen wie Spannung, Stromstärke und Widerstand werden ***Vielfachmessgeräte*** am häufigsten verwendet. Bei ihnen lassen sich verschiedene Messbereiche einstellen.

Man kann Messgeräte mit ***analoger*** oder ***digitaler*** Anzeige verwenden. Bei der analogen Anzeige bewegt sich der Zeiger eines Messwerks über eine Skala. Analogmessgeräte zeigen gut den Verlauf von Veränderungen der Messwerte an. Sie lassen sich bei Schwankungen von Messwerten gut anwenden. Bei digitalen Messgeräten wird der Messwert in Ziffern angezeigt. Sie arbeiten genauer und die Messwerte lassen sich besser ablesen.

Bei der ***Spannungsmessung*** wird das Messgerät parallel zur Spannungsquelle bzw. zum Verbraucher gelegt. Der Innenwiderstand des Messgeräts ist bei der Spannungsmessung sehr hoch.

Bei der ***Stromstärkemessung*** wird das Messgerät in den Stromkreis gebracht. Es liegt in Reihe zum Verbraucher. Bei der Stromstärkemessung ist der Innenwiderstand gering.

Bei der ***Widerstandsmessung*** darf keine Spannung von außen am Messgerät anliegen! Die Widerstandsmessung ist im Prinzip eine Reihenschaltung aus einer Spannungsquelle im Messgerät, einem Widerstand und einem Strommesser. Bei Analoggeräten muss zu Beginn der Messung das Zeigerinstrument auf den Nullpunkt der Skala eingestellt werden. Dazu bringt man die beiden Messschnüre in Kontakt zueinander und stellt den Vollausschlag (0 Ohm) ein. Die Widerstandsskala läuft umgekehrt zu den anderen Skalen.

Wichtige ***Regeln beim Messen*** mit einem Vielfachmessgerät:

1. Messgröße (Stromstärke, Spannung, Widerstand) wählen und größten Messbereich einstellen.
2. Mit den Spitzen der Messschnüre die Messpunkte kurz antippen und vorsichtig herunterschalten.
3. Bei Analogmessgeräten Messbereich so wählen, dass die Spannung oder die Stromstärke im oberen Drittel der Skala abgelesen werden kann, bei Widerstandsmessungen etwa auf der Hälfte.
4. Bei Stromstärkemessungen das Gerät nie parallel zu einer Spannungsquelle schalten!
5. Bei Gleichspannung und Gleichstrom die Polung beachten.
6. Messschnüre zuerst an das Messgerät und dann an die Messpunkte anschließen.

Abkürzungen:

ACV: Wechselspannung

DCV: Gleichspannung

ACA: Wechselstromstärke

DCA: Gleichstromstärke

R, Ω, Ohm: Widerstand

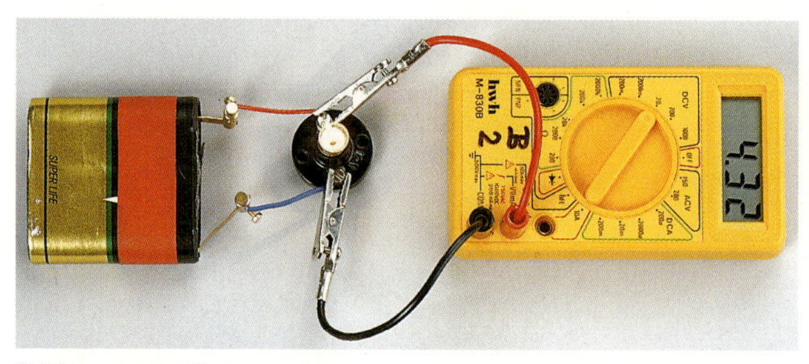

2 Messen von Spannungen

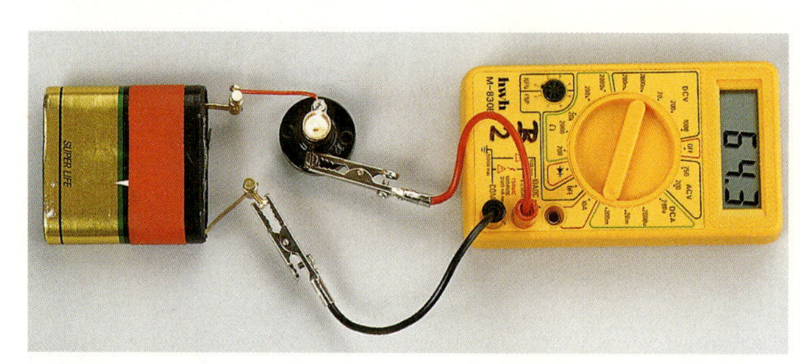

3 Messen von Stromstärken

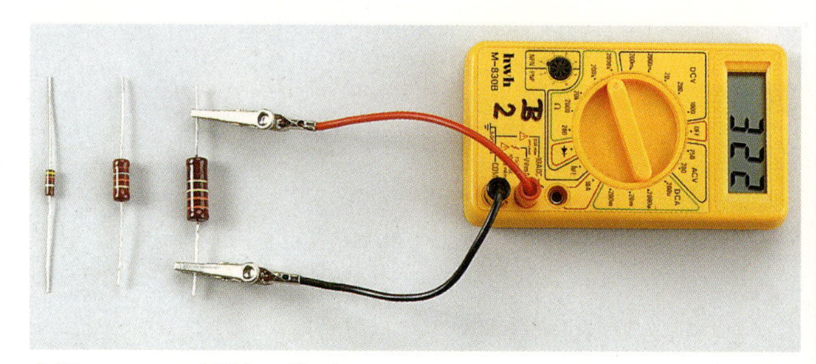

4 Messen von Widerständen

Berechnen elektrischer Größen

Zusammenfassung physikalischer Sachverhalte

Verbraucher wie Lampen, elektrische Motoren, elektrische Heizquellen usw. haben die Eigenschaft, den elektrischen Strom zu hemmen. Das nennt man den ***elektrischen Widerstand***. Der Widerstand (R) kann aus dem Quotienten der angelegten Spannung (U) und der Stromstärke (I) berechnet werden.

Bei einer ***Reihenschaltung*** von Verbrauchern ist die Stromstärke im Stromkreis überall gleich groß. Der Gesamtwiderstand (R_{ges}) ist gleich der Summe der Einzelwiderstände. Die zur Verfügung stehende Betriebsspannung (U_{ges}) teilt sich auf die angeschlossenen Verbraucher auf. Zum Beispiel wird bei einer Partylichterkette die Netzspannung von 230 V auf 16 Lampen mit der Nennspannung von ca. 14 V aufgeteilt.

Man kann einen Verbraucher mit einer niedrigeren Nennspannung als der Betriebsspannung betreiben, wenn ein ***Schutzwiderstand*** in Reihe geschaltet wird.

Tipp: Eine Zusammenstellung der Formeln findest du auf Seite 230.

Berechnungsbeispiel:
Ein Lämpchen mit den Angaben 6 V/0,1 A soll mit 9 V Spannung betrieben werden. Um ein Durchbrennen zu verhindern, muss am Schutzwiderstand die überflüssige Spannung U_V von 9 V – 6 V = 3 V „abfallen". Bei 6 V Spannung an der Lampe fließt ein Strom mit 0,1 A durch die Lampe und durch den Schutzwiderstand. Der Widerstandswert des Schutzwiderstands (Vorwiderstands) R_V beträgt dann:

$$R_V = \frac{U_V}{I} = \frac{9\,\text{V} - 6\,\text{V}}{0{,}1\,\text{A}} = 30\,\Omega$$

Man wählt den nächst höheren Wert aus der Normreihe, z. B. 33 Ω.

Verbraucher werden in der Regel parallel geschaltet. Sie können dadurch unabhängig voneinander eingeschaltet werden und erhalten die gleiche Betriebsspannung. Bei einer ***Parallelschaltung*** ist der Gesamtstrom gleich der Summe der Ströme in den Leitungszweigen. Für die Spannungen und Widerstände gelten die rechts stehenden Formeln.

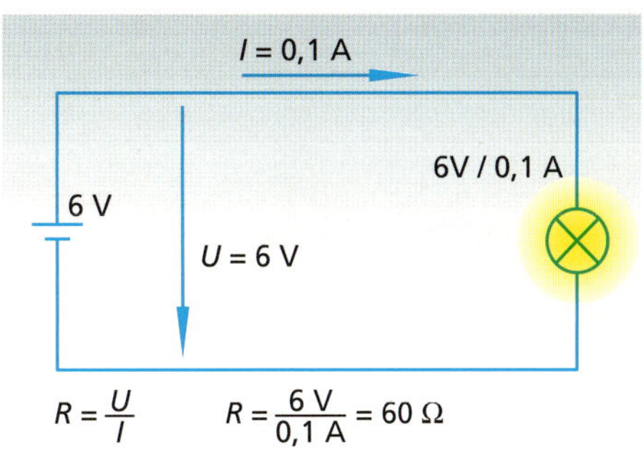

$R = \frac{U}{I}$ $\quad R = \frac{6\,\text{V}}{0{,}1\,\text{A}} = 60\,\Omega$

5 Lampe im Stromkreis

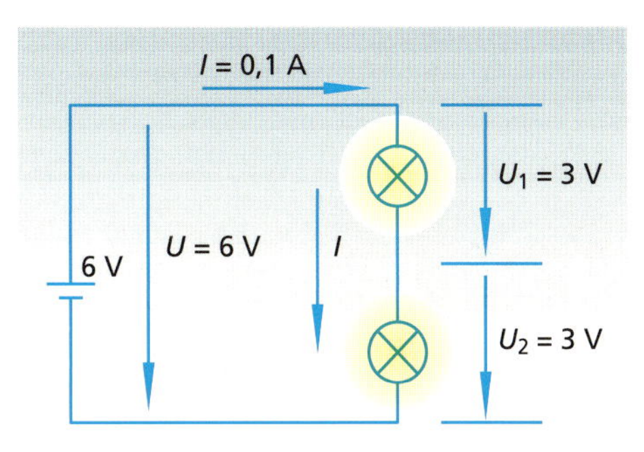

$I_{ges} = I_1 = I_2$ $\quad U_{ges} = U_1 + U_2$ $\quad 6\,\text{V} = 3\,\text{V} + 3\,\text{V}$

$R_{ges} = R_1 + R_2$

6 Reihenschaltung von Lampen

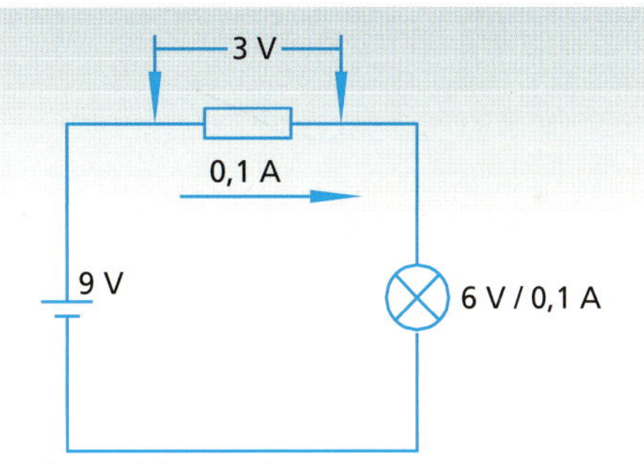

7 Schutzwiderstand

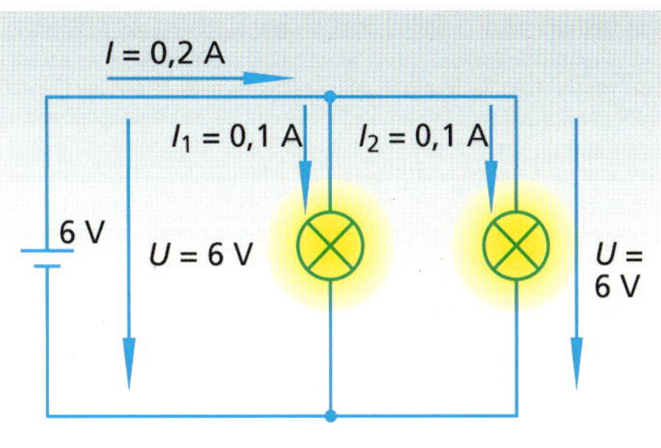

$U_{ges} = U_1 = U_2$ $\quad I_{ges} = I_1 + I_2$

$\frac{1}{R_{ges}} = \frac{1}{R_1} + \frac{1}{R_2}$ $\quad 0{,}2\,\text{A} = 0{,}1\,\text{A} + 0{,}1\,\text{A}$

8 Parallelschaltung von Lampen

Aufbauen von Schaltungen

Aufbautechnik „Brettschaltung"
Als Grundplatte wird ein Brettchen verwendet. Werden die Bauelemente wie beim Stromlaufplan angeordnet, ist der Schaltungsaufbau nicht schwierig. Zur Verbindung von Schalt- und Anschlussdrähten sind Buchsenklemmen (Lüsterklemmen) oder Lötstützpunkte mit Messingnägeln, Reißnägeln oder Aderendhülsen geeignet.
Schaltdrähte werden mit dem Seitenschneider abgeschnitten und mit der Abisolierzange abisoliert. Die Abisolierzange muss so eingestellt sein, dass nur die Isolation und nicht der Leiter eingekerbt wird.

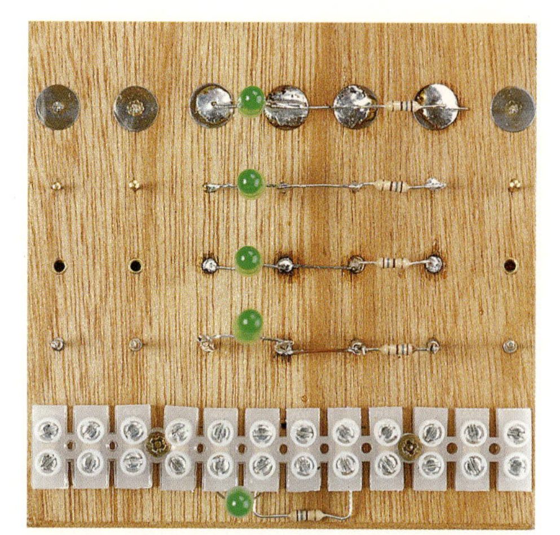

1 Brettschaltung

Der Schaltungsaufbau wird übersichtlich, wenn die Schaltdrähte parallel zu den Rändern der Montageplatte angeordnet und rechtwinklig gebogen werden. Farblich unterschiedliche Drähte erleichtern das Überprüfen der Schaltung.

Aufbautechnik „Lochraster"
Die Schaltdrähte werden wie bei einer Brettschaltung geführt. An den Verbindungspunkten werden Leitungsenden und Anschlussdrähte an Steckern verschraubt oder an Lötpunktringen verlötet. An Lötpunktringen soll möglichst nur kurzzeitig gelötet werden, da sie sich sonst von der Grundplatte lösen können.

2 Lochraster

Aufbautechnik „Lötleisten"
Lötleisten ergeben eine kompakte Bauweise. Bauteile lassen sich ohne Beeinträchtigung der Lötstellen an den Lötfahnen beliebig oft an- und auslöten.

Weiterführende Informationen zum Umgang mit Platinen auf den Seiten 228 und 229

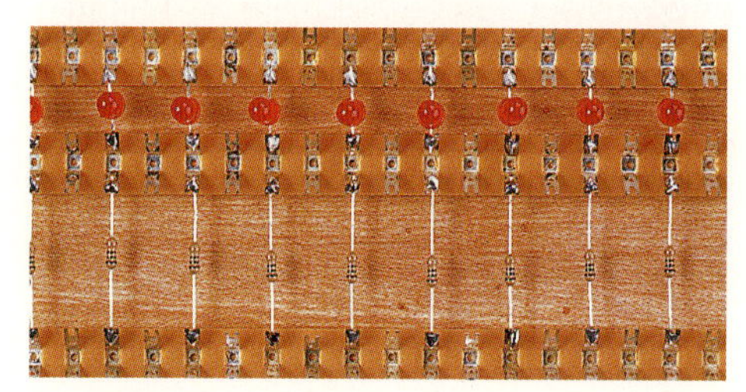

3 Lötleisten

Aufbautechnik „Geätzte Kupferfläche"
Die Kupferfläche wird mit Selbstklebefolie ganz abgeklebt. Trennungsstreifen werden mit einem Folienschreiber auf die Folie aufgezeichnet und die Ränder mit einem scharfen Messer ausgeschnitten. Anschließend werden die Folienstreifen abgezogen, damit die Kupferschicht an den Trennungsstreifen freigelegt ist. Die Platine kann jetzt in ein Ätzbad gelegt werden. Nach dem Abätzen der Streifen wird die Platine mit Wasser gespült und die restliche Folie abgezogen. Anschließend wird die Platine an den Stellen gebohrt, an denen die Bauteile eingelötet werden.

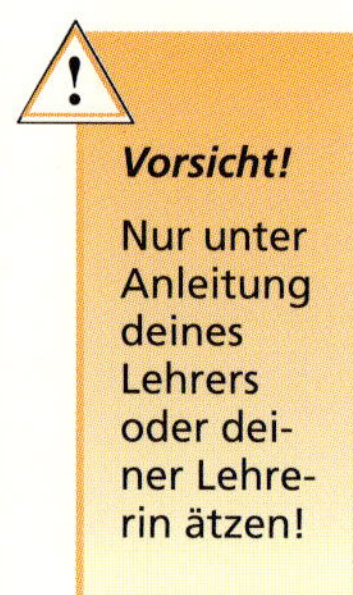

Vorsicht!
Nur unter Anleitung deines Lehrers oder deiner Lehrerin ätzen!

4 Geätzte Kupferfläche

Fügen durch Löten

Lötverbindungen sind elektrisch gut leitende und feste Verbindungen, die nicht aufwendig sind. Für Lötverbindungen eignet sich ein Lötdraht aus einer Blei-Zinn-Legierung, deren Schmelzpunkt bei ca. 180 °C liegt. Im Inneren des Lötdrahtes befindet sich Kolophonium als Flussmittel. Es verhindert die Oxidation, entfettet und benetzt die Lötstelle. Bei Raumtemperatur hat es im Gegensatz zu Lötwasser, Lötpaste oder Lötfett keine aggressive Wirkung. Diese Flussmittel dürfen beim Löten elektrischer Schaltungen nicht verwendet werden, da die darin enthaltenen Säuren auch bei Raumtemperatur aktiv sind.

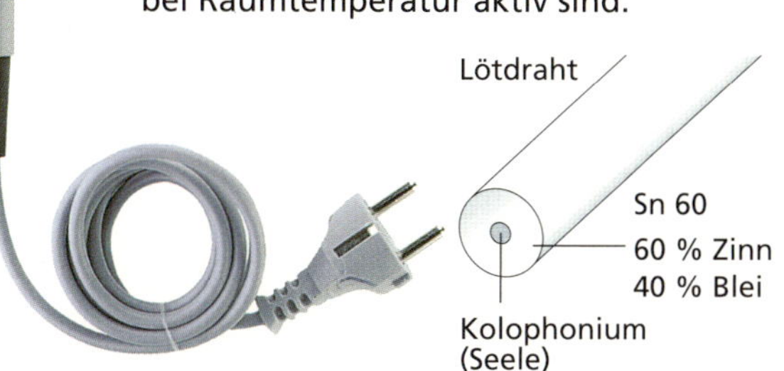

5 Lötkolben

Beim ***Lötvorgang*** müssen die zu verbindenden Teile völlig fettfrei, oxidfrei und so fixiert sein, dass sie sich beim Berühren mit dem Lötkolben nicht bewegen können. Der Abstand der Teile sollte möglichst gering sein, denn ein schmaler Spalt saugt das heiße Lot an. Die zu verbindenden Metallteile müssen immer so stark erwärmt werden, dass das Lot darauf fließen kann. Perlt das Lot, ist die Lötstelle zu kalt oder nicht sauber. Man lässt die Lötkolbenspitze aber nur so lange an der Lötstelle, bis sich das Lot gut verteilt hat. Bei einer guten Lötverbindung glänzt die Oberfläche unmittelbar nach dem Lötvorgang, ist glatt und hat einen glatten Rand. Reicht die Wärmeabgabe eines Lötkolbens nicht aus, muss ein Lötkolben mit höherer Leistungsaufnahme (Angabe der Wattzahl) verwendet werden.

Die Spitze des elektrischen Lötkolbens wird durch ein Heizelement erwärmt. Die Lötspitze darf nicht oxidiert sein, damit sie die Wärme gut an die Lötstelle weiterleitet. Die Lötspitze wird im warmen Zustand mit einem Leinenlappen gereinigt und anschließend verzinnt. Hierzu tippt man den Lötdraht an die Lötspitze. Diese wird durch das Flussmittel gereinigt, das Lot schmilzt und bildet einen Tropfen. Mit dem Lappen wird kurz über die Lötspitze gewischt und dieser Vorgang so lange wiederholt, bis der vordere Teil rundum mit einem Lotüberzug versehen ist.

7 Lötvorgang

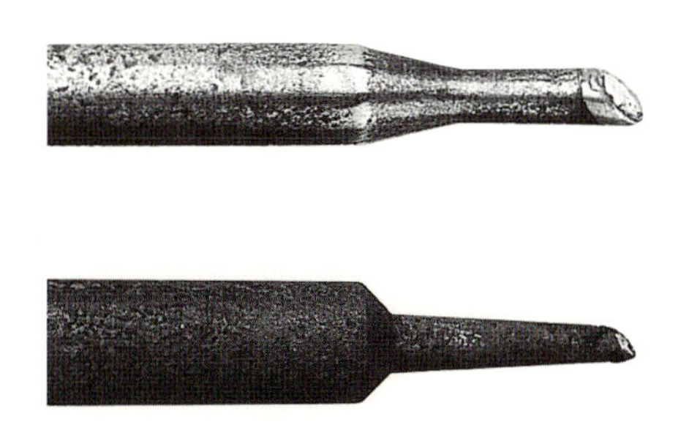

6 Gute und schlechte Lötspitze

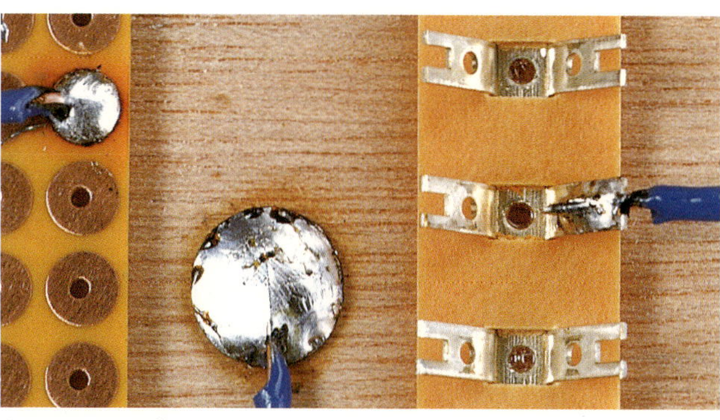

8 Gute Lötstellen

Zeichnerische Darstellung von Schaltplänen

Schaltpläne

In Schaltplänen werden elektrische Bauteile und ihre Verbindungen durch grafische Symbole – wir sprechen von Schaltzeichen – zeichnerisch dargestellt (siehe Seite 327).
Die Benennung und Bedeutung von Schaltzeichen ist festgelegt (genormt).

Aufbau und Verwendung

Schaltpläne informieren über
- die Anordnung der Bauteile,
- die Strompfade,
- die Verlegung der Leitungen,
- die Wirkungsweise einer Schaltung,
- die benötigten elektrischen Werte.

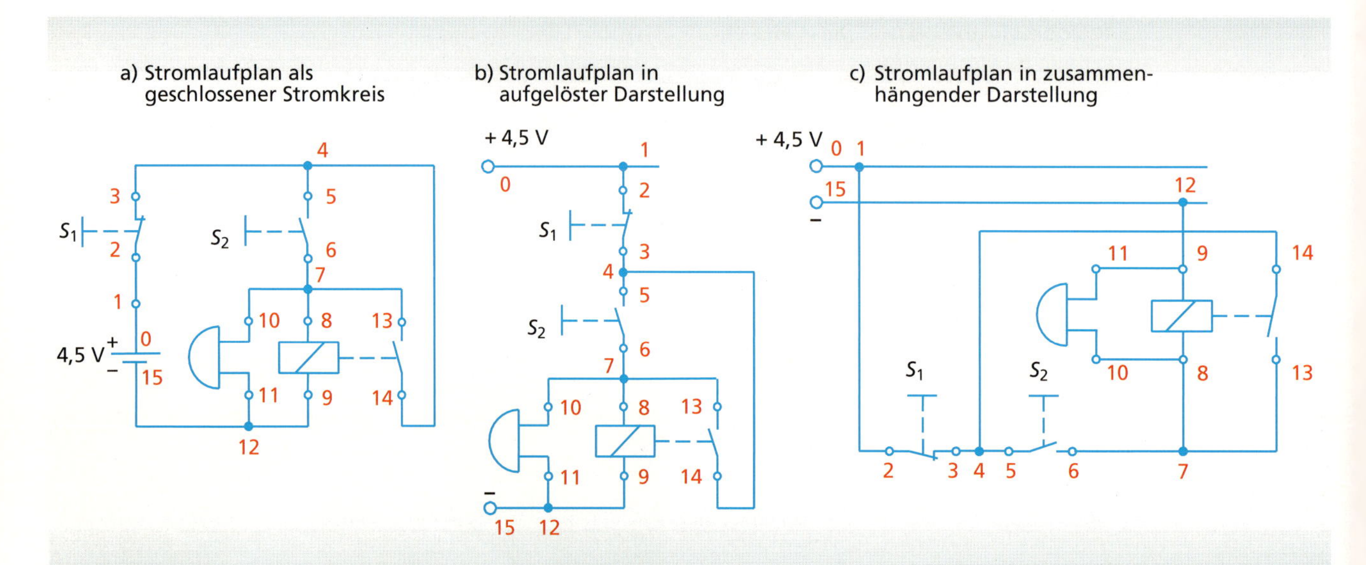

1 Schaltpläne für eine akustische Rufanlage mit Speicherung des Alarmsignals

Je nach Verwendungszweck unterscheiden wir Schaltpläne in Form geschlossener Stromkreise und Schaltpläne als Stromlaufpläne in aufgelöster oder zusammenhängender Darstellung (Abb. 1).
Für alle gilt:
- Alle Bauteile und Leitungen sind vorhanden.
- Strompfade werden möglichst geradlinig und kreuzungsfrei dargestellt.
- Schaltungszustand: spannungslos.

Schaltpläne in Form geschlossener Stromkreise zeichnet man z. B., um sich mit Personen zu verständigen, die noch nicht sehr viel Übung im Lesen von Schaltplänen haben (Abb. 1 a).
Auf die räumliche Lage und den mechanischen Zusammenhang der Bauteile (z. B. bei Relais) muss keine Rücksicht genommen werden.

Der ***Stromlaufplan in aufgelöster Darstellung*** zeigt die Schaltung nach Strompfaden aufgelöst. Ihre Funktion sowie ihre Strompfade sind so besonders gut zu erkennen (Abb. 1 b).

Der ***Stromlaufplan in zusammenhängender Darstellung*** (Abb. 1 c) wird bei komplexen elektrischen Anlagen verwendet, z. B. beim Telefon, bei Modelleisenbahnen oder der Hausinstallation. In ihm gibt es keine aufgelösten Strompfade. Er wird häufig durch eine Stückliste ergänzt.
Vorteil: Die Bauteile (häufig mit strichpunktierten Linien umrandet) sind gut zu erkennen. Diese Art des Stromlaufplans kann bei der Entwicklung des Verdrahtungsplans helfen.

Verdrahtungsplan

Mithilfe des Verdrahtungsplans kann eine Schaltung funktionssicher und ohne allzu großen Zeitaufwand aufgebaut werden.
Er zeigt die tatsächliche räumliche Lage der Bauteile und ihrer elektrischen Verbindungen auf der Unterlage (z. B. auf einer Sperrholzplatte).
Zahlen an den Anschlüssen und Verzweigungen (siehe auch Abb. 1) erleichtern die Orientierung und den Vergleich mit dem Stromlaufplan.

Im Verdrahtungsplan werden
- Bauteile mit ihren tatsächlichen Maßen dargestellt,
- Bauteile so angeordnet, dass ihre Verbindung einfach und auf dem kürzesten Weg möglich ist,
- Leitungen parallel zu den Rändern der Unterlage gezogen und
- Leitungen farblich unterschieden.

Der Leitungsverlauf wird in kleinen Abschnitten von Bauteil zu Bauteil oder zu einer Verzweigungsstelle gezeichnet.

Ebenfalls Schritt für Schritt solltest du beim Überprüfen des Verdrahtungsplans auf seine Richtigkeit und Vollständigkeit mithilfe einer Checkliste (Abb. 2) vorgehen.

Leitungsverlauf von …	bis …	vorhanden
1	2	√
3/4	5	√
6	7/10/13	√
7/10	8	√
3/4	14	√
		√
		√

2 Checkliste

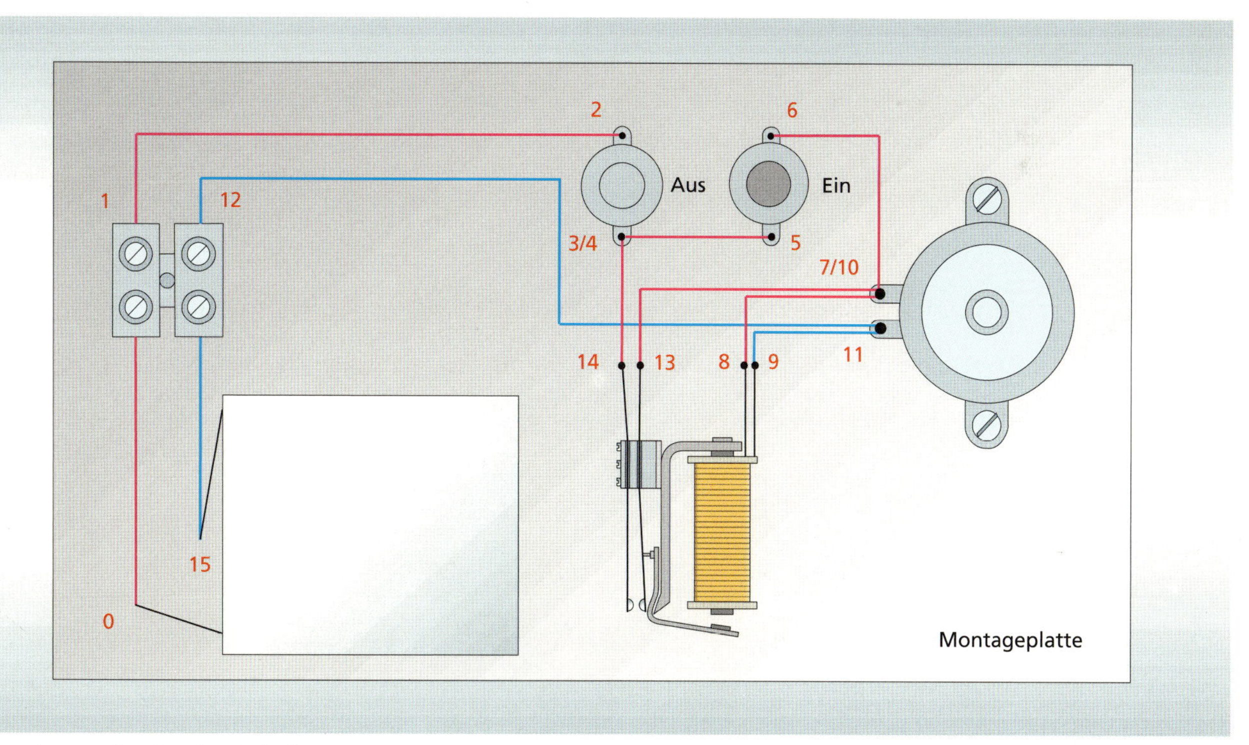

3 Verdrahtungsplan für eine Rufanlage

Maschinen

Warum das Thema wichtig ist

Die Entwicklung der Menschheit ist eng mit der Erfindung und Weiterentwicklung von Maschinen verbunden. Ohne Maschinen wäre unsere gesamte Zivilisation und Kultur undenkbar, denn ohne sie steckten wir noch tief in der Steinzeit.
Maschinen sind heute in allen Bereichen der Technik unverzichtbare Arbeitsmittel des Menschen.

Maschinen werden auch in Zukunft in allen Lebensbereichen eine große Rolle spielen: im Beruf, im Haushalt, in der Freizeit und in der Öffentlichkeit.

Deshalb ist ein allgemeines Wissen über Arten, Aufbau, Funktion und Verwendung von Maschinen eine gute Voraussetzung für das Verstehen deiner Umwelt.

1 Haushaltsmaschinen

3 Arbeitsmaschinen

2 Transportmaschinen

4 Informationsverarbeitende Maschinen

Aus der Geschichte der Maschine

Große Erfindungen werden fast nie vollständig mit einer einzigen Idee erdacht. Die meisten technischen Maschinen, Geräte und Apparaturen sind vielmehr Entwicklungen, die sich über viele Stufen von Verbesserungen über Jahrzehnte, Jahrhunderte, ja sogar Jahrtausende hinziehen.

Bohrmaschine, Sägemaschine, Drehmaschine haben Vorläufer, die bis weit in die vorgeschichtliche Zeit reichen.

Unsere Vorfahren mussten geniale Ideen haben, um zum Beispiel Mühlen zu erfinden, die das Korn mahlen und das weiße Mehl vom Schrot trennen konnten.

Jungsteinzeit:
Eine Bohrmaschine hat man zwar nicht gefunden, aber tausende von durchbohrten Steinäxten und viele angefangene Bohrungen.

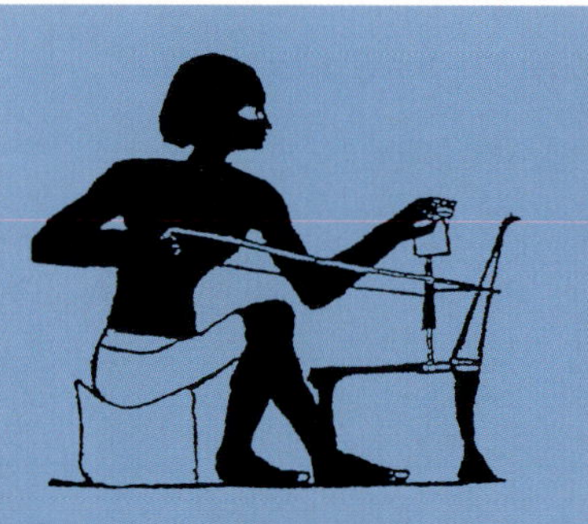

1450 v. Chr. (ägyptische Malerei):
Ein Tischler bohrt mit dem Drillbohrer Löcher zur Aufnahme der Bespannung in einen Stuhlrahmen.

Ein Indianer bohrt mit der Rennspindel:
Ein Bohrwerkzeug, das bis in unsere Zeit z. B. von Goldschmieden benutzt wurde.

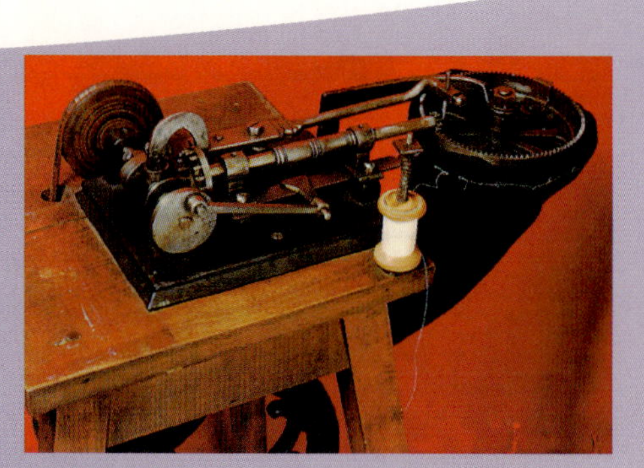

1800 Balthasar Krembs
erfindet den Vorschub

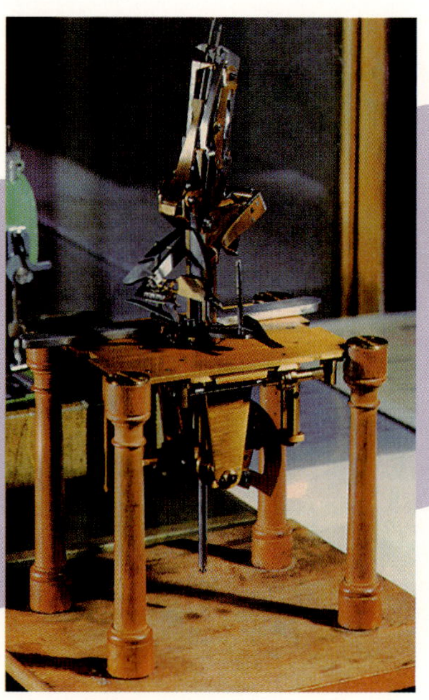

1814 Madersperger
erfindet das Zweifadensystem.

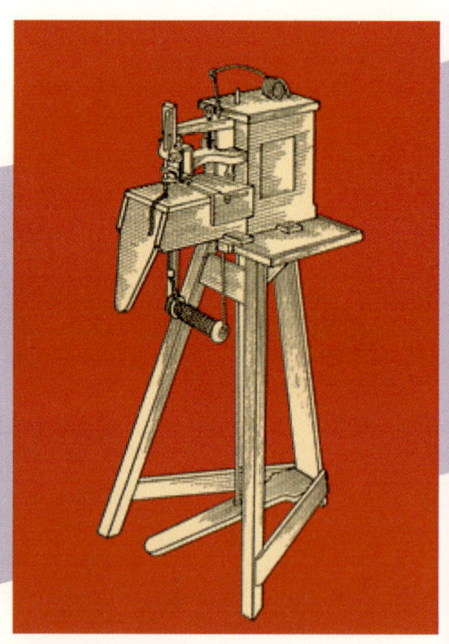

1830 Thimonier
näht 200 Soldatenröcke pro Tag.

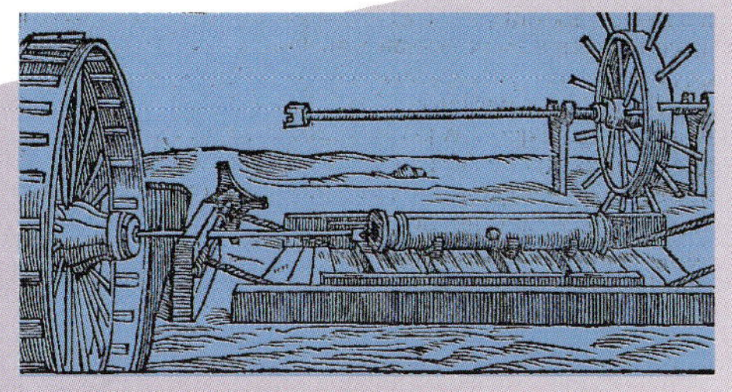

Ausgehendes Mittelalter:
Das Bohren von Geschützrohren stellte die Altvorderen vor große Probleme: Die fehlende Genauigkeit sorgte dafür, dass nicht jede Kugel traf …

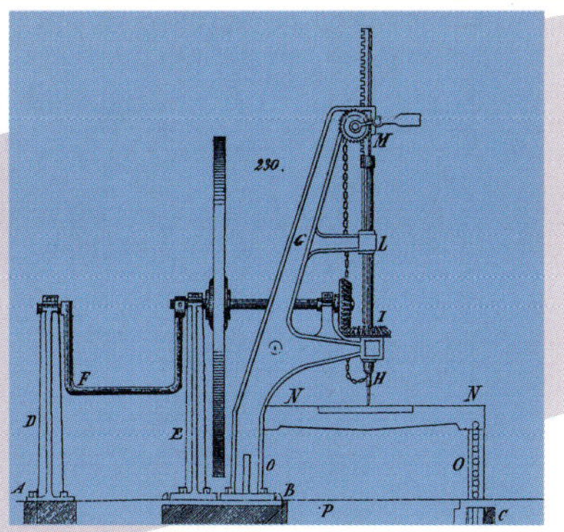

England 1835:
Mit Muskelkraft betriebene Ständerbohrmaschine mit Schwungrad. An der mit *F* bezeichneten Kurbel mussten drei Männer drehen!

1892:
Elektrisch betriebene Bohrmaschine mit verstellbarem Bohrtisch. Zu dieser Zeit ein sensationeller Fortschritt, der die Bohrtechnik revolutionierte.

1846 Elias Howe
300 Kettenstiche pro Minute

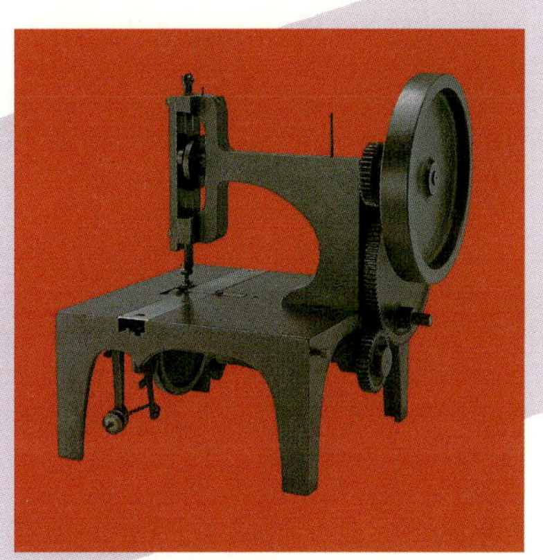

1851 Isaak M. Singer
entwickelt Stofftransportrad und den federnden Pressfuß.

1862 Georg Michael Pfaff
entdeckt und verbessert die Schwachstellen der Howe-Maschine, konstruiert ein wahres Meisterwerk.

Die Nähmaschine gilt als eine der genialsten Erfindungen:

Ihre Entwicklungsstufen zur heutigen modernen, elektronisch gesteuerten Maschine ziehen sich über zwei Jahrhunderte. Die Geschichte ihrer Entwicklung ist durchzogen von tragischen Erfinderschicksalen: ***Krembs*** stellte mit seiner Erfindung nur Zipfelmützen her, weder er noch irgend jemand anderes erkannte die Bedeutung seiner Maschine. ***Madersperger*** hatte nicht die paar Gulden, um sein Patent zu bezahlen, sein Anspruch verfiel. Er starb halb verhungert im Armenhaus.

Thimonier fehlte das Reisegeld zur Weltausstellung in London. Mit seiner Maschine auf einem Handkarren kam er zu spät. Auch er starb arm und verlassen. ***Howe*** arbeitete bei der Eisenbahn und als Matrose, um Geld für seine Erfindung aufzutreiben. Sie geriet zunächst in Vergessenheit. Seine Entwicklungen wurden von „Patenträubern" aufgegriffen und ausgenutzt. Er wurde später durch ihm zugesprochene Lizenzgebühren steinreich.

Auswirkungen des Maschineneinsatzes

1 Moderne Fabrikhalle

Ohne Maschinen ist unsere Zivilisation nicht denkbar. Ihr Einsatz trägt wesentlich zur Ernährung, zur Bekleidung und zur Lebensqualität bei.
Man könnte sagen, wir leben im Maschinen- und Computerzeitalter, also in einer Zeit, in der eine neue Art Maschine – der Computer als Automatisierungs-Maschine – eingesetzt wird. Und du erlebst selbst, wie diese Maschine in viele Lebensbereiche einwirkt.
Maschinen haben in Industrie und Gewerbe zu einer gewaltigen Ausweitung der Produktion geführt. Automatisch arbeitende Maschinen verrichten heute Arbeiten, die für den Menschen gesundheitsgefährdend oder gefährlich sind, z. B. wegen giftiger Dämpfe, Lärm, Hitze oder einseitiger Körperbelastung.

Auch im Haushalt sind maschinelle Hilfen wie Bohrmaschine, Wasch-, Bügel- oder Spülmaschine selbstverständlich geworden. Der mühevolle Waschtag früherer Zeiten – eine Schwerstarbeit mit Schrubben, Wringen, schwerem Tragen, Hantieren in kaltem Wasser – wird heute weitgehend von Maschinen übernommen.

Den positiven Auswirkungen des Maschineneinsatzes anstelle körperlicher menschlicher Arbeit stehen aber auch viele negative Seiten gegenüber.
Dazu zählt z. B. Folgendes:

Der Einsatz von Maschinen – besonders von programmierten, automatisch arbeitenden Maschinen – ersetzt zunehmend menschliche Arbeitskraft.
Qualifizierte Arbeiter werden dadurch von ihrem Arbeitsplatz und aus ihrem erlernten Beruf gedrängt. Sie werden arbeitslos oder müssen sich für ein anderes Arbeitsgebiet umschulen lassen.

Maschineneinsatz bedeutet immer auch Energieeinsatz: Arbeitsmaschinen – und hier besonders Transportmaschinen wie Autos und Flugzeuge – setzen weltweit riesige Energiemengen um, teils als mechanische Energie aus der Verbrennung von Kraftstoffen, teils als elektrische Energie (gewonnen z. B. aus der Verbrennung von Kohle oder aus Kernenergie).
Die entstehenden Verbrennungsgase gelangen in die Atmosphäre und schädigen unser Ökosystem, also Pflanzen, Tiere und Menschen.

Da uns keine anderen Energien in ausreichender Menge zur Verfügung stehen, wird die Energiebereitstellung für Maschinenarbeit auf lange Sicht noch mit den Problemen der Luftverschmutzung, drohender Klimaveränderung durch Anreicherung von CO_2 in der Lufthülle der Erde und der Endlagerung radioaktiver Abfallstoffe aus Kernkraftwerken verknüpft sein.

Gefahrenquellen – Schutzmaßnahmen – Sicherheitszeichen

Wer mit einer Maschine arbeitet, muss die damit verbundenen Gefahren kennen und die speziellen Schutzmaßnahmen beachten.
Bei Pressen, Stanzen und anderen Maschinen müssen gefährdende Stellen für die Arbeitenden zugänglich sein. Sie können deshalb nicht ständig abgedeckt werden. Bei solchen Maschinen müssen „aktive" Schutzeinrichtungen vorhanden sein, z. B. ein Schutzgitter, das automatisch schließt, sodass ein Zugreifen während des Press- oder Stanzvorgangs ausgeschlossen ist.
Schneidemaschinen können z. B. durch eine Lichtschranke geschützt sein, die im Falle des Dazwischengreifens den Schneidevorgang stoppt.
Die elektrische Sicherheit der Maschinen in Handwerk, Industrie und Haushalt unterliegt besonders strengen Bestimmungen. Prüfzeichen geben darüber Auskunft, ob eine Maschine oder ein Gerät den deutschen Sicherheitsvorschriften entspricht.

SICHERHEITSHINWEISE

Bitte lesen Sie diese Anweisungen sorgfältig durch und bewahren Sie sie auf.

ACHTUNG! Beim Gebrauch von Elektrowerkzeugen sind zum Schutz gegen elektrischen Schlag, Verletzungs und Brandgefahr; folgende grundsätzliche Sicherheitsmaßnahmen zu beachten.
Lesen und beachten Sie diese Hinweise, bevor Sie das Gerät benutzen. Durch fahrlässige Mißachtung wird jeglicher Garantieanspruch verwirkt.

1. **Halten Sie Ihren Arbeitsbereich in Ordnung** – Unordnung im Arbeitsbereich ergibt Unfallgefahr.
2. **Berücksichtigen Sie Umgebungseinflüsse** – Setzen Sie Elektrowerkzeuge nicht dem Regen aus. Benützen Sie Elektrowerkzeuge nicht in feuchter oder nasser Umgebung. Sorgen Sie für gute Beleuchtung. Benützen Sie Elektrowerkzeuge nicht in der Nähe von brennbaren Flüssigkeiten oder Gasen.
3. **Schützen Sie sich vor elektrischem Schlag** – Vermeiden Sie Körperberührung mit geerdeten Teilen, zum Beispiel Rohren, Heizkörpern Herden, Kühlschränken.
4. **Halten Sie Kinder fern!** – Lassen Sie andere Personen nicht das Werkzeug oder Kabel berühren, halten Sie sie von Ihrem Arbeitsbereich fern.
5. **Bewahren Sie Ihre Werkzeuge sicher auf** – Unbenutzte Werkzeuge sollten in einem trockenen, verschlossenen Raum und für Kinder nicht erreichbar aufbewahrt werden.
6. **Überlasten Sie Ihr Werkzeug nicht – Sie arbeiten besser und sicherer im angegebenen Leistungsbereich. Bei wiederholter Überlastung/Überforderung Ihres Elektrowerkzeugs verlieren Sie jeglichen Garantieanspruch.**
7. **Benützen Sie das richtige Werkzeug** – Verwenden Sie keine zu schwachen Werkzeuge oder Vorsatzgeräte für schwere Arbeiten. Benützen Sie Werkzeuge nicht für Zwecke und Arbeiten, wofür sie nicht bestimmt sind; zum Beispiel benützen Sie keine Handkreissäge, um Bäume zu fällen oder Äste zu schneiden.
8. **Tragen Sie geeignete Arbeitskleidung** – Tragen Sie keine weite Kleidung oder Schmuck. Sie können von beweglichen Teilen erfaßt werden. Bei Arbeiten im Freien sind Gummihandschuhe und rutschfestes Schuhwerk empfehlenswert. Tragen Sie bei langen Haaren ein Haarnetz.
9. **Benützen Sie eine Schutzbrille** – Verwenden Sie eine Atemmaske bei stauberzeugenden Arbeiten.
10. **Zweckentfremden Sie nicht das Kabel** – Tragen Sie das Werkzeug nicht am Kabel und benützen Sie es nicht, um den Stecker aus der Steckdose zu ziehen. Schützen Sie das Kabel vor Hitze, Öl und scharfen Kanten.
11. **Sichern Sie das Werkstück** – Benützen Sie Spannvorrichtungen oder einen Schraubstock, um das Werkstück festzuhalten. Es ist damit sicherer gehalten als mit Ihrer Hand und ermöglicht die Bedienung der Maschine mit beiden Händen.
12. **Überdehnen Sie nicht Ihren Standbereich** – Vermeiden Sie abnormale [illegible] Sie für sicheren [illegible] und halten [illegible] jederzeit das

Das Prüfsiegel GS = „Geprüfte Sicherheit" wird für gewerbliche Arbeitsmittel von den Berufsgenossenschaften vergeben.
Maschinen und Geräte allgemeiner Art, z. B. für Hobby und Haushalt, prüft der Technische Überwachungsverein (TÜV).

Ein Gerät mit einem solchen Zeichen wurde bauartgeprüft und stimmt mit den sicherheitstechnischen Anforderungen überein.

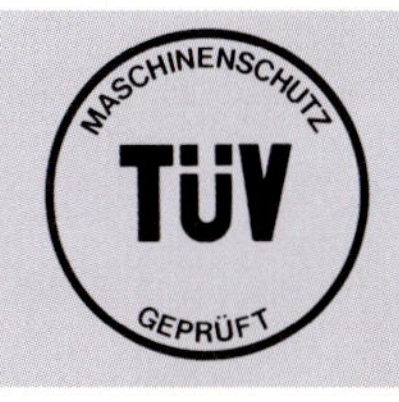

Der Technische Überwachungsverein prüft nicht nur Kraftfahrzeuge auf ihre Sicherheit, sondern auch Maschinen und Anlagen unterschiedlichster Art. Genügt ein Prototyp einer Maschine den Vorschriften, so erhält die ganze Serie – unter laufender Kontrolle – dieses Prüfzeichen.
Auf dem ***Typenschild*** einer Maschine sind außer den technischen Angaben weitere Hinweise zur Betriebssicherheit zu finden. Beispiele für Symbole sind:

Dieses Prüfzeichen wird vom Verband Deutscher Elektrotechniker erteilt, wenn die elektrischen Teile den Sicherheitsvorschriften entsprechen.

Kurzbetriebszeit: Die Maschine kann maximal 12 Minuten betrieben werden und muss dann erst auf Raumtemperatur abkühlen, bevor sie erneut benutzt werden darf.

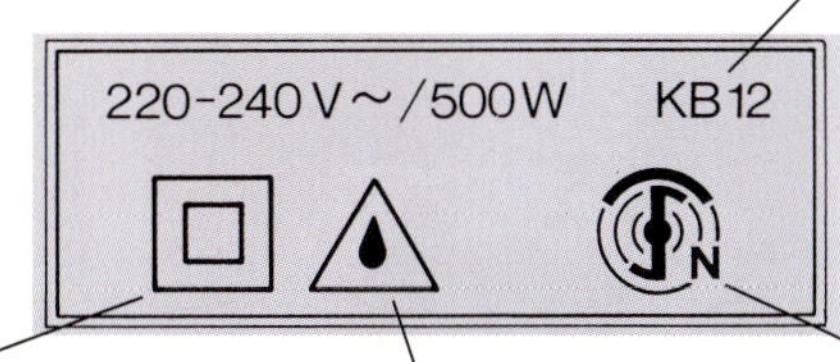

Schutzisolierung: Das Gehäuse der Maschine ist aus voll isolierendem Material, zumeist aus Kunststoff.

Schutz gegen eindringende Feuchtigkeit, hier: ***spritzwassergeschützt***.

funkentstört: Die störenden Ausstrahlungen im Radio- und Fernsehbereich sind unterbunden.

Maschinenarten

Maschinen kann man nicht systematisch einteilen nach ihrer Nützlichkeit oder Umweltverträglichkeit, denn da gibt es viele verschiedene Meinungen. Auch eine Einteilung nach dem Gesichtspunkt, ob sie mehr dem Komfort oder der Lebensnotwendigkeit dienen, ist nicht möglich, weil es dafür keine scharfe Abgrenzung gibt.
Stattdessen findest du hier eine Einteilung, die die vielen Maschinen danach gruppiert, welchem Zweck sie vorrangig dienen, also welche Aufgabe oder Funktion sie haben.

Maschinen übertreffen die Fähigkeiten des Menschen vieltausendfach mit ihrer Kraft, ihrer Geschwindigkeit und ihrer Präzision, aber um Arbeit zu verrichten brauchen alle Maschinen Energie, z. B.:

- ***elektrische Energie*** (Elektromotor),
- ***chemische Energie*** (Kraftstoffe wie Benzin),
- ***Bewegungsenergie*** (Wasserkraft, Windenergie).

1 Bearbeiten von Material

z. B.: Trennen, Zerkleinern, Mischen und Rühren, Verbinden

2 Transportieren von Lasten

z. B.: Heben, Stapeln, Graben, Befördern

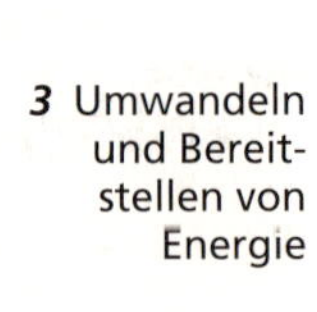

3 Umwandeln und Bereitstellen von Energie

z. B.: Nutzbarmachen von Windenergie oder chemischer Energie

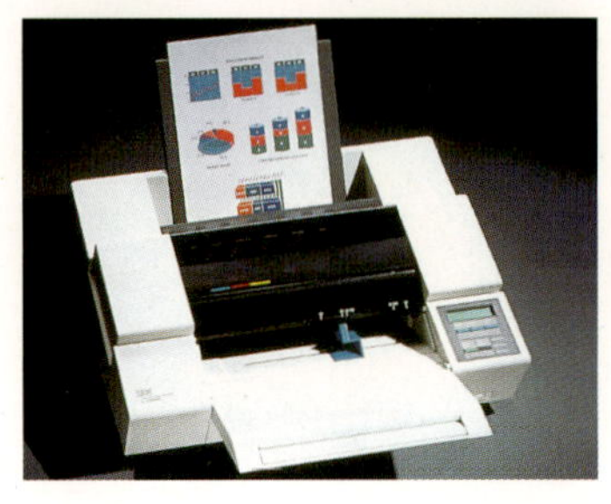

4 Verarbeiten von Informationen

z. B.: Berechnen, Ordnen, Sammeln und Ausgeben von Daten, Steuern und Regeln von Maschinen

Bauteile von Maschinen

Maschinen bestehen aus vielen verschiedenen Bauteilen. Diese lassen sich einteilen in Maschinenelemente und in Baugruppen.

Maschinenelemente:
Das sind die kleinsten, nicht weiter zerlegbaren Bauteile, z. B. Achsen, Schrauben, Muttern, Dichtungen, ...

Baugruppen:
Das sind die aus Maschinenelementen zusammengesetzten Funktionseinheiten, z. B. Motor, Kupplung, Bremse, Getriebe, Schalter, ...

Jede Arbeitsmaschine besteht aus diesen fünf Baugruppen:

Gehäuse und Gestell:
dienen zum Abstützen und Anordnen von Bauteilen. Außerdem schützt das Gehäuse nach innen und außen und bestimmt auch das Aussehen der Maschine.

Antriebs- oder Energieteil:
dient zum Bereitstellen der benötigten Energie.

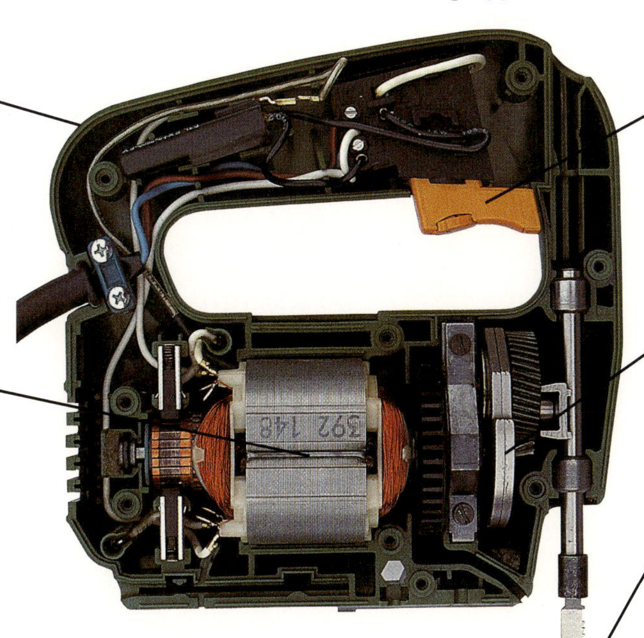

Schalt-, Steuer- oder Regelteil:
dient zum Ein- und Ausschalten, Steuern oder Regeln (z. B. Drehzahländerung, Temperaturüberwachung).

Übertragungsteil:
dient zum Weiterleiten und Umwandeln von Kraft, Energie und Bewegung vom Antrieb zum Abtrieb.

Abtriebs- oder Arbeitsteil:
dient zum Nutzbarmachen der bereitgestellten Energie, zur Verrichtung von Arbeit.

Ein bisschen „Maschinen-Philosophie":

Alle Maschinen sind dazu da, irgendetwas zu verändern, das irgendjemandem nutzt.
Sie wurden erfunden, entwickelt und hergestellt, um Stoff (Materialien), Energie oder Informationen (Daten) umzusetzen.
Alle Maschinen wirken nach diesem System:

EINGABE → VERARBEITUNG → AUSGABE

Als EINGABE muss der oben gezeigten Arbeitsmaschine elektrische Energie zugeführt werden.
Diese wird VERARBEITET, verändert, umgewandelt in die Bewegungsenergie der Teile.
Das Arbeitsteil ermöglicht das Sägen = AUSGABE.

Leider wandelt diese Maschine die Energie auch in unerwünschte Wärme um und vor allem in Schall, der als Lärm z. B. die Nachbarn in ihrer Mittagsruhe stören kann.

Vom Sägeblatt geht Gefahr aus: Der Arbeitende selbst oder andere Personen könnten verletzt werden. Der produzierte Abfall, z. B. Kunststoff, muss entsorgt werden.

Die AUSGABE einer Maschine besteht also keineswegs nur aus dem erwünschten Nutzen. Sie ist fast immer von Gefährdungen der Arbeitenden, Belästigungen Unbeteiligter sowie von Belastungen der Umwelt begleitet!

Maschinenelemente zum Verbinden und Sichern von Bauteilen

Um Maschinen montieren und demontieren zu können, müssen die Teile lösbar verbunden sein. Einfache Schraubverbindungen sind zwar lösbar, sie genügen aber in vielen Fällen nicht, um den rüttelnden und drehenden Kräften standzuhalten. Daher sind weitere Sicherungsmittel nötig, um ein unbeabsichtigtes Öffnen während des Betriebes zu verhindern.

Nut und Passfeder
Räder werden auf Wellen in der Regel lösbar befestigt. Die Radnabe hat dazu eine eingefräste Nut, die Welle eine passende Vertiefung, in die ein Metallstück – die „Passfeder" – als Mitnehmer eingelegt wird.

Linksgewinde
Schraubgewinde werden normalerweise im Uhrzeigersinn – „rechtsherum" – zugedreht. Eine rechtsdrehende Welle würde beim ruckartigen Anlaufen eine ungesicherte Mutter mit Normalgewinde lösen und aufdrehen. Deshalb sind an solchen Stellen Linksgewinde erforderlich.
Beispiele: Befestigung des Sägeblattes auf der Kreissägenwelle. Auch das linke Fahrradpedal an der Tretkurbel besitzt ein Linksgewinde.
Linksgewinde müssen dem Montierenden bekannt sein, denn sie erfordern die Umkehr der gewohnten Drehrichtung beim Schrauben.

Kontermutter, Gegenmutter
Eine zweite Mutter wird gegen die erste geschraubt. Beide pressen sich unverdrehbar gegeneinander und gegen das Gewinde. Beim Öffnen wird die innere Mutter mit einem Gabelschlüssel festgehalten und die äußere mit einem zweiten Schlüssel gelöst.

Splintsicherung
Eine Kronenmutter mit einem Splint ergibt eine sehr sichere Verbindung, die sich nicht verdreht. Das ist z. B. bei Rädern erforderlich, die mit „Spiel" auf einer Achse befestigt werden müssen, z. B. die Autoräder. Die Kronenmutter wird beim Schließen so gedreht, dass das Splintloch zwischen ihren Zacken liegt. Der Splint wird durchgeschoben und seine Enden umgebogen.

Sicherungsringe
Kleinere Räder und Bolzen werden durch federnde Ringe gesichert, die in eine rundumlaufende Nut eingesetzt werden. Größere Ringe haben zwei Löcher zum Einsetzen einer Spezialzange. Aufsetzen und Lösen dieser Sicherungsringe ist ohne Spezialwerkzeug schwierig.

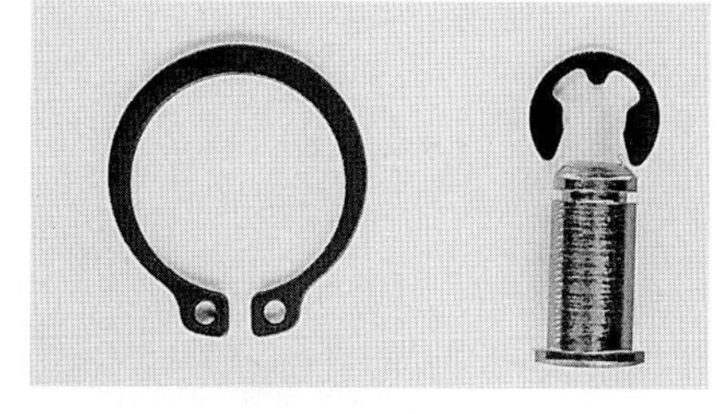

Ungewolltes Aufdrehen
Muttern und Schrauben können durch mehrere weitere Möglichkeiten gesichert werden: durch Verkleben mit Spezialkleber, durch einen Kunststoffeinsatz, durch zugebogene Blechlaschen oder einfach durch das Aufbringen von Lack. Diese Methoden erlauben ein Aufdrehen beim Demontieren.
Sehr wirksam ist das grobe Ankörnen des Gewindes. Die Verbindung ist dann aber schlecht lösbar.

Demontieren und Montieren – aber richtig

Das Warten (Pflegen) und Reparieren sowie das Untersuchen von Maschinen erfordert häufig das Demontieren in Baugruppen und das Zerlegen in kleinste Maschinenelemente wie Achsen, Schrauben, Muttern, Federn, Unterlegscheiben usw.

Sorgloses Abschrauben

Wenn die richtige Reihenfolge, die Bestimmung ähnlich aussehender Teile und ihre richtige Lage vergessen ist, führt das beim Remontieren zu großen Problemen.
Im schlimmsten Fall wird durch falsches Zusammenbauen die einwandfreie Funktion der Maschine gestört.

Sicherheit beim Zusammenbau

montieren, Montage = zusammenbauen

demontieren, Demontage = auseinander nehmen

remontieren, Remontage = wieder zusammenbauen

Wenn man sich beim Demontieren die kleine Mühe macht, die Abfolge der abmontierten Einzelteile zu notieren oder besser zu skizzieren, erspart man sich später beim Zusammenbau eine Menge Ärger und Zeit (und man blamiert sich nicht!).
Die abgenommenen Teile werden in der Reihenfolge der Demontage auf einer Unterlage sorgfältig abgelegt. Eine Handskizze auf großem Papierbogen hält die Abfolge, die Lage, das Aussehen und eventuell die Benennung fest.
Wird z. B. beim Demontieren links begonnen, so zeichnet man das erste Teil ganz links ein und fügt die folgenden Teile rechts an. Wird ein Bauteil nach oben oder unten abgenommen, so erscheint es in der Skizze in dieser Richtung.

Beim Montieren darf eine Maschine nicht beschädigt werden!

Voraussetzung ist die Wahl des richtigen Werkzeugs und dessen sachgemäße Handhabung. Passende Schraubenschlüssel und gut sitzende Schraubendreher bewahren Maschine und Hände vor Schäden!
Zangen und verstellbare Schraubenschlüssel sollten nur in Notfällen zum Lösen von Schrauben und Muttern verwendet werden.

Montagetipps, die man kennen sollte:

- Auf angerostete Gewinde eine Weile „Kriechöl" einwirken lassen.
- Abgebrochene Schrauben vorsichtig anbohren, Vierkant einpressen und herausdrehen.
- Verchromte Teile mit Leder oder Lappen vor dem Zerkratzen schützen.
- Schutzhandschuhe anziehen beim Schrauben an kantigen und scharfen Maschinenteilen!
- Ölrückstände sachgemäß entsorgen!

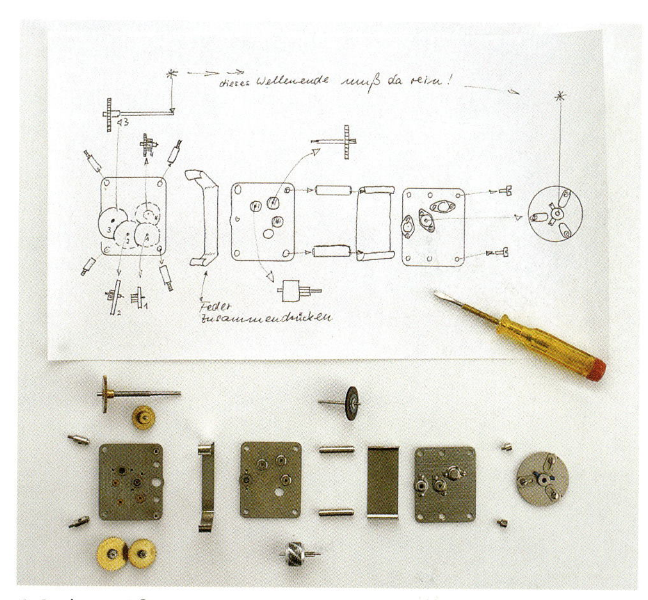

1 Sachgemäßes Demontieren

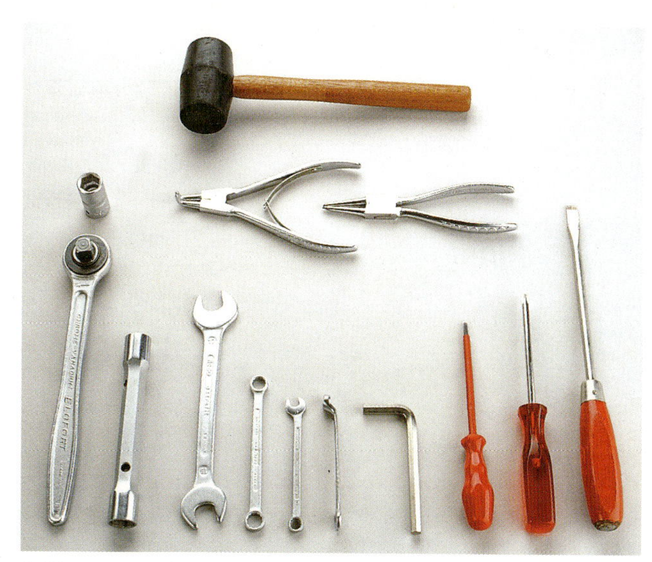

2 Montagewerkzeug

Bauteile zum Aufnehmen von Kräften und Bewegungen

1 Kardanwelle

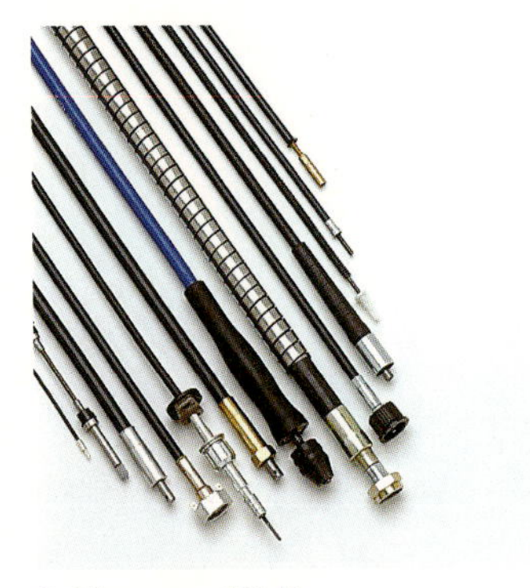

2 Biegsame Welle

3 Kupplung

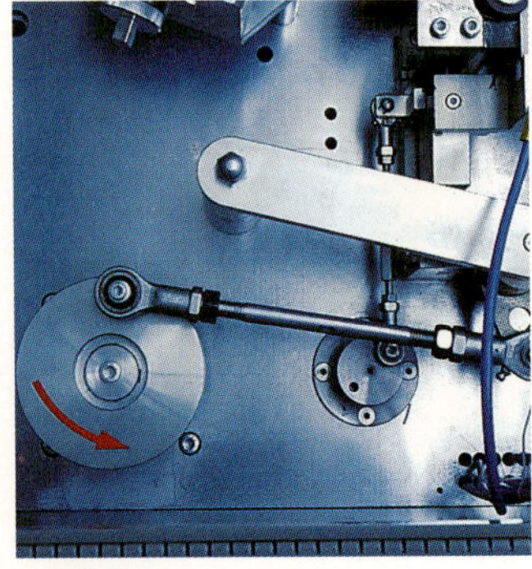

4 Pleuel

Benennung	*Merkmal*	*Beispiele, Erklärungen*
Achse	Trägt umlaufende Bauteile, ohne selbst Energie weiterzuleiten.	Vorderachse des Fahrrads, Verbindung der Räder von Eisenbahnwaggons
Welle	Überträgt die Energie als Drehbewegung.	Wird auf „Torsion" (= Verdrehung, Verwindung) beansprucht.
Kurbelwelle	Hat eine oder mehrere „Kröpfungen". Kann als Antrieb oder Abtrieb wirken.	Kolben der Verbrennungsmotoren wirken über das Pleuel auf die Kurbelwelle.
Gelenkwelle, Kardanwelle (zu Ehren des Erfinders Geronimo Cardano, 1501–1576)	Besteht aus zwei Kreuzgelenken, ermöglicht ein Abknicken und paralleles Versetzen ohne Verbiegen.	Leitet bei Fahrzeugen die Drehbewegung vom vorne liegenden Motor zu den Hinterrädern. „Schluckt" alle Abknick-Bewegungen des Chassis.
Biegsame Welle	Biegsames Stahlseil rotiert in einem elastischen Rohr.	Hand-Schleifwerkzeuge, Zahnarztbohrer, mechanische Tachowelle
Lager	Abstützen und Halten z. B. drehender (rotierender) Bauteile.	Die Drehbewegung führt zu Reibungsverlusten.
Gleitlager	Bestehen häufig aus zwei gehärteten Lagerschalen, Lagerdurchmesser lässt noch Raum für einen Schmierfilm aus Öl oder Fett.	Außer gehärtetem Stahl wird auch Bronze als Lagerwerkstoff verwendet sowie bestimmte Kunststoffe (z. B. PA = Polyamid) wegen der guten Gleiteigenschaften und Verschleißfestigkeit.
Wälzlager	Zwischen Laufringen befinden sich Kugeln, zylindrische oder auch kegelförmige Wälzkörper. Die Reibung vermindert sich um das 30- bis 50fache.	Kugellager am Fahrrad-Vorderrad zwischen Radnabe und Lagerbolzen. Gekapselte Wälzlager haben eine „For-Life-Schmierung" und müssen nie nachgeschmiert werden.
Kupplung	Verbindet als lösbares Zwischenstück zwei Wellenteile.	Ermöglicht es, den Antrieb vom Abtrieb zu trennen.
kraftschlüssig	Die rotierende Kupplungsscheibe der Antriebsseite wird auf eine Gegenscheibe der Abtriebsseite gepresst. Die Reibungskraft der Beläge verhindert ein Durchrutschen.	Bei allen Kraftfahrzeugen üblich. Motor kann im Leerlauf weiterdrehen, während die Räder still stehen. Sanftes Anfahren ist möglich durch langsames Einkuppeln.
formschlüssig	Passende Formteile greifen ineinander. Ein- und Auskuppeln nur im Stillstand.	Ein Durchrutschen beim Drehen ist auch bei großen Kräften unmöglich.
Schubstange	Führt eine „lineare" (geradlinige) Hin- und Herbewegung aus.	Kolben als antreibendes Element bei Hubkolbenmotoren
Pleuel	Verbindet Kurbelzapfen und Schubstange.	Bei Hubkolbenmotoren wirkt der Kolben als „Schubstange" auf das Pleuel.

Reibung

Alle ruhenden und bewegten Gegenstände unterliegen unter dem Einfluss der Erdanziehung der Reibung. Selbst Schiffe im Wasser und Flugzeuge in der Luft benötigen einen großen Teil ihrer Energie, um die Reibung an Wasser- und Luftteilchen zu überwinden.

Physik: Mechanik

Erwünschte Reibung

Reibung ist einerseits nützlich und erwünscht. Wenn wir gehen, verlassen wir uns auf die Reibung der Sohlen auf dem Boden. Fehlt diese gewohnte Reibung, z. B. bei Glatteis oder durch den Tritt auf eine Bananenschale, so besteht Rutschgefahr. Beim Bremsen verlassen wir uns selbstverständlich auf die sichere Reibungswirkung der Bremsbeläge.

Unerwünschte Reibung

Reibung kann jedoch auch ganz unerwünscht sein, z. B. bei Lagern von gleitenden und drehenden Maschinenteilen. Sie führt zu Verschleiß und wandelt die eingesetzte Energie in unnütze Wärme um. Ungeschmierte Maschinenteile können sich so bis zum Glühen erhitzen.

Ursache der Reibung

Glatte Flächen, sogar solche, die poliert sind, sehen unter dem Mikroskop wie eine Landschaft aus Bergen und Tälern aus. Diese mikrofeinen Unebenheiten „verhaken" sich und führen zu Reibung.

Gleitmittel – Schmiermittel

Fette und Öle können als Gleit- und Schmiermittel verwendet werden. Auch laugenartig-seifige Substanzen und selbst Wasser- und Luftpolster wirken reibungsmindernd. Schmierstoffe wirken zwischen den reibenden Flächen fast wie eine Schicht aus kleinen Kugeln. Sie verhindern die direkte Berührung der reibenden Flächen, weil sie deren Unebenheiten ausfüllen. Sehr gute Schmiermittel für Spezialanwendungen, z. B. für Schlösser, sind Trocken-Schmiermittel wie Graphitstaub. Die Schmierwirkung beruht darauf, dass ihre kleinsten Teilchen aus Plättchen bestehen, die aufeinander gleiten.

5 Mikroaufnahme einer polierten Fläche

Man unterscheidet drei Reibungsarten:

1. Haftreibung

Ein ruhender Körper setzt dem Wegziehen einen Reibungswiderstand entgegen. Die Größe dieser Widerstandskraft ist abhängig von der Anpresskraft, den Materialien und der Oberflächenbeschaffenheit.

2. Gleitreibung

Mit Gleitreibung bezeichnet man den Widerstand, den ein schon gleitender Gegenstand auf einer bestimmten Unterlage der bewegenden Kraft entgegensetzt. Erstaunlich ist, dass die Größe der Auflagefläche den Reibungswiderstand nicht beeinflusst.

3. Rollreibung

Gleitet eine Last auf runden Körpern (Wälzkörpern), so ist die Reibung nur noch sehr gering. In der Technik werden drehende Teile deshalb zumeist in Wälzlagern gelagert. Wälzlager können „radial" wirken – sie umfassen dann die Welle ringförmig – oder „axial" – ein Rad wird z. B. links und rechts vom Wälzlager gehalten. Beim Fahrrad-Vorderrad wirkt das Kugellager teils radial (Auflagekraft), teils axial (die seitlich wirkenden Kräfte bei Kurvenfahrt aufnehmend).

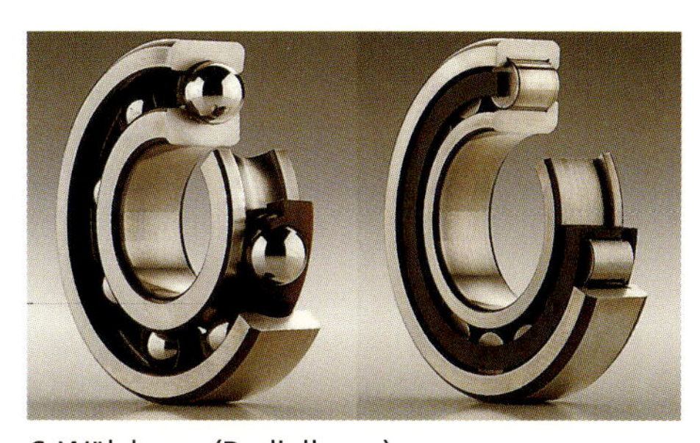

6 Wälzlager (Radiallager)

Weiterleiten und Umwandeln von Bewegungen

Zahnradgetriebe

Mit Zahnradgetrieben kann man Drehbewegungen übertragen und ändern. Man verwendet die Getriebe für vielfältige technische Aufgaben, vor allem zum
- Weiterleiten einer Drehbewegung an eine andere Stelle und zum
- Umwandeln einer Drehzahl, Drehkraft oder Drehrichtung.

Verwendet werden Zahnradgetriebe z. B. in Autos, Bohrmaschinen und in Brotschneidemaschinen.

Zahnräder

Schon vor Jahrhunderten wurden hölzerne Zahnräder verwendet, z. B. in Mühlen.
Zahnräder sind sehr robuste Maschinenelemente, die es in verschiedenen Arten und Größen gibt.

Zahnradarten

Zahnräder können gerad- oder schrägverzahnt sein. Schrägverzahnte Räder laufen mit weniger Geräusch und können größere Kräfte übertragen als geradverzahnte, weil sich die Belastung auf eine größere Zahnfläche verteilt.
Stirnräder übertragen die Drehbewegung auf zueinander parallel liegende Wellen.
Kegelräder verwendet man, um Drehbewegungen im Winkel von z. B. 90° weiterzuleiten.

2 Einfach und mehrfach übersetzende Zahnradgetriebe

Schneckenradgetriebe

Man verwendet sie dort, wo auf engem Raum hohe Umdrehungszahlen herabgesetzt werden sollen (z. B. Zählwerk, Küchenmaschine). Das Getriebe ist „selbsthemmend". Das Zahnrad kann nur vom Schneckenrad aus angetrieben werden. Umgekehrt sperrt das Getriebe.

Aufzüge und Kräne nutzen diese sichere Sperrwirkung des stehenden Schneckenrads aus, weil anhängende Lasten das Getriebe nicht selbstständig bewegen können.

1 Zahnradarten

3 Schneckenradgetriebe

Berechnung des Übersetzungsverhältnisses i von Zahnrad-, Schneckenrad- und Kettenradgetrieben

Für Berechnungen kennzeichnet man die Räder so:

Antriebsrad:	***Abtriebsrad:***
Rad: Nr. 1	Rad: Nr. 2
Zähnezahl: z_1	Zähnezahl: z_2
Umdrehungs-zahl: n_1	Umdrehungs-zahl: n_2

Die Formel für das Übersetzungsverhältnis eines Zahnradpaares lautet:

$$i = \frac{n_1}{n_2} = \frac{z_2}{z_1}$$

Berechnungsbeispiel

Berechnung mithilfe der Zähnezahlen:

$$i = \frac{z_2}{z_1} = \frac{24}{18} = \frac{4}{3} = 1{,}33 : 1$$

Berechnung mithilfe der Umdrehungszahlen (experimentell ermittelt: $n_1 = 4$, $n_2 = 3$):

$$i = \frac{n_1}{n_2} = \frac{4}{3} = 1{,}33 : 1$$

Bei der Gesamtübersetzung eines Getriebes aus mehreren Zahnradpaaren werden die Übersetzungen der einzelnen Zahnradpaare miteinander multipliziert:

$$i = i_1 \cdot i_2 \cdot i_3 \ldots$$

Beispiel:
$z_1 = 20$, $z_2 = 30$, $z_3 = 20$, $z_4 = 40$

$$i = i_1 \cdot i_2 = \frac{30}{20} \cdot \frac{40}{20} = \frac{3}{2} \cdot \frac{2}{1} = \frac{6}{2} = 3 : 1$$

Reibradgetriebe

Sie werden dort eingesetzt, wo keine großen Kräfte zu übertragen sind und Blockieren oder Durchrutschen ohne große Folgen bleiben soll, z. B. beim Dynamoantrieb am Fahrrad oder beim Fadenspuler der Nähmaschine.

4 Reibradgetriebe

Zugmittelgetriebe

Als Zugmittel werden Ketten und Riemen (flache, runde, keilförmige, gezahnte) verwendet. Sie verbinden die Antriebs- und Abtriebsräder und überbrücken weit auseinander liegende Wellen. Keilriemen pressen sich in die Trapezform der Räder und rutschen kaum. Ketten und Zahnriemen rutschen überhaupt nicht. Sie können deshalb drehende Maschinenteile im gewünschten Zusammenspiel halten. Das ist z. B. bei der Ventilsteuerung der Motoren notwendig. Auch bei Nähmaschinen werden so die Takte „Nähen – Stofftransport“ unveränderlich beibehalten.

Das Übersetzungsverhältnis *i* von Reibrad- und Zugmittelgetrieben kann man berechnen mit

Physik: Fahrrad

$$i = n_1 : n_2 = d_2 : d_1$$

Beispiel:
$d_1 = 50$ mm, $d_2 = 75$ mm;

$$i = \frac{75}{50} = \frac{3}{2} = 1{,}5 : 1$$

5 Riemengetriebe mit Zahnriemen

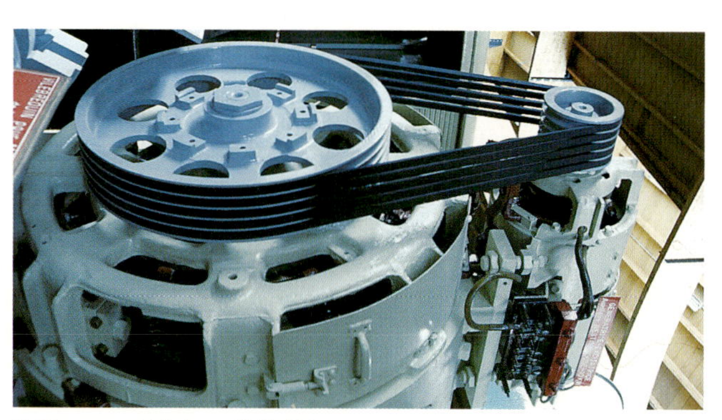

6 Riemengetriebe mit Keilriemen

Weiterleiten und Umwandeln von Bewegungen

Rotation, rotieren: *Drehbewegung, drehen (rota, lat.: Rad)*

In Maschinen muss Hin- und Herbewegung häufig in Drehbewegung („Rotation") umgewandelt werden, so z. B. bei den Kolbenmotoren von Autos.
Wenn jedoch der Antrieb eine Drehbewegung erzeugt, wie allgemein bei Elektromotoren, dann muss oft die Drehbewegung in Hin- und Herbewegung umgewandelt werden, z. B. bei der elektrischen Stichsäge in das Auf und Ab des Sägeblattes.
Mit Gelenkgetrieben (z. B. Schubkurbel-, Kurbelschwingen- und Kurbelschleifengetriebe) und mit Kurvengetrieben kann man solche Bewegungsumwandlungen durchführen.

Schubkurbelgetriebe

Ein Schubkurbelgetriebe kann sowohl Drehbewegung in Hin- und Herbewegung als auch umgekehrt diese in Rotation umwandeln.
Der Radius der Kurbel bestimmt den Hub des Kolbens bzw. der Schubstange. An den Endpunkten des Schubgliedes – also beim Verbrennungsmotor des Kolbens – entstehen zwei „Totpunkte". Sie werden mit oberer und unterer Totpunkt (OT und UT) bzw. als innere und äußere Totlage bezeichnet. Aus dieser Stellung kann der Kolben oder die Schubstange nur durch den Schwung der übrigen Teile gebracht werden.

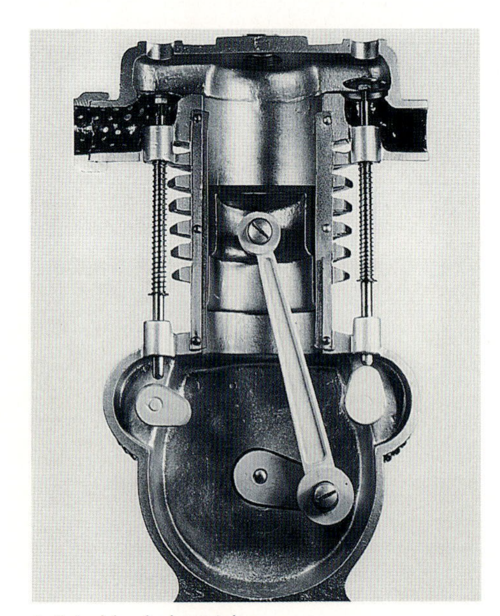

1 Schubkurbelgetriebe

Exzentergetriebe

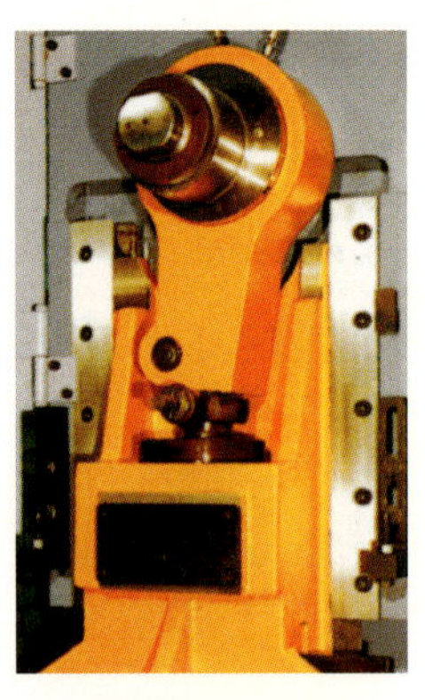

2 Exzentergetriebe einer Presse

Der Exzenter wirkt ähnlich wie die Kurbel eines Schubkurbelgetriebes. Eine runde Scheibe (der Exzenter) ist außerhalb des Zentrums gelagert und wird als Antrieb verwendet.
Ein Pleuel umfasst die Scheibe und wird zu Bewegungen gezwungen, die als Hin- und Herbewegung z. B. auf eine Schubstange wirken.
Der Hub wird von der Strecke „Scheibenmittelpunkt–Wellenmittelpunkt" (= Exzentrizität) bestimmt.

Exzenter: *Kreisscheibe mit außermittigem Drehpunkt*

exzentrisch: *außerhalb der Mitte gelagert*

Exzenter werden z. B. bei Pressen und Stanzen für die Metallverarbeitung eingesetzt.
Handbetätigte Exzenter findet man auch als Spannhebel, z. B. bei Klemmwerkzeugen und Spannvorrichtungen.

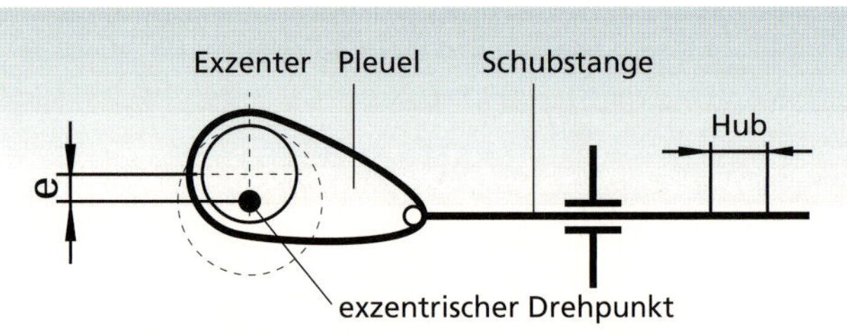

e = Exzentrizität (Abweichung vom Mittelpunkt)

3 Exzentergetriebe (Prinzipdarstellung)

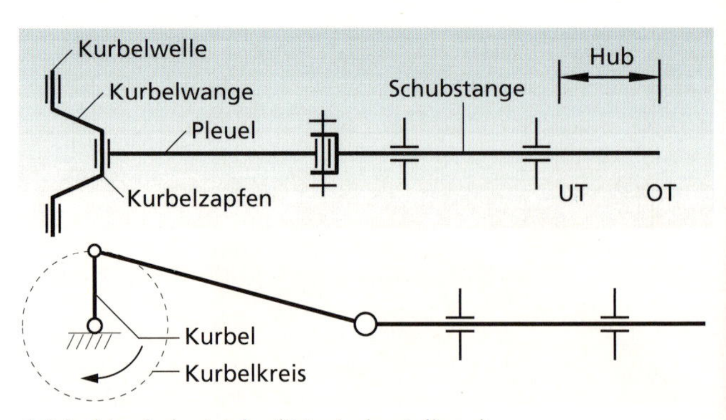

4 Schubkurbelgetriebe (Prinzipdarstellung)

Bei allen Kurbelgetrieben bewegt sich das hin- und hergehende Teil (Kolben, Schubstange, Schwinghebel) mit sehr ungleichmäßiger Geschwindigkeit, obwohl sich die Kurbelwelle gleichmäßig dreht. An den Endpunkten des Weges, bei den Totpunkten, kommt es für einen Moment sogar zum Stillstand. Auf dem Hin- und Herweg wird zunächst stark beschleunigt, dann wieder abgebremst und die Bewegungsrichtung umgekehrt.

Kurbelschwingengetriebe

Es findet z. B. Anwendung als Antrieb für Scheibenwischer (Umwandlung der Drehbewegung in Hin- und Herbewegung). Bei älteren Nähmaschinen mit Fußantrieb wirkt es umkehrt. Dort wird das Schwingen des Fußbretts in die Rotation der Antriebswelle mit der Riemenscheibe umgewandelt.

5 Scheibenwischergetriebe

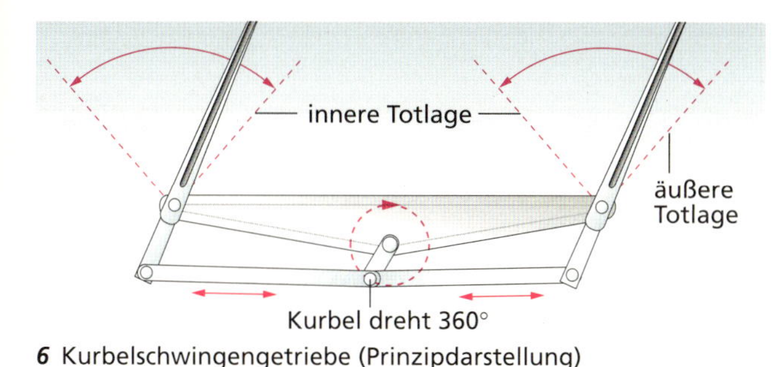

6 Kurbelschwingengetriebe (Prinzipdarstellung)

Kurbelschleifengetriebe

Das Kurbelschleifengetriebe mit seinen verschiedenen Abwandlungen kann z. B. bei der elektrischen Stichsäge auf engstem Raum die Drehbewegung des Motors in die Hin- und Herbewegung des Sägeblattes umwandeln.

Kurbelschleifengetriebe können so gebaut werden, dass die Hin- und Herbewegung verschieden lange dauert. So fährt z. B. bei Hobelmaschinen für die Metallbearbeitung das Arbeitsteil beim Arbeitsgang langsam vor und schnell zurück.

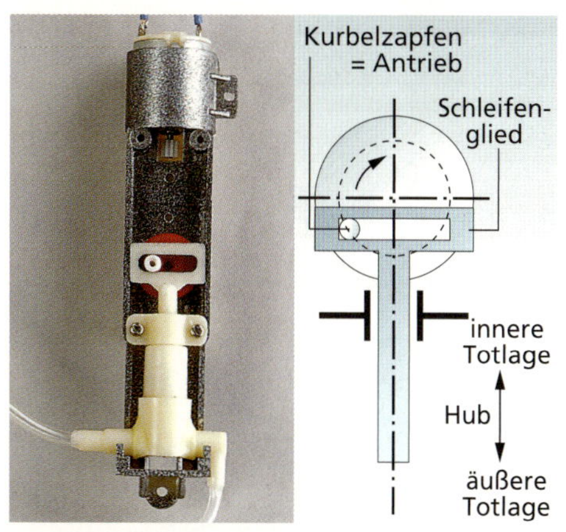

7 Kurbelschleifengetriebe (Pumpe einer Mundddusche)

Kurvengetriebe

Kurvengetriebe sind robust und verschleißfest (trotz der unvermeidlichen Reibung), da die Kurvenscheiben zumeist gehärtete Laufflächen haben. Die Form der Kurvenscheiben kann sehr verschieden sein. Sie bestimmt die Größe und die Dauer des Hubs. Kurvengetriebe („Nockenwellen") werden z. B. millionenfach zur Steuerung der Ventile von 4-Takt-Motoren in Autos eingesetzt. Auch in Nähmaschinen bewegen sie bestimmte Teile.

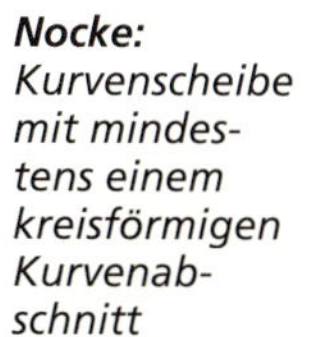

Nocke:
Kurvenscheibe mit mindestens einem kreisförmigen Kurvenabschnitt

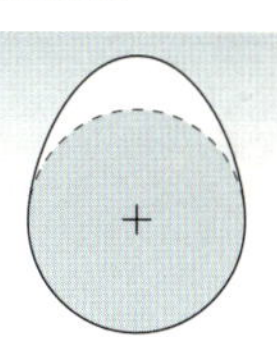

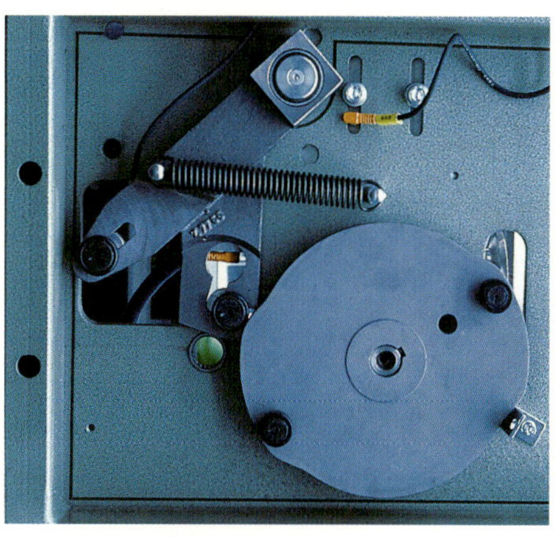

8 Kurvengetriebe

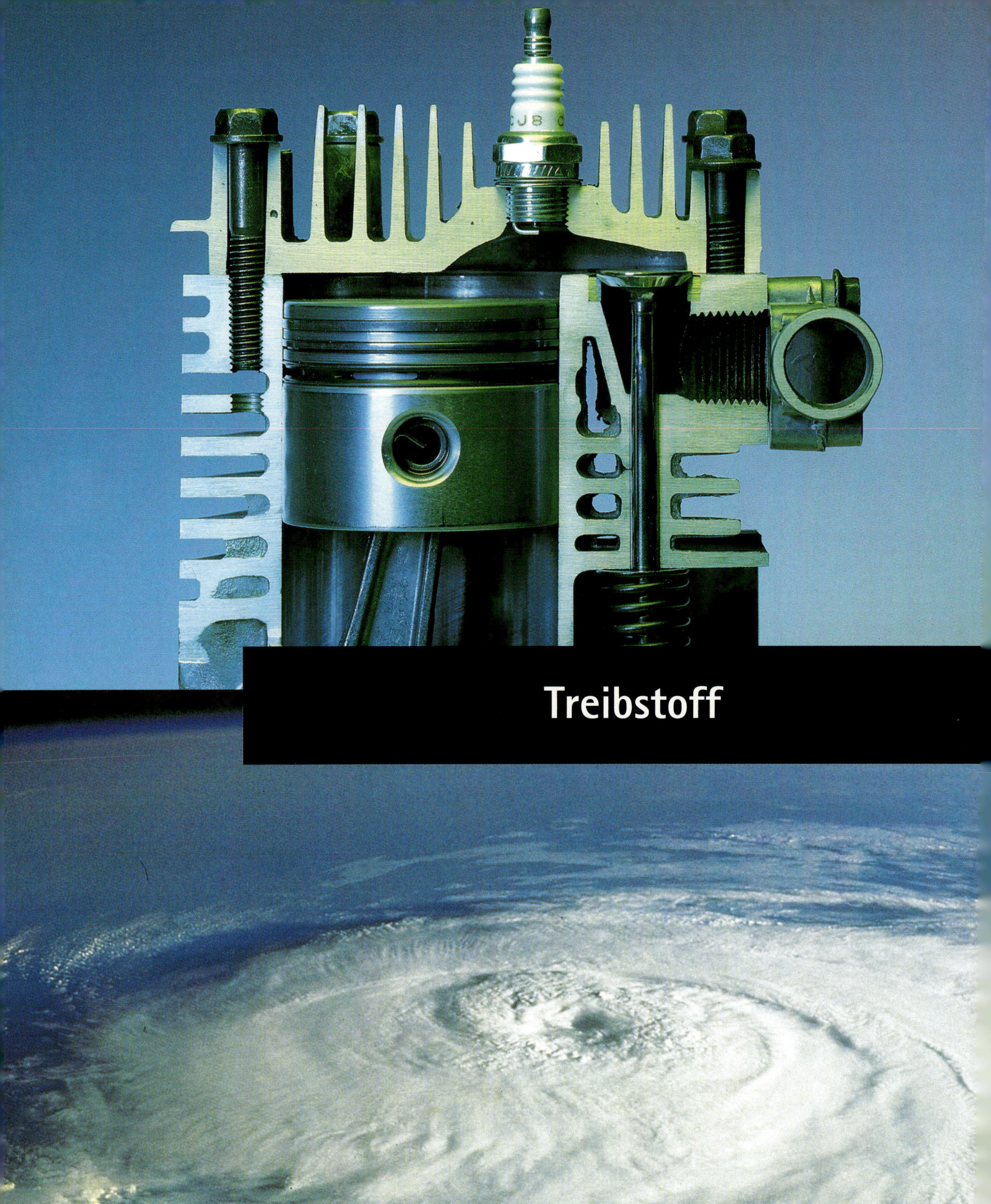

Treibstoff

Warum das Thema wichtig ist

Täglich bewegen unzählige Pkw, Lkw, Schiffe, Flugzeuge und Diesellokomotiven Menschen und Güter im Nah- und Fernverkehr. Mit ihrer Hilfe wird produziert, transportiert und konsumiert, werden Bedürfnisse befriedigt.

Um die antreibenden Verbrennungsmotoren und Turbinen mit dem notwendigen Treibstoff versorgen zu können, werden allein in Deutschlands Raffinerien Millionen Tonnen Erdöl in Kraftstoffe umgewandelt.

Der fossile Energieträger Erdöl ist jedoch zu kostbar, um ihn weiterhin in solchen Mengen verwenden zu können.

Die Umwandlung der in Kraftstoffen enthaltenen chemischen Energie in Bewegungsenergie ist jedoch nicht nur ein Problem der begrenzt verfügbaren Erdölmengen. Diese Energieumwandlung und -nutzung belastet unsere Gesundheit und unseren gesamten Lebensraum (Luft, Natur, Klima).

Deshalb liegt das Augenmerk bei der Entwicklung neuer Motoren nicht nur beim geringeren Verbrauch von Kraftstoffen. Auch die Verwendung von Treibstoffen aus anderen Energieträgern ist in Erwägung zu ziehen. Hier spielt der Wasserstoff, der im Idealfall durch die Nutzung regenerativer Energieträger produziert wird, eine große Rolle.

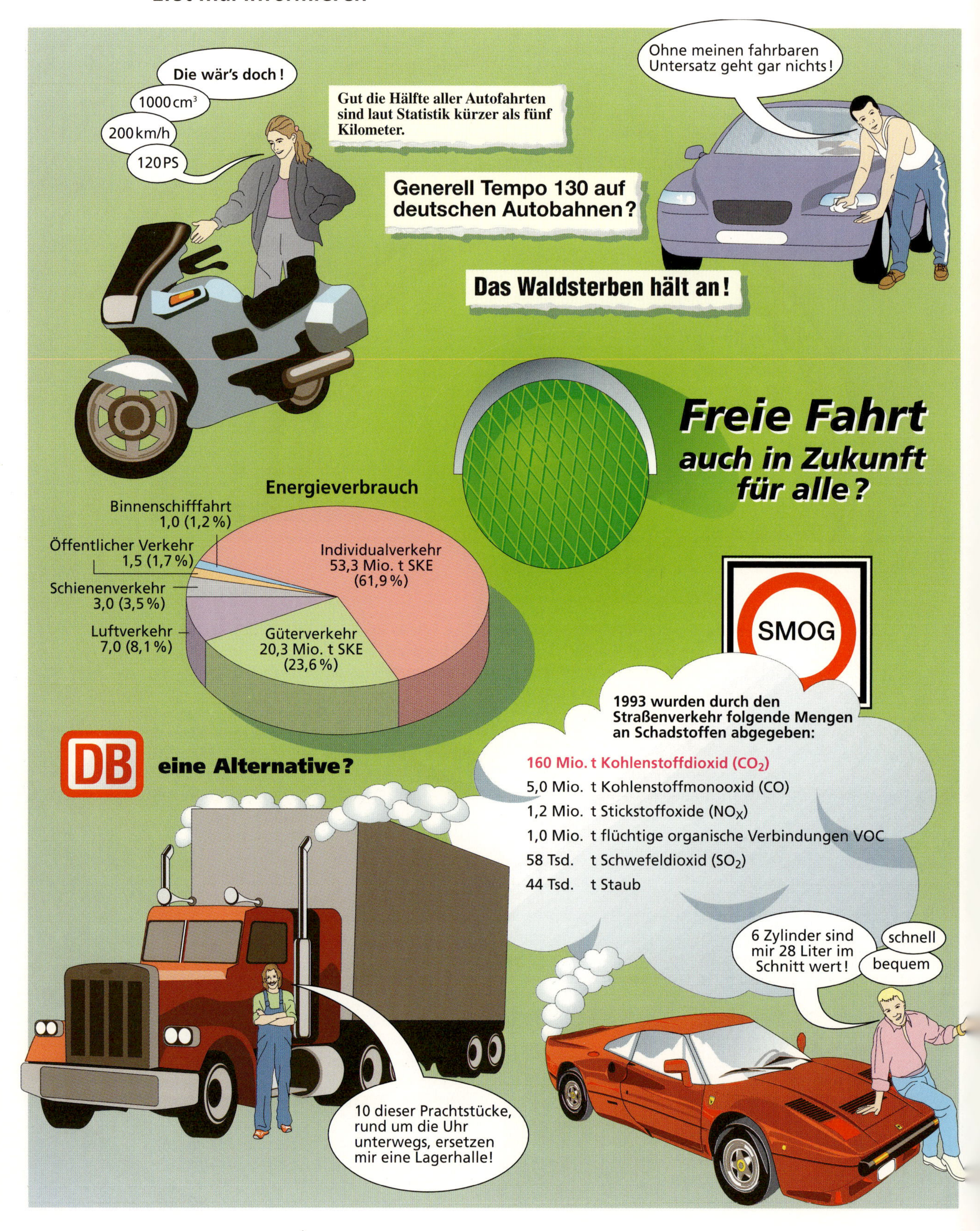

Die wär's doch!
1000 cm³
200 km/h
120 PS
Gut die Hälfte aller Autofahrten sind laut Statistik kürzer als fünf Kilometer.
Ohne meinen fahrbaren Untersatz geht gar nichts!
Generell Tempo 130 auf deutschen Autobahnen?
Das Waldsterben hält an!
Freie Fahrt auch in Zukunft für alle?
Energieverbrauch
Binnenschifffahrt 1,0 (1,2 %)
Öffentlicher Verkehr 1,5 (1,7 %)
Schienenverkehr 3,0 (3,5 %)
Luftverkehr 7,0 (8,1 %)
Individualverkehr 53,3 Mio. t SKE (61,9 %)
Güterverkehr 20,3 Mio. t SKE (23,6 %)
SMOG
1993 wurden durch den Straßenverkehr folgende Mengen an Schadstoffen abgegeben:
160 Mio. t Kohlenstoffdioxid (CO_2)
5,0 Mio. t Kohlenstoffmonooxid (CO)
1,2 Mio. t Stickstoffoxide (NO_X)
1,0 Mio. t flüchtige organische Verbindungen VOC
58 Tsd. t Schwefeldioxid (SO_2)
44 Tsd. t Staub
DB
eine Alternative?
6 Zylinder sind mir 28 Liter im Schnitt wert!
schnell
bequem
10 dieser Prachtstücke, rund um die Uhr unterwegs, ersetzen mir eine Lagerhalle!

Die gegenüberliegende Seite zeigt Darstellungen und Aussagen zum Thema „Verkehr". Schaut sie euch an und sprecht darüber,

- was die dargestellten Fahrzeuge gemeinsam haben,
- welche Meinungen und Einstellungen diese Seite wiedergibt,
- welche Probleme sie anspricht,
- was dies alles mit euch zu tun hat und wie ihr darüber denkt.

Damit ihr euch noch besser und umfassender mit dem Thema „Kraftstoffe und die Umwandlung ihrer Energie in Bewegung" befassen könnt, solltet ihr euch zunächst über Kraftstoffe und Wärmekraftmaschinen informieren, wie z. B. Verbrennungsmotoren, Gasturbinen und Dampfmaschinen.

Es empfiehlt sich, dass ihr dazu vielfältiges Informationsmaterial – auch aus Chemie- und Physikbüchern – sammelt und dieses zusammen mit eurer Lehrerin oder eurem Lehrer sichtet und auswählt. Beschäftigt euch anschließend – eventuell in Gruppen – gezielt mit Teilthemen und gebt eure Arbeitsergebnisse weiter. Verschafft euch dabei u. a. auch Kenntnisse zu wichtigen Fakten, Fachwörtern und physikalischen Begriffen, wie z. B.

- Luft und Verbrennung, Verbrennung und Wärme, Verbrennungsprodukte, Abgasreinigung,
- fossile und regenerative Energieträger, Sekundärenergieträger, Biogas,
- Energiewandlung, Umwandlungsverluste, technische Optimierung,
- Kolbenmaschinen, thermische Strömungsmaschinen,
- alternative Antriebssysteme, Hybridantrieb, Wasserstoffmotor.

1 Bauernhof mit Biogasanlage

3 Nachwachsender Energieträger Raps

2 Blockheizkraftwerk (BHKW)

4 Versuchsauto mit Erdgasantrieb

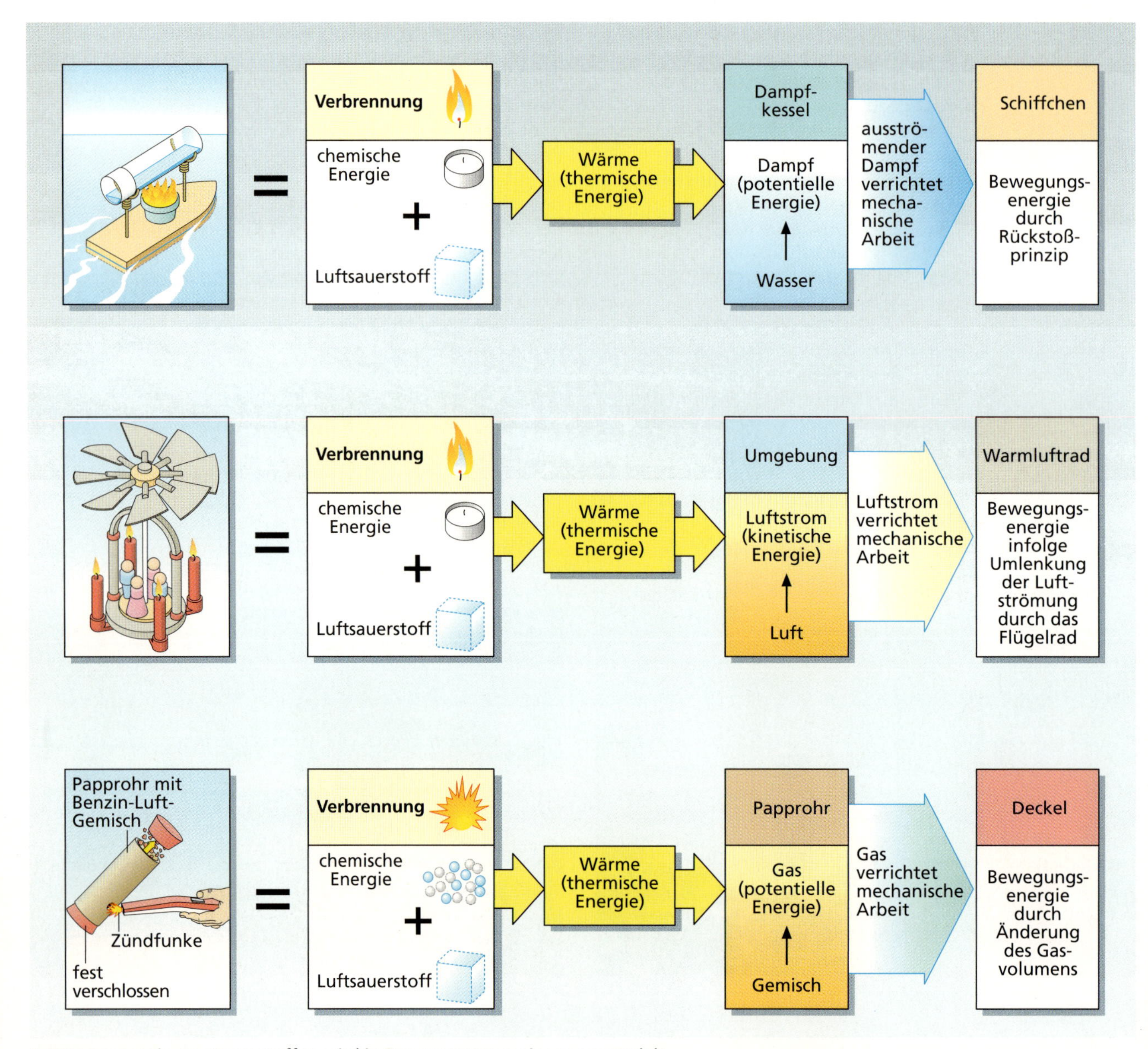

1 Wärmeenergie aus Brennstoffen wird in Bewegungsenergie umgewandelt

Das Dampfschiffchen, das Warmluftrad und der Versuch mit dem Papprohr sind „echte" Wärmeenergiewandler.
Sie funktionieren nach demselben ***Wirkungsprinzip*** wie ihre „großen Verwandten" (Seite 133, Abb. 2 bis 4):
Bei der Verbrennung der in den Kraftstoffen (Paraffin, Benzin) enthaltenen Kohlenwasserstoffe mithilfe von Luftsauerstoff wird Wärmeenergie frei. Diese wird durch mechanische Arbeit in Bewegungsenergie (kinetische Energie) umgesetzt.

Selbstverständlich werden dabei auch Verbrennungsrückstände freigesetzt. Ihre Menge kann, im Vergleich zu den ungeheuren Massen, die heute durch den Betrieb z. B. von Dampf- und Gasturbinen oder von Verbrennungsmotoren die Umwelt belasten, aber vernachlässigt werden.

Beim ***Verdampfen*** *(Sieden, Verdunsten) wird eine Flüssigkeit gasförmig.*

Beim ***Dampfschiffchen*** wird dem Wasser im Dampfkessel Wärme (thermische Energie) zugeführt. Das Wasser verdampft. Durch die Energiezufuhr werden die Anziehungskräfte zwischen den kleinsten Wasserteilchen geringer. Immer mehr von ihnen bewegen sich frei und ungeordnet im Dampfkessel.

fest verschlossen
Erzeugung von Druckenergie
Dampf
Wasser
+
Erhöhung der inneren Energie durch Wärmezufuhr

Potentielle Energie: *Lageenergie, Energie eines ruhenden Energieträgers*

Kinetische Energie: *Bewegungsenergie, Energie eines bewegten Energieträgers*

Mechanische Energie: *Potentielle und kinetische Energie, Druck- und Federenergie*

Sie geraten in immer heftigere Schwingungen und beanspruchen mehr Raum. Da sie den im Dampfkessel nicht haben, entsteht Druck. Der „gespannte" Dampf drückt auf die Kesselwände. In diesem Zustand besitzt er „potentielle Energie". Kann er sich z. B. beim Ausströmen durch eine Düse entspannen, entsteht kinetische Energie. Die mechanische Energie des Dampfs bewirkt gleich große Kräfte

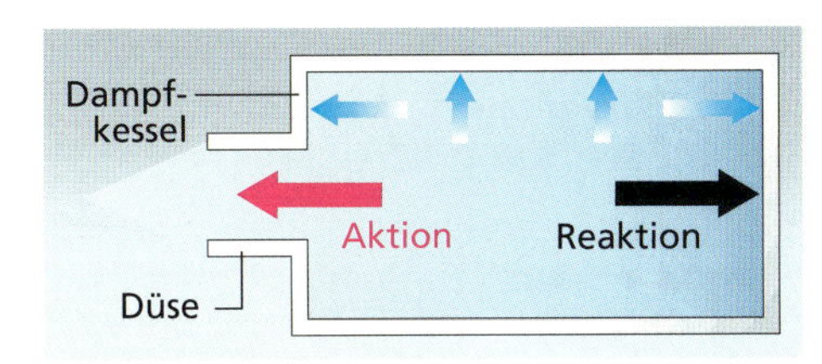

in Strömungsrichtung (Aktionskraft) und auf die gegenüberliegende Kesselwand (Reaktionskraft). Die Reaktionskraft an dieser Wand des Dampfkessels bewegt dabei das Dampfschiffchen.

Beim ***Warmluftrad*** steigt erwärmte Luft nach oben, durchströmt dabei das Schaufelrad und verrichtet an den Laufschaufeln mechanische Arbeit. Das Schaufelrad und die Figuren werden dadurch in Drehung versetzt.

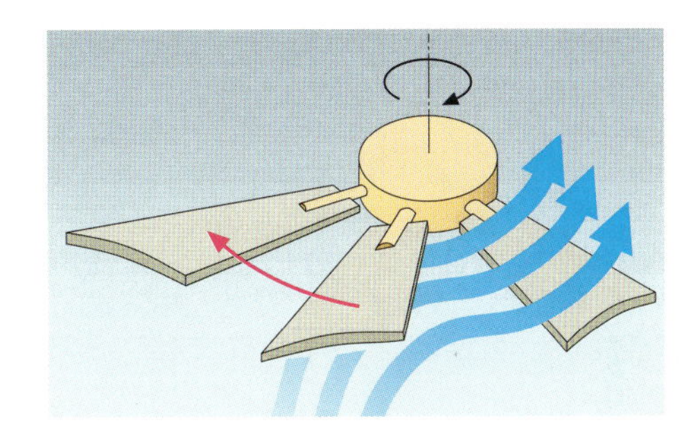

Dabei wird jedoch nur ein sehr geringer Teil der Bewegungsenergie in mechanische Arbeit umgewandelt, da die Wärme nach allen Seiten abstrahlt und der überwiegende Teil ungenutzt bleibt. Der Wirkungsgrad ist deshalb sehr gering.

Nur als Lehrerversuch!

Beim ***Versuch mit dem Papprohr*** wird durch das Loch in der Wandung ein Gemisch aus wenigen Tropfen Benzin und Luft entzündet. Durch den Druck des sich schlagartig ausdehnenden Verbrennungsgases fliegt der obere Deckel davon: Das Gas verrichtet durch die Veränderung seines Volumens Arbeit.

2 Gasturbine

3 Ottomotor

4 Dampfturbine

Aus der Entwicklungsgeschichte der Dampfturbine

Tangentiales Anströmen eines Schaufelrades

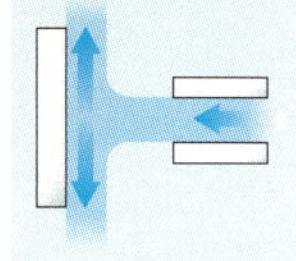

Bei Dampfturbinen wird der Dampfstrahl auf die Laufschaufeln eines Schaufelrads gelenkt. Im Gegensatz zum Dampfschiffchen (Seite 132) ist die Düse fest (ortsgebunden). Und während beim Dampfschiffchen die Reaktionskraft genutzt wird, wirkt bei dieser Dampfturbine die Aktionskraft. Die Stoßkraft des Dampfstrahls versetzt das Schaufelrad in Drehung.

1 Dampfturbine von G. Branca (1629)

Axiales Anströmen eines Schaufelrades

Die erste betriebsfähige Dampfturbine baute der Schwede Laval. Die gekrümmten Laufschaufelwände erzwingen eine Richtungsänderung des Dampfstroms. Die so entstehende Schaufelkraft ist größer als die durch Anströmen einer ebenen Fläche erzeugte Schaufelkraft. Die erste Laval-Turbine diente zum Antrieb einer Milchzentrifuge. Bei einer Leistung von 7 kW erreichte sie eine Drehzahl von 17 000 U/min. Lavals Turbinen brachten es auf Leistungen bis zu 370 kW.

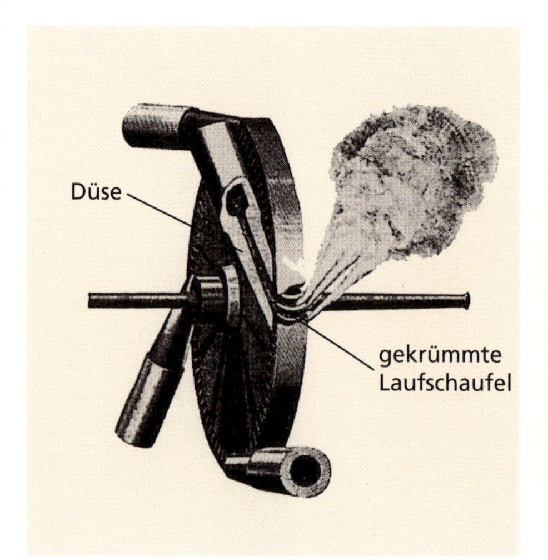

2 Dampfturbine von Laval (1884)

Heute werden Dampfturbinen vorwiegend zum Antrieb von Stromerzeugern (Generatoren) in Kraftwerken eingesetzt. Allerdings sind dies in der Regel mehrstufige Turbinen. Jede Stufe besteht aus einem fest stehenden Leitrad und einem rotierenden Laufrad.

U/min:
Umdrehungen pro Minute

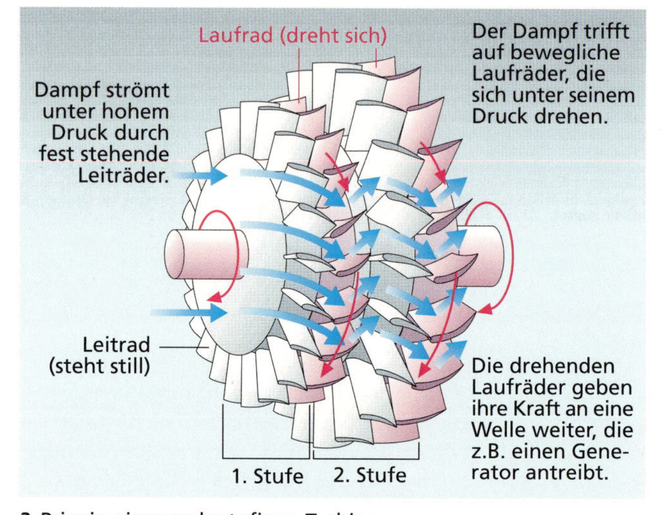

3 Prinzip einer mehrstufigen Turbine

Entspannt der Dampf erst in der letzten Stufe völlig auf den atmosphärischen Druck, so müssen die Laufraddurchmesser von Stufe zu Stufe größer werden, weil das Dampfvolumen mit Abnahme des Druckes zunimmt. Man spricht dann von Turbinen mit Druckstufen (Abb. 4).

4 Dampfturbine mit Druckstufen

Dampfturbine und Gasturbine

Dampfturbine

In Wärmekraftwerken dienen Dampfturbinen in erster Linie der Erzeugung elektrischer Energie. Dabei wird ein erheblicher Teil der im Dampf enthaltenen Energie bei der Dampfkühlung im Kühlturm an die Umgebung abgeführt. Steinkohlekraftwerke erreichen heute einen Wirkungsgrad von ca. 43 %. Bei diesem Wirkungsgrad werden pro Megawatt (MW) und Stunde rund 770 kg des Klimakillers Kohlenstoffdioxid (CO_2) in die Umwelt entlassen.

1 Megawatt (MW): *1 Mio. Watt = 1 MW = 1000 kW = 1 000 000 W*

Wirtschaftlicher und umweltfreundlicher wird diese Energieerzeugung, wenn ein Teil des Dampfes abgezweigt wird, bevor er die letzten Laufräder durchströmt. Mit Temperaturen von ca. 130 °C hat er dann noch genügend Wärmeenergie, um Fernheizungen zu speisen. Dabei werden zwar die Emissionen des Kraftwerks nicht verringert, aber z. B. solche aus Heizungsanlagen von Ein- oder Mehrfamilienhäusern verringert oder vermieden. Diese ***Kraft-Wärme-Kopplung*** eines solchen Wärmekraftwerks ermöglicht Wirkungsgrade von 80 % und mehr.

Kraft-Wärme-Kopplung: *Ein Kraftwerk erzeugt gleichzeitig Wärmeenergie und elektrische Energie.*

Eine weitere Möglichkeit wirtschaftlicher und umweltfreundlicher Stromerzeugung bieten ***GUD-Kraftwerke***. In ihnen wird die Abgaswärme von Strom erzeugenden Gasturbinen mit etwa 600 °C zur Erzeugung von Hochdruckdampf für Dampfturbinen eingesetzt. Auf diese Weise werden Wirkungsgrade von 55 % erreicht. Bei Verwendung von z. B. Erdgas reduziert sich die CO_2-Emission in diesem Fall etwa um die Hälfte.

GUD-Kraftwerke: *Kraftwerke, bei denen Gas- und Dampfturbinen kombiniert werden*

Gasturbine

Gasturbinen geben ihre Leistung an eine Welle ab (siehe auch Dampfturbine) oder als Schubleistung, z. B. beim Strahltriebwerk eines Flugzeugs.

Der Verdichter saugt Luft an, komprimiert sie und befördert sie in die Brennkammer. Dort kommt Kraftstoff hinzu, der entzündet wird. Das Kraftstoff-Luft-Gemisch brennt nun ohne weitere Zündung weiter. In Gasturbinen können unterschiedliche Kraftstoffe, z. B. Dieselkraftstoff, Kerosin oder Erdgas, verbrannt werden.

Die Verbrennungsgase mit hoher Temperatur (bis ca. 1250 °C) und hohem Druck (bis ca. 25 bar) durchströmen Verdichter- und Antriebsturbine, die mit sehr hohen Drehzahlen umlaufen. Dies erfordert Materialien mit extremer mechanischer und thermischer Festigkeit. Die in Strahltriebwerken austretenden Verbrennungsgase werden in der Schubdüse auf Umgebungsdruck entspannt und dabei stark beschleunigt.

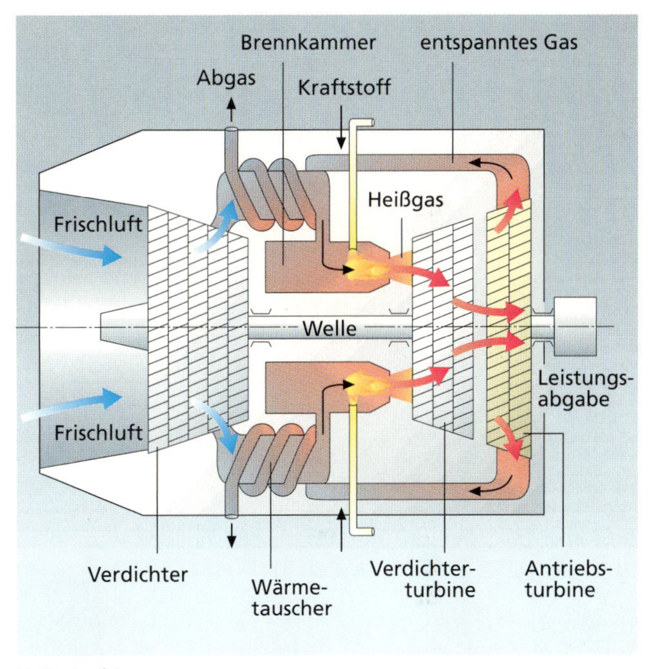

5 Gasturbine

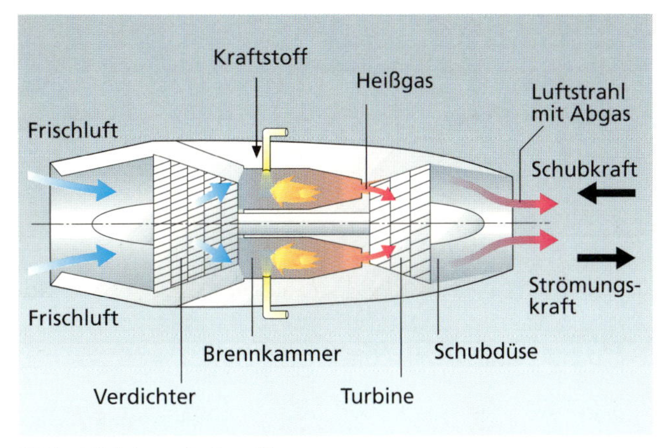

6 Strahltriebwerk eines Flugzeugs

Antrieb mit zwei Arbeitszylindern:

Zylinder 1

Heißdampf

Leckdampf

Zylinder 2

Abdampf

Wenn Abb. 2 wirklich Geschehenes wiedergibt, zeigt sie den ersten Verkehrsunfall mit einem Kraftfahrzeug.
Sein Antrieb funktioniert nach dem ***Prinzip einer einseitig wirkenden Kolbendampfmaschine mit zwei Zylindern***: Der unter Druck aus dem Dampfkessel strömende Heißdampf wird in den Zylinder 1 mit dem beweglichen Kolben geleitet. Dort dehnt er sich aus und verrichtet am Kolben – gegen den äußeren Luftdruck – mechanische Arbeit. Gleichzeitig schiebt er den Abdampf vom vorausgegangenen Hub aus dem Zylinder und bewegt – über Umkehrhebel und Zuggeschirr (Abb. 1) – den Kolben im Zylinder 2. Dort läuft nun der nächste Arbeitshub ab.

Die geradlinige Bewegung der Kolbenstange wurde mithilfe eines Sperrklinkenantriebs in eine Drehbewegung des Antriebsrads umgewandelt (Abb. 1). Doch der Dampfwagen von Cugnot konnte sich nicht durchsetzen. Der Kessel war zu klein, um dem Wagen genügend Dampf liefern zu können. Außerdem war er sehr schwerfällig und kaum lenkbar.

2 Dampfwagen von N. J. Cugnot (1771)

Beim ***Prinzip der doppelseitig wirkenden Dampfmaschine mit einem Zylinder*** drückt der Dampf – mechanisch gesteuert – wechselseitig auf beide Seiten eines Kolbens. Die Kolbenbewegung wird mithilfe einer Kurbelwelle in eine Drehbewegung umgewandelt.

Antrieb mit einem Arbeitszylinder:

1. Arbeitshub
Heißdampf

Abdampf

2. Arbeitshub
Abdampf

Heißdampf

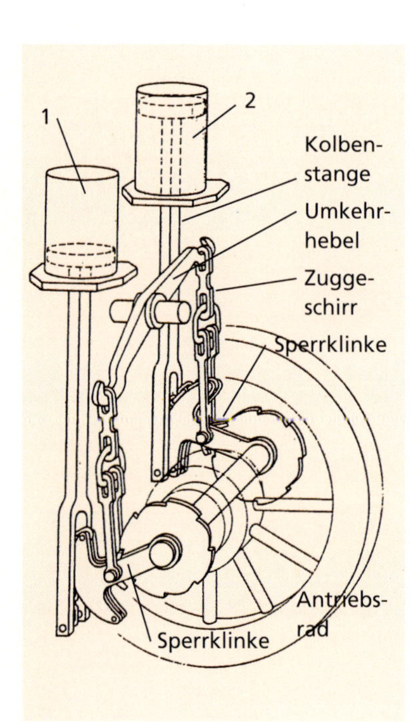

1 Sperrklinkenantrieb

3 Dampfwagen von R. Trevithick (1803)

Bei Kolbendampfmaschinen findet die Verbrennung des Kraftstoffs außerhalb des Arbeitszylinders statt. Sie werden daher auch als ***Verbrennungskraftmaschinen mit äußerer Verbrennung*** bezeichnet. Kolbendampfmaschinen trieben bis weit ins 20. Jahrhundert hinein vor allem Schiffe und Lokomotiven an.

Bei ***Verbrennungskraftmaschinen mit innerer Verbrennung,*** wie z. B. Ottomotoren oder Dieselmotoren, findet die Umwandlung von chemischer Energie in Wärmeenergie wie beim Versuch mit dem Papprohr (Seite 132) im Arbeitszylinder selbst statt.

Ab 1860 entwickelte der Belgier Lenoir die ersten betriebsfähigen Verbrennungskraftmaschinen. Sie leisteten 0,4 bis 2,2 kW, verbrauchten pro kWh rund 4 m^3 Leuchtgas und wurden in ca. 400 Exemplaren überwiegend in kleineren Betrieben eingesetzt. Als Fahrzeugantrieb wurde dieser Gasmotor nur in geringer Stückzahl verwendet. Da die Gaserzeugungsanlage eines solchen Fahrzeugs nur eine geringe Gasmenge lieferte, konnte man mit ihm nur kleine Entfernungen überbrücken.

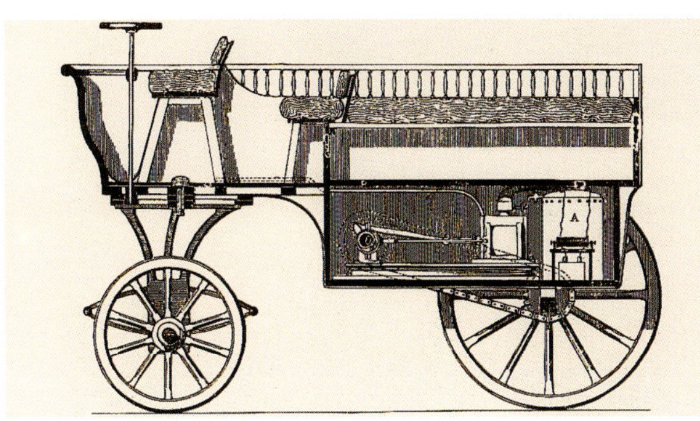

4 Gasmotor-Wagen von Lenoir (1863)

Otto-Viertaktmotor
Der Kölner Nicolaus August Otto veränderte den Lenoir-Motor so, dass er nach dem Viertakt-Verfahren arbeitete (siehe Seite 142).
Dieser Vorfahre unserer heutigen Viertaktmotoren leistete 2,2 kW bei 180 U/min und verbrauchte etwa 1 m^3 Leuchtgas pro kWh. Seine Entwicklung zur Antriebsmaschine für Straßenfahrzeuge dauerte noch rund zehn Jahre.

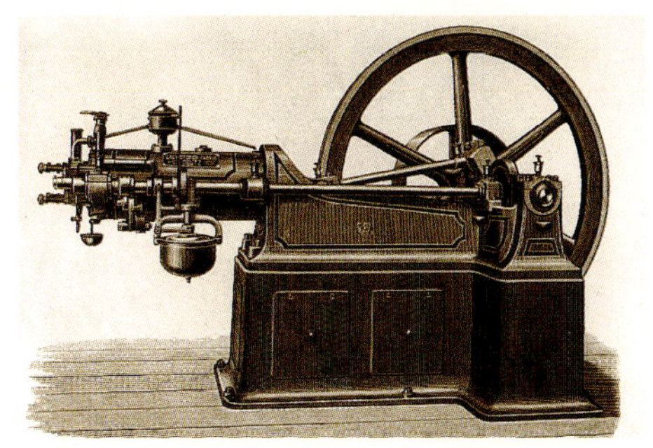

5 Viertaktmotor von Otto (1876/77)

Dieselmotor
Rudolf Diesel wollte eine – im Vergleich zum Ottomotor – wirtschaftlichere Verbrennungskraftmaschine bauen. Die dafür notwendigen höheren Temperaturen im Zylinder erreichte er durch Ansaugen und Verdichten von Luft im Zylinder. Damit sich das Kraftstoffgemisch nicht vorzeitig selbsttätig entzündete, wurde erst am Ende der Verdichtung der Kraftstoff (Petroleum) unter Druck in den Zylinder gespritzt. Das so entstandene Kraftstoff-Luft-Gemisch entzündete sich ohne Zündfunke. Der erste Motor mit Selbstzündung war entstanden. Diesel ermittelte eine Leistung von 13,1 kW bei 154 U/min. Bei einem Kraftstoffverbrauch von 324 g pro kWh erzielte der Motor einen Wirkungsgrad von 26 %.

6 Dieselmotor von 1897

Wirkungsprinzip von Hubkolbenmotoren

Im Zylinderraum über dem Kolben verbrennt der Kraftstoff (z. B. Benzin oder Dieselkraftstoff) mittels Luftsauerstoff. Verbinden sich dabei Kohlenstoff und Wasserstoff des Kraftstoffs vollständig mit dem Sauerstoff der Verbrennungsluft, so entstehen im Idealfall Kohlenstoffdioxid, Wasserdampf und Wärmeenergie. Die heißen und komprimierten Verbrennungsgase üben auf den Kolben eine Kraft aus und treiben ihn abwärts. Die Kolbenbewegung wird durch Pleuelstange und Kurbelwelle in eine Drehbewegung umgewandelt.

Chemische Energie des Kraftstoffs wird im Zylinder durch Verbrennung in Wärmeenergie umgewandelt. Diese Wärmeenergie wird mithilfe des Kolbens in mechanische Arbeit umgesetzt.

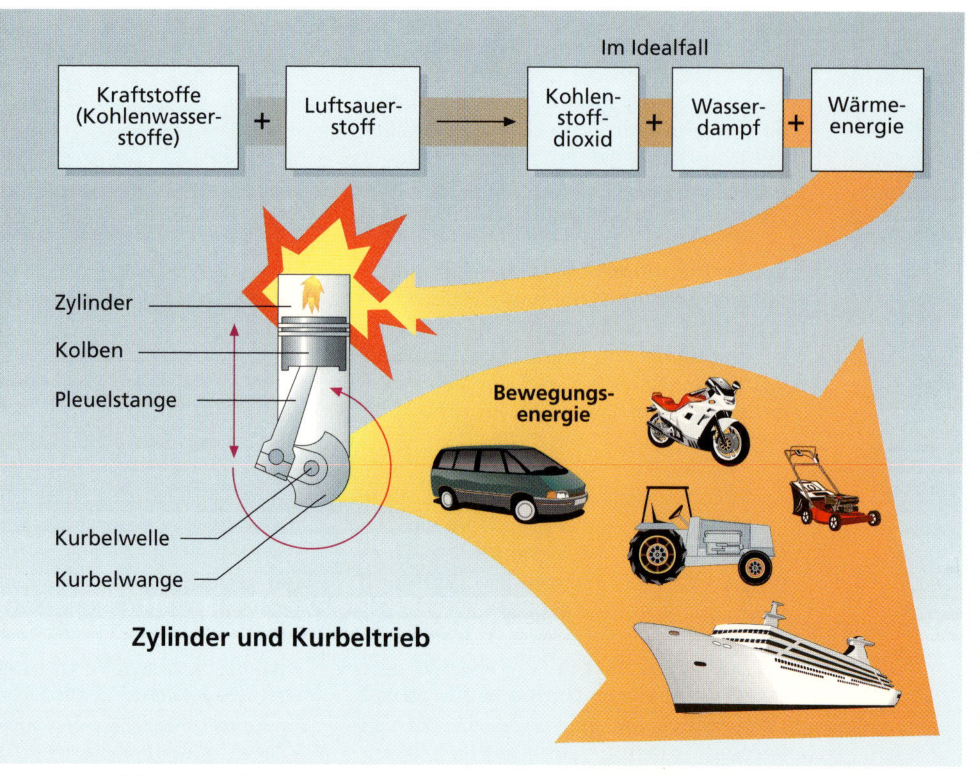

1 Wirkungsprinzip von Hubkolbenmotoren mit innerer Verbrennung

Arten von Verbrennungsmotoren

Je nach dem verwendeten Kraftstoff unterscheiden wir Benzinmotoren und Dieselmotoren.
Wird bei ***Benzinmotoren*** das Kraftstoff-Luft-Gemisch außerhalb des Zylinders gebildet, geschieht dies mithilfe eines Vergasers (Abb. 2 a) oder durch Einspritzung in das Luftansaugrohr (Abb. 2 b). Das Gemisch wird im Zylinder verdichtet und durch einen Zündfunken an der Zündkerze entzündet.
Nach dem Erfinder dieses Verfahrens bezeichnet man Benzinmotoren auch als Ottomotoren.

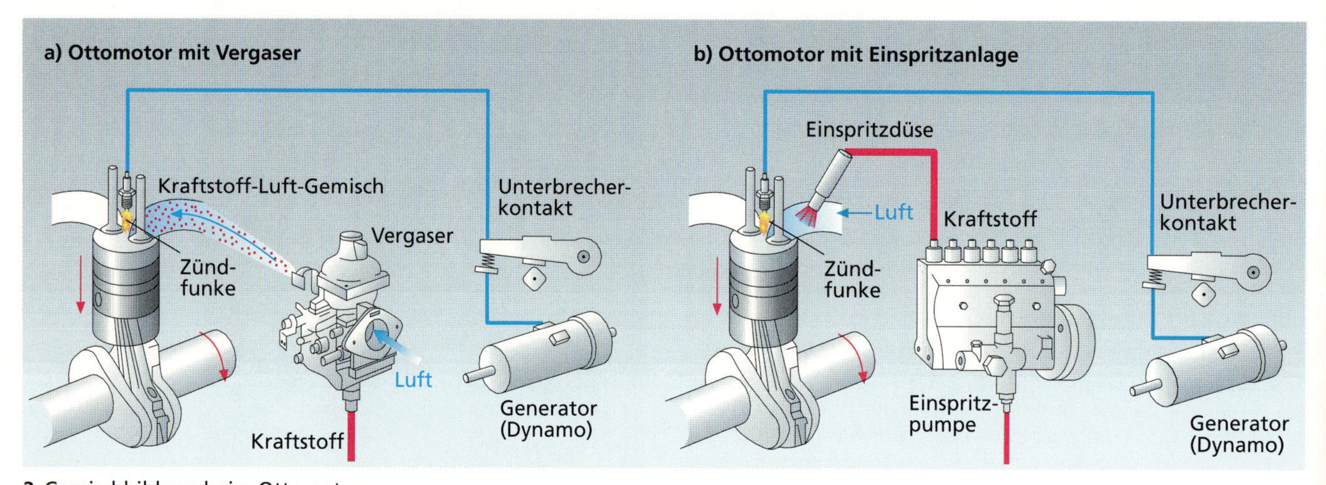

2 Gemischbildung beim Ottomotor

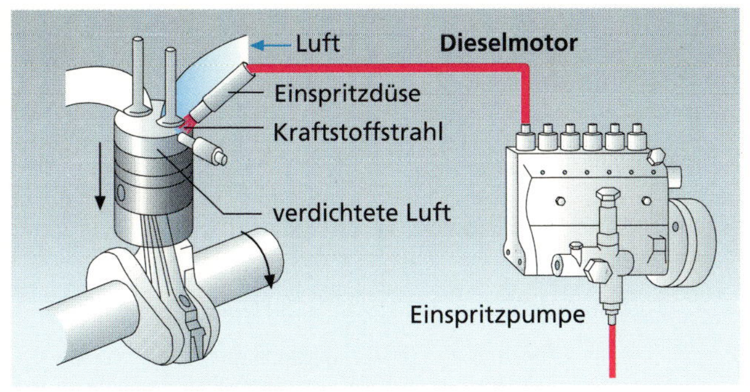

3 Gemischbildung beim Dieselmotor

Bei ***Dieselmotoren*** wird das Gemisch erst im Zylinder gebildet. Der Kraftstoff entzündet sich an sehr stark verdichteter und dadurch hoch erhitzter Luft. Dieselmotoren werden daher auch als Selbstzünder bezeichnet.
Häufig unterteilt man Verbrennungsmotoren (Otto- und Dieselmotoren) nach ihrer Arbeitsweise in ***Viertaktmotoren*** (siehe Seite 142) und ***Zweitaktmotoren*** (siehe Seiten 146–147).

Der Motor – ein komplexes System

Damit Verbrennungsmotoren – ob z. B. im Rasenmäher oder im Pkw – funktionieren, müssen weitere Bauteile und Baugruppen mit Zylinder, Kolben und Kurbeltrieb zuverlässig zusammenwirken:

a) Kraftstoff und Luft werden gemischt bzw. Kraftstoff wird in den Zylinder eingespritzt.
b) Bei Ottomotoren werden hohe Zündspannungen erzeugt.
c) Der Verbrennungsraum wird mit Frischgas bzw. Luft versorgt und zum Ausströmen der Abgase über Ventile geöffnet.
d) Die Drehkraft (das Drehmoment) des Motors wird zum Abtrieb übertragen.
e) Viele bewegte Teile werden geschmiert und mit Öl versorgt.
f) Ein Teil der Verbrennungswärme wird mithilfe von Luft, Wasser und Öl abgeführt.
g) Abgase müssen entgiftet werden; sie gelangen schallgedämpft ins Freie.
h) Verbrennungsmotoren können nicht aus eigener Kraft anlaufen; sie benötigen eine Starteranlage.

Drehmoment
= Kraft mal Hebelarm

Physik: Mechanik

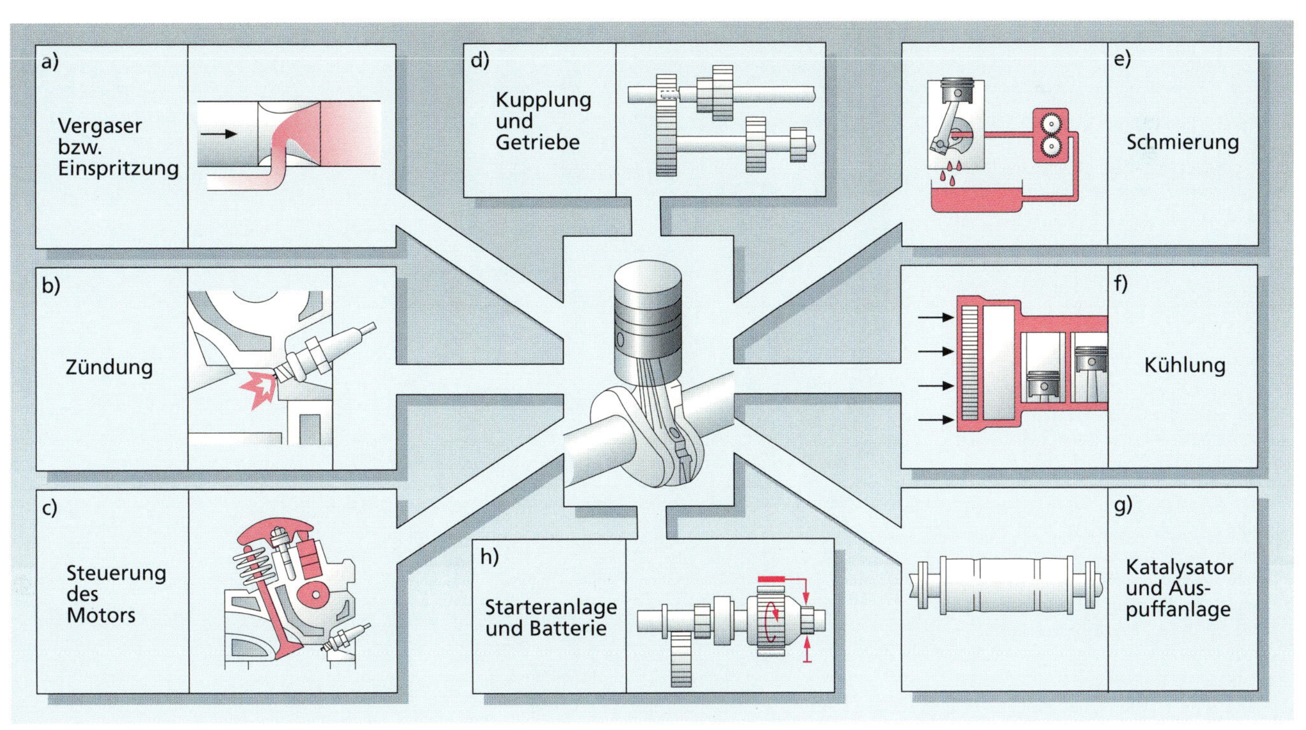

4 Baugruppen eines Verbrennungsmotors

Aufbau eines Einzylinder-Viertaktmotors

Der luftgekühlte Motor besteht aus Gusseisen oder einer Leichtmetall-Legierung. Letztere besitzt im Vergleich zu Gusseisen ein geringeres Gewicht und leitet die Wärme besser ab. Kolben (mit Kolbenringen), Pleuelstange und Kurbelwelle bilden den Kurbeltrieb.

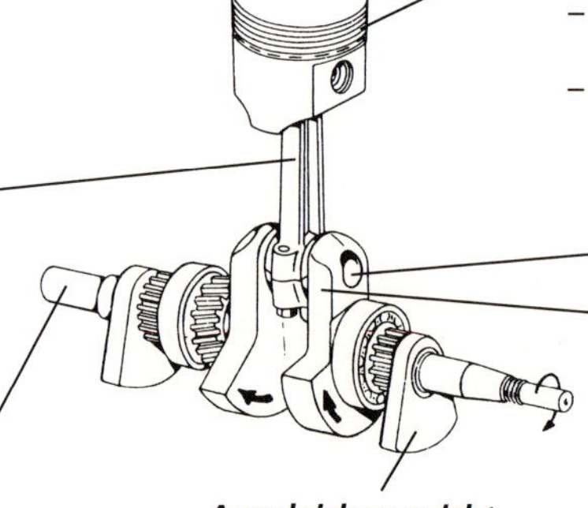

Kolben
- aus Aluminium-Legierung
- nimmt den Verbrennungsdruck auf
- leitet die Kraft zur Pleuelstange
- dichtet (zusammen mit den Kolbenringen) den Verdichtungsraum gegen das Kurbelgehäuse hin ab

Pleuelstange
- verbindet den Kolben mit der Kurbelwelle
- setzt die Kolbenbewegung in eine Drehbewegung der Kurbelwelle um

Kurbelwelle

Kolbenringe
- liegen federnd an der Zylinderwand an
- dichten so den Verdichtungsraum gegen das Kurbelgehäuse ab
- verhindern, dass Schmieröl aus der darunter liegenden Ölwanne in den Verdichtungsraum gelangt

Kurbelzapfen und ***Kurbelwangen***
- bilden zusammen die Kurbelkröpfung
- Gegengewichte der Kurbelwangen und Ausgleichsgewichte ermöglichen, dass der Motor bei hohen Drehzahlen möglichst erschütterungsfrei läuft

Ausgleichsgewicht

Auspufföffnung

Zylinder
- führt den Kolben
- nimmt den Verbrennungsdruck auf
- leitet die Wärme ab
- besitzt ebenfalls Kühlrippen
- an der Außenseite befindet sich jeweils der Anschluss für den Auspuff und das Ansaugrohr für das Luft-Kraftstoff-Gemisch

Kurbelwelle
- überträgt das Drehmoment auf das Arbeitsteil, z. B. auf ein Rasenmähermesser

Kurbelgehäuse
- besteht aus Gusseisen oder einer Leichtmetall-Legierung
- nimmt die Kurbelwelle und die „unten liegende“ Nockenwelle auf
- dient der Befestigung des Motors am Fahrgestell (meist über elastische Gummi-Metall-Verbindungen)

Zylinderkopf
- schließt den Zylinder ab
- besitzt Kühlrippen, welche die Oberfläche vergrößern und so Wärme gut ableiten
- bildet einen Teil des Verbrennungsraums
- nimmt die Zündkerze auf

Kolben mit Kolbenringen

Nockenwellenzahnrad mit Nockenwelle

Mehrzylindermotoren

Viertaktmotoren werden je nach Verwendung und Leistung ein- oder mehrzylindrig gebaut. Einzylindrige Motoren unterscheiden sich von mehrzylindrigen durch einen einfacheren Aufbau, nicht aber in ihrer Wirkungsweise (siehe Seiten 142 und 144).

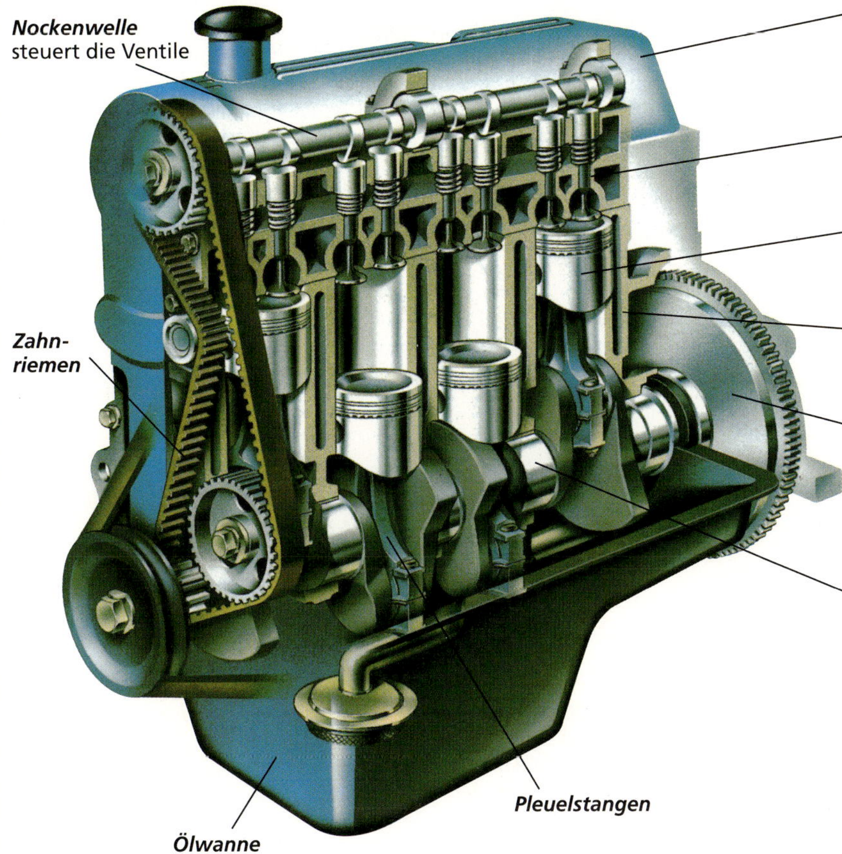

Nockenwelle
steuert die Ventile
Zahnriemen
Ölwanne
Pleuelstangen
Zylinderkopfhaube
schützt Steuerungsteile vor Verschmutzung und verhindert das Wegspritzen von Öl
Zylinderkopf
nimmt die Ventile und die Ventilsteuerung auf
Kolben
bewegt über die Pleuelstange die Kurbelwelle
Zylinderblock
bildet zusammen mit der Ölwanne das Kurbelgehäuse
Schwungrad
– sitzt auf dem Kurbelwellenende
– ist mit dem Starterzahnkranz und mit der Kupplung verbunden
Kurbelwelle
treibt das Getriebe und die so genannten Nebenaggregate, wie Zündverteiler, Kraftstoff-, Öl- und Wasserpumpe, Lichtmaschine (Generator) und Einspritzpumpe, an

Mehrzylindrige Motoren werden in verschiedenen ***Bauformen*** hergestellt. Motoren mit senkrecht nebeneinander angeordneten Zylindern bezeichnet man als Reihenmotoren. Bei V-Motoren bilden die Zylinder einen Winkel zueinander. In Boxermotoren liegen die Zylinder einander gegenüber.

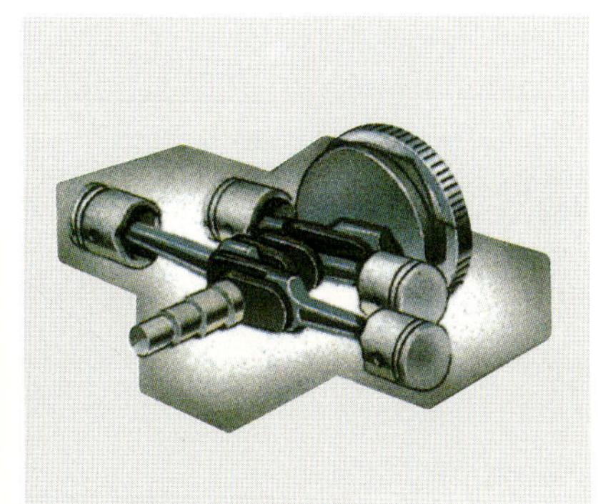
Vierzylinder-Boxermotor

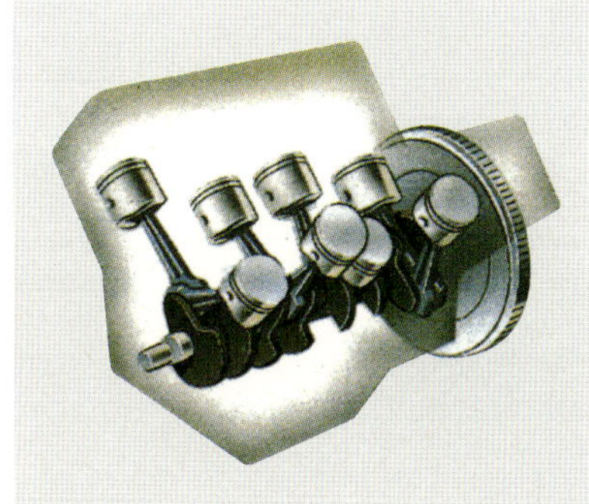
V8-Motor

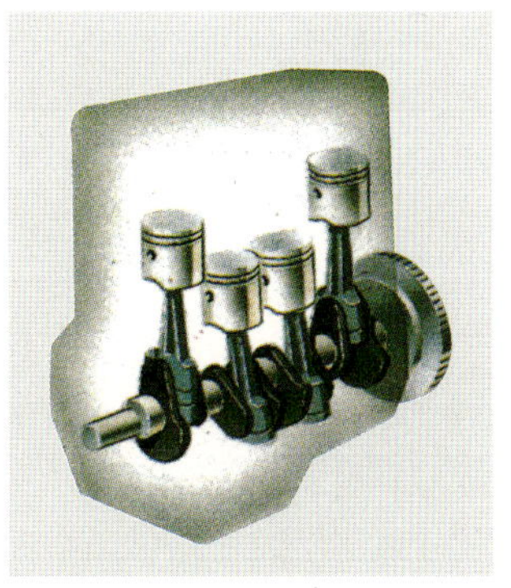
Vierzylinder-Reihenmotor

Wirkungsweise des Viertakt-Ottomotors

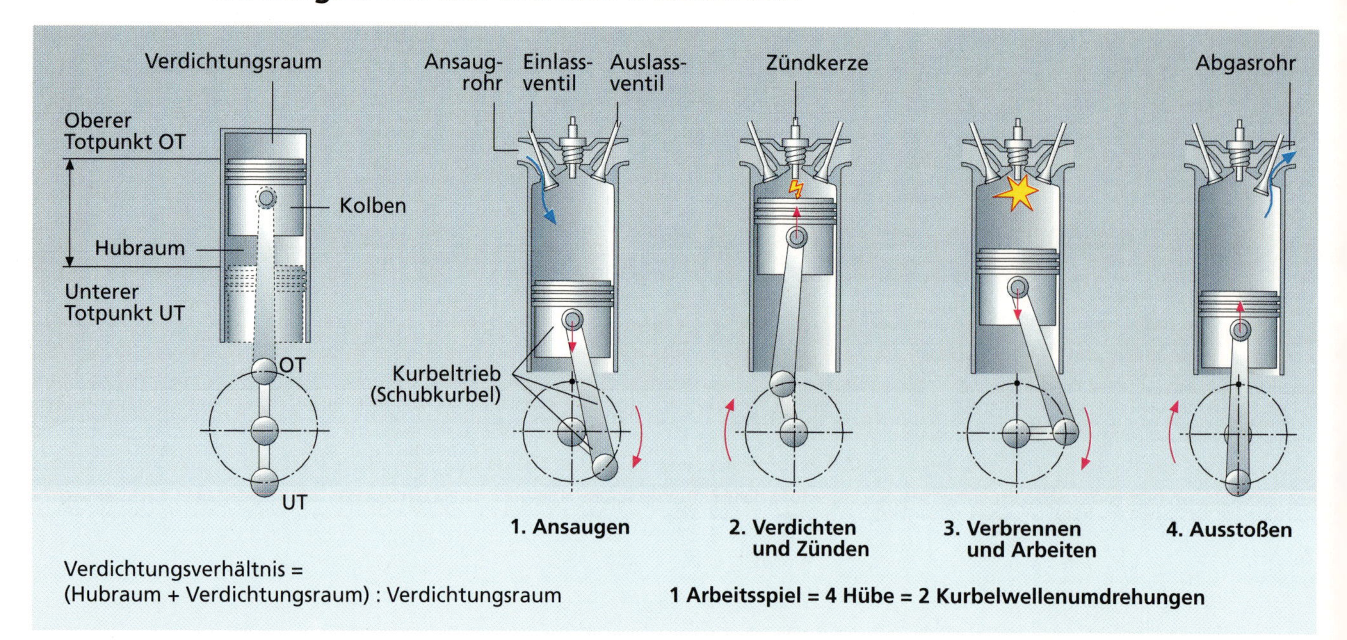

1 Arbeitsspiel des Viertakt-Ottomotors

Wirkungsprinzip

Beim Ottomotor bilden Vergaser- oder Einspritzanlage außerhalb des Zylinders ein Gemisch aus Luft und Benzin bzw. Gas, das Luft-Kraftstoff-Gemisch. Dieses wird in den Zylinder gesaugt und dort verbrannt. Dabei wird Verbrennungswärme frei, der Druck erhöht sich und der Kolben wird nach unten geschleudert. Er verrichtet am Kurbeltrieb Arbeit. Nach jeder Verbrennung werden die verbrannten Gase (Abgase) aus dem Zylinder gedrängt und frisches Luft-Kraftstoff-Gemisch angesaugt.
Dieser Gaswechsel findet bei Kraftfahrzeugmotoren in der Regel nach dem Viertakt-Verfahren statt. Er wird von der Kurbelwelle über die Nockenwelle und die Ventile gesteuert (siehe Seiten 140 und 141). Hat der Kolben viermal den Hub zurückgelegt, ist ein Arbeitsspiel abgelaufen. Dabei hat die Kurbelwelle zwei volle Umdrehungen ausgeführt.

Viertakt-Verfahren

Ansaugen: Durch die Kolbenbewegung wird das Luft-Kraftstoff-Gemisch über das Einlassventil in den Zylinder gesaugt. Damit möglichst viel Gemisch einströmen kann, muss das Ventil möglichst lange geöffnet sein.

Verdichten und Zünden: Der aufwärts gehende Kolben verkleinert das Volumen des Gemischs. Vergleicht man dieses vor und nach dem Verdichten, so erhält man das Verdichtungsverhältnis. Je größer das Verdichtungsverhältnis ist, desto höher steigt die Temperatur. Es beträgt bei Ottomotoren 7:1 bis 13:1. Kurz bevor der Kolbenboden OT erreicht, entzündet die Zündkerze das verdichtete Gemisch und leitet damit die Verbrennung ein.

Verbrennen und Arbeiten: Ist das Gemisch entzündet, steigt die Temperatur im Verbrennungsraum weiter an. Der zunehmende Druck im Zylinder treibt den Kolben zum UT. Er gibt über die Pleuelstange an die Kurbelwelle Arbeit ab.

Ausstoßen: Durch noch vorhandenen Überdruck strömen die Abgase durch das Auslassventil aus dem Zylinder. Den restlichen Teil stößt der Kolben aus. Dabei erhalten die Abgase so viel Schwung, dass sie auch dann noch ausströmen, wenn der Kolben bereits wieder nach unten geht. Deshalb schließt das Auslassventil erst nach Umkehr des Kolbens. Nun beginnt ein neues Arbeitsspiel.

Gemischbildung beim Ottomotor

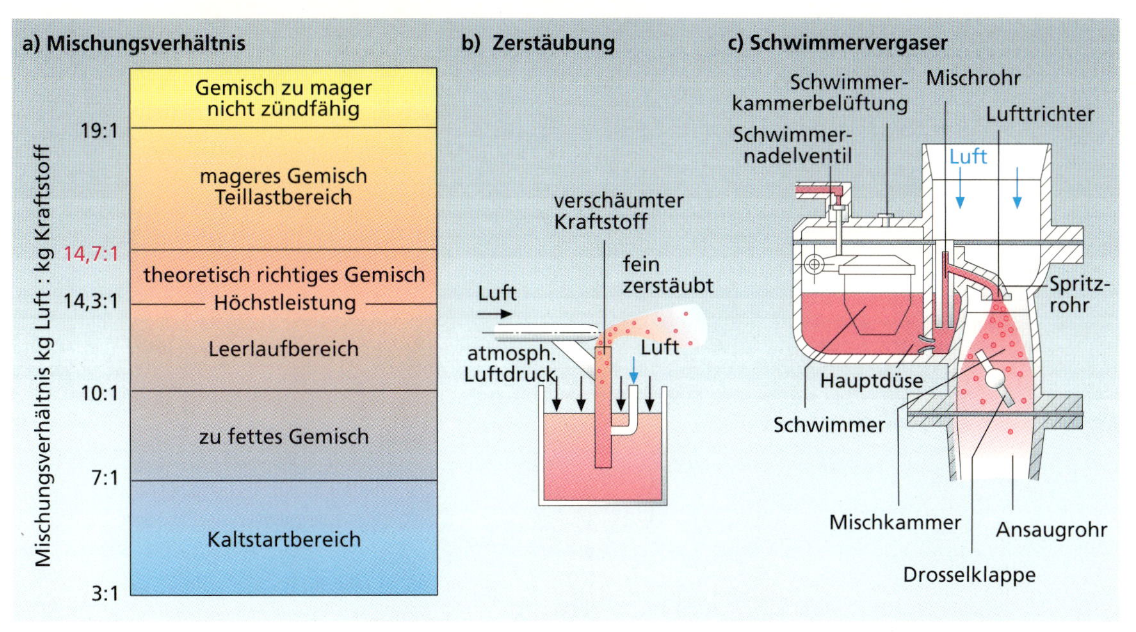

2 Gemischbildung beim Ottomotor mithilfe eines Vergasers

Damit die Verbrennung im Zylinder möglichst vollständig und der Schadstoffausstoß des Motors so gering wie möglich ist, muss

- das Luft-Kraftstoff-Gemisch im richtigen Mischungsverhältnis aufbereitet werden (Abb. 2 a),
- der Kraftstoff so fein wie möglich zerstäubt werden (Abb. 2 b) und innig und möglichst gleichmäßig mit der Ansaugluft vermischt werden.

Dies geschieht beim Ottomotor mithilfe eines Vergasers oder einer Benzineinspritzung.

Schwimmervergaser

Der flüssige Kraftstoff wird in der Mischkammer des Vergasers, der eigentlich Zerstäuber heißen müsste, zerstäubt (Abb. 2 c).
Die Verbrennungsluft strömt über den Luftfilter in das Ansaugrohr mit dem Lufttrichter. Die Geschwindigkeit des Luftstroms wird an einer Verengung des Lufttrichters – auch Venturi-Rohr genannt – erhöht. Ähnliches geschieht z. B. an der Engstelle eines Flussbettes: Soll pro Zeiteinheit dieselbe Menge durchfließen, so muss das Wasser schneller strömen. Der beschleunigte Luftstrom erzeugt an der Spritzrohröffnung einen Unterdruck und damit eine Saugwirkung. Kraftstoff wird aus dem Spritzrohr gesaugt, fein zerstäubt und mit der Verbrennungsluft vermischt.
Das Spritzrohr ist mit dem Schwimmergehäuse verbunden. Den Kraftstoffzufluss steuert der Schwimmer über das Schwimmernadelventil.

Mithilfe der Drosselklappe wird die Menge des zum Zylinder strömenden Luft-Kraftstoff-Gemischs geregelt. Sie wird z. B. mit dem Gaspedal gegen die Kraft einer Feder geöffnet. Dadurch erhält der Zylinder eine größere Menge Gemisch. Der Motor bekommt mehr „Gas"; seine Drehzahl steigt.
Damit z. B. ein Pkw-Vergaser in jedem Betriebszustand (wie Leerlauf, Kaltstart usw.) ein möglichst ideales Gemisch bereitstellen kann, benötigt er weitere Zusatzeinrichtungen. Solche Vergaser sind (im Vergleich zu Abb. 2 c) sehr komplizierte Gebilde.

Benzineinspritzung

Die Benzineinspritzung ermöglicht im Vergleich zum Vergaser eine noch bessere Gemischbildung. Durch die Einspritzdüse gelangt, je nach Betriebszustand, nur die erforderliche und genau bemessene Kraftstoffmenge in den Zylinder. Einspritzmotoren erreichen deshalb umweltfreundlichere Abgaswerte und günstigere Verbrauchswerte.

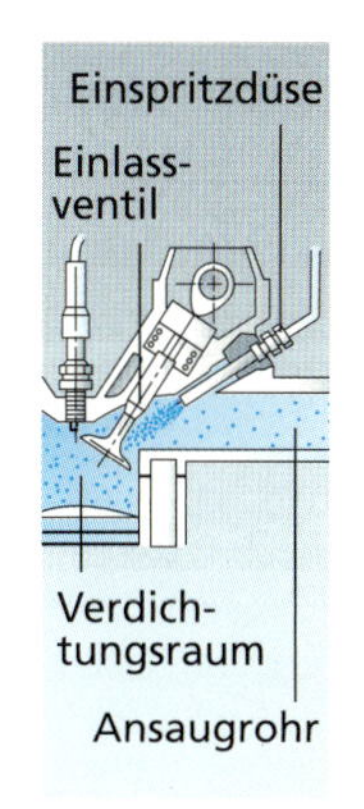

Viertakt-Dieselmotor

Aspekt	Ottomotor	Dieselmotor
Kraftstoff Spezifischer Verbrauch	Ottokraftstoff 350–250 g/kWh	Dieselkraftstoff 300–200 g/kWh
Leistungsgewicht	1 bis 3 kg/kW	3 bis 8 kg/kW
Ansaugen	Luft-Kraftstoff-Gemisch	Luft
Gemischbildung	Meist äußere Gemischbildung im Vergaser oder im Saugrohr durch Einspritzung	innere Gemischbildung im Zylinder
Verdichten	Luft-Kraftstoff-Gemisch	Luft
Verdichtungsverhältnis	7:1 bis 13:1	14:1 bis 24:1
Kompressionsendtemperatur	300 bis 600 °C	600 bis 900 °C
Kompressionsenddruck	10 bis 20 bar	40 bis 60 bar
Zünden	Fremdzündung	Selbstzündung
Verbrennen		
Temperatur	1600 bis 2000 °C	1600 bis 2000 °C
Ausstoßen		
Abgastemperatur	Volllast: 700 bis 1000 °C Teillast: 300 bis 500 °C	Volllast: 500 bis 600 °C Teillast: 200 bis 300 °C
CO-Gehalt der Abgase	Volllast: 1 bis 3,5 % Leerlauf: max. 4,5 %	Volllast: bis 0,15 % Leerlauf: bis 0,03 %

Dieselmotor mit direkter Einspritzung

Ansaugen

Verdichten und Zünden

Verbrennen und Arbeiten

Ausstoßen

1 Vergleichsdaten von Ottomotor und Dieselmotor

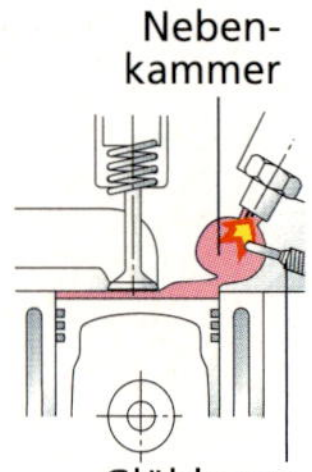

Leistungsgewicht: *Masse pro Leistung*

Der ***Viertakt-Dieselmotor*** ist ähnlich aufgebaut wie der Ottomotor (siehe Seite 140). Im Vergleich zu diesem wird beim Dieselmotor das Luft-Kraftstoff-Gemisch nur im Zylinder gebildet und entzündet sich von selbst.

Bei der indirekten Einspritzung wird der Kraftstoff in einen Nebenraum gespritzt. Dieses Verfahren vermindert den Ausstoß von schädlichen Anteilen im Abgas, z. B. von Rußpartikeln, Kohlenstoffmonooxid sowie unverbrannten Kohlenwasserstoffen (als so genannter Blaurauch sichtbar).
Beim Arbeitstakt vermischen sich die Kraftstofftröpfchen mit der hoch erhitzten und stark verdichteten Luft, verdampfen und entzünden sich von selbst. Die Einspritzmenge wird mit Betätigung des „Gaspedals" bestimmt.

Vergehen zwischen Einspritzbeginn und Zündbeginn mehr als 0,001 bis 0,0015 Sekunden (z. B. durch das kalte Motorgehäuse), so verbrennt das Gemisch schlagartig. Man sagt, „der Diesel nagelt". Damit der kalte Motor leichter gestartet werden kann, wärmt man beim Vorglühen den Verdichtungsraum bzw. die Nebenkammer mithilfe einer Glühkerze an.

Da in den Zylindern sehr viel höhere Drücke und Temperaturen herrschen, werden Zylinder und Kurbeltrieb ebenfalls höher belastet als im Ottomotor. Sie müssen deshalb stärker ausgeführt werden und bewirken ein vergleichsweise größeres Motorgewicht.
Moderne Dieselmotoren erreichen heute Wirkungsgrade bis zu 43 % (Ottomotor 30 %).

Abgasturbolader und Heiz-Kraft-Anlage

Um zu erreichen, dass Dieselmotoren nicht nur „weniger durstig“ als Ottomotoren sind, sondern bei gleich bleibendem Hubraum größere Leistungen erbringen, werden sie z. B. durch Abgasturbolader aufgeladen.

Ein ***Abgasturbolader*** besteht im Wesentlichen aus einer Gasturbine und einem Verdichter. Beide sitzen auf einer gemeinsamen Welle und rotieren mit gleicher Drehzahl.
Das Abgas treibt die Gasturbine an. Diese nutzt einen Teil der normalerweise nutzlos verpuffenden Bewegungsenergie des Abgases zum Antrieb des Verdichters. Der Verdichter komprimiert die Luft auf den Ladedruck (etwa 0,8 bar über dem Atmosphärendruck) und befördert sie zu den einzelnen Zylindern des Motors. So gelangt mehr Luftsauerstoff in den Zylinder, sodass auch mehr leistungssteigernder Kraftstoff eingespritzt werden kann.
Abgasturbolader verringern zusätzlich den Schadstoffausstoß und die Rußbildung. Luft und Kraftstoff werden besser vermischt. Außerdem wird durch die größere Luftmenge ein günstigeres Mischungsverhältnis erreicht (siehe Seite 143).

Dieselmotoren werden auch ortsfest (stationär) eingesetzt, z. B. in Heiz-Kraft-Anlagen. Ähnlich wie in Wärmekraftwerken wird in solchen Kraft-Wärme-Boxen die Kraft-Wärme-Kopplung (siehe Seite 135) angewandt.

Bei der abgebildeten ***Heiz-Kraft-Anlage*** ist der Motor mit einem Generator gekoppelt, der eine elektrische Leistung von etwa 5 kW erzeugt. Dabei entstehen gleichzeitig bis zu 14 kW Wärme. Das rücklaufende Heizungswasser durchströmt den Kühlmantel des Generators, den Motor (Motorblock, Zylinderkopf) sowie die Wärmetauscher für Schmieröl und Abgas. Die Wärme wird direkt dem Heiz- und Brauchwasser zugeführt. Der Strom wird primär im Gebäude genutzt. Überschüssiger Strom wird an das öffentliche Versorgungsnetz abgegeben.

Bei dieser gekoppelten Erzeugung von Wärme und Strom werden bis zu 96 % der Brennstoffenergie umgewandelt und vor Ort genutzt. Im Vergleich zur getrennten Energieerzeugung in Wärmekraftwerken und Heizkesseln und angenommenen 5000 Betriebsstunden werden pro Jahr ca. 27 % weniger NO_X und 45 % weniger CO_2 erzeugt.

Brauchwasser: *Wasser, an das nicht so hohe Qualitätsanforderungen wie an Trinkwasser gestellt werden*

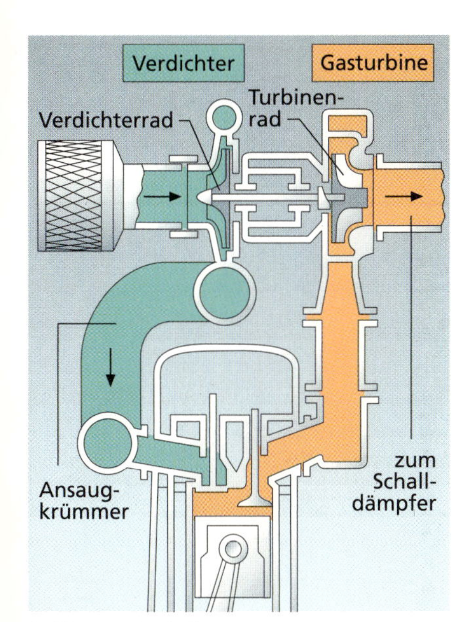

2 Abgasturbolader

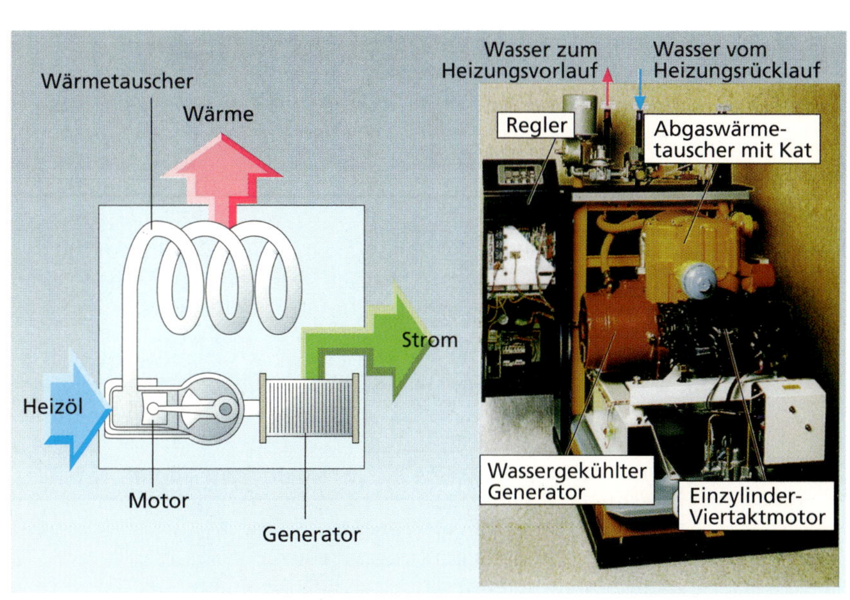

3 Heiz-Kraft-Anlage (Blockheizkraftwerk, BHKW)

Zweitakt-Ottomotor

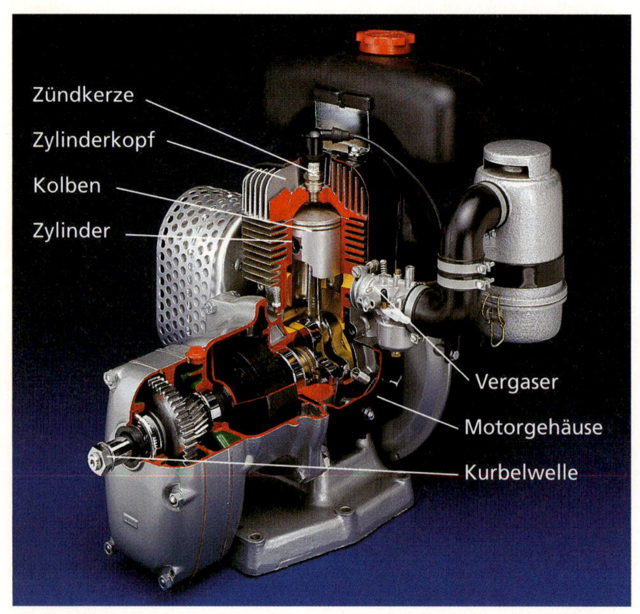

1 Zweitaktmotor

Zweitakt-Ottomotoren sind wegen ihres einfachen Aufbaus und ihres geringen Gewichts (meist aus Leichtmetall-Legierungen) überwiegend in Zweirädern, Booten, Maschinen für Garten- und Landschaftsbau usw. zu finden. Das bekannteste und inzwischen Geschichte gewordene Beispiel für ein durch Zweitaktmotoren angetriebenes Auto ist der „Trabi".
Zylinderkopf und Zylinder besitzen Kühlrippen. In der Zylinderwand befinden sich die Steuerschlitze für die Motorsteuerung (Abb. 2). Außen am Zylinder sitzt jeweils der Anschluss für das Ansaugrohr und die Auspuffanlage. Das Motorgehäuse mit der Kurbelkammer nimmt die Kurbelwelle, die Kupplung, das Getriebe und die Lichtmaschine (Generator) auf.

Die bei Viertaktmotoren übliche Schmierung eignet sich nicht für Zweitaktmotoren. Deshalb wird das zur Schmierung benötigte Öl dem Kraftstoff (z. B. im Mischungsverhältnis 1:50) zugegeben. Das Öl schlägt sich an den Laufflächen im Zylinder und im Motorgehäuse nieder und schmiert die bewegten Teile. Der Nachteil dieser Mischschmierung liegt vor allem im Verölen der Zündkerze, in der Bildung von Ölkohle und in der Rauchbildung im Abgas.

Wirkungsweise

Beim Zweitaktmotor ist ein Arbeitsspiel (Ansaugen, Verdichten, Arbeiten und Ausstoßen) nach zwei Kolbenhüben beendet.
Im Vergleich zum Viertaktmotor laufen die Vorgänge eines Arbeitsspiels teilweise gleichzeitig ab. Vorgänge über und unter dem Kolben wirken zusammen (Abb. 2). Die Kurbelkammer unter dem Zylinder ist gasdicht geschlossen und durch Überströmkanäle mit dem Zylinder verbunden (Abb. 3). Die Steuerung des Zweitaktmotors erfolgt über den Kolben und die Steuerschlitze.

Vorgänge unter dem Kolben während eines Arbeitsspiels

Voransaugen (Abb. 2 a): Nach vorausgegangener Verbrennung kehrt der Kolben im unteren Totpunkt (UT) um und bewegt sich nach oben. Alle Kanäle sind verschlossen. Durch die Kolbenbewegung entsteht im Kurbelraum ein Unterdruck. Man nennt diesen Vorgang „Voransaugen".

Ansaugen (Abb. 2 b): Gibt die Kolbenunterkante den Ansaugkanal frei, so strömt Gemisch in die Kurbelkammer. Durch die Beschleunigung des Gemischs beim Ansaugen strömt dieses auch nach dem Umkehren des Kolbens im OT so lange ein, bis der Ansaugkanal geschlossen wird.

Vorverdichten (Abb. 2 c): Treibt die Verbrennung den Kolben nach unten, werden Ansaug- und Überströmkanal geschlossen. Gleichzeitig verkleinert der Kolben den abgeschlossenen Raum der Kurbelkammer. In ihr entsteht ein geringer Überdruck. Das Gemisch wird „vorverdichtet".

Überströmen (Abb. 2 d): Kurz danach gibt die Kolbenoberkante den Überströmkanal frei. Vorverdichtetes Gemisch strömt oberhalb des Kolbens in den Zylinder.

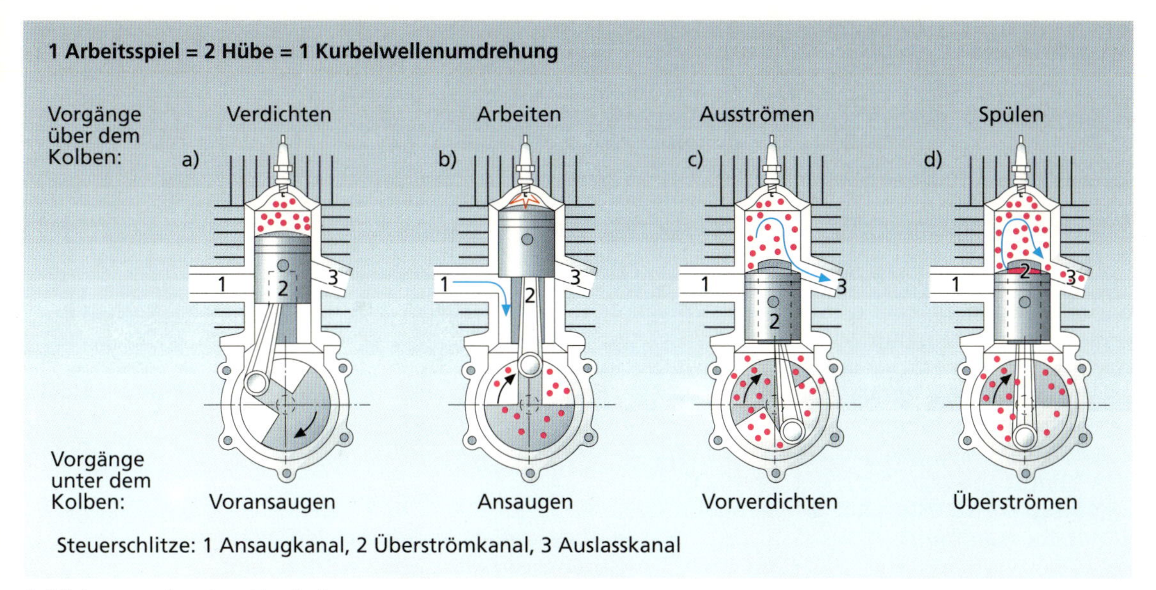

2 Wirkungsweise eines Zweitaktmotors

Vorgänge über dem Kolben während eines Arbeitsspiels

Verdichten (Abb. 2 a): Bewegt sich der Kolben nach oben und sind Überströmsowie Auslasskanal verschlossen, wird das Gemisch verdichtet.

Arbeiten (Abb. 2 b): Kurz bevor der Kolben den OT erreicht, leitet die Zündung die Verbrennung ein. Die Verbrennungsgase treiben den Kolben nach unten zum UT.

Ausströmen (Abb. 2 c): Bewegt sich der Kolben nach unten, so gibt die Kolbenoberkante zuerst den Auslasskanal frei. Noch vorhandener Überdruck treibt die Abgase aus dem Zylinder in den Auspufftopf. Dort prallen die Abgase auf Prallbleche und werden gestaut (Abb. 4).

Spülen (Abb. 2 d): Kurz danach gibt die Kolbenoberkante auch den Überströmkanal frei. Aus der Kurbelkammer strömt vorverdichtetes Frischgemisch in den Zylinder. Bei der so genannten Umkehrspülung (Abb. 3) werden die Gemischströme zur gegenüberliegenden Zylinderwand geführt. Dort richten sie sich auf, kehren im Zylinderkopf um und strömen zum Auslasskanal. Durch diese Führung schiebt das Gemisch Abgase aus dem Zylinder. Man nennt dies „Spülen" des Zylinders.
Ohne den genannten Rückstau der Abgase an den Prallblechen bestünde die Gefahr, dass beim Spülen zu viel überströmendes Gemisch mit den Abgasen ausströmt und die Füllung zu gering ist.

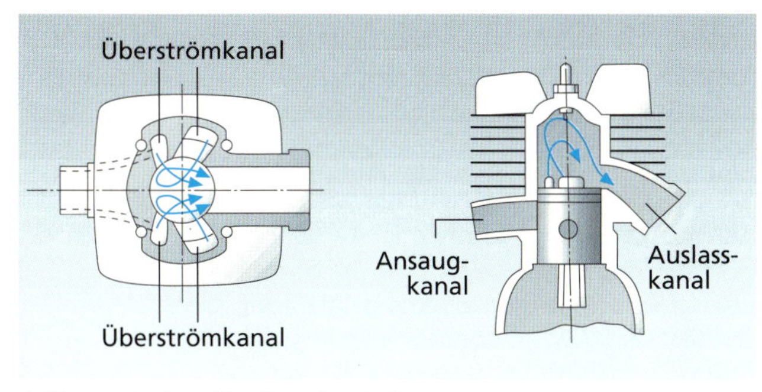

3 Überströmkanäle eines Zweitaktmotors

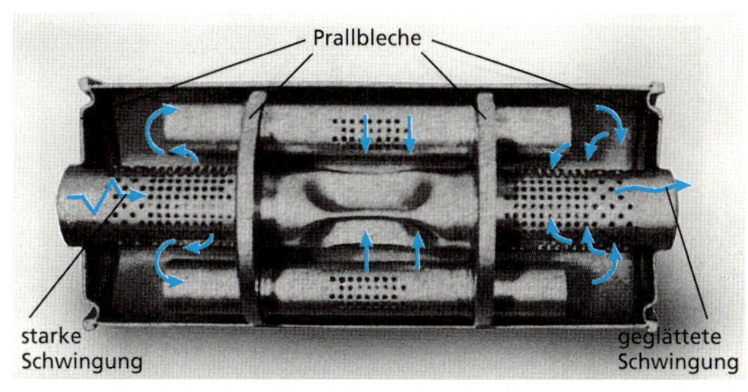

4 Auspuffanlage eines Zweitaktmotors

Kraftstoffe – Benzin und Dieselkraftstoff

Für Zweitakt- und Viertaktmotoren wird heute überwiegend Benzin (Ottokraftstoff) und Dieselkraftstoff verwendet. Beide werden heute aus Mineralöl gewonnen.

Verbrennung im Motor

Beim ***Ottomotor*** leitet der Zündfunke die Verbrennung ein. Die Flammenfront breitet sich schnell, aber nicht explosionsartig aus. Entzünden sich Gase selbst, bevor die Flammenfront sie erreicht, so verbrennen sie schlagartig. Explosionsartige Druckwellen bremsen den Kolben. Diese Druckwellen sind als „Klopfgeräusche" hörbar. Ursache kann u.a. ein nicht „klopffester" Kraftstoff mit zu niedriger Zündtemperatur sein.

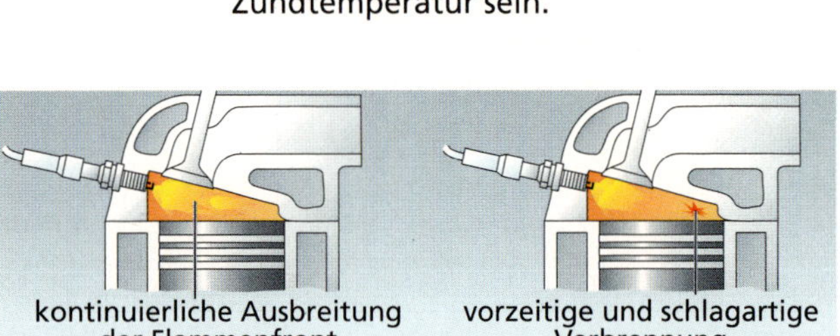
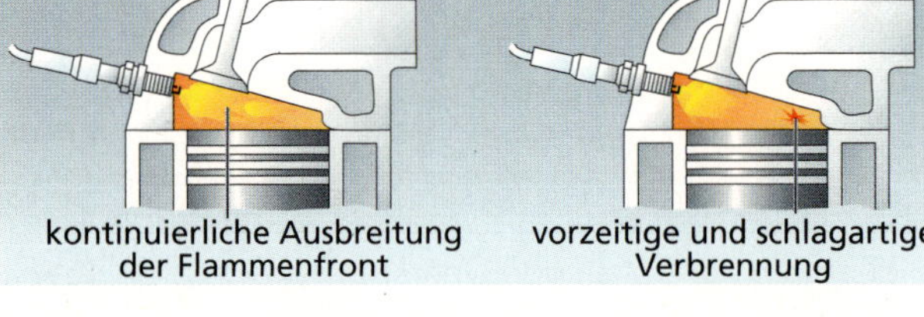

kontinuierliche Ausbreitung der Flammenfront — vorzeitige und schlagartige Verbrennung

Verbots- und Warnschilder müssen unbedingt beachtet werden!

Die Klopffestigkeit von Benzin wird durch die (relative) Octanzahl (ROZ) angegeben. Je größer die Octanzahl ist, desto klopffester ist der Kraftstoff. Die DIN-Norm verlangt für bleifreies Normalbenzin eine Mindestklopffestigkeit von 91 ROZ und für Superbenzin von 95 ROZ.

Beim ***Dieselmotor*** mit Selbstzündung ist Zündwilligkeit erwünscht. Da sich Dieselkraftstoff an heißer Luft entzünden soll, weist er eine geringere Zündtemperatur auf. Ein Maß für die Zündwilligkeit von Dieselkraftstoff ist die Cetanzahl (CZ). Mit steigender Cetanzahl nimmt die Zündwilligkeit zu. Die DIN-Norm verlangt mindestens 45 CZ.

Verbrennung und Abgaszusammensetzung

Bei idealer Verbrennung bestehen die Abgase nur aus Wasserdampf und Kohlenstoffdioxid. Leider ist diese Verbrennung in der Praxis nie vollständig erreichbar. Außerdem entstehen giftige Verbindungen, die mit dem Abgas in die Umwelt gelangen.

Luft
Sauerstoff O_2
Stickstoff N_2
Verbrennung
Kraftstoff
Kohlenwasserstoffe CH
Abgase, z.B.
Wasserdampf H_2O
Kohlenstoffdioxid CO_2
Kohlenstoffmonooxid CO
unverbrannte Kohlenwasserstoffe CH
Stickstoffoxide NO_X
Schwefeldioxid SO_2

Die Abgasanteile ändern sich mit dem Mischungsverhältnis von Verbrennungsluft zu Kraftstoff (siehe Seite 143). Die folgende Abbildung zeigt die Anteile von Kohlenstoffmonooxid, Stickstoffoxid und unverbrannten Kohlenwasserstoffen bei Normalbenzin in Abhängigkeit vom Mischungsverhältnis.

Abgasanteile
Leistung
Kraftstoffverbrauch bei gleicher Leistung
Stickstoffoxide
unverbrannte Kohlenwasserstoffe
Kohlenstoffmonooxid
kleiner ← → größer
14,7 : 1 = ideales Mischungsverhältnis

Beim Benzinmotor kann der Anteil dieser Schadstoffe u.a. durch den Einsatz eines Abgaskatalysators deutlich verringert werden (siehe Seite 149). Da der Dieselmotor mit Luftüberschuss arbeitet, enthält sein Abgas weniger Kohlenstoffmonooxid (siehe Seite 144) als das Abgas des Ottomotors.

Geregelter Dreiwege-Abgaskatalysator

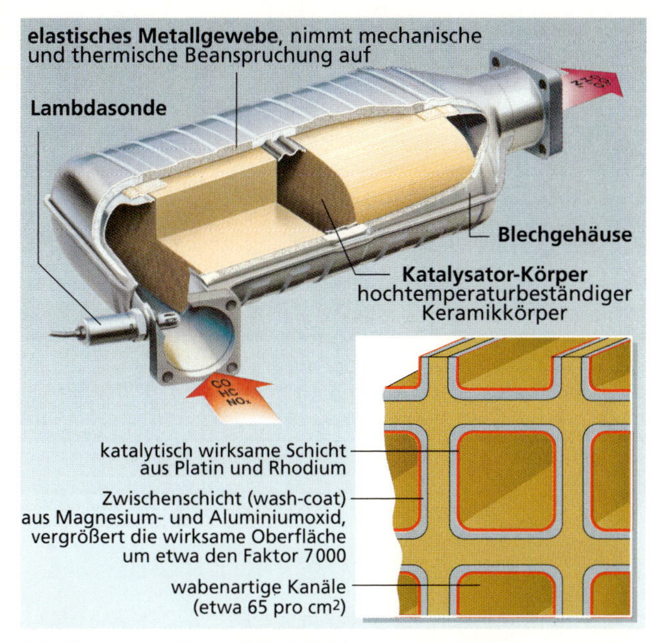

1 Aufbau eines Keramik-Katalysators

Mithilfe von Abgaskatalysatoren wird der Anteil der durch den Verkehr verursachten Luftschadstoffe erheblich verringert. Nach heutigem Stand der Technik lässt sich dies am wirkungsvollsten mit dem geregelten Dreiwegekatalysator erreichen.

Chemie: Oxidation, Reduktion

Das Katalysator-Prinzip

Bei chemischen Reaktionen, wie z. B. Oxidation oder Reduktion, müssen die beteiligten Ausgangsstoffe „reaktionsbereit" gemacht werden. Die zum Auslösen erforderliche Energie wird auch als Aktivierungsenergie bezeichnet.

katalytische Stoffe: *Stoffe, die den Ablauf chemischer Reaktionen beeinflussen*

Katalytische Stoffe, wie z. B. Platin oder Rhodium, setzen die Energieschwelle für die Einleitung von Oxidations- bzw. Reduktionsvorgängen herab und beschleunigen die Reaktionsgeschwindigkeit dieser Vorgänge. Dabei verändert sich der Katalysator selbst nicht.

Katalyse: *chemischer Prozess mit katalytischen Stoffen (Katalysatoren)*

Die Katalyse selbst ist ein komplizierter Vorgang mit einer großen Anzahl von chemischen Reaktionen.
Kohlenstoffmonooxid (CO) und die Kohlenwasserstoffe (CH) gehen eine Verbindung mit Sauerstoff (O_2) ein (Oxidation). Sie werden zu Kohlenstoffdioxid (CO_2) und Wasserdampf (H_2O) umgewandelt.

Außerdem entzieht Kohlenstoffmonooxid (CO) den Stickstoffoxiden (NO_X) den Sauerstoff (Reduktion) und wandelt diese zu Stickstoff (N_2) um. Kohlenstoffmonooxid (CO) wird dabei selbst zu Kohlenstoffdioxid (CO_2) oxidiert. Auf diese Weise werden mithilfe des ***Dreiwege***katalysators alle ***drei*** Schadstoffe CO, CH und NO_X umgewandelt. Die Umwandlungsrate liegt bei über 90 %.

Lambda-Regelung

Die Lambdasonde kontrolliert, ob die Abgase aus einer Verbrennung mit möglichst idealem Gemisch stammen. Ist dieses z. B. leicht mager, gleicht der Lambda-Regelkreis den Luftüberschuss über das Regelgerät durch verstärkte Kraftstoffzufuhr aus. Ist das Gemisch leicht fett, so verläuft die Regelung umgekehrt.

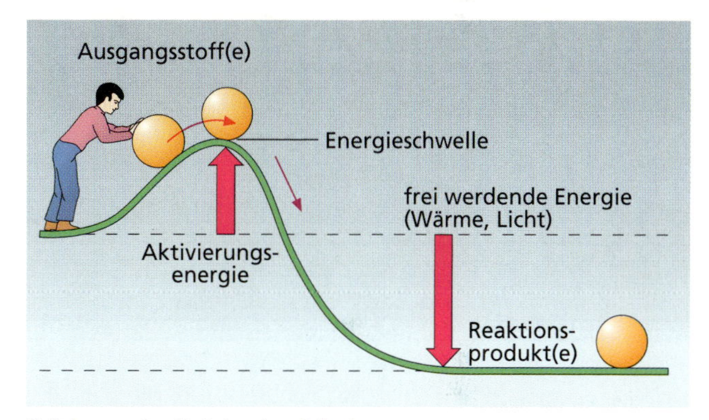

2 Schema des Katalysator-Prinzips

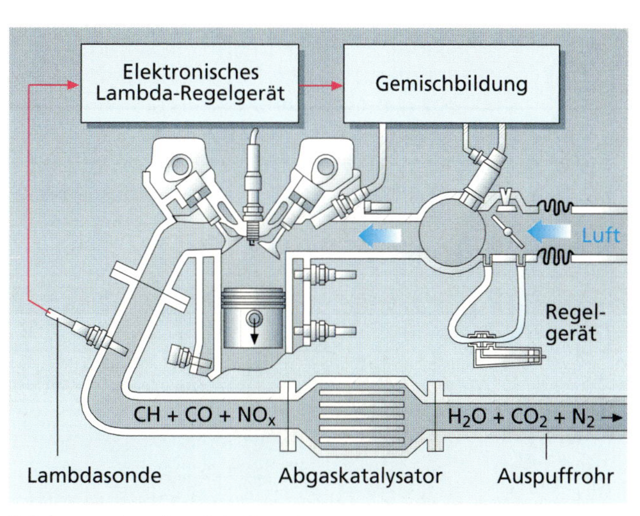

3 Schema einer Lambda-Regelung

Beispiele für alternative Kraftstoffe

Nur noch vegetarisch tanken?

Angesichts der Endlichkeit fossiler Energieträger sowie der Belastung von Mensch und Umwelt durch Lärm und Schadstoffausstoß kraftstoffbetriebener Motoren gewinnen alternative Kraftstoffe und Antriebe immer mehr an Bedeutung.
Um es gleich vorweg zu sagen: Sie werden auf absehbare Zeit die konventionelle Technik nicht ersetzen, sondern nur ergänzen können!

Biodiesel

Eigentlich müsste Rapsölmethylester (RME) auf dem Sortenschild der Tankstelle stehen. Damit Rapsöl problemlos in serienmäßigen Dieselmotoren eingesetzt werden kann, muss es auf chemischem Wege verändert werden.
Das bei der motorischen Verbrennung entstehende Kohlenstoffdioxid CO_2 wird von der Rapspflanze beim Wachstum wieder aufgenommen.

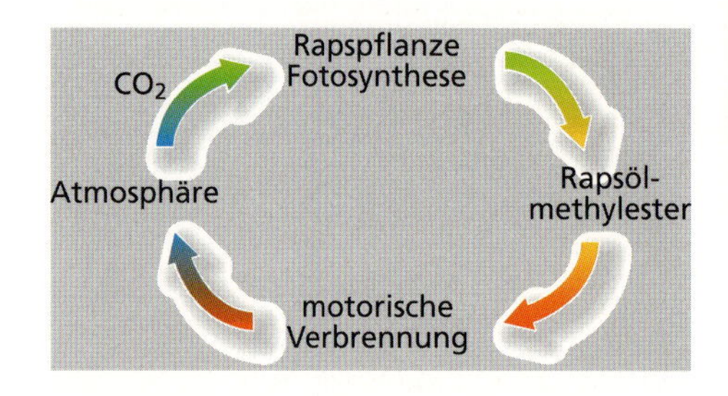

Weil jedoch beim Anbau und der Weiterverarbeitung der Pflanzen zu Kraftstoff fossile Energie eingesetzt wird, ist dieser Biokraftstoff nicht CO_2-neutral. Den Vergleich mit anderen Energieträgern ermöglicht Seite 151. Müssten alle Diesel-Fahrzeuge in der Bundesrepublik mit RME betrieben werden, benötigte man eine Rapsanbaufläche von rund 120 000 Quadratkilometern. Dies entspricht der halben Fläche der alten Bundesländer.

Wo geht 's hier zu einer der ca. 350 Tankstellen mit Biodiesel?

Erdgas

Obwohl weltweit rund eine Million Fahrzeuge mit Erdgas betrieben werden, bieten in der Bundesrepublik Hersteller von Pkw erst seit 1995 entsprechende Modelle an. Diese besitzen meist einen Hybridantrieb zur Verwendung von Benzin und Erdgas.

Hybridantrieb: *Kombination von unterschiedlichen Motoren zu einem Fahrzeugantrieb*

Damit man beide Kraftstoffe verbrennen kann, waren neben technischen Weiterentwicklungen auch Kompromisse notwendig. Diese führen z. B. bei einem 1,6-Liter-Motor zu einer rund 10 % geringeren Leistung. Die Füllung seines Hochdrucktanks (200 bar) reicht für ca. 250 km.

Mit diesem Hybridantrieb kann der Fahrer oder die Fahrerin z. B. bei größeren Steigungen durch Knopfdruck auf Benzin umschalten. Natürlich bedeutet die Unterbringung des Tanks eine Einbuße an Stauraum und ein Mehr an Fahrzeuggewicht. Für die Verbrennung von Erdgas in Verbrennungsmotoren und den Kauf solcher Autos sprechen eben vor allem ökologische Vorteile (siehe Seite 151 oben).
Da Dieselmotoren keine Fremdzündung besitzen, eignen sie sich nicht für den Hybridantrieb zusammen mit Erdgas. Sie müssen für die Nutzung dieses Kraftstoffs völlig umkonstruiert werden. Solche Erdgasmotoren werden in Versuchs- und Demonstrationsflotten von Omnibusherstellern erprobt. Ihre Kraftstoffverbrennung ist im Vergleich zu dieselgetriebenen Motoren sehr geräuscharm. Auch deshalb eignen sie sich besonders für den innerstädtischen Personennahverkehr.

Zukünftig auch an der heimischen Gasleitung tanken?

	Ottokraftstoff mit Katalysator	Diesel	Bio-diesel	Erdgas mit Katalysator	Wasserstoff H_2
Eignung	●	●	●	●	●
Verfügbarkeit	●	●	–	●	– – –
Wirtschaftlichkeit	●	+	–	–	– – –
Kohlenstoffmonooxid (CO)	●	+	+	+++	+++
Kohlenstoffdioxid (CO_2)	●	+	++	++	+++
Kohlenwasserstoffe (CH)	●	+	+	++	+++
Stickstoffoxide (NO_x)	●	–	–	+++	++
Partikel	●	–	–	+++	+++

Vergleich der Energieträger (bezogen auf Benzin im Ottomotor mit Katalysator)

●	gleich
+	etwas besser
++	deutlich besser
+++	sehr viel besser
–	etwas schlechter
– –	deutlich schlechter
– – –	sehr viel schlechter

Wasserstoff

Wasserstoff ist unter Normaldruck ein Gas, das sich bei –253 °C verflüssigen lässt. Auf die Masse bezogen ist sein Energieinhalt 2,8-mal so hoch wie der von Benzin: Wasserstoff besitzt einen Heizwert von 120 kJ/g, im Vergleich dazu Benzin: 44,5 kJ/g. Wasserstoff verbrennt mit dem Luftsauerstoff zu Wasserdampf. Dabei wird Energie frei. Wasserstoff bildet mit Luft ein explosives Gemisch. Er muss durch Zerlegung von Wasser erst bereitgestellt werden. Diese Zerlegung des Wassers ist durch Elektrolyse möglich.

Elektrolyse: Aufspaltung von Wasser durch Strom in Wasserstoff und Sauerstoff

Elektrolyt: durch Strom aufgespaltene Verbindung

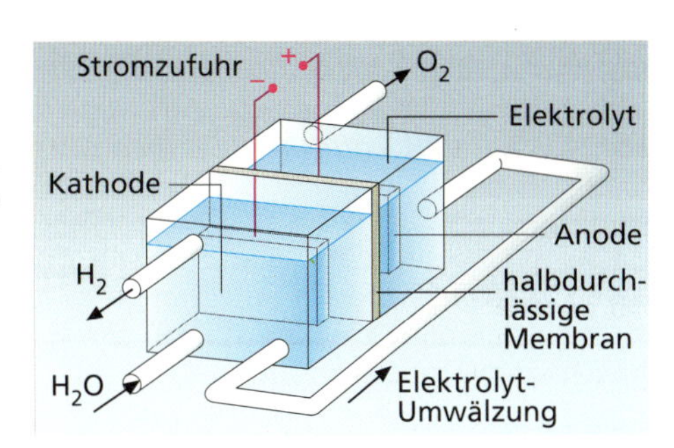

Im wasserstoffgetriebenen ***Verbrennungsmotor*** wird ein Luft-Wasserstoff-Gemisch verbrannt. Beim Betrieb bringt er eine lokale Schadstoffentlastung (siehe oben). Bei der Herstellung von Wasserstoff mithilfe von Strom aus fossilen Energieträgern wirkt sich dann aber auch der wasserstoffbetriebene Motor global belastend aus. Außerdem muss Wasserstoff mit hohem Energieaufwand verflüssigt werden, damit er in Tanks als Kraftstoff mitgeführt werden kann. Eine echte Umweltentlastung bringt allerdings die Herstellung von Wasserstoff durch Strom aus regenerativen Energieträgern.

lokal: engere Umgebung

global: weltweit

Echte ***no emission vehicles*** sind Fahrzeuge, bei denen Elektroantriebe die notwendige Energie in Form von Wasserstoff erhalten.
In so genannten ***Brennstoffzellen*** werden Sauerstoff und Wasserstoff jeweils getrennt an Elektroden vorbeigeführt. Über einen dazwischen liegenden Elektrolyten werden Sauerstoffionen ausgetauscht. Der Wasserstoff oxidiert. Es entstehen Wasser und elektrische Energie, die im Elektromotor in Bewegungsenergie umgewandelt wird. Im auf Seite 129 abgebildeten Versuchsauto liefern 300 solcher Zellen zusammen 180 Volt.

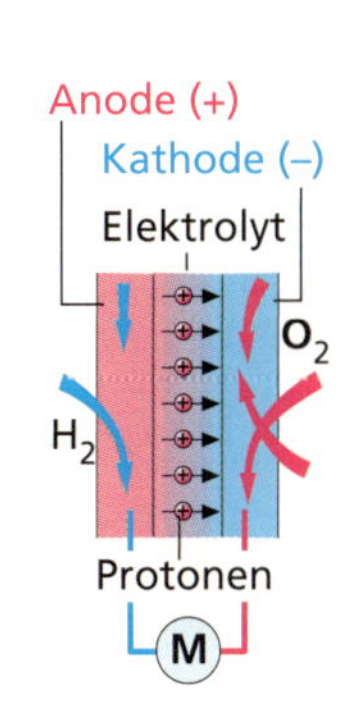

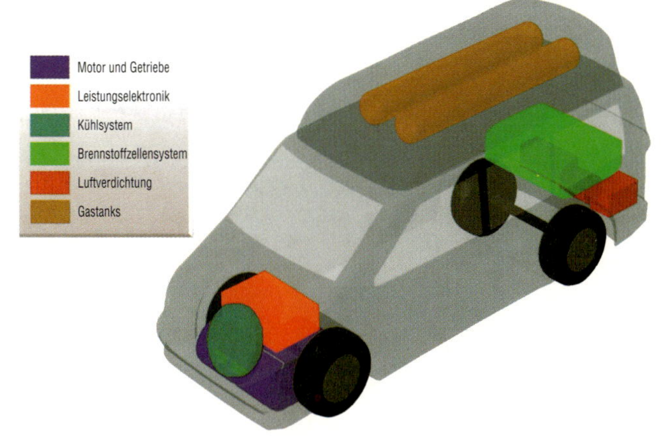

Mobilität und Gesellschaft

Ein wesentliches Merkmal unserer heutigen Industriegesellschaft ist die ungeheure Mobilität von Menschen und Gütern. Mit Flugzeugen, Schiffen, Hochgeschwindigkeitszügen und Autos ist es im Prinzip möglich, jeden Punkt der Erde zu erreichen. Doch je mehr von dieser Mobilität Gebrauch gemacht wird, desto mehr gerät sie ins Stocken.

Mobilität: *Beweglichkeit*

Pkm: *Produkt aus zurückgelegten Kilometern und der Anzahl der transportierten Personen*

tkm: *Produkt aus zurückgelegten Kilometern und der Anzahl der transportierten Tonnen*

Welchen Energieverbrauch und welche Schadstoffemissionen ein Verkehr bewirkt, der unter dem Motto „immer mehr, immer weiter, immer schneller" zu stehen scheint, zeigen die entsprechenden Abbildungen auf Seite 130.
Wie sehr diese Mobilität gewachsen ist, zeigt z. B. die Veränderung der Verkehrsleistungen im Personen- und Güterverkehr der alten Bundesländer.

Verkehrsleistungen im Personenverkehr in Mrd. Pkm

	Taxi und Mietwagen	Luftverkehr	Schienenverkehr	Öffentl. Straßenverkehr	Motorisierter Individualverkehr
oben	2,5	18,4	44,6	74,1	638,6 (83 %)
unten	2,2	11,0	41,0	65,1	502,2 (80 %)

Verkehrsleistungen im Güterverkehr in Mrd. tkm

	Luftverkehr	Nahverkehr	Binnenschifffahrt	Schienenverkehr	Fernverkehr
oben	0,4	49,4	54,8	62,4	120,4 (42 %)
unten	0,3	44,4	51,4	64,9	80,0 (33 %)

1 Veränderungen der Verkehrsleistungen von 1980 bis 1990

Im Durchschnitt legte 1990 jeder Einwohner pro Tag ca. 33 km mit Verkehrsmitteln zurück. Im Güterverkehr wurde für ihn täglich eine Verkehrsleistung von rund 12 tkm erbracht.

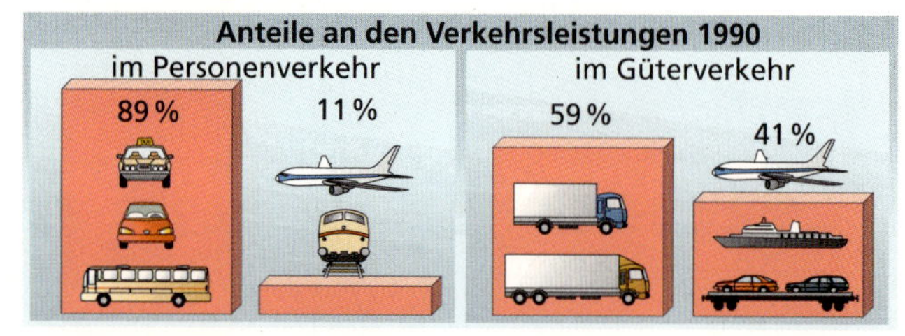

2 Anteile an den Verkehrsleistungen 1990

Das mit Abstand wichtigste Verkehrsmittel ist das Auto. Die Zunahme von Mobilität liegt zum überwiegenden Teil beim motorisierten Individualverkehr. Dies zeigt z. B. auch die Zunahme der Belastung überörtlicher Straßen.

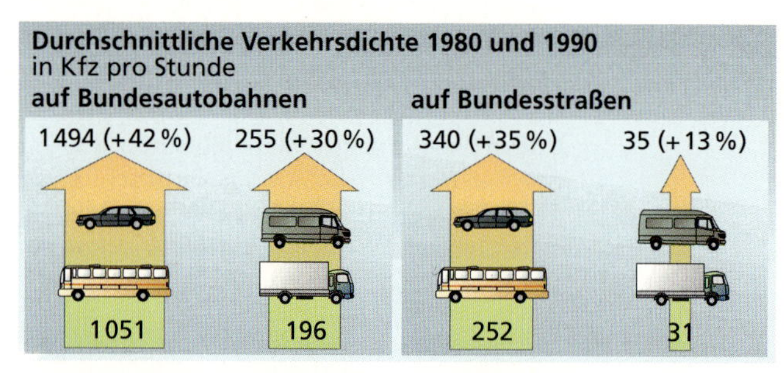

3 Änderung der Verkehrsdichte von 1980 bis 1990

Vergleichen und Bewerten von Verkehrsmitteln

Es ist üblich, verschiedenartige Verkehrsmittel mithilfe von Angaben zum spezifischen Energieverbrauch und zum Schadstoffausstoß pro Pkm bzw. tkm zu vergleichen und zu bewerten.

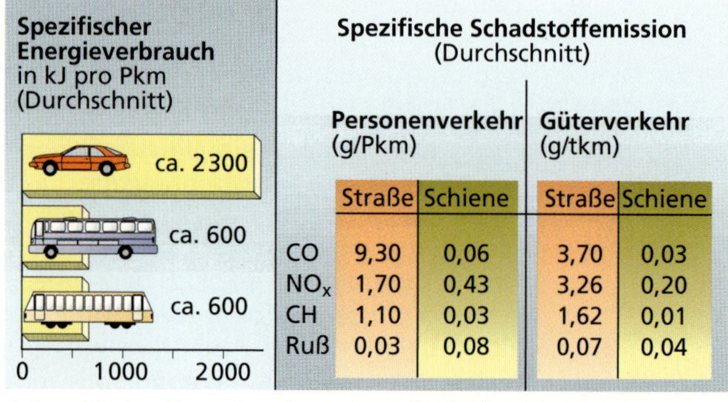

Spezifische Schadstoffemission (Durchschnitt)

	Personenverkehr (g/Pkm) Straße	Personenverkehr (g/Pkm) Schiene	Güterverkehr (g/tkm) Straße	Güterverkehr (g/tkm) Schiene
CO	9,30	0,06	3,70	0,03
NO_x	1,70	0,43	3,26	0,20
CH	1,10	0,03	1,62	0,01
Ruß	0,03	0,08	0,07	0,04

4 Spezifischer Energieverbrauch und Schadstoffemissionen

Verkehrsminderung, -verlagerung und -vermeidung

Glaubt man Vorhersagen (Prognosen), so nimmt die Verkehrsleistung auf der Straße bis zum Jahr 2010 beim Personenverkehr um etwa 30 % zu, beim Güterverkehr um rund 80 %.
Einig sind sich die Verantwortlichen in Politik und Wirtschaft über folgende Zielsetzungen bis zum Jahr 2010:

- Senkung des Kraftstoffverbrauchs und damit der Abgas-Emissionen um ein Viertel (bezogen auf 1990)
- Halbierung des Risikos, im Straßenverkehr zu verunglücken

Wir werden Gewohnheiten aufgeben und Verhaltensweisen ändern müssen, um unseren Beitrag zum Erreichen dieser Ziele zu leisten (Abb. 5). Du findest sicher noch weitere Beispiele.

Möglichkeiten öffentlicher Verkehrsmittel

Wie der Vergleich von Energieverbrauch und Schadstoffemissionen auf Straße und Schiene zeigt, müssen öffentliche Verkehrsmittel viel mehr als bisher genutzt und für möglichst viele Menschen attraktiver werden. Dazu können z.B. folgende Maßnahmen beitragen:

- Zusammenschluss und kostengünstige Vernetzung aller Verkehrsbetriebe einer Region mit guten Angeboten vor Ort sowie guter Anbindung an das Fernnetz,
- Verbindung des ÖPNV mit dem motorisierten Individualverkehr, z.B. durch das Park & Ride-System,
- Nutzung des Schienennetzes (Deutsche Bahn, Straßenbahnen) im Personen- und Güterverkehr, z.B. mit so genannten „Zwei-System-Stadtbahnen".

Solche und ähnliche Maßnahmen könnten die Zahl der vielen täglichen Pkw-Kurzfahrten (heute rund 60 % aller Fahrten) deutlich vermindern.

Auch jeder Autofahrer und jede Autofahrerin kann einen ganz persönlichen Beitrag leisten:

- Das Fahren mit 120 km/h statt mit 160 km/h vermeidet einen um etwa 25 % höheren Kraftstoffverbrauch. Gleiches gilt für den CO_2-Ausstoß.
- Schaltet man den Motor bei längerer Wartezeit aus, wie z.B. an Ampeln und Bahnschranken oder bei Staus, senkt dies ebenfalls den Kraftstoffverbrauch und die Emissionen.
- Kurzstrecken sollte man vermeiden, denn der Kraftstoffverbrauch normalisiert sich erst nach ca. 4 Kilometern.
- Vorausschauendes Fahren ohne ständiges Bremsen und Beschleunigen kann im Vergleich zur Tempofahrt vor allem auf längeren Strecken mit vielen Ampeln den Verbrauch und die Emissionen leicht um ein Viertel senken.

ÖPNV: *öffentlicher Personennahverkehr*

P + R

Umsteigen vom privaten Pkw am Stadtrand mit Parkhaus oder Großparkplatz und Haltestelle in Bus, S- oder U-Bahn

... um die Ecke zur Post
... zum Supermarkt am Stadtrand
... auf einer meiner vielen Geschäftsreisen
... zu Omis Geburtstag
... zum Arbeitsplatz

5 Beispiele Kraftstoff einzusparen und Abgas-Emissionen zu senken

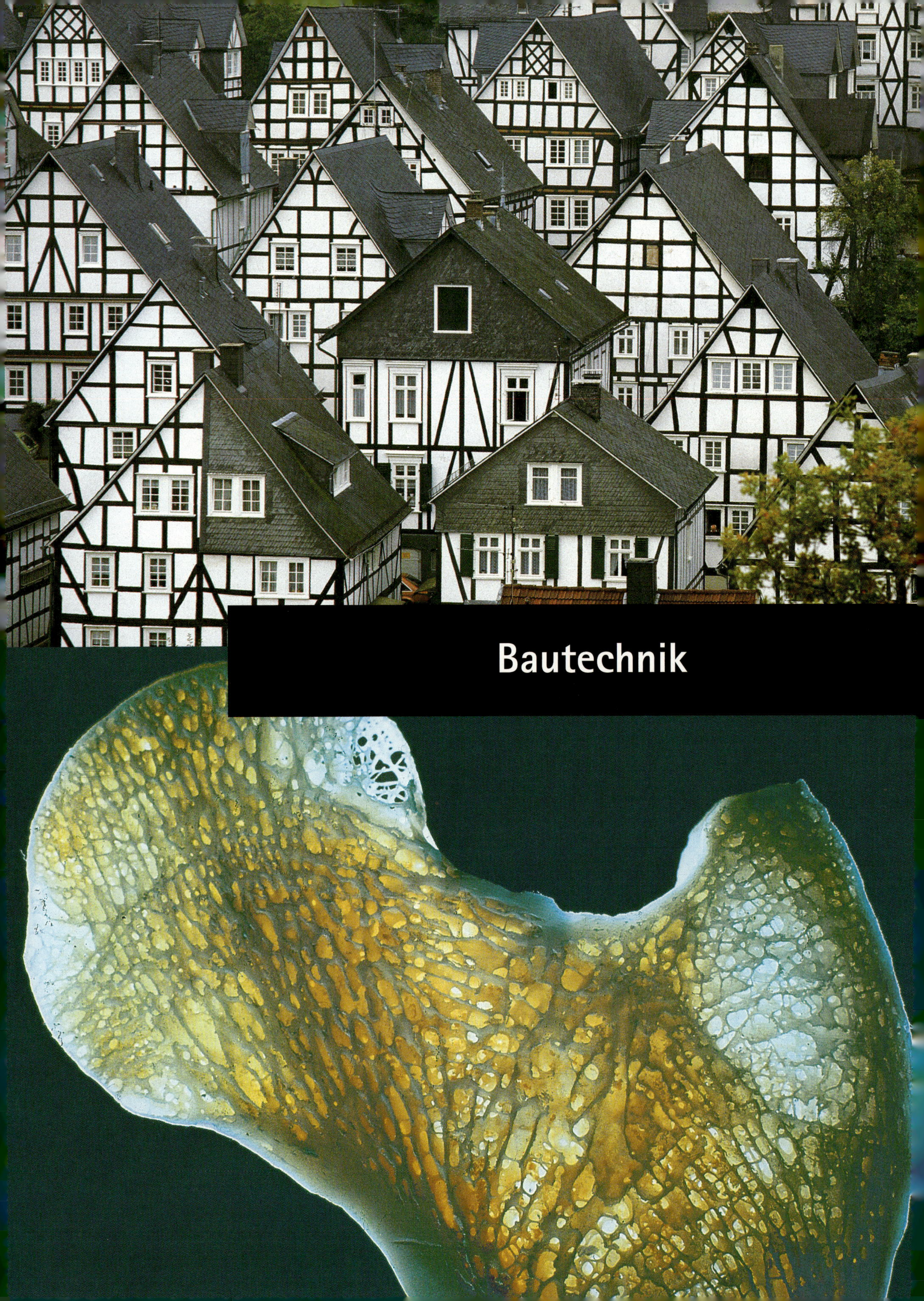
Bautechnik

Warum das Thema wichtig ist

Bauen zählt zu den Urbedürfnissen des Menschen. Menschen schufen sich schon in vorgeschichtlichen Zeiten Behausungen, errichteten Schutzbauten gegen wilde Tiere oder feindlich gesonnene Menschen und stellten Überbrückungen über Bäche her.

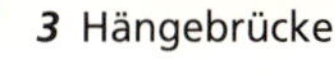

3 Hängebrücke

Wir leben in einer von Menschen gebauten Umwelt, sind ständig von ihr umgeben und werden von ihr beeinflusst. Bautechnik ist jedoch nicht leicht zu verstehen, weil das Planen und Herstellen von Bauwerken von sehr vielen Faktoren abhängt, z. B.
- von den Bedürfnissen der Benutzer,
- von der Baufinanzierung,
- von Formvorstellungen,
- von der Wirkung von Kräften,
- von der Materialwahl,
- vom Zeitgeschmack,
- vom Produktionsvorgang,
- von der landschaftlichen Umgebung,
- von der Besonnung,
- von der Wärmedämmung,
- vom Windschutz,
- vom Schallschutz
- usw.

2 Zeitgemäßes und historisches Bauwerk

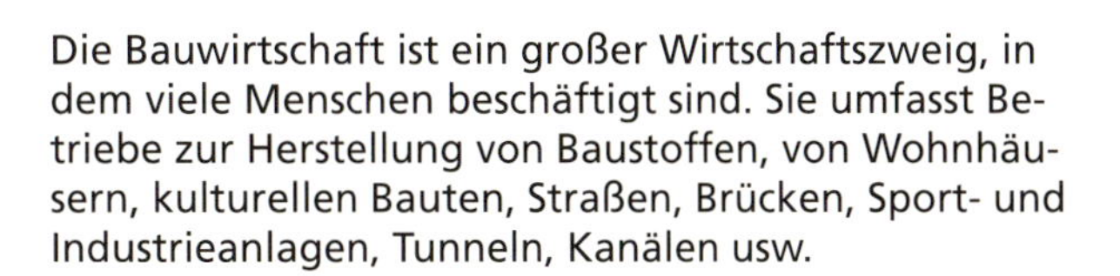

Die Bauwirtschaft ist ein großer Wirtschaftszweig, in dem viele Menschen beschäftigt sind. Sie umfasst Betriebe zur Herstellung von Baustoffen, von Wohnhäusern, kulturellen Bauten, Straßen, Brücken, Sport- und Industrieanlagen, Tunneln, Kanälen usw.

All das sind Gründe, sich einmal intensiv mit Fragen und Problemen der Bautechnik zu befassen.

1 Zeltkonstruktion

Aus der Geschichte des Wohnbaus

1 Bau eines Hauses in der Jungsteinzeit

Nach dem Sesshaftwerden verwendeten die Menschen für die Errichtung von Wohnbauten Baumaterialien, die sie an ihrem Wohnort vorfanden, z. B. Holz, Steine, Lehm, Torf oder Gras. Sie bauten ihre Behausungen in Skelett- oder in Massivbauweise.

In waldreichen Gebieten wurden „Nur-Dach-Häuser" errichtet. Daraus entwickelten sich Wohnbauten, bei denen die Dächer auf Pfosten gesetzt wurden. Zwischen den Pfosten dieser ***Skelettbauten*** wurden die Wände mit Flechtwerk ausgefacht und mit Lehm winddicht gemacht.

Aus Holz wurden auch Blockhäuser errichtet. Diese ***Massivbauten*** entstanden durch Aufeinanderlegen von Baumstämmen. In waldarmen Gebieten wurden massive Wände durch Aufeinanderschichten von Steinen, Lehmziegeln oder später aus gebrannten Ziegeln hergestellt. In Süditalien kann man heute noch „trulli" besichtigen. Das sind runde Krag-Kuppelhäuser, die aus ringförmigen Steinschichten gebildet wurden.

2 Krag-Kuppelhaus (Süditalien)

Besonders die Römer entwickelten den Steinbau. In der überbevölkerten Hauptstadt Rom entstanden ***Mietskasernen*** mit bis zu 12 Stockwerken. Vereinzelt erreichten sie eine Höhe von 35 Metern. Wohlhabende Bürger ließen sich außerhalb Roms Atriumhäuser bauen, das sind Villen mit einem Innenhof. Es gab fließendes Wasser, Fußbodenheizung und seit der Regierungszeit von Augustus sogar Glasfenster.

Die Tradition der verschiedenen Baukonstruktionen und Baumaterialien setzte sich bis in unser Jahrhundert fort oder wurde wieder entdeckt, z. B. das „Nur-Dach-Ferienhaus", das alpenländische Blockhaus, der Holzfachwerkbau, der Backsteinbau oder vereinzelt auch der moderne Lehmbau.

3 Gebäude mit Torfwänden (Island)

Erst mal informieren

Sammelt und lest Bauzeitschriften, Zeitungsartikel und Zeitungsbeilagen zum Thema Bauen und Werbematerial von Baufirmen. Versucht möglichst viele Fragen zu beantworten:

- Weshalb baut man heute anders als früher? Ist der derzeitige Architekturtrend nur ein Modetrend?
- Wohnen ist heute sehr teuer. Wie können Baukosten gesenkt werden und wie können die laufenden Kosten niedrig gehalten werden? Wie bekommt man bei Kälte ein Haus mit niedrigen Kosten warm?
- Für jedes Baugrundstück gelten baurechtliche Vorschriften. Was wird in diesen Vorschriften festgelegt?
- Nach welchen Gesichtspunkten sollte der Standort eines Baugrundstücks beurteilt werden?
- Welche Informationen stecken in Bauzeichnungen?
- Wie soll die Wohnfläche aufgrund unserer Lebensgewohnheiten eingeteilt und möbliert werden?
- Welche Baustoffe gibt es und welche ermöglichen ein gesundes Wohnen und eine umweltschonende Bauweise?

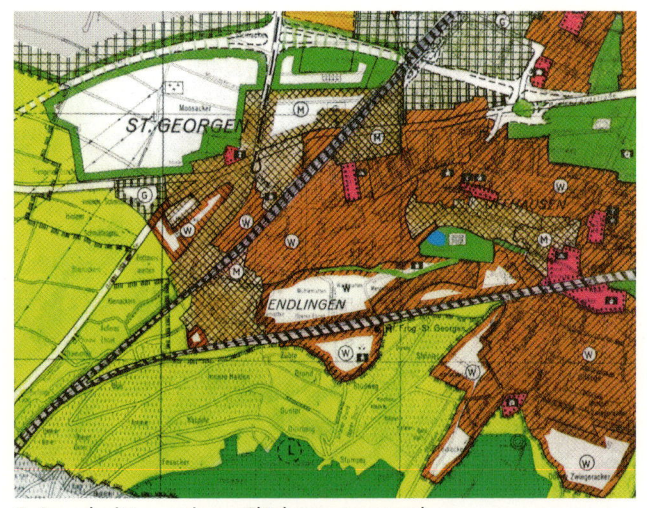

1 Ausschnitt aus einem Flächennutzungsplan

Bedeutung der Farben in Abb. 4 und 5:

Wohnbaugebiet

Gewerbegebiet

Mischgebiet

Flächen für Gemeinbedarf

Flächen für Versorgungsanlagen

Grünflächen

Wasserflächen

Flächen für Landwirtschaft

Flächen für Forstwirtschaft

Die Anforderungen an ein Bauwerk sind so vielfältig, dass viele Fachleute an der Planung und Ausführung beteiligt werden müssen. Der Auftraggeber oder „Bauherr" muss ein Baugrundstück besitzen oder erwerben, bevor mit der Bauplanung begonnen werden kann. Er gibt die Planung Ingenieuren oder Architekten in Auftrag. Grundlage für die Planung sind z. B.:

- Wünsche des Bauherrn (Auftraggeber),
- finanzielle Möglichkeiten des Auftraggebers,
- Lage und Größe des Grundstücks,
- Vorschriften der Landesbauordnung,
- Bauleitpläne: Flächennutzungs- und Bebauungsplan,
- Wahl der Bauweise und der Baustoffe,
- Anforderungen an umweltgerechtes Bauen.

Der ***Flächennutzungsplan*** einer Gemeinde (= vorbereitender Bauleitplan) enthält für das gesamte Gemeindegebiet Angaben über den gegenwärtigen Bestand und die beabsichtigte Art der Bodennutzung, z. B. Nutzung als Wohnflächen, Gewerbeflächen, Stromversorgung, Wasser- und Abwassereinrichtungen, Grünflächen, Verkehrsflächen, öffentliche Einrichtungen. In einem ergänzenden Bericht wird die Begründung der Planung für die voraussehbaren Bedürfnisse erläutert.

Der ***Bebauungsplan*** (= verbindlicher Bauleitplan) wird von der Gemeinde als Satzung (= schriftlich niedergelegte Rechtsvorschrift) beschlossen. In ihm werden Art und Maß der baulichen Nutzung verbindlich festgelegt, z. B. ökologische Ausgleichsmaßnahmen, überbaubare Fläche eines Grundstücks, erlaubte Wohnfläche, Höhe des Gebäudes, Stellflächen für Kraftfahrzeuge und Dachneigung.

Für die Darstellung der Flächennutzung und Bebauung werden festgelegte Planzeichen verwendet. Das Maß der baulichen Nutzung wird üblicherweise durch die ***Grundflächenzahl*** (GRZ) und die ***Geschossflächenzahl*** (GFZ) angegeben.

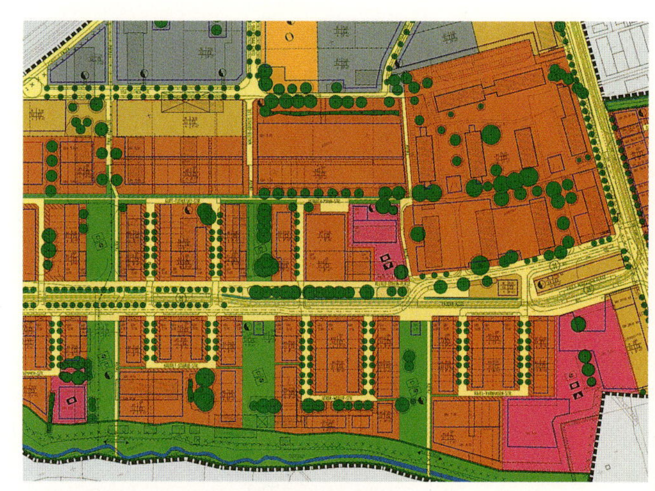

2 Ausschnitt aus einem Bebauungsplan

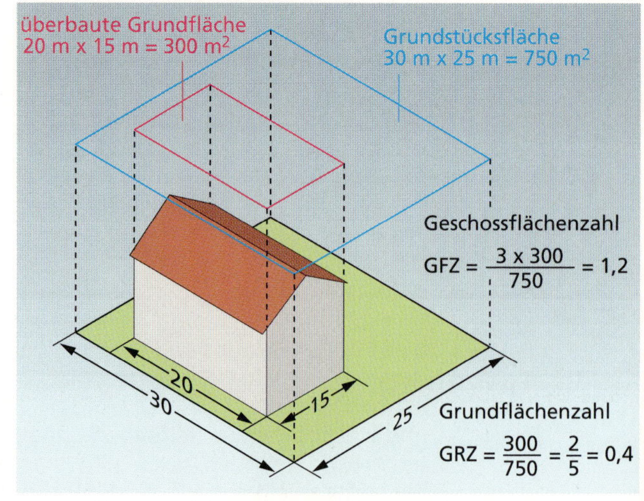

6 Grundflächenzahl und Geschossflächenzahl

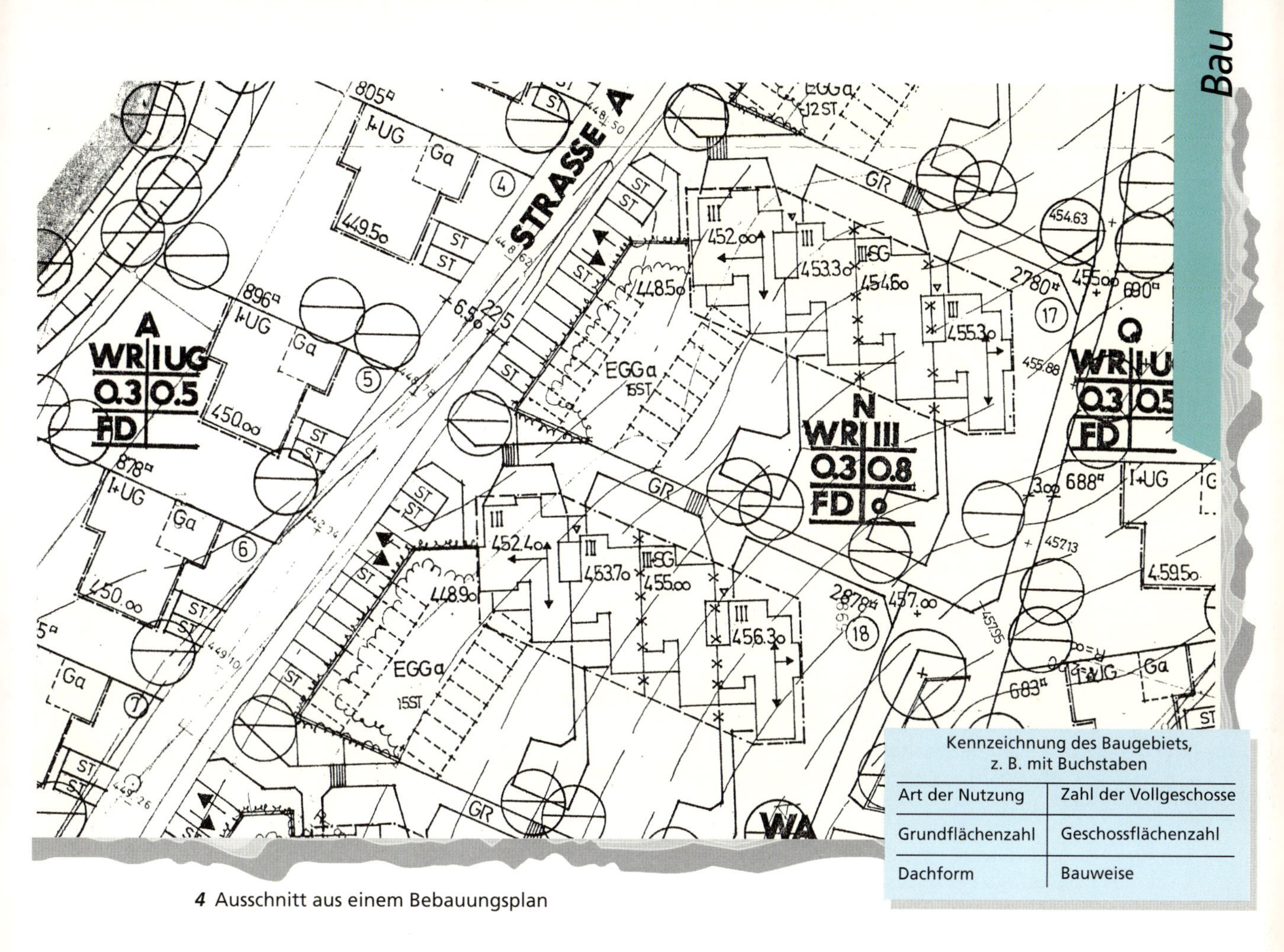

4 Ausschnitt aus einem Bebauungsplan

Erkundung beim Stadtplanungsamt

Informiert euch zunächst über Flächennutzungs- und Bebauungspläne. Versucht mithilfe der Symbole von Seite 325 so viele Informationen wie möglich aus verschiedenen Planquadraten eines Flächennutzungsplans und aus einem Bebauungsplan zu entnehmen.

Stellt für die Erkundung beim Stadtplanungs- oder Stadtbauamt Fragen zusammen, z. B.

1. Wer erstellt die Bauleitpläne (Flächennutzungs- und Bebauungspläne) und wer kontrolliert die Durchführung?
2. Welche Schritte müssen beim Genehmigungsverfahren für den Flächennutzungsplan eingehalten werden?
3. Wie können sich die Bürgerinnen und Bürger an der Bauleitplanung beteiligen?
4. Woher bekommt man die Informationen, wenn neue Baugebiete geplant werden?
5. Was ist nach dem Flächennutzungsplan Neues geplant? Welche Verbesserung ist damit beabsichtigt? Welche unerwünschten Folgen kann die Ausführung der Planung haben?
6. Wo befindet sich ein Neubaugebiet und welche Vorschriften gelten dort, z. B. GRZ, GFZ, Anzahl der Stockwerke, Form der überbaubaren Fläche, Dachform, Dachdeckung, Verkehrsflächen, Grünflächen, Fläche für den Bedarf der Gemeinde (z. B. für Straßen, Schulen und Spielplätze)?
7. Ist das Neubaugebiet an öffentliche Verkehrsmittel angebunden?
8. Gibt es ökologische Ausgleichsmaßnahmen durch den Flächenverbrauch des Neubaugebietes?
9. Dürfen in Wohnbaugebieten Gartenhäuser beliebiger Größe erstellt werden?

Bauzeichnungen

Für den Bauherrn werden Grundrisse mit Möblierung und Ansichten als ***Vorentwurfszeichnungen*** angefertigt. Je nach den Vorschriften eines Bundeslandes müssen verschiedene ***Entwurfszeichnungen*** für die Bauvorlage beim Bauamt eingereicht werden, z. B. ***Lageplan*** im Maßstab 1:500 oder 1:1000, Grundriss, Seitenansichten, Schnittzeichnungen und Abwasserplan im Maßstab 1:100, außerdem Baubeschreibung, Berechnung der Wohnfläche, Berechnung des Wärmeschutzes und baustatische Berechnungen.

Ist die Baugenehmigung erteilt und hat der Bauherr den Bauplänen zugestimmt, werden ***Ausführungszeichnungen*** für die Ausführung der Bauarbeiten üblicherweise im Maßstab 1:50 angefertigt, z. B. für Rohbauarbeiten, Dachkonstruktion, Elektroinstallation, Wasserinstallation. Die Ausführungszeichnungen können durch Teilzeichnungen in anderen Maßstäben ergänzt werden, z. B. für das Biegen der Stahlstäbe im Beton im Maßstab 1:20.

Vor der Vergabe der Bauarbeiten an ausführende Firmen werden ***Kostenvoranschläge*** (Angebote) eingeholt. Damit die zahlreichen Arbeiten ineinander greifen, kein Leerlauf entsteht und das Bauwerk termingerecht erstellt werden kann, werden die Arbeiten in einem ***Arbeitsplan*** grafisch dargestellt (Abb. 6).

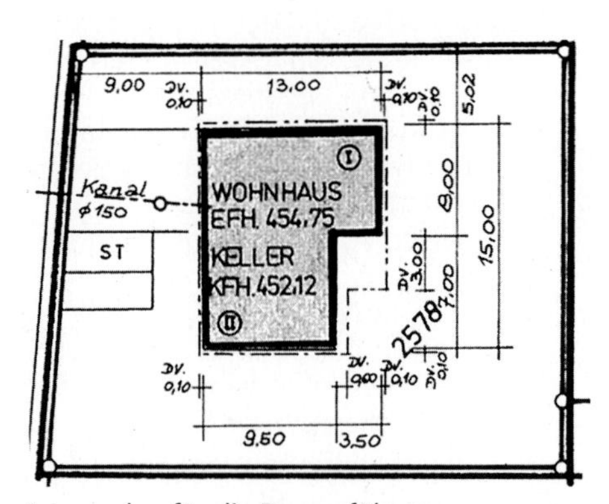

1 Lageplan für die Bauausführung

Der ***Lageplan*** für die Bauausführung ist eine vereinfachte Draufsicht auf das Grundstück und das Gebäude. Alle wichtigen Begrenzungen und Maße sind angegeben.

Der ***Grundriss*** ist ein horizontaler Schnitt durch ein Gebäude in Fensterhöhe. Regeln, die du beim technischen Zeichnen gelernt hast, gelten auch bei Bauzeichnungen. Es gibt aber auch Besonderheiten:

a) Maßzahlen können auch in Maßlinien-Lücken stehen.
b) Maße können auch in m und cm angegeben werden. Halbe cm werden mit einer hochgestellten 5 geschrieben.
c) Als Maßbegrenzung sind auch Kreise oder Punkte möglich. Ein besonderes Zeichen für die Maßbegrenzung darf sogar fehlen.
d) Maßhilfslinien müssen nicht bis an die Körperkante gezogen werden.
e) Kettenmaße und Doppelbemaßungen sind üblich.
f) Bei Wandöffnungen wird die Breite über und die Höhe unter der Maßlinie angegeben.
g) Brüstungshöhen (BR) für Fenster werden vom Fußboden aus gemessen. Die Maße gelten für den Rohbau.
h) Zwischen die Maße für rechteckige Öffnungen von Kaminen und Schächten setzt man einen Schrägstrich.
i) Bei Treppenstufen zeigt ein Pfeil zu den oberen Stufen.

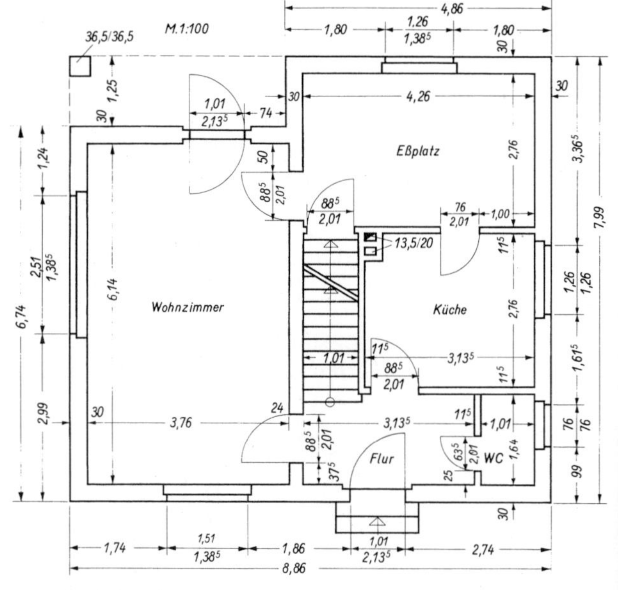

2 Besonderheiten bei Bauzeichnungen

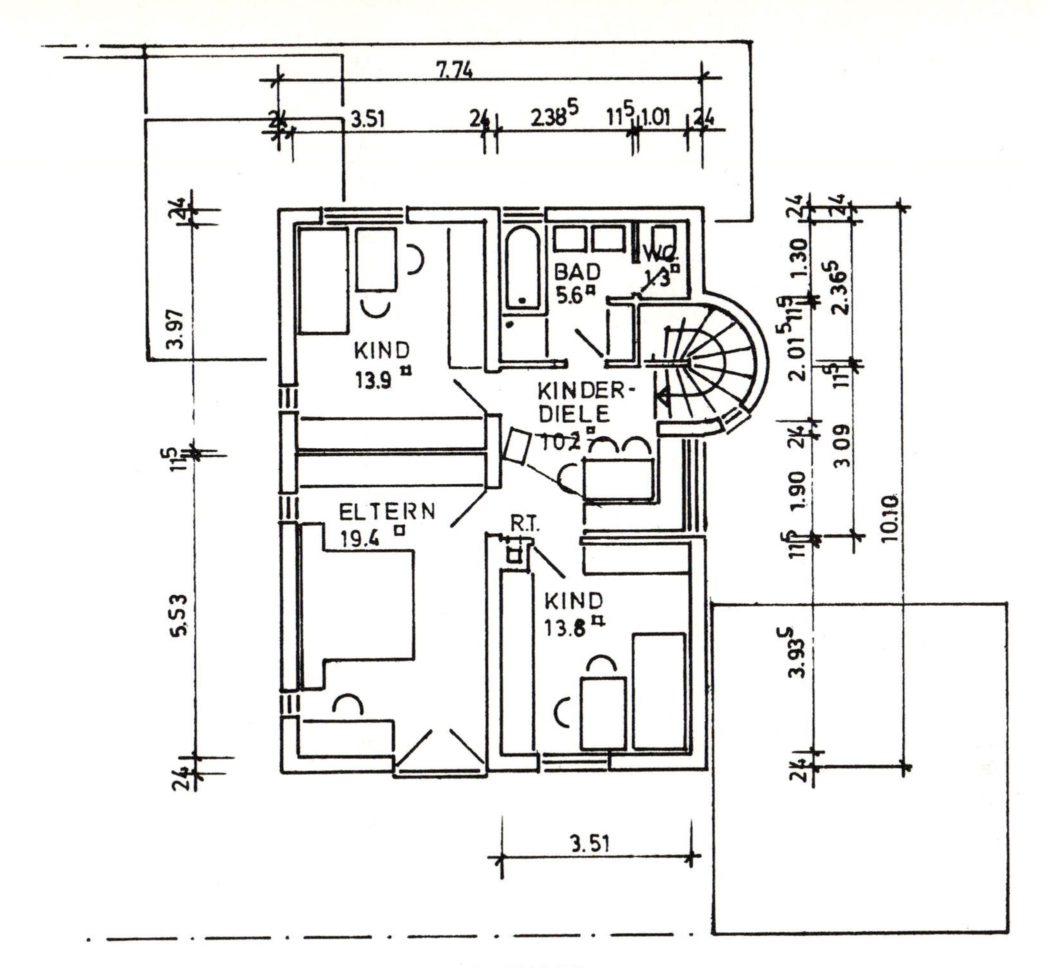

OBERGESCHOSS

3 Grundriss

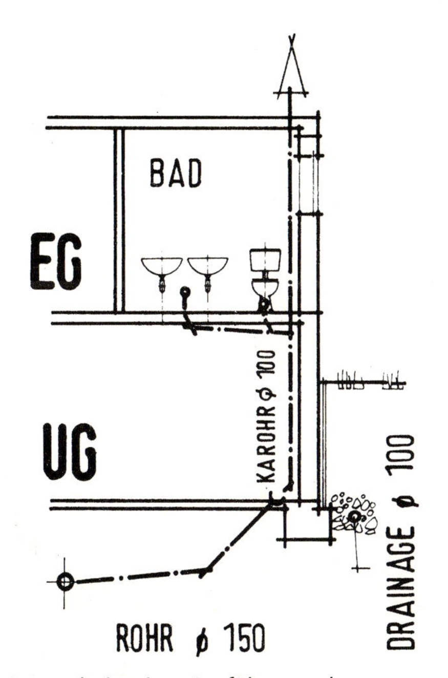

4 Ausschnitt eines Ausführungsplans für eine Abwasseranlage

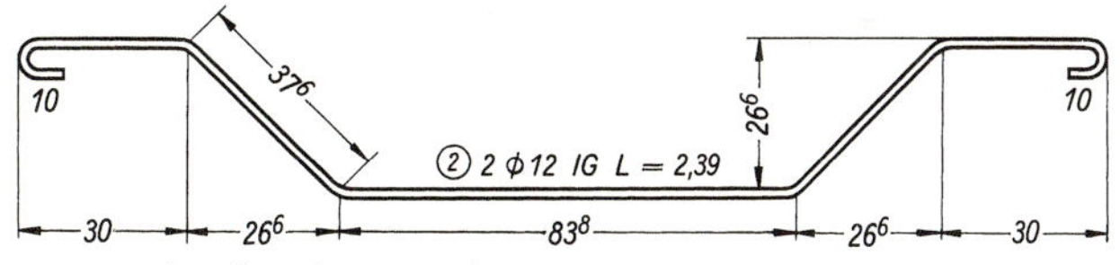

5 Biegeplan für eine Bewehrung

Woche	1	2	3	4	5	6	7	8	9	10	11	12	13	14	15	16	17	18	19	20
Erdarbeiten	■																			
Rohbau		■	■	■	■	■	■	■	■											
Dach									■	■										
Heizung									■	■	■						■			
Sanitär									■	■	■						■			
Elektro										■	■							■		
Fenster										■										
Innenputz												■								
Estrich													■							
Fliesen														■						
Türen														■	■					
Maler															■	■	■			
Böden																■	■			
Außenanlage																■	■	■	■	■

6 Arbeitsplan für die Erstellung eines Bauwerks

Umweltgerechtes, Energie sparendes und gesundes Bauen

Umweltgerechtes Bauen
Jede Baumaßnahme stellt einen Eingriff in die Natur dar. Umweltschonendes Bauen schränkt den Lebensraum von Pflanzen und Tieren nicht unnötig ein. Es ist sinnvoll, Baumbestände möglichst zu schonen, als Ausgleichsmaßnahme ein Biotop anzulegen und den Bodenaushub im gleichen Baugebiet zu belassen, um große Transportwege zu vermeiden. Werden Baugebiete an öffentliche Verkehrsmittel angebunden, ist die tägliche Benutzung des Autos nicht erforderlich. Dies führt zur Reduzierung der Luftverschmutzung. Regenwasser sollte nicht in die Kanalisation gelangen, sondern aufgefangen und genutzt werden oder es sollte im Boden versickern können.

Da auch Häuser nicht „ewig" halten, dürfen sie beim Abriss keinen giftigen Bauschutt hinterlassen. Die Baustoffe sollten wieder verwertbar sein, wie z. B. Ziegel und Holz.

Energie sparendes Bauen
Viele Häuser sind „Energiefresser". An die Wärmedämmung bei Dach, Boden, Außenwänden, Fenstern und Wandflächen müssen deshalb hohe Anforderungen gestellt werden. Je besser die Wärmedämmung ist, desto geringer ist die erforderliche Heizenergie. Geringere Heizenergie bedeutet auch immer eine geringere Abgasbelastung der Luft. Eine Dach- und Fassadenbegrünung erhöht die Wärmedämmung. Sie verbessert außerdem das Wohn- und Stadtklima, da Temperaturschwankungen ausgeglichen und Schmutzpartikel aus der Luft gefiltert werden.

Je kleiner die Oberfläche eines Gebäudes ist (keine Erker, verwinkelte Bauweise oder Ausbuchtungen), desto geringer sind die Wärmeverluste. Freistehende Häuser verlieren sehr viel Energie durch Luftbewegung. Reihenhäuser und Geschossbauten sind aus Wärmeschutzgründen besser und „verbrauchen" nicht so viel Bauland.
Sonnenenergie wird genutzt, wenn die Wohnräume nach Süden ausgerichtet sind, die Südfassade große Glasflächen aufweist und die Nordfassade nur wenige Fensterflächen hat.

Die Baustoffe selbst sollten mit möglichst geringem Energieaufwand hergestellt und verarbeitet werden. Beton erfordert z. B. einen sehr hohen Energieaufwand im Vergleich zu Holz.

Gesunde Baustoffe
Die Herstellung und Nutzung von Gebäuden sollte dem Wohlbefinden und der Gesundheit des Menschen dienen. Baustoffe dürfen keine giftigen Gase abgeben. Spanplatten im Innenausbau dürfen wegen des Entweichens giftiger Gase aus dem Leim höchstens die Emissionsklasse E 1 haben.

Holzbauweise bietet ideale Voraussetzungen für gesundes Wohnen. Soweit es überhaupt erforderlich ist, sollten nur gesundheitsschonende Holzbehandlungsmittel benutzt werden. Zur Oberflächenbehandlung in Innenräumen eignen sich natürliche Stoffe, wie z. B. Pflanzenfarben oder Bienenwachs.

1 Zeitgemäßer Wohnbau

Lasten und Kräfte an einem Bauwerk

Auf Bauteile wirken verschiedene äußere Belastungen, z. B. durch das Gewicht von Personen, von Verkehrsmitteln, von Möbeln, von Schneelasten und durch Windkräfte. Diese Belastungen bezeichnet man als ***Verkehrslasten*** eines Gebäudes. Aber auch die Bauteile selbst stellen durch ihr Eigengewicht Lasten dar. Man bezeichnet sie als ***Eigenlasten***.

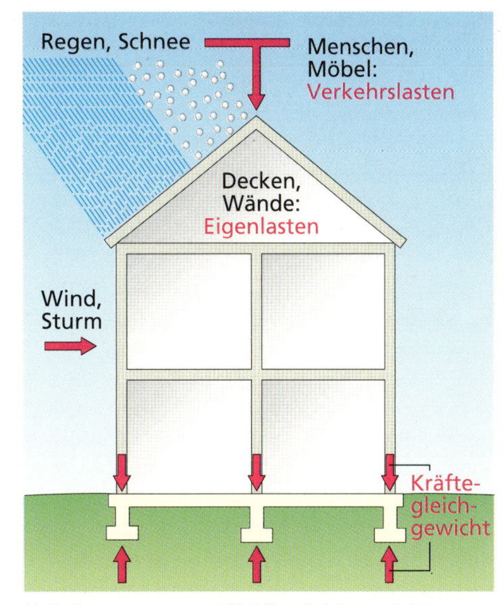

3 Belastungen und Kräftegleichgewicht

Alle Lasten eines Bauwerks werden zu den Fundamenten hingeleitet. Die Fundamente drücken auf den Baugrund, sie üben Druckkräfte aus. Der Baugrund muss diesen Lasten oder Druckkräften gleich große Kräfte entgegensetzen. Es muss ein ***Kräftegleichgewicht*** bestehen. Ist das nicht der Fall, so sinkt das Bauwerk so weit in den Boden ein, bis gleich große Gegenkräfte entstehen.

Kräfte werden in ***Newton (N)*** angegeben. Die Gewichtskraft eines Massestücks mit 100 g beträgt ungefähr 1 N. Größere Kräfte misst man in Kilonewton (1 kN = 1000 N) und in Meganewton (1MN = 1000 kN).

4 … auch ein Kräftegleichgewicht

Kräfte werden mit Pfeilen dargestellt. Die Pfeillänge gibt die Größe der Kraft an, wenn ein ***Kräftemaßstab*** zugrunde gelegt wird, z. B. 1 cm ≙ 5 N. Die Pfeilspitze zeigt die Richtung der Kraft an. Wird eine Gerade durch einen Kraftpfeil gelegt, bezeichnet man diese als ***Wirkungslinie.*** Wird der Kraftangriffspunkt auf der Wirkungslinie verschoben, ändert dies nichts an der Kraftwirkung.

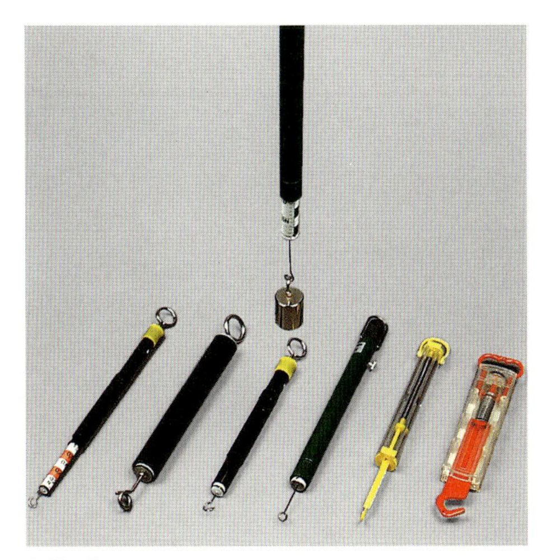
2 Kraftmesser

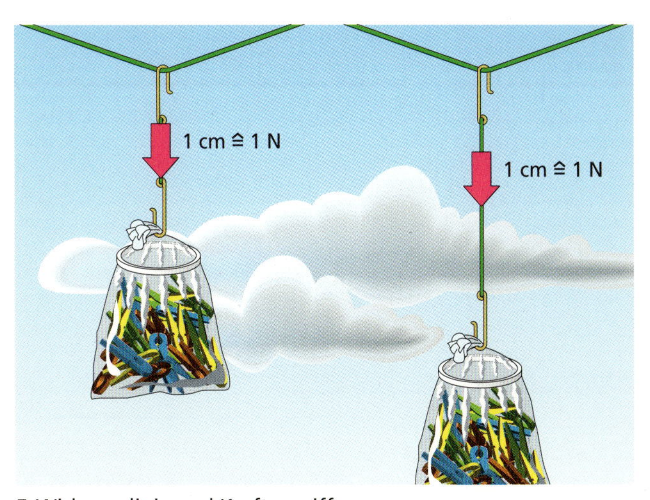

5 Wirkungslinie und Kraftangriff

Kräfte zusammensetzen

Wirken Kräfte in die gleiche Richtung auf der gleichen Wirkungslinie, kann man sie einfach addieren. Die Summe zweier Kräfte wird als Resultierende (F_R) bezeichnet. Sind entgegengesetzte Kräfte im Gleichgewicht, ist die Resultierende der entgegengesetzten Kräfte gleich null (siehe Abb. 2).

Liegen Kräfte nicht auf der gleichen Wirkungslinie, kann man den Betrag und die Richtung der resultierenden Kraft durch eine Zeichnung bestimmen. An folgendem Beispiel wird gezeigt, wie die Resultierende ermittelt wird.

In zwei schräg gestellten Stützen wirken die Kräfte F_1 = 35 kN und F_2 = 40 kN auf einen Balken. Die Stützen sind achsensymmetrisch zur Senkrechten und bilden einen Winkel von 60° zueinander. Welche Kraft üben sie auf den Balken aus?

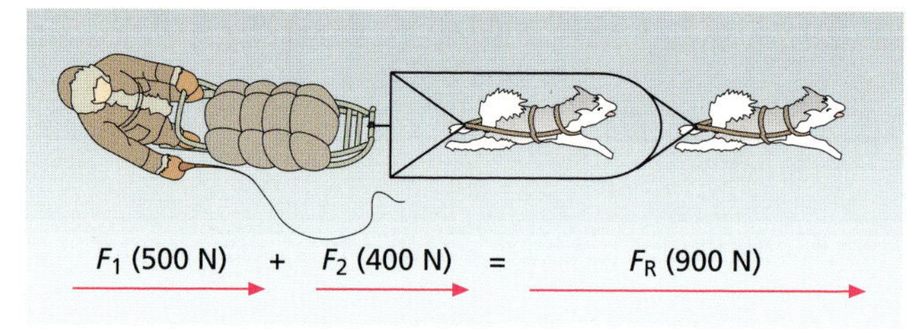

1 Kräfte auf gleicher Wirkungslinie

F_1 (500 N) + F_2 (500 N) = F_R (0 N)

2 Entgegengesetzte Kräfte im Gleichgewicht

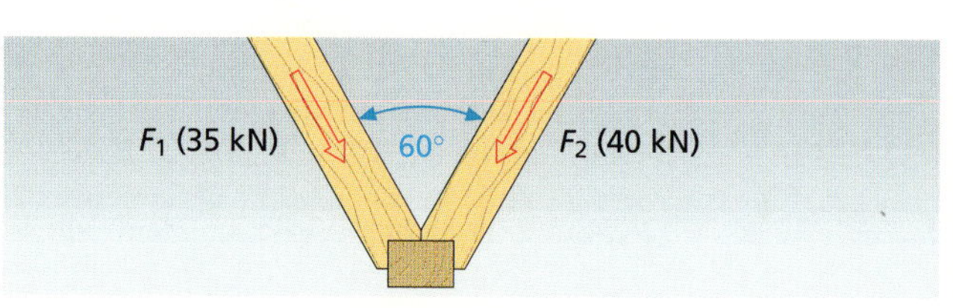

3 Kräfte mit unterschiedlichen Wirkungslinien

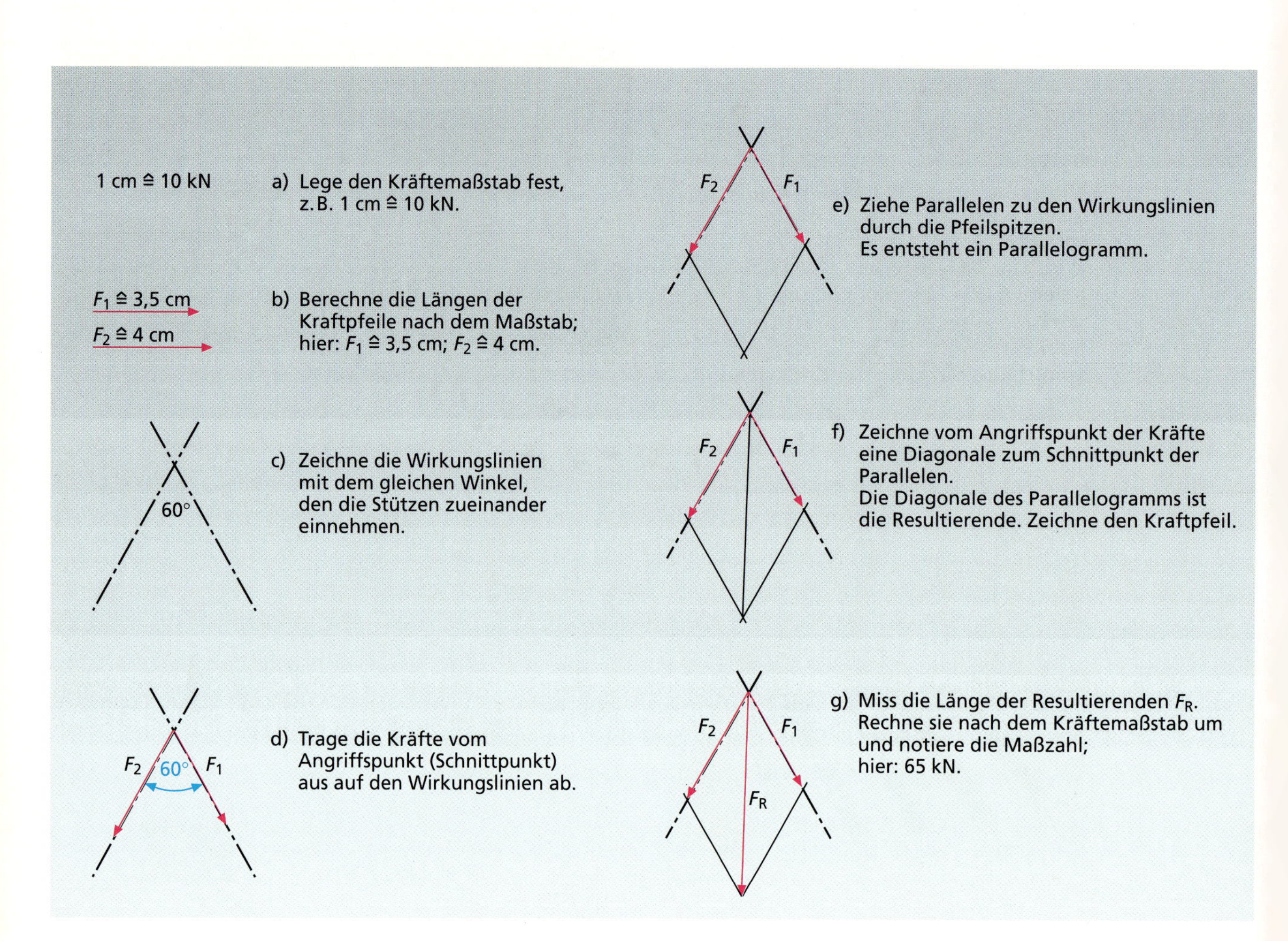

Kräfte zerlegen

Ebenso wie man die Resultierende aus zwei Kräften durch Zeichnung ermitteln kann, ist das Zerlegen einer Kraft in Einzelkräfte möglich. Am Beispiel eines Hebezeugs soll dies gezeigt werden.

An einem Hebezeug hängt eine Last F_L mit der Gewichtskraft 400 N. Wie groß sind die Kräfte in den Stäben, die durch die Last verursacht werden?

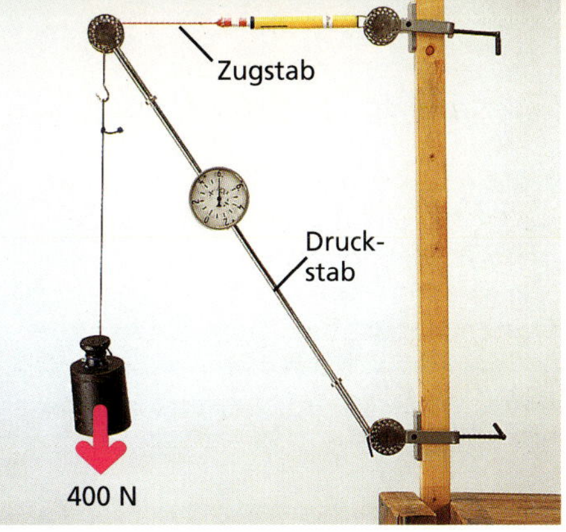

4 Hebezeug: Versuchsaufbau

a) Lege den Kräftemaßstab fest, z. B. 1 cm ≙ 100 N.

b) Berechne die Länge des Kraftpfeils nach dem Maßstab; hier: F_L = 400 N ≙ 4 cm.

c) Die Wirkungslinien der Kräfte verlaufen durch das Seil und die Stäbe.
Zeichne die Wirkungslinien mit den gleichen Winkeln, die Seil und Stäbe zueinander einnehmen.

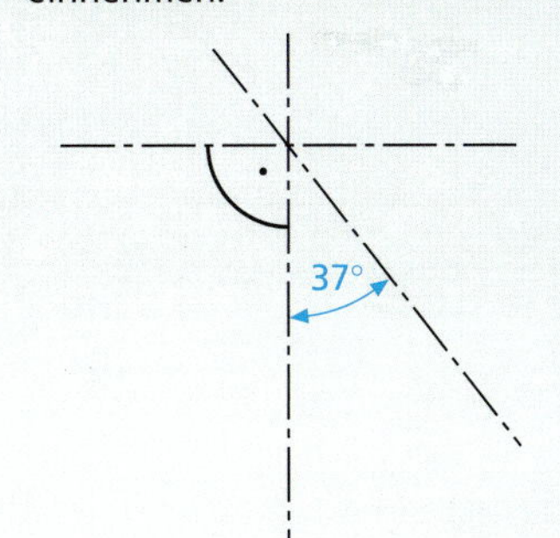

d) Stelle den Kraftpfeil für die Gewichtskraft dar. Der Kraftpfeil beginnt am Kraftangriffspunkt.

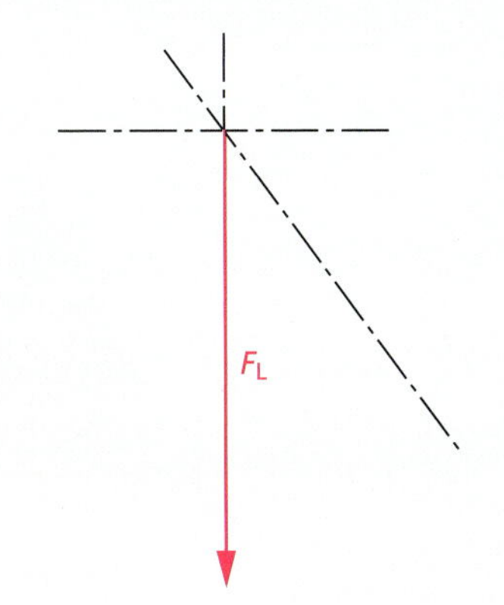

e) Ziehe Parallelen zu den Wirkungslinien der Stäbe durch die Spitze des Kraftpfeils. Es entsteht ein Parallelogramm.

F_L

f) Die Längen der Strecken vom Kraftangriffspunkt zu den Schnittpunkten der Parallelen mit den Wirkungslinien stellen die Teilkräfte F_1 und F_2 dar. Zeichne die Pfeile ein.

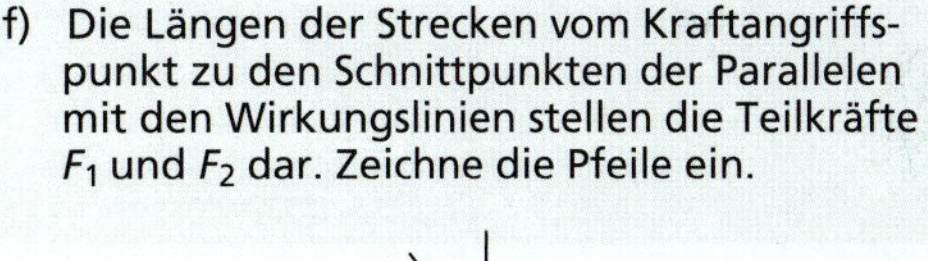

F_2 F_1 F_L

F_1 ≙ 5 cm
F_1 = 500 N
F_2 ≙ 3 cm
F_2 = 300 N

g) Miss die Länge der Pfeile der Teilkräfte. Rechne sie nach dem Kräftemaßstab um und notiere die Maßzahlen.

Spannung, Festigkeit und Belastungsarten

Wirkt eine Kraft auf ein Bauteil, kann es auf Druck, Zug, Biegung, Knicken, Abscheren oder Schub beansprucht werden. Das Material muss dabei inneren Kräften standhalten. Das Bauteil befindet sich dadurch in einem Spannungszustand. Die Folge davon kann sein, dass es sich verformt.

Die mechanische ***Spannung*** wird mit dem griechischen Buchstaben σ (sigma) bezeichnet. Sie ist abhängig von der wirkenden Kraft und der Größe der Fläche, auf welche die Kraft einwirkt. Die Kraft wird in Newton (N) und die Fläche in mm² angegeben.

$$\text{Mechanische Spannung} = \frac{\text{Kraft (N)}}{\text{Fläche (mm}^2\text{)}}$$

$$\sigma = \frac{F}{A} \text{ in } \frac{\text{N}}{\text{mm}^2}$$

Den inneren Bauteil-Widerstand gegen Verformung und Zerstörung bezeichnet man als ***Festigkeit***. Der Maximalwert wird als Bruchfestigkeit σ_B bezeichnet. Bauteile werden aber aus Sicherheitsgründen nicht bis zu diesem Grenzwert belastet. Die vorgeschriebene höchstzulässige Spannung σ_{zul} liegt weit unter der Bruchfestigkeit σ_B. Bei Bauteilen von Brücken ist sie ungefähr 8- bis 10-mal kleiner als diese Festigkeit.

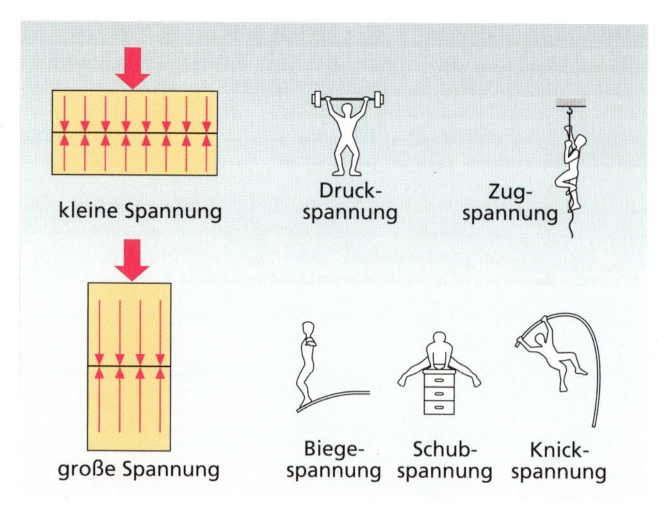

1 Spannungsarten

Art der Beanspruchung	*Kraftrichtung bezogen auf den Faserverlauf*	*Festigkeit in N/mm²*	*zulässige Spannung in N/mm²*
Druck	parallel	25 bis 70	8,5
Druck	senkrecht	5 bis 10	2,0
Zug	parallel	70 bis 110	8,5
Biegung	parallel	40 bis 100	10,0

2 Festigkeitswerte und zulässige Spannungen für Bauholz (Nadelholz)

Zugbelastung

Ein Seil kann nur auf Zug beansprucht werden. Mit zugbeanspruchten Stahlbändern, Stäben und Seilen werden Rahmen zur Stabilisierung verspannt. Die „Bewehrung" (Stahleinlagen) im Stahlbeton kann Zugspannungen aufnehmen.

Wird ein Seil (oder eine Kette) an den zwei Enden aufgehängt, hängt es durch und nimmt eine parabelförmige Linie ein. Auch wenn es noch so straff gespannt wird, bewirkt die Eigenlast immer ein größeres oder kleineres Durchhängen.

Mehrere Seile können zu einem Netztragwerk verflochten werden. Hängebrücken, Schrägseilbrücken und Zelte sind solche vorwiegend auf Zug beanspruchte Konstruktionen.

3 Seilbrücke und Zelt

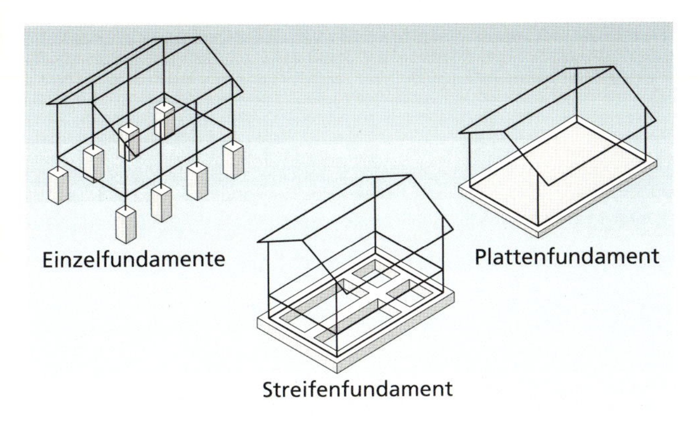

4 Fundamente

Auch ***Steinbögen*** sind belastete Druckkonstruktionen. Bei ihnen werden senkrecht wirkende Lasten schräg nach außen in die Widerlager abgeführt. Die Seitenkräfte sind sehr groß, sie sind um so größer, je flacher der Bogen ist. Damit der Druckbogen nicht seitlich nachgeben kann, sind Stützmaßnahmen notwendig, z. B. durch Mauern oder durch Pfeiler. Eine Parabelform ist günstig für das Weiterleiten der Kräfte.

Druckbelastung

Fundamente nehmen Druckbelastungen auf. Je größer die Auflagefläche ist, desto besser ist die Verteilung der Druckkräfte. Bei leichten Bauwerken und sehr tragfähigen Bodenschichten reichen Einzelfundamente für Stützen aus. Bei schwierigen Böden wie Ton und Lehm sind Plattenfundamente geeignet, weil sie die Last gleichmäßig auf eine große Fläche verteilen. Bei Wohngebäuden sind Streifenfundamente mit einer aufbetonierten Platte am häufigsten. Die Platte bildet den Kellerboden.

Mauerwerke sind aus druckbeanspruchten Blöcken zusammengesetzt. Die Mauersteine werden in verschiedenen Steinverbänden so aufeinander gesetzt, dass sie sich verzahnen. Dadurch werden die durch Lasten ausgelösten Kräfte auf das Mauerwerk verteilt. Zu den wichtigsten Verbänden zählen der ***Läufer-*** und der ***Binderverband***. Zwischen den horizontalen und vertikalen Fugen wird Mörtel angesetzt. Dieser füllt die ca. 1 cm breiten Fugen aus und verklebt die Steine.

6 Steinbogenbrücke

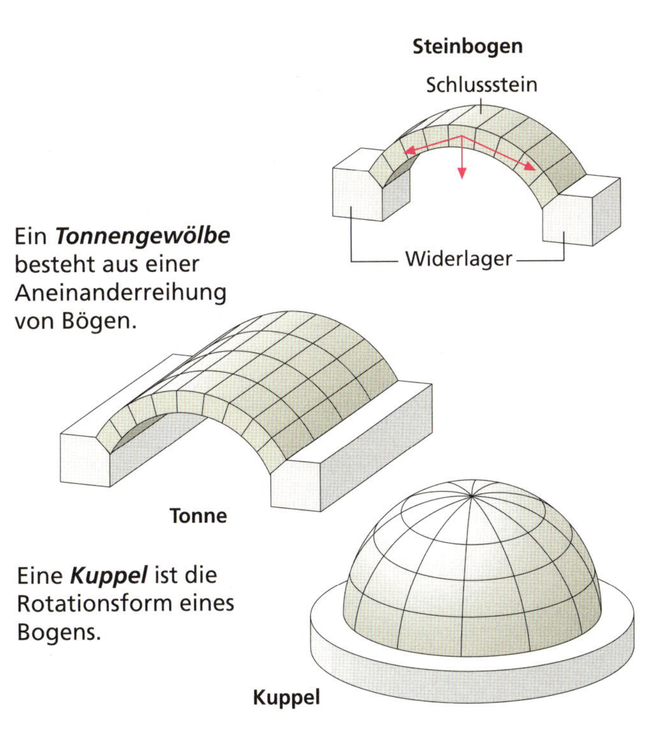

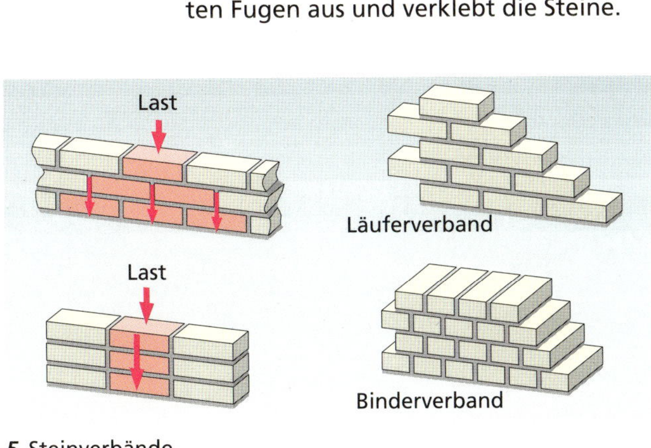

5 Steinverbände

Biegebelastung

Wird ein Träger an den Enden aufgelegt und belastet, so biegt er sich durch. Dabei wird das Material oben zusammengedrückt und unten auseinander gezogen. Die größte Druckbelastung tritt in der obersten Faserschicht, die größte Zugbelastung in der untersten Faserschicht auf. Die Beanspruchung der Faserschichten nimmt zur mittleren Faserschicht hin ab. Diese wird weder auf Zug noch auf Druck beansprucht. Man bezeichnet sie als ***neutrale Zone***.

Wenn dagegen ein Träger einseitig eingespannt wird, treten die Zugbelastungen oben und die Druckbelastungen unten auf. Wird ein Balken beidseitig eingespannt und von oben belastet, ergibt sich längs des Trägers ein Wechsel von Druck- und Zugzonen.

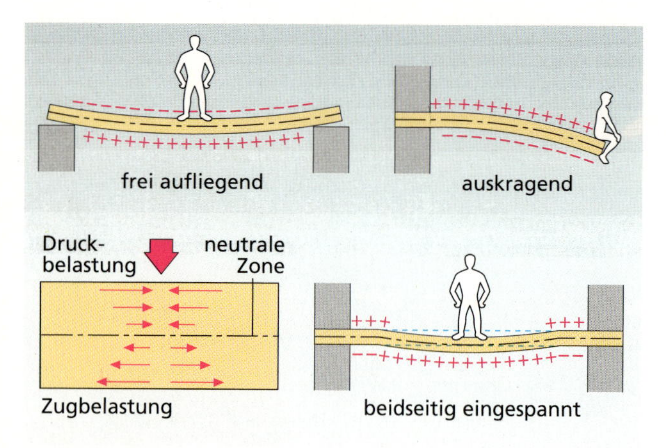

1 Biegebelastung beim Balken

Mit einem einfachen Versuch kann man feststellen, dass die Biegefestigkeit eines Trägers nicht nur vom Material und von der Größe der Querschnittsfläche abhängt, sondern auch von der Stützweite (Abstand der Auflager) und von der Form der Querschnittsfläche. Ein Träger mit rechteckigem Querschnitt trägt z. B. hochkant erheblich mehr, als wenn er flach aufgelegt wird. Je weiter die Randzonen des Materials von der neutralen Faserzone eines Trägers entfernt liegen, desto mehr wird es beansprucht. Man spricht von der Lagewertigkeit des Materials.

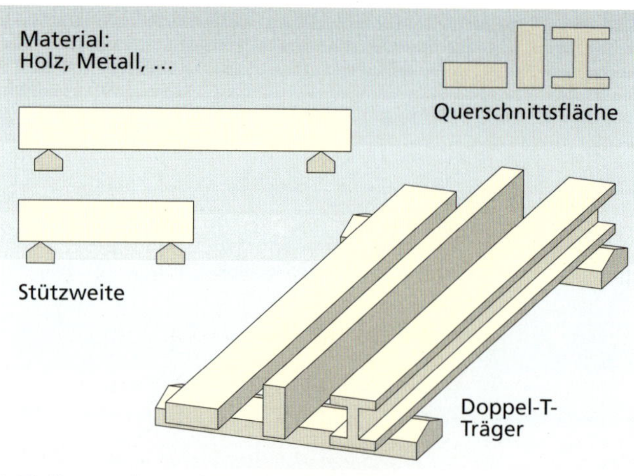

2 Einflussgrößen auf die Biegefestigkeit

Durch günstige Profilbildung kann ein Balken also tragfähiger gemacht werden. Da in der neutralen Zone weder Druck- noch Zugbelastungen auftreten, kann hier unnötiges Material eingespart werden, wie z. B. beim Doppel-T-Träger.

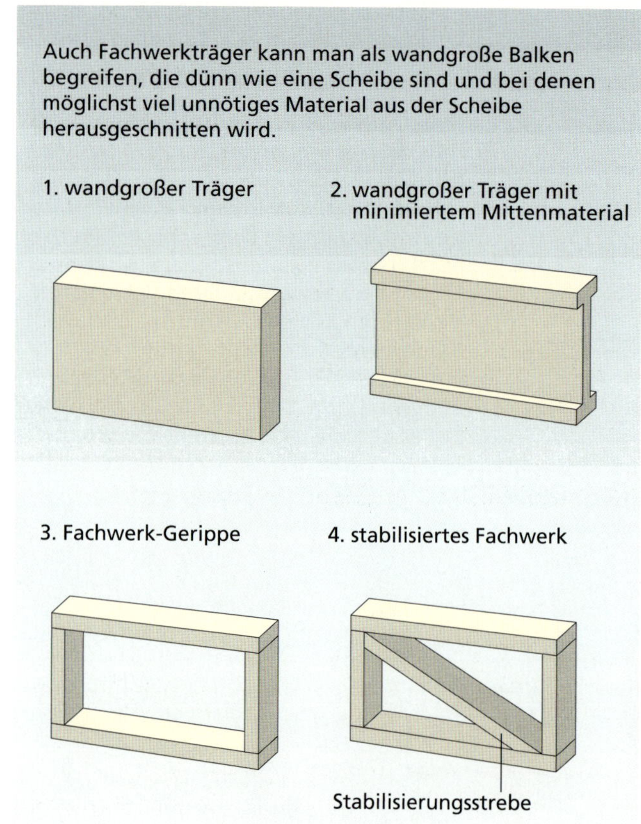

Auch Fachwerkträger kann man als wandgroße Balken begreifen, die dünn wie eine Scheibe sind und bei denen möglichst viel unnötiges Material aus der Scheibe herausgeschnitten wird.
1. wandgroßer Träger
2. wandgroßer Träger mit minimiertem Mittenmaterial
3. Fachwerk-Gerippe
4. stabilisiertes Fachwerk
Stabilisierungsstrebe

3 Minimierung und Stabilisierung von Material

Knick-, Scher- und Schubbelastung

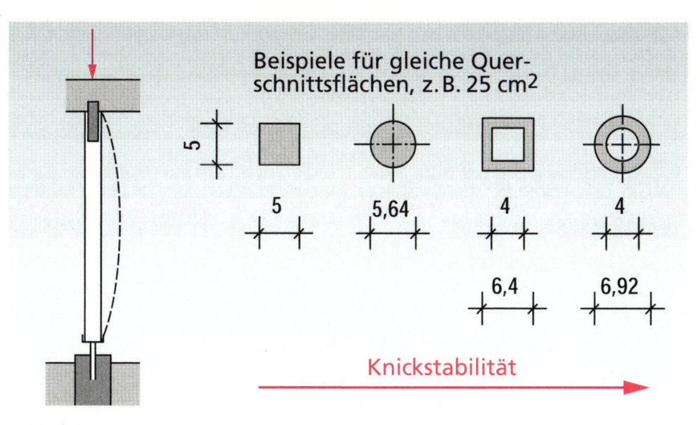

4 Knickbelastung

Wenn ein Balken auf Biegung beansprucht wird, entstehen außer Biegespannungen zusätzlich Schubspannungen in Längsrichtung des Trägers. Dies lässt sich in einem einfachen Versuch zeigen: Legt man dünne Kartonstreifen aufeinander und belastet sie, stellt man fest, dass sie sich bei Belastung verschieben. Träger aus Brettschichthölzern sind an den Breitflächen miteinander verleimt. An den Leimfugen entstehen bei Belastung Schubspannungen.

Knickbelastung

Stäbe werden als Stützen oder Streben vorwiegend in ihrer Längsrichtung beansprucht. Sie ermöglichen große Öffnungen in einer Tragkonstruktion. Fachwerkkonstruktionen bestehen aus einer Kombination von Stäben, die auf Druck oder Zug beansprucht werden.
Bei zu großem Druck können Stäbe nach der Seite ausweichen. Je schlanker sie sind, desto eher knicken sie. Wie bei der Belastung eines Balkens auf Biegung ist auch bei Stäben die Lage des Materials für die Knickfestigkeit maßgebend. So hat z.B. eine Hohlstütze im Vergleich zu einer Vollstütze mit gleicher Querschnittsfläche eine wesentlich höhere Knickfestigkeit.

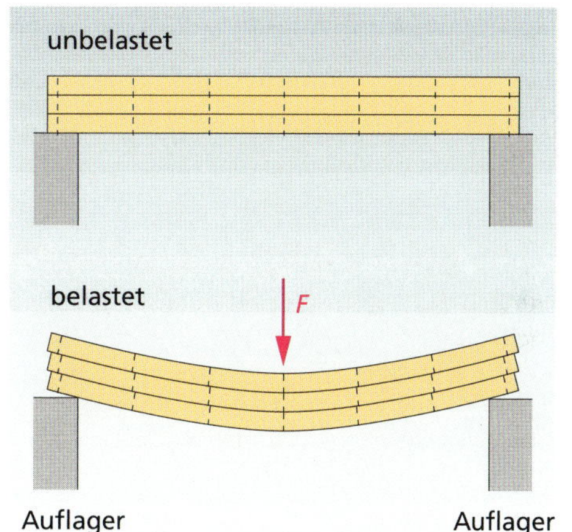

6 Versuch: Schubspannung durch Biegebelastung

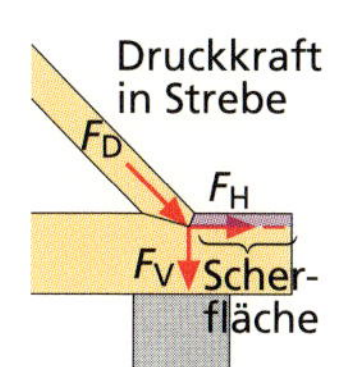

7 Schubspannung (Scherspannung) durch Druckbelastung

Scher- und Schubbelastung

Verbindungsmittel wie Schrauben, Bolzen oder Dübel werden quer zur Längsachse auf Scherung beansprucht.

Infolge von Druckkräften in Streben können Balken in Längsrichtung auf Schub beansprucht werden.

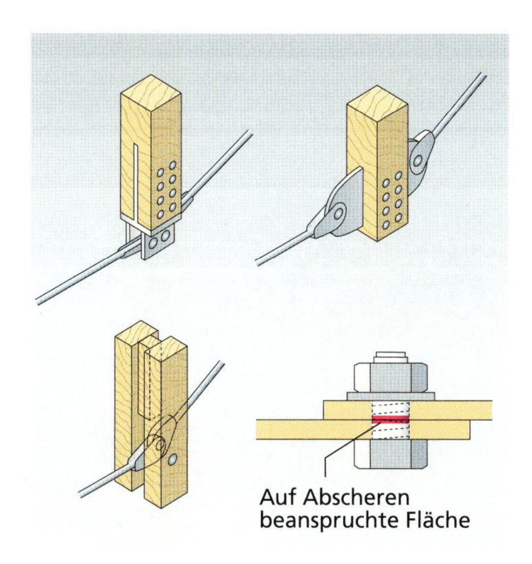

5 Scherbelastung

8 Brettschichtholz (BS-Holz)

Tragkonstruktionen aus Stäben

statisch: *ruhend, nicht beweglich, starr*

Werden drei Stäbe an den Enden miteinander verbunden, entstehen Dreiecke. Die Verbindungsstellen der Stäbe nennt man ***„Knoten"***. Dreiecke sind auch dann stabil, d.h. nicht beweglich, wenn die Stäbe an den Verbindungsstellen bewegliche Gelenke haben. Man bezeichnet solche Dreiecke als ***statische Dreiecke***. Werden vier Stäbe gelenkig miteinander verbunden, so entsteht ein beweglicher ***Rahmen***.

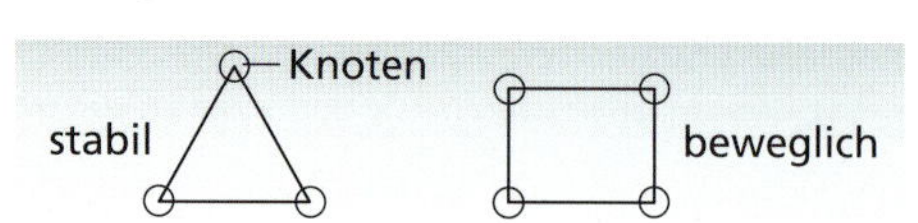

Rahmenkonstruktionen können durch ***Verspannen*** mit Seilen, durch ***Verstreben*** mit Stäben oder durch ***Ausfachen*** mit dünnen Scheiben stabilisiert werden. Die Stabilisierung kann auch durch Versteifen der Ecken erreicht werden.

Aus der flächigen Aneinanderreihung von Dreiecken entsteht ein ***Fachwerk***, die räumliche Zusammensetzung bezeichnet man als ***Skelett***. Hochspannungsmasten, Brückenkonstruktionen, Tragkonstruktionen von Gebäuden oder Hochregallager können Fachwerk- bzw. Skelettkonstruktionen sein.

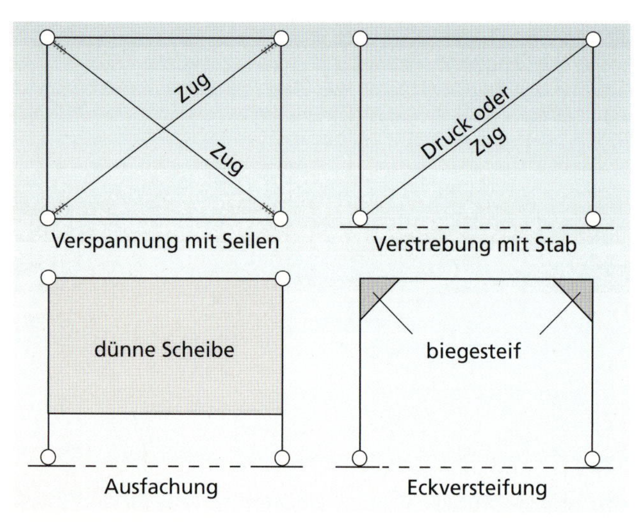

1 Stabilisierung von Rahmen

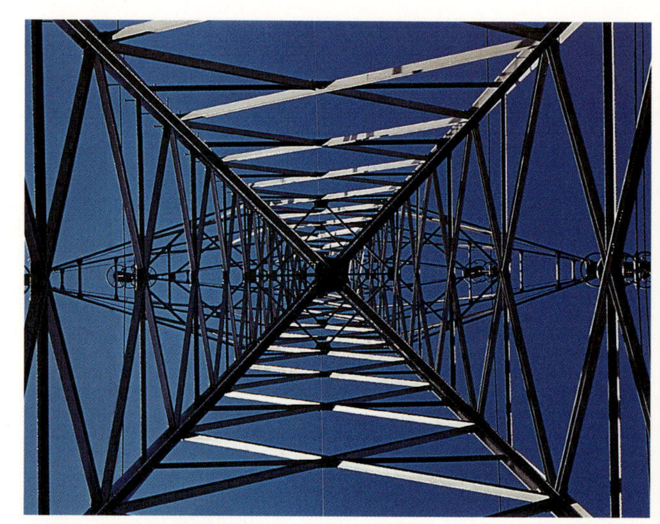

3 Hochspannungsmast

2 Falthauskonstruktion

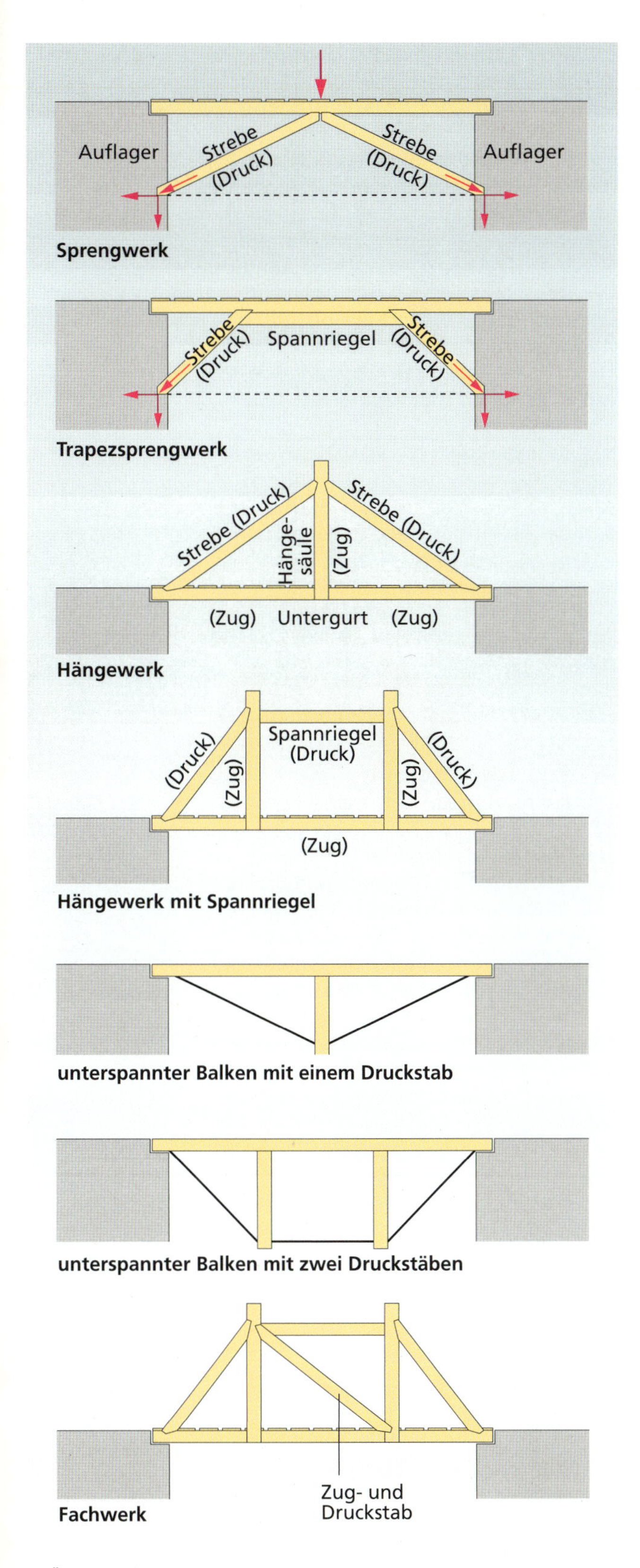

4 Überbrückungen

Reicht ein einfacher Balken für eine Überbrückung nicht mehr aus, kann der Balken durch druck- oder zugbeanspruchte Stäbe ergänzt und stabilisiert werden. Bei einem ***Sprengwerk*** wird der Balken durch schräg gestellte Stäbe gegen Durchbiegen gestützt. Größere Spannweiten können erreicht werden, wenn das einfache Sprengwerk zu einem ***Trapezsprengwerk*** erweitert wird.

Sitzen die Streben über dem waagrechten Balken, bezeichnet man die Tragkonstruktionen als ***Hängewerk***. Die Hängesäule wird auf Zug, die Streben werden auf Druck beansprucht. Ein Hängewerk mit zwei Hängesäulen und einem Spannriegel stellt eine Erweiterung des einfachen Hängewerks dar.

Aus einem nach unten geklappten Hängewerk entsteht ein ***unterspannter Balken*** in Dreieck- oder Trapezform.

Werden Diagonalstreben in das mittlere Feld eines Hängewerks eingesetzt, entsteht wieder ein ***Fachwerk***. Es besteht aus einer Aneinanderreihung statischer Dreiecke, wobei in allen Knoten die Stäbe gelenkig miteinander verbunden sind.

5 Unterspannte Träger

Holzbauweise

Holz hat als Baustoff hervorragende Eigenschaften:

- Holz ist mit relativ geringem Energieaufwand gut zu bearbeiten.
- Holz kann bei giftstofffreier Behandlung im Vergleich zu anderen Baustoffen problemlos in den Naturkreislauf zurückgeführt werden.
- Holz hat hohe Festigkeitswerte bei geringem Eigengewicht.
- Holz hat gute Wärmedämmeigenschaften.
- Holz ist ein nachwachsender Rohstoff.

Nachteile wie Schimmel-, Pilz- und Insektenbefall, ungleichmäßige Festigkeit sowie Formveränderung bei Wasseraufnahme und Wasserabgabe können durch giftfreie Holzschutzmittel und konstruktive Maßnahmen gelöst werden, z. B. durch große Dachüberstände, Be- und Hinterlüftung, Verleimen von Brettern zu Stützen, Trägern und Bogenformen.

Moderne Holzverbindungen werden mit ***Verbindungsmitteln*** wie Schrauben, Bolzen, Dübeln, Klammern, Laschen oder mit speziell geformten Verbindungsmitteln, z. B. mit Balkenschuhen, hergestellt.

Früher wurden die Wände beim Hausbau mit Holz überwiegend in Block-, Fachwerk- oder Ständerbauweise errichtet. Heute zählen die Skelett-, die Rahmen- und die Tafelbauweise zu den zeitgemäßen Holzbausystemen.

Bei der ***Skelettbauweise*** kennt man drei verschiedene Systeme: Stützen mit Doppelträger, Träger zwischen Doppelstützen und einteilige Träger an oder auf Stützen. Der Skelettbau lässt eine sehr flexible Raumplanung zu, da die Raumaufteilung weitgehend unabhängig vom Tragsystem ist. Das Tragsystem aus Stützen und Balken ist fast immer sichtbar. Außen kann es durch eine Holzverschalung überdeckt oder ausgefacht sein.

Bei der ***Rahmenbauweise*** wird die Tragkonstruktion durch ein stabförmiges Gerippe aus Kanthölzern gebildet, das die senkrechten Lasten nach unten führt. Durch Aufschrauben oder Aufnageln von Platten und deren Verkleidung erhalten die senkrechten Kanthölzer ihre horizontale Stabilität. Diese Bauart ist für mehrstöckige Wohngebäude und für Niedrigenergiehäuser gut geeignet. Die Wandteile werden in Fertigungshallen vorgefertigt.

Bei der ***Tafelbauweise*** tragen dünne Tafeln die Lasten des Bauwerks. Sie werden erst in Verbindung mit anderen Tafeln, die rechtwinklig zu diesen stehen, und durch die Deckenkonstruktion standfest. Die Tafelbauweise hat den höchsten Grad an Vorfertigung bei Holzbaukonstruktionen. Die Tafeln enthalten bereits Türrahmen, Fenster und Installationsrohre. In kurzer Zeit können sie so an der Baustelle zusammenmontiert werden. Allerdings ist die Planungsfreiheit bei der Grundrissgestaltung eingeschränkt. Aus typisierten Entwürfen werden bei dieser Bauweise vorgegebene Lösungen nach persönlichen Wünschen nur noch abgeändert.

Dachtragwerke

Bei Dachtragwerken aus Holz werden Sparrendächer, Kehlbalkendächer, Pfettendächer und Dachbinderkonstruktionen am häufigsten verwendet.

Beim ***Sparrendach*** bildet ein Sparrenpaar zusammen mit dem Deckenbalken oder mit einer Betondecke ein stabiles Dreieck. Windrispen stabilisieren die Dreiecke gegen Windbelastung von der Giebelseite aus. Bei großen Spannweiten würden sich die Sparren aufgrund von Knickbelastungen durchbiegen. Sie werden deshalb durch Kehlbalken etwa auf halber Höhe zwischen den Sparrenpaaren ausgesteift. Solch ein Dach bezeichnet man als ***Kehlbalkendach***.

Das ***Pfettendach*** ist flacher als das Sparrendach. Beim einfachsten Pfettendach werden die Sparren auf eine Firstpfette und zwei Fußpfetten aufgereiht. Die Firstpfette wird von Pfosten und den Außenwänden getragen. Kopfbänder steifen gegen Kräfte von der Giebelseite her aus und erhöhen die Tragfähigkeit der Firstpfette.

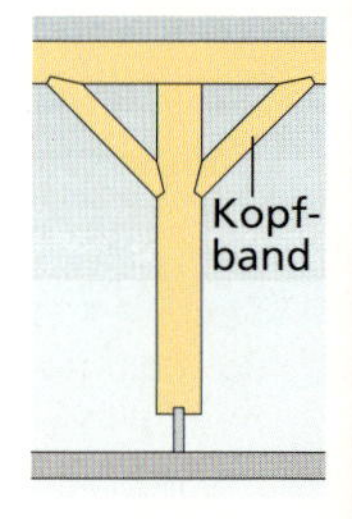

Dreieckbinder bestehen aus Gurten und Zwischenstreben. Sie stellen als Fachwerk-Nagelbinder aus Kanthölzern und Brettern sehr wirtschaftliche Dachkonstruktionen für große Spannweiten dar.

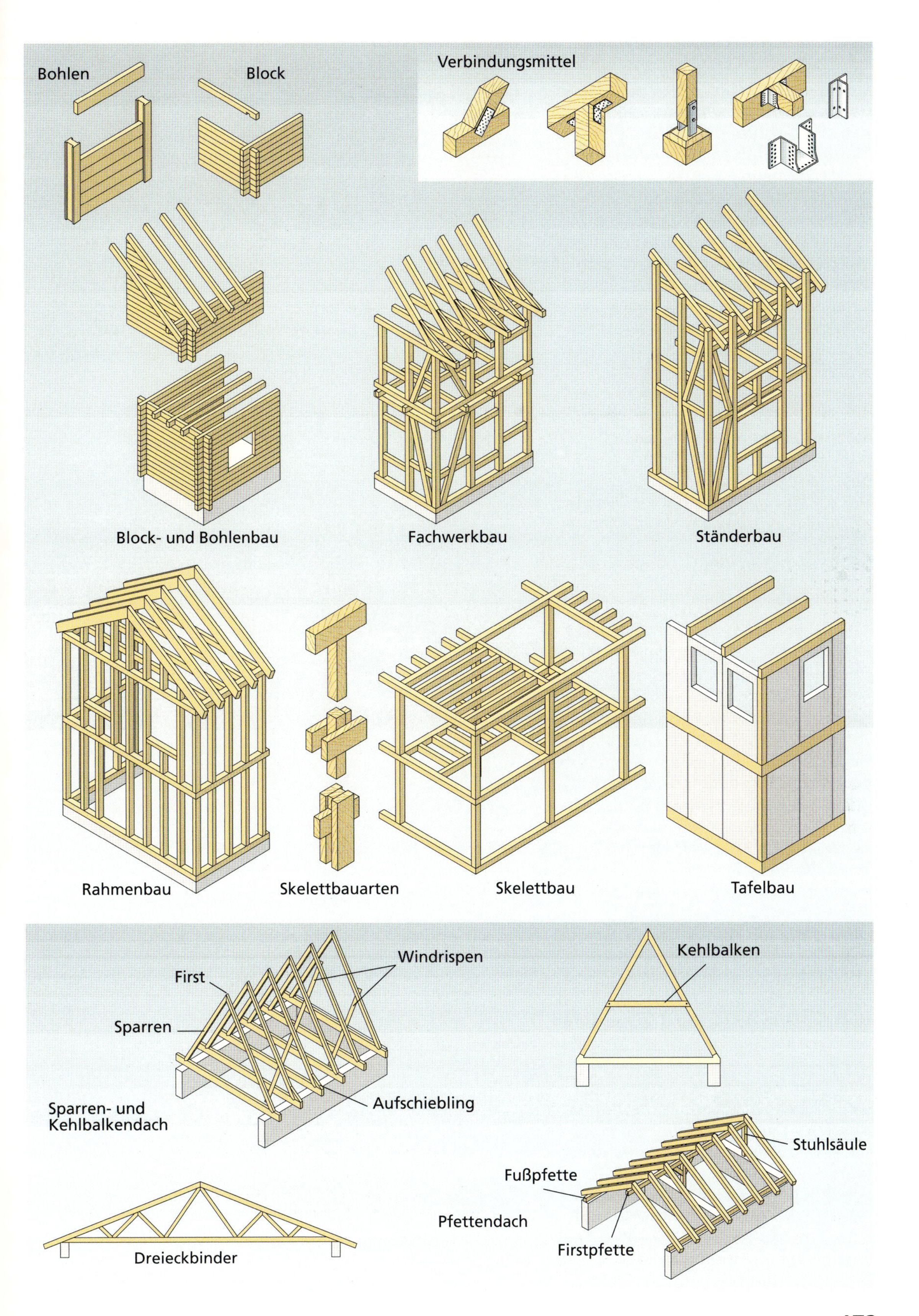
Bohlen
Block
Verbindungsmittel
Block- und Bohlenbau
Fachwerkbau
Ständerbau
Rahmenbau
Skelettbauarten
Skelettbau
Tafelbau
First
Windrispen
Sparren
Aufschiebling
Sparren- und Kehlbalkendach
Kehlbalken
Stuhlsäule
Fußpfette
Pfettendach
Firstpfette
Dreieckbinder

Mauerwerksbauweise

Unter der ***Mauerwerksbauweise*** versteht man eine handwerkliche Stein-auf-Stein-Bauweise. Die Wände werden im Gegensatz zur Fertigteilbauweise nicht industriell vorgefertigt. Man reiht die Mauersteine regelmäßig waagrecht und senkrecht aneinander. Die senkrechten Zwischenräume zwischen den Steinen (Stoßfugen) und die waagrechten Zwischenräume (Lagerfugen) werden mit Mörtel ausgefüllt. Mauersteine sind in ihrer Länge, Breite und Höhe so aufeinander abgestimmt, dass sie zusammen mit den Fugen in verschiedenen Anordnungen (Verbänden) zusammenpassen (siehe Seite 167).
Rechteckige Wandöffnungen werden in der Regel oben mithilfe von ***Stürzen*** aus Stahlbetonträgern abgeschlossen.

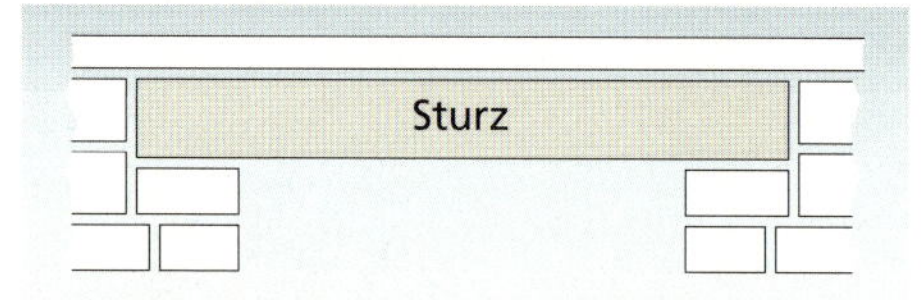

1 Sturz über einer Maueröffnung

Die Mauerwerksbauweise ermöglicht eine große Planungsfreiheit bei der Gestaltung eines Gebäudes. Wohnbauten werden deshalb vorwiegend in dieser handwerklichen Bauweise hergestellt.
Tragende Wände nehmen die Last des Gebäudes auf. Die Grundrissgestaltung ist von der Anordnung dieser Last tragenden Wände abhängig. Sie dürfen nach der Errichtung des Bauwerks nicht ohne weiteres geändert werden.
Aussteifende Wände stehen im rechten Winkel zu den tragenden Wänden und dienen der Querstabilisierung.
Nicht tragende Wände tragen nur ihre eigenen Lasten und dienen ausschließlich der Raumbildung. Diese Raum trennenden Wände können beliebig auf die Deckenplatte gesetzt und später verändert werden.

Durch Verwendung großformatiger Steine kann beim Rohbau die Arbeitszeit vermindert, durch Maschineneinsatz schwere körperliche Arbeit verringert und der Arbeitsablauf rationalisiert werden. Allerdings werden die Ausbauarbeiten, wie die Wasser-, Abwasser- und Elektroinstallation, mit hohem Zeitaufwand in lohnintensiver handwerklicher Arbeit ausgeführt.

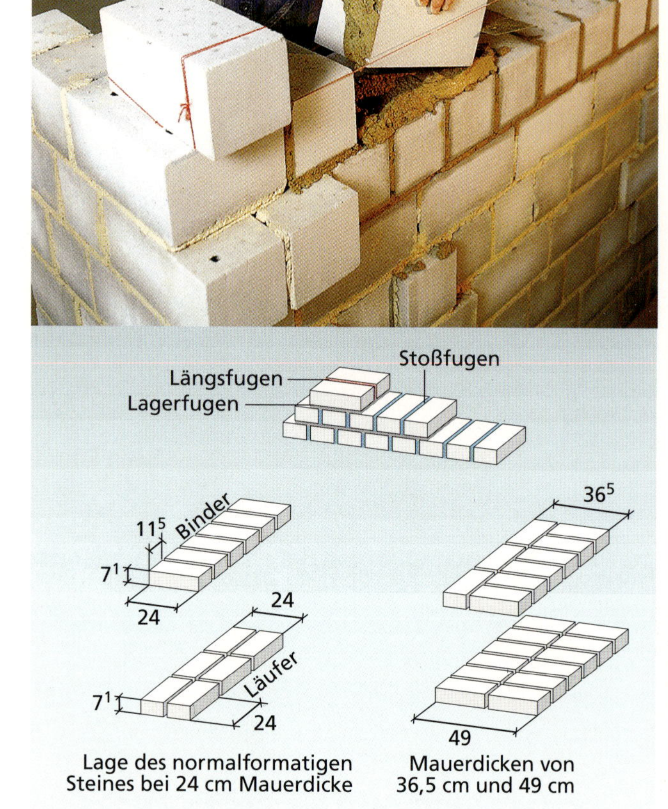

2 Mauerwerksbauweise

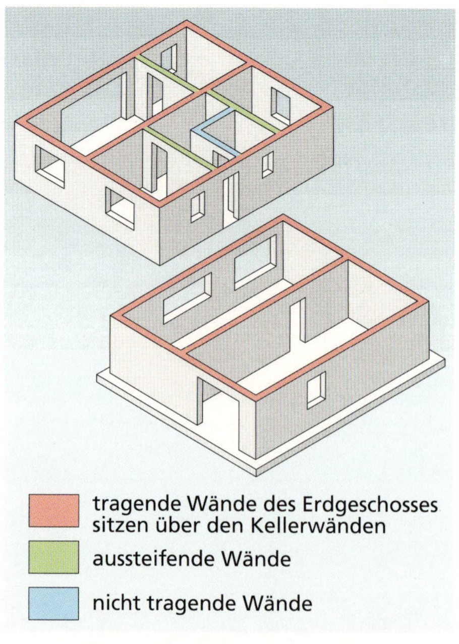

3 Verschiedene Funktionen von Wänden

Betonbauweise

Baustoff Beton
Frischer Beton besteht aus Zement als Bindemittel, Wasser und hauptsächlich aus den Zuschlagstoffen Sand und Kies. Beton kann vielfältig verwendet werden, besonders wenn er mit Stahl „armiert" wird, z. B. für Mauern, Brücken, Hallendächer, Raumzellen oder Fernsehtürme.

Portlandzement ist der gebräuchlichste Zement. Er wird vorwiegend aus tonhaltigem Kalkstein (Mergel) oder aus einer Mischung aus drei Teilen Kalkstein und einem Teil Ton hergestellt. Die im Tagebau gewonnenen Rohstoffe werden gemahlen und anschließend bei ca. 1450 °C gebrannt. Hierbei schmelzen die Stoffe an und verbinden sich. Sie verbacken zu steinhartem Material, das zu feinem Zementpulver gemahlen wird. Die Herstellung ist energieintensiv und führt zur Schadstoffbelastung der Luft.

Je feiner das Zementmehl gemahlen wird, desto höher wird seine Druckfestigkeit nach dem Verarbeiten und damit die Festigkeitsklasse des Zements. Die Festigkeitsklassen (z. B. Z 25, Z 35, Z 45) geben an, wie hoch die Druckfestigkeit in Newton pro Quadratmillimeter nach einem festgelegten Mischungs- und Prüfverfahren sein muss.

Eine Kornzusammensetzung, bei der die Hohlräume der größten Kieskörner jeweils durch kleinere Kies- und Sandkörner ausgefüllt werden, ergibt ein gutes ***Zuschlaggemisch***. Sand- und Kiesgemische mit verschiedenen Korngrößen werden im Kieswerk nach Rezepten in genau festgelegten Mengenverhältnissen hergestellt. Die Zuschlaggemische werden mit dem kleinsten und größten Korndurchmesser angegeben, z. B. bedeutet 0/16 ein Gemisch vom feinsten Sandkorn bis zum gröbsten Stein mit 16 mm Durchmesser.

Baustoff	*Druckfestigkeit in N/mm²*
Beton	5 bis 55
Mauerziegel	5 bis 35
Leichtbetonstein	2,5 bis 15
Naturstein	30 bis 400

4 Druckfestigkeit mineralischer Baustoffe

Um eine gewünschte Betongüte zu erhalten, können Zement und Zuschlagstoffe unter Zuhilfenahme eines ***Betonrezepts*** abgemessen werden. Auch die Wassermenge wird beim Betonrezept angegeben, denn die Druckfestigkeit von Beton wird durch den Mengenanteil des Anmachwassers beeinflusst. Überschüssiges Wasser macht den Beton besser verarbeitbar. Beton mit zu hohem Wasseranteil hat aber negative Folgen: Je höher der Wasseranteil ist, desto stärker schwindet der Beton beim Trocknen und bekommt Hohlräume. Diese setzen die Festigkeit herab und machen den Beton saugfähiger und wasserdurchlässiger.

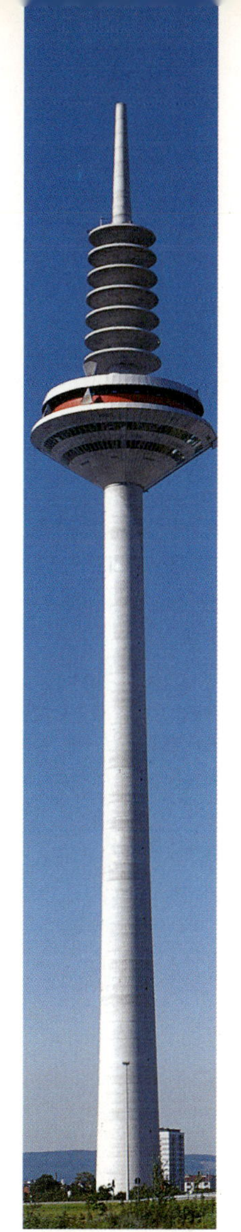

5 Bauwerk aus Beton

Verwendungszweck Beispiele	*Festigkeitsklasse des Betons*	*Wasser in kg*	*Zement Z 35 in kg*	*Zuschlag 0/16 in kg*
Streifenfundamente im Hausbau	B 5	0,64	1	9,65
Stützmauern, einfache Bauteile	B 10	0,51	1	7,36
Tragende Wände, Stahlbeton	B 15	0,40	1	5,43
Stahlbetonfertigteile	B 25	0,36	1	4,68

6 Betonrezept

Betonbauweise

Beton erhärtet steinartig sowohl an der Luft als auch unter Wasser und wird wasserbeständig. Nach 28 Tagen ist die Aushärtung nahezu vollständig beendet. Nach der Druckfestigkeit wird Beton in Festigkeitsklassen B 5, B 10, B 15, B 20, ... B 55 eingeteilt. Die Betonfestigkeit bedeutet die Mindestdruckfestigkeit in Newton pro Quadratmillimeter nach der Aushärtezeit von 28 Tagen.

1 Herstellung einer Stahlarmierung

Beton kann hohe Druck-, aber nur geringe Zugspannungen aufnehmen. Im ***Stahlbeton*** werden die Zugspannungen deshalb von Stahlstäben aufgenommen. Man bezeichnet diese Stähle auch als Betonstähle, Stahlarmierung, Stahlbewehrung oder Moniereisen. Die Bewehrung wird dem Verlauf der Zugspannungen angepasst. Betonstahl und Beton haften gut aneinander und erfahren bei gleicher Temperaturänderung annähernd die gleiche Längenänderung. Wäre dies nicht so, käme es zu Rissbildungen.

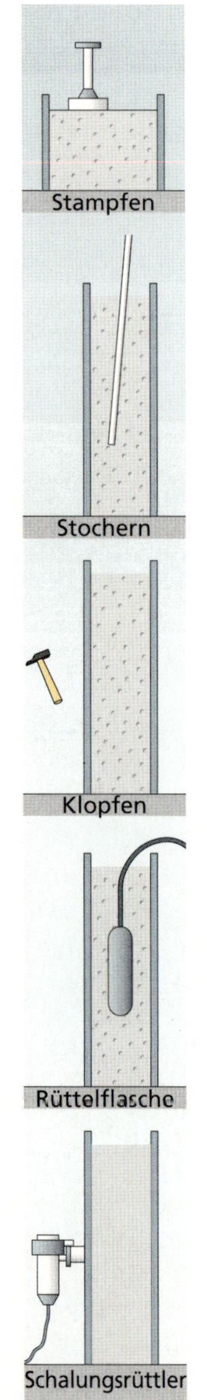

Betonstähle dürfen beim Betonieren durchaus eine angerostete Oberfläche haben. Die Betonumhüllung (Mindeststärke 2,5 cm) schützt vor weiterer Korrosion.

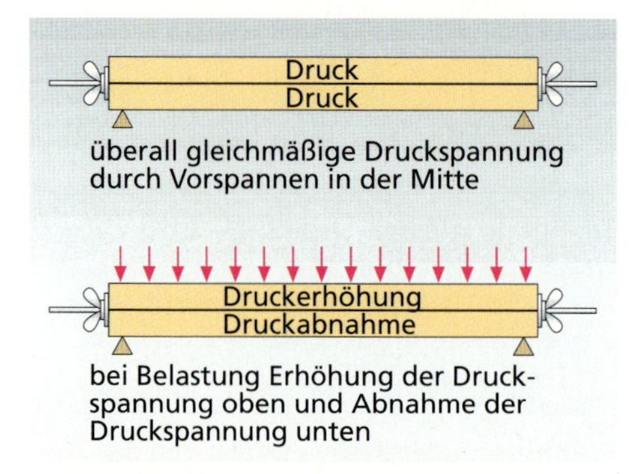

2 Spannbeton

Wird außer der üblichen Bewehrung von Beton mit Betonstahl zusätzlich noch ein hochfester Spannstahl einbetoniert, kann ein Stahlbetonteil wesentlich höher als üblich beansprucht werden. Der Spannstahl bewirkt eine Druckspannung in der Zone, in der unter Belastung Zugspannungen auftreten können. Wird das Bauteil belastet, werden dort die vorhandenen Druckspannungen verringert. Stahlbeton mit Spannstählen bezeichnet man als ***Spannbeton.***

Schalungen geben dem Beton die gewünschte Form. Sie werden in der Regel aus Brettern, Holzplatten und bei häufigem Einsatz aus Metall hergestellt.

3 Herstellung einer Schalung

Während des Betonierens werden die Hohlräume durch ***Verdichten*** des Betons ausgetrieben. Dies geschieht von Hand durch Stampfen, Stochern mit Latten oder Klopfen an die Schalung oder maschinell mit einer Rüttelflasche oder mit einem Schalungsrüttler.

Fertigteile aus Beton können so hergestellt werden, dass sie nach dem Baukastenprinzip zusammenpassen, z. B. Stützen, Wände, Raumzellen oder Treppen. Die Herstellung kann in einer Fabrikhalle unabhängig von der Witterung und mit dem Vorteil gleich bleibender Qualität ablaufen.

Bei der ***Skelettbauweise*** werden die Lasten von Trägern und Stützen aus Stahlbeton getragen. Durch das Zusammenwirken mit Deckenplatte und Wandtafeln wird das Raumgerippe stabilisiert. Die Grundrissgestaltung ist völlig frei (siehe Holz-Skelettbau, Seite 172). Die raumbildenden Wände tragen keine Lasten.

Bei der ***Tafelbauweise*** (Plattenbauweise) tragen dünne Tafeln die Lasten wie die tragenden Wände beim Mauerwerksbau. Sie sind als einzelne Tafeln aber nicht standfest, sondern nur in Verbindung mit anderen Tafeln. Der Grundriss ist von der Anordnung der tragenden Tafeln abhängig. In den Tafeln sind in der Regel bereits Installationsrohre vorgesehen.

Eine noch größere Vorfertigung ist mit der ***Raumzellenbauweise*** zu erreichen. Die einzelnen vorgefertigten Räume werden an der Baustelle übereinander gestapelt oder in ein Tragsystem gehängt.

4 Fertigteil

6 Tafelbau

5 Skelettbau

7 Raumzellenbau

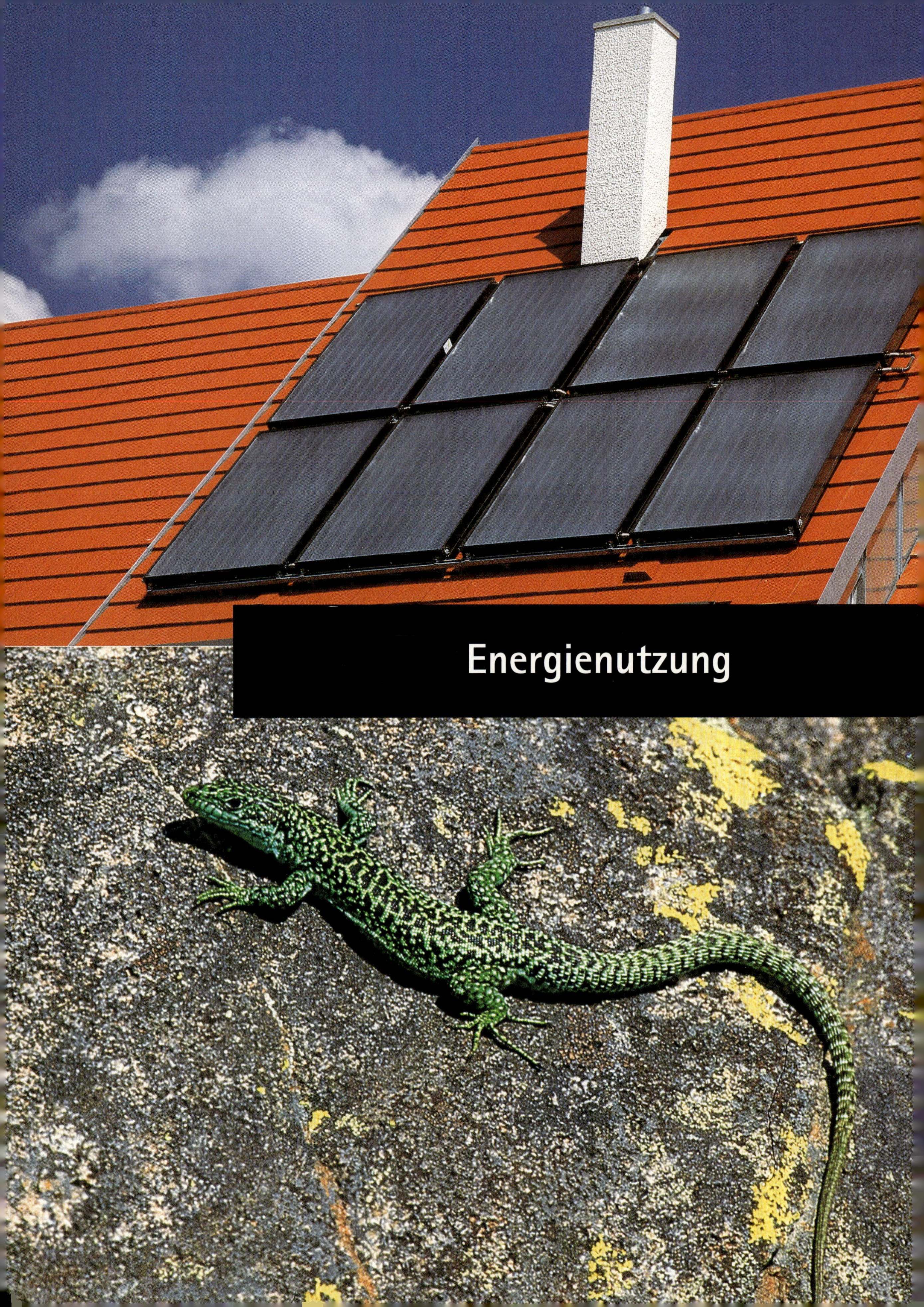

Energienutzung

Warum das Thema wichtig ist

Die Industriestaaten dieser Erde benötigen eine unvorstellbare Menge Energie: zur Produktion von Waren, für Transport und Verkehr, für Nachrichtenkommunikation. Auch in jedem Haushalt wird teure Energie für Heizung, Kochen, Waschen, Körperpflege oder Unterhaltung gebraucht.

Ein großer Energieeinsatz ist nötig, um überhaupt an Energiequellen heranzukommen und sie auszuschöpfen.

Die Energiereserven der Erde – z. B. an Erdöl, Kohle und Erdgas – sind aber nicht unerschöpflich. Eines nicht so fernen Tages werden die Energievorräte knapp werden und der „Energiehunger" der Industriestaaten wird nicht mehr gestillt werden können.

Die Lagerstätten der fossilen Energieträger, die sich in Jahrmillionen gebildet haben, werden in wenigen Jahrzehnten „ausgeplündert" sein. Das kostbare Erdöl wird verbraucht, als sei es ein Abfallprodukt. Künftigen Generationen wird dieser Rohstoff nicht mehr in ausreichender Menge zur Verfügung stehen.

Das Verbrennen fossiler Energieträger bringt Giftstoffe in die Atemluft und führt zu einer Anreicherung von CO_2 in der Atmosphäre. Das gilt als Ursache einer globalen Klimaveränderung mit nicht absehbaren katastrophalen Folgen.

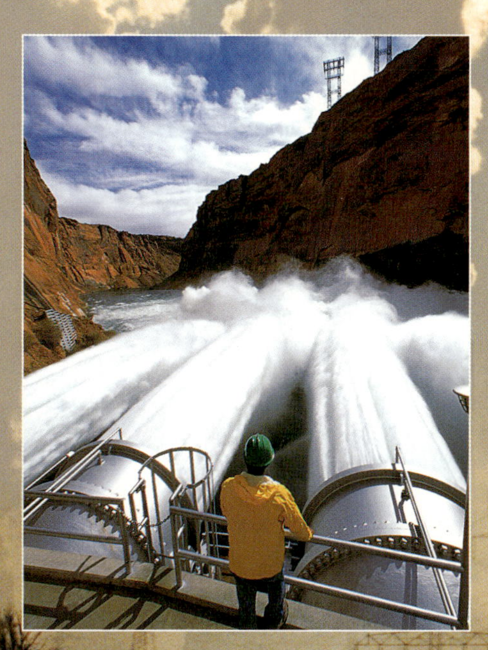

Kluge und vorausschauende Köpfe mahnen deshalb schon lange, dass weltweit ein Umsteigen auf sich erneuernde Energiequellen notwendig ist, z. B. auf Wasserkraft, Wind- und Sonnenenergie.

Überlege

- Bei welchem Energieposten können die Maßnahmen zur Einsparung von fossilen Energieträgern im Haushalt besonders wirksam werden?
- Auf welche Weise könnte der Energieverbrauch bei dir zu Hause vermindert werden?

Um in das Thema „Energie“ einzusteigen, um die Problemstellungen der Versuche zu verstehen und die Funktion technischer Objekte optimieren zu können, musst du dir zuvor die nötigen Informationen beschaffen. Zu diesem Überblick gehört auch die Kenntnis der wichtigsten Fakten, der Fachwörter und der physikalischen Begriffe, z. B.:

- Energie – Arbeit – Leistung
- Energieformen, Energieträger
- fossile und alternative Energiequellen
- Energieumwandlung, Energiewandler
- „Energieverbrauch“, Wirkungsgrad
- Arten der Umweltbelastung

Die Abbildungen auf dieser Seite zeigen Hauptprobleme unserer Zeit hinsichtlich der Bereitstellung, der Nutzbarmachung und des Umgangs mit Energie.

- Sieh dir die Bilder an und notiere problematische Punkte, die dir dabei auffallen.
- Trage sie der Klasse vor und vergleiche dein Ergebnis mit den anderen.

1 Förderung von Erdöl in der Nordsee

2 Wasserstoffgetriebener Stadtbus

3 „Energieverschwendung“

4 Fotovoltaikanlage

5 Kernkraftwerk

6 Haus mit Wintergarten

- ***Energie*** wird weder verbraucht noch vernichtet, sondern immer nur umgeformt!
- ***Energie*** und ***Arbeit*** sind ineinander umformbar und haben die gleichen Einheiten. Die Einheit der Energie ist das Joule (J).
- ***Kräfte*** werden in Newton (N) gemessen; 1 N entspricht der Erdanziehungskraft eines 100-g-Massestücks.

Arbeit (Energie)

Die mechanische Arbeit (Energie) W_{mech} errechnet sich aus Kraft mal Weg:

$W_{mech} = F \cdot s$ (in Nm)

Die elektrische Arbeit (Energie) W_{el} errechnet sich aus dem Produkt von Spannung, Strom und Zeit:

$W_{el} = U \cdot I \cdot t$ (in Ws)

Umrechnung:

1 J = 1 Nm = 1 Ws

Verwechsle nicht die Kurzzeichen s = Weg (Höhe) und s = Abkürzung für Sekunde!

Leistung

Die Leistung P errechnet sich aus der verrichteten Arbeit pro benötigter Zeit. Das gilt sowohl für die mechanische als auch für die elektrische Leistung:

$P_{mech} = W/t$ (in W)

$P_{el} = W/t = U \cdot I$ (in W)

Umrechnung:

1 J/s = 1 Ws/s = 1 W

gebräuchliche Einheiten:

1 Kilowatt (kW) = 1000 W = 10^3 W

1 Megawatt (MW) = 1 000 000 W = 10^6 W

1 Gigawatt (GW) = 1 000 000 000 W = 10^9 W

Weitere Kurzzeichen

Die Kurzzeichen physikalischer Größen sind *kursiv* gedruckt, die Einheiten in normaler Schrift.

m = Masse (in g oder kg)

ϑ_1 = Anfangstemperatur (in °C)

ϑ_2 = Endtemperatur (in °C)

$\Delta\vartheta$ = Temperaturdifferenz (in K)

Q = Wärmemenge, Erwärmungsarbeit (in J)

s = physikalischer Weg (z. B. die Höhe in m)

t = Zeit (z. B. in Sekunden: s, in Stunden: h)

U = Spannung (in V)

I = Stromstärke (in A)

c_{H_2O} = spezifische Wärmekapazität von Wasser: Um 1 Gramm Wasser um 1 Grad zu erwärmen, sind 4,2 J/(g · K) nötig. Diese Stoffeigenschaft nennt man „spezifische Wärmekapazität".

K = Kelvin: Temperaturdifferenzen werden nicht in °C, sondern in Kelvin angegeben. Beispiel: 98 °C – 18 °C = 80 K

Wirkungsgrad

Praktisch alle Maschinen und technischen Einrichtungen, die physikalische Arbeit verrichten, also Energie umformen, können nur einen Teil der teuren und kostbaren Energie in die gewünschte Arbeitsform umwandeln, z. B.:

- An bewegten Maschinenteilen entsteht Reibung; diese erzeugt Wärme und entweicht.
- In Kfz-Motoren wird der größte Teil der umgesetzten Energie als heißes Abgas und heiße Kühlluft ausgestoßen.
- Bei Transformatoren und beim Laden von Batterien wird durch unvermeidliche elektrische Widerstände ungenutzte Wärme erzeugt.

Diese Beträge an Energie sind für die Nutzung praktisch verloren. Man bezeichnet sie deshalb auch als ***Energieverlust.***

Setzt man den Anteil der nutzbar umgesetzten Energie ins Verhältnis zur insgesamt aufgewandten Energie, so erhält man den ***Wirkungsgrad*** mit dem Kurzzeichen η (eta). (Auch Nutzleistung zu aufgewandter Leistung ergibt den Wirkungsgrad.)

Das Ergebnis wird in % angegeben.

$$\eta = \frac{\text{genutzte Energie}}{\text{aufgewandte Energie}} = \frac{\text{Nutzleistung}}{\text{aufgewandte Leistung}}$$

Beispiel:

Mit einem 1200-W-Tauchsieder wird in 5 1/2 Minuten 1 Liter Wasser von 18 °C zum Kochen (ca. 98 °C) gebracht.

Gegeben ist also:

$P = 1200$ W; $\vartheta_1 = 18$ °C; $\vartheta_2 = 98$ °C;

$\Delta\vartheta = 80$ K; $t = 330$ s; $m = 1000$ g

Rechnung:

aufgewandte Energie (Arbeit):

$W_{el} = U \cdot I \cdot t = P \cdot t$

$W_{el} = 1200 \text{ W} \cdot 330 \text{ s} = 396\,000$ Ws (J)

genutzte Energie (Arbeit):

$Q = m \cdot c_{H_2O} \cdot \Delta\vartheta$

$$Q = \frac{1000 \cancel{\text{g}} \cdot 4{,}2 \text{ J} \cdot 80 \cancel{\text{K}}}{\cancel{\text{g}} \cdot \cancel{\text{K}}} = 336\,000 \text{ J}$$

$$\text{Wirkungsgrad } \eta = \frac{336 \cancel{\text{kJ}}}{396 \cancel{\text{kJ}}} = 0{,}84 = 84\,\%$$

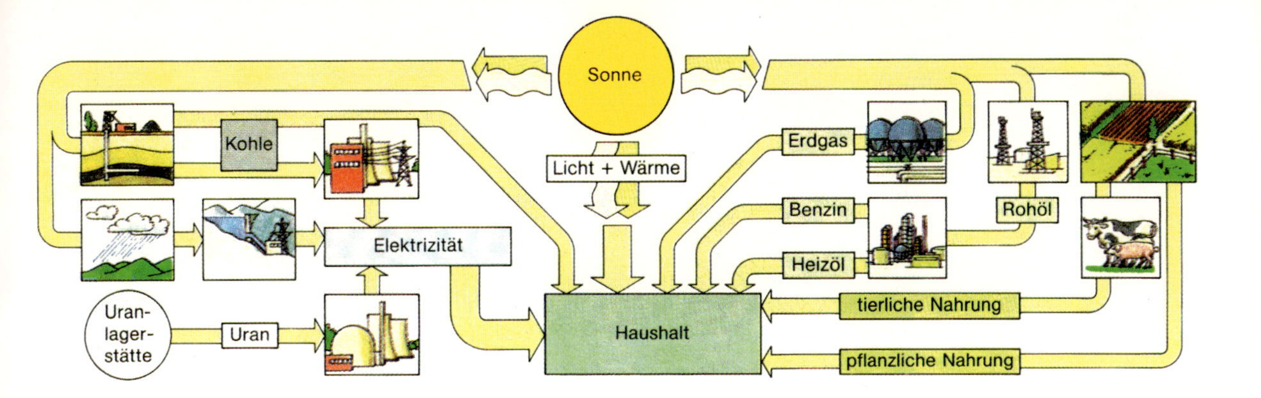

Energieformen

Energie kommt in vielen Formen vor, die ineinander umwandelbar sind, z. B. als

- ***elektrische Energie*** bei Elektromotor und Glühlampe,
- ***magnetische Energie*** bei Relais und Elektromotor,
- ***mechanische Energie*** als „potentielle Energie" (Lageenergie) bei gespeichertem Wasser in einem See oder bei einem Gewicht in einer Höhe h; als „kinetische Energie" (Bewegungsenergie) in einem bewegten Auto oder Hammer, als „Spannungsenergie" in einer gespannten Feder sowie als „Druckenergie" in Pressluft oder einem aufgepumpten Reifen,
- ***Wärmeenergie*** bei Heizungswasser und in Autoabgasen,
- ***chemische Energie*** bei Batterien, in Kraftstoffen und in Nahrungsmitteln
- oder auch als ***Kernenergie*** bei Kernbrennstoffen.

Energiequellen – Energieträger

Wichtige Energiequellen für uns sind Kohle, Erdöl und Erdgas. Da sie im Laufe von Jahrmillionen aus den Resten von Pflanzen und Tieren entstanden und „Träger" der Energie sind, nennt man sie auch „fossile Energieträger". Ihr Vorkommen auf der Erde ist begrenzt und die massive Ausbeutung wird in wenigen Jahrzehnten zu einer Verknappung führen.

primär: *erstens, ursprünglich*

sekundär: *zweitens, zweitrangig, nachfolgend*

Primärenergie – Sekundärenergie

Die fossilen Energieträger sowie Uran als Kernbrennstoff sind – technisch gesehen – die Träger der „Primärenergie". In ihrer Rohform sind sie für einen Gebrauch z. B. im Haushalt nicht geeignet, denn mit Kohle kann man keine Bohrmaschine betreiben und Gaslicht ist – wie du weißt – auch nicht mehr der heutige Stand der Technik.
Fossile Energieträger werden umgewandelt in „Sekundärenergieträger" wie Benzin, Dieselkraftstoff, Heizöl und vor allem in die Sekundärenergie Elektrizität. Elektrische Energie ist geradezu eine „Edelenergie", weil sie am universellsten einzusetzen ist. Ihre Bereitstellung erfordert aber große Umwandlungsverluste.

Erneuerbare Energien

Unter ökologischen (Umwelt-) Gesichtspunkten wird unterschieden zwischen den „regenerativen" Energiequellen, also solchen, die sich erneuern, und den nicht erneuerbaren Energiequellen. Regenerativ sind z. B. die Sonnenenergie, Wasserkraft, Wind, Holz und andere nachwachsende Pflanzen (= Biomasse). Diese Energieformen nennt man auch „alternative Energien".
Alternativ bedeutet hier: Wechsel zur Umweltverträglichkeit durch Vermeidung oder Reduzierung von Abgasen, Schonung der Reserven und Abkehr von den Problemen der Kernenergie. Fossile Energieträger, d. h. Erdöl, Kohle, Erdgas und auch Kernbrennstoffe, sind nicht erneuerbar, jedenfalls nicht innerhalb absehbarer Zeiträume.

regenerativ: *sich selbst erneuernd*

alternativ: *ersatzweise*

Erdöl ist wegen seiner vielseitigen Verwendbarkeit ein ganz besonders kostbarer Rohstoff. Der Erdölvorrat der Erde wird in wenigen Jahrzehnten geplündert und vor allem für Heizung und Verkehr verbrannt worden sein. Dieser Rohstoff wird deshalb künftigen Generationen nicht mehr in ausreichender Menge zur Verfügung stehen.

Energie und Ökobilanz

Die CO_2-Emission in die Atmosphäre ist eng verbunden mit der Wahl des Energieträgers und dem Wirkungsgrad der verwendeten Heiztechnik: Je mehr Nutzenergie bei der Umwandlung erzielt wird, je weniger Brennstoff oder Strom für die Erwärmung benötigt wird, desto weniger CO_2 wird in die Atmosphäre abgegeben.

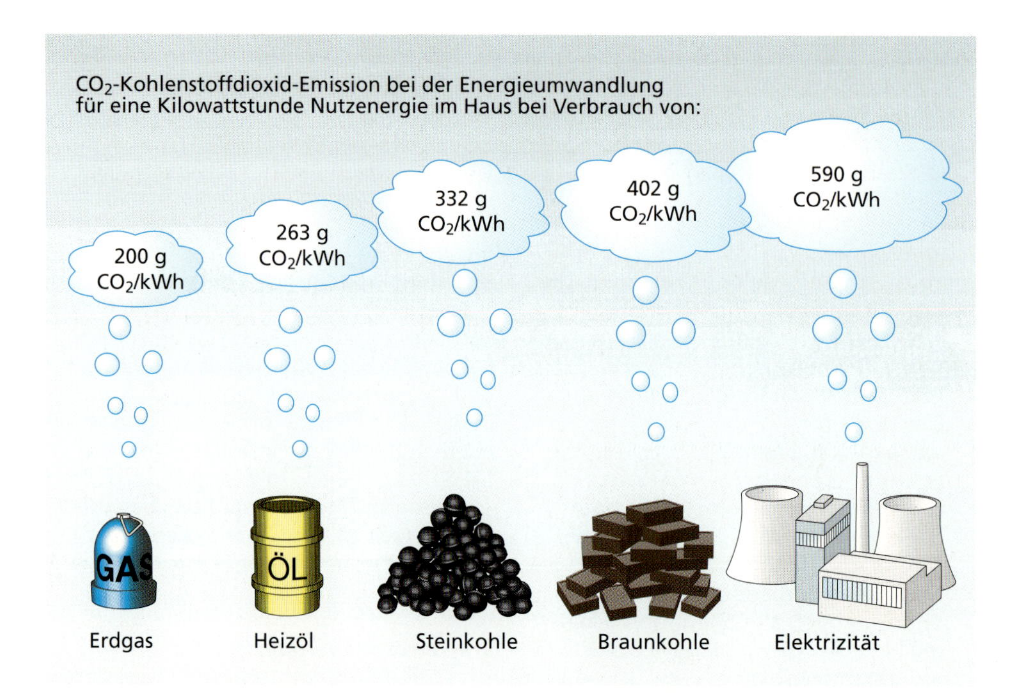

Haushaltsgeräte und Haushaltsmaschinen wirken während ihres ganzen Lebenswegs – vom Herstellen bis zum Verschrotten – durch CO_2-Emission auf die Umwelt ein. Um die Umweltverträglichkeit ökologisch zu bewerten, muss man die gesamte umgesetzte Energie betrachten.

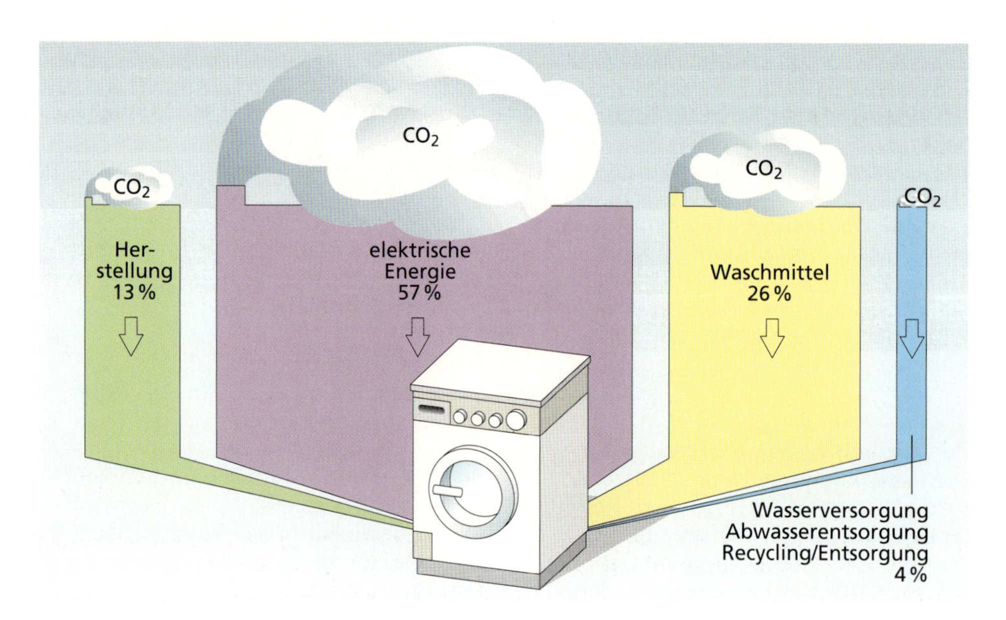

Lampen und Beleuchtung

Um es gleich vorweg zu sagen: Was man umgangssprachlich „Birne" nennt, ist technisch eine Lampe, und was man „Lampe" nennt, ist eine Leuchte! Alles klar?!
Jeder Arbeitsplatz muss neben einer guten Allgemeinbeleuchtung auch über eine spezielle örtliche Beleuchtung verfügen. Ideal ist von links oben (bei Linkshändern von rechts) einfallendes, blendfreies Licht, das keine störenden Hand- oder Werkzeugschatten wirft. Bewegliche, verstellbare Leuchten sind in allen Fällen vorteilhafter als fest installierte.

1 Richtige Beleuchtung des Arbeitsplatzes

Für den Wohn- und Arbeitsbereich gibt es eine Norm, die vier Merkmale der richtigen Innenraum-Beleuchtung aufzeigt:
- Beleuchtungsstärke und Leuchtdichte,
- Schutz vor Blendung,
- Richtung und Schatten des einfallenden Lichts und
- Farbe und Farbwiedergabeeigenschaft.

Lampen

Glühlampen setzen über 95 % der elektrischen Energie in ungewollte Wärme um und liegen damit am unteren Ende der Wirkungsgrad-Skala. Glühlampen werden deshalb immer mehr durch so genannte Sparlampen ersetzt.

Funktion der Sparlampe

Ihre Lichterzeugung erfolgt nach dem Leuchtstofflampen-Prinzip: Quecksilberdampf wird durch den Strom zur Aussendung ultravioletten Lichts gebracht. Dieses trifft auf die Leuchtstoffschicht der Innenwand und bringt sie zum Leuchten. Bei gleicher Lichtstärke benötigen Sparlampen nur 1/5 der elektrischen Energie von Glühlampen.
Dass Sparlampen so klein wie herkömmliche Lampen sind, ist eine technische Meisterleistung: Die 230-V-Netzspannung (~) wird gleichgerichtet und mit Transistoren zu hochfrequenter Spannung mit ca. 35 kHz umgewandelt. Dadurch können die Bauteile in den Sparlampen so klein gewählt werden, dass sie im Lampenfuß Platz haben.

Hz (Hertz) = Schwingungen pro Sekunde (kHz, MHz)

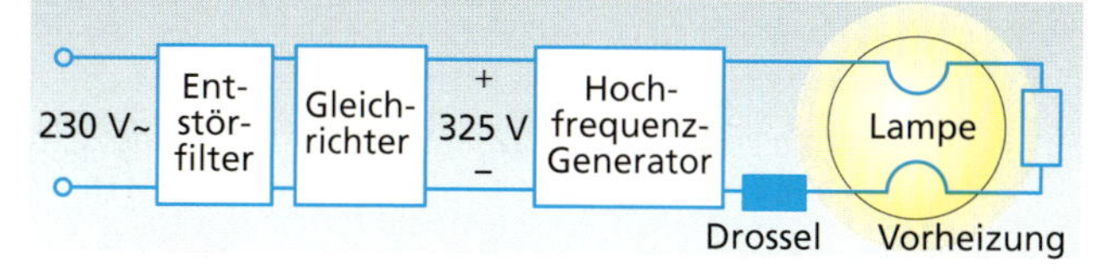

Der Spareffekt

Sparlampen halten im Schnitt acht- bis zehnmal so lange wie herkömmliche Glühlampen. Sie senken die Stromkosten und vermeiden während ihrer Lebensdauer die Emission von einer halben Tonne CO_2!

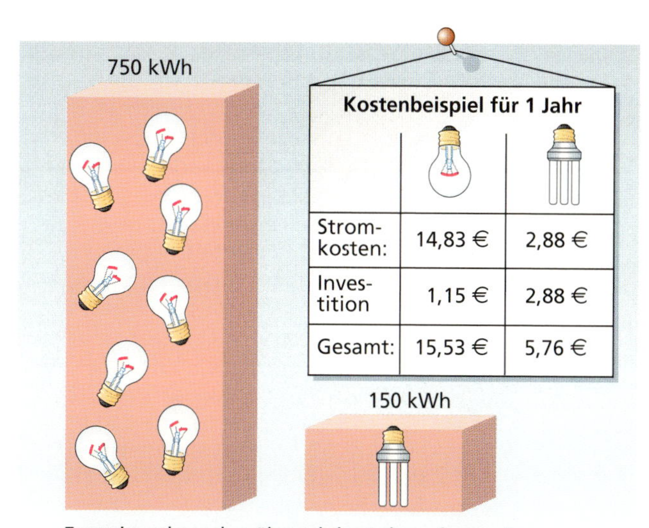

Kostenbeispiel für 1 Jahr

	Glühlampe	Sparlampe
Stromkosten:	14,83 €	2,88 €
Investition	1,15 €	2,88 €
Gesamt:	15,53 €	5,76 €

Energieverbrauch während der Lebensdauer einer Sparlampe (ca. 8000 Stunden)

2 Vergleich der Energiebilanzen: Glühlampe – Sparlampe

Heizen im Haus

Abb. 1 zeigt das Prinzip der Heizungsanlage eines Wohnhauses im Überblick. Das Heizwasser wird in einem geschlossenen System durch eine Kreiselpumpe bewegt. Das Wasser im Kessel wird auf gleicher Temperatur gehalten. Dem kühlen Rücklaufwasser wird mehr oder weniger heißes Kesselwasser beigemischt, indem die zentrale Regelung mit einem Motor ein Mischventil betätigt. Da sich durch Wärmeausdehnung das Volumen der Heizwasserfüllung ständig ändert, muss ein gasgefülltes Ausdehnungsgefäß diese Schwankungen puffern.

Physik: Wärmeausdehnung

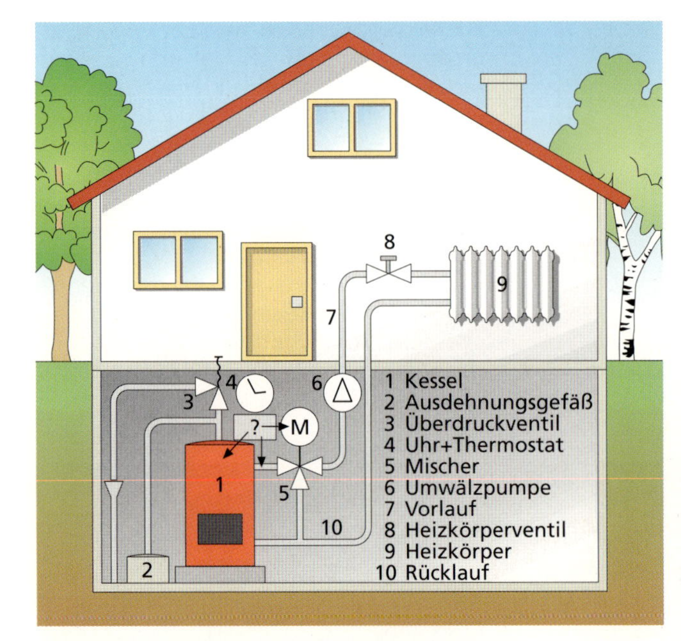

1 Prinzip einer Warmwasser-Heizungsanlage

Heizenergie – zum Beispiel mit Erdgas

Unter den Energieträgern für die Heizung von Wohnhäusern nimmt das Erdgas eine Sonderstellung ein: Es ist der emissionsärmste Brennstoff. Erdgas besteht fast ganz aus Methan CH_4. Beim Verbrennen von 1 m^3 Erdgas entstehen auch ca. 2 m^3 gasförmiger Wasserdampf. Dieser im Abgas steckende Dampf besitzt noch eine große Menge Energie, die jedoch erst durch Kondensieren freigesetzt werden kann.

Brennwerttechnik

Die moderne Heiztechnik unterscheidet den Heizwert und den Brennwert der Energieträger. Der ***Heizwert*** ist die Wärmeenergie, die der Verbrennungshitze (den Flammen) entnommen werden kann. Die im Wasserdampf der Abgase enthaltene Wärmeenergie bleibt dabei unberücksichtigt.

Der ***Brennwert*** berücksichtigt die Gesamtenergie, die beim Verbrennen frei wird, also auch die im Wasserdampf enthaltene Verdampfungswärme.

Moderne Heiztechnik kann dem heißen Abgas einen Teil der Restwärme entnehmen und auch die versteckte (latente) Wärmeenergie des Wasserdampfs als Kondensationswärme nutzen.

Physik: Kondensation

Heizkessel als Brennwertgeräte sind in der Lage, die Abgase durch Kontakt mit dem Heizungsrücklaufwasser zu kühlen. Dabei kondensiert der Wasserdampf und gibt 2,257 J/g an Wärmeenergie ab. So werden zusätzliche 5–10 % der Energie genutzt.

Die Brennwerttechnik muss zumindest drei neue Probleme technisch lösen:

- Das kühle Abgas steigt nicht mehr „thermisch" zum Kamin hinaus. Alle Brennwertkessel benötigen deshalb ein Gebläse.
- Das saure Kondenswasser muss gesammelt und eventuell neutralisiert in die Kanalisation geleitet werden.
- Der Abgasweg – der Schornstein – muss wegen der Restfeuchtigkeit und der CO_2- und SO_2-Gase korrosionsfest sein.

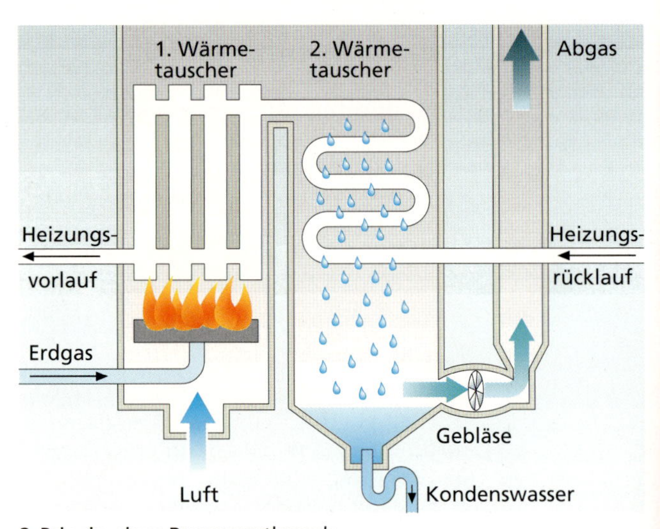

2 Prinzip eines Brennwertkessels

Steuern und Regeln einer Hausheizung

Steuerung – Steuerkette
Eine Steuerung gibt nur Befehle an eine Stelleinrichtung aus, z. B.: HEIZEN. Sie prüft nicht, ob dieser Befehl auch ausgeführt wird, denn eine Leitung für eine Rückmeldung ist nicht vorhanden.
Zum Beispiel sind manche Ampeln zeitgesteuert: Sie können sich auf wechselnde Verkehrsdichte nicht einstellen.

Regelung – Regelkreis
Eine Regelung prüft nach, ob der ***Istwert*** vom ***Sollwert*** abweicht, und unternimmt „Schritte", um Abweichungen oder Störungen auszugleichen. Messfühler und Rückmeldungen müssen vorhanden sein. Der Informations- und der Befehlsfluss bilden einen Kreis:

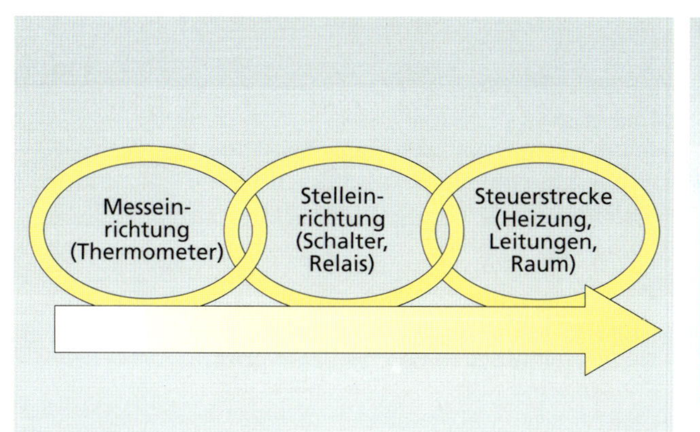

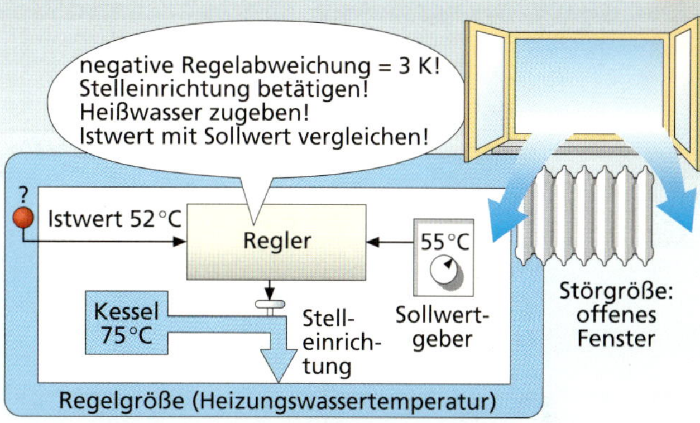

Der Außenfühler ***verändert den Sollwert*** der zentralen Wassertemperatur-Regelung.
Je nach Außentemperatur bestimmt er: wärmeres oder kühleres Heizungswasser.

Die Uhr ***steuert*** Tag- und Nachtbetrieb. Sie herrscht über die zentrale Regelung.

Das Thermostatventil ist eine sehr komfortable ***kontinuierliche Regeleinrichtung:*** Es vereinigt auf kleinstem Raum Messfühler und Stelleinrichtung. Der Istwert wird fortlaufend ermittelt und „gleitend" an den Sollwert angeglichen.

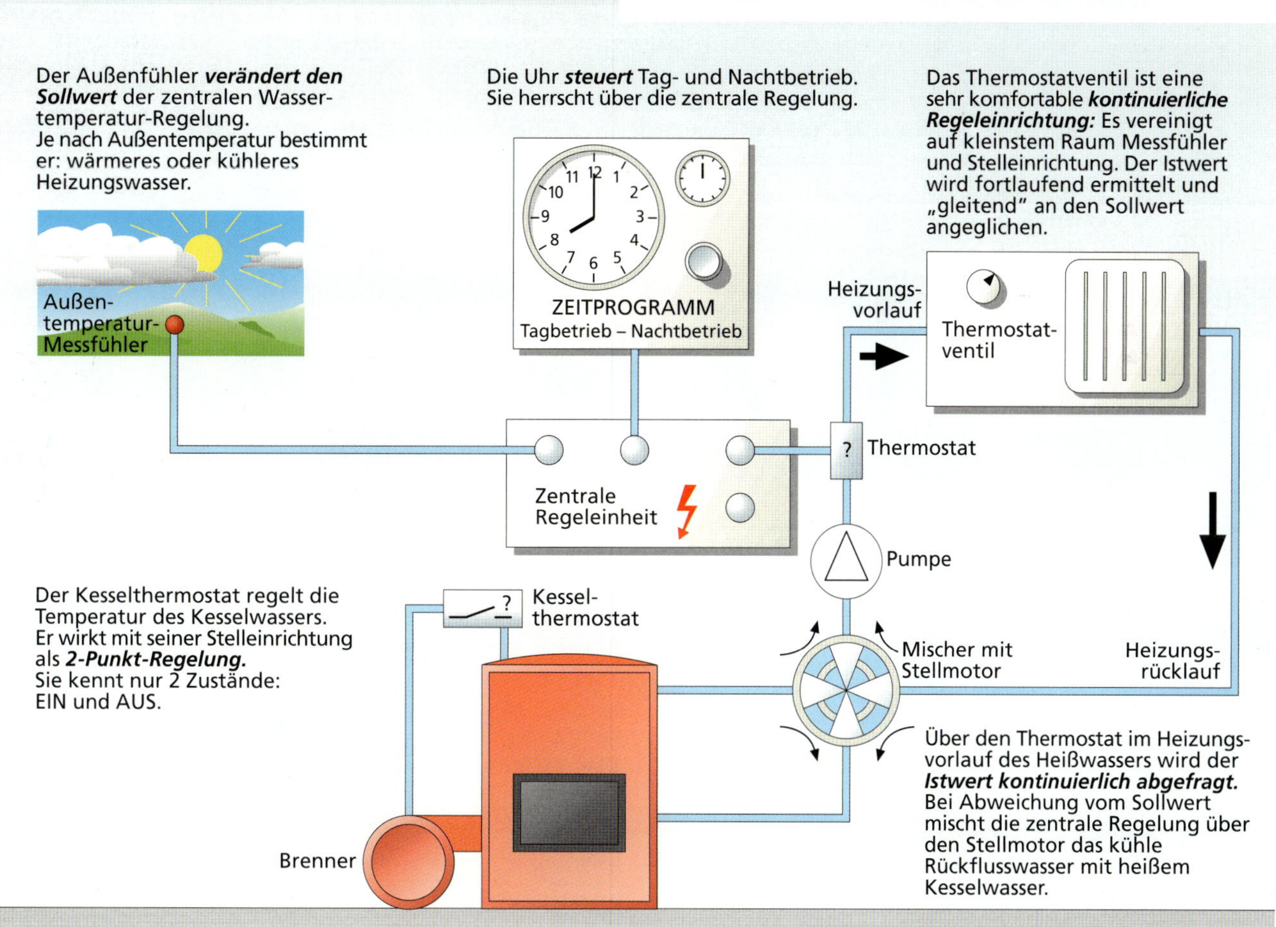

Der Kesselthermostat regelt die Temperatur des Kesselwassers.
Er wirkt mit seiner Stelleinrichtung als ***2-Punkt-Regelung.***
Sie kennt nur 2 Zustände: EIN und AUS.

Über den Thermostat im Heizungsvorlauf des Heißwassers wird der ***Istwert kontinuierlich abgefragt.*** Bei Abweichung vom Sollwert mischt die zentrale Regelung über den Stellmotor das kühle Rückflusswasser mit heißem Kesselwasser.

Wärmeschutz

Der Mensch fühlt sich am wohlsten bei einer Raumtemperatur von etwa 20 °C. Deshalb müssen im Sommer die Räume vor Überhitzung durch Sonnenstrahlen geschützt werden. Im Winter, während der Heizperiode, muss die im Haus vorhandene Wärme davor bewahrt werden, nach außen abzuwandern.

- Wärme fließt nur von der warmen zur kalten Seite. Bei Gleichtemperatur ist ein Wärmefluss nicht möglich.
- Wärmeenergie wandert auf drei Arten:
  - durch Konvektion (z. B. Luftzug),
  - durch Abstrahlung,
  - durch Wärmeleitung.

Physik: Wärmetransport

Wärmedämmung – Wärmeisolation
Wärmedämmung soll in Gebäuden den Wärmefluss behindern. Für Neubauten legt sogar eine gesetzliche Wärmeschutzverordnung den Grad der Wärmeisolation fest.

Heizenergie im Haus geht vor allem verloren durch
- Lufterneuerung durch Türen und Fenster,
- Wärmeleitung und Abstrahlung durch die Fenster und infolge der
- Wärmeleitung durch die Mauern zur kalten Außenseite.

Um die Wärme im Haus zu halten und Energie zu sparen, müssen diese Energielecks „verstopft" werden, denn es muss immer nur die Energiemenge nachgeheizt werden, die nach außen verloren geht!

Dämmstoffe
Die Fähigkeit, gegen Wärmedurchgang zu isolieren – sowohl Hitze als auch Kälte abzuhalten –, ist eine wichtige Eigenschaft der Baustoffe.

Grundsätzlich gilt:
- Leichte Stoffe mit vielen Hohlräumen (Lufteinschlüssen) besitzen eine gute Wärmeisolation.
- Dichte Materialien leiten im allgemeinen die Wärme gut weiter und sind daher schlechte Isolationsmaterialien.
- Eine Schicht aus 16 mm dickem Hartschaum isoliert z. B. ebenso gut wie eine 1 m dicke Mauer aus Natursandstein!

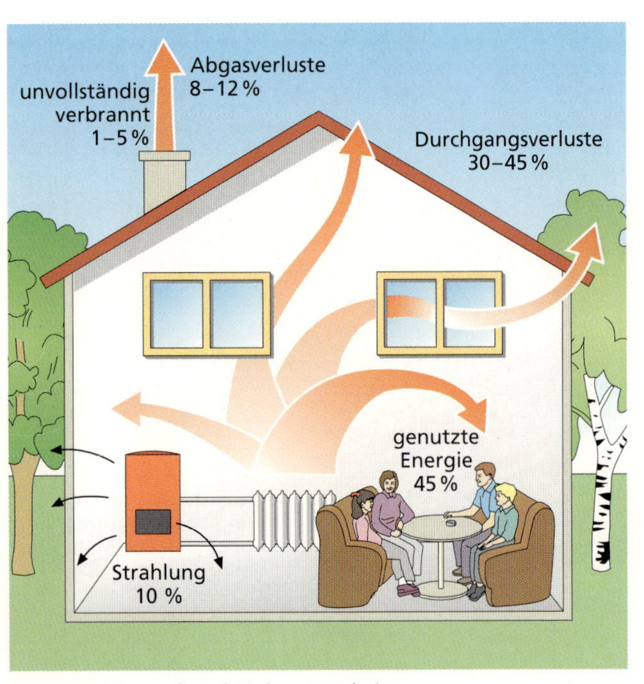

1 Wärmeenergiefluss bei der Raumheizung

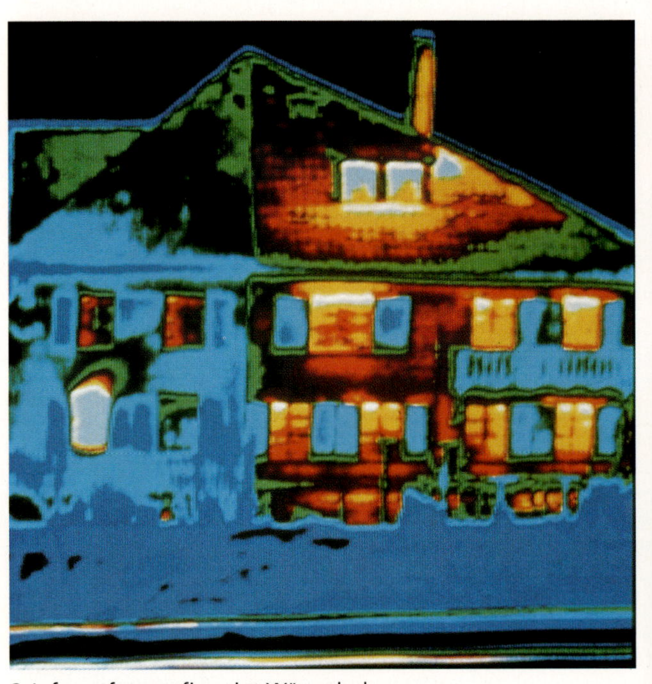

2 Infrarotfotografie zeigt Wärmelecks

Wärmedämmung – der k-Wert

Baustoff	Dicke
Hartschaum	0,026 m
Fichte	0,086 m
Gasbeton	0,19 m
Leichtziegel	0,20 m
Leichtbeton	0,26 m
Kalksandstein	0,64 m
Klinker	0,64 m
Normalbeton	1,4 m
Natursandstein	1,6 m

3 Dicken ausgewählter Baustoffe mit dem *k*-Wert 1,5 W/(m² · K)

Wie viel Wärmeenergie durch eine Wand abfließt (der Wärmeenergieverlust Q), hängt im Wesentlichen ab

- von der Größe der Fläche ($Q \sim A$),
- von der Temperaturdifferenz zwischen innen und außen ($Q \sim \Delta\vartheta$),
- von der Zeitdauer des Wärmeaustauschs ($Q \sim t$).

Diese Abhängigkeiten lassen sich mathematisch so beschreiben:

$$Q \sim A \cdot \Delta\vartheta \cdot t.$$

Außerdem ist der Wärmeverlust selbstverständlich abhängig von der Dicke der Mauer und den Wärmedämmeigenschaften der beteiligten Baumaterialien. Durch Tests der Dämmeigenschaften wurde jedem Baumaterial ein Proportionalitätsfaktor k zugeordnet. Er wird auch *k*-Wert, *k*-Zahl oder Wärmedurchgangskoeffizient genannt.

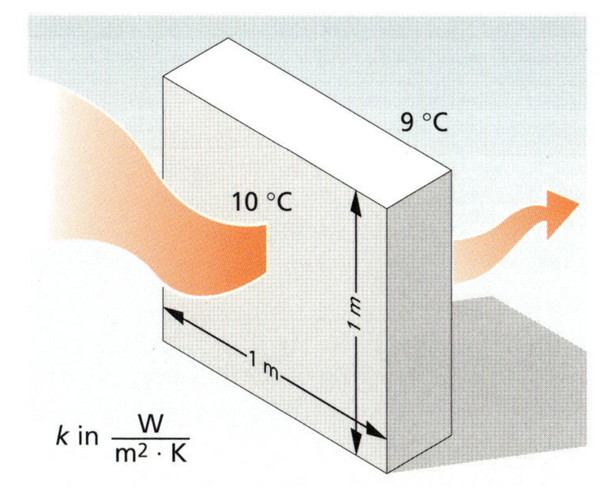

4 Wärmedurchgangskoeffizient *k*

Der *k*-Wert gibt an, wie viel Wärmeenergie Q in einer Sekunde durch eine Fläche A von 1 m² fließt, wenn der Temperaturunterschied $\Delta\vartheta$ zwischen innen und außen 1 K (1 °C) beträgt. Der *k*-Wert ist also ein „Gütefaktor" für die Wärmedämmeigenschaft von Baustoffen.

Die Formel für die Berechnung von Wärmeverlusten z. B. durch Mauern lautet demnach bei bekanntem *k*-Wert:

$$Q = k \cdot A \cdot \Delta\vartheta \cdot t$$

Q in Ws; k in $\frac{\text{W}}{\text{m}^2 \cdot \text{K}}$

A in m²; $\Delta\vartheta$ in K; t in s

Der *k*-Wert lässt sich auch berechnen, wenn man die anderen Formelwerte kennt.

Beispiel:

Eine 4 m² große Mauerfläche hinter einem Heizkörper wurde mit 2 cm Hartschaum isoliert.

k-Wert vorher: 1,50 $\frac{\text{W}}{\text{m}^2 \cdot \text{K}}$

k-Wert nachher: 0,8 $\frac{\text{W}}{\text{m}^2 \cdot \text{K}}$

Außentemperatur im Durchschnitt der Heizperiode: 5 °C;
Luft am Heizkörper: 35 °C; $\Delta\vartheta = 30$ K;
Heizzeit 7 bis 23 Uhr: $t = 16$ h/Tag

Rechnung:
Wärmeenergieverlust pro Tag:
(Q_1 = ohne Isolation; Q_2 = mit Isolation)

$$Q_1 = k \cdot A \cdot \Delta\vartheta \cdot t$$

$$= \frac{1{,}5\ \text{W} \cdot 4\ \text{m}^2 \cdot 30\ \text{K}}{\text{m}^2 \cdot \text{K}} \cdot \frac{16\ \text{h}}{\text{Tag}}$$

$$= 2880\ \text{Wh/Tag}$$

$$Q_2 = k \cdot A \cdot \Delta\vartheta \cdot t$$

$$= \frac{0{,}8\ \text{W} \cdot 4\ \text{m}^2 \cdot 30\ \text{K}}{\text{m}^2 \cdot \text{K}} \cdot \frac{16\ \text{h}}{\text{Tag}}$$

$$= 1536\ \text{Wh/Tag}$$

Unterschied: 1344 Wh pro Tag
Auf eine Heizperiode von 200 Tagen gerechnet ergibt das eine Ersparnis von ca. 268 kWh. Diese eingesparte Energiemenge entspricht z. B. ca. 25 m³ Erdgasverbrauch.

Thermische Kollektoren

Die Strahlung der Sonne

Die Sonnenstrahlung erreicht bei uns eine maximale Leistung von ca. 1 kW/m^2. Die jahreszeitlichen Strahlungsunterschiede sind in Deutschland sehr extrem. Während eines schönen Sommertags können etwa 8 kWh/m^2 an Energie zusammenkommen. An einem trüben Wintertag kann die Strahlung dagegen auf magere 0,1 kWh/m^2 zurückgehen. Man unterscheidet die „direkte" Sonnenstrahlung und die „diffuse" Strahlung bei bedecktem Himmel.

Für Heizung und Haushalt zusammen reicht die Strahlung hierzulande nicht aus bzw. es wäre eine unwirtschaftlich große Kollektorfläche nötig. Grundsätzlich ist deshalb zur Kollektoranlage eine Zusatzheizung erforderlich, um an Tagen mit geringer Strahlung das Wasser für Küche und Bad oder die Heizung auf die notwendige Temperatur zu bringen.
Mit einem Kollektor von 1 m^2 Fläche, unter 45° nach Süden ausgerichtet, kann man einen jährlichen Energiegewinn von 350 bis 450 kWh „ernten" und dadurch fossile Energieträger einsparen.

absorbieren, Absorption: *aufnehmen, Aufnahme*

Kollektor: *Sammler*

thermisch: *mittels Wärme hier: Wärmeenergie nutzend*

Die Absorption der Strahlung

Schwarze Flächen sind in der Lage, die Sonnenstrahlung aufzunehmen (zu absorbieren) und in Wärme umzuwandeln.

Flachkollektoren haben deshalb eine geschwärzte Fläche, die von Röhren durchzogen ist. In diesen Röhren erwärmt sich ein flüssiges „Medium", z. B. Öl oder Wasser, das in der Lage ist, die Wärme abzutransportieren und in einem Wärmetauscher an einen Speicher abzugeben.

Der Treibhauseffekt

Flachkollektoren sind mit Glas gedeckt. Das schützt nicht nur vor dem „Abwehen" der Wärme. Die Glasabdeckung wirkt vor allem als Strahlenfalle. Die kurzwelligen Lichtstrahlen durchdringen das Glas und werden von der Absorberfläche geschluckt. Für die langwellige Sekundärstrahlung des heißen Kollektors ist das Glas aber undurchlässig: Die Wärmestrahlung bleibt im Kollektor gefangen. Flachkollektoren können auch die diffuse Strahlung bei bedecktem Himmel in Wärme umwandeln.

Der Betrieb eines Flachkollektors

Unter den verschiedenen Typen haben sich Flachkollektoren durchgesetzt, weil sie das beste Kosten-Nutzen-Verhältnis bringen. Die Größe der Kollektorfläche richtet sich bei Wohngebäuden danach,

- wie viele Personen zum Haushalt gehören,
- ob eine Raumheizung betrieben werden soll oder ob nur Heißwasser für Bad oder Küche gewünscht wird.

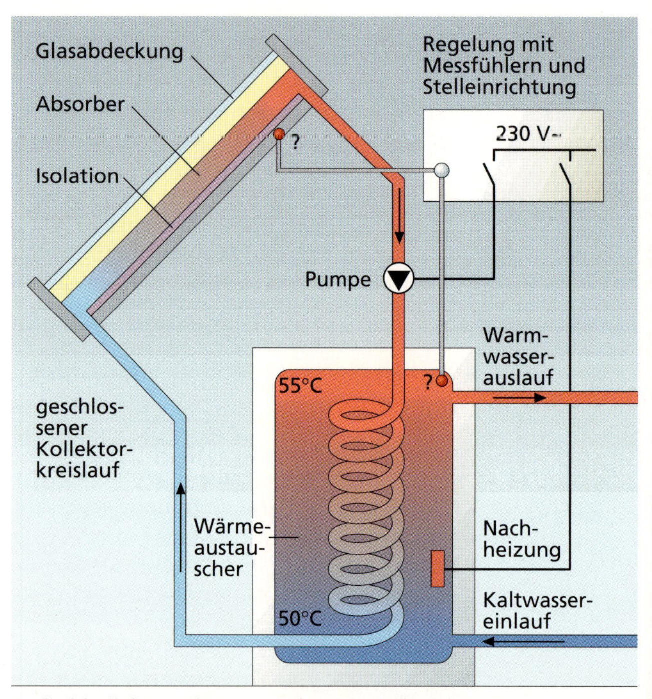

1 Flachkollektoranlage zur Warmwasserbereitung

Sonnenenergie gibt es nicht gratis!

Die Kilowattstunde aus einer Solaranlage ist zur Zeit noch teuer, vergleicht man die Herstellungskosten und die Kosteneinsparungen (Amortisation), Reparaturkosten, Unterhaltung und Zusatzheizung mit den heutigen Energiepreisen. Solaranlagen werden mit herkömmlicher Energie hergestellt. Sie benötigen Jahre, bis sie diese Energie- und Kohlenstoffdioxidschuld abgetragen haben. Erst nach dieser Zeit beginnt die Schonung der Umwelt durch Einsparung von fossilen Energieträgern und CO_2.

Amortisation: *Tilgung entstandener Kosten, Abtragung einer Schuld*

„Energierückzahlzeit" bei thermischen Kollektoren: 1,5 bis 4 Jahre

Dezentrale Stromerzeugung aus regenerativen Energiequellen

Im Gegensatz zu Großkraftwerken sind mit diesem Begriff einzeln stehende Fotovoltaikanlagen, Windkraftanlagen oder kleine Wasserkraftwerke gemeint. Alternative Energien sind nicht kostenlos, sondern sehr teuer, denn die Kosten für Herstellung, Ausstattung und Installation der Anlagen sind sehr hoch.
Elektrizität für Industrie und Haushalt muss im selben Augenblick erzeugt werden, in dem sie gebraucht wird. Für eine große Solaranlage oder Windkraftanlage muss deshalb eine ebenso große herkömmliche Kraftwerkskapazität bereitstehen, um einzuspringen, wenn die Sonne nicht scheint oder der Wind nicht weht.
Elektrizität aus Sonne und Wind wird nur dann für den Betreiber rentabel, wenn diese Energie auch unmittelbar selbst genutzt werden kann, beispielsweise in diesem Werk (Abb. 2).
Diese Fotovoltaikanlage mit einer Fläche von 500 m^2 bringt eine Spitzenleistung von 51 kW. Sie stellt damit im Jahresdurchschnitt etwa 50 % der benötigten elektrischen Energie des Werks bereit.

2 Solaranlage auf einem Werk im Breisgau

Immer wenn die Solaranlage genügend Strom liefert, zeigt eine Ampel „grün". Dann werden in einem elektrischen Wärmeofen mit dem gewonnenen Solarstrom Werkstücke auf Vorrat bearbeitet. Zeigt die Ampel „rot", bedeutet das, dass die Sonnenstrahlung zu wenig elektrische Energie erzeugt und der Ofen aus dem öffentlichen Leitungsnetz gespeist werden müsste. Er wird abgeschaltet, bis die Sonne wieder genügend scheint!

Fotovoltaik – Strom von der Sonne

Solarzellen sind in der Lage, Sonnenlicht direkt in elektrische Energie umzuwandeln. Eine einzelne Zelle erreicht nur eine Spannung von ca. 0,5 V. Um höhere Spannungen oder höhere Ströme zu bekommen, werden mehrere Zellen hintereinander oder parallel zu einem „Solarmodul" geschaltet.
Strom aus Solarzellen ist zur Zeit noch etwa 8- bis 10-mal so teuer wie herkömmliche elektrische Energie.
Solarzellen benötigen selbst in sonnenreichen Gegenden 4 bis 6 Jahre, um die zu ihrer Herstellung erforderliche Energie- und CO_2-Schuld durch Sonnenenergie abzutragen.

Strom aus Wind- und Wasserkraft

Um Windkraft effektiv nutzen zu können, muss die Windkraftanlage an einer Stelle platziert werden, an der im Jahresdurchschnitt eine mittlere Windgeschwindigkeit von mindestens 5 bis 6 m/s zu erwarten ist.
Weil die Windgeschwindigkeit mit der Höhe zunimmt, sind freies Gelände nach allen Seiten und größtmögliche Höhe Grundvoraussetzungen.

3 Windkraftanlage

Die Stromerzeugung beginnt erst bei Windgeschwindigkeiten über 16 km/h (bestens geeignet, um Drachen steigen zu lassen) und erreicht ein Maximum bei 36 km/h (= Windstärke 5, „Schaumkronen auf Seen", Surfcracks freuen sich).
Bei uns in Deutschland werden diese Dauerbedingungen nur an bestimmten geografischen Orten erreicht, vor allem an der Küste und im Bergland. Dem Aufstellen von Windkraftanlagen steht aber häufig der Landschafts- und Naturschutz entgegen.

Für das Errichten von Wind- und Wasserkraftwerken gelten strenge Vorschriften: Der Bau eines Kleinkraftwerks an einem Flüsschen bei Freiburg erforderte die Beteiligung von 30 verschiedenen Behörden und eine Genehmigungszeit von mehr als vier Jahren!

Passive Nutzung der Sonnenenergie

Häuser wurden seit frühesten Zeiten so gebaut, dass die Sonnenwärme genutzt werden konnte. Geheizt wurde vor allem mit Holz, also einem regenerativen Energieträger. Erst die Nutzung von Erdöl, Kohle, Gas als Heizmittel und die Elektrizität ermöglichten ein Bauen, das die Sonne als wichtige Energiequelle nicht mehr berücksichtigen musste.

Heute werden moderne Bauten wieder so konstruiert, dass zur Einsparung von fossilen Energieträgern möglichst viel Sonnenwärme genutzt werden kann. Außer der idealen Ausrichtung des Hauses nach den Himmelsrichtungen stehen heute hochwirksame Isoliermaterialien und bautechnische Möglichkeiten der Energieeinsparung zur Verfügung. Werden alle architektonischen und technischen Möglichkeiten angewandt, so kann ein Haus mit einem Minimum an Fremdenergie auskommen.

1 Wintergarten

Der Wintergarten

Durch seinen Treibhauseffekt wirkt der gläserne Vorbau vor dem eigentlichen Hauskern als Puffer zur Außenluft. Auch bei kühlem Wetter erwärmt die diffuse Strahlung den von Glas umschlossenen Raum und liefert erwärmte Luft für die Wohnräume. Bei richtiger Konstruktion kann die Sonnenstrahlung dunkle (absorbierende) Mauern im Hausinnern erreichen, die als Wärmespeicher wirken. Sie geben die gespeicherte Wärme um Stunden verschoben wieder an den Raum ab.

Transparente Wärmedämmung

Dieses (zur Zeit noch etwas kostspielige) Verfahren wird in den nächsten Jahren große Bedeutung erlangen, weil es gelungen ist, auch Altbauten mit dieser hochwirksamen Technik auszurüsten.
Vor der Südfassade der Hausmauer wird ein transparentes Dämmmaterial angebracht. Es ist für Sonnenlicht zwar durchlässig, dabei aber ein sehr schlechter Wärmeleiter. Diese beiden Materialeigenschaften bewirken, dass eine dahinter liegende geschwärzte Mauer die Sonnenstrahlung als Wärme aufnimmt und sie ins Hausinnere weiterleitet.
Ein Abwandern der gewonnenen Wärme nach außen wird durch das Dämmmaterial in hohem Maße verhindert.
Selbstverständlich wirkt sich die Wärmedämmung während der Heizperiode auch Energie sparend aus. Auch bei nur geringer Wärmeeinstrahlung im Winter ist durch die „vorgewärmte" Außenwand die Erwärmung der Raumluft sichergestellt, denn bei gleichen Temperaturen innen und außen kommt der Wärmestrom zum Stillstand.

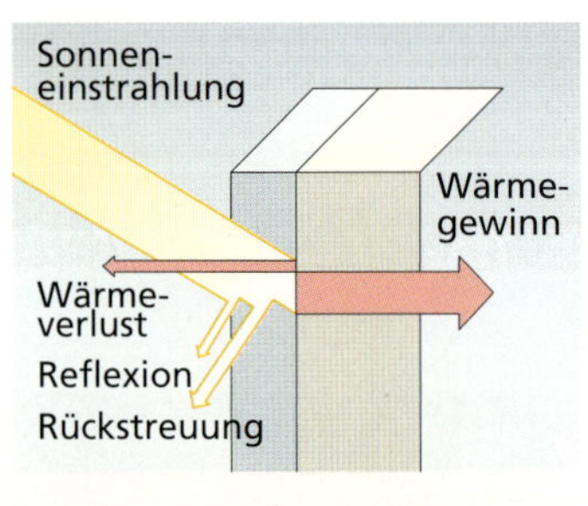

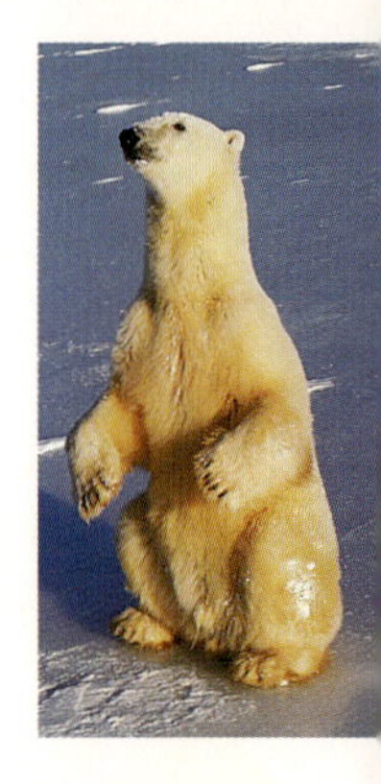

Der Eisbär stand „Pate" für die transparente Wärmedämmung.

2 Haus mit transparenter Wärmedämmung

Das Niedrigenergiehaus

Was kann beim Hausbau getan werden, um die CO_2-Emission zu verringern und um Fremdenergie zu sparen?

Technische Energiesparmaßnahmen sind keine finanziellen Sparmaßnahmen!
Wer zur Umweltschonung beitragen will, muss Investitionen tätigen, die sich erst in Jahrzehnten rentieren (amortisieren).

Fotovoltaik
Je nach geografischer Lage kann eine Anlage mit 5 m^2 Fläche etwa den Tagesbedarf von Dauerverbrauchern wie Kühlschrank, HiFi-Anlage, Fernseher oder Computer decken.

Solarkollektoren
Mit einer 5-m^2-Solaranlage lassen sich 50–70 % des Energiebedarfs für Warmwasser in Küche und Bad decken. Selbstverständlich entscheiden auch der klimatische Standort und der sparsame Umgang mit Warmwasser über die Wirtschaftlichkeit.

Große Fenster
bringen Wärme ins Haus. Spezialverglasungen erreichen einen *k*-Wert von 1,1 W/(m^2 · K). Dieser theoretische Wert wird bei Fenstern auf der Südseite noch verbessert:
Die eingestrahlte Sonnenwärme kann den Wärmedurchgangsverlust nicht nur ausgleichen, sondern sogar übertreffen.

Die Ausrichtung
des Hauses nach der Sonne bewirkt eine gute Belichtung der Räume. Auch bei tief stehender Wintersonne erhält das Haus kostenlose Wärmeenergie aus der Sonnenstrahlung.

N
W O
S

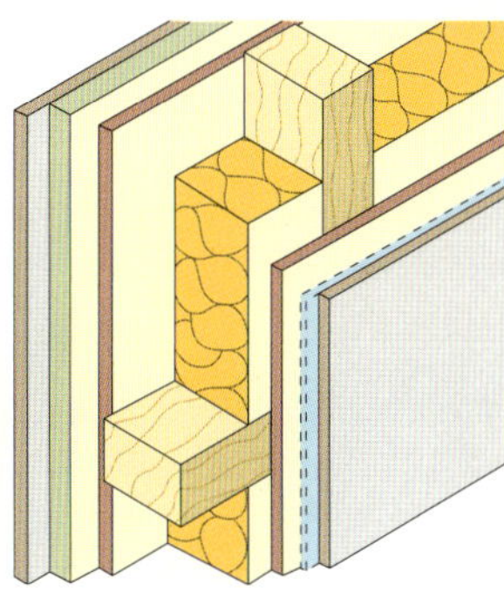

Wärmedämmung der Außenwände und des Daches ist das Wichtigste. Durch die Wahl moderner Materialien und Techniken kann der *k*-Wert auf 0,2 W/(m^2 · K) gesenkt werden. Bisher musste man bei einem Einfamilienhaus mit 24 kW Heizleistung rechnen. Niedrigenergiehäuser benötigen nur noch eine Heizleistung, die unter 10–12 kW liegt.

Wärmerückgewinnung durch Wärmetauscher
Ein Gebläse befördert verbrauchte Altluft zu einem Röhrensystem und erwärmt es. An der Außenfläche der erwärmten Röhren wird die kühlere Frischluft vorbeigeführt, wo sie die Wärme aufnehmen kann.

Umwelt

Warum das Thema wichtig ist

Luft, Wasser und Boden sind für die Menschen überlebensnotwendig.

Seit Millionen von Jahren muss sich der Mensch vor den Gefahren der Umwelt schützen. Doch nun bedroht der Mensch die Umwelt und damit auch seine eigenen Lebensgrundlagen. Früher war die Umweltbedrohung auf wenige Regionen begrenzt. Schon im Altertum wurden Wälder vernichtet und Flüsse verseucht. Aber heute nehmen die Umweltbelastungen globale Ausmaße an.

Wir sind bestrebt, die uns durch Gott geschenkte Gesundheit der Luft durch unsere Vorsorge, soweit das möglich ist, reinzuhalten. Wir verfügen deshalb, dass es niemand gestattet ist, in Gewässern, die weniger als eine Meile von einer Ansiedlung entfernt liegen, Flachs oder Hanf zu wässern, weil dadurch die Beschaffenheit der Luft ungünstig verändert wird.

1 Text aus einer Urkunde Friedrich II. (1231)

Ein Teil der Belastungen ist eine Folge der vielen Menschen, die auf der Erde leben. Nur mit geeigneten Verhaltensweisen und mit sinnvoller Technik können diese Belastungen begrenzt werden.

2 Problem: Abwasser

3 Problem: Abgas

Ein weiterer Teil der Belastungen ist eine Folge unseres Lebensstils. Wir wollen mobil sein, reisen, eine günstige Arbeitsstelle auch dann einnehmen, wenn sie nicht am Ort ist, fremde Länder sehen. Es ist eine noch ungelöste Aufgabe, diese Bedürfnisse zu erfüllen, ohne die Umwelt weiter zu belasten. Manche meinen, unsere Bedürfnisse müssen eingeschränkt werden, andere hoffen auf eine bessere Technik.

4 Problem: Müll

Unsere Nahrung gedeiht nur auf fruchtbarem Boden. Um diese Leistungsfähigkeit zu erhalten, müssen sich die Menschen intelligenter Techniken bedienen. Technik wird von Menschen gemacht, um angenehmer leben zu können. Technikanwendungen wie das Auto erlauben einigen wenigen Menschen in der entwickelten „1. Welt“ ein bequemes Leben, aber sie belasten auch das Leben vieler anderer Menschen in der „3. Welt“, z. B. durch den globalen Treibhauseffekt.
Welche Technik wir haben, ist eine Folge politischer Entscheidungen, an denen jeder Einzelne mitwirken kann. Damit auch du deinen Teil dazu beitragen kannst, solltest du dich mit dem Thema befassen.

Erst mal informieren

Technik dient dazu, dem Menschen das Leben zu erleichtern. Hierzu verändert er seine natürliche Umwelt. In dieser veränderten Umwelt kann er aber nur dann leichter leben, wenn nicht Belastungen entstehen, die das Leben gefährden.

1 Belastungen und ihre Folgen

Manche Belastungen erkennt man sofort, andere wirken sehr unauffällig. Man muss also das Ausmaß der Belastungen feststellen.
Informiere dich darüber, wie Prüf- und Messgeräte funktionieren und was die Werte aussagen.
Nur einen kleinen Teil der Umweltbelastungen können wir selbst feststellen. Bei vielen Belastungsarten sind wir auf Informationen von Fachleuten und Medien angewiesen.

2 Messstation

Man muss also die Informationen, die von Fachleuten, Behörden, Organisationen und in den Medien veröffentlicht werden, verstehen können.

Informiere dich über ein Thema nach eigener Wahl und nutze hierzu verschiedene Informationsquellen, die dir helfen eine eigene Meinung zu bilden.

Die Erhaltung der Umweltqualität ist eine Aufgabe der ganzen Gesellschaft. Jeder muss daran mitwirken.
Bedenke aber: Dein Einfluss ist sehr gering. Um wirklich etwas zu bewirken, musst du deshalb mit anderen, die ebenfalls deiner Meinung sind, zusammenarbeiten.

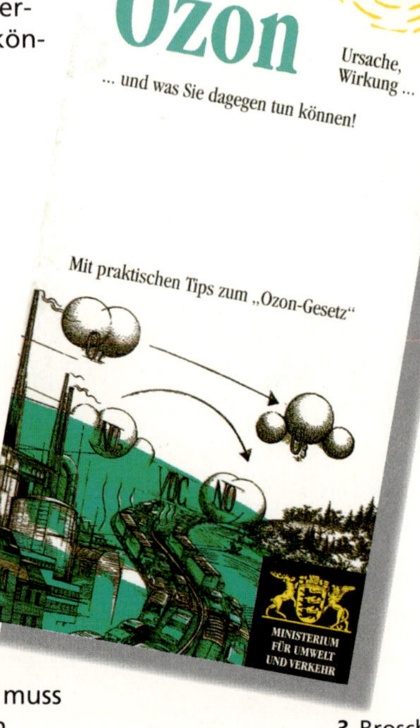

3 Broschüre einer Behörde

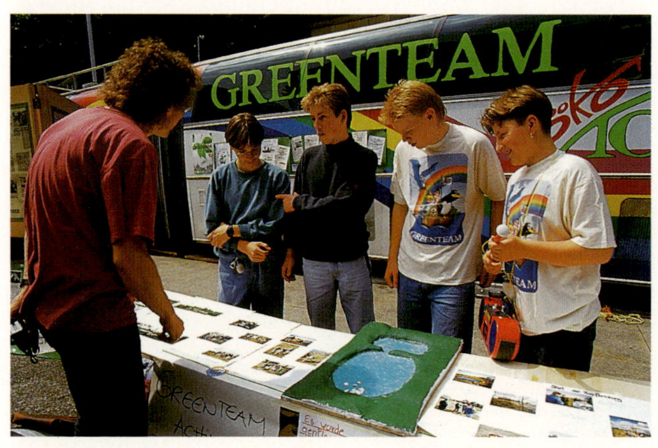

4 Meinungsbildung

Informiere dich über deine Einflussmöglichkeiten und darüber, welche Gruppen du unterstützen möchtest und wo du selbst mitarbeiten kannst.

Prüf- und Messgeräte

Eine weitere Möglichkeit der Ermittlung von Daten bezüglich der Umweltbelastung ist die Prüfung und Messung von Wasser, Luft und Boden mit industriell oder selbst gefertigten Prüf- und Messgeräten.

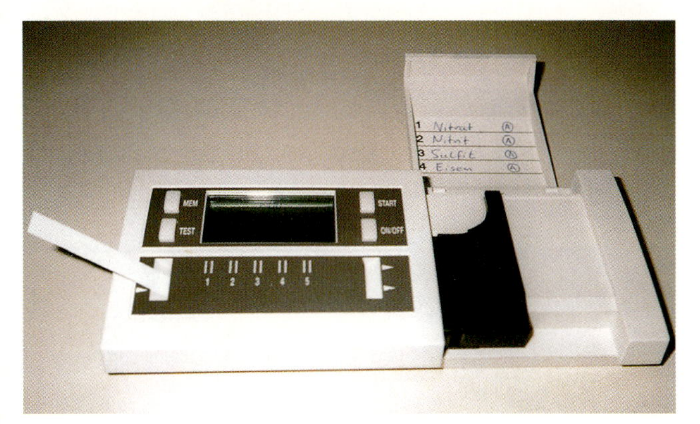

5 Industriell gefertigtes Fotometer

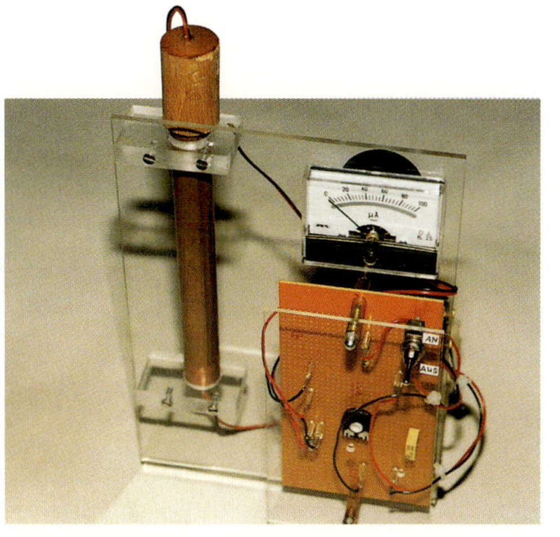

8 Schülerarbeit: Fotometer

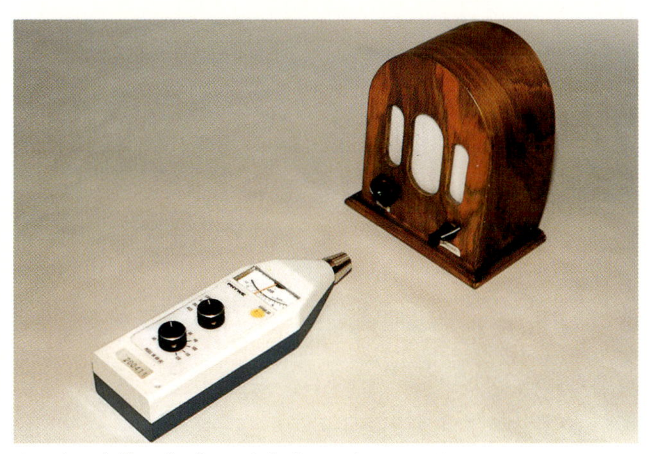

6 Industriell gefertigtes Schallpegelmessgerät

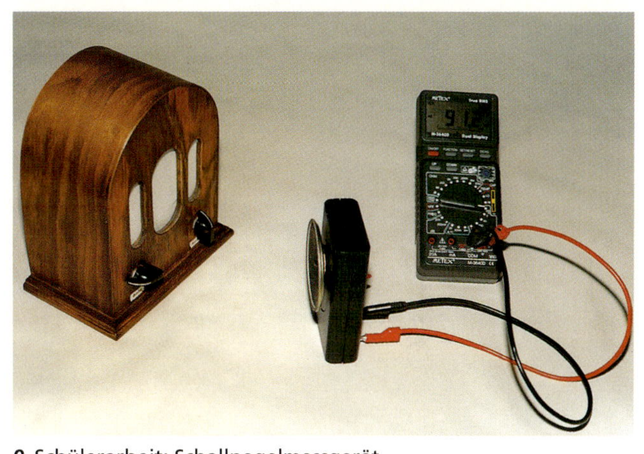

9 Schülerarbeit: Schallpegelmessgerät

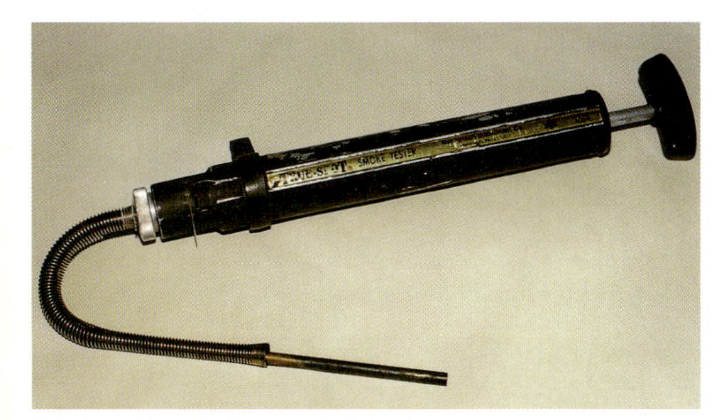

7 Industriell gefertigtes Rußprüfgerät

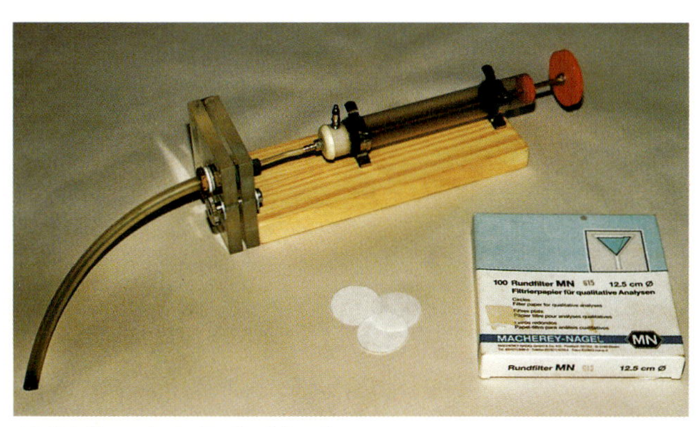

10 Schülerarbeit: Rußprüfgerät

Messen und Prüfen

Beim ***maßlichen Prüfen*** (Messen oder Lehren) können mithilfe geeigneter Messgeräte Längen, Durchmesser, Stromstärken, Lichtstärken, Drehzahlen usw. gemessen werden. Mit Prüflehren (z. B. Fühler- oder Radien-Lehren) können Maße oder Formen gemessen werden.

Beim ***nicht maßlichen Prüfen*** (Prüfen) vergleicht man vorhandene Zustände oder physikalische Größen wie Aussehen, Farbe, Lautstärke, Helligkeit, Ebenheit, Verschmutzung, Geruch usw. mit Vergleichsgrößen, z. B. mit Farbtafeln, subjektiven Eindrücken oder mit Mustern. Dieses nicht maßliche Prüfen kann zum Teil mit Prüfgeräten durchgeführt werden, z. B. mit einem Rußprüfgerät oder mit einem Winkelprüfgerät (Schmiege).

2 Schallpegelmessung

1 Schadstoffmessung

3 Rußprüfung

Die meisten Mess- und Prüfgeräte bestehen aus:

- einer Messsonde — Auf sie wirkt der Schadstoff ein und verursacht Änderungen.
- einem Wandler — Hier werden die Veränderungen in ein Signal, meist ist es eine elektrische Größe, umgewandelt, um sie dann über die Anzeigeeinheit auszugeben oder an ein Datenverarbeitungsgerät (z. B. Computer) zur Weiterbearbeitung weiterzuleiten.
- einer Anzeigeeinheit — Durch sie wird das Signal wahrnehmbar gemacht, z. B. über einen Summer oder ein Anzeigeinstrument.

Beispiele / Bestandteile	Fotometer	Schallpegelmessgerät	Rußprüfgerät
Messsonde	Fotowiderstand	Mikrofon	Ansaugstutzen
Wandler	Messbrückenschaltung	Verstärkerschaltung	Saugpumpe mit Rohren und Ventil
Anzeigeeinheit	Strommessgerät	Spannungsmessgerät	Filterpapier

Fotometer

Fotometer: *Messgerät zur Ermittlung der Lichtstärke*

Fotometrie: *Verfahren zur Messung der Lichtstärke*

Analyse: *genaue Untersuchung*

Die Fotometrie ist eine bekannte und weit verbreitete Analysemethode. Neben vielen weiteren Anwendungsbereichen kommt sie auch bei der Wasseruntersuchung zum Einsatz.
Sie beruht auf dem Prinzip der Lichtabsorption durch die Moleküle, Atome oder Ionen der in der zu untersuchenden Flüssigkeit gelösten Stoffe. Jede Teilchensorte absorbiert eine ganz bestimmte Lichtfarbe (Licht einer bestimmten Wellenlänge), die restlichen Lichtanteile durchdringen die Lösung ungestört.

Absorption: *Aufnahme von … (hier: Licht)*

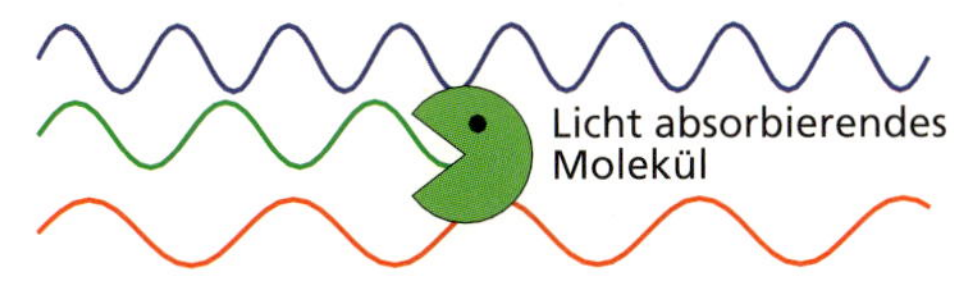

4 Vereinfachtes Beispiel zum Prinzip der Lichtabsorption

Spektralfotometer: *zur Messung von Licht unterschiedlicher Wellenlänge*

Filterfotometer: *mit Licht absorbierenden Filtern ausgestattet*

Die ***Zusammensetzung einer Lösung*** lässt sich mit einem Spektralfotometer bestimmen, da jeder Stoff ein von seiner Struktur abhängiges, charakteristisches Absorptionsspektrum besitzt.

Die ***Konzentration einer Lösung*** – und damit die Menge der Licht absorbierenden Teilchen – lässt sich mit Filterfotometern bestimmen.

Die Lichtabsorption beim Messen ist allerdings auch abhängig von der Schichtdicke (Länge des Lichtweges durch die Lösung).
Wird nun die Schichtdicke einer Lösung konstant gehalten, so kann mithilfe des Fotometers die Konzentration eines Stoffes in einer Lösung durch die Lichtabsorption gemessen werden.

Mess-gerät

Strahlungsquelle, z. B. Wolframlampe | Optik + Blende | Lichtzerlegung, z. B. durch einen Filter | Blende | zu untersuchende Lösung | Strahlungsempfänger, z. B. Fotowiderstand

5 Prinzipieller Aufbau eines Fotometers

Bei der Absorptionsfotometrie wird die Lichtschwächung gemessen, die von der gewählten Wellenlänge des Lichts und der Substanz des Prüflings abhängt. Der Bereich des sichtbaren Lichts liegt zwischen 400 und 760 nm. Das uns umgebende Licht ist polychromatisch (vielfarbig) mit kontinuierlichem Spektrum; seine Farbe ist weiß. Wenn man durch geeignete Vorrichtungen, z. B. Filter, dieses Mischlicht zerlegt, so entsteht farbiges Licht, das einem bestimmten Wellenlängenbereich zugeordnet ist.

Farbe	Wellenlänge
violett	400 – 450 nm
blau	450 – 500 nm
grün	500 – 570 nm
gelb	570 – 590 nm
orange	590 – 620 nm
rot	620 – 760 nm

An den sichtbaren Bereich schließt sich unterhalb 400 nm die ultraviolette und oberhalb 760 nm die infrarote Strahlung an. Beide Bereiche sind für das menschliche Auge nicht wahrnehmbar.

1 Nanometer (nm) = 10^{-9} m

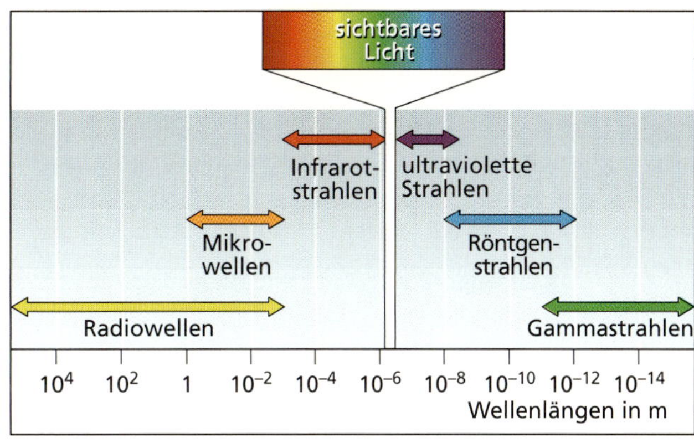

6 Spektrum elektromagnetischer Wellen

Fällt Licht durch ein Reagenzglas mit gefärbter Lösung, so wird ein Teil des Lichts absorbiert, ein Teil durchgelassen, ein Teil an den Glaswänden reflektiert. Jeder Stoff besitzt ein von seiner Struktur abhängiges typisches Absorptionsspektrum. Es kann zur Bestimmung des Stoffes dienen, wenn das Spektrum (Bereich) nicht durch störende Fremdstoffe in der Untersuchungslösung überlagert wird.

Schall – Ton – Geräusch

Schall ist ein Schwingungsvorgang in Gasen (z. B. Luft), in Flüssigkeiten oder in festen Körpern.
Man unterscheidet Töne und Geräusche. ***Töne*** sind Schall einer bestimmten Frequenz. Je höher die Frequenz, desto höher der Ton. ***Geräusche*** setzen sich aus mehreren Frequenzen zusammen.

Als ***Frequenz f*** bezeichnet man die Anzahl der Schwingungen pro Sekunde. Die Einheit ist das Hertz (Hz).

Um eine Schallquelle, z. B. eine Stimmgabel, breiten sich die Schallwellen kugelförmig nach allen Richtungen aus. Schallwellen haben Verdichtungs- und Verdünnungszonen, d. h. Zonen mit erhöhtem und vermindertem Druck.

Schalldruck: *Druckschwankungen der Luft*

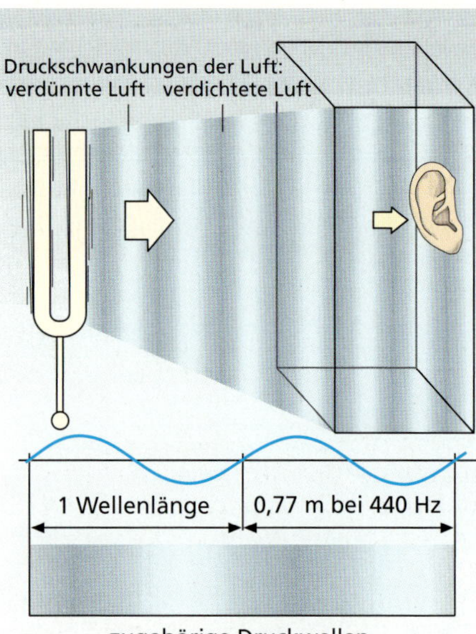

1 Schalldruck, Schallwellen

Den einzelnen Tönen können Wellenlängen zugeordnet werden. Zum Beispiel hat der Ton a mit 440 Hz eine Wellenlänge von 0,77 m (Abb. 1).

Durch die zunehmende Technisierung ist der heutige Mensch fast ständig von Schall umgeben: von Verkehrslärm, Maschinenlärm am Arbeitsplatz, von lauter Musik, ...
Schallpegelmessungen sind die Grundlage für Schallschutzmaßnahmen wie Gehörschutzwatte, Schalldämmung usw.

Schallpegel: *Maß für den Schalldruck bzw. die Lautstärke*

Schallmessung

Mit Schallpegelmessgeräten wird der Schalldruck gemessen, der auf eine Fläche auftrifft. Schallpegel werden in Dezibel (dB) gemessen.

Misst man die Lautstärke zweier gleichartiger Schallquellen gleichzeitig, so sind sie etwa um 3 dB lauter als eine der beiden Schallquellen alleine.

Eine Erhöhung um 10 dB wird von uns als doppelt so laut empfunden.

Das persönliche Lautstärkeempfinden und die objektiven Messergebnisse weichen jedoch häufig voneinander ab, weil die größte Hörempfindlichkeit des Menschen zwischen 1000 und 4000 Hz liegt. Hohe und schrille Geräusche werden als sehr laut empfunden, auch wenn sie den gleichen Schallpegel aufweisen wie tiefe Töne. Schall ist für den Menschen nur bis etwa 20 000 Hz wahrnehmbar.
Schalldruckmessungen, die sich auf den Schallschutz beziehen, müssen diese selektive Empfindsamkeit des menschlichen Gehörs berücksichtigen.

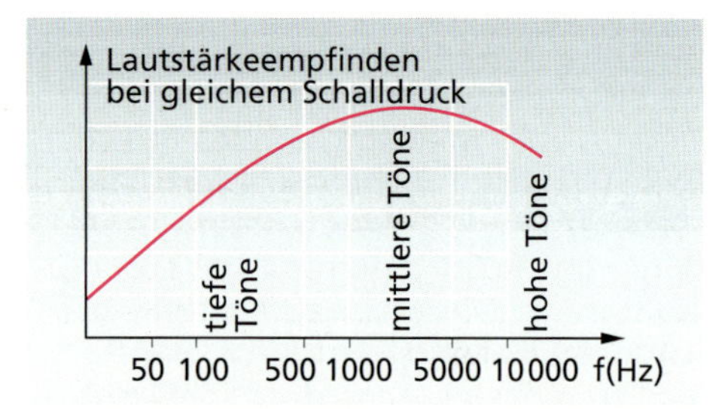

2 Lautstärkeempfinden

Ein vorgeschalteter Filter des Typs A in industriell gefertigten Schallpegelmessgeräten bewirkt die Nachbildung der menschlichen Hörempfindlichkeitskurve. Diese Kurve heißt international dB(A).

Um das menschliche Gehör zu schützen, hat der Gesetzgeber Grenzwerte wie beispielsweise die folgenden festgelegt:
- laute Arbeitsplätze: bis 85 dB(A)
- Büro, Schulräume: bis 70 dB(A)
- Wohngebiete: bis 50 dB(A)
- Mofas: bis 80 dB(A)

Messung von Luftschadstoffen

Ruß entsteht bei der Verbrennung von Kohlenstoff, wenn die Umsetzung mit Sauerstoff nicht unter idealen Bedingungen stattfindet. Beipielsweise stehen die Rußemissionen von Dieselkraftfahrzeugen im Verdacht Krebs auszulösen.
Die Anforderungen an das Abgasverhalten der Neufahrzeuge sind daher in den letzten Jahren stetig verschärft worden.

Auch die privaten Heizungsanlagen müssen nach der „Verordnung über Kleinfeuerungsanlagen" regelmäßig vom Schornsteinfeger überprüft werden. Er misst dabei den Rußgehalt (Rußmesspumpe), die Temperatur (Digitalthermometer) und den Kohlenstoffdioxidgehalt (CO_2-Messgerät).

3 Abgasuntersuchung (AU)

Im Rahmen der Abgasuntersuchung (AU), die seit 1.12.1993 auch Fahrzeuge mit geregeltem Katalysator und Dieselfahrzeuge erfasst, wird die Einhaltung der vom Fahrzeughersteller angegebenen Sollwerte überprüft.

4 Schornsteinfeger bei der Prüfung der Rußemissionen einer Heizungsanlage

Emission: *Aussendung, Ausstoß, hier: Abgabe von Schadstoffen*

Zunächst erfolgt eine Sichtprüfung der schadstoffrelevanten Bauteile. Geprüft werden Vorhandensein, Vollständigkeit, Dichtheit und Beschädigung der Bauteile. Anschließend werden bei betriebswarmem Motor die ausgestoßenen Schadstoffe ermittelt.

Messgeräte sind für Ottomotoren das ***Vierkomponenten-Abgasmessgerät*** (CO, CO_2, CH, O_2), für Dieselmotoren das ***Abgastrübungsmessgerät*** (Opazimeter), welches die Rauchgastrübung in g/km misst. Beide Messgeräte sind an einen PC angeschlossen, welcher die Fahrzeug-Solldaten aller Fahrzeuge gespeichert hat, dem Kfz-Meister die Prüfschritte vorgibt und die Messdaten auswertet.

Die Verminderung des Schadstoffausstoßes bei Verbrennungsmotoren erfolgt durch technische Maßnahmen wie Dreiwegekatalysator für Ottomotoren und Rußpartikelfilter für Dieselmotoren.

Sind die gesetzlich vorgeschriebenen Grenzwerte (Bundesemissionsschutzgesetz) überschritten, so muss die Anlage von einem Fachmann gewartet werden.
Das Schadstoffaufkommen beim Heizen in Wohnungen lässt sich beispielsweise durch folgende Maßnahmen vermindern:
- regelmäßige Überwachung und Wartung von Heizungsanlagen,
- sinnvolles Beheizen und Lüften von Räumen,
- Wärmedämmung,
- Einbau neuer, schadstoffarmer Heizungsanlagen.

Bei Kraftwerken und Industrieanlagen wurden in den vergangenen Jahren die Schadstoffe deutlich vermindert durch den Einbau von:
- Elektrofiltern,
- Rauchgasentschwefelungsanlagen,
- Katalysatoren.

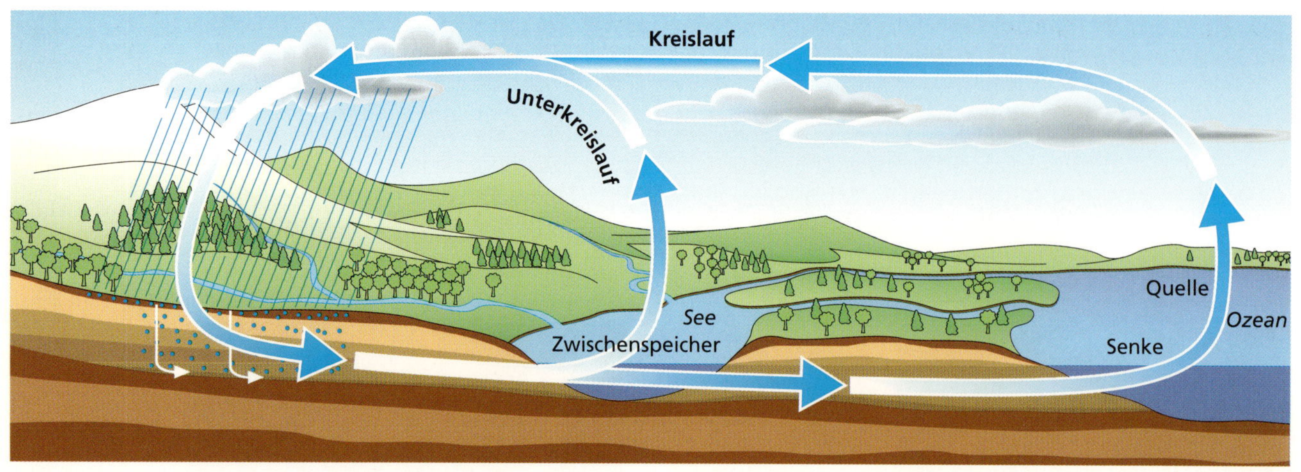

1 Wasserkreislauf

In der Natur gibt es auch Schadstoffe. Öl fließt auch ohne Zutun des Menschen in das Meer, Vulkane spucken große Mengen Giftgas aus und in Westafrika haben in vorgeschichtlicher Zeit natürliche Erzvorkommen eine Kernreaktion ausgelöst, die Jahrtausende lang die Umwelt belastete.
Die meisten natürlichen Vorgänge verlaufen in Kreisläufen. Am einfachsten ist der Wasserkreislauf zu verstehen.
Für den Wasserkreislauf ist der Ozean gleichzeitig Quelle und Senke. Auf dem Weg des Kreislaufes bilden sich aber Zwischenspeicher (Seen, Wassergehalt der Luft) und Unterkreisläufe (See → Wolken → Regen → See).

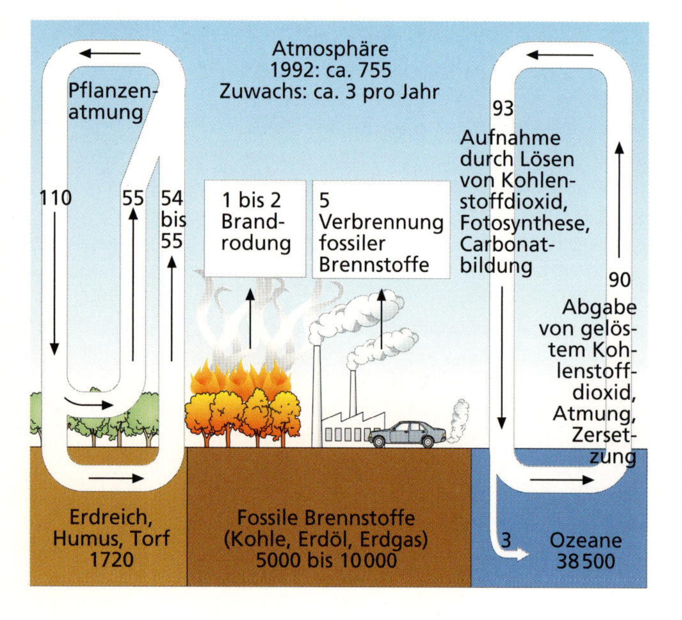

2 Kohlenstoffkreislauf (C in Milliarden Tonnen)

Eingriffe des Menschen verändern Kreisläufe

Meist verändert der Mensch natürliche Kreisläufe, indem er sie an einer Stelle beschleunigt. Dadurch vermindern sich Zwischenspeichervorräte auf der einen Seite (z. B. Rohstoffe), auf der anderen reichern sie sich an (z. B. Abfälle).

Solche Kreisläufe nennt man „offene Kreisläufe". Viele unserer Umweltprobleme beruhen auf der Umwandlung von geschlossenen in offene Kreisläufe. Das Ansteigen der Zwischenspeicher (z. B. CO_2) oder ihr Absinken (z. B. Ölvorräte) hat für uns oft schwerwiegende Folgen.

Beispiele für „offene Kreisläufe"

Name des Problems	*abgebauter Zwischenspeicher*	*aufgebauter Zwischenspeicher*
Energie aus fossilen Brennstoffen	Öl, Kohle, Erdgas	CO_2 in der Atmosphäre
Rohstoffkrise	Kupfer, Chrom, Nickel	Mülldeponien
Überschwemmungskatastrophen	Grundwasser, Überschwemmungen in Auwäldern im Oberlauf	Überschwemmungen im Unterlauf

Grenzwerte

Der Arzt und Apotheker Paracelsus formulierte die Grundregel:

Die Dosis macht das Gift.

Das bedeutet, dass die Stoffe in geringen Mengen ungefährlich, oft sogar lebensnotwendig sind. Im Übermaß wirken sie allerdings giftig. Etwa 6–10 g Kochsalz sollte man täglich essen. Wir essen aber ca. 20 g täglich.

3 Die Dosis macht das Gift

Die Regel von Paracelsus gilt aber nicht für alle Substanzen. Manche, wie z. B. radioaktive Stoffe, sind auch in kleinen Dosen gefährlich. Da sie aber auch natürlich vorkommen, in manchen Gebieten sogar in relativ hoher Dosis, ist eine Festlegung des als noch ungefährlich geltenden Höchstwerts äußerst schwierig.

Die Dosis-Wirkungs-Beziehung

Wie kann man vorgehen, wenn man festlegen will, welche Menge eines Stoffes als unbedenklich gelten kann?

1. Zunächst versucht man über die statistische Auswertung von Unfällen oder von Tierversuchen festzustellen, ab wann eine Dosis tödlich ist.
2. Dann wird festgestellt, bei welcher Dosis eine vorübergehende Krankheit aufgetreten ist.
3. Wenn der Stoff natürlich vorkommt, kann man auch seine Höchstmenge messen.
4. Oft benutzt man einfach die Erfahrungswerte aus dem üblichen Gebrauch.

Die bei der Ermittlung der Dosis-Wirkungs-Beziehung erhaltenen Daten werden in einer Grafik abgebildet.

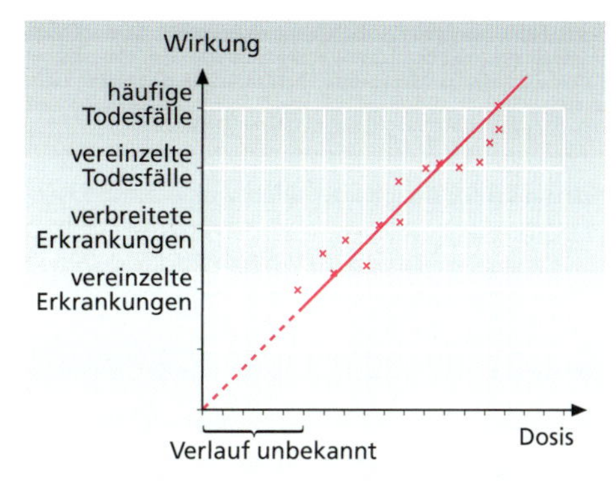

4 Dosis-Wirkungs-Beziehung

Im unteren Bereich der Kurve kann man oft keine gesicherten Aussagen machen. Oft verläuft auch die Kurve nicht in einer Geraden. Man kann daher keinen objektiven Mindestwert angeben, ab dem eine Dosis als ungefährlich bewertet werden kann.

objektiv: *unabhängig von einzelnen Meinungen*

Festlegung von Grenzwerten

Da es keine objektiven Grenzwerte gibt, werden sie politisch festgelegt. Dazu gibt es z. B. folgende Möglichkeiten:

- Man nimmt den kleinsten Messwert, ab dem noch Erkrankungen festgestellt werden können, und teilt ihn durch 100.
- Man prüft, wie viel des Stoffes in der Natur vorhanden ist und von der Bevölkerung seit Generationen eingenommen wird. Den höchsten dieser Werte kann man als Grenzwert festlegen, oder aber das Doppelte, Zehnfache usw.

Wird der Stoff als besonders gefährlich eingeschätzt, so wird man auch eine große Sicherheitsspanne einplanen. Die Größe dieser Sicherheitsspanne hängt von der Einschätzung des Risikos ab. Ein Streit um Grenzwerte ist meist ein Streit um diese Risikoeinschätzung.

Grenzwerte entstehen durch Abwägung objektiver Tatsachen und subjektiver Risikoeinschätzungen.

subjektiv; *von persönlichen Meinungen abhängig*

Grenzwerte

Beispiel: Bodennahes Ozon

Informationen zum Stoff
Bodennahes Ozon O_3 darf nicht mit dem Ozonloch in der Stratosphäre (10–50 km über der Erde) verwechselt werden. Ozon entsteht zu ca. 70 % durch den Straßenverkehr. Es ist eine Sauerstoffverbindung (O_3), bei der je nach Dauer der Einwirkung folgende Wirkungen auftreten können:

μ: My (Millionstel) 1 Mikrogramm = 1 μg = 0,000001 g

Konzentration in $\mu g/m^3$	Auswirkung
60 bis 80	natürlicher Gehalt der Luft
über 180	empfindliche Personen zeigen Beschwerden bei Anstrengung
über 360	die meisten Menschen haben Beschwerden bei Anstrengung

Verschiedene Behörden und Organisationen haben unterschiedliche Vorstellungen zu Höchstwerten. Festgesetzt wurden z. B. folgende Grenzwerte oder Richtwerte:

VDI: Verein Deutscher Ingenieure

VDI-Richtlinie 2310 für Ozon

für Menschen:
120 $\mu g/m^3$ — 1/2-stündiger Mittelwert

für sehr empfindliche Pflanzen:
70 $\mu g/m^3$ — 8-stündiger Mittelwert
320 $\mu g/m^3$ — 1/2-stündiger Mittelwert

für weniger empfindliche Pflanzen:
320 $\mu g/m^3$ — 8-stündiger Mittelwert
800 $\mu g/m^3$ — 1/2-stündiger Mittelwert

MAK: Maximale Arbeitsplatz-Konzentration

Deutsche Forschungsgemeinschaft

MAK-Wert (Ozon): 200 $\mu g/m^3$

WHO: World Health Organisation = Weltgesundheitsorganisation

WHO-Luftqualitätsleitlinien für Europa
(Ozon, Mittelwerte)

für Menschen:
150–200 $\mu g/m^3$ — 1 Stunde
100–120 $\mu g/m^3$ — 8 Stunden

für Pflanzen:
200 $\mu g/m^3$ — 1 Stunde
65 $\mu g/m^3$ — 24 Stunden

Luftreinhalteverordnung (LRV von 1985) der Schweiz

100 $\mu g/m^3$ — 98 % der 1/2-stündigen Mittelwerte müssen darunter liegen
120 $\mu g/m^3$ — 1-stündiger Mittelwert, darf nur einmal pro Jahr überschritten werden

Ozonverordnung der Bundesregierung

über 180 $\mu g/m^3$ — Vorwarnstufe
über 240 $\mu g/m^3$ — Fahrverbot ohne G-Kat

G-Kat: geregelter Katalysator

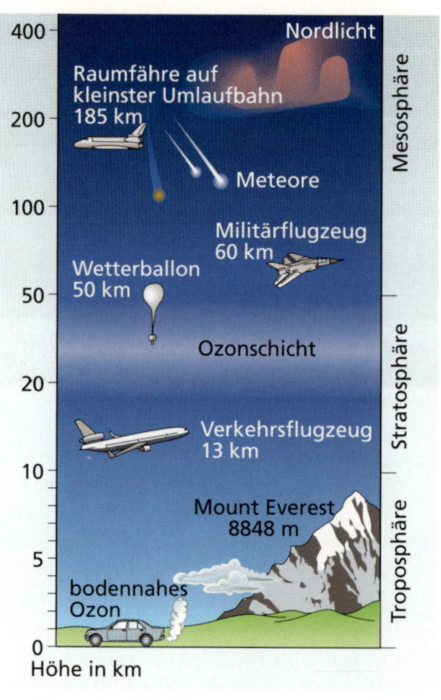

1 Bodennahes und stratosphärisches Ozon

Begriffe aus dem Umweltschutz

ADI	(acceptable daily intake); bei lebenslanger Aufnahme sind keine schädlichen Folgen zu erwarten, z. B. bei Trinkwasser mit einem Nitratgehalt von 50 mg/l.
dB(A)	Maßeinheit für die Lautstärke (Schallpegel), bezogen auf das menschliche Gehör. Bei Werten über 85 dB(A) sind an Arbeitsplätzen Schutzmaßnahmen zu ergreifen.
E	Emissionsklasse bei Spanplatten. E 0 bedeutet, dass die Platten keine Aldehyde ausdünsten (sollten bevorzugt werden), E 1 hat geringe Emissionen, E 2 ist nicht für den Innenausbau geeignet.
EGW	Einwohnergleichwert = Vergleichswert für die durchschnittliche Wasserverschmutzung pro Einwohner.
Grenzwert Richtwert	Grenzwerte sind Höchstwerte oder Durchschnittswerte für einen Stoff. Sie können gesetzlich vorgeschrieben werden. Nur bei einer verpflichtenden Vorschrift kann man gegen Grenzwertverstöße klagen. Richtwerte geben einen erwünschten Wert vor. Er kann in der Regel zumindest kurzfristig überschritten werden.
MAK	Maximale Arbeitsplatzkonzentration. Sie gibt an, wie viel eines Stoffes man an einer Arbeitsstelle 8 Stunden lang täglich ohne negative Auswirkungen ausgesetzt sein kann.
MIK	Maximale Immissionskonzentration; von einer VDI-Kommission ausgearbeitete Maximalwerte für kurzfristige und langfristige Einwirkung, bei der keine nachteiligen Wirkungen zu erwarten sind.
NEL	(no effect level); siehe ADI.
NMVOC auch: VOC	(Non Methan Volatile Organic Compounds); leicht flüchtige organische Verbindungen, wie Brennstoffreste, Lösungsmittel (außer Methan)
PCDD	(polychlorierte Dibenzo-p-dioxine); Sammelbezeichnung für eine Gruppe aus 210 unterschiedlich chlorierten Kohlenwasserstoffverbindungen. Nahe verwandt sind die Furane (PCDF).
PCDF	(polychlorierte Dibenzofurane); chemisch und im Giftigkeitsgrad ähnliche Verbindungen wie die Dioxine (PCDD).
ppm	(parts per million); Maßeinheit für Verunreinigungen; 1 ppm entspricht z. B. einem „Preußen pro München“ (München hat ca. 1 000 000 Einwohner).
Richtlinie Leitlinie	Richtlinien und Leitlinien geben an, welche Werte anzustreben sind. Sie sind meist nicht einklagbar, können aber bei Genehmigungsverfahren für belastende Fabriken oder Produktionsprozesse eine Rolle spielen. Einige Richtlinien der EG sind aber in der Bundesrepublik zu verbindlichen Vorschriften erklärt worden. Richtlinien des VDI dienen dem Gesetzgeber als Grundlage für die Festlegung von Grenzwerten.
TA	Technische Anleitung, allgemeine Verwaltungsvorschrift für folgende Bereiche: TA-Luft, TA-Siedlungsabfall, TA-Sonderabfall, TA-Lärm. Festgesetzt werden die erforderlichen Mindeststandards für die sachgemäße Durchführung von technischen Maßnahmen in den genannten Bereichen.
TCDD	(2,3,7,8-Tetrachloridbenzodioxin); das so genannte „Seveso-Gift“. Komplizierte organische Verbindung, gehört zur Gruppe der Dioxine.
TE	(toxidity equivalent); Giftigkeitseinheit; bei einer Mischung verschieden giftiger Stoffe werden alle Stoffe zusammengefasst und wie ein Stoff bewertet.
WHO	(World Health Organisation); Weltgesundheitsorganisation der UNO

Immission: *hier: Schadstoffeinwirkung*

Belastungen des Wassers

Das Grundwasser kann durch Schadstoffe belastet sein, die es aus dem Boden auswäscht. Luftschadstoffe gelangen durch den Regen ins Grundwasser. Auch Oberflächengewässer werden verschmutzt: über Direkteinleitungen oder den verschmutzten Regen.

Belastung	*Ursache*	*Maßnahmen*
biologisch abbaubare organische Stoffe	z. B. Fäkalien	Kläranlagen
Salze	Streusalz, Düngemittel, Waschmittel	vermeiden, Anpassung an den tatsächlichen Bedarf
schwer abbaubare organische Verbindungen	Öl, Lösungsmittel, Pestizide	nicht ins Wasser gelangen lassen, geschlossene Kreisläufe im Betrieb, Verwendung abbaubarer Stoffe
Schwermetalle	Blei (Kraftstoff), Quecksilber, Zahnfüllungen	bleifreier Kraftstoff, andere Füllungen

Viele Millionen Mark werden jährlich für die Verminderung der Belastungen des Wassers ausgegeben.

Beispiel Kläranlage

Im Haushalt und in Betrieben fallen immer Stoffe an, die man gerne los wäre. Man wäscht sich die Hände, spült das Geschirr, reinigt Geräte oder Maschinen usw.
Wasser ist hierfür ein ideales Mittel: Es löst sehr viele Stoffe und lässt sich leicht transportieren. Manchmal werden Zusatzstoffe hinzugegeben, um die Lösungswirkung des Wassers zu erhöhen, z. B. Waschmittel oder Seife.
Die gelösten Stoffe werden mit dem Abwasser in die Kanalisation gespült. Dort vermischen sie sich mit dem Straßenabwasser, in dem Reifenabrieb, Ölreste, Staub und andere Stoffe mitgeführt werden. Die Abwässer werden in der Kläranlage gesammelt und in drei Stufen wieder von den Verunreinigungen befreit:

1. Stufe, mechanische Reinigung:
Hier werden unlösliche Teile entfernt (Sand, Toilettenpapier, Öl usw.).
2. Stufe, biologische Reinigung:
Hier werden biologisch abbaubare Stoffe entfernt. Mikroorganismen „fressen" die Abfälle und geben CO_2 ab. Nach ihrem Absterben bilden sie Klärschlamm.
3. Stufe, chemische Reinigung:
Hier werden gelöste Salze ausgefällt, z. B. Rückstände von Waschmitteln.

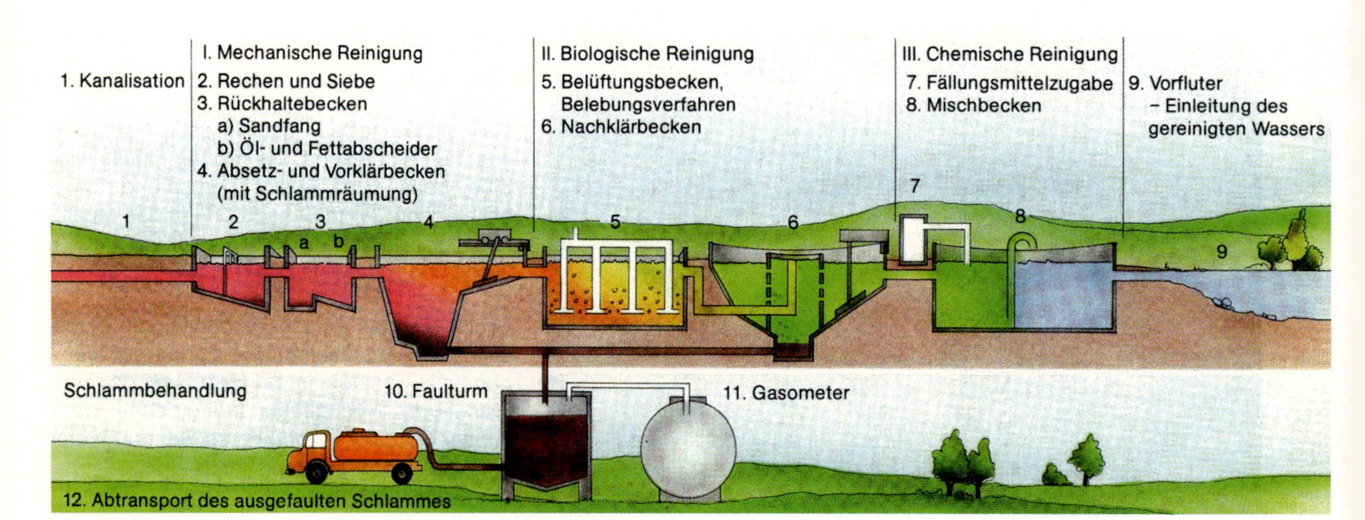

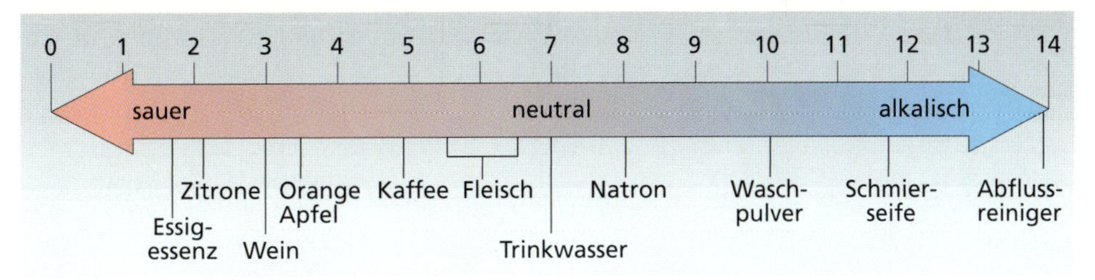

1 pH-Wert von Haushaltsstoffen

Da Wasser das wichtigste Lebensmittel ist, müssen die Stoffe im Trinkwasser alle unter dem NEL bleiben. Hierzu gibt es sehr viele Vorschriften.
Die folgende Übersicht zeigt einige Grenzwerte, die aber je nach Literatur unterschiedlich angegeben werden.

μS = Mikrosiemens; Siemens = $\frac{1}{R}$ in $\frac{1}{\Omega}$

pH-Wert	6,5 bis 9,5
elektrische Leitfähigkeit	2000 μS/cm
Chlorid (nur Richtwert)	250 mg/l
Blei	0,04 mg/l
Cadmium	0,005 mg/l
Chrom	0,05 mg/l
Cyanid	0,05 mg/l
Fluorid	1,5 mg/l
Nickel	0,05 mg/l
Nitrat	50 mg/l
Nitrit	0,1 mg/l
Eisen	0,2 mg/l
Pestizide Einzelstoffe Höchstsumme	 0,0001 mg/l 0,0005 mg/l

2 Grenzwerte für Trinkwasser

Erläuterung einzelner Werte:

Nitrat

Hauptquelle:
Düngung, „saurer Regen", natürliche biologische Abbauvorgänge.
Es kommt in der Natur zum Teil in höheren Mengen vor als die Trinkwasserverordnung erlaubt.
Wirkung:
Überdüngung des Bodens und der Gewässer. Bei der Aufnahme mit der Nahrung können Nitrit und Nitrosamin entstehen. Nitrit ist ein Enzymgift (gefährlich für Säuglinge), Nitrosamin ist krebserregend.
Gegenmaßnahmen:
Prämien für Landwirte, die nicht zu viel düngen. Gemüse nur in der normalen Erntezeit kaufen.

pH-Wert

Hauptquelle:
zu niedriger pH-Wert durch „sauren Regen", zu hohe pH-Werte durch natürliche Mineralien (z. B. Kalkstein) und Reinigungsmittel.
Wirkung:
tötet Fische, Algen und andere Lebewesen, setzt giftige Metalle aus dem Boden frei, zerstört die Bodenstruktur, zum Teil direkte Ätzwirkung auf Pflanzenwurzeln.
Gegenmaßnahmen:
Neutralisation von Abwässern in der Kläranlage. Verminderung der Luftschadstoffe.

Leitfähigkeit

Hauptquelle:
gelöste Salze und Säuren. Regenwasser hat einen Leitfähigkeitswert von einigen mS/m (je nach pH-Wert). In der Erde lösen sich Salze, zum Teil ändern sich die pH-Werte. Gelöste Salze und pH-Werte, die deutlich von 7 abweichen, erhöhen die Leitfähigkeit. Erhöhte Leitwerte sind ein Zeichen für Grenzwertüberschreitungen.
Wirkung:
Korrosion bei Metall, Zerstörung der Mikrofauna, Überdüngung.
Gegenmaßnahmen:
Schwankungen innerhalb der natürlichen Grenzen sind groß (ähnlich wie beim pH-Wert). Abwässer neutralisieren. Weniger Streusalz im Winter. Putz- und Waschmittel sparsam dosieren.

3 Leitfähigkeitsprüfer

Belastungen der Luft und Belastungen durch Lärm

Belastet wird die Luft in erster Linie durch Verbrennungsvorgänge.

Belastung	*Ursache*	*Maßnahmen*
Saurer Regen	Schwefeldioxid SO_2 aus Kraftwerken, Stickstoffoxide NO_X aus Kraftwerken und Autoabgasen	Rauchgaswäsche, Katalysator
Sommersmog	bodennahes Ozon, gebildet aus NO_X, Sauerstoff und Sonnenlicht	Katalysator, Fahrverbote, Benutzung öffentlicher Verkehrsmittel, Fahrrad
Wintersmog	„Mischung" aus Nebel und Abgas	modernere Heizkessel, Gas oder Erdöl statt Kohle
Dioxine und Furane	Verbrennung von Cl-haltigen Stoffen (z. B. PVC-Bodenbeläge, Kunststoffisolierungen, aber auch Waldbrand)	kontrollierte Verbrennung bei hohen Temperaturen
Treibhausgase	Hauptteil: CO_2, aber auch natürlicher Wasserdampf	sparsame Heizungen und Motoren, besser isolierte Häuser, schadstoffärmere Verbrennungsmotoren

Technische Maßnahmen begrenzen die Luftbelastung. In Wärmekraftwerken wird das SO_2 aus dem Abgas gewaschen und die Stickstoffoxide werden mit Katalysatoren zu ungefährlichem N_2 und O_2 reduziert.
In Raffinerien wird der Schwefelgehalt der Brennstoffe vermindert. Durch diese Maßnahmen konnte der SO_2-Ausstoß deutlich reduziert werden.
Der Gehalt an Stickstoffoxiden ist kaum gesunken, obwohl immer mehr Kraftfahrzeuge einen Katalysator haben, denn: Wenn der Motor kalt ist, wirkt der Katalysator nicht. Zugleich gibt es immer mehr Autos.
Eine besonders große Schadstoffquelle sind Busse und Lastwagen, für die noch kein Katalysator vorgeschrieben ist.

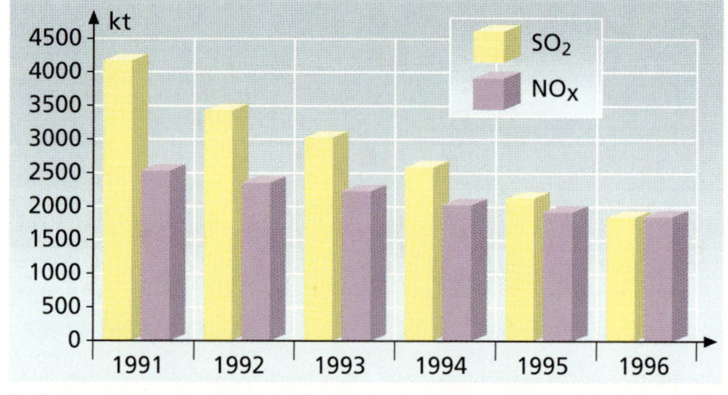

2 Veränderungen der Emissionen von NO_X und SO_2 (Deutschland)

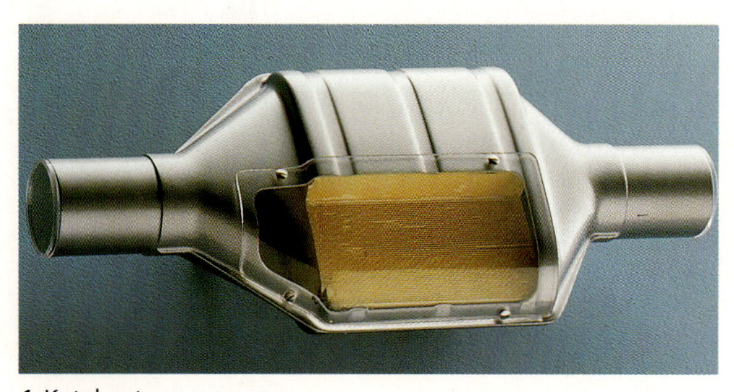
1 Katalysator

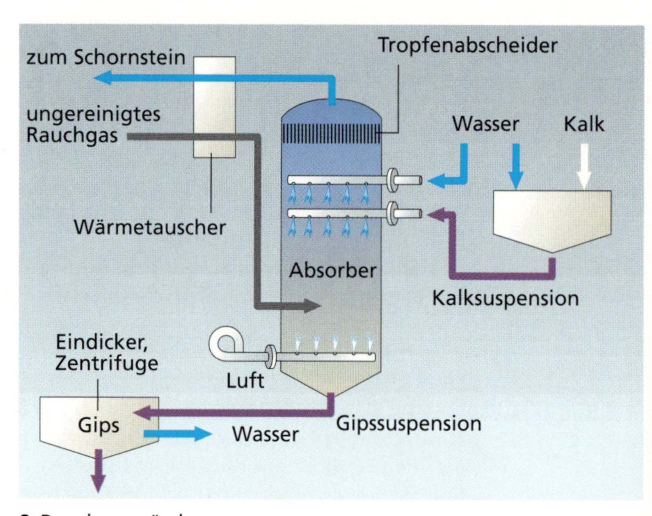

3 Rauchgaswäsche

Weitere Luftbelastungen

Grenzwerte der TA-Luft
(Verbindlich für die Genehmigung von Anlagen, Stand 1994)

Stoff	*Wert*
SO_2	0,14 g/m³ Jahresmittelwert 0,4 g/m³ für 98 % aller Halbstundenmittelwerte
NO_2	0,08 g/m³ Jahresmittelwert 0,2 g/m³ für 98 % aller Halbstundenmittelwerte
Cl, HCl	0,1 g/m³ Jahresmittelwert 0,3 g/m³ für 98 % aller Halbstundenmittelwerte
Staub	0,15 g/m³ Jahresmittelwert 0,3 g/m³ für 98 % aller Halbstundenmittelwerte

CO_2-Emissionen

Land	*% der Emission weltweit*	*% der Weltbevölkerung*
USA	23	5
ehem. UdSSR	16	6
Westeuropa	15	7
Japan	5	2
Rest der Welt	41	80

Umweltpolitisches Ziel der Bundesregierung bis 2005:
Vermeidung von 25 % der 1014 Mio. Tonnen CO_2 aus dem Jahr 1990, z. B. durch

- mehr Kraft-Wärme-Kopplung
- mehr regenerative Energiequellen
- Stilllegung von Altanlagen
- Modernisierung der Kraftwerke und privater Heizungsanlagen
- strengere Vorschriften für Wärmeisolation
- mehr Kernkraft?
- Einführung einer Energiesteuer?

Belastungen durch Lärm

Auch Lärm belastet die Menschen und ist inzwischen die Ursache für die Berufskrankheit Nummer 1: Schwerhörigkeit.

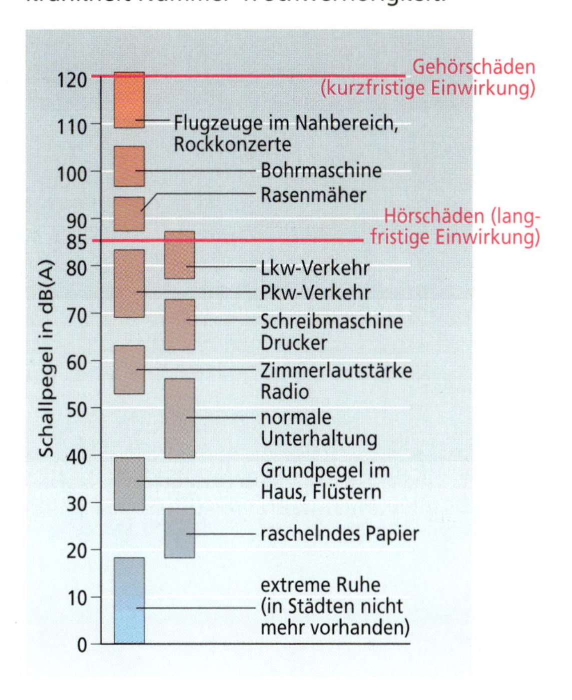

Verminderung von Lärm
Zur Verminderung von Lärm sind folgende Maßnahmen sinnvoll (Beispiele aus dem Straßenlärm; der Stellenwert der Maßnahmen ergibt sich aus der Rangliste):

Maßnahme	*Beispiel*
1. Schallerzeugung vermindern	„Flüsternde" Straßenbeläge, Schalldämpfung des Auspuffs, Geschwindigkeitsbegrenzung
2. Schallquelle einkapseln	Schalldämmmaterial im Motorraum, gekapselter Motor
3. Schallausbreitung hemmen	Schallschutzwand
4. Entfernung zur Schallquelle erhöhen	Abstandsgebot von Durchgangsstraßen
5. Empfänger abkapseln	Schallschutzwände und -fenster, Ohrstöpsel

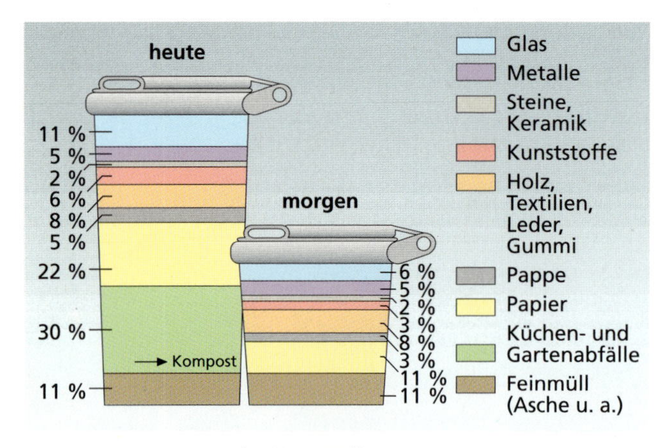

1 Zusammensetzung des Hausmülls

Abfall
Die Abfallmengen gehen zurück. Gründe sind die Sortierung und Wiederverwertung, die Vermeidung wegen hoher Entsorgungskosten und die Verbrennung von Abfällen.

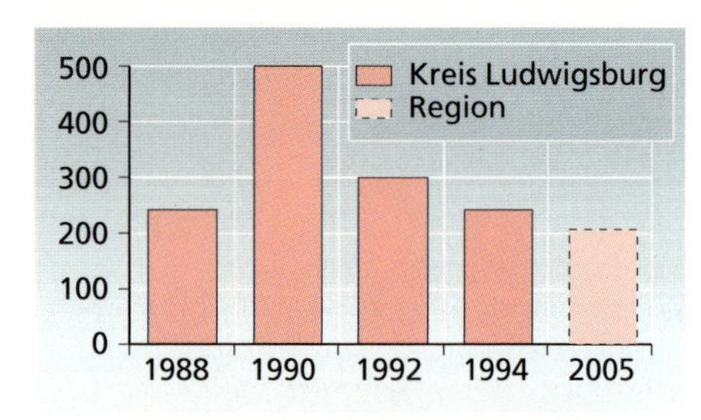

2 Abfallmenge der Mülldeponie Vaihingen in 1000 t (Der Wert für 2005 ist eine Schätzung für die gesamte Region Stuttgart.)

Müllverwertungsquoten

Art	*Verwertung 1993 in %*	*Soll 1998 in %*
Papier	55	60
Glas	61	70
Weißblech	35	70
Kunststoff	29	60
Aluminium	7	70
Verbund-verpackungen	25	60

Neue TA Siedlungsabfall
Ab 2005 darf kein unsortierter, sondern nur noch erdähnlicher Müll abgelagert werden. Dann muss aller Hausmüll behandelt (aussortiert, verbrannt) werden.

Mineraldünger und Spritzmittel

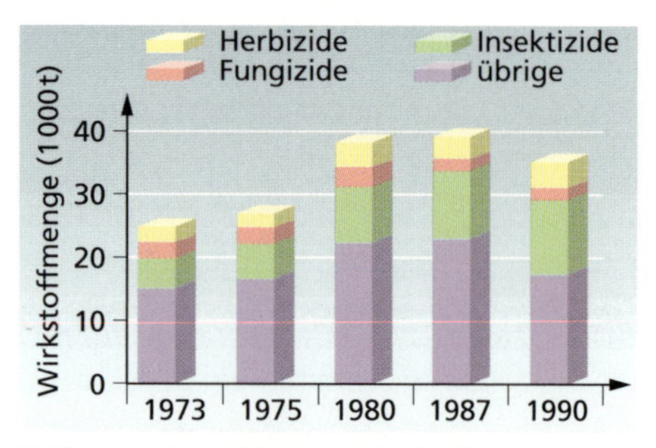

3 Verbrauch an Pflanzenschutzmitteln

Dioxine (PCDD) und Furane (PCDF)
Es gibt ca. 210 Verbindungen dieser Art. Die meisten sind ungefährlich, einige sehr giftig (z. B. das „Sevesogift" TCDD). Ihre Zusammensetzung bei der Entstehung ist sehr unterschiedlich, daher werden Toxiditätsäquivalente (TE) angegeben. Direkte tödliche Vergiftungen beim Menschen durch diese Verbindungen sind nicht bekannt, langfristig lösen sie aber Krebs aus. Die Unsicherheit bei der Beurteilung geht aus der folgenden Tabelle hervor:

ADI-Werte für TCDD
in pg/kg Körpergewicht und Tag

p: Piko (Billionstel)
1 Pikogramm = 1 pg = 0,000000000001g

Land	*Wert*
England	1
Niederlande	4
Bundesgesundheitsamt	1–10
WHO (UNO)	1–10
Japan	100

Müllverbrennung und Müllexport
Beide Maßnahmen sind sehr umstritten. Beispielsweise gelten die Filterrückstände der Rauchgase von Müllverbrennungsanlagen als Sondermüll.
Der Export von Müll löst das Problem nicht, er verlagert es nur.

Umweltberufe

Petras Berufsziel: Umwelttechnische Assistentin

Sie berichtet über ihre Ausbildung: „Ich wollte einen Beruf im Umweltschutz erlernen. Nach dem Abschluss der Realschule habe ich mich an einer Berufsfachschule für Umweltschutztechnik beworben. Seit einem Jahr besuche ich hier den Unterricht. Auf meinem Stundenplan stehen neben Biologie, Physik, Informatik, technischer Mathematik und anderen Grundlagenfächern umweltbezogene Fächer wie physikalische und physikalisch-chemische Arbeitsmethoden, Umweltanalytik, Versorgungs- und Entsorgungstechnik, Toxikologie, Rechtskunde. Wir sitzen nicht nur auf der Schulbank, sondern lernen auch praktisch die Anwendung verschiedener Untersuchungsmethoden. Noch ein Jahr dauert meine Ausbildung. Dann kann ich im Beruf für die Umwelt etwas tun."

Betriebliche Ausbildung, z. B.:
Ver- und Entsorger/in
Chemielaborant/in
Schornsteinfeger/in
Kulturbautechniker/in

Berufsfachschule, z. B.:
Biologisch-technische(r) Assistent/in
Chemisch-technische(r) Assistent/in
Umwelt(schutz)-technische(r) Assistent/in

Berufsakademie, z. B.:
Ingenieurassistent/in, Vertiefungsrichtung Umwelt- und Strahlenschutz

Fachhochschule oder Universität, z. B.:
Diplomingenieur/in (Entsorgung)
Diplombiologe/biologin
Diplomforstwirt/in

4 Strahlenschutzassistenten

6 Chemisch-technische Assistentin

5 Ver- und Entsorgerin

7 Landwirtschaftlich-technische Assistentin

Aktivitäten zum Schutz der Umwelt

Was man als Einzelner zu Hause tun kann

Viele Umwelttipps sind euch schon längst bekannt: Fahrrad fahren statt Mofa, Müll sortieren, Mehrwegflaschen statt Einwegflaschen verwenden, Waren mit aufwendiger Verpackung meiden, Batterien nicht in den Müll werfen, sondern bei Sammelstellen abgeben, Farben mit dem „Blauen Engel" verwenden, Zimmer nicht überheizen, nur kurz aber dafür gründlich lüften usw.

Zusätzlich könnt ihr

- heimisches Obst und Gemüse statt ausländischem essen (reduziert Umweltbelastung durch Transporte, spart Rohstoffe)
- Elektrogeräte nicht im „stand-by"-Betrieb laufen lassen (spart ca. 2,50 DM je Watt eines stand-by-Geräts)
- nicht so stark verschmutzte Kleidung länger tragen (spart Waschmittel und Energie)
- Rasenschnitt nicht in die Mülltonne werfen, sondern kompostieren oder Rasenmäher verwenden, der das Mähgut kleinhäckselt und auf dem Rasen lässt (schließt den Kreislauf)
- Wäsche vor dem Waschen mehrere Stunden einweichen (erlaubt niedrigere Waschtemperaturen)

Wo bekommt man weitere Tipps?

Für fast jedes Umweltproblem gibt es gute Ratschläge. Man muss nur wissen, wo man sie bekommt.
Viele Gemeinden haben ein Umwelttelefon. Ihr findet die Nummer im örtlichen Telefonverzeichnis. Auch Verbraucherzentralen helfen weiter.

Tipps zum Stromverbrauch:
örtliche Energieversorger, z. B. Badenwerk, NWS, Stadtwerke

Tipps zur Müllentsorgung:
Landratsamt, in großen Städten auch Rathaus

Beschweren kann man sich:

- über fragwürdige Nahrungsmittel beim Wirtschaftskontrolldienst (örtliche Polizeidienststelle),
- über Belästigungen und Umweltbelastungen beim Gewerbeaufsichtsamt (beaufsichtigt Betriebe).

Überregionale Adressen:

Anschrift	*Themen*
BUND Landesverband Dunantstr. 16a 79110 Freiburg 0761/88 59 50	informiert über fast alle Themen
Landesanstalt für Umweltschutz Griesbachstr. 1 76185 Karlsruhe 0721/98 30	Informationen zu Umweltdaten in Baden-Württemberg
Öko-Institut Binzengrün 34A 79114 Freiburg 0761/45 29 50	informiert über fast alle Themen, führt z. T. eigene Untersuchungen durch
Umweltbundesamt: Erich Schmidt Verlag Genthiner Str. 30 G 10785 Berlin 030/25 00 85 24	liefert Berichte und Materialien zu fast allen Themen über den angegebenen Verlag
VCI Karlstr. 21 60329 Frankfurt 069/2 55 60	Verband der Chemischen Industrie, liefert Informationen

Wo man selbst aktiv werden kann

Viele Organisationen setzen sich für den Umweltschutz ein. Hier könnt ihr Informationen erhalten oder auch Mitglied werden.

Naturschutzbund Deutschland (NABU), Max-Planck-Str. 10, 70806 Kornwestheim, 07154/13 18 40

Greenpeace, Vorsetzen 53, 20459 Hamburg, 040/31 18 61 43

Bundesverband Bürgerinitiativen Umweltschutz (BBU), Prinz-Albert-Str. 43, 53113 Bonn, 0228/21 40 32

Wie ihr aktiv werden könnt

Initiativen
- zur Sensibilisierung
  Beispiel: auf dem Marktplatz wird ein Infostand zur Müllproblematik aufgebaut
- zum Umweltschutz
  Beispiel: Übernahme einer Bachpatenschaft
- zur Rohstoffrückgewinnung
  Beispiel: Altmaterial sammeln
- zum Rohstoff- oder Energiesparen in der Schule
  Beispiel: Zeitschaltuhren für Beleuchtung verwenden

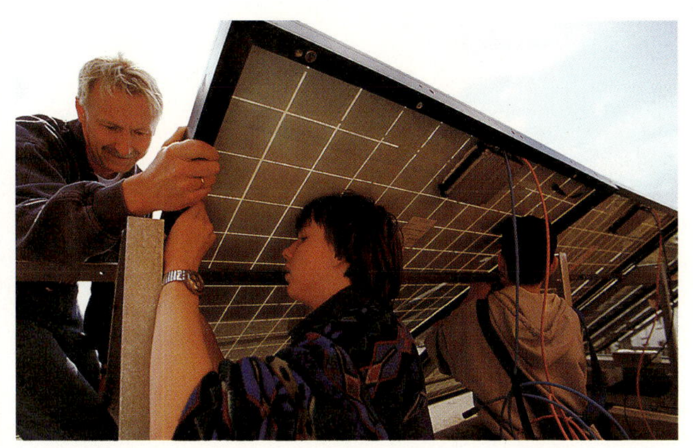

1 Installation einer Fotovoltaikanlage auf einer Schule

Wie ihr vorgehen könnt

Beispiel: Altmaterial sammeln
In einer Schule fällt immer viel Papier an. Papier ist aber auch Rohstoff, der von Firmen (siehe gelbe Seiten) aufgekauft wird. Altpapierpreise schwanken stark (Juli 1995: 200 DM/t, Juli 1996: 20 DM/t). Je sortenreiner das Papier angeboten wird, desto besser die Preise.
Ihr könntet in der Schule regelmäßig Papier sammeln und die Preise auf dem Markt beobachten. Wenn der Preis günstig ist, könntet ihr das Papier verkaufen. Ihr benötigt dazu:
- ein gutes Sammelsystem in den Klassenzimmern
- Papierbeauftragte, die für die sortenreine Sammlung sorgen
- einen Raum (mit Waage), in dem ihr das Papier zwischenlagern könnt
- eine Person, die die angelieferten Gewichte und die Klassen notiert (damit später eine Erfolgsbilanz veröffentlicht werden kann, eventuell auch zur Abrechnung etwaiger Gewinne)
- eine Person, die mit dem Abnehmer in Kontakt steht und sich ständig über Preise auf dem Laufenden hält

Beispiel: Rohstoff- oder Energiesparen in der Schule
Die Möglichkeiten reichen von Vereinbarungen über sinnvolle Raumlüftung bis hin zum Kauf und der Montage einer Solaranlage, die Strom bzw. Warmwasser abgibt und den Schuletat entlastet. Ihr könnt versuchen, mit der Gemeinde eine Vereinbarung abzuschließen, dass die Hälfte der ersparten Kosten an die Schule ausgezahlt wird.

Besonders wenn bauliche Veränderungen nötig sind, gibt es enorme Schwierigkeiten. Dass diese aber gelöst werden können, beweist das Beispiel einer Schule in Hamburg (siehe Abb. 1).
Hier einige Probleme und wie man sie lösen könnte:

Genehmigung:
Ohne Schulleitung und Gemeinderat geht nichts. Diese müssen aber gewonnen werden. Daher: Sorgfältig geplante Vorschläge zur Finanzierung und technischen Ausführung sind notwendig.
Planung:
Experten von Anfang an einbeziehen (Eltern, örtliche Betriebe, Bauhof der Gemeinde). Rechnet damit, dass jeder eure Vorschläge freundlich anhört, aber euch nicht ernst nimmt. Wenn ihr einzelne prominente Personen (z. B. Freundeskreis der Schule, Kommunalpolitiker etc.) gewinnen könnt, geht es leichter.
Finanzierung:
Sponsoren suchen, z. B. örtliche Betriebe und prominente Einzelpersonen. Spendenaktionen, Anteilscheine zu DM 100 an Eltern oder Förderer verkaufen. Fachleute für Finanzierung und Zuschüsse fragen (in jeder Schule ist ein Elternteil, das sich im Kaufmännischen und im Steuerrecht auskennt).
Öffentlichkeitsarbeit:
Kontakt mit der Presse und dem Jugendgemeinderat oder Gemeinderat suchen. Berichte veröffentlichen, des Öfteren über den Stand informieren, besonders Aktive öffentlich benennen.

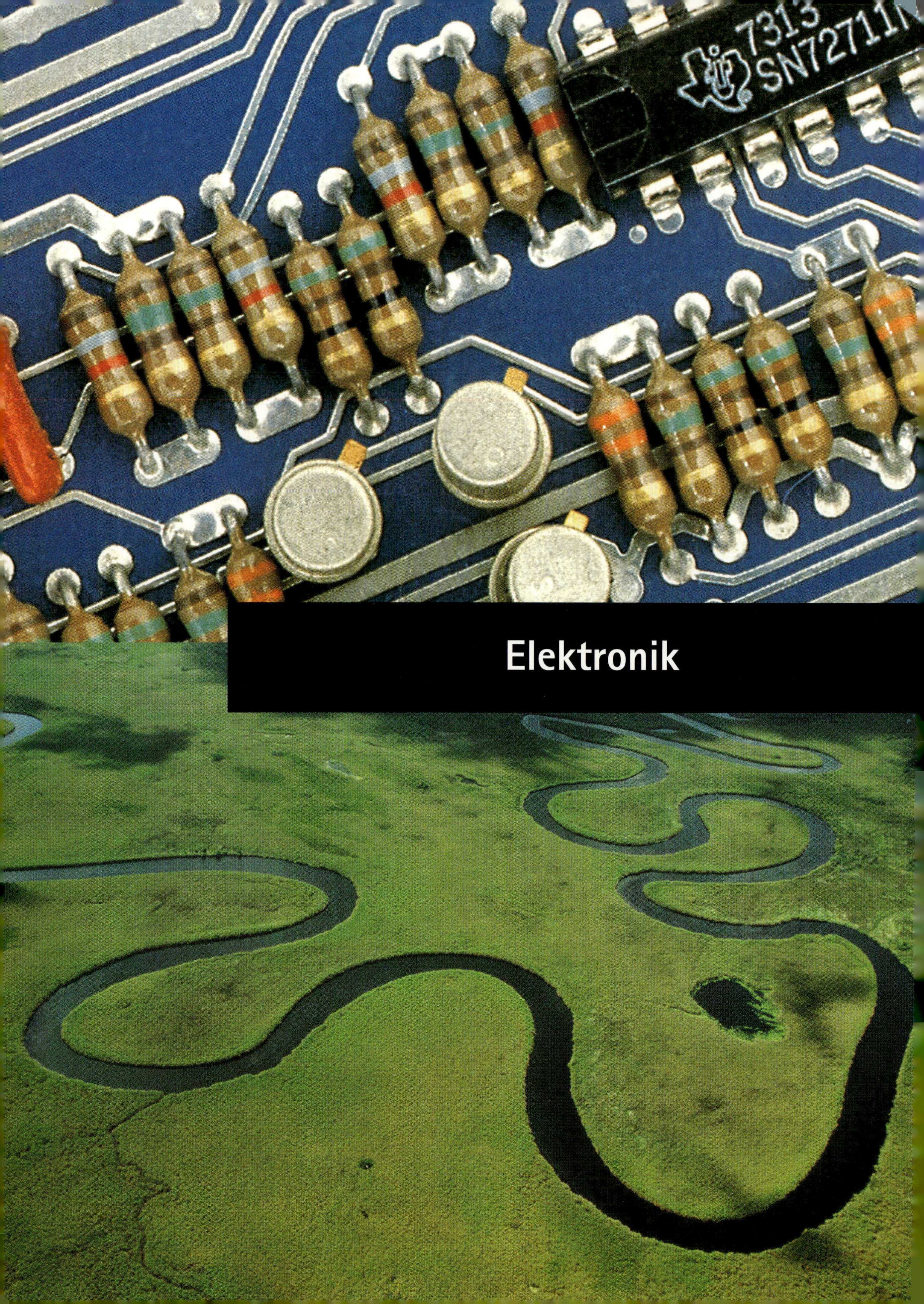

Elektronik

Mensch und Elektronik

Der gesellschaftliche Einfluss in der Elektronik und ihre Auswirkungen haben eine Tragweite, die mindestens der Erfindung der Dampfmaschine oder des Autos gleichkommt. Elektronik hat das Alltagsleben in den Industriestaaten erheblich verändert.

Die Elektronik greift in die gesamte Arbeitswelt ein. Kaum ein Beruf ist von Veränderungen durch die Elektronik mit allen Vor- und Nachteilen ausgenommen.

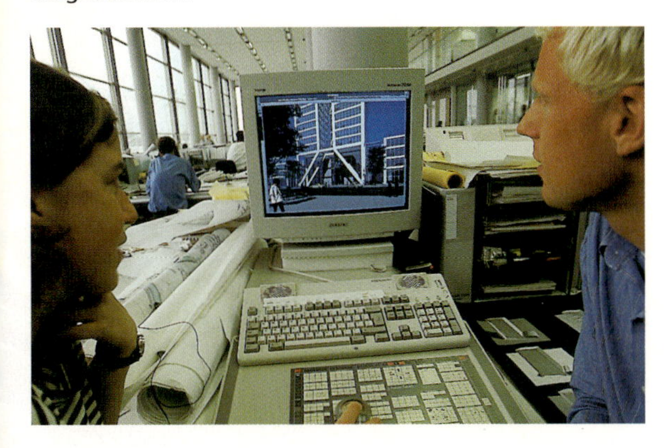

Die Serien- und Massenproduktion der Unterhaltungs- und Kommunikationselektronik senkte die Kosten so weit, dass Audio- und Videogeräte, Computer, schnurlose Telefone und Funkrufempfänger zum selbstverständlichen Komfort geworden sind.

Im medizinischen Bereich gehören elektronische Hilfen wie kleine unauffällige Hörgeräte oder ein digitales Blutdruckmessgerät längst zum Alltag.

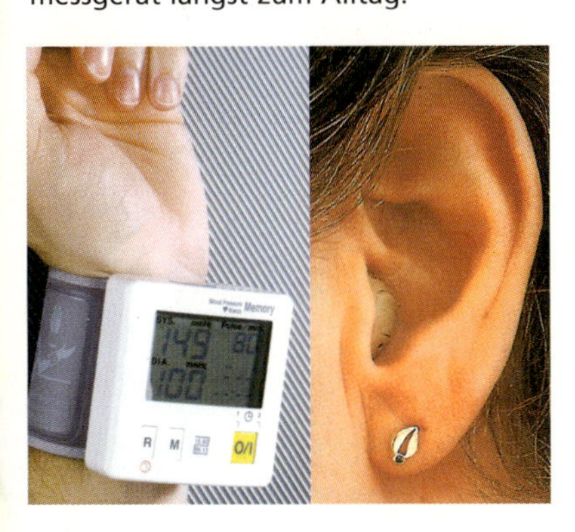

In diesem Kapitel lernst du Halbleiterbauteile wie Dioden, Transistoren und Audio-ICs kennen. Du kannst feststellen, wie mit wenigen Bauteilen erstaunlich empfindliche Schaltungen aufzubauen sind oder wie leicht eine zehntausendfache Schaltverstärkung erreicht werden kann.

Zu den dir bekannten Arten der Stromleitung, nämlich durch Metalle (z. B. Drähte), durch Flüssigkeiten (z. B. Salzlösungen), durch Gase (z. B. Leuchtstofflampe) oder durch ein Vakuum (Bildröhre) kommt eine fünfte Art hinzu: die Elektronenwanderung in halbleitenden Materialien.
Dieses physikalische Vorwissen schafft Verständnis für die Vorgänge beim praktischen Umgang mit Halbleiterbauteilen.

Weltraumtechnik wäre ohne Elektronik kaum denkbar.

Schaltungen untersuchen

Auf den Seiten 224 bis 227 findest du Anleitungen dazu, wie man Schaltungen systematisch analysiert. Zusätzlich soll dir das Untersuchen dieser kleinen Schaltung eines Polprüfgeräts wieder einiges ins Gedächtnis rufen, was du in Elektrotechnik bereits gelernt hast.

Du darfst auf keinen Fall Schaltungen für 230 V Wechselspannung aufbauen oder selbst gebaute Schaltungen an das 230-V-Spannungsnetz anschließen!

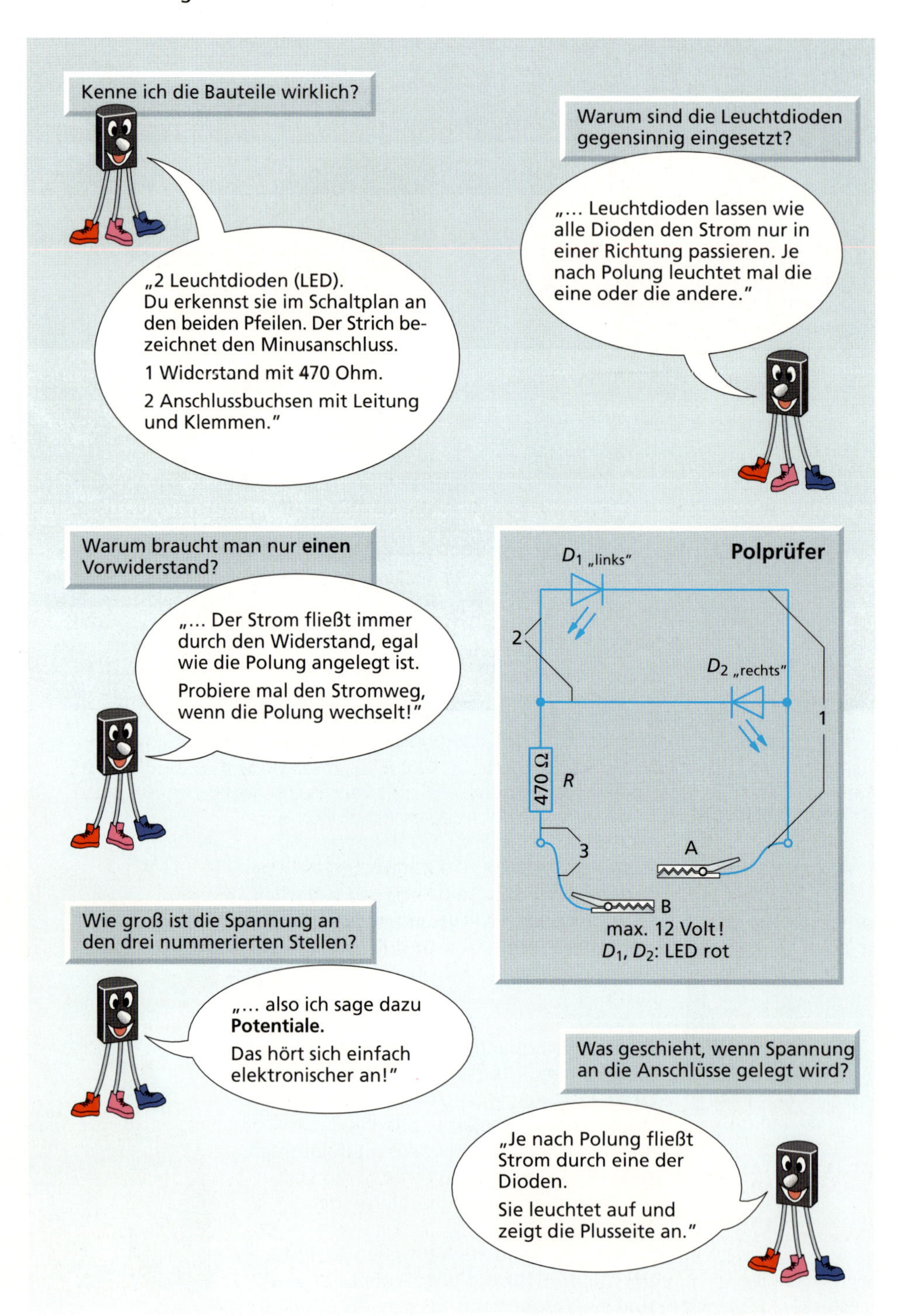

Vom Schaltplan zum fertigen Gerät

Am Beispiel eines Polprüfers erfährst du, in welchen Schritten ein elektronisches Gerät hergestellt und erprobt werden kann.

1. Schaltplan kopieren

Kopiere den Originalschaltplan oder zeichne ihn als Plan für den Arbeitstisch ab. Das Buch und der sauber gezeichnete Plan gehören nicht auf die Arbeitsfläche.

2. Probeaufbau überlegen

Um eine Idee in die Praxis umzusetzen, empfiehlt sich zunächst ein Probeaufbau nach dem Schaltplan. Damit kannst du das Verhalten der Schaltung kennen lernen und die sichere Funktion testen. Für Probeaufbauten eignen sich z. B. Lochraster wie auf Seite 108. Platinen kommen nur für den endgültigen Aufbau und den Einbau in ein Gehäuse in Betracht.

3. Schaltung analysieren und Funktion beschreiben

Versuche den Aufbau der Schaltung und ihr Verhalten in Betrieb zu beschreiben. Voraussetzung ist, dass du alle Bauteile und ihre Symbole kennst.
Wenn dir ein Bauteil gänzlich unbekannt ist, solltest du dir mit einem Vorversuch erst einmal Klarheit verschaffen.

4. Bauteile zusammenstellen

Stelle eine Bauteileliste zusammen. Plane das geeignete Gehäuse. Überzeuge dich, dass alle Teile mit den richtigen elektrischen Werten vorhanden sind.

5. Aufbau planen

Potential: *siehe Seite 218*

Der Aufbauplan zeigt die Lage der Bauteile, z. B. auf einer Platine. Nützlich ist eine Liste der Potentiale (der zusammenhängenden Leitungsstücke), die zeigt, welche Bauteilanschlüsse auf einem bestimmten Potential liegen müssen.

Beim Polprüfer (Abb. 1) sind nur drei Potentiale vorhanden:

Potential	Bauteilanschlüsse
1	Anschluss Abgreifklemme A
	Anode (Plusseite) LED_{rechts}
	Kathode (Minusseite) LED_{links}
2	„oberer" Anschluss von *R*
	Plusseite LED_{links}
	Minusseite LED_{rechts}
3	„unterer" Anschluss von *R*
	Anschluss Abgreifklemme B

Der Vorschlag zeigt die Platine durchsichtig – oben liegen die Bauteile, unten die Leiterbahnen.

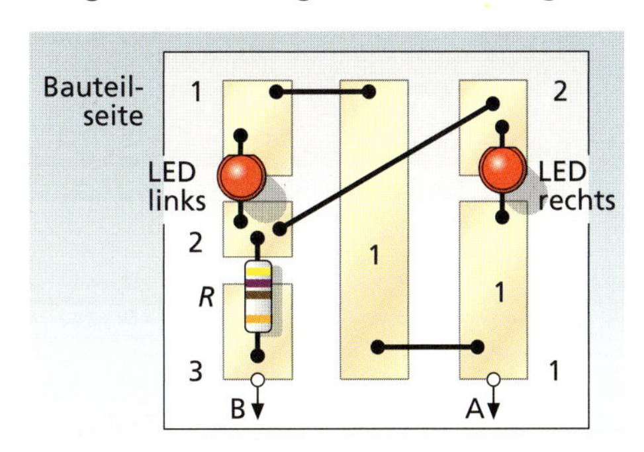

1 Platinenvorschlag für einen Polprüfer

6. Platine bestücken

Stichwort: *Platine*

Bauteile sollten in der Reihenfolge ihrer Empfindlichkeit eingelötet werden.

7. Schaltung testen

Kontrolliere vor der Inbetriebnahme nochmals sorgfältig die Lötverbindungen und die Polung der Dioden. Die Funktion kann z. B. mit einer Batterie getestet werden. Die Diode der Plusseite muss jeweils aufleuchten, die andere bleibt dunkel. Auf den nächsten Seiten findest du weitergehende Hilfen und Tipps, falls deine Schaltung nicht auf Anhieb funktioniert.

8. Gehäuse herstellen

Begnüge dich nicht mit der Schaltung. Erst ein schützendes und funktionelles Gehäuse macht sie zum „Gerät".

2 Polprüfer im Gebrauch

Schaltpläne lesen

Schaltpläne müssen nach der Norm im spannungsfreien, stromlosen Zustand, also im ***„Ruhezustand"***, gezeichnet werden. Daraus entsteht die Schwierigkeit, dass beim Lesen der Schaltung – falls keine ausführliche Beschreibung vorliegt – alles in den ***aktivierten Zustand*** umgedacht werden muss. Außerdem können viele Schaltungen verschiedene Schaltzustände annehmen.

Als ***Übungsbeispiel*** zeigt Abb. 1 den Schaltplan einer Alarmanlage mit Reißdraht.

Beim Lesen des Schaltplans solltest du ganz systematisch vorgehen:

1. Bauteile erkennen
Voraussetzung ist, dass dir die Symbole der Bauteile und ihre Funktion bekannt sind.

2. Nullpotential suchen
Die Minusseite der Spannungsquelle betrachtet man als Bezugspunkt. Man nennt ihn Nullpotential. Von diesem Bezugspunkt aus misst man zur positiven Seite hin.

3. Potentiale ermitteln
Als ***Potential*** bezeichnet man die Größe der Spannungswerte an einzelnen Stellen der Schaltung, bezogen auf den Minusanschluss der Spannungsquelle (Nullpotential). Als ***Spannung*** – z. B. 1,6 V für eine LED – bezeichnet man dagegen die Differenz von zwei Potentialwerten, also z. B. zwischen den beiden Anschlüssen einer LED. An der richtigen Potentialdifferenz erkennt man auch, ob ein Bauteil funktionieren kann.

Alle Stellen, die leitend miteinander verbunden sind, ohne dass zwischen ihnen Bauteile liegen, haben das gleiche Potential. So haben in Abb. 1 z. B. alle mit Nr. 2 gekennzeichneten Stellen den gleichen Potentialwert, also
- der obere Anschluss des Reißdrahts,
- ein Anschluss von Schalter S_1,
- ein Anschluss des Relaisschalters a_1,
- ein Anschluss des Vorwiderstands.

Diese vier Anschlüsse liegen in der realen Schaltung zusammengefasst auf einer Leitung. Sie sind durch Bauteile (z. B. Schalter S_1, Relais, Widerstand) von anderen Potentialen getrennt.

Man erleichtert sich also das Lesen von Schaltplänen, wenn man einzelne Stellen einer Schaltung mit Nummern markiert (siehe Abb. 1).

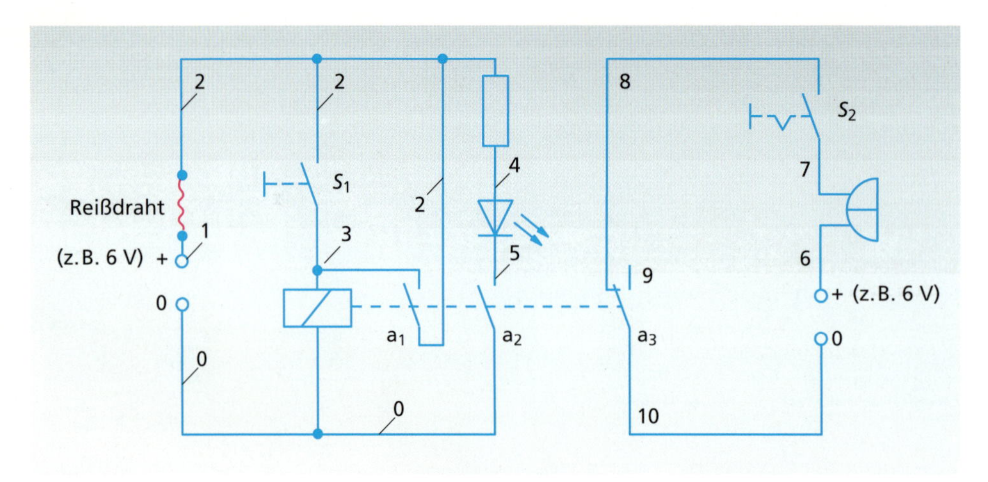

1 Schaltplan im Ruhezustand mit markierten Potentialstellen

Umschalten und Umdenken

Um Durchblick zu gewinnen, müssen alle Schaltpläne vom gezeichneten Ruhezustand in den „aktivierten Zustand" überführt werden. Umdenken ist also angesagt. Anders als Profis können Anfänger eine Zeichnung nur schwer im Kopf „aktivieren". Als der sicherste Weg empfiehlt sich deshalb die Anfertigung von Handskizzen der verschiedenen Schaltzustände:

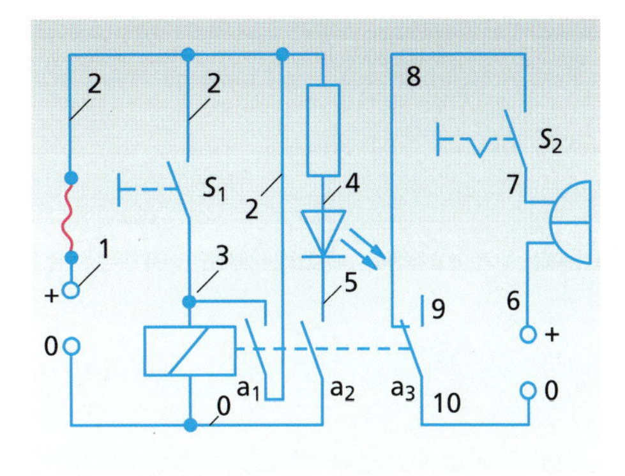

2 Schaltplan im Ruhezustand

1. Ruhezustand
Alle Stromkreise sind unterbrochen. Die Schaltung ist nicht aktiv.

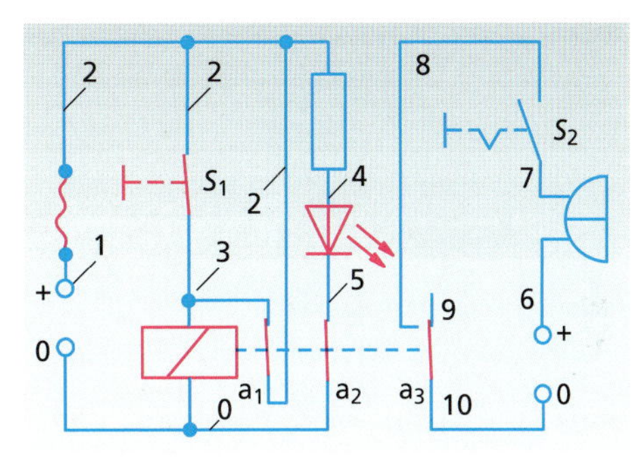

3 Schaltzustand bei Tasterbetätigung

2. Taster S_1 wird betätigt.
Pluspotential gelangt über den Reißdraht *($R \approx 0\ \Omega$)* ans Relais. Der Pfad nach 0 ist über a_2 geschlossen und die Kontroll-LED leuchtet. Ein Alarmsignal ertönt nicht, weil a_3 öffnet und S_2 noch offen ist.

- Was würde geschehen, wenn man zuerst Schalter S_2 schließen würde?

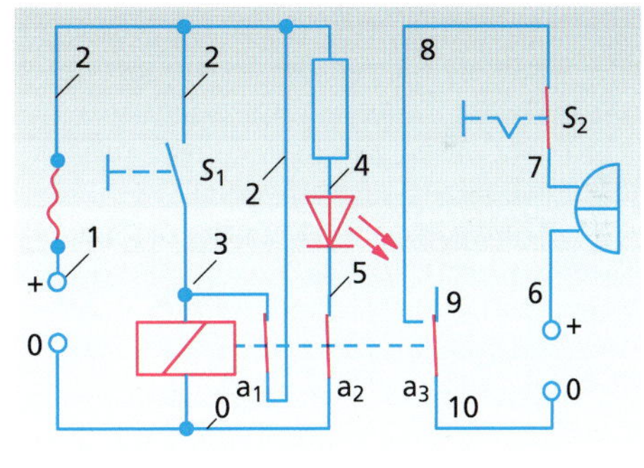

4 Schaltzustand „scharf"

3. Taster S_1 wird wieder geöffnet und Schalter S_2 geschlossen.
Das Relais bleibt aktiviert, denn es erhält weiterhin Pluspotential, und zwar über a_1. Jetzt ist die Anlage wirklich „scharf".

- Warum sollte S_1 kein Stellschalter, sondern ein Taster sein?

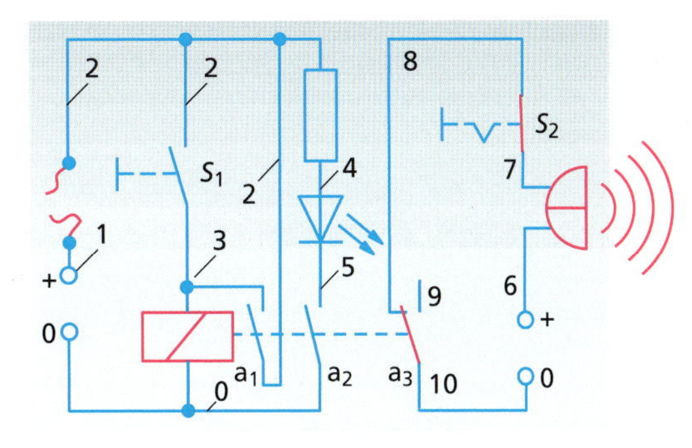

5 Schaltzustand „Alarm ausgelöst"

4. Der Reißdraht ist gerissen.
Die Verbindung zur Plusleitung ist unterbrochen und Potential 2 ist nun ohne Spannung. Das Relais fällt ab. Alle Relaiskontakte wechseln. a_3 schließt nun den getrennten Alarmstromkreis – das Alarmsignal ertönt.

- Wenn du dir das nicht endende Alarmgeheul realistisch vorstellst, müsste dir sogar eine fünfte Schaltstellung einfallen!

1 Kondensatorprüfung mit Digitalmessgerät

Prüfen mit analogen und digitalen Vielfachmessgeräten (AMM und DMM)

Bauteile sollten vor dem Einbau in eine Schaltung auf ihre Funktionstüchtigkeit geprüft werden. Sind sie eingelötet, kann man sie wegen der Verknüpfung mit anderen Bauteilen nur durch Vergleich mit einer gleichen, funktionstüchtigen Schaltung prüfen.

Meistens reicht für das Prüfen von Bauteilen die Durchgangsprüfung oder Widerstandsmessung aus. Man stellt dazu das Messgerät als Ohmmeter ein und beachtet, dass alle zu prüfenden Bauteile spannungsfrei sind. Von außen darf also keine Spannung an das Ohmmeter gelegt werden! Beachte die Handhabung, z.B. bei Analogmessgeräten die Einstellung des Nullpunkts, die Polung der Buchsen und das Ablesen des Messwerts.

Schalter

Das Anschlussbild von Schaltern mit mehreren Anschlüssen, die Schalterstellung, den Schaltertyp und die Funktionstüchtigkeit kannst du herausfinden, indem du die Anschlüsse bei verschiedenen Schalterstellungen auf Durchgang prüfst.

Fotowiderstände

Bei Abdunklung wird ein hoher Widerstand, bei Beleuchtung ein kleiner Widerstand gemessen.

Heißleiter und Kaltleiter

Bei Erwärmung muss der Widerstand des Heißleiters kleiner werden, beim Kaltleiter muss er größer werden.

Verbindungsleitungen und Wicklungen

Leitungen werden zwischen den Enden auf Durchgang geprüft. Man kann die Windungen bei Relais, Transformatoren oder Modellmotoren auf Durchgang prüfen. Bei Transformatoren darf die Primärwicklung keinen Kontakt zur Sekundärwicklung haben.

Relaisanschlüsse

Ist das Anschlussbild eines Relais nicht klar, kannst du mit einem Ohmmeter die Spulenanschlüsse herausfinden: Die Spule hat einen bestimmten Widerstandswert, z.B. 90 Ω. Durch Schließen und Öffnen des Spulenstromkreises oder bei größeren Bauarten durch Bewegen des Ankers mit der Hand können die Schließer- und Öffnerkontakte ermittelt werden.

Lautsprecher und Kopfhörer

Durchgang und Nennwiderstand können zwar geprüft werden, eine genaue Funktionsprüfung ist aber nur im Betrieb möglich.

Elektrolytkondensatoren

Vor dem Prüfen wird der Kondensator polrichtig aufgeladen. Ein Spannungsmesser wird parallel zum Kondensator geschaltet. Bei einem funktionsfähigen Kondensator wird die zuvor angelegte Spannung gemessen. Der Kondensator entlädt sich dabei langsam über das Messgerät.

Dioden

In Durchlassrichtung wird mit dem Ohmmeter ein sehr kleiner Widerstandswert gemessen, der Sperrwiderstand liegt dagegen im MΩ-Bereich. Digitalmessgeräte mit Bereichswahlschalter werden auf ⊳| eingestellt. In Durchlassrichtung wird die Durchlassspannung in mV angezeigt.

Transistoren

Prüfung mit ***Analogmessgerät:*** Um einen Transistor auf Funktionstüchtigkeit zu prüfen, hält man eine Prüfspitze der Messleitung an die Basis, die andere an den Kollektor, danach an den Emitter. Nun wiederholt man die gleiche Prüfung, vertauscht aber die Prüfspitze an der Basis. Der Zeigerausschlag muss bei dieser Prüfung zweimal hoch und zweimal niedrig sein. Zwischen Kollektor und Emitter muss der Widerstandswert immer hoch sein. Trifft dies nicht zu, ist der Transistor defekt.

Prüfung mit ***Digitalmessgerät:*** Stelle den Bereichsschalter auf h_{FE}. Stecke die B-, C- und E-Anschlüsse des Transistors in die markierten kleinen Buchsen. Der Gleichstromverstärkungsfaktor wird angezeigt, wenn der Transistor funktionstüchtig ist. Wenn keine h_{FE}-Buchse vorhanden ist, kannst du auch durch Widerstandsmessung prüfen.

npn-Transistor

Polung		Widerstand	
+	−	groß	klein
B	C		X
B	E		X
C	B	X	
E	B	X	
C	E	X	
E	C	X	

Man kann stark vereinfacht das Innere des Transistors so auffassen, als seien zwei Dioden geschaltet:

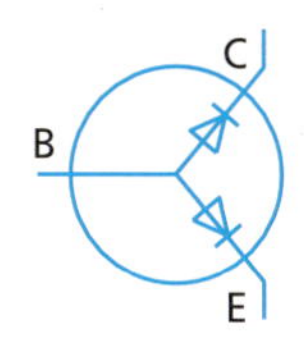

3 Transistorprüfung durch Widerstandsmessung

Die Funktionstüchtigkeit von Bauteilen kann auch mit einer Versuchsschaltung oder einem selbst hergestellten Testgerät geprüft werden.

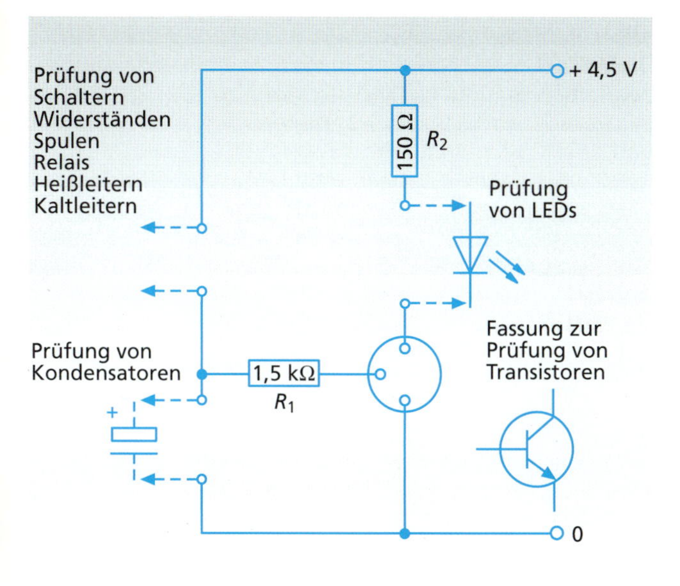

2 Schaltplan für ein Testgerät

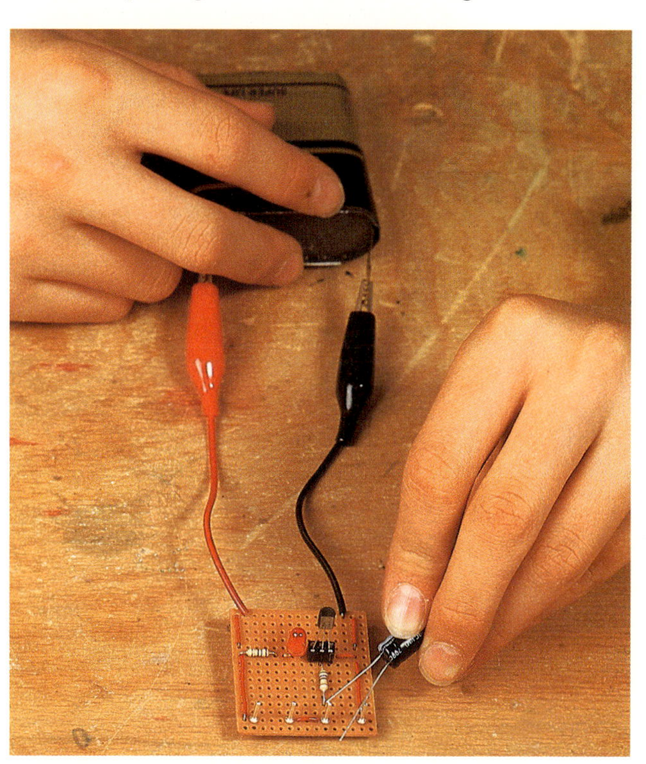

4 Kondesatorprüfung mit Testgerät

Fehler erkennen und verhindern

Nicht nur Anfängern, sondern auch Profis kann es passieren, dass eine Schaltung nicht auf Anhieb funktioniert, weil z. B. vergessen wurde, Bauteile vor dem Einbau auf Funktionstüchtigkeit zu kontrollieren.
Dann heißt es: ***den Fehler suchen!***
Neue Schaltungen überprüft man in zwei Schritten:

1. Prüfen des Schaltungsaufbaus ***vor der Inbetriebnahme*** der Schaltung
2. Prüfen der Schaltung ***in Betrieb***

Eingelötete Bauteile können – wegen der Verknüpfung mit anderen parallel liegenden Teilen – kaum durch Messen in der Schaltung geprüft werden!

Checkliste vor Inbetriebnahme einer neuen Schaltung

- Sind alle Bauteile vorhanden?
- Stimmen die Bauteilwerte (Ohmwerte, Kapazität der Kondensatoren, ...)?
- Wurde nachgeprüft, ob alle gepolten Bauteile (Dioden, Kondensatoren, Summer, ...) in der richtigen Weise eingebaut sind?
- Sind die Transistoranschlüsse mit dem richtigen Potential verbunden?
- Sind die Potentiale mit den vorgesehenen Anschlüssen verbunden?
- Müssen zweifelhafte Lötstellen oder Verbindungen nachgebessert werden?
- Gibt es Überbrückungen durch Lot oder falsche Leitungsverbindungen?
- Ist die Verwechslung von Plus- und Minusanschluss ausgeschlossen?

Nach dem Einschalten

- Unzulässig hoher Strom? Starker Abfall der Spannungsquelle?
- Keine Reaktion auf Steuersignal: dann ausschalten und nachprüfen!
- Unzulässige Erwärmung von Transistoren, Widerständen?

Die tückischsten Defekte

Wackelkontakt an Stecker oder Lötstellen; Haarrisse in Leiterbahnen von Platinen:

Symptom: Beim Prüfen ok, bei Betrieb ohne sichtbare Ursache unregelmäßige Ausfälle
Test: Rüttelprobe, Biegeprobe, Durchgang prüfen
Abhilfe: Nachlöten aller Lötstellen, feste Anschlüsse

Transistor defekt:

Symptom: Heißwerden, leitet immer, aber steuert nicht oder sperrt völlig
Test: U_{CE} prüfen – beim Ansteuern ändert sich die Kollektorspannung nicht
Abhilfe: Auslöten – prüfen und gegebenenfalls austauschen; Ursache feststellen!

Diode defekt, LED defekt:

Symptom: Funktionsausfall
Test: Auslöten, mit Durchgangsprüfer Prüfspitzen links – rechts wechseln (umpolen): kein Unterschied der Anzeige = defekt
Abhilfe: Vorwiderstand überprüfen, eventuell neue Diode einbauen

Betriebsspannung unstabil:

Symptom: Zappeln des Relais, Schaltschwelle unbeständig
Test: Betriebsspannung mit Messgerät beobachten
Abhilfe: Stabile Spannungsquelle verwenden, z. B. stabilisiertes Netzgerät

Die häufigsten Anfängerfehler

- Ungeduldige Inbetriebnahme ohne Kontrollen
- Wackelkontakt oder fehlender Kontakt an schlechter Lötstelle
- Verpolung von Transistoren oder Dioden
- Fehlende oder falsche Verbindungen
- Irrtum bei elektrischen Werten von Widerständen
- Langes „Herumbraten" beim Löten an wärmeempfindlichen Bauteilen

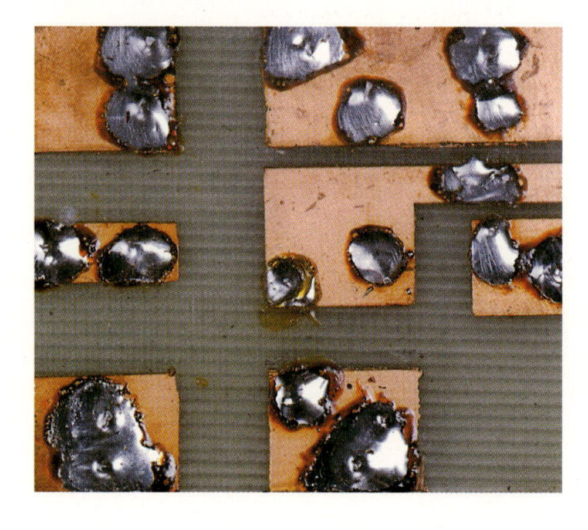

Gute Lötstellen haben eine glänzende Oberfläche, Kaltlötstellen sind oft matt.

Fehler systematisch suchen

Fehler sollten systematisch eingekreist werden. Kläre zunächst das Wichtigste:

- Welche Bauteile funktionieren?
- Welche Bauteile funktionieren nicht?
- Liegt an allen Potentialen die richtige Spannung?
- Prüfe vorsichtig mit dem Finger: Ist ein Transistor oder Widerstand heiß?

Wie du weiter vorgehen kannst, erfährst du an zwei typischen Fehler-Beispielen.

Beispiel 1: Als angenommener Fehler zeigt sich bei der „Alarmanlage mit Reißdraht", dass beim Einschalten mit S_1 das Relais nicht anzieht, obwohl alle Verbindungen gründlich überprüft wurden.

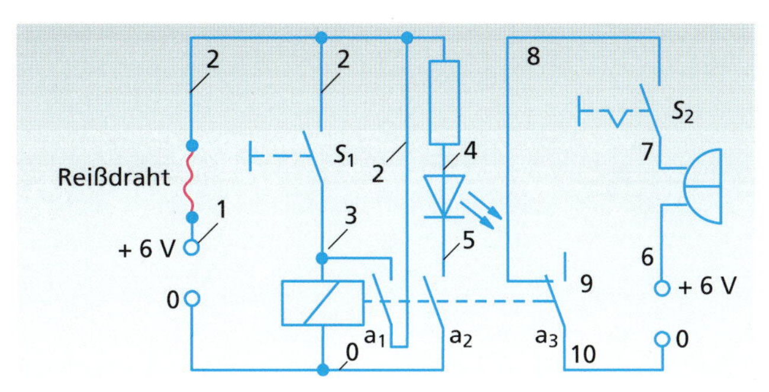

1 Alarmanlage (Dauerton)

- ***Ist die richtige Betriebsspannung vorhanden?***
  Dazu legst du ein DMM als Voltmeter an die Potentiale 1 und 0 – angenommen, der angezeigte Wert sei in Ordnung.
- ***Liegt an den Potentialen die richtige Spannung?***
  Voltmeter an Potentiale 2 und 0 legen: ok, dann an 3 und 0; du schaltest mit dem Taster S_1 ein … keine Spannungsanzeige!

Deine Fehleranalyse:
Das Relais erhält keine Spannung. Zwischen den Potentialen 2 und 3 muss eine Unterbrechung sein – also:

- ***Durchgang prüfen!***
  Spannungsquelle entfernen; DMM als Ohmmeter/Durchgangsprüfer schalten und an die Potentiale 2 und 3 legen. Du drückst S_1 – keine Anzeige.

Beim weiteren Einkreisen zeigt sich, dass der Taster S_1 defekt ist und keinen Kontakt herstellt – Fehler gefunden!

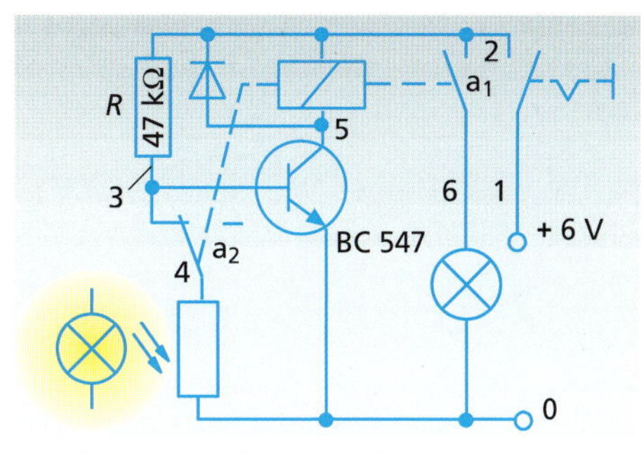

2 Lichtschranke (Warnlicht)

Beispiel 2: Eine Lichtschranke mit der gewünschten Funktion: „Wenn der Lichtstrahl unterbrochen wird, soll eine Lampe dauernd leuchten."

Als angenommener Fehler zeigt sich, dass das Relais nach dem Einschalten sofort anzieht, aber durch den Lichtstrahl auf den LDR nicht abfällt. Du hast alle Verbindungen und Polungen schon zweimal geprüft, also muss die Funktion der Bauteile im Betriebszustand überprüft werden:

- ***Ist der Transistor in Ordnung?***
  Dazu prüfst du *die* Spannung zwischen 5 und 0 (U_{CE}) mit dem DMM. Die Basis verbindest du mit Nullpotential. Wenn der Transistor dabei sperrt, also U_{CE} ansteigt, ist er wahrscheinlich in Ordnung.
- ***Funktioniert der Messfühler?***
  LDR mit einem Anschluss abhängen (evtl. ablöten). DMM als Ohmmeter an die Potentiale 4 und 0 legen und Lampenlicht auf den LDR geben. Der Widerstand sinkt unter 1 kΩ – also ok.
- ***Ist die Basisspannung korrekt?***
  Um U_{BE} nachzuprüfen, wird das DMM an die Potentiale 3 und 0 gelegt. Hier zeigt sich nach dem Einschalten eine überhöhte Spannung von über 2,0 Volt!

Deine Fehleranalyse:
Mit der Basisspannung bzw. dem Basisspannungsteiler stimmt etwas nicht. Die hohe U_{BE} kann der beleuchtete LDR offenbar nicht unter 0,6 V senken. Der Verdacht fällt auf den *R*. Beim genauen Hinsehen siehst du, dass statt 47 kΩ ein Widerstand mit 470 Ω eingesetzt wurde. Du reparierst und ordnest deinen Fehler unter „Erfahrungen gesammelt" ein.

Schaltpläne und Schaltungen analysieren und beschreiben

Am Beispiel der einfachen Schaltung „Badewannenwächter" soll gezeigt werden, wie man eine Schaltung systematisch analysiert und wie man sie in Worten beschreibt.

Halte dich an die Checkliste und die Beispielantworten. Sie helfen dir, weitere Schaltungen in ähnlicher Weise zu analysieren.

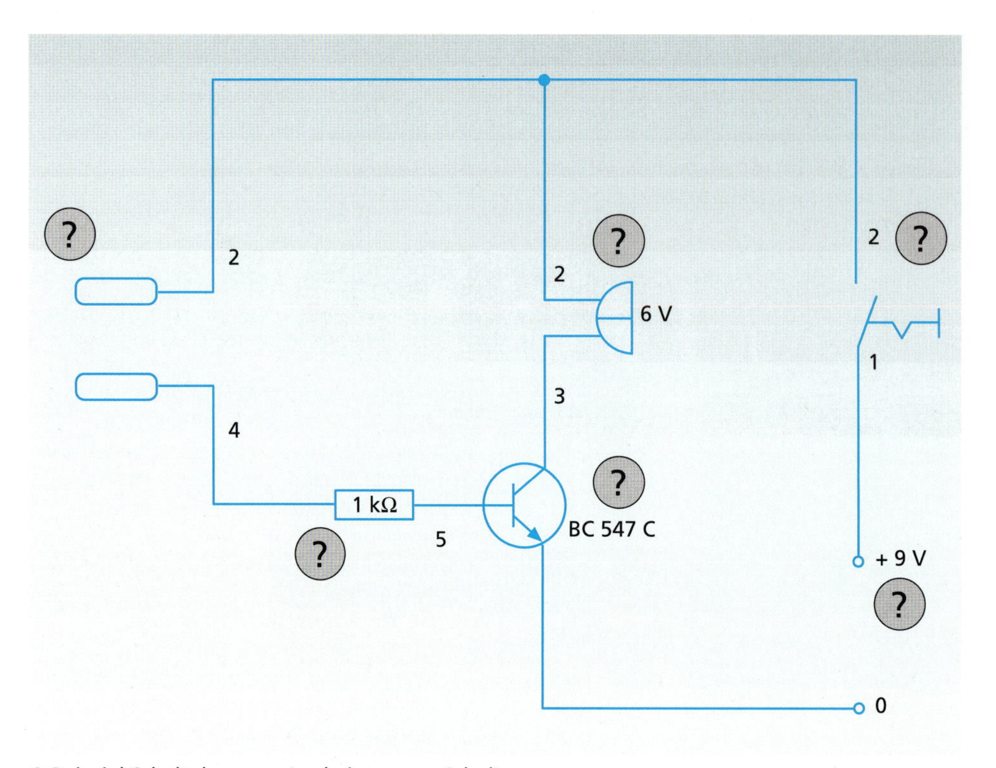

1 Beispiel-Schaltplan zum Analysieren von Schaltungen

Beispiel: Analyse eines Badewannenwächters	
Frage	***mögliche Antwort***
1. Welchen Hauptzweck (welche Funktion) hat die Schaltung?	MELDEN und ANZEIGEN des Zustands „Messfühler in Wasser eingetaucht" durch einen Signalton des Summers
2. Welche Bauteile gehören zur Schaltung ?	Elektroden (Sensor), Widerstand 1 kΩ, Transistor Typ BC 547 C, Summer 6 V (Aktor), Stellschalter, Leitungen, Spannungsquelle 9 V
3. Welche Aufgabe übernehmen die einzelnen Bauteile?	Elektroden: FESTSTELLEN des Wasserstands Widerstand: SCHÜTZEN des Transistors Transistor: EIN- und AUSSCHALTEN des Summers Summer: ERZEUGEN eines akustischen Signals Stellschalter: EIN- und AUSSCHALTEN der Anlage Leitungen: VERZWEIGEN der Spannung und LEITEN des Stroms Spannungsquelle: BEREITSTELLEN der Betriebsspannung
4. Welche Art von Spannungsquelle(n) ist/sind erforderlich?	eine Gleichspannungsquelle (weil Summer und Transistor mit Gleichspannung betrieben werden müssen), z. B. eine 9-V-Blockbatterie; ein Netzgerät ist im Bad verboten!

Frage	*mögliche Antwort*
5. Welche Stromkreise bzw. Strompfade lassen sich unterscheiden?	der Steuerstromkreis (Potentiale 1, 2, 4, 5, 0) der Arbeitsstromkreis (Potentiale 1, 2, 3, 0)
6. Welche Bauteile (oder Baugruppen) sind für das Empfangen des Eingangssignals (den INPUT) zuständig?	die beiden Elektroden (der Feuchtigkeitssensor) = INPUT
7. Welche Bauteile (oder Baugruppen) sind für das Aussenden des Ausgangssignals (den OUTPUT) zuständig?	der Summer (als akustischer Signalgeber) = OUTPUT
8. Welche Bauteile (oder Baugruppen) sind für das Verarbeiten der Signale zuständig?	alle Teile, die sich zwischen dem Sensor und dem Summer befinden, also Vorwiderstand, Leitungen und Transistor als Schalter und Verstärker
9. Welche Schaltzustände kann die Anlage annehmen?	Schaltung AUS (Stellschalter geöffnet) Schaltung SCHARF (Stellschalter geschlossen) ALARM (Feuchtigkeits-Sensor im Wasser)
10. Welche Zusammenhänge gibt es zwischen dem INPUT und dem OUTPUT der Schaltung? Formuliere in Form einer WENN-DANN-Beziehung.	WENN die beiden Sensor-Elektroden (INPUT) in Wasser eintauchen, DANN ertönt ein Summersignal des Aktors (OUTPUT).
11. Schaltungsbeschreibung: • Wie ist die Schaltung aufgebaut? • Wie funktioniert sie in Betrieb?	*Aufbau der Schaltung:* *Die Schaltung hat einen Transistor, in dessen Kollektorleitung ein Summer liegt. Als Messfühler dient ein 3,5-mm-Klinkenstecker. Ein Widerstand von 1 kΩ schützt die Basis. Die Betriebsspannung liefert eine 9-V-Blockbatterie. Der Schalter dient zum Ein- und Ausschalten des Alarmtons.* *Funktion der Schaltung:* *Nach dem Einschalten – bei trockenen Elektroden – liegt keine Spannung an der Basis. Der Transistor ist gesperrt. Wenn das Wasser die beiden Elektroden überbrückt, überschreitet U_{BE} 0,6 V, sodass ein kleiner Steuerstrom zur Basis des Transistors fließen kann. Der Transistor schaltet durch. Der einsetzende Kollektorstrom betätigt den Summer.*
12. Welchen Nutzen, welche Vorteile, Nachteile und Auswirkungen hat die Schaltung für Menschen oder Umwelt?	So klein und einfach das Gerät ist, so groß kann sein Nutzen sein. Es verhütet, dass eine überlaufende Badewanne die Wohnung unter Wasser setzt und Schaden anrichtet, wenn z. B. beim Telefonieren das einlaufende Badewasser vergessen wird.

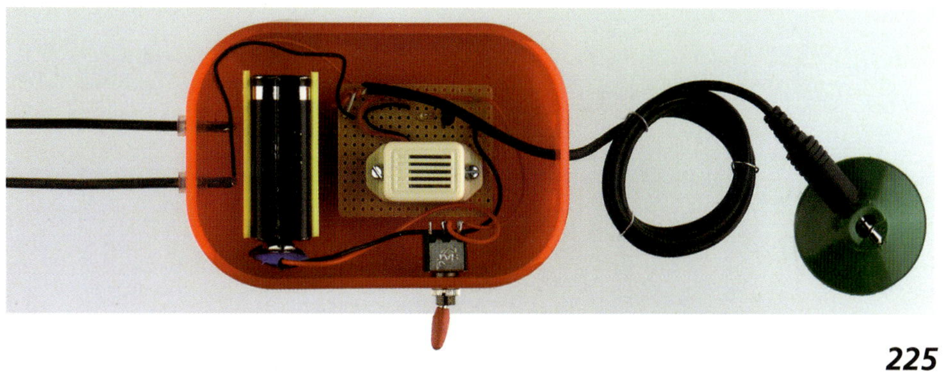

Eine unbekannte Schaltung analysieren

Ohne eine sorgfältige und systematische Analyse ist eine komplette Beschreibung hinsichtlich der Bauteile der Schaltung und ihres Verhaltens (ihrer Funktion) im Betriebszustand kaum möglich.

Mit den Fragen von den Seiten 224 und 225 wird hier nochmals in verkürzter Fragestellung gezeigt, wie du eine Schaltung mit Erfolg analysieren kannst.

1. Hauptzweck?
Automatisches Einschalten des Ventilators beim Überschreiten einer vorbestimmten Temperatur

4. Art der Spannungsquelle?
Für die Elektronik und das Relais ist Gleichspannung erforderlich. Da der Gleichstrommotor aus derselben Spannungsquelle gespeist wird wie die Elektronik, sollte ein Netzgerät so stabil sein, dass der Einschaltstromstoß des Motors die Spannung nicht merklich absenkt.

2. und 3. Bauteile und ihre Aufgaben?

- ***R_1* ist ein *NTC:*** Er dient zum Erfassen des Temperatursignals. Der Nennwiderstand des Messfühlers beträgt bei 25 °C ca. 22 kΩ. Als NTC hat er einen negativen Temperaturkoeffizienten (Beiwert); bei Erwärmung sinkt deshalb sein Widerstand.
- ***R_2*: Der *Stellwiderstand*** (Potentiometer, „Poti") ermöglicht das feine Abstimmen auf eine gewünschte Schalttemperatur. Er bestimmt zusammen mit R_1 das Spannungsverhältnis des Basisspannungsteilers und damit die Steuerspannung des Transistors.
- ***T BC 547:*** Er dient zum Ein- und Ausschalten des Relais. Der BC 547 ist ein Kleinsignal-Transistor, der nur einen kleinen Arbeitsstrom zulässt.
- ***D 1N 4003:*** Die Diode schützt den Transistor beim Ausschalten des Relais vor Spannungsspitzen. Als Schutzdiode ist sie in Sperrrichtung gepolt!
- ***Relais mit Schließkontakt:*** Es liegt im Arbeitsstromkreis (Kollektorstrompfad) des Transistors und schaltet den Strom für den Ventilatormotor ein und aus.
- ***Gleichstrommotor:*** Er dreht die Ventilatorflügel zur Luftzirkulation und wird aus derselben Spannungsquelle gespeist wie die Elektronik.
- ***Spannungsquelle:*** Sie stellt Gleichspannung für Elektronik und Motor bereit und sollte stabilisiert sein.
- ***S Stellschalter:*** Er dient zum Ein- und Ausschalten der ganzen Anlage.
- ***Verbindungen, Anschlüsse, Schaltbuchsen:*** Sie verzweigen die Ströme und schaffen sichere Kontakte. Die Motorleitungen liegen in Wirklichkeit außerhalb der Schaltung.

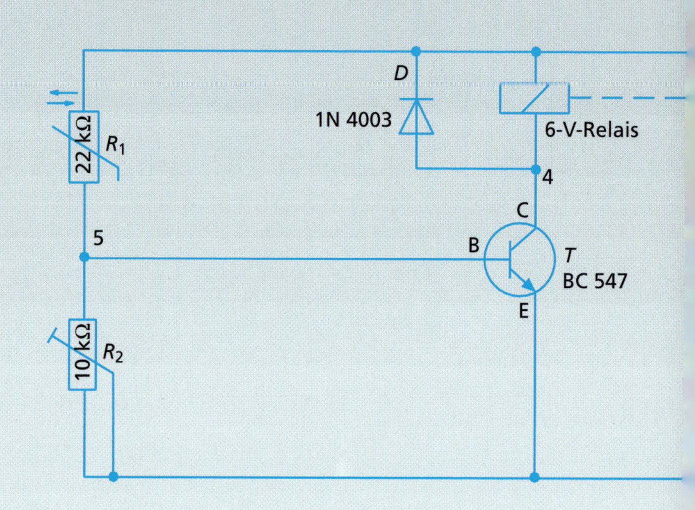

5. Stromkreise?

a) Steuerstromkreis

1 → 2 → R_1 → 5 → B → E → 0
5 → R_2 → 0

b) Arbeitsstromkreis

1 → 2 → Rel → 4 → C → E → 0

c) Motorstromkreis

1 → 2 → a_1 → 3 → M → 0

6. Input-Bauteile?
Der temperaturabhängige Messfühler (NTC-Sensor); er erfasst die Temperatur.

7. Output-Bauteile?

Der Gleichstrommotor M mit dem Ventilator (Aktor); er reagiert in Abhängigkeit von der Temperatur auf das Eingangssignal des Temperatursensors R_1.

8. Bauteile für die Signalverarbeitung?

Transistor und Relais mit Schließkontakt a_1. Der Gleichstromverstärkungsfaktor des Transistors und der Widerstand des Relais bestimmen den zeitlichen Verlauf der Signalverarbeitung.

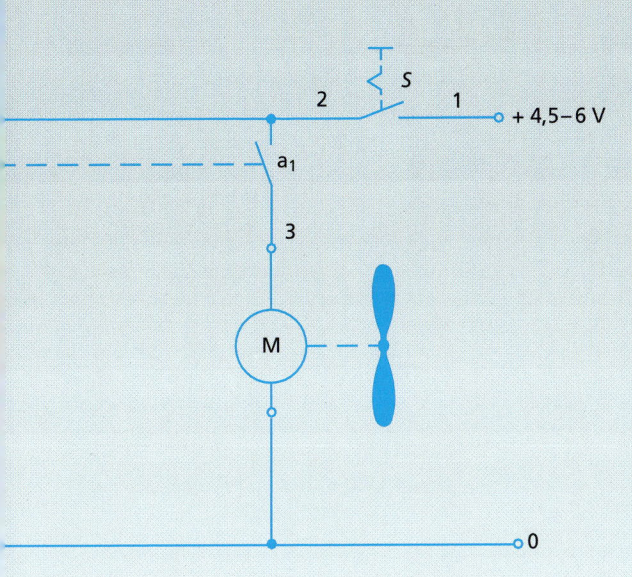

9. mögliche Schaltzustände?

a) Ruhezustand → Betriebsspannung AUS

b) „zu kühl": keine Ansteuerung → Ventilatormotor AUS

c) „zu warm": Ansteuerung → Ventilatormotor EIN

d) Abkühlung: Rückfall in Stellung „zu kühl" → Ventilatormotor AUS

10. Zusammenhänge zwischen Input und Output?

WENN die Temperatur einen voreingestellten Wert übersteigt,
DANN schaltet sich der Ventilator ein.

11. Schaltungsbeschreibung

Schaltungsaufbau:

Die Schaltung besteht aus einem einfachen Transistor, der über ein Relais mit Schließkontakt einen Motor ein- und ausschaltet.

Vor der Basis liegt ein Spannungsteiler aus einem NTC und einem 10-kΩ-Poti. Der Temperatursensor liegt „oben" im Basisspannungsteiler. Das unten liegende Poti erlaubt die Voreinstellung der gewünschten Schalttemperatur

Der Transistor wird auf übliche Weise durch eine Diode geschützt, die in Sperrrichtung über den Anschlüssen der Relaisspule liegt.

Der Gleichstrommotor liegt an derselben Spannungsquelle.

Schaltungsfunktion:

Vorausgesetzt, die Schaltung ist abgestimmt, so liegt die Basis-Emitter-Spannung in Stellung „zu kühl" unter 0,6 V. Ist die gewünschte obere Temperaturschwelle erreicht, z. B. 25 °C, so ist der Widerstand des NTC auf einen bestimmten Wert abgesunken.

In gleichem Maße, wie über dem NTC die Teilspannung abfällt, steigt sie über R_2 an, bis die erforderliche Basis-Emitter-Spannung erreicht ist, um den Transistor durchzusteuern.

Der einsetzende Kollektorstrom schaltet das Relais ein und der Relaiskontakt a_1 schließt den Motorstromkreis.

Bei Abkühlung „schleppt" der Transistor leicht nach. Der Ausschaltpunkt liegt etwas unter dem Einschaltpunkt von 25 °C. Diese „Schalthysterese" ist bei dieser einfachen Schaltung üblich und sogar erwünscht.

12. Nutzen, Vorteile, Nachteile, Auswirkungen der Schaltung?

Eine automatische Belüftung oder Entlüftung ist vor allem dort nützlich, wo in Arbeitsräumen Maschinen große Wärme erzeugen und Menschen unter diesen Bedingungen arbeiten müssen. Das dauernde Ein- und Ausschalten eines Ventilators von Hand wäre sehr umständlich.

Ein zweiter Aspekt ist die Wirkung der sicheren Automatik: Maschinen, z. B. Computer, müssen gegen Überhitzung geschützt werden. Das Einschalten des Kühlventilators kann man nicht den Benutzern überlassen, weil sie eine Überhitzung zu spät bemerken würden.

Vom Schaltplan zur fertigen Platine

Diese symmetrisch gezeichnete Blinkschaltung dient als Beispiel für ein Platinenlayout. Das auffallende Problem dabei ist: Wie sollen sich überkreuzende Leitungen und das spiegelbildliche Transistorsymbol umgesetzt werden?

Die Lösung:

Überkreuzungen bewältigt man durch Überbrücken mit Bauteilen. Im Gegensatz zur Skizze haben beide Transistoren im Schaltungsaufbau die gleiche Ausrichtung. Um das Layout der Bauteil- und der Kupferseite zu entwerfen, werden folgende Schritte empfohlen:

1. Bauteileliste zusammenstellen
2. Potentiale durchnummerieren
3. Liste der Potentiale mit den Bauteileanschlüssen anlegen
4. Aufbaumethode festlegen
5. Layout der Bauteileplatzierung skizzieren

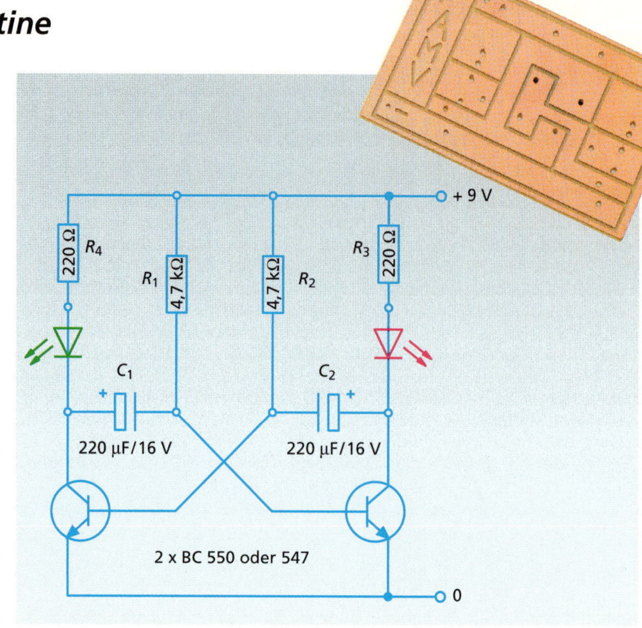

1 Blinkschaltung

Die Leiterbahnmethode

Es wird empfohlen, auf einer dicken Unterlage aus Hartschaum transparentes Millimeterpapier zu befestigen. Die Bauteile steckt man nach der Skizze durch das Transparentpapier in den Hartschaum. Zuerst legt man die Anschlüsse und Leiterbahnen für die Spannungsversorgung fest, dann werden mit weichem, dickem Bleistift die Leiterbahnen gezogen. Als Hilfe und Kontrolle dient die Liste der Potentiale.

Wenn alles zufriedenstellend aussieht, zieht man Teil für Teil heraus, markiert seinen Platz und die Polung. Die Stellen der späteren Lötaugen werden mit Kreisen versehen.

Streifenplatinen

brauchen weder geätzt noch gebohrt werden. Aufbau- und Funktionsfehler sind jedoch schwierig zu erkennen und zu reparieren. Geschicktes Verteilen der Potentiale auf die Streifen erleichtert das Bestücken (beachte die Nummerierung in Abb. 3). Drahtbrücken versucht man zu vermeiden.

Die „Isolierkanal"-Methode

Bei dieser Art werden die Potentialflächen voneinander getrennt (isoliert), indem man nur schmale „Kanäle" wegätzt. Im einfachsten Fall wird die Kupferseite der Platine mit Klebefolie abgedeckt, die Trennkanäle mit Filzschreiber aufgezeichnet, mit scharfer Klinge und Lineal doppelt eingeritzt und die Streifen abgezogen – fertig zum Ätzen. Wenn eine CNC-Maschine vorhanden ist, können die Kanäle auch ausgefräst werden.

Achtung:
Bei allen Platinen liegen die Verbindungen der Kupferseite spiegelbildlich zur Bestückungsseite!

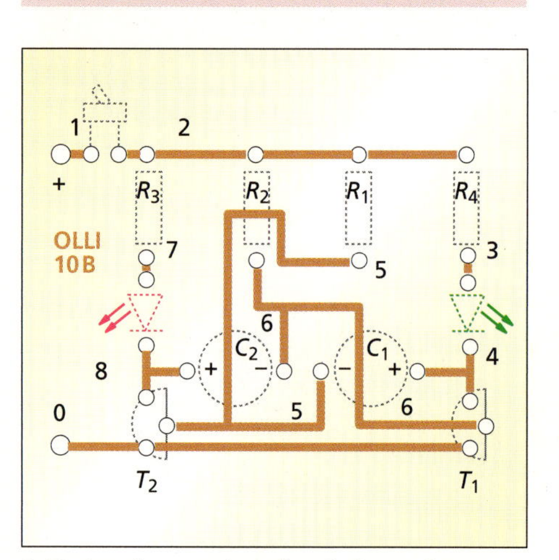

2 Platinenlayout einer Ätzplatine: Leiterbahnen der Kupferseite

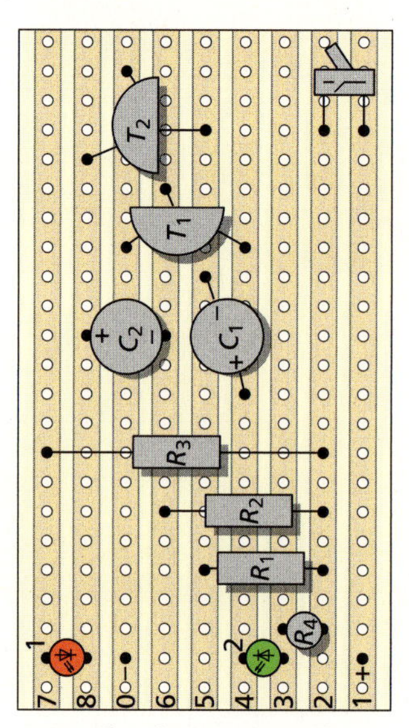

3 Streifenplatine, Bauteilseite

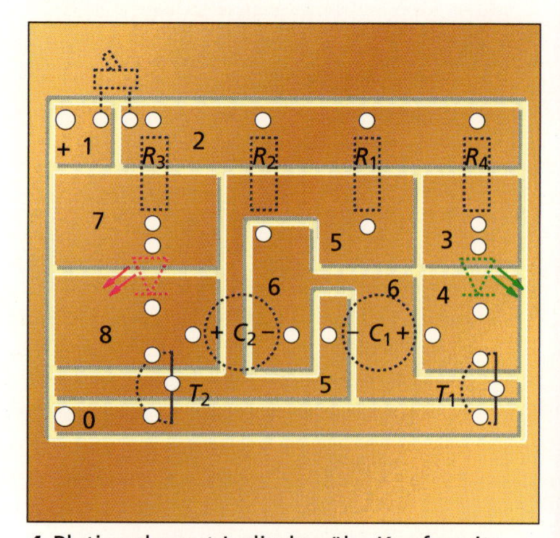

4 Platinenlayout Isolierkanäle: Kupferseite

Layout: Gestaltung, Anordnung

Layout übertragen

Das Transparentpapier wird ***spiegelverkehrt*** auf die Cu-Seite einer Platine gelegt und mit Klebeband fixiert. Soll direkt auf eine Platine übertragen werden, so körnt oder sticht man vorsichtig durch die markierten Einstichstellen der Bauteile als Markierung für die Lötaugen. Auch beim Übertragen auf eine Klarsicht-Polyesterfolie (Fotoverfahren) wird das Transparentpapier spiegelverkehrt unter der Folie mit Klebeband fixiert. Mit Aufreibesymbolen werden die Leiterbahnen und die Lötaugen aufgebracht. Das Auftragen von Ziffern, Buchstaben und Polungsmarkierungen bietet sich an. Die Leiterbahnen können ersatzweise auch mit wasserfestem Filzstift gezeichnet werden.
Die Leiterbahnseite, also die Kupferseite, sollte lesbar markiert sein, z. B. mit „Cu-Seite", einem Namen oder dem Zweck der Platine. So wird verhindert, dass die Folie verkehrt aufgelegt wird.

Ätzen von Platinen

Die Kupferschicht der Platinen ist meistens nur 0,035 mm dick. Das Trägermaterial ist hochisolierendes Hartpapier oder – etwas teurer – glasfaserverstärktes Epoxidharz. Die einzelnen Leiterbahnen oder Potentialflächen werden voneinander durch das Wegätzen der dazwischen liegenden Kupferschicht getrennt.

Arbeitssicherheit:

Der Umgang mit UV-Licht, Ätzgerät, Entwicklerlauge, Ätzsalz und Ätzflüssigkeit ist ***Lehrersache!*** Hantiere nicht unerlaubt mit diesen Chemikalien und Geräten!

Das Fotoverfahren

Beim Fotoverfahren ist die Schaltung als schwarze, lichtundurchlässige Zeichnung auf einer transparenten Folie aufgebracht und wird mit ultraviolettem Licht auf ***fotobeschichtete Platinen*** übertragen.
Die Kupferseite dieser Platinen ist mit lichtempfindlichem und ätzbeständigem Fotolack überzogen und mit einer schwarzen Klebefolie geschützt. Sie darf erst kurz vor der Belichtung abgezogen werden.

Belichten

Nach dem Abziehen der Schutzfolie wird die Layoutfolie auf die Fotoschicht gelegt. Eine dünne Glasplatte drückt sie fest aufliegend auf die Platine. Je nach Stärke der UV-Lampe dauert das Belichten einige Minuten.

Entwickeln

Alle nicht abgedeckten Lackflächen, die vom UV-Licht getroffen wurden, lösen sich in der Entwicklerflüssigkeit auf – das blanke Kupfer liegt frei. Die mit Lack abgedeckten Leiterbahnen bleiben übrig. Spülen in klarem Wasser entfernt die Laugenreste. In diesem Zustand ist die Platine sehr empfindlich gegen Kratzer.

Ätzen

Ein übliches Ätzmittel ist Ammoniumpersulfat-Lösung. Ätzgeräte, die die Flüssigkeit in Bewegung und die Temperatur konstant halten, ermöglichen ein relativ gefahrloses Ätzen.

Bohren, Reinigen, Konservieren

Die fertig geätzte Platine wird mit reichlich klarem Wasser gespült, getrocknet und von der Kupferseite her mit 1-mm-Bohrer gebohrt. Zuletzt entfernt man mit feiner Stahlwolle den Fotolack, sodass die Leiterbahnen blank hervortreten, und säubert die Bohrlöcher. Die Leiterbahnseite wird nun hauchdünn mit Lötlack besprüht. Das verhindert das Oxidieren (Fingerabdrücke!) und sichert ein gutes Fließen des Lots. Die Platine ist nach dem Trocknen bereit zum Bestücken.

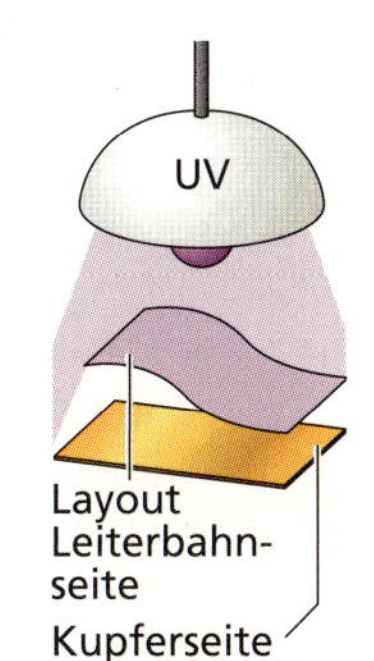

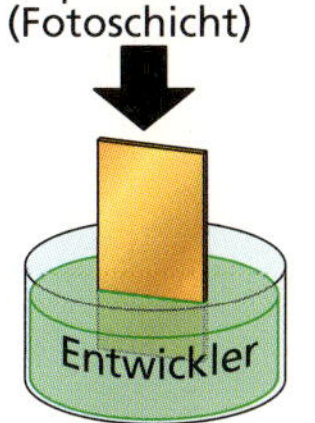

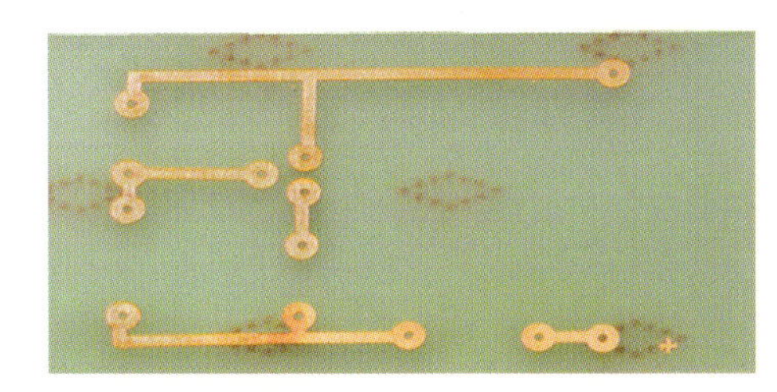

5 Fertige Platine

Ohmsches Gesetz: $U = R \cdot I$ Elektrische Leistung: $P = U \cdot I = \frac{U^2}{R} = R \cdot I^2$

U = Spannung in Volt (V) R = Widerstand in Ohm (Ω) I = Stromstärke in Ampere (A)

Reihenschaltung
(unbelasteter Spannungsteiler)

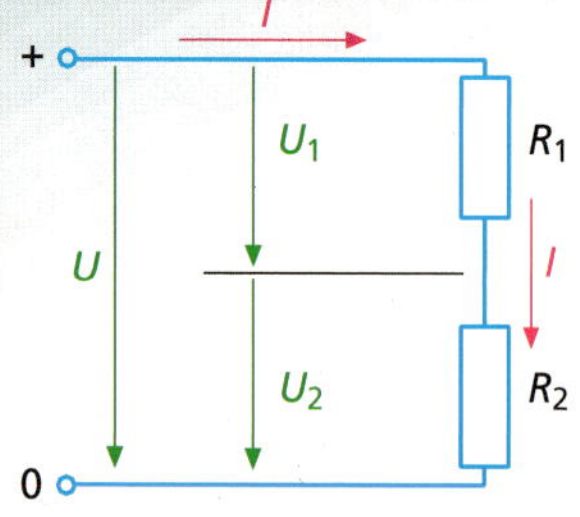

Parallelschaltung

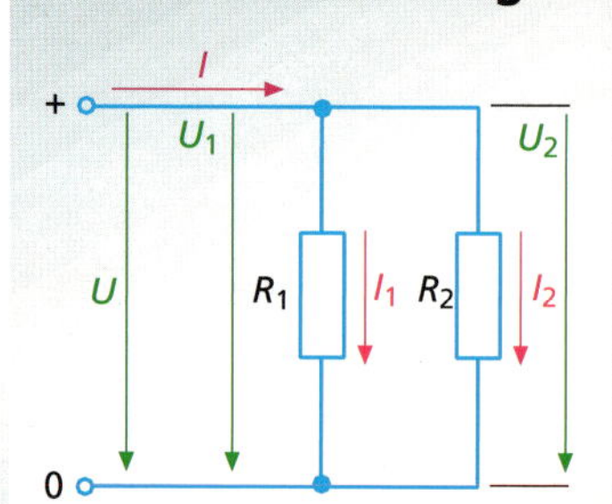

belasteter Spannungsteiler

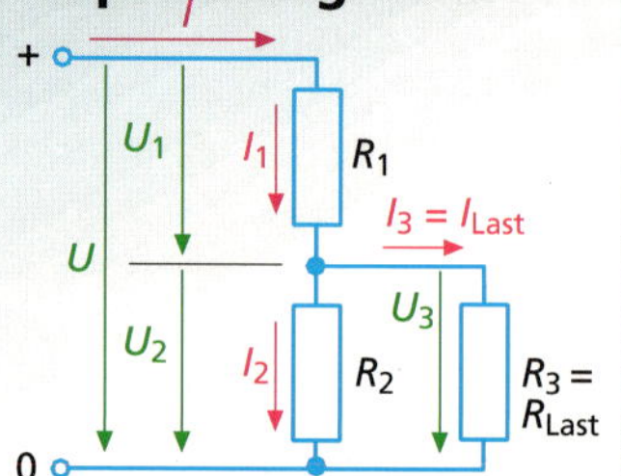

	Reihenschaltung	Parallelschaltung	belasteter Spannungsteiler
Widerstandsberechnung	Der Gesamtwiderstand der Reihenschaltung ist gleich der Summe der Einzelwiderstände. $R_{ges} = R_1 + R_2$ Das Verhältnis der Teilwiderstände ist gleich dem Verhältnis der Teilspannungen. $\frac{R_1}{R_2} = \frac{U_1}{U_2}$	Der Kehrwert des Gesamtwiderstands ist gleich der Summe der Kehrwerte der Teilwiderstände. $\frac{1}{R_{par}} = \frac{1}{R_1} + \frac{1}{R_2}$ oder $R_{par} = \frac{R_1 \cdot R_2}{R_1 + R_2}$	Der Gesamtwiderstand ergibt sich aus einer Kombination von Reihen- und Parallelschaltung. $R_{ges} = R_1 + R_{par}$ $R_{par} = \frac{R_2 \cdot R_{Last}}{R_2 + R_{Last}}$
Spannungsberechnung	Die Summe der Teilspannungen der Reihenschaltung ist gleich der angelegten Spannung. $U = U_1 + U_2$ Das Verhältnis der Teilspannungen ist gleich dem Verhältnis der Teilwiderstände. $\frac{U_1}{U_2} = \frac{R_1}{R_2}$	An beiden Widerständen liegt die gleiche Spannung. $U = U_1 = U_2$ Um mehrere Verbraucher mit derselben Spannung zu versorgen, müssen sie parallel zur Betriebsspannung liegen.	Die Summe der Teilspannungen ist gleich der angelegten Spannung. $U = U_1 + U_2$ Sind drei Werte bekannt, so lässt sich der vierte Wert berechnen. $\frac{U_1}{U_2} = \frac{R_1}{R_{par}}$
Stromstärkeberechnung	Durch die beteiligten Reihenwiderstände fließt die gleiche Stromstärke. Sie ist an allen Stellen des Stromkreises gleich. $I = \frac{U}{R_{ges}}$ $= \frac{U_1}{R_1} = \frac{U_2}{R_2}$	Die Gesamtstromstärke der Parallelschaltung ergibt sich aus der Summe der Teilstromstärken. $I = I_1 + I_2$ oder nach dem ohmschen Gesetz: $I = \frac{U}{R_{par}}$	Das ohmsche Gesetz führt zu $I = I_1 = \frac{U}{R_{ges}} = \frac{U_1}{R_1}$ Der Strom I_1 teilt sich auf in die beiden Teilströme I_2 und I_{Last}. $I_1 = I_2 + I_{Last}$

Berechnungsbeispiel: belasteter Spannungsteiler

Gesucht ist ein Spannungsteiler für einen dreistufigen 5-V-Miniventilator. Er soll an einem 12-V-Akku betrieben werden. Die drei Stufen mit 13 mA, 17 mA und 25 mA entsprechen 390 Ω, 300 Ω und 200 Ω.

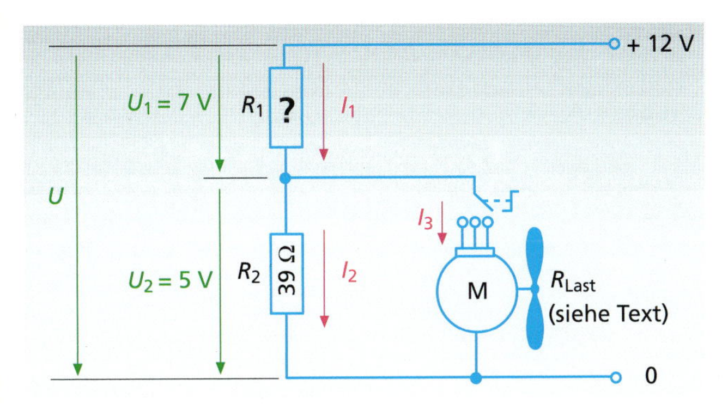

1 Belasteter Spannungsteiler

Berechnung:
Da der parallel geschaltete Widerstand R_2 etwa 1/10 des Lastwiderstands betragen soll, wird 39 Ω als genormter Wert eingesetzt.
Damit kann der Parallelwiderstand R_{par} berechnet werden:

$$R_{par} = \frac{R_2 \cdot R_{Last}}{R_2 + R_{Last}} = \frac{39\ \Omega \cdot 390\ \Omega}{39\ \Omega + 390\ \Omega} = 35{,}4\ \Omega$$

Da sich die Teilspannungen wie die Teilwiderstände verhalten, wird die Formel

$$\frac{R_1}{R_{par}} = \frac{U_1}{U_2} \quad \text{nach } R_1 \text{ umgestellt:}$$

$$R_1 = \frac{U_1 \cdot R_{par}}{U_2} = \frac{7\ \text{V} \cdot 35{,}4\ \Omega}{5\ \text{V}} = 49{,}6\ \Omega$$

Praktisch bietet sich für R_1 der Normwert 47 Ω an. Damit erhöht sich U_2 auf den noch tolerierbaren Wert von ca. 5,1 V.

Das Berechnen der 2. und 3. Schaltstufe zeigt, dass sich der Parallelwiderstand R_{par} und die Spannung U_2 nur geringfügig ändern:

Stufe	R_{Last}	R_{par}	U_1	U_2
1	390 Ω	35,4 Ω	6,9 V	5,1 V
2	300 Ω	34,5 Ω	7,0 V	5,0 V
3	200 Ω	32,6 Ω	7,1 V	4,9 V

Immer dann, wenn ein Verbraucher seinen Widerstandswert verändert, ist die Schaltung des belasteten Spannungsteilers einem einfachen Vorwiderstand vorzuziehen.
Allerdings sollte die Bedingung

$$\mathbf{R_{Last} \approx 10 \cdot R_2}$$

erfüllt sein.
Viele Transistorschaltungen werden deshalb über eine Spannungsteilerschaltung angesteuert.

Warum soll der parallel geschaltete Widerstand R_2 ca. zehnmal kleiner sein als der Lastwiderstand R_{Last}?
Die Antwort lässt sich in einen Satz fassen: Wenn sich R_2 zu R_{Last} wie 1:10 verhält, verändert sich die Teilspannung U_2 nur noch wenig, wenn der Lastwiderstand seinen Widerstandswert verändert (siehe Tabelle). Wenn die 1:10-Bedingung erfüllt ist, hat also eine Veränderung des Lastwiderstands nur geringen Einfluss auf R_{par} und damit auch auf die Teilspannung U_2.
Der gemeinsame R_{par} ist dann nur geringfügig kleiner als der Widerstandswert des R_2.

Wärmeleistung – nicht zu vernachlässigen!
An R_1 und an R_2 entsteht unvermeidlich eine beträchtliche Wärmeleistung (Verlustleistung) durch den „Querstrom" I_1 und I_2. Die entstehende Temperatur kann Widerstände mit zu niedriger Wärmefestigkeit zerstören.

Berechnung der Wärmeleistung (Stufe 1 aus der Tabelle) mit der Formel
$P = \frac{U^2}{R}$:
Wärmeleistung P_1 an R_1:

$$P_1 = \frac{{U_1}^2}{R_1} = \frac{6{,}9\ \text{V} \cdot 6{,}9\ \text{V}}{47\ \Omega} \approx 1\ \text{W}$$

Wärmeleistung P_2 an R_2:

$$P_2 = \frac{{U_2}^2}{R_2} = \frac{5{,}1\ \text{V} \cdot 5{,}1\ \text{V}}{39\ \Omega} \approx 0{,}7\ \text{W}$$

Um die Erwärmung zu verringern, wird bei der Auswahl der Widerstände in der Praxis der 2- bis 4fache Wert der rechnerisch ermittelten Wärmeleistung gewählt.

Technische Widerstände

Widerstände sind die wichtigsten und am häufigsten eingesetzten Bauteile in der Elektronik. Sie dienen zum Festlegen von Stromstärken und zum Einstellen erforderlicher Spannungen.

Festwiderstände
Der eigentliche Widerstand ist bei den kleineren Typen als Kohleschicht oder als Metallfilm auf einen Keramikkörper aufgebracht.

Zahlenwerte der Widerstände der Reihe E 12:

1,0
1,2
1,5
1,8
2,2
2,7
3,3
3,9
4,7
5,6
6,8
8,2

Bei der ***Kennzeichnung*** von Widerständen sind drei Werte von Bedeutung:
- der elektrische Widerstandswert in Ohm,
- die Toleranz in % Abweichung ± vom Nennwert,
- die höchstzulässige Leistungsaufnahme in Watt.

Die aufgedruckten Farbringe der Festwiderstände sind ein Zahlencode, aus dem die Werte abzulesen sind. Widerstände sind in standardisierten Reihen erhältlich. Gebräuchlich ist die Reihe E 12. Diese Benennung besagt, dass jeder Zehnerpotenzbereich (10 – 100, 100 – 1000 usw.) in zwölf Widerstandswerte unterteilt ist.

Stellwiderstände
Einstellbare Widerstände können je nach Bauart durch Drehen oder Schieben vom Widerstandswert null bis zu einem Maximalwert verstellt werden. Bei allen Bautypen ist das Prinzip gleich: Ein Schleifer gleitet auf einer Kohlebahn und greift stufenlos Widerstandswerte ab. Potentiometer („Poti") und Trimmer besitzen drei Anschlüsse. Der mittlere Anschluss führt zum Schleifer. Drehwiderstände sind gestaffelt nach den Werten 100, 220, 470 in vier oder fünf Zehnerpotenzbereichen (z.B. 220 Ω, 2,2 kΩ, 22 kΩ, 220 kΩ, 2,2 MΩ).

Die Belastbarkeit kleiner Potis und Trimmer ist gering, sie beträgt nur 0,1 bis 0,2 Watt. Überlastung führt sehr schnell zu Schmorstellen und Unbrauchbarkeit. Potis und Trimmer können entweder als Vorwiderstand wie in Abb. a) oder als „belasteter Spannungsteiler" geschaltet werden.
Nur die Spannungsteilerschaltung bringt die LED auf 0 Volt! In Abb. b) dient der Vorwiderstand nur als Schutz. Er verhindert, dass beim Drehen der Potiwelle die volle Betriebsspannung an die LED gelangt und sie zerstört wird.

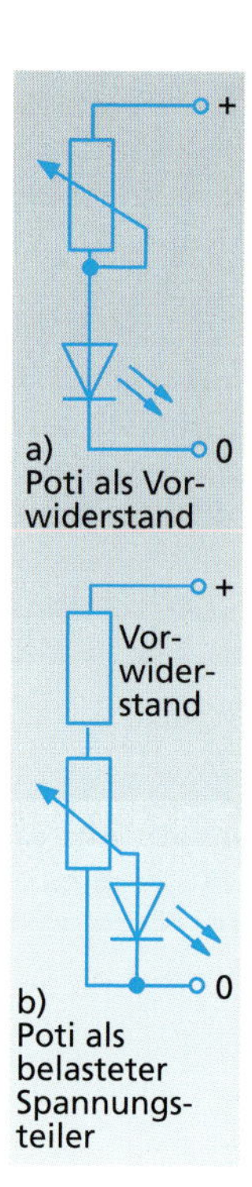

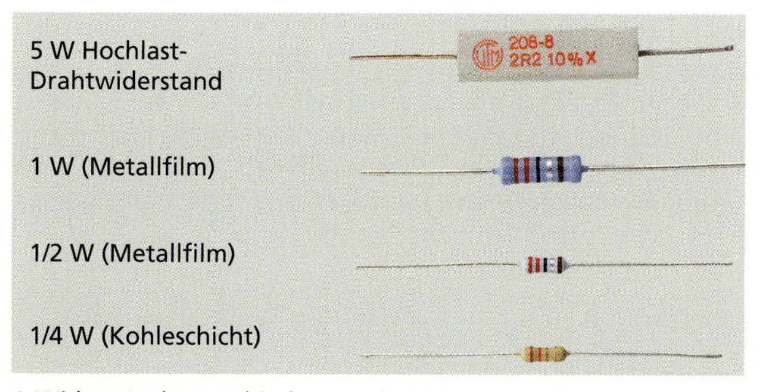

1 Widerstände verschiedener Leistung

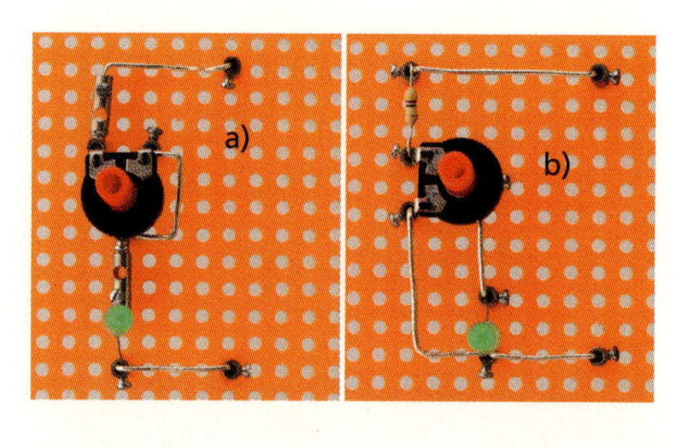

3 Anschluss eines Potentiometers

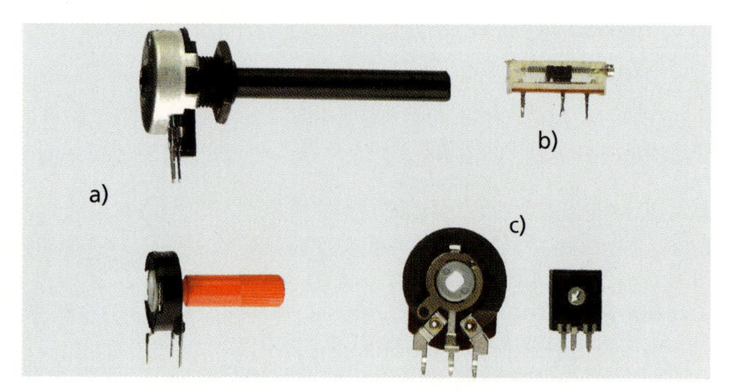

2 a) Potentiometer, b) Spindeltrimmpotentiometer, c) Trimmer

Ringfarbe	1. Ring	2. Ring	3. Ring	4. Ring (Toleranz)	Beispiel
schwarz	0	0	x 1 Ω		
braun	1	1	x 10 Ω		
rot	2	2	x 100 Ω		gelb
orange	3	3	x 1 kΩ		violett
gelb	4	4	x 10 kΩ		rot
grün	5	5	x 100 kΩ		gold
blau	6	6	x 1 MΩ		
violett	7	7	x 10 MΩ		
grau	8	8	x 100 MΩ		
weiß	9	9	x 1 GΩ		47 x 100 Ω = 4,7 kΩ ± 5 %
gold				± 5 %	
silber				± 10 %	

4 Farbring-Code für Kohleschicht-Widerstände

Kondensatoren

Wichtig für Spezialisten: *Das Isolationsmaterial des Kondensators heißt auch „Dielektrikum" (sprich: Di-elektrikum).*

Kondensatoren sind elektrische Bauteile mit vielfältigen Bauformen und Einsatzmöglichkeiten. Trotz der äußerlichen Unterschiede wirken alle Typen nach dem gleichen physikalischen Prinzip. Wie das Schaltsymbol zeigt, besteht ein Kondensator aus gegenüberstehenden und voneinander isolierten Metallflächen. Wird eine der Metallflächen positiv geladen, die andere negativ, so fließt kurzzeitig ein Strom, der den Kondensator auflädt, bis zwischen den Metallflächen die Ladespannung herrscht. Die elektrische Ladung bleibt erhalten, auch wenn die Spannungszuführung weggenommen wird. Der aufgeladene Kondensator wirkt nun wie eine Spannungsquelle. Ein Spannungsmesser zeigt die Ladespannung an. Bei genügend großer Kapazität blitzt ein Lämpchen kurz auf, wenn es an die Kondensatoranschlüsse gebracht wird.

Die ***Kapazität*** (Aufnahmefähigkeit) für eine bestimmte Elektrizitätsmenge ist abhängig von Größe und Abstand der Metallflächen sowie vom verwendeten Isolationsmaterial.

Die Einheit der Kapazität *C* ist das Farad (F), benannt nach dem englischen Physiker Michael Faraday.
1 Farad ist eine sehr große Einheit und kommt in der Praxis kaum vor.

Gebräuchliche Einheiten sind:

Mikrofarad (µF):	0,000001 F = 1 µF
Nanofarad (nF):	0,001 µF = 1 nF
Picofarad (pF):	0,001 nF = 1 pF

typischer Einsatz:
Glättung, Langzeitschaltung → µF
NF-Bereich → nF, µF
HF-Bereich → pF

Technische Ausführung von Kondensatoren
Bei Kondensatoren mit kleiner Kapazität (pF-Bereich) sind die beiden Metallschichten auf die Innen- und Außenseite eines Keramikröhrchens aufgedampft. Solche Kondensatoren besitzen keine Polung.

Elektrolytkondensatoren, kurz „Elkos", ermöglichen große Kapazitäten bei kleiner Baugröße. Zwei lange Aluminiumbänder sind übereinandergewickelt. Die Isolation besteht aus einer Aluminiumoxidschicht.
Elkos sind immer gepolt. Bei Becherkondensatoren liegt die Minusseite am Metallbecher. Häufig ist die Polung aufgedruckt. Bei kleineren, kunstharzvergossenen Elkos ist die Minusseite durch einen Strich markiert.
Im praktischen Umgang mit Kondensatoren sind drei Begriffe von Bedeutung:
- die Kapazität *C*,
- die Spannungsfestigkeit,
- die Polung.

Einstellbare Kondensatoren – Drehkondensatoren („Drehkos") – sind nur in der Radiotechnik gebräuchlich. Die Kapazität der größten Drehkos für den Mittel- und Langwellenbereich beträgt nur 500 pF.

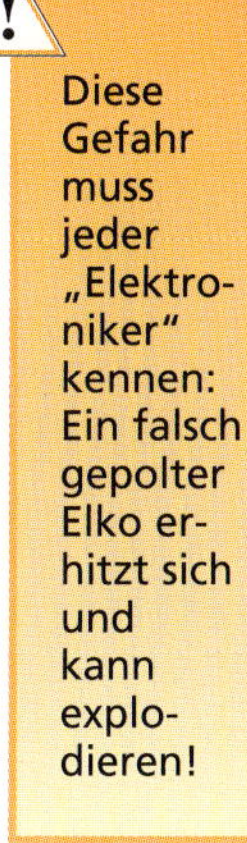

Diese Gefahr muss jeder „Elektroniker" kennen: Ein falsch gepolter Elko erhitzt sich und kann explodieren!

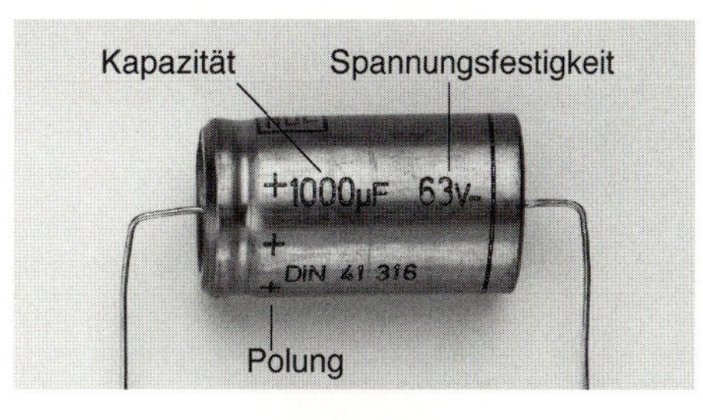

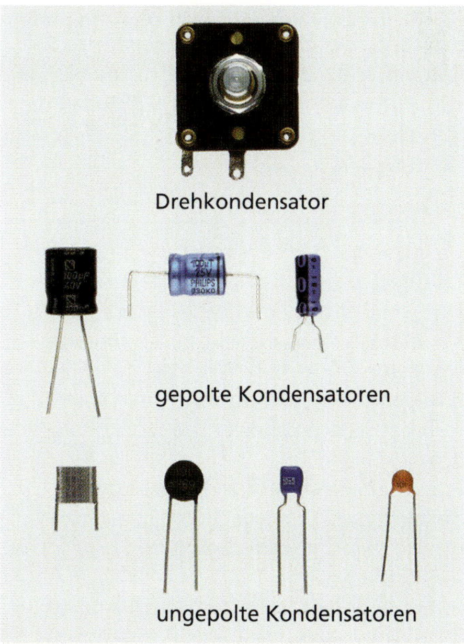

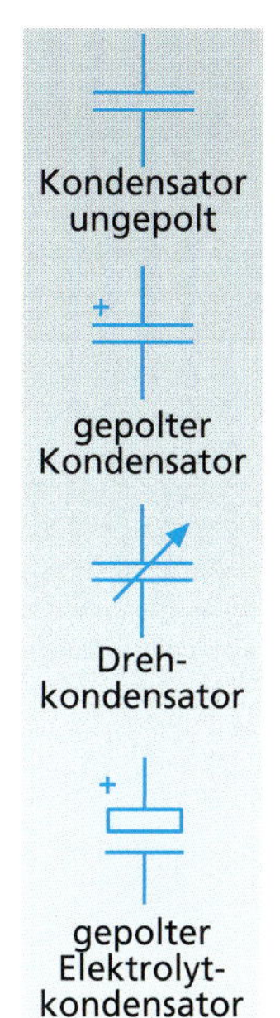

5 Bauformen von Kondensatoren

Kondensatoren

Wichtig für ***Spezialisten:*** *kapazitiver Widerstand*

$R_C = \frac{1}{2 \cdot \pi \cdot f \cdot C}$

Verhalten im Gleichstromkreis

Kondensatoren sperren Gleichströme, da die beiden isolierten Metallflächen wie ein geöffneter Schalter wirken. Beim Einschalten einer Gleichspannung fließt jedoch ein kurzer Stromstoß bis zur Aufladung des Kondensators.

Verhalten im Wechselstromkreis

Für Wechselstrom (Frequenzen z. B. im NF- oder HF-Bereich) zeigen sich ungepolte Kondensatoren scheinbar durchlässig, da sie sich im Takt der Frequenz aufladen und entladen. Je höher die Frequenz ist, desto stromdurchlässiger erscheint der Kondensator, das heißt, er setzt dem Wechselstrom einen frequenzabhängigen Widerstand entgegen.

Das RC-Glied

Das Aufladen oder Entladen eines Kondensators ohne Widerstand ähnelt einem Kurzschluss. Durch die Vorschaltung beliebig großer Widerstände kann aber die Auflade- und Entladezeit in weiten Grenzen verzögert werden.

Zeitbestimmend ist sowohl die Kapazität des Kondensators als auch die Größe des Widerstands. Eine variable (veränderbare) Einstellung von Lade- oder Entladezeiten erreicht man, wenn der Festwiderstand durch ein Poti ersetzt wird. Die Lade- und Entladekurve ist nicht linear, sondern verläuft in einer charakteristischen Weise (Abb. 1). Jede RC-Kombination hat ihre eigene „Zeitkonstante", nämlich die Zeit, die vergeht, bis die Spannung beim Laden auf 63 % gestiegen bzw. beim Entladen auf 37 % gesunken ist.

Wichtig für ***Spezialisten:*** *Die Halbwertzeit T (50 % Ladespannung) errechnet sich so:* $T \approx 0{,}7 \cdot R \cdot C$

Die Zeitkonstante t_1 in Sekunden errechnet sich aus dem Produkt $R \cdot C$. Die Entladekurve in Abb. 1 zeigt, dass nach der Zeitkonstante $t_1 = 10$ s die Spannung auf 37 % absinkt und dass nach dem 5fachen der Zeitkonstante, also nach 50 s, die Kondensatorspannung praktisch als null betrachtet werden kann.

Zeitverzögerungen im Millisekundenbereich zum Erzeugen von Tonschwingungen sind mit kleinen Kondensatoren (nF-Größe) möglich.
In elektronischen Zeitschaltungen ermöglichen größere Elkos minuten- bis stundenlange Schaltzeiten.

Der vielfältige Einsatz von Kondensatoren

Sie können z. B. verwendet werden zum ...

- Sperren von Gleichstrom
- Durchlassen von Wechselspannung
- Glätten von welliger Gleichspannung
- „Schlucken" von Spannungsspitzen
- Entstören von Motoren und Schaltern
- Koppeln von Verstärkerstufen
- Verzweigen verschiedener Frequenzen
- Kurzschließen unerwünschter HF-Ströme
- Bestimmen des Zeitverhaltens von Schaltungen
- Verzögern von Ein- und Ausschaltvorgängen
- Erzeugen von synthetischen Tönen
- Einstellen von Sende- und Empfangsfrequenzen

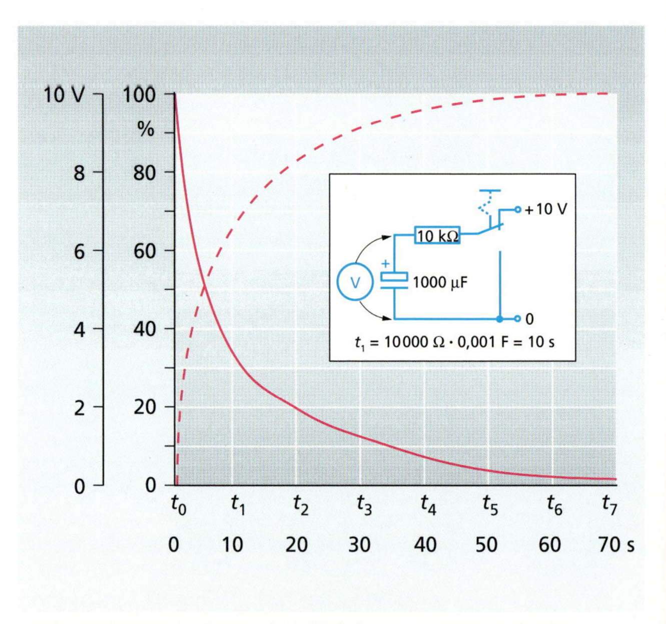

1 Beispiel einer Lade- und Entladekurve eines RC-Glieds

Zeitkonstante t_1 eines RC-Glieds:

Laden: $t_1 = R \cdot C$ → zu 63 % geladen
Entladen: $t_1 = R \cdot C$ → zu 37 % entladen
(t in s, R in Ω, C in F)

Berechnungsbeispiel (obige Anordnung):
$R = 10$ kΩ, $C = 1000$ µF
Formel: $t_1 = R \cdot C = 10\,000\ \Omega \cdot 0{,}001\ \text{F} = 10$ s
In der Praxis kann ein Kondensator nach $t_5 = 5 \cdot t_1$ als nahezu geladen oder entladen betrachtet werden.

Faustformel:
Lade- oder Entladezeit t eines RC-Glieds:
$$t \approx 5 \cdot R \cdot C$$

Dioden

Die richtige Polung für die Durchlassrichtung von Dioden kannst du dir so gut merken:

Diode Schaltzeichen

Strich = Minus = Ring am Bauteil

	maximaler Durchlassstrom in A	maximale Sperrspannung in V	l; Ø (ca.) in mm
1N 4148	0,1	100	4; 1,6
1N 4003	1	300	6,5; 3
1N 5403	3	300	8; 4,6
SB 530	5	30	9; 5,2

1N ...: Universaldioden; SB ..., BAT ...: Schottkydioden

2 Häufig verwendete Silziumdioden

Dioden verhalten sich wie elektrische Ventile. Sie lassen den Strom nur in einer Richtung durch, in der anderen sperren sie. Damit überhaupt ein merklicher Strom in der Durchlassrichtung fließen kann, muss die ***Schwellenspannung*** (auch Durchlassspannung genannt) überwunden werden. Abb. 3 zeigt diese Spannung für verschiedene Diodentypen.
Im Inneren der Diode befindet sich ein hochreiner dotierter Siliziumkristall. Es grenzen eine p- und eine n-Siliziumschicht aneinander. Der Ventileffekt spielt sich genau an dieser schmalen, nicht einmal 1/100 mm dicken ***Grenzschicht*** ab. Der pn-Übergang kommt dadurch zustande, dass Löcher auch ohne elektrisches Feld von außen in die n-Kontaktfläche wandern. Dasselbe machen auch die Elektronen, die ein wenig in die p-Schicht eindringen. Die Zone ist unterhalb der Schwellenspannung praktisch nicht leitend, weil sich die Ladungsträger ausgleichen (Rekombination).

Physik: pn-Übergang bei „Diode"

Durchlass- und Sperrstrom

Nach Abb. 4 wird die Grenzschicht in der ***Durchlassrichtung*** bei einem von außen angelegten elektrischen Feld von Elektronen und Löchern „überflutet" und somit die Schwellenspannung überwunden. Es fließt der Durchlassstrom, der durch einen Reihenwiderstand zur Diode so eingestellt werden muss, dass die Temperatur der pn-Schicht 150 °C nicht überschreitet. Bei 180 °C schmilzt der dotierte Siliziumkristall.

Wie Abb. 4 zeigt, wird bei Polung der Diode in ***Sperrrichtung*** die Grenzschicht durch den Entzug der Elektronen im n-Silizium und der Löcher im p-Silizium aufgrund des elektrischen Felds erheblich verbreitert. Hierdurch verringert sich die Stromstärke so stark, dass bei Universaldioden (wie 1N 4148, 1N 4003) der Sperrstrom nur noch einige Nanoampere beträgt. Diese Dioden sperren daher so gut, als ob sie Isolatoren wären.

Löcher: *Elektronen-Fehlstellen im Si-Kristall (Elektronenlücken). Sie sind positiv geladen.*

Nanoampere: *Milliardstel Ampere, 1 nA = 10^{-9} A*

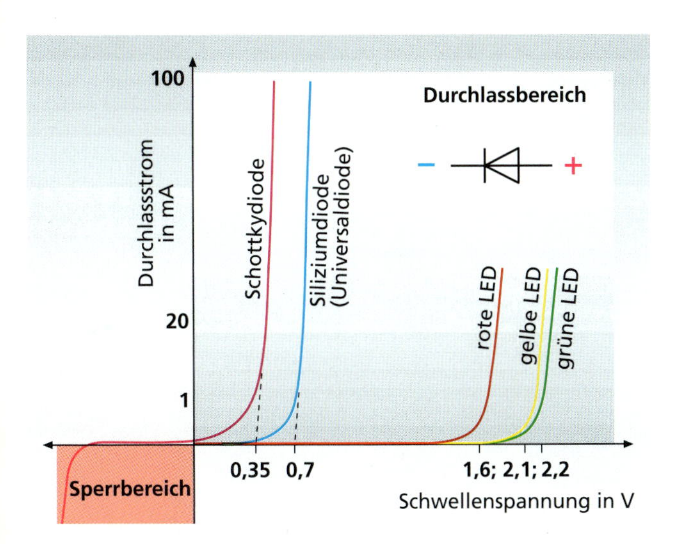

3 Kennlinie und Schwellenspannung von Dioden

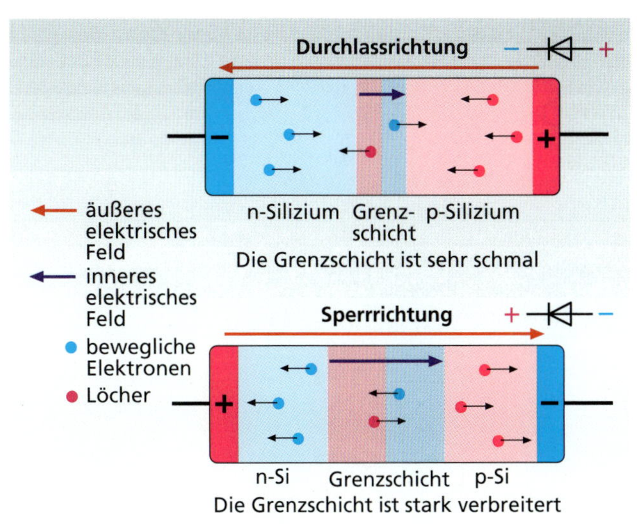

4 Vorgänge im Inneren einer Diode

Dioden

Leuchtdioden

Display: *Anzeigeelement mit Ziffern und Symbolen*

U_F und I_F: *Durchlassspannung bzw. Durchlassstrom, F von engl. forward = vorwärts*

Diese spezielle Art von Dioden enthält im Siliziumkristall zusätzlich bestimmte Dotierungsstoffe. Beispielweise ergibt sich bei Gallium-Arsen-Phosphor im Durchlassbetrieb rotes Licht. Das LED-Licht ist monochrom (einfarbig) und kommt im Kristall der Diode durch Abgabe überschüssiger Elektronenenergie zustande. Die Farbe des Lichts hängt nur vom Halbleitermaterial ab.

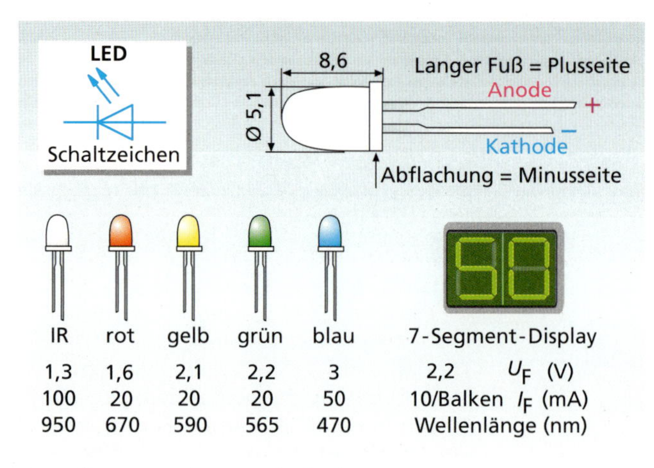

4 Häufig verwendete Leuchtdioden

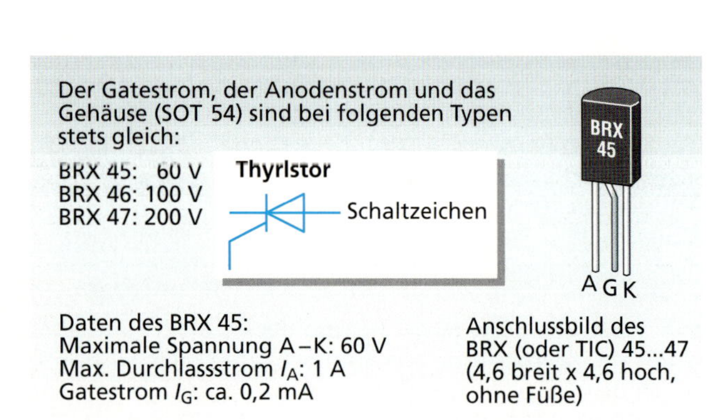

1 Kleinthyristoren

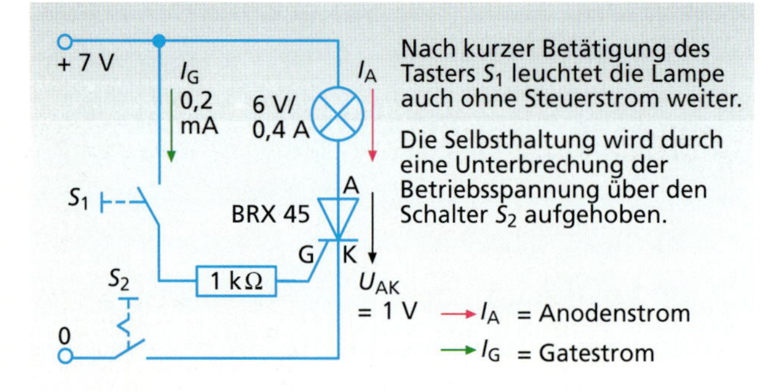

2 Selbsthaltung mit einem Thyristor

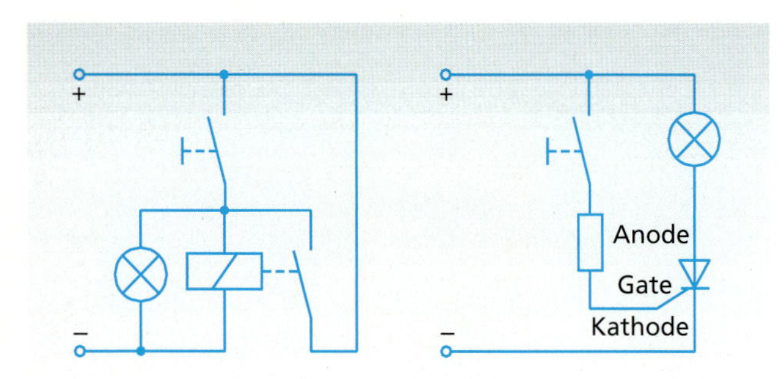

3 Vergleich: Relais und Thyristor als Signalspeicher

Thyristoren

Gate: *Tor, Eingang*

Man kann diese Art von Bauteilen als steuerbare Dioden auffassen. Im Inneren enthalten sie mehrere pn-Schichten. Der Steueranschluss (Gate G) öffnet die zuvor blockierte Strecke Anode (A) – Kathode (K), wenn der minimale Gatestrom erreicht wird. Dabei muss das Gate positives Potential haben. Damit die empfindliche Gateelektrode nicht „überreizt" wird, legt man in die Steuerleitung einen Schutzwiderstand (Abb. 2).

Ein Thyristor lässt den Anodenstrom auch dann noch durch, wenn der Gatestrom abgeschaltet wird. Erst durch eine Unterschreitung eines sehr kleinen Anodenstroms („Haltestrom") oder durch eine kurze Unterbrechung der Spannung A–K blockiert das Bauelement den Anodenstrom. Daher eignet sich der Thyristor als Speicherelement, z. B. für eine Selbsthalteschaltung.

Im Gegensatz zum Relais wird im Haltezustand keine Steuerleistung benötigt. Beim Relais muss dagegen bei der Selbsthaltung stets der Spulenstrom fließen.

Thyristoren haben keine beweglichen Teile und arbeiten im Gegensatz zu Relais verschleißfrei. Ihre Schaltgeschwindigkeit ist sehr hoch, ihre Lebensdauer ist groß und sie sind preiswert.

Transistoren

Aufgaben der Transistoren

In elektronischen Schaltungen müssen häufig kleine Spannungen und Ströme verstärkt werden. Diese Aufgabe übernehmen Transistoren. Sie können auch als sehr schnelle Schalter benutzt werden. Wie beim Relais kann ein kleiner Steuerstrom einen großen Arbeitsstrom steuern.

Unterschiedliche Transistortypen

Man unterscheidet Kleinsignaltypen, Transistoren für mittlere Leistungen und solche für große Leistungen. Wie beim Relais bestimmt in erster Linie der zu erwartende Arbeitsstrom die Wahl des Typs. Viele Kleinsignaltypen verkraften nur Arbeitsströme von maximal 200 mA. Dieser Strom darf aber nur wenige Sekunden fließen. Der Dauerstrom soll höchstens beim halben Maximalstrom liegen, damit der innere spezielle Siliziumkristall nicht schmilzt (bei 180 °C). Transistoren für mittlere Leistung erkennt man an ihren Kühlblechen, welche meistens ein Loch zur Schraubbefestigung an einen Kühlkörper haben. Für Arbeitsströme ab ca. 10 A sind die Gehäuse der Bauteile ganz aus Metall, damit die Verlustleistung noch besser an einen Kühlkörper abgeleitet werden kann.

Verlustleistung:
$P = R \cdot I^2$
I ist der Arbeitsstrom, R der innere Widerstand zwischen C und E.

Die Anschlüsse

Den Eingang für die zu verstärkenden Signale bilden die Basis (B) und der Emitter (E). Der Ausgang mit dem verstärkten Signal ist der Kollektor (C) und wiederum der Emitter. Transistoren haben daher nur 3 Anschlüsse.

Das Innenleben von Transistoren

Beim Kleinsignal-Transistor ist im schwarzen Duroplastgehäuse ein kleiner dotierter Siliziumkristall mit zwei pn-Übergängen. Es gibt Transistoren mit einer pnp- und solche mit einer npn-Schichtenfolge. In diesen Schichten spielen sich die physikalischen Vorgänge ab. Das Bauteil verhält sich wie ein Verstärkerelement: Am Ausgang erscheint der Ausgangsstrom etwa (typabhängig!) 50...900-mal größer als der Eingangsstrom. Abb. 8 zeigt, wie es in einem aufgeschnittenen Transistor aussieht.

5 Transistoren für kleine und große Arbeitsströme

Typ	Kleinsignal	mittlere Leistung	Powertyp
Maximalwerte	**BC 550 C** **BC 547 C**	**BD 135**	**2N 3055**
I_C (A)	0,2	2	15
I_B (mA)	5	50	500
U_{CE0} (V)	45	45	60
B	450...900	50...250	20...70
P_V (W)	0,5	10	115
speziell	Der BC 550 ist rauscharm	Einloch-Montage mit M-3-Schraube	2-Loch-Montage

Arbeitsstrom: Kollektorstrom I_C
Steuerstrom: Basisstrom I_B
Maximale Kollektor-Emitter-Spannung bei offener Basis : U_{CE0}
Gleichstromverstärkung: B
Max. Verlustleistung: P_V

6 Daten gängiger Transistoren

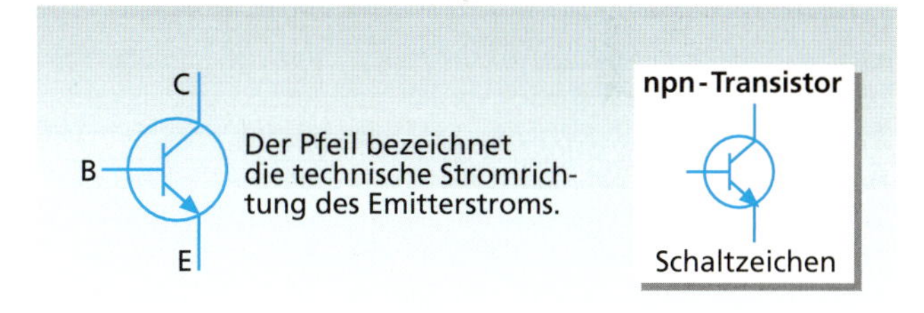

7 Anschlüsse und Symbol des npn-Transistors

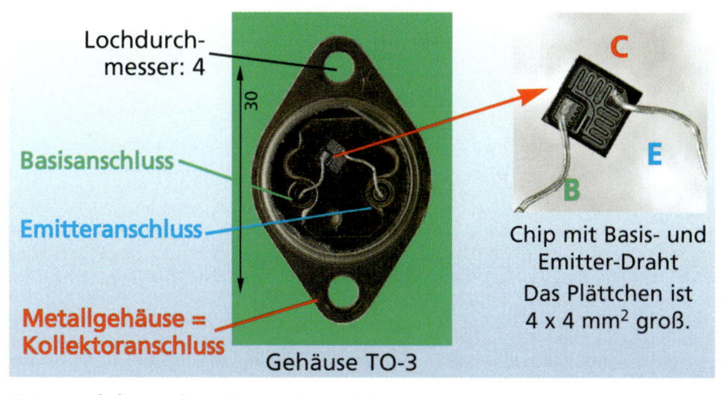

8 Innenleben eines Powertransistors

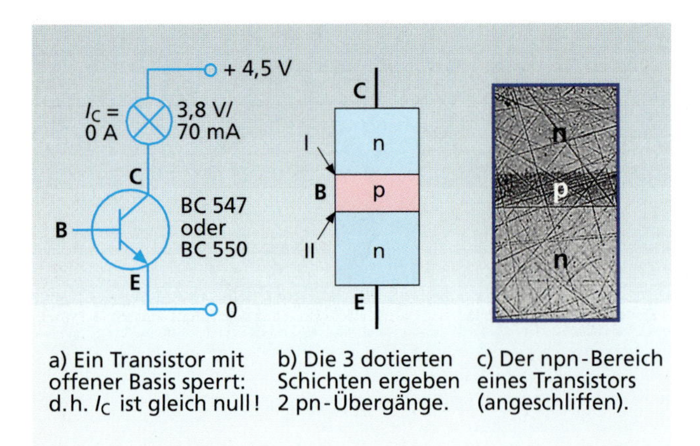

a) Ein Transistor mit offener Basis sperrt: d.h. I_C ist gleich null!
b) Die 3 dotierten Schichten ergeben 2 pn-Übergänge.
c) Der npn-Bereich eines Transistors (angeschliffen).

1 Ein Transistor mit offener Basis sperrt

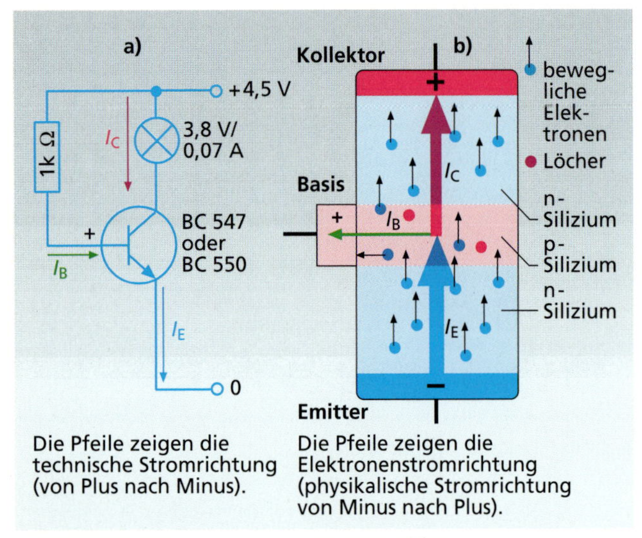

Die Pfeile zeigen die technische Stromrichtung (von Plus nach Minus).
Die Pfeile zeigen die Elektronenstromrichtung (physikalische Stromrichtung von Minus nach Plus).

2 Ein npn-Transistor mit positiver Basis öffnet

$$B = \frac{I_C}{I_B}$$

B Gleichstromverstärkungsfaktor
I_C Kollektorstrom in (m)A
I_B Basisstrom in (m)A

3 Formel zur Berechnung des Gleichstromverstärkungsfaktors

Kleinsignal Transistor	B Bereich (h_{FE})	Dauerstrom/ Grenzstrom	Feldeffekt-Transistor Arbeitsstrombereich
BC 547 A	125...260	0,1 A/0,2 A	BF 245 A 2...6,5 mA
BC 547 B	240...500	0,1 A/0,2 A	BF 245 B 6...15 mA
BC 547 C	450...900	0,1 A/0,2 A	BF 245 C 2...25 mA
BC 337–16	100...250	0,5 A/1 A	Max. U_{DS}: 45 V
BC 337–25	160...400	0,5 A/1 A	Steuerstrom
BC 337–40	250...630	0,5 A/1 A	5...500 nA

4 Einteilung von Transistoren nach dem Verstärkungsfaktor

Vorgänge im Transistor ohne Steuerstrom

Legt man an die Anschlüsse E und C über eine Lampe eine Spannung an (Abb. 1 a), so würde man erwarten, dass Elektronen vom Emitter zum Kollektor fließen. Von den beiden pn-Übergängen im Transistor befindet sich aber nur der untere in Durchlassrichtung (Abb. 1 b, II). Es fließt daher praktisch kein Kollektorstrom. Man sagt: „Der Transistor sperrt." Tatsächlich fließt aber noch ein winziger Sperrstrom von einigen Nanoampere.

Vorgänge im Transistor mit Steuerstrom

Legt man entsprechend Abb. 2 a an die Basis Pluspotential, so leuchtet die Lampe. Es fließt also jetzt ein Kollektorstrom. Man sagt: „Der Transistor öffnet." Wie kommt das?

Die Elektronen fließen vom Emitter zur positiv geladenen Basis. In Abb. 2 b bilden sie den Emitterstrom I_E. Die Basis eines Transistors ist aber sehr dünn (vergleiche Abb. 1 c) und hat deshalb nur wenige Löcher. Die wenigen Fehlstellen in der Basis sind somit schnell von den ankommenden Elektronen besetzt und es kommt in der dünnen Schicht zu einer Übersättigung mit Elektronen.

Emitter: *Aussender – von ihm gehen die Elektronen weg.*

Am Kollektor liegt ein hohes positives Potential. Daher können die vielen freien Elektronen die dünne Basis durchwandern und werden größtenteils vom Kollektor „abgesaugt". In Abb. 2 b bilden sie den Kollektorstrom I_C. Nur ein kleiner Teil fließt über die Basis zum Pluspol der Spannungsquelle.

Kollektor: *Einsammler – er sammelt Elektronen auf.*

Der Verstärkungsfaktor B

Wenn beispielsweise der Kollektorstrom 50 mA und der Basisstrom 0,2 mA beträgt, so ist der Kollektorstrom 50 mA : 0,2 mA = 250-mal stärker als der Basisstrom. Die Zahl 250 ist der Gleichstromverstärkungsfaktor *B*. Er ist bei jedem Transistor anders und muss einzeln gemessen werden. Eine Messung von *B* kann mit einem DMM mit Transistorfassung im mit h_{FE} bezeichneten Bereich erfolgen. Um dem Anwender diese Arbeit zu erleichtern, teilen die Hersteller ihre Typen meistens in ein dreigliedriges Grobschema (A, B, C) ein. Abb. 4 zeigt hierzu einige Beispiele.

Spannungen und Ströme am Transistor

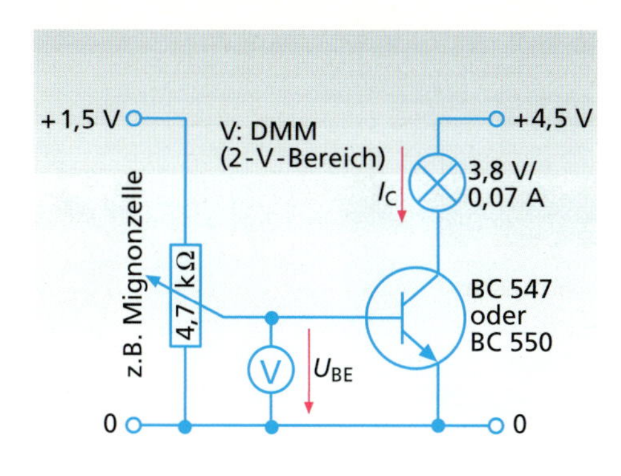

5 Messung der Steuerspannung U_{BE}

Kollektorstrom und Verstärkungsfaktor

Vergleicht man einen Transistor mit einem Relais, entspricht I_B dem Spulenstrom und I_C dem Arbeitsstrom. I_C hängt bei einer Basis-Emitter-Spannung > 0,7 V im Wesentlichen vom Lastwiderstand R_L (z. B. Lampe) und der Betriebsspannung entsprechend dem ohmschen Gesetz ab. Wenn man den Kollektorstrom durch den zugehörigen Basisstrom dividiert, erhält man die Gleichstromverstärkung. Sie ist für ein einzelnes Transistorexemplar nahezu linear. Abb. 7 zeigt ein Beispiel zur Bestimmung des Gleichstromverstärkungsfaktors B.

Steuerspannung

Zur Entstehung eines kräftigen Kollektorstroms müssen die Elektronen von der Emitterseite her die dünne Basisschicht durchbrechen. Hierzu ist ähnlich wie bei einer Siliziumdiode das Überschreiten einer Schwellenspannung nötig (ca. 0,7 V). Abb. 5 zeigt eine Anordnung zur Messung der Spannung zwischen Basis und Emitter (U_{BE}) eines Siliziumtransistors. Der Schleifer wird dabei ganz langsam vom Nullpotential so weit gegen die Mitte gedreht, bis die Lampe hell leuchtet.

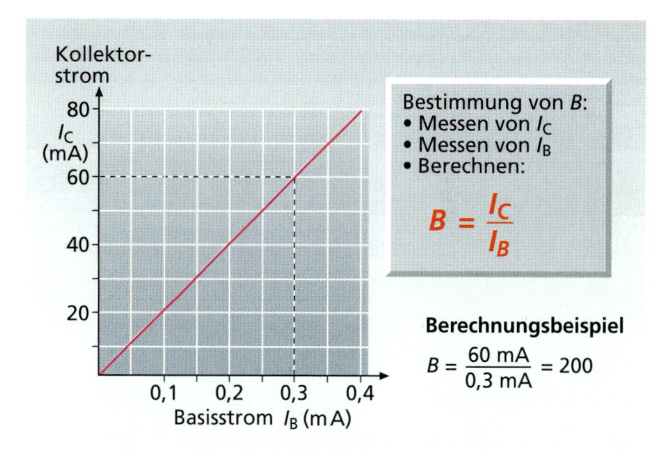

7 Bestimmung der Gleichstromverstärkung

Steuerstrom

Die Messung des Steuerstroms erfolgt nach der Anordnung in Abb. 6. In den Basisanschluss wird ein Amperemeter geschaltet.
Damit der Transistor nicht geschädigt wird, sollten die Grenzwerte von Abb. 6 auf Seite 237 beachtet werden. In der Regel setzt man zur Vorsorge vor die Basis eines Kleinsignal-Transistors einen Schutzwiderstand von 1…10 kΩ.

Die Stromverhältnisse im Transistor zeigt Abb. 8 in einem Vergleich mit einem Wassermodell. Hierbei ist der Schieber für den Basisstrom auf derselben Welle befestigt wie der Schieber für den Kollektorstrom. Der kleine Basisstrom setzt die gesamte Flussbewegung in Gang.

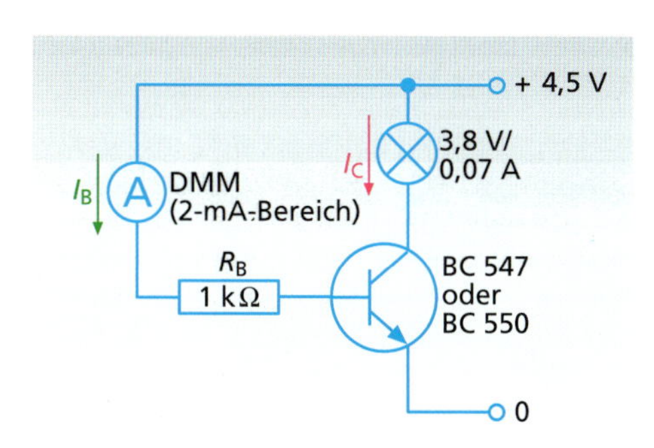

6 Messung des Steuerstroms I_B

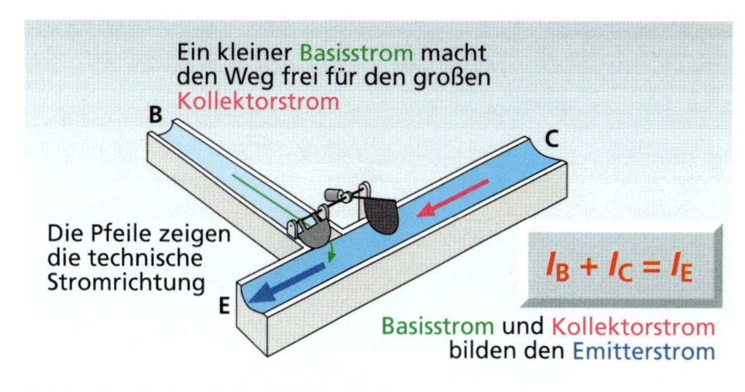

8 Anschauliches Beispiel für die Stromverstärkung

Berechnungen am Transistor

Warum ist eine Schaltungsberechnung sinnvoll?

Will man selbst eine Schaltung entwickeln oder eine vorhandene einem speziellen Zweck anpassen, kommt man ohne Berechnungen nicht aus. Erst durch die richtige Wahl der Bauteile wird die geforderte Funktionssicherheit erreicht. Besonders Halbleiter wie Transistoren verlangen eine zumindest überschlagsmäßig berechnete Außenbeschaltung, wenn sie ordentlich arbeiten sollen. Bei den folgenden Aufgabenbeispielen sind die Berechnungen vereinfacht, unter anderem weil davon ausgegangen wird, dass Betriebsspannung und Umgebungstemperatur sich nur wenig ändern.

Berechnung des Kollektorstroms

Die Größe des Kollektorstroms ist für die Auswahl des Transistortyps entscheidend. Ist I_C zu groß, kann ein Transistor sich binnen Sekunden so aufheizen, dass er zerstört wird. Es muss also I_C überschlägig berechnet werden.

In Abb. 1 ist die Rechnung vereinfacht, weil angenommen wurde, dass U_{CE} = 0 V sei. Tatsächlich ist dies nicht der Fall! Bei einem Kleinsignal-Transistor muss man bei 0,2 A Kollektorstrom mit $U_{CE} \approx$ 0,2 V rechnen, bei einem Powertyp bei einigen Ampere mit 1 V.

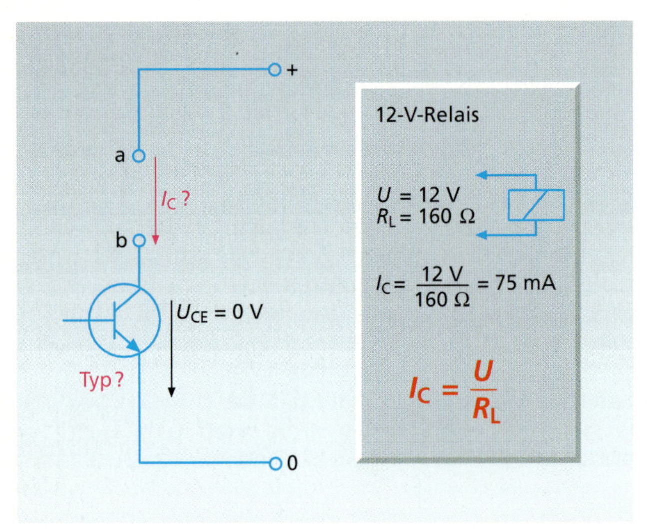

1 Berechnung des Kollektorstroms I_C

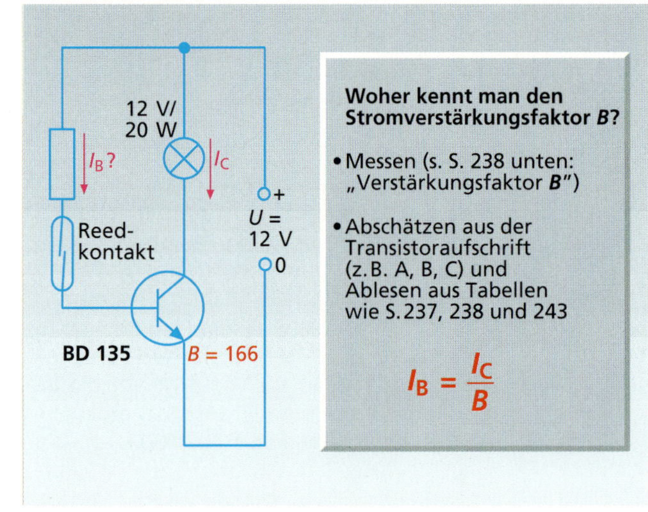

2 Berechnung des Basisstroms I_B

In Abb. 1 soll an die Klemmen a–b der vorgelegten Schaltung ein Relais gelegt werden. Die Betriebsspannung U und die Relaisdaten sind bekannt (blau). Dann ergibt sich der Kollektorstrom nach der angegebenen Formel (rot). Die Beispielrechnung ergibt 75 mA. Als Transistortyp kann nach der Datentabelle auf Seite 237 z. B. der BC 550 gewählt werden.

Berechnung des Basisstroms

In Abb. 2 soll die Lampe durch einen Reedkontakt über einen Transistor eingeschaltet werden. Wie groß muss der Basisstrom I_B mindestens sein? Der Lampenstrom beträgt 20 W/12 V = 1,66 A. Beim eingesetzten Transistor wurde B = 166 mit einem DMM gemessen. Der Basisstrom ergibt sich aus

$$I_B = \frac{I_C}{B} = \frac{1{,}66\ A}{166} = 0{,}01\ A = 10\ mA.$$

Auf Seite 243 unten findest du ein weiteres Berechnungsbeispiel zu I_B.

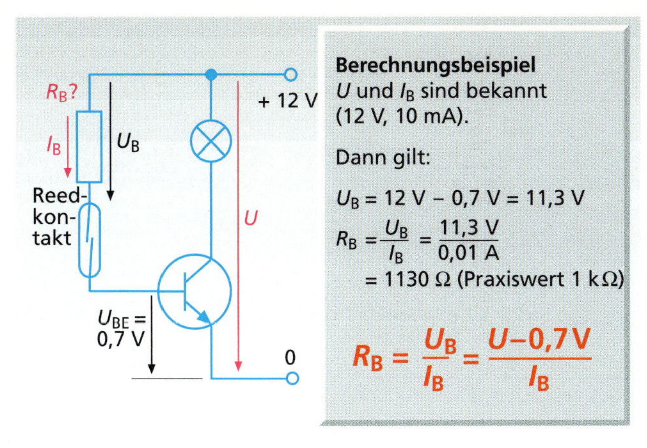

R_B?
I_B
U_B
+ 12 V
Reed-kontakt
U
U_{BE} = 0,7 V
0
Berechnungsbeispiel
U und I_B sind bekannt (12 V, 10 mA).
Dann gilt:
$U_B = 12\ V - 0{,}7\ V = 11{,}3\ V$
$R_B = \frac{U_B}{I_B} = \frac{11{,}3\ V}{0{,}01\ A}$
$= 1130\ \Omega$ (Praxiswert 1 kΩ)
$R_B = \frac{U_B}{I_B} = \frac{U - 0{,}7\,V}{I_B}$

3 Berechnung des Basisvorwiderstands R_B

Berechnung des Basisvorwiderstands
Nach der Berechnung auf Seite 240 unten ist zwar der Basisstrom bekannt, aber nicht die Spannung am Basisvorwiderstand (U_B). Man erhält sie aus:
$U_B = U - U_{BE}$.
Abb. 3 zeigt hierzu ein Rechenbeispiel.

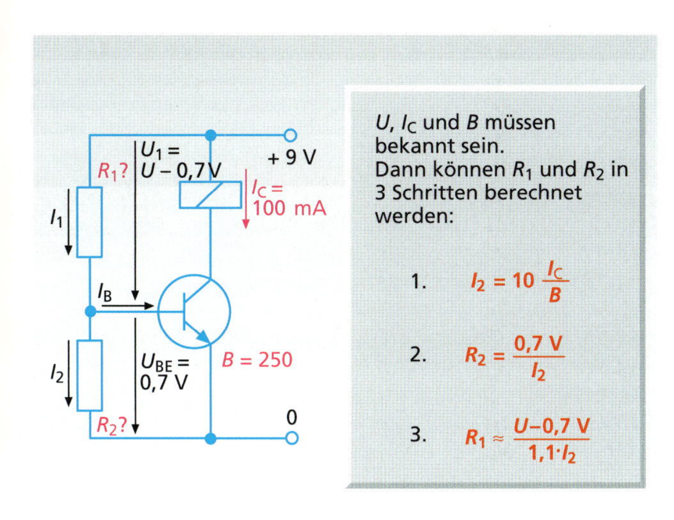

4 Der Spannungsteiler R_1/R_2 liefert die Vorspannung U_{BE}

Berechnung des Basisspannungsteilers
Bei Schaltanwendungen mit Sensoren wird oft die Schwellenspannung eines Siliziumtransistors verwendet. Hierzu muss aber die Vorspannung U_{BE} genau eingehalten werden. Eine geringe Änderung der Betriebsspannung könnte den gewünschten Schaltpunkt verschieben. Der Spannungsteiler R_1/R_2 nach Abb. 4 liefert aufgrund der definierten Spannungsverhältnisse eine stabilere Basisvorspannung als ein einziger Basisvorwiderstand (Abb. 3). Um den Spannungsteiler durch den Basisstrom nicht zu stark zu belasten, soll der Strom I_2 mindestens 10-mal größer sein als der Basisstrom (siehe Seite 231 unter „belasteter Spannungsteiler").
Nach Abb. 4 ergibt sich für I_B:

$$I_B = \frac{I_C}{B} = \frac{100\ \text{mA}}{250} = 0{,}4\ \text{mA}.$$

Da I_2 10-mal größer als I_B sein soll, ist $I_2 = 4$ mA.

Der Spannungsteiler muss nun so aufgeteilt werden, dass an R_2 0,7 V liegt, um den Transistor sicher durchzusteuern. R_2 ergibt sich dann aus:

$$R_2 = \frac{U_{BE}}{I_2} = \frac{0{,}7\ V}{0{,}004\ A} = 175\ \Omega.$$

Bei der überschlägigen Berechnung von R_1 geht man davon aus, dass aufgrund des kleinen Basisstroms $I_1 \approx 1{,}1 \cdot I_2$ ist. Dann gilt:

$$R_1 = \frac{U_1}{I_1} \approx \frac{U_1}{1{,}1 \cdot I_2}.$$

U_1 ergibt sich aus $U - U_{BE}$ (nach Abb. 4: 9 V – 0,7 V = 8,3 V).
R_1 ist somit ca. 8,3 V/0,0044 A bzw. 1886 Ω. Wäre bei einer Anwendung R_1 ein NTC mit ca. 2 kΩ am Schaltpunkt, würde man zur exakten Einstellung der Schalttemperatur für R_2 ein 250-Ω-Poti wählen.

Verlustleistung
Je heißer ein Halbleiter im Inneren wird, desto mehr Ladungen werden frei. Damit erhöht sich der Strom und das Bauteil wird noch wärmer. Wenn die Verlustleistung P_V ungenügend abgeführt wird, kann dieser Heißleitereffekt das Bauteil zerstören. In Elektronikgeräten werden zur Wärmeabfuhr daher oft Kühlkörper und Gebläse verwendet.

5 Kühlkörper

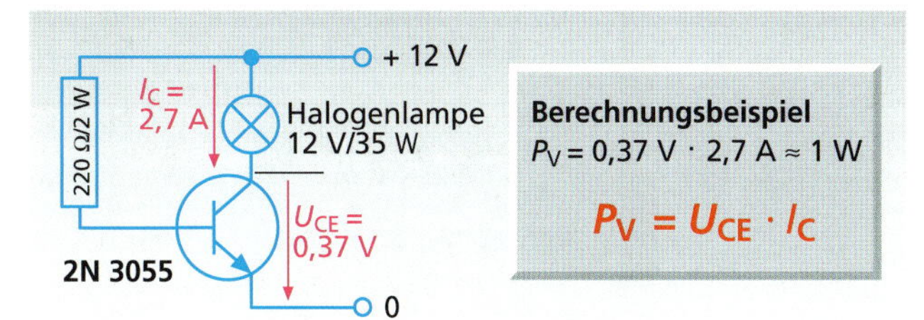

6 Verlustleistung eines Transistors

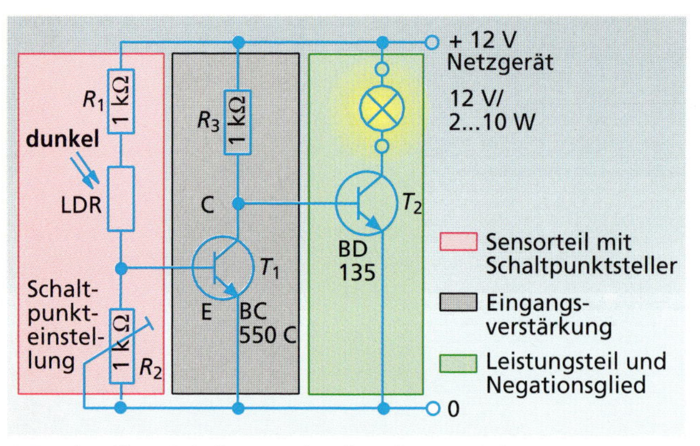

1 Zweistufiger Schaltverstärker für eine Negation

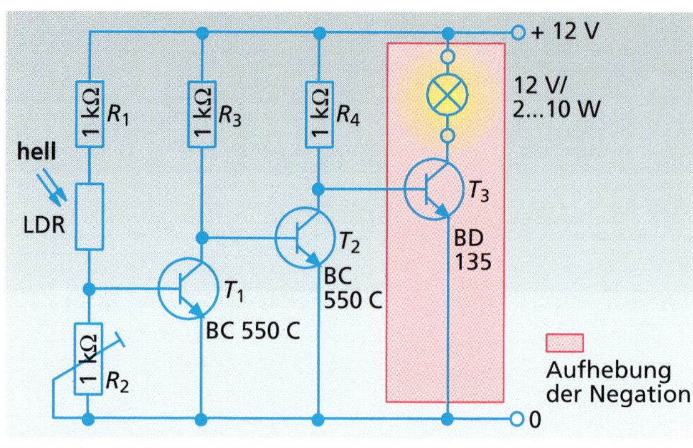

2 Ein dreistufiger Schaltverstärker vermeidet die Negation

Mehrstufiger Schaltverstärker
Es kommt öfter vor, dass der Arbeitsstrom eines Transistors sich umgekehrt zu seinem Steuerstrom verhalten soll. Beispielsweise soll bei Dunkelheit eine Lampe eingeschaltet werden. Im Dunkeln aber ist ein LDR hochohmig, wodurch der Steuerstrom sehr klein wird. Ein Transistor kann deshalb nicht durchschalten und hat somit keinen Kollektorstrom. Eine Lampe im Arbeitskreis wäre also gerade dann dunkel, wenn sie leuchten soll.
Die gewünschte Umkehrfunktion wird ***Negation*** genannt (siehe NOT, Seiten 293 und 297). Im Beispiel nach Abb. 1 ist der LDR tagsüber niederohmig. Dadurch erhält T_1 einen genügend hohen Basisstrom um durchzusteuern. Somit liegt die Basis von T_2 praktisch auf Nullpotential, denn die Leitung C–E von T_1 ist sehr niederohmig. T_2 erhält also keinen Steuerstrom und sperrt: Die Lampe leuchtet nicht.
Bei Dunkelheit wird der LDR hingegen so hochohmig, dass der Basisstrom von T_1 nicht mehr zum Durchschalten ausreicht. Die Strecke C–E von T_1 ist gesperrt und daher liegt die Basis von T_2 an Pluspotential. Über R_3 erhält jetzt T_2 so viel Basisstrom, dass er öffnet und durchschaltet: Die Lampe L leuchtet.

Vorteile des Schaltverstärkers
Eine Negation könnte man auch mit einem einzelnen Transistor erreichen, wobei lediglich der LDR mit dem Trimmerpoti R_2 vertauscht wird. Ein mehrstufiger Schaltverstärker hat jedoch eine deutlich größere Eingangsempfindlichkeit als der einstufige Verstärker und lässt sich viel präziser auf einen bestimmten Schaltpunkt einstellen.
Der Grund liegt darin, dass T_1 mit seiner hohen Verstärkung (siehe Tabelle auf Seite 237) T_2 vorgeschaltet ist. Zudem ist das Einschalten hier nicht so schleichend wie bei einer einstufigen Schaltung, wo sich der Schalttransistor bei Zwischenwerten durch den Spannungsabfall U_{CE} aufheizen kann.
Wird ein schlagartiges Kippen verlangt, ist dem mehrstufigen Verstärker ein Schmitt-Trigger nachzuschalten.

Glas- und Aufzugtüren werden bei Annäherung über Licht- oder Wärmesensoren durch Schaltverstärker gesteuert.

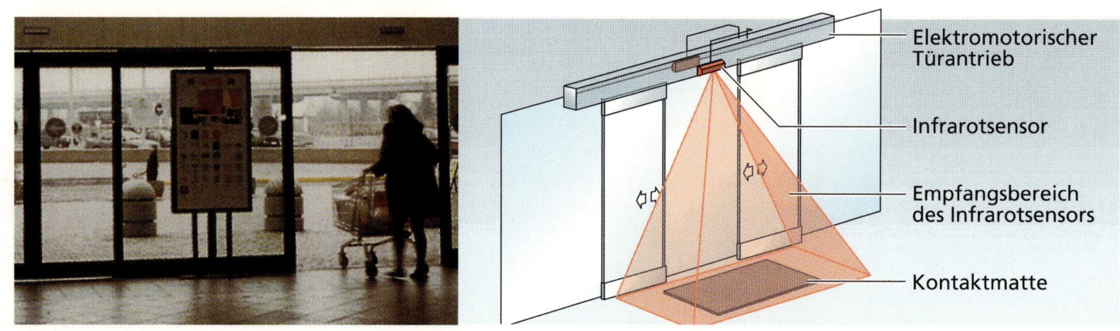

3 Schaltverstärker steuern die Elektromotoren von Türöffnern

Die Darlingtonschaltung

Um die Eingangsempfindlichkeit von Verstärkern zu erhöhen, kann man zwei Transistoren auch so verbinden, dass der Emitterstrom von T_1 der Basisstrom von T_2 ist. Dieser Transistorverbund heißt Darlingtonschaltung und ist leicht an den direkt miteinander verbundenen Kollektoren zu erkennen (Abb. 4).
Man kann die Kombination als einen „Supertransistor" mit den Anschlüssen B, C und E auffassen. Für die Gesamtstromverstärkung einer Darlingtonschaltung gilt:

$$B_{\text{Darlington}} = B_1 \cdot B_2$$

Wenn beispielsweise T_1 einen B-Wert von 200 und T_2 von 250 hat, so ist die Verstärkung: $B_{\text{Darlington}} = 200 \cdot 250 = 50\,000$!

Die Steuerspannung der Darlingtonschaltung ergibt sich aus der Summe der Eingangsspannungen von T_1 und T_2 (Abb. 4) und beträgt 1,1…1,4 V. Diese gegenüber einem Einzeltransistor etwa um den Faktor 2 erhöhte Eingangsspannung ist aber in vielen Schaltungen kein Nachteil. Hingegen ist die Spannung U_{CE} (Abb. 4 und 5) bei größeren Kollektorströmen gegenüber einem Einzeltransistor deutlich höher und bringt eine beachtlich hohe Verlustleistung mit sich. Daher ist bei Power-Darlingtonschaltungen oft ein Kühlkörper nötig. Den größten Vorteil der Darlingtonschaltung bietet die hohe Gleichstromverstärkung und bei Kleinsignaltypen der hohe Eingangswiderstand.

Der Darlingtontransistor

Es lohnt sich selten, eine Darlingtonschaltung aus Einzeltransistoren aufzubauen, da es preiswerte, integrierte Ausführungen gibt. Die Daten einiger Darlingtontransistoren, kurz Darlingtons genannt, zeigt Abb. 5.
Im folgenden Beispiel werden Basisstrom und Eingangswiderstand eines viel verwendeten Darlingtons überschlägig berechnet. In Abb. 6 liegt im Arbeitsstromkreis eine LED mit 20 mA Durchlassstrom. Nach Seite 238 unten errechnet sich der Basisstrom aus
$I_B = I_C/B = 20\text{ mA}/30\,000 = 0{,}66\ \mu\text{A}$.

Den Eingangswiderstand R_{BE} erhält man aus:
$R_{BE} = U_{BE}/I_B = 1{,}3\text{ V}/0{,}66 \cdot 10^{-6}\text{ A} \approx 2\text{ M}\Omega$.

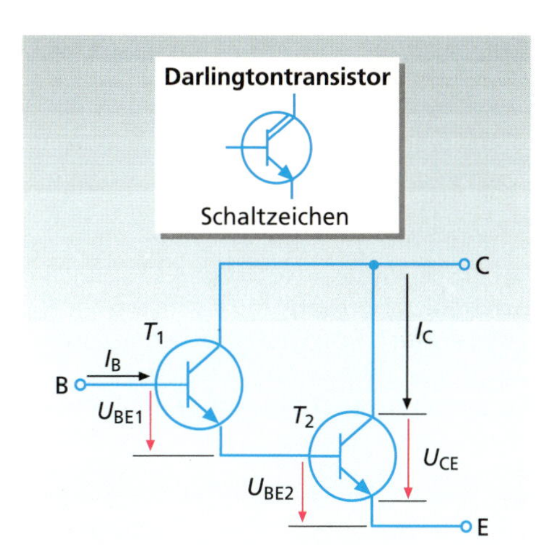

4 Darlingtonschaltung

Typ	Kleinsignal	mittlere Leistung
Maximalwerte	**BC 517**	**BD 675**
I_B/I_C	0,4mA / 0,4 A	0,1A / 7A
U_{BE}	10V	5V
U_{CE0}	30V	45V
B	≧ 30000	750...1000
P_V	0,6W	gekühlt 40 W
speziell	Gehäuse wie Kleinsignaltyp	Einloch-Montage (z.B. mit M-3-Schraube)
Anschlussbild	wie BC 550 siehe Seite 326	wie BD 135 siehe Seite 326

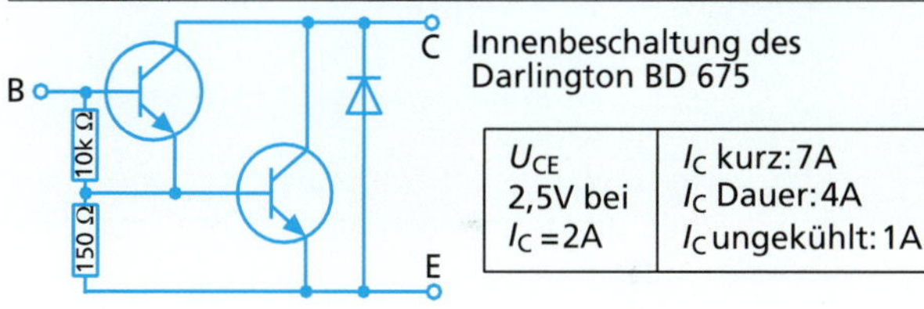

5 Daten gängiger Darlingtons

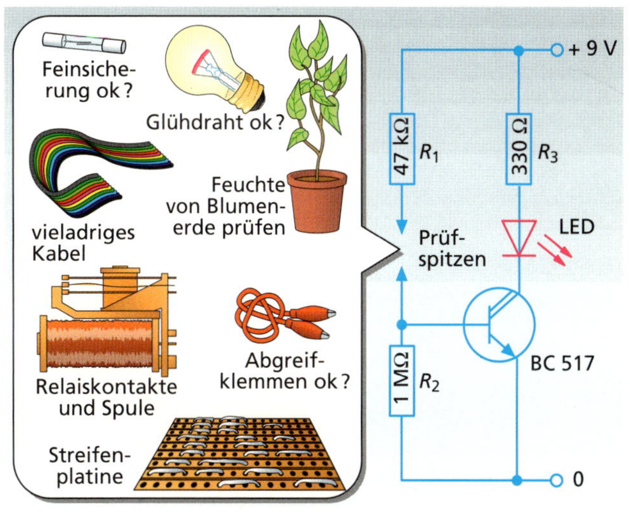

6 Einfacher Durchgangs- und Feuchteprüfer mit einem Darlington

Sensoren

Sensor: *Fühler*

Aktor: *Signalgeber*

Bei diesen elektronischen Fühlerelementen handelt es sich um spezielle Bauteile, die physikalische Wirkungen wie Lichtstärke, Temperatur, Lautstärke und Kraft in eine elektrische Spannung umsetzen. Da diese Signalspannung meist sehr klein ist, muss sie verstärkt werden, bevor sie ausgewertet werden kann. Die Auswertung besteht oft im Messen (z. B. Temperatur), Schalten (z. B. Alarmauslösung), Darstellen und Aufzeichnen (z. B. Computerauswertung, Ton- und Bildverarbeitung).

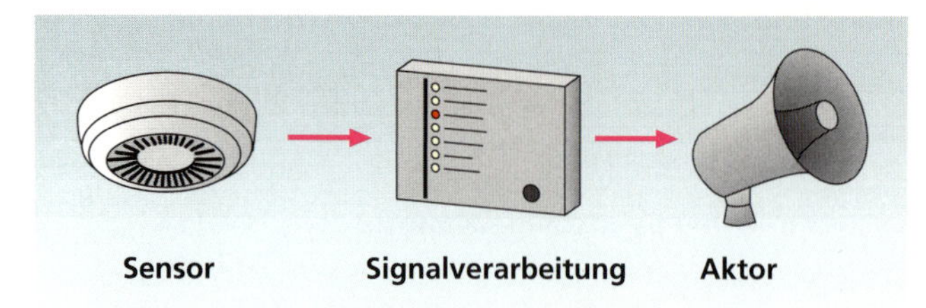

1 Prinzip einer Rauchmeldeanlage

Der LDR

LDR: *Light Dependent Resistor = lichtabhängiger Widerstand*

Der LDR ist ein Fotowiderstand und damit wie alle Widerstände unpolar. In seinem Inneren enthält er Cadmiumsulfid (CdS). In diesem Material sind die Elektronen so locker gebunden, dass sie schon durch wenige Photonen aus dem Atomverband gelöst werden können. Eine anliegende Spannung (es genügen schon wenige Volt) sorgt durch das elektrische Feld für einen Stromfluss durch den Widerstand. Der entstehende Spannungsabfall wird als Signalspannung genutzt.

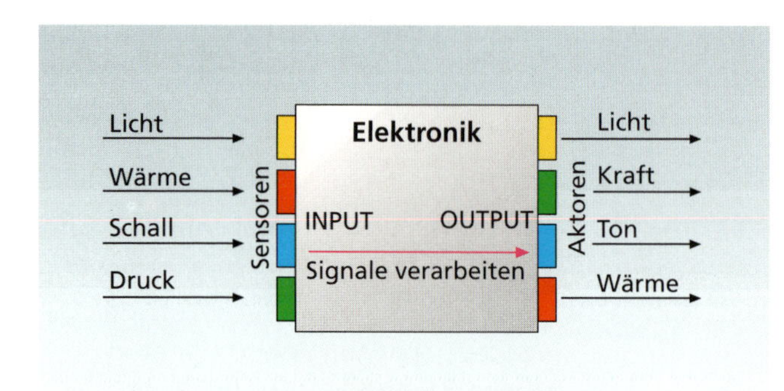

2 Wirkungskette: Sensor – Signalverarbeitung – Aktor

Vor- und Nachteile des LDR

unpolar: *polungsunabhängig*

Lux (lx): *Einheit der Beleuchtungsstärke, z. B. Bürolicht: 300 lx*

- unpolares (und dadurch einfach zu handhabendes), sehr lichtempfindliches Bauteil
- relativ große Signalspannung über einen großen Beleuchtungsstärkebereich
- teuer, wenn der Typ großflächig ist
- träge (er folgt einem Lichtwechsel nur bis einige hundert Hz ohne Verzögerung) und deshalb für eine gute Lichttonübertragung ungeeignet

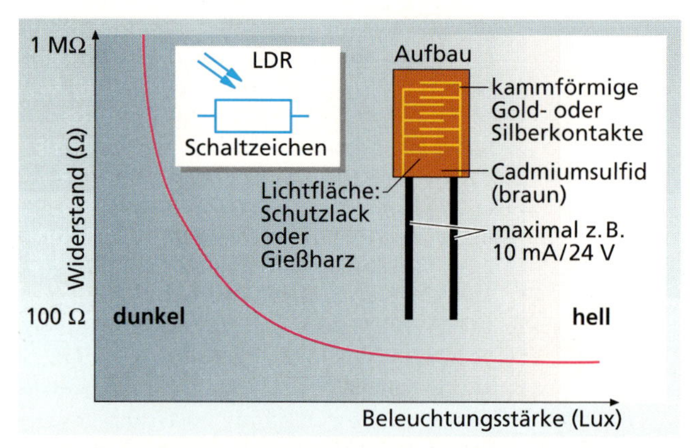

3 Kennlinie eines LDR

Die Solarzelle

Eine Silizium-Solarzelle kann als Lichtsensor benutzt werden. Sie liefert schon bei mäßiger Beleuchtung an ihrem pn-Übergang eine Spannung von ca. 0,5...0,7 V. Die Stromstärke ist proportional zur Bestrahlungsfläche.

Vor- und Nachteile der Solarzelle

- lichtempfindlicher, großflächiger Sensor
- praktisch trägheitsfrei
- teuer
- bruchempfindlich

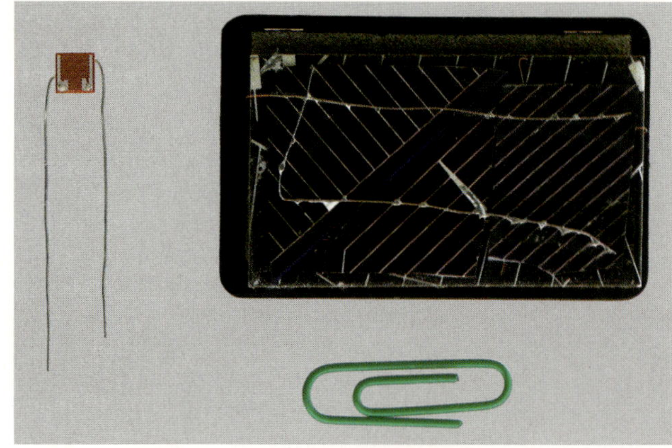

4 Größenverhältnis von LDR und Solarzelle

NTC

Der NTC ist ein unpolarer Widerstand, der im warmen Zustand den Strom wesentlich besser leitet als im kalten („Heißleiter"). Wie Abb. 5 zeigt, hat er eine fallende Kennlinie; in der Mathematik spricht man von negativer Steigung der Kurve. So kommt es zum (englischen) Namen des Bauteils: **n**egative **t**emperature **c**oefficient.

coefficient: *Koeffizient = Beiwert vor veränderlichen Größen*

Da bei höherohmigen Typen (10…47 kΩ) der Durchgangsstrom sehr klein ist und auch die Kennlinie steiler verläuft als bei niederohmigen Typen, werden sie vorwiegend als empfindliche Temperatursensoren eingesetzt.
Der NTC besteht im Inneren aus speziellen Metalloxiden.

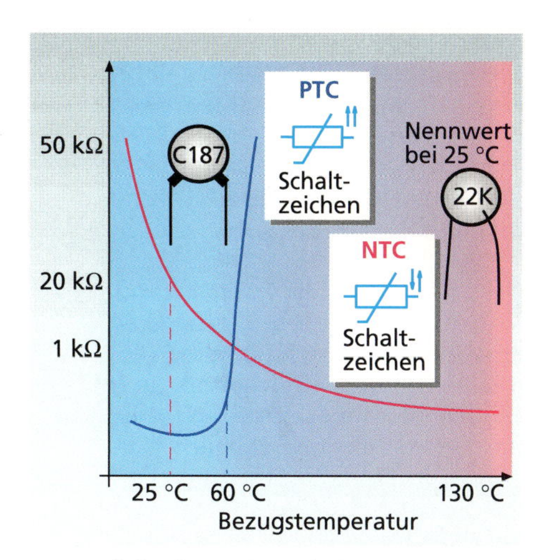

5 Kennlinie eines NTC und eines PTC

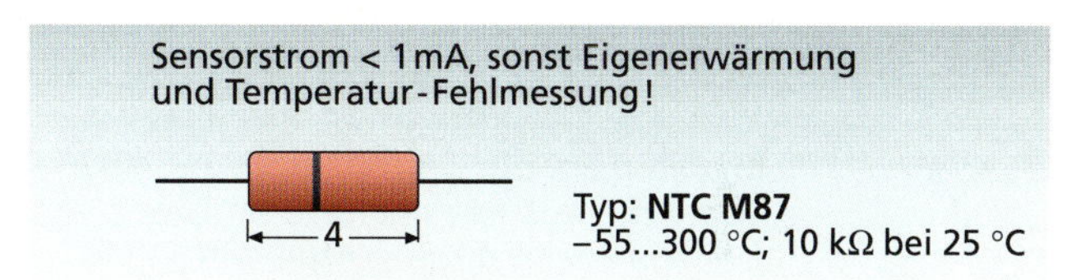

6 Ein NTC als Temperaturfühler

PTC

Er stellt in der Funktion als Sensor das Gegenstück zum Heißleiter dar. Der positive Temperatur-Koeffizient erzeugt einen Kaltleitereffekt. Allerdings ist hier im Gegensatz zum NTC ein deutlicher Kennliniensprung festzustellen (siehe Abb. 5 bei der Bezugstemperatur).
Der PTC wird als Sensor z. B. zur Ölstandswarnung bei der Füllung von Heizöltanks verwendet. Der Sensorstrom steigt dabei von 20 mA (bei 20 °C Lufttemperatur) durch das Eintauchen in das kalte Öl rasch auf den 3fachen Wert an.
Der PTC besteht aus Bariumnitrat und speziellen Metalloxiden.

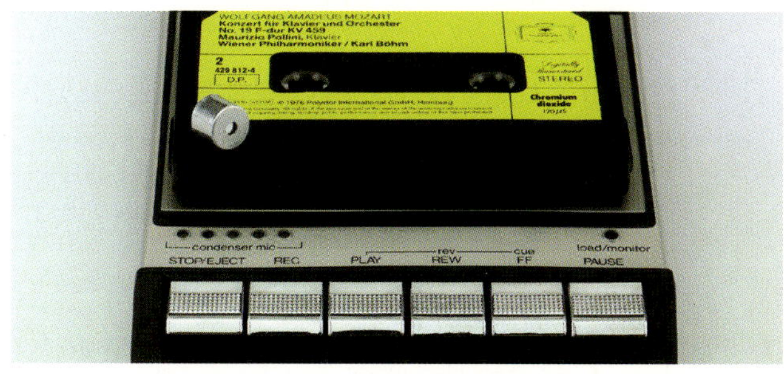

7 Elektretmikrofon aus einem Kassettenrekorder

Elektretmikrofon

Im Inneren der preisgünstigen Elektretmikrofonkapsel befindet sich eine Membran aus Elektretfolie, die in einem Abstand von nur etwa 1/100 mm vor der durchlöcherten Festelektrode angeordnet ist. Diese Lochscheibe vermeidet ein Luftkissen durch die Druckwellen. Die Anordnung wirkt wie ein Kondensator, dessen Kapazität sich durch die Schallwellen ändert. Da die Membran und die Lochscheibe an einer Gleichspannung liegen, entsteht eine Wechselspannung, die genau dem Schwingungsbild der Schalldruckwellen entspricht. Weil die Anordnung extrem hochohmig ist, muss der Innenwiderstand der Mikrofonkapsel mithilfe eines eingebauten Spezialtransistors (FET, siehe Abb. 8) an den relativ niederohmigen Eingang (ca. 200–1000 Ω) von Mikrofonverstärkern angepasst werden.

Membran: *sehr dünne Trennwand*

Elektretfolie: *metallisierte Kunststofffolie, die in einem elektrischen Feld polarisiert wurde und daher Ladungen (+ und –) „eingefroren" enthält*

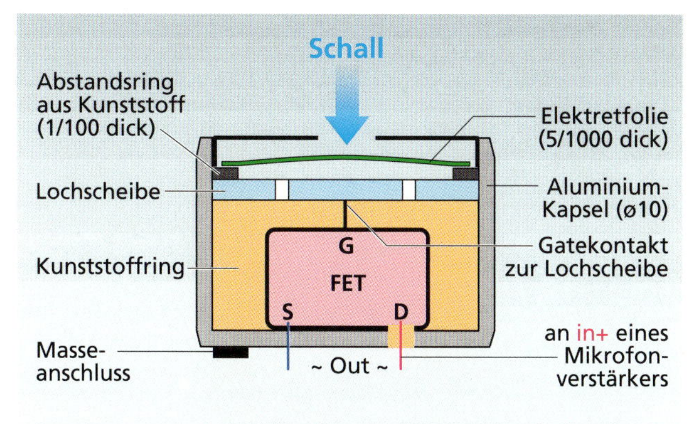

8 Schnitt durch eine Elektretmikrofonkapsel

Spezielle Bauteile

Schottkydiode

Diese spezielle Siliziumdiode hat nur eine halb so große Durchlassspannung wie Universaldioden. Hierdurch ist es möglich, den Spannungsabfall z. B. von Verpolungsschutzdioden deutlich zu senken.

Diodenempfänger: *einfaches Radio, bestehend aus Spule, Drehkondensator und HF-Diode*

Die preiswerte Klein-Schottkydiode (BAT 41 oder 43) kann sehr gut die wärmeempfindliche Germaniumdiode (AA 116 und ähnliche) in HF-Schaltungen (z. B. Diodenempfänger) ersetzen. Universaldioden sind nicht HF-tauglich.

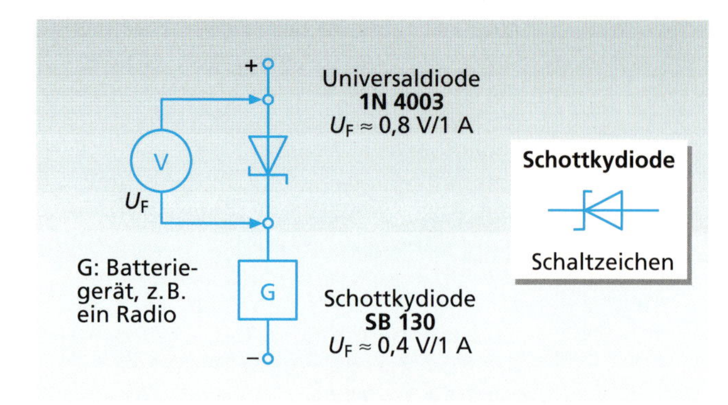

1 Durchlassspannung von Verpolungsschutzdioden

Zenerdiode

Zenerdioden, kurz Z-Dioden genannt, werden in der Sperrrichtung betrieben. Sie leiten erst, wenn ihre angegebene Durchbruchspannung, die so genannte Zenerspannung U_Z, erreicht ist. Diese Spannung bleibt unabhängig vom Sperrstrom (Zenerstrom) nahezu konstant. Daher werden diese speziellen Dioden oft zur (einfachen) Spannungsstabilisierung oder als Überspannungsschutz eingesetzt.

Überspannungsschutzdioden: *leistungsstarke Z-Dioden sind dem zu schützenden Gerät parallel geschaltet. Der über der Zenerspannung fließende Strom wird kurzgeschlossen.*

Die 6,2-V-Zenerdiode hat die Besonderheit, dass ihre Durchbruchspannung nahezu temperaturunabhängig ist. Zenerdioden ab etwa 9 V haben eine steilere Kennlinie als darunter liegende. Daher ist die Stabilisierung umso präziser, je höher die Zenerspannung ist.

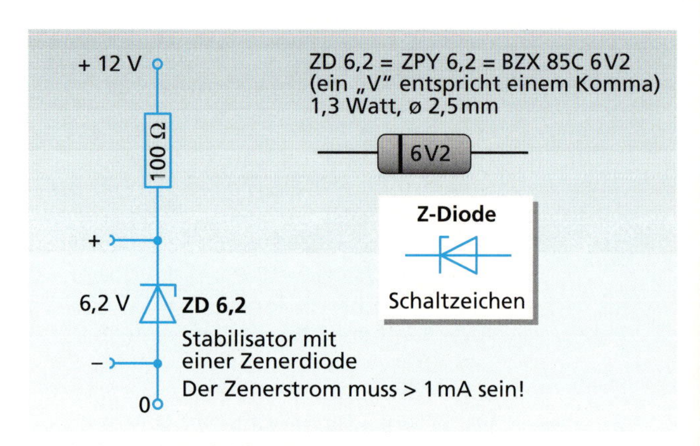

2 Schaltungsbeispiel für eine Zenerdiode

Beim Umgang mit Zenerdioden ist zu beachten:

- Zenerdioden werden stets anders herum als LEDs und Verpolungsschutzdioden geschaltet (Ringseite an Plusseite der Spannungsquelle!).
- Es ist immer ein Vorwiderstand nötig (wie bei allen Dioden).
- Der maximale Durchlassstrom ergibt sich für die 1,3-Watt-Typen aus:

Leistungsformel P = U · I *Hieraus ergibt sich für I: I = P/U*

$$I \text{ (in A)} = \frac{1{,}3 \text{ (in W)}}{U_z \text{ (in V)}}$$

- Für eine gute Stabilisierung sollte nur die Hälfte des errechneten Maximalstroms gewählt werden, sonst kommt es zur Überwärmung der Diode.

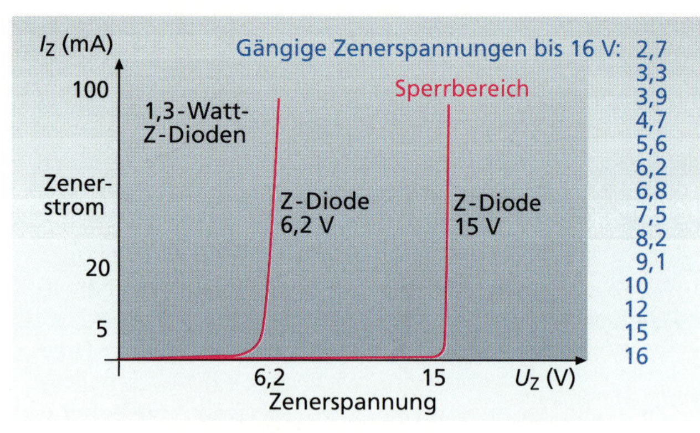

3 Kennlinie von Zenerdioden

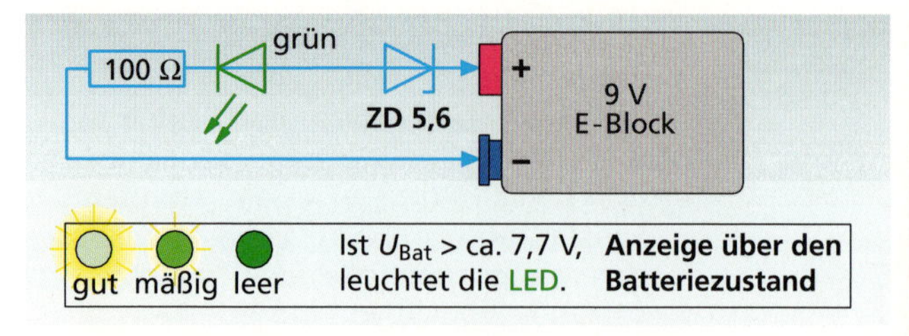

4 Einfacher Tester für Blockbatterien mit Z-Diode

Fototransistor

Dieser spezielle Transistortyp hat ein farbloses Gehäuse oder eine Glaslinse, sodass Licht auf die Basis-Emitter-Strecke fallen kann. Durch die einfallenden Photonen entsteht am pn-Übergang B–E eine kleine Spannung. Durch den Transistoreffekt wird das empfangene Signal verstärkt.
Das Bauelement kann wie ein LDR in eine Schaltung eingebaut werden, wobei aber auf die Polung zu achten ist (Kollektor an Plus).
Die Basis bleibt meistens unbeschaltet. Daher haben viele Typen keinen Basisanschluss. Der Fototransistor arbeitet praktisch trägheitsfrei.

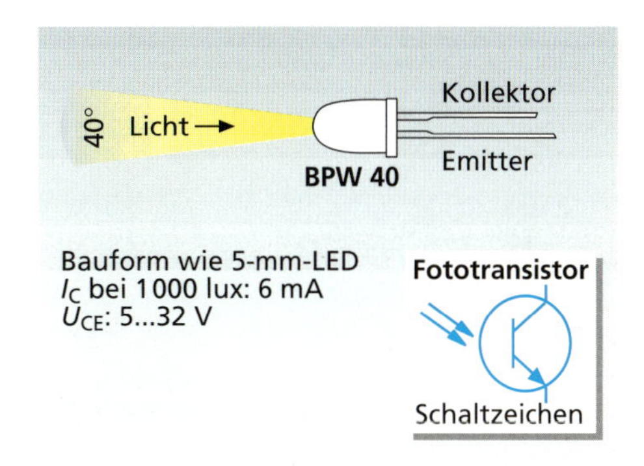

5 Bauform und Daten eines Fototransistors

Im Inneren besteht der PowerFET aus tausenden parallel geschalteter Einzel-FETs, von denen jeder nur Ströme von einigen Milliampere schalten kann. So erklärt sich der extrem kleine Durchgangswiderstand zwischen D und S (je nach Typ zwischen 0,004 und 0,2 Ω).

FET-Anschlüsse:
***G** = Gate = Eingang;*
***D** = Drain = Abfluss;*
***S** = Source = Quelle*

PowerFET

PowerFET bedeutet: Leistungs-**F**eld-**E**ffekt-**T**ransistor.
Seine Beschaltung ist ähnlich der eines Darlingtontransistors, wobei er aber eine Steuerspannung von mehr als 5 V benötigt. Der benötigte Steuerstrom (Gatestrom) ist bei Gleichstromansteuerung sehr klein, aber bei höheren Frequenzen (> 1 kHz) steigt der Steuerstrom deutlich an. Statt einige µA benötigt er dann einige mA Gatestrom.

Der PowerFET hat von allen bekannten Transistortypen den kleinsten Durchlasswiderstand (R_{ON}). Daher kann man mit ihm große Ströme (je nach Typ 10 bis 200 A) direkt steuern. So ist es mit einem PowerFET möglich, einen starken Elektromotor mit Getriebe langsam zu starten, was den gesamten Antrieb schont. Mit einem gängigen Schalter oder Relais kann man einen E-Motor nur schlagartig anlaufen lassen.

Softschalter: *Er vermeidet durch ein langsames Ansteigen des Betriebsstroms den hohen Einschaltstrom bei E-Motoren und Lampen*

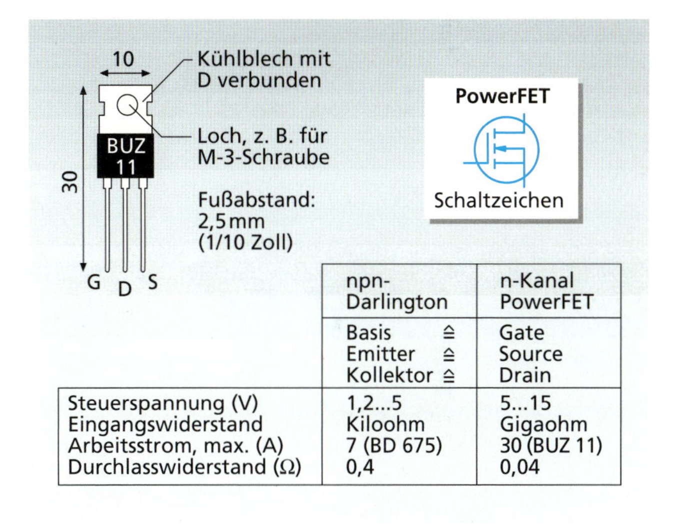

	npn-Darlington	n-Kanal PowerFET
	Basis ≙ Emitter ≙ Kollektor ≙	Gate Source Drain
Steuerspannung (V)	1,2...5	5...15
Eingangswiderstand	Kiloohm	Gigaohm
Arbeitsstrom, max. (A)	7 (BD 675)	30 (BUZ 11)
Durchlasswiderstand (Ω)	0,4	0,04

6 Vergleich Darlingtontransistor mit PowerFET

7 Drehzahlregelung mit PowerFETs

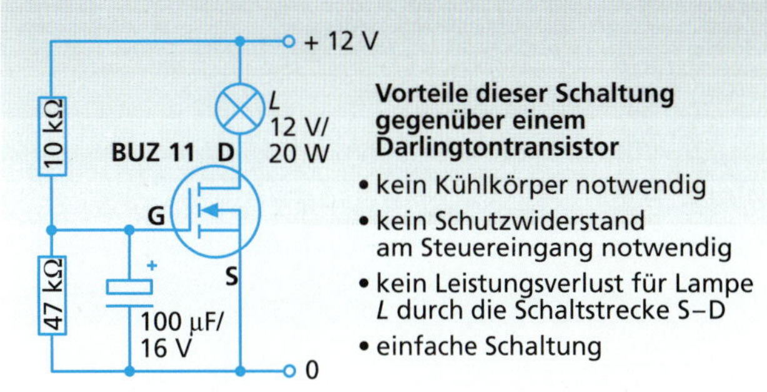

+ 12 V
10 kΩ
L
12 V/
20 W
BUZ 11 D
G
S
47 kΩ
+
100 µF/
16 V
0
Vorteile dieser Schaltung gegenüber einem Darlingtontransistor
• kein Kühlkörper notwendig
• kein Schutzwiderstand am Steuereingang notwendig
• kein Leistungsverlust für Lampe L durch die Schaltstrecke S–D
• einfache Schaltung

8 Softschalter mit PowerFET für leistungsstarke Lampen

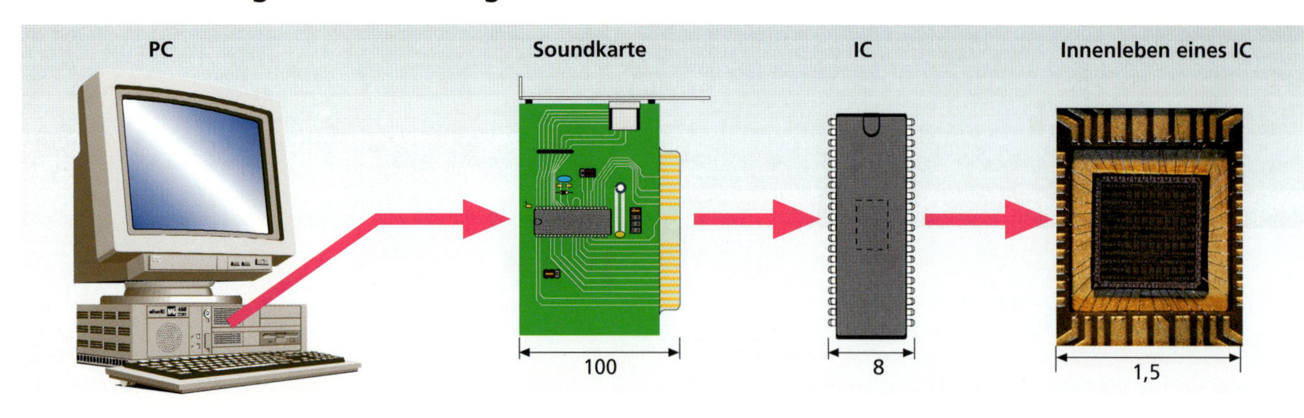

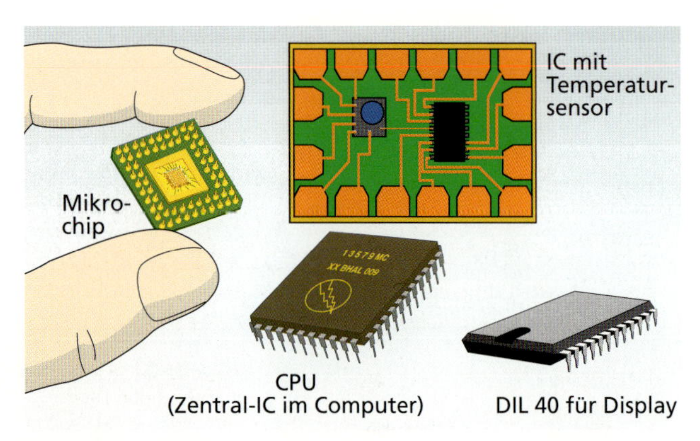

1 Verschiedene ICs

Warum ICs?

Ein elektronisches Gerät mit komplizierten Funktionen, wie beispielsweise der Computer, benötigt tausende von Dioden und Transistoren. Müsste man diese einzeln verlöten, so würde man nicht nur sehr viel Arbeitszeit aufwenden, sondern auch ein Gerät erhalten, das ein Mehrfaches an Volumen benötigt, als man es von einem Home-PC gewohnt ist.
Die Steckkarten eines Computers, z. B. Soundkarten, enthalten daher eine Reihe von integrierten Schaltkreisen, kurz IC genannt.

IC: *Integrated Circuit = integrierter Schaltkreis*

PC: *Personal Computer*

2 Gemischte Bauweise: diskrete Bauteile und IC

Schaltungen mit diskreten und integrierten Bauteilen

Bei nur wenigen Bauteilen oder ganz speziellen Schaltplanauslegungen lohnt sich der Einsatz eines IC nicht. Hier wird die Schaltung aus einzelnen Bauteilen zusammengebaut. Man nennt eine solche Schaltung ***diskret.*** Das Gegenteil ist eine ***integrierte*** Schaltung. In der Praxis wird oft beides gemischt. So sieht man auf einer Soundkarte oder Radioplatine sowohl ICs als auch einzelne Widerstände und Elkos. Dies hängt damit zusammen, dass in ICs nur ziemlich leistungsschwache Widerstände und sehr kleine Kapazitäten unterzubringen sind. Zudem wird durch eine Außenbeschaltung mit diskreten Bauteilen oft ein IC oder Chip funktionell nach den geforderten Aufgaben der Schaltung gezielt beeinflusst.
Häufig werden in ICs Speicherzellen untergebracht. Bei einem 4-Megabit-IC sind das ca. 4 Millionen Speicherzellen. Die Länge einer Speicherzelle beträgt dabei nur ca. 4/1000 mm!

Chip: *engl. Scheibchen, bildhafter Name für IC*

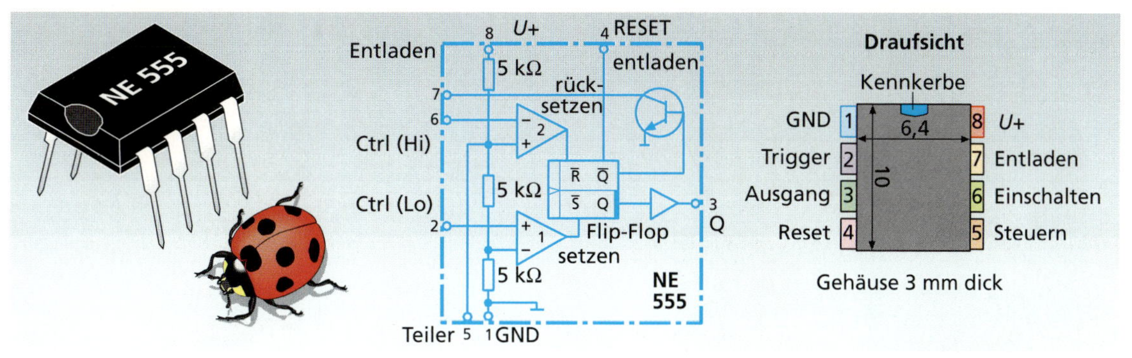

3 Blockschaltbild und Anschlussschema des IC 555

analog: *sinngemäß übertragend*

Analoge ICs

Unter Analog-ICs, auch Linear-ICs genannt, versteht man in erster Linie Verstärkerschaltungen, die nur wenige oder keine Logikteile enthalten. Diese sind meistens spezialisiert wie Operationsverstärker (kurz OP, OPAmps), Schwellenschalter, Timer (Zeitschalter) oder Audioverstärker.

OP, OPAmp: ***Op**eration **Amp**lifier = Operationsverstärker*

Die Ströme der Endstufentransistoren reichen von ca. 20 mA bei OPAmps bis zu einigen A bei NF-Verstärkern. Die maximale Stromstärke am Ausgang von Digital-ICs ist hingegen stets kleiner als 20 mA.

Operationsverstärker

Sie haben meist einen sehr hochohmigen Eingang, sodass z. B. selbst hochohmige Sensoren kaum belastet werden und ihre Signalspannung nicht absinkt. Ihre Verstärkung und Bandbreite ist einstellbar. Ein besonderer Vorteil ist die Temperaturkonstanz der Kleinstverstärker. Aufgrund der geringen Ausgangsstromstärke der OPAmps kann man direkt nur Kopfhörer, LEDs und Messinstrumente betreiben.

NF-Verstärker

Für eine Ausgabe der Informationen eines Funkgeräts (z. B. Handy), eines Radios, eines Computers und anderer elektronischer Geräte ist ein „Lautsprecherverstärker" erforderlich.
Audio- oder NF-Verstärker haben eine Vorstufe für die meist schwachen Eingangssignale. Ihre Endstufe enthält starke Transistoren, die je nach Typ 1...10 A für den Lautsprecher bereitstellen können. Alle modernen Audio-ICs enthalten einen internen automatischen Überlastungsschutz gegen Kurzschluss und Überwärmung.

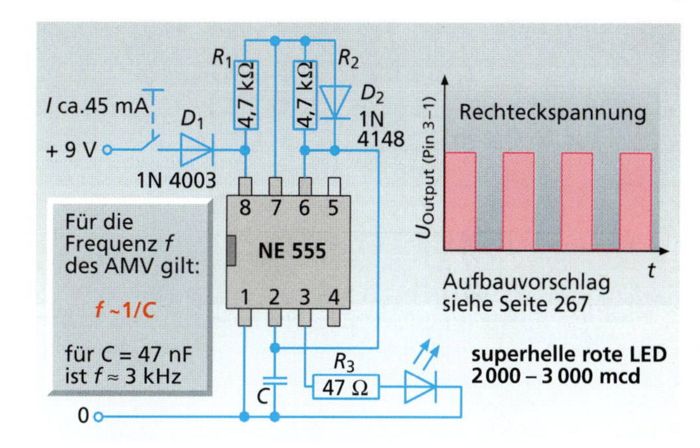

4 Lichtsender mit dem Timer-IC 555

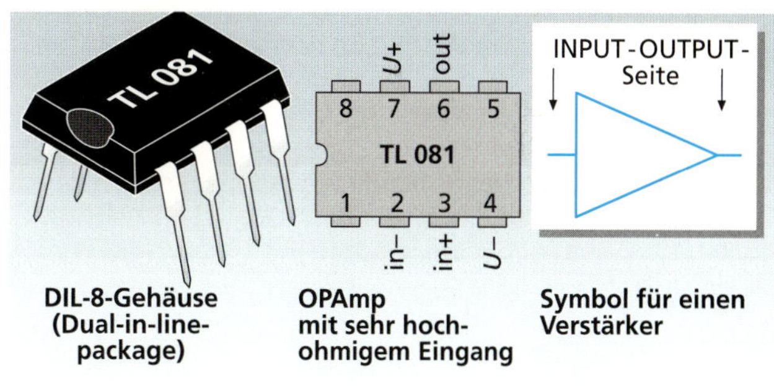

5 Beispiel für einen gängigen OPAmp

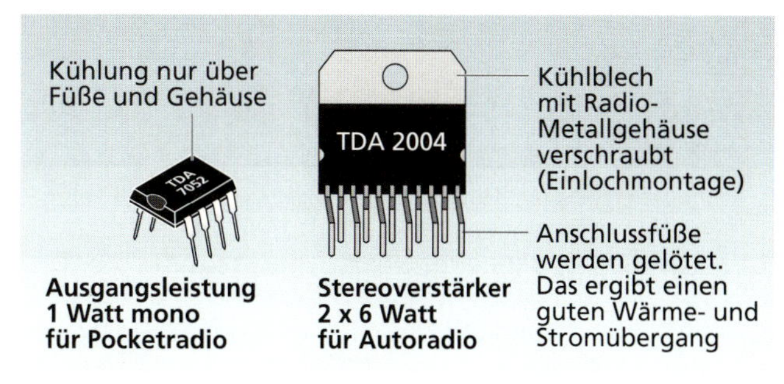

6 Beispiele für Audo-ICs

Gleichspannung aus Wechselspannung

1 Netzgerät

Gleichrichten

Mit Netzgeräten kann die Spannung des Stromnetzes auf eine ungefährliche Wechselspannung heruntertransformiert und in Gleichspannung umgewandelt werden.

Bei der ***Einweggleichrichtung*** wird nur eine Diode verwendet (Abb. 2 a). Der Spannungsverlauf an einem angeschlossenen Widerstand kann mit einem Oszilloskop betrachtet werden. Es entstehen positive Halbwellen. Die negativen Halbwellen sind abgeschnitten (Abb. 2 c). Wird die Diode umgedreht, werden nur die negativen Halbwellen durchgelassen (Abb. 2 d). In einer Sekunde entstehen 50 „Spannungsbäuche". Durch den Lastwiderstand fließt ein pulsierender Gleichstrom. Wird die pulsierende Gleichspannung mit einem Vielfachmessgerät gemessen, so erhält man ungefähr das 0,32fache des Maximalwerts einer Halbwelle (Abb. 2 e). Man bezeichnet den Maximalwert als ***Scheitelwert (Û).***

Am gebräuchlichsten ist die ***Brückenschaltung*** (Abb. 2 f). Man verwendet einen Brückengleichrichter, der mit vier Dioden aufgebaut ist. Da jede Halbwelle genutzt wird, erhält man somit 100 Spannungsbäuche pro Sekunde. Mit der Brückenschaltung erhöht sich die Spannung auf das 0,64fache des Scheitelwerts. Das ist das Doppelte des Messwerts der Einwegschaltung (Abb. 2 g).

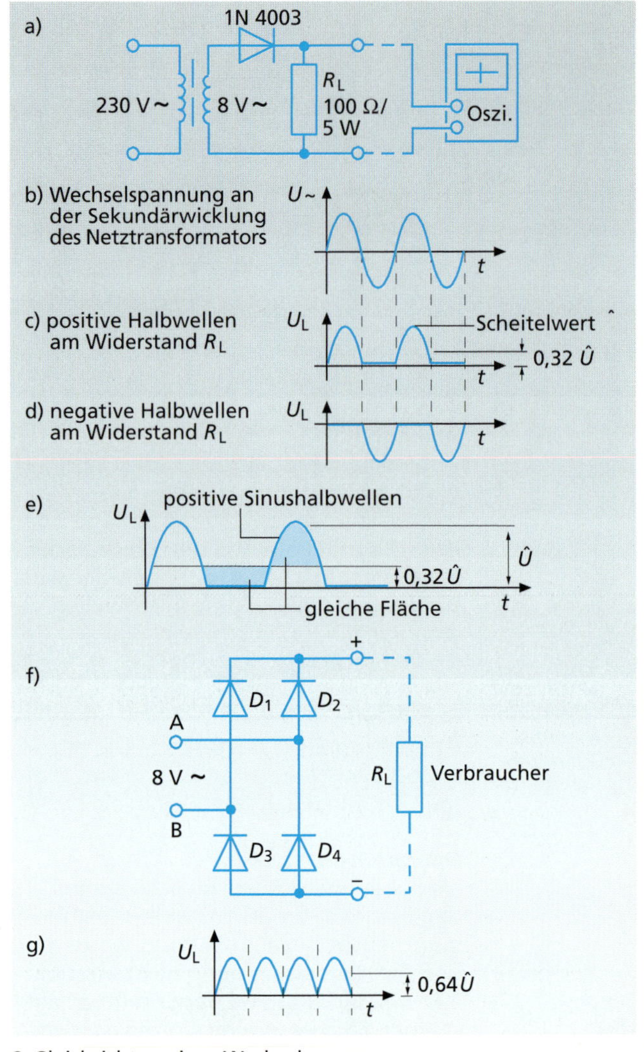

2 Gleichrichten einer Wechselspannung

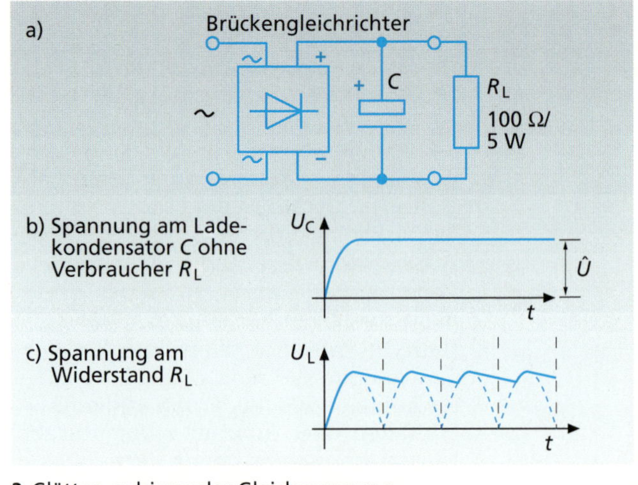

3 Glätten pulsierender Gleichspannung

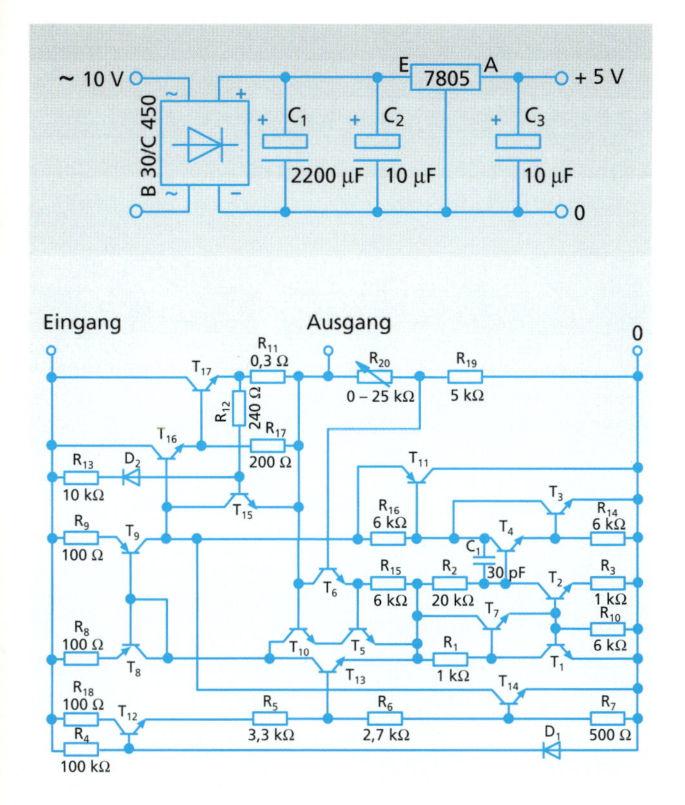

4 Schaltung mit einem Festspannungsregler und Innenschaltung des Spannungsreglers

Glätten

Eine pulsierende Gleichspannung ist in der Regel als Versorgungsspannung in der Elektronik nicht brauchbar. Sie muss geglättet werden.

Die einfachste Form des Glättens ist die Parallelschaltung eines großen Kondensators zum Gleichrichterausgang (Abb. 3 a). Der Kondensator lädt sich auf den höchsten Wert der pulsierenden Gleichspannung auf und versorgt mit seiner Spannung die Ausgangsspannung beim Abfallen der Halbwelle. Die Spannung erhöht sich auf den Scheitelwert einer Halbwelle.

Je höher die Kapazität des Kondensators ist, desto besser kann er die pulsierende Spannung glätten. Ohne Belastung des Ausgangs, also im Leerlaufbetrieb, ist die Glättungswirkung am besten (Abb. 3 b). Die Restwelligkeit hängt von der Belastung des Ausgangs ab. Je mehr Strom durch den angeschlossenen Verbraucher fließt, desto schneller wird der Kondensator entladen und desto größer wird die Welligkeit (Abb. 3 c).

Stabilisiertes Netzgerät

Soll eine gut geglättete Gleichspannung für wechselnde Lasten bereitgestellt werden, eignet sich eine Schaltung mit einem integrierten Festspannungsregler aus der Reihe 78xx (Abb. 4). Die letzten Buchstaben xx stehen für die Angabe der jeweiligen Ausgangsspannung. So bedeutet die Bezeichnung 7805 eine Ausgangsspannung von 5 Volt und 7824 eine Ausgangsspannung von 24 Volt. Der Festspannungsregler hat ein kompliziertes „Innenleben" (siehe Abb. 4). Er siebt die Restwelligkeit aus, hält die Ausgangsspannung bei wechselnder Belastung konstant, schützt sich selbst vor thermischer Überlastung und begrenzt einen Kurzschlussstrom.

Der Festspannungsregler hat nur Anschlüsse für Eingang, Ausgang und für das Nullpotential der Spannungsquelle. Je höher die Belastung ist, desto größer ist die entstehende Wärme des Festspannungsreglers. Um die Wärme an die Umgebungsluft abführen zu können, wird er auf einen Kühlkörper montiert. Das Schaltbild (Abb. 4) zeigt noch zwei zusätzliche Kondensatoren C_2 und C_3. Diese unterdrücken Schwingungserscheinungen.

Die Schaltung ist an einen Trafo angeschlossen, dessen Ausgangsspannung doppelt so hoch ist wie die Ausgangsspannung des Festspannungsreglers.

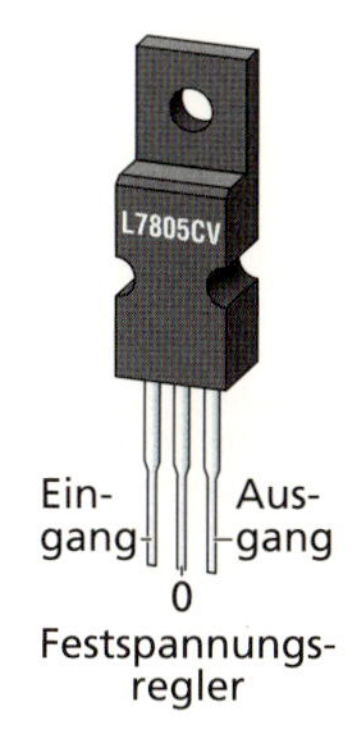

Festspannungsregler

5 Messen der geglätteten Gleichspannung

Automatische Zeitsteuerung

Alle zeitbestimmenden Baugruppen bestehen aus einem Widerstandsteil *R* und einem Kondensatorteil *C*. Deshalb nennt man eine solche Kombination auch kurz ***RC-Glied.***
Der Kondensator nimmt je nach seiner Kapazität eine mehr oder weniger große Elektrizitätsmenge auf. Er wirkt dabei wie eine kleine aufladbare Batterie.
Der Widerstand hat die Aufgabe, den Lade- oder den Entladevorgang zu bremsen. Die mehr oder weniger starke Verzögerung ist von seinem Widerstandswert abhängig.

Beide Bauteile bestimmen durch das Zusammenwirken ihrer elektrischen Werte den zeitlichen Verlauf des Ladens oder Entladens. Grundsätzlich kann man gleiche Zeiten mit verschiedenen RC-Kombinationen erreichen. Zusätzliche Parallelschaltung von Kondensatoren und Serienschaltung von Widerständen erhöhen die zeitliche Verzögerung.
Die elektrischen Werte der Bauteile der 3 abgebildeten Prinzipschaltungen sind Beispiele, die beim Experimentieren verändert werden können.

Anwendungen
In der Steuerungstechnik sind drei Schaltungstypen möglich:
- Einschaltverzögerung:
  z. B. nach dem Stellen der Alarmanlage hat man noch Zeit, einen Raum zu verlassen.
- Ausschaltverzögerung:
  z. B. ein Lüfter im Bad läuft noch einige Zeit nach dem Ausschalten nach.
- Ein- und Ausschaltverzögerung:
  z. B. die Kühlung eines Geräts läuft erst nach einiger Zeit an, soll jedoch nach dem Abschalten noch nachlaufen.

Typ 1:
Ausschaltverzögerung
Das kurze Schließen des Tasters lädt *C* schlagartig auf Betriebsspannung auf. Nach dem Öffnen des Tasters liegt *C* in Reihe mit dem 100-kΩ-Widerstand der Basis-Emitter-Strecke. Der Entladestrom ist der Steuerstrom. Der Transistor sperrt, wenn U_{BE} ca. 0,7 V unterschreitet.

Typ 2:
Einschaltverzögerung
Der Kondensator *C* ist durch R_3 zunächst entladen. Nach dem Schließen des Schalters überschreitet U_{BE} erst dann ca. 0,7 V, wenn sich *C* über R_1 und R_2 aufgeladen hat.
R_1 reduziert den maximalen Basisstrom auf einen unschädlichen Wert.
Eine Ausschaltverzögerung von weniger als 1 s wird bei dieser einfachen Schaltung in Kauf genommen.

Typ 3:
Ein- und Ausschaltverzögerung
Nach dem Schließen des Schalters lädt sich *C* über R_1 auf. Erst wenn die Kondensatorspannung über 0,7 V angestiegen ist, schaltet der Transistor durch (Einschaltverzögerung).

Nach dem Öffnen des Schalters liefert der Kondensator über R_2 noch für eine bestimmte Zeit Steuerstrom (Ausschaltverzögerung).

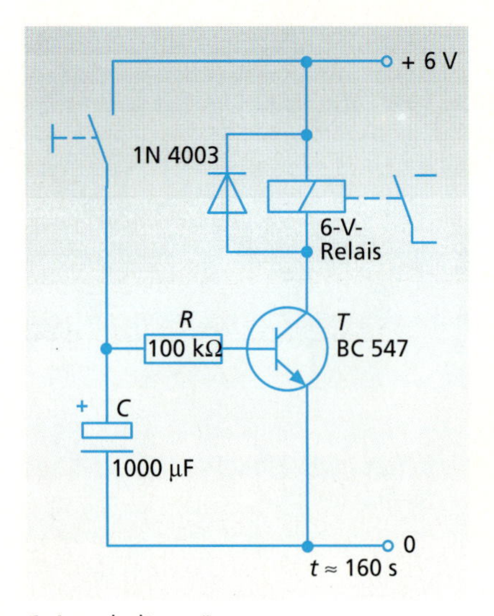

1 Ausschaltverzögerung

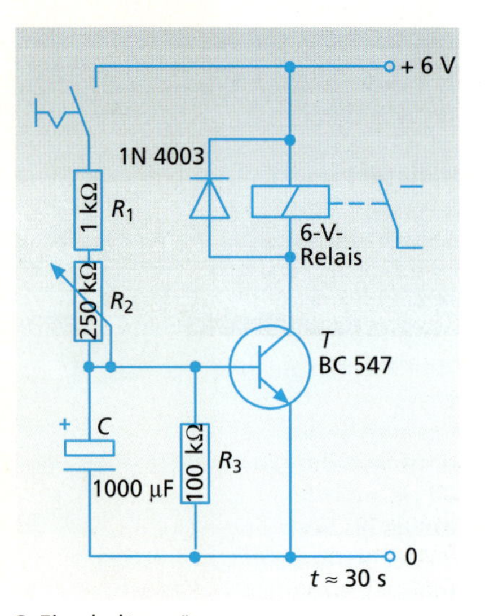

2 Einschaltverzögerung

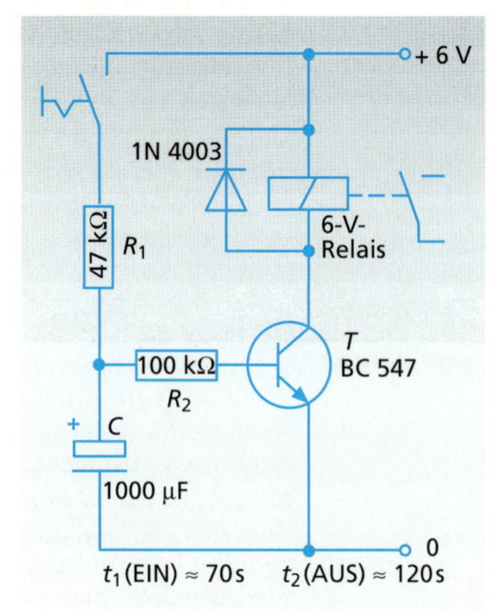

3 Ein- und Ausschaltverzögerung

Bistabile Kippstufe

Bistabile Kippstufen haben zwei stabile Schaltzustände. Sie sind wichtige Speicherglieder in zahlreichen Anwendungsgebieten, z. B. in der Computertechnik. Bistabile Kippstufen werden auch als ***Flip-Flop*** bezeichnet.
Das Schaltbild in Abb. 4 zeigt zwei zueinander symmetrische Transistor-Schaltstufen. Wird die Betriebsspannung angelegt, ohne einen Taster zu betätigen, schaltet einer der beiden Transistoren durch. Welcher zuerst durchschaltet, kann man nicht aus dem Schaltplan entnehmen. Dies hängt von den Toleranzen der Bauteile ab.

Die Ansteuerung der Transistor-Basisanschlüsse kann auch vom positiven Potential aus erfolgen (Abb. 5).
Wird die Ansteuerung mit Sensoren und weiteren Schaltstufen kombiniert, lassen sich zahlreiche technische Aufgaben lösen, z. B. Speicherung von Schaltimpulsen über Berührungstaster (Abb. 6), Signalspeicherung bei Sicherungsanlagen, Zeit- und Geschwindigkeitsmessungen mit zwei Lichtschranken.
In der Regel werden heute bei der Lösung solcher Aufgabenstellungen keine bistabilen Kippstufen aus Einzelbauteilen (diskreten Bauteilen) verwendet, sondern integrierte Schaltkreise (ICs).

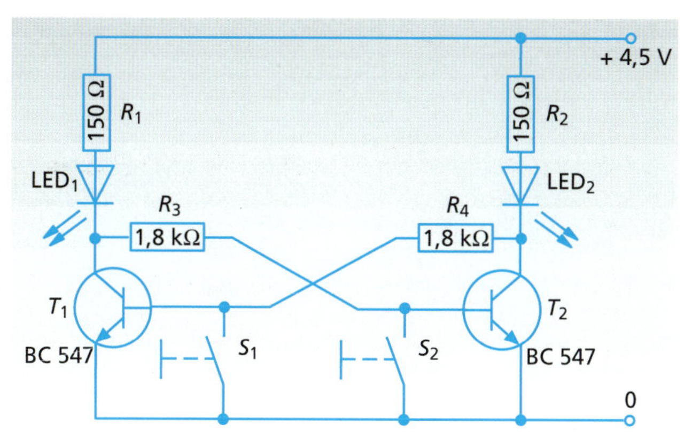

4 Flip-Flop mit negativem Steuersignal

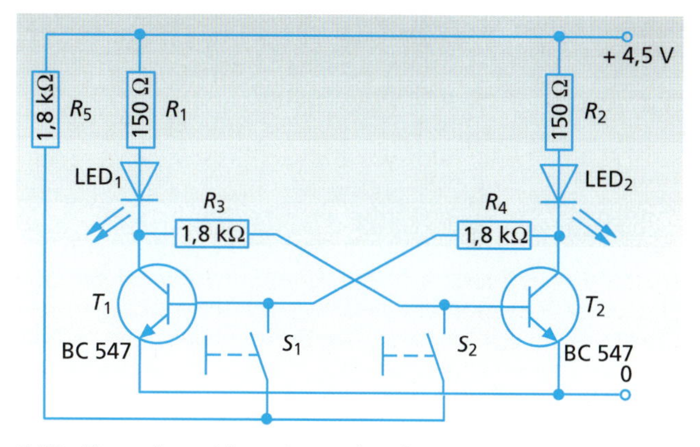

5 Flip-Flop mit positivem Steuersignal

Angenommen, der Transistor T_1 schaltet zuerst durch und die LED_1 leuchtet. Dadurch gelangt nahezu Nullpotential über den Widerstand R_3 an die Basis des Transistors T_2 und sperrt ihn. Drückt man den Taster S_1, erhält die Basis des Transistors T_1 Nullpotential und sperrt ihn. Am Kollektor von T_1 liegt nun gegenüber dem Emitter fast die Betriebsspannung an. Die Basis von T_2 wird dadurch gegenüber dem Emitter positiv und T_2 schaltet durch. Der Umschaltvorgang erfolgt schlagartig. LED_2 leuchtet, LED_1 leuchtet nicht. Lässt man den Taster S_1 los, bleibt T_1 weiterhin gesperrt, da die Basis von T_1 über den Kollektor von Transistor T_2 und den Widerstand R_4 nahezu Nullpotential erhält. Betätigt man den Taster S_1 erneut, bleibt dies ohne Einfluss auf den Schaltzustand. Er kann über den Taster S_1 nicht mehr rückgängig gemacht werden. Ein Umschalten der Transistoren bzw. Leuchtdioden wird durch kurzes Drücken von Taster S_2 erreicht.

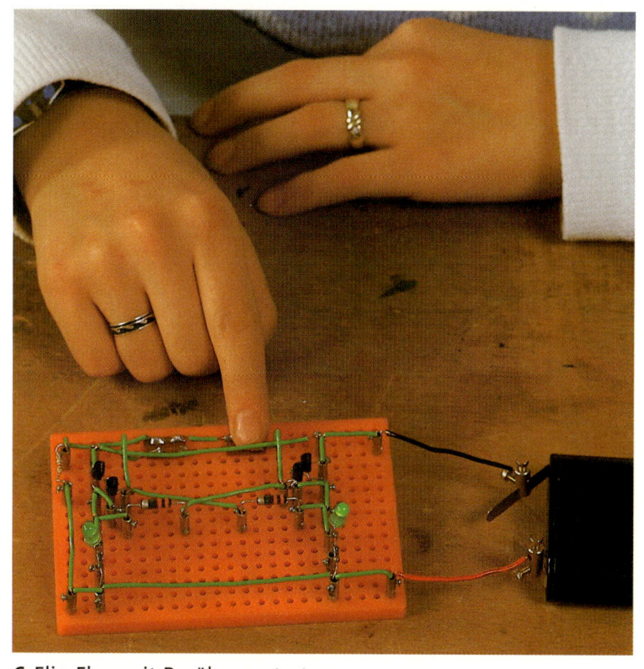

6 Flip-Flop mit Berührungstastern

Astabiler Multivibrator

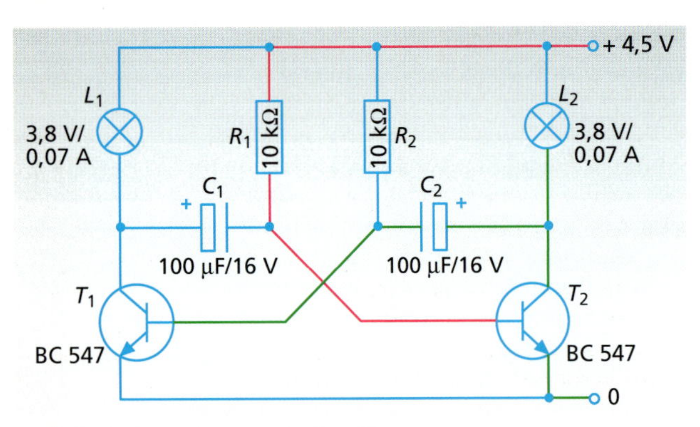

1 Blinkschaltung kurz nach dem Start

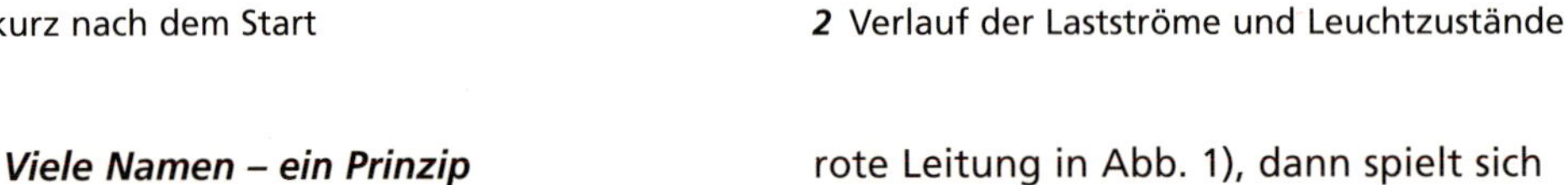

2 Verlauf der Lastströme und Leuchtzustände

Viele Namen – ein Prinzip

Die Schaltung hat mehrere Namen:

- astabile Kippschaltung
- astabile Kippstufe
- astabiler Multivibrator (AMV)
- Blinkschaltung
- Wechselblinker

Hierbei arbeiten zwei Transistoren gleichsam im ***Gegentakt.*** Während T_1 sperrt, öffnet T_2 und umgekehrt. So erhalten die Lastwiderstände (in Abb. 1 die Lampen) in ihrem Arbeitsstromkreis abwechselnd Strom. Der Kollektorstrom der beiden Transistoren ist in Abb. 2 dargestellt. Man erkennt, dass es sich um eine Rechteckschwingung handelt.

Wie funktioniert das Wechselspiel?

Aufgrund von Bauteiltoleranzen schaltet beim Anlegen des AMV an die Betriebsspannung einer der beiden Transistoren früher als der andere durch. Angenommen, T_2 erhalte vor T_1 eine Steuerspannung von 0,7 V über R_1 (beachte die rote Leitung in Abb. 1), dann spielt sich Folgendes ab:
Die Plusseite von C_2 erhält schlagartig Nullpotential. Hierdurch entsteht in C_2 eine Elektronenbewegung, die sich im Kondensator bis zu seiner Minusseite fortsetzt, sodass auch diese auf Nullpotential liegt. Diese Minusseite ist aber mit der Basis von T_1 verbunden. Damit erhält sie ebenfalls Nullpotential, sodass T_1 sperrt.

Nun aber beginnt die Minusseite von C_2 sich über R_2 aufzuladen. Damit steigt auch die Basisspannung an T_1. Erreicht sie 0,7 V, so öffnet T_1 und L_1 leuchtet. Jetzt liegt jedoch der Kollektor von T_1 schlagartig auf Nullpotential. Dies ergibt in C_1 eine Elektronenbewegung, die die Basis von T_2 auch auf Nullpotential setzt. Somit sperrt T_2 und L_2 erlischt. Danach lädt R_1 C_1 umgekehrt auf, sodass U_{BE} von T_2 steigt. Über 0,7 V öffnet T_2 und L_2 leuchtet wieder. Das Spiel geht nun, wie anfangs beschrieben, weiter.

Die Aufladezeit ist um so größer, je größer das Aufnahmegefäß (Kapazität) und je größer der Widerstand für den Teilchenfluss ist.
Dasselbe gilt für die Entladezeit, wenn die Sanduhr umgedreht wird (entspricht Entladen eines Kondensators).
Engstelle ≙ Widerstand *R*
Aufnahmegefäß ≙ Kapazität *C*

3 Vergleich der Kondensatorumladung mit einer Sanduhr

Welche Bauteile beeinflussen die Schaltzeit?

Im Wesentlichen sind es die Kondensatoren mit ihren Umladezeiten. Je größer der Ladewiderstand R und die Kapazität C des zugehörigen Kondensators ist, desto länger ist diese Umladezeit.

Die Ablaufzeit (Schaltperiode) einer Ein- und Ausschaltzeit beträgt beim AMV:

$$T \approx 0{,}7 \cdot (R_1 \cdot C_1 + R_2 \cdot C_2)$$

T in Sekunden
R in Ohm
C in Farad

Schmitt-Trigger-Schaltung

Das englische Wort „trigger" bezeichnet einen Auslöser, z. B. am Fotoapparat. Das Besondere dieser – nach ihrem Erfinder benannten – Schaltung ist die Fähigkeit, den (schleichenden) Einschalt- oder Ausschaltvorgang dynamisch zu beschleunigen, sobald der erste Auslöser zum Umschalten erscheint.
Der gemeinsame Emitterwiderstand (Abb. 4) bewirkt dieses gewünschte Schaltverhalten.

Die Schmitt-Trigger-Schaltung ist empfehlenswert oder dringend erforderlich bei langsam verlaufenden Zustandsänderungen der steuernden physikalischen Größe, z. B. langsam anschwellendes Licht, lang andauernde Temperaturänderung, lange Zeitspannen, also beim

- Schalten von Bewässerungspumpen,
- Schalten von Warnlicht, Notlicht,
- Zeitschaltungen mit Relais,
- Ein- und Ausschalten von Motoren.

Nicht erforderlich oder sogar unerwünscht ist das schlagartige Schalten bei stetigen Regelungen, wie z. B. bei einer Wärmeregelung. Hier schaltet der Regler mit dem Stellglied (Leistungstransistor) sanft oder etwas stärker auf „Heizen", entsprechend der Temperaturabweichung. Volles Einschalten bei der Meldung „zu kühl" würde die Regelung in unkontrolliertes Schwingen bringen.

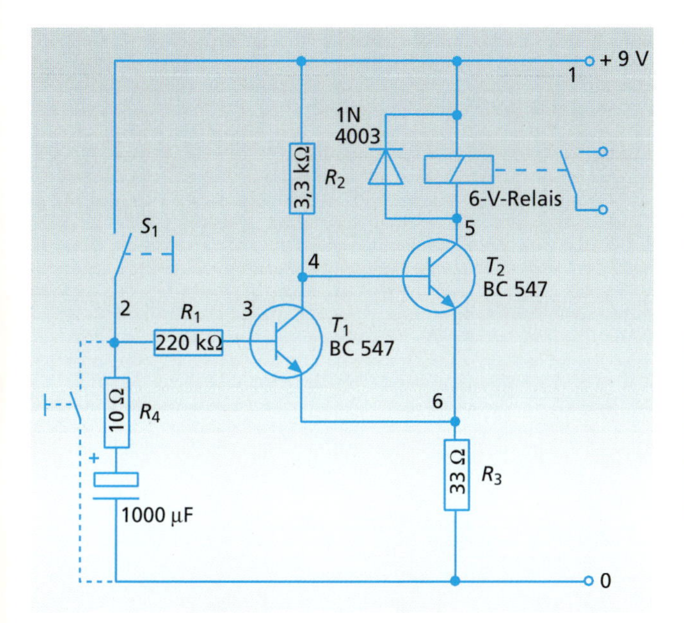

4 Schmitt-Trigger-Schaltung

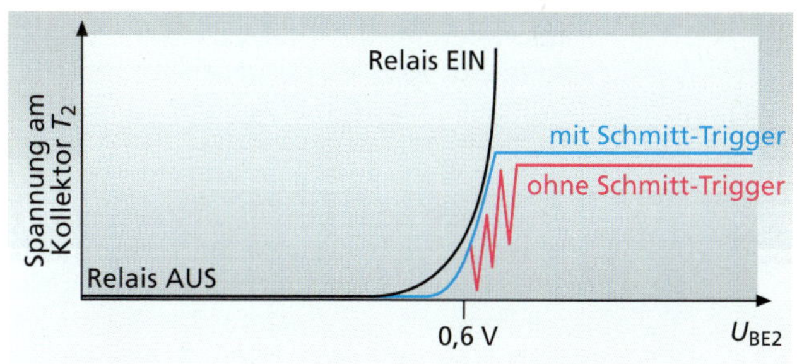

5 Langzeit-Schaltverhalten mit und ohne Schmitt-Trigger

Wenn bei den Steuerschaltungen der Transistor als Schalter betrachtet wird, dann hat das nur Gültigkeit, solange der Schaltvorgang sich in einem kurzen Moment vollzieht, z. B. beim Unterbrechen einer Lichtschranke oder eines Reißdrahts. Dass vor dem vollen Einschalten schon ein geringer Kollektorstrom fließt, bleibt ohne Auswirkung, weil das Durchfahren dieser halb durchgeschalteten Phase nur Millisekunden dauert.

Anders bei Zeitschaltungen: Die Zeitspanne des halb durchgeschalteten Zustands zieht sich entsprechend zur gesamten Schaltzeit in die Länge. Ein Elektromotor oder ein Relais käme während dieser Zeit ins „Stottern".

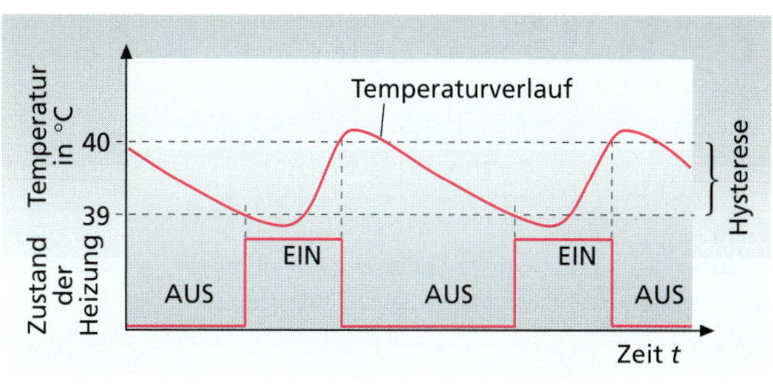

6 Schalthysterese mit Schmitt-Trigger am Beispiel einer Heizung

Die Differenz zwischen den beiden Schaltpunkten, also zwischen EIN („Hinweg") und AUS („Rückweg"), nennt man ***Schalthysterese.*** Einschaltpunkt und Ausschaltpunkt dürfen nicht zu nahe beisammen liegen, weil sonst ein zu schnelles Ein- und Ausschalten die Folge wäre.

Hysterese: *„Nachhinken" elektrischer Größen nach dem eigentlichen Schaltvorgang*

Tonverstärker mit Transistoren

Arbeitspunkteinstellung

Soll ein Siliziumtransistor Wechselspannung verstärken, muss er ständig über der Schwellenspannung von ca. 0,7 V betrieben werden.
Die Basis erhält daher über einen Widerstand R (Abb. 1) ein positives Potential („Vorspannung"). Die Einstellung mit diesem hochohmigen Widerstand nennt man Arbeitspunkteinstellung. Für eine verzerrungsarme Wiedergabe wird der Widerstandswert so gewählt, dass am Ausgang – in Abb. 1 ist dies der Kopfhörer – die halbe Betriebsspannung liegt. Würde hier wesentlich weniger Gleichspannung liegen, so würden im U_{out}-Diagramm beispielsweise die unteren Wechselstromanteile teilweise „abgeschnitten". Dies bemerkt man deutlich an der dann verzerrten Wiedergabe im Hörer.

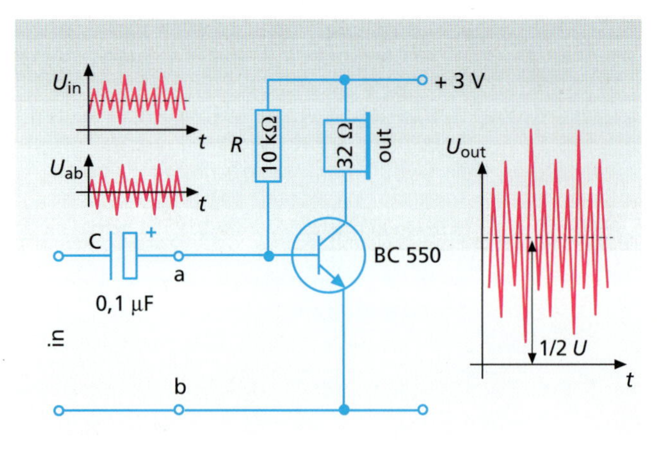

1 Einfacher Kopfhörerverstärker

Der mehrstufige Verstärker

Die winzige NF-Spannung, die ein Mikrofon beispielsweise abgibt (siehe dazu Seite 243, Abb. 8), reicht bei weitem nicht zur Leistungsansteuerung eines Lautsprechers aus. Selbst für einen Endverstärker sind ein paar Millivolt an seinem Eingang zu klein. Daher erhöht eine Vorstufe mit einem Transistor die Spannung zunächst einmal so weit, dass die Endstufe voll aussteuerbar ist. In Abb. 2 beträgt der Faktor der Spannungsverstärkung der Vorstufe ca. 20. Die Aufgabe der Endstufe ist es, durch weitere Spannungserhöhung einen kräftigen Strom (nach Seite 121, Abb. 3, bis zu 1,5 A!) in den Lautsprecher zu „treiben". Mit der stufenweisen Leistungserhöhung erreicht man eine besonders verzerrungsarme Tonwiedergabe.

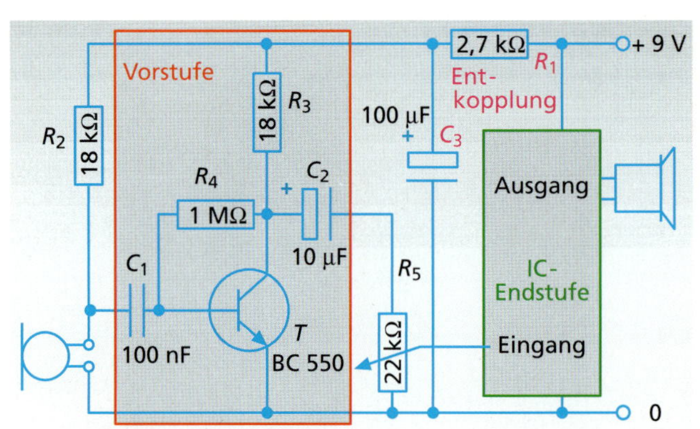

2 Zweistufiger Mikrofonverstärker

Kondensatoren

Über C_1 am Vorstufeneingang gelangt nur die Mikrofonwechselspannung an die Basis des Transistors. So wird ein eventueller Gleichstromanteil im Signal, der den Arbeitspunkt verschieben würde, gesperrt.
Auch in der Schaltung nach Abb. 1 ist dies so, wie die beiden kleinen Diagramme zeigen. C_2 am Ausgang der Vorstufe (in Abb. 2) hält den Gleichstromanteil, den der Arbeitswiderstand R_3 der Vorstufe erzeugt, vom Eingang der Endstufe fern.

Entkopplung

Vorstufe und Endstufe sind zwei Verstärker, die aus praktischen Gründen aus einer Batterie versorgt werden. Wenn der Endverstärker große Stromimpulse benötigt, so sinkt die Batteriespannung ebenfalls impulsartig. Dies wirkt sich auf die Stromversorgung der Vorstufe so aus, dass der Transistor schwingt. Am Lautsprecher der Endstufe ist ein „Ploppern" zu hören.
R_1 und der Elko C_3 bauen für die Vorstufe eine einfache separate Stromversorgung auf. Sinkt kurzzeitig die Batteriespannung, so kann C_3 weiterhin die Vorstufe relativ spannungsstabil mit Strom versorgen. Der benötigte kleine Strom für die Vorstufe wird durch den Widerstand R_3 eingestellt.

Tonverstärker mit IC

Audio: *elektronische Geräte mit Tonausgabe (ähnlich Video mit Bildausgabe (lat. audio = ich höre)*

Vorteile eines Audio-IC

Es gibt einige wichtige Gründe, warum bei Audioverstärkern in Radios, Fernsehgeräten, Handys, Sprechanlagen und anderen Geräten mit Tonausgabe keine diskreten Schaltungen, sondern ICs benutzt werden.

- Ein Audio-IC ist preiswerter als zwei einzelne Transistoren mit den nötigen passiven Bauelementen.
- Die Qualität eines Audio-IC ist erheblich besser als die einer einfachen diskreten Schaltung.
- Vorverstärker und Endstufe sind im IC auf engem Raum vereint und optimiert.
- Ein Audio-IC enthält interne Schutzschaltungen, die beim diskreten Aufbau viel Raum, Zeit und Geld kosten würden. Eine einzelne NTC-Sensorschaltung für einen Überwärmungsschutz kostet mehr als ein kleines Audio-IC.
- Ein IC in einer Fassung ist leichter austauschbar als ein fest eingelötetes Bauteil.
- Viele Audio-ICs haben einen weiten Bereich für die Spannungsversorgung. Hierdurch wird eine gute Batterieausnutzung erreicht.

passive elektrische Bauteile: *Widerstände, Kondensatoren, Transformatoren*

Gegenteil: ***aktive elektronische Bauteile,*** *z. B. Dioden, Transistoren, ICs*

Besonderheiten bei der Beschaltung

Die Spannungsverstärkung ist im IC TDA 7052 festgelegt (ca. x 90). Daher kann die Lautstärke nur durch eine einstellbare Abschwächung der Eingangsspannung geändert werden. Dies geschieht mit einem Poti (LR in Abb. 3).

Zwischen dem „heißen" Eingang (Pin 2) und der Masse (Pin 6) muss ein Kondensator von ca. 1 nF geschaltet werden (*C* in Abb. 3). Hiermit werden HF-Einstreuungen kurzgeschlossen. Andernfalls kann es sein, dass im Lautsprecher starke Radiosender „mitzwitschern".

Berührt man den „heißen" Eingang (Pin 2) mit einem Finger, „brummt" der Verstärker. Dies kommt durch eine ganz schwach leitende Verbindung zwischen Haut und Erde („Erdschleife") zustande. Es werden auch winzige Wechselströme, die durch Magnetfelder von in der Nähe liegenden, netzbetriebenen Leitungen und Geräten eingestreut werden, mitverstärkt. Daher soll das Mikrofonkabel abgeschirmt sein und Geräte, die Spulen mit Eisenkernen enthalten (Trafos und E-Motoren), sollen nicht direkt neben dem Tonverstärker betrieben werden.

Pin: *Anschlussfüßchen*

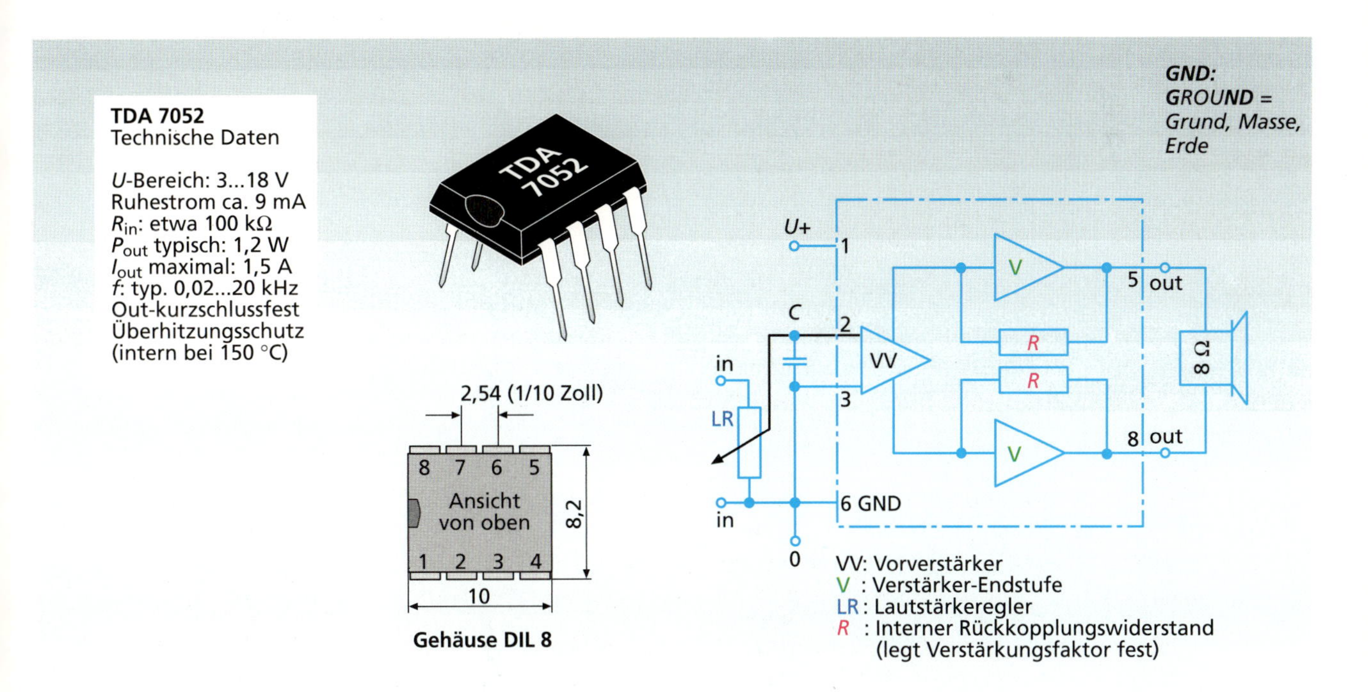

3 Das Audio-IC TDA 7052, seine Kenndaten und sein Blockschaltbild

Informationstechnik

Mensch und Informationstechnik

Elektronik verwendet man in fast allen technischen Bereichen, in denen heute Informationen übertragen und verarbeitet werden. Werden Informationen mit technischen Mitteln über große räumliche Entfernungen transportiert, so bezeichnet man dies als Nachrichtentechnik. War in den vergangenen Jahrhunderten die Informationsübertragung durch Nachrichtentechnik noch recht spärlich, so können wir uns heute fast unbegrenzt an jedem Ort der Erde Informationen beschaffen.

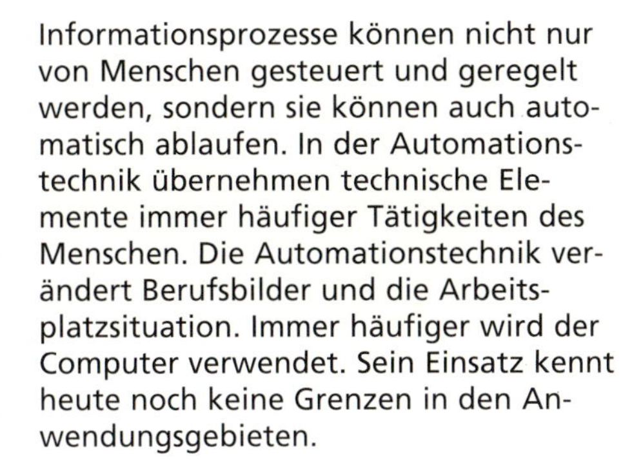

Informationsprozesse können nicht nur von Menschen gesteuert und geregelt werden, sondern sie können auch automatisch ablaufen. In der Automationstechnik übernehmen technische Elemente immer häufiger Tätigkeiten des Menschen. Die Automationstechnik verändert Berufsbilder und die Arbeitsplatzsituation. Immer häufiger wird der Computer verwendet. Sein Einsatz kennt heute noch keine Grenzen in den Anwendungsgebieten.

Vieles von dem, was du in der Elektronik gelernt hast, wird dir hier wieder begegnen. Aber das Zusammenwirken der Einzelbauteile der Steuer- und Regelschaltungen ist in dieser Einheit nur ein Aspekt: Das Augenmerk liegt auf dem ***EVA***-Prinzip, also

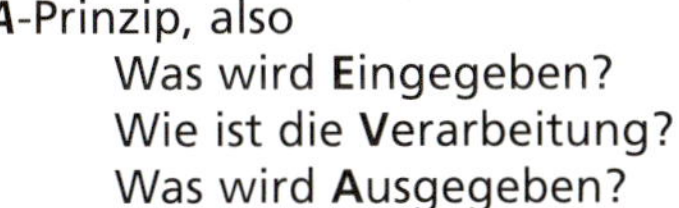

Was wird **E**ingegeben?
Wie ist die **V**erarbeitung?
Was wird **A**usgegeben?

Um Elektronik und Informationstechnik verstehen zu können, reicht es aber nicht aus, wenn du nur Bescheid weißt über elektronische Bauteile und Schaltungen, die Datenerfassung oder das Steuern mit einem Computer. Genau so wichtig ist es, sich mit den Folgewirkungen auseinanderzusetzen.

Aus der Technikgeschichte von Radio und Fernsehen

Hörfunk und Fernsehen haben wie kein anderes Medium im 20. Jahrhundert Menschen und Gesellschaften beeinflusst.
Die Elektronenröhre war die entscheidende Erfindung, um Radiowellen weltweit zu senden und zu empfangen. Elektronenröhren waren aber auch der Ausgangspunkt für zahlreiche andere Erfindungen wie Röhrencomputer, Fernsehbildröhren, Mikrowellenröhren für die Radartechnik oder Erfindungen zur Automationstechnik. Mit der Elektronenröhre begann die Entwicklung der Elektronik.

Die einfachste Verstärkerröhre besteht aus einer evakuierten Glasröhre, einem Glühdraht (Kathode), einem Drahtgitter und einem positiv geladenen Blech (Anode). Vom Glühdraht werden Elektronen ausgesandt, passieren das Gitter und fliegen im Vakuum zur positiv geladenen Anode. Der Elektronenstrom reagiert sehr empfindlich auf die Spannung am Gitter. Wird eine kleine negative Spannung am Gitter angelegt, verringert sich der Anodenstrom sehr stark. Ist die Gitterspannung ein wenig positiv, wird der Anodenstrom erheblich verstärkt.

evakuieren: *ein Vakuum herstellen*

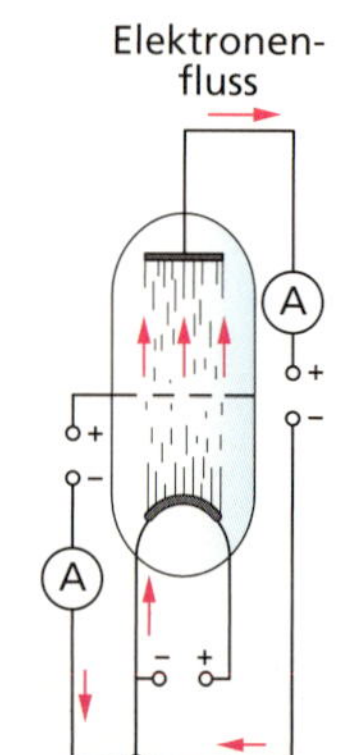

Verstärkerröhre von Lieben (1910)

Drei-Röhren-Gerät (1932)

Detektorempfänger (1924)

Volksempfänger (1933)

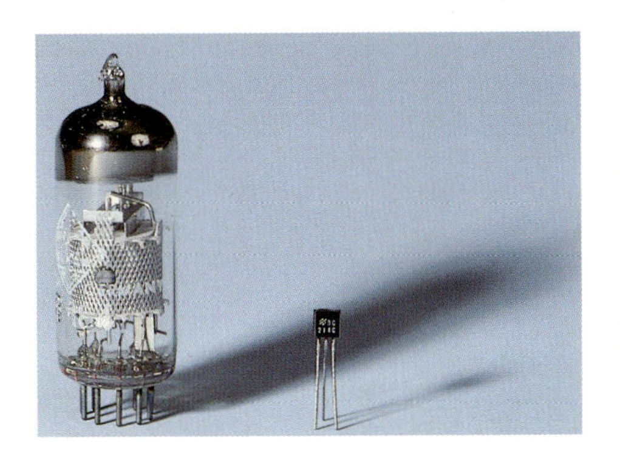

Man versuchte, als Konkurrenz zum Transistor kleinere und leistungsfähigere Röhren zu entwickeln. Durch den größeren Raum- und Energiebedarf und ihre hohen Herstellungskosten unterlag die Röhre bei der Rundfunktechnik im Wettbewerb mit der Halbleitertechnologie.

Die Röhrentechnik konnte sich jedoch bei der Bildröhre für Fernseher und Computermonitore sowie bei Senderöhren bis heute behaupten.

Der 1947 von den Amerikanern John Bardeen, Walter Brattain und William Shockley erfundene Germaniumtransistor hatte eine ähnliche Wirkung wie eine Verstärkerröhre, war aber im Vergleich zu ihr ein Winzling. Zwischen der Erfindung des Transistors im Labor und der kommerziellen Nutzung vergingen nur 3 Jahre. Dennoch war es 1950 noch „science fiction", man könne Rundfunkgeräte auf die Größe einer Zigarettenschachtel zusammenschrumpfen lassen.

Fernseher der 50er Jahre

Musikbox und Kofferradio der 50er Jahre

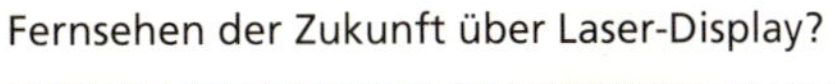

Fernsehen der Zukunft über Laser-Display?

Aus der Technikgeschichte des Computers

Am Übergang ins nächste Jahrtausend verändert und prägt der Computer das private und berufliche Leben sowohl zum Vorteil als auch oft zum Nachteil für Mensch und Umwelt. Die rasante Entwicklung ist einerseits faszinierend, andererseits bringt sie Unsicherheit über die künftige Arbeitsplatzsituation und das Zusammenleben der Menschen.

Mechanische und elektromechanische Rechenmaschinen waren die Vorläufer des Computers. Der Bauingenieur Konrad Zuse entwickelte die erste arbeitsfähige programmgesteuerte Rechenanlage. Sie wurde 1941 fertiggestellt. Die Rechenanlage „Z 3" arbeitete mit 2600 Relais. Diese wurden für logische Schaltungen und als binäre Speicherelemente verwendet (siehe Seiten 144–145). Der Speicher umfasste 64 Zahlen mit jeweils 22 Dualstellen. Das Rechenprogramm wurde in einen Filmstreifen gelocht.

Ebenso wie beim Radio gab die Elektronenröhre den entscheidenden Impuls für die Weiterentwicklung von Rechnern. 1946 trumpfte die Röhrentechnik in den USA mit einer vollelektronischen Rechenanlage auf, dem ENIAC. ENIAC konnte damals in drei Millisekunden die Multiplikation zweier zehnstelliger Zahlen rechnen. Für die damalige Zeit war dies eine hohe Rechenleistung!

Der Röhrencomputer ENIAC war ein Ungetüm. Er belegte eine Fläche von 135 m², arbeitete mit 18000 Elektronenröhren, 100000 Kondensatoren und 70000 Widerständen und hatte 500000 von Hand gelötete Verbindungen. Seine Programme mussten noch mit beweglichen Leitungen von Hand „gestöpselt" werden. Er wog 30 Tonnen – also so viel wie 30 Mittelklasseautos – und hatte eine Leistungsaufnahme von 150 Kilowatt (das entspricht der Heizkesselleistung von ca. 10 Einfamilienhäusern). Um den Verschleiß zu verringern, wurden die Röhren nur mit einem Viertel ihrer Nennleistung betrieben. Dadurch setzte der Computer „nur" dreimal pro Woche aus, wenn eine Röhre versagte. Heute ist die gleiche Rechenleistung mit einem Taschenrechner für ein paar Euros zu haben.

ENIAC wurde vor allem im militärischen Bereich für die Berechnung von Raketenflugbahnen verwendet. Bald hielt die Weiterentwicklung der Computer aber auch Einzug in die Geschäftswelt. Immer häufiger wurde er in Banken, Warenhäusern und Lohnabrechnungsabteilungen eingesetzt.

Nach der Erfindung des Transistors wurde die Halbleitertechnologie wesentlich stärker durch die Computerentwicklung vorangetrieben als durch die Radiotechnik. Der erste volltransistorisierte und in Serie hergestellte Computer kam 1957 auf den Markt.

1 Rechenanlage mit Relais von Konrad Zuse (1941)

2 Röhrencomputer ENIAC (1946)

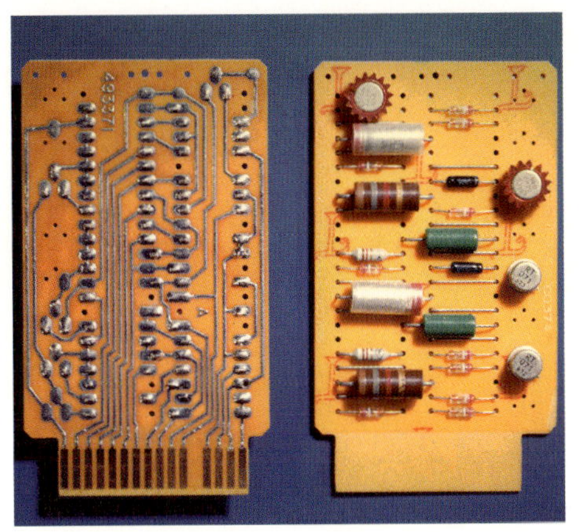

3 Gedruckte Schaltung aus einem Computer der 2. Generation

Digitalelektronik und Informationstechnik haben sich zu einer Schlüsselindustrie entwickelt, die sich auf alle Bereiche der Industrie, der Medizin, der Wirtschaft und der Gesellschaft auswirkt.

Die weltweite Präsentation von Produkten, Dienstleistungen und aktuellen Informationen, der Informationsaustausch zwischen Firma und Kunde, Teleshopping und Telebanking vernetzen immer mehr Menschen miteinander.
1998 waren mehr als 100 Millionen Menschen weltweit durch Computer miteinander verbunden. Experten rechnen mit einer Verdoppelung in wenigen Jahren.

Anfang der 60er Jahre kam es zu einem gewaltigen Technologiesprung. Mehrere Schaltfunktionen mit Dioden, Transistoren, Kondensatoren und Leiterbahnen wurden in ein Bauelement, ein IC, integriert. Schon 1970 konnten Computerchips hergestellt werden, die 1024 Informationseinheiten (Ja-Nein-Entscheidungen oder Bits) speicherten. Die Leistungsfähigkeit der Chips wuchs explosionsartig an.

1987 wurden die ersten 4-Megabit-Speicherchips (4 194 304 Bit) auf einem Siliziumplättchen mit einer Fläche von 9,5 mm x 9,5 mm hergestellt. Das entspricht einer Speicherfähigkeit von 250 Schreibmaschinenseiten im DIN-A4-Format.

5 Computergesteuerter Roboter

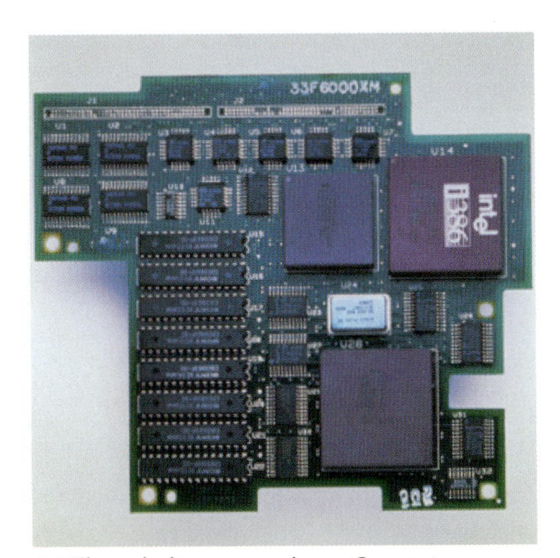

4 Mikroschaltung aus einem Computer der 3. Generation

6 Fahrsimulator – Busfahrt im virtuellen Verkehr

Informationstechnische Zusammenhänge analysieren

Will man etwas über informationstechnische Zusammenhänge in Erfahrung bringen, muss man geeignete Fragen stellen. Welche das sein können und wie die Antworten darauf lauten, kannst du in der folgenden Übersicht und auf den Seiten 224 und 225 nachlesen.

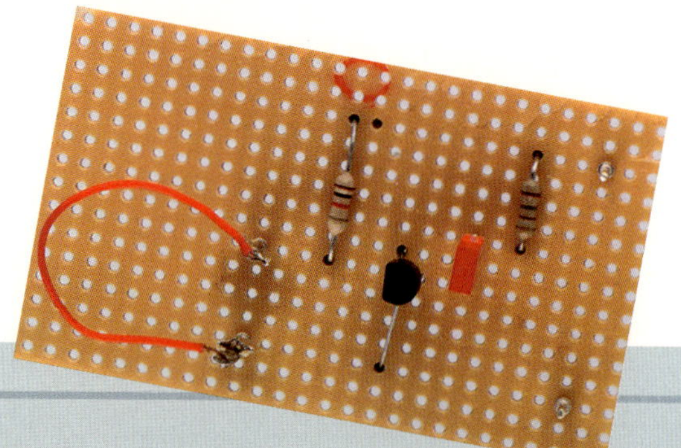

Analyse informationstechnischer Zusammenhänge

Welche Aufgabe soll die Alarmanlage übernehmen bzw. welche Funktion hat sie, welchem Zweck dient sie?

Sie soll einen Zustand (Reißdraht leitet oder leitet nicht) erfassen und anzeigen.

Welches Bauteil dient zur Ausgabe (zum Output) des Alarmsignals, wird also von der Alarmanlage aktiviert?

der Summer A

Welches Bauteil dient als Sensor für die Alarmanlage, ist also das Eingabe- oder Inputbauteil?

der Reißdraht E

Welche Zustände kann das Eingabebauteil annehmen?

Zwei Zustände, nämlich ...

Zustand 1:
der Reißdraht E leitet

Zustand 2:
der Reißdraht E leitet nicht
(ist also gerissen)

Analyse elektronischer Zusammenhänge

- Hauptzweck der Schaltung?
- verwendete Bauteile?
- Aufgabe der Bauteile?
- Art der Spannungsquelle?
- Strompfade?

Alarmanlage

+

Ausgabe **A**

Eingabe **E**

Elo

- Potentiale an den einzelnen Punkten der Schaltung?
- mögliche Schaltungszustände der Anlage?
- Funktion der Schaltung?

Welche beiden Zustände kann das Ausgabebauteil annehmen?

Zustand 1:
der Summer A ertönt

Zustand 2:
der Summer A ertönt nicht

Welchen Zusammenhang gibt es zwischen dem Eingabesignal (Input) und dem Ausgabesignal (Output)?

a) Wenn-Dann-Beziehung

Wenn der Reißdraht E leitet, dann ertönt der Summer A nicht.

oder auch:

Wenn der Reißdraht E nicht leitet, dann ertönt der Summer A.

b) Funktionstabelle (Wahrheitstafel)

Reißdraht E	Summer A
leitet	ertönt nicht
leitet nicht	ertönt

c) Symboldarstellung E – [1]o– A

Welche Bauteile dienen zur Verarbeitung und Weiterleitung der Signale vom Eingabebauteil E zum Ausgabebauteil A, also vom Input zum Output der Anlage?

alle Bauteile, die das Eingabebauteil E (Input) mit dem Ausgabebauteil A (Output) verbinden, also alle Bauteile und Leitungen mit Ausnahme von Reißdraht und Summer

Informationstechnische Probleme lösen

Mit den Kenntnissen, die du bei der Analyse von elektronischen und informationstechnischen Objekten gewonnen hast, kannst du einfache Anlagen entwickeln.

Wie du dabei vorgehen musst, zeigt dir das folgende Beispiel.
Tipp: Sieh dir auch die Angaben auf den Seiten 293 und 297 an.

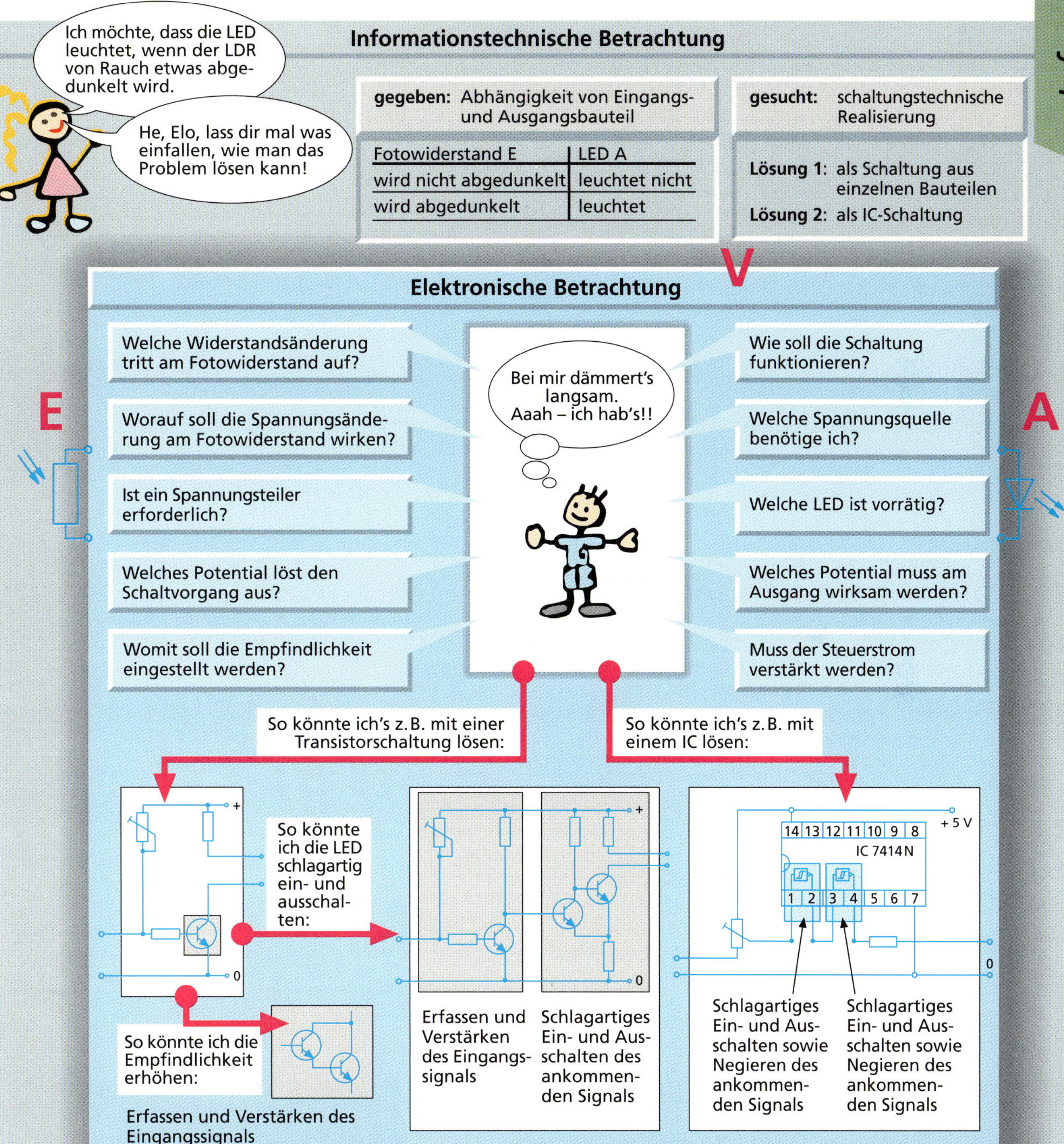

Senden und Empfangen: Infrarotlichtsender

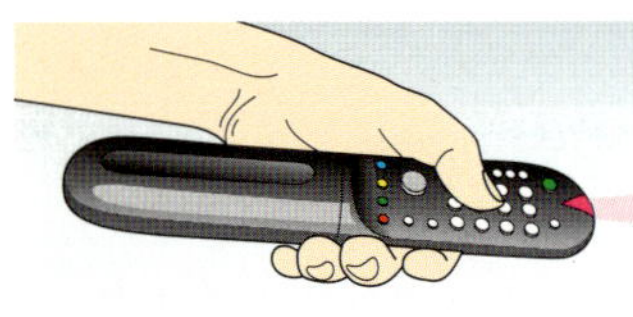

1 Fernbedienung eines Fernsehgeräts mit Infrarotlicht

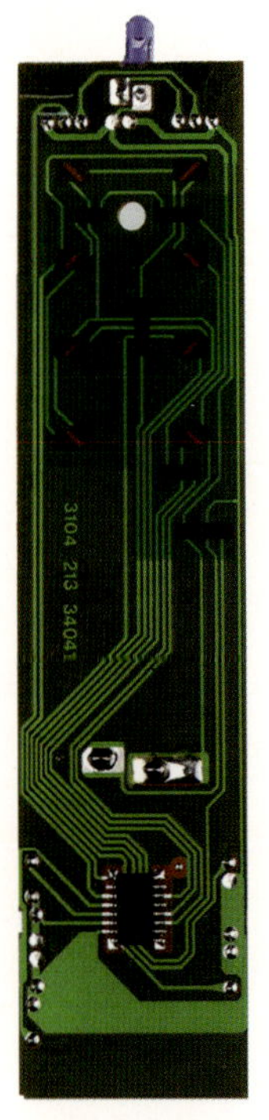

Platine einer Infrarot-Fernbedienung. Ganz oben ist die IR-LED sichtbar, unten das Spezial-IC.

Drahtloses Senden und Empfangen
Die Übermittlung von Informationen über den freien Raum erfordert einen „Träger". Das kann Licht im sichtbaren oder unsichtbaren Bereich sein. In beiden Fällen handelt es sich um elektromagnetische Wellen.
Diese benötigen zur Weiterleitung im Gegensatz zum elektrischen Strom kein Leitermaterial.

Vorteile von Lichtsendeanlagen:
- Starke Bündelung des Sendestrahls möglich. Daher ist der Empfänger gezielt anpeilbar.
- Relativ abhör- und störsicher (Signal endet z. B. im Zimmer).
- Senderaufbau relativ einfach, preisgünstig und genehmigungsfrei herzustellen.
- Kein Elektrosmog wie bei HF-Sendern.

Das Sendeelement für Lichttonübertragungen
Mit dem Dauerlicht einer Glühlampe allein kann man noch keine Botschaft aussenden. Zumindest muss die Lampe ein- und ausgeschaltet werden und der Empfänger muss diese Botschaft verstehen. Das geschieht z. B. beim grünen Licht einer Ampelanlage.
Würde das Grünlicht schneller ein- und ausgeschaltet, könnte man eine weitere Information aussenden, nämlich die, dass in Kürze eine Rotlichtphase kommt. Sehr schnelle Ein-Aus-Wechsel sind jedoch mit Glühlampen nicht machbar, weil der Glühfaden träge ist. Vor allem benötigt er einige Zeit zum Abkühlen. Das Nachglühen kann man abends beim Abstellen von Pkw-Scheinwerfern deutlich sehen.
Starke Leuchtdioden, die teilweise eine Lichtstärke von 9500 mcd erreichen, können problemlos bis 100 kHz getaktet werden, auch in stufenlosen Übergängen von dunkel bis hell. LEDs sind also praktisch trägheitsfrei.

Millicandela (mcd): *Maß für Lichtstärke*

Modulation
Das An- und Abschwellen der Feldstärke des Trägers (Licht oder HF) im Takt der Information (z. B. Sprache) nennt man ***Modulation.*** Bei einem IR-Handsender geht beim Drücken einer Taste die in einem Spezial-IC gespeicherte Taktung als Impulspaket zur Sende-LED. Die Information liegt jedoch nicht in der Länge der Lichtimpulse, sondern in ihren relativ langen Pausen (Abb. 2). Damit kann man bei einem modernen Handsender die Batterien besonders lange nutzen.

IR: *Infrarot*

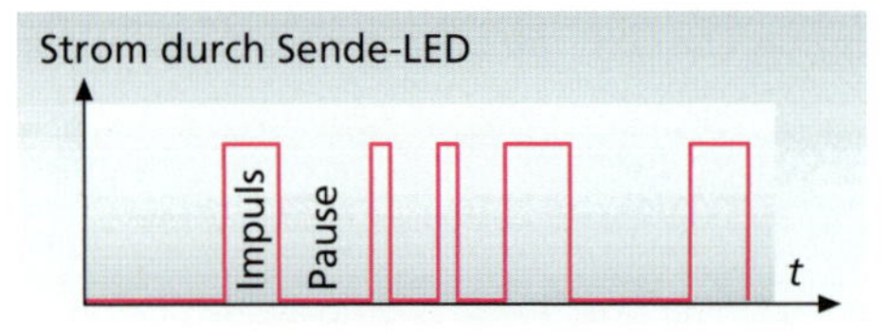

2 Pulscodemodulation (PCM)

Pulscode: *von Impuls (Stromstoß) und Code (Verschlüsselung)*

Man kann auch die Lichtstärke einer Sende-LED laufend ändern. Dies wird z. B. bei Tonübertragungen gemacht (Abb. 3).
Damit es nicht zu Verzerrungen kommt, wird die LED „vorgespannt", d. h. sie leuchtet auch ohne Tonübertragung schon mittelstark. Ohne dieses Vorleuchten (mit Gleichstrom) würden nur die lauten Stellen übertragen, da nur sie die Durchlassspannung einer LED übersteigen.

Amplitude: *der größte Ausschlag von Schwingungsweiten*

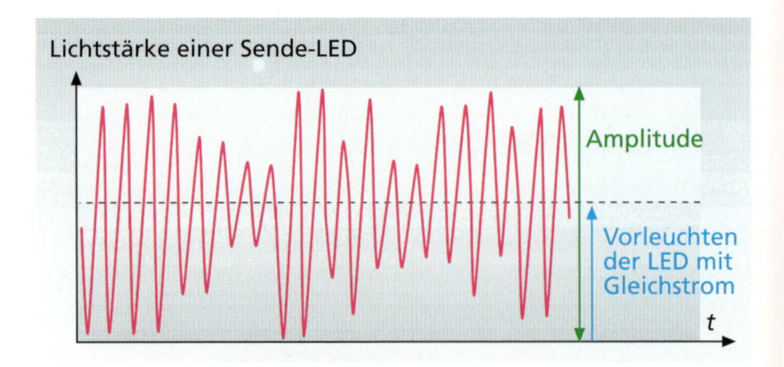

3 Amplitudenmodulation (AM)

Senden und Empfangen: Lichtsender

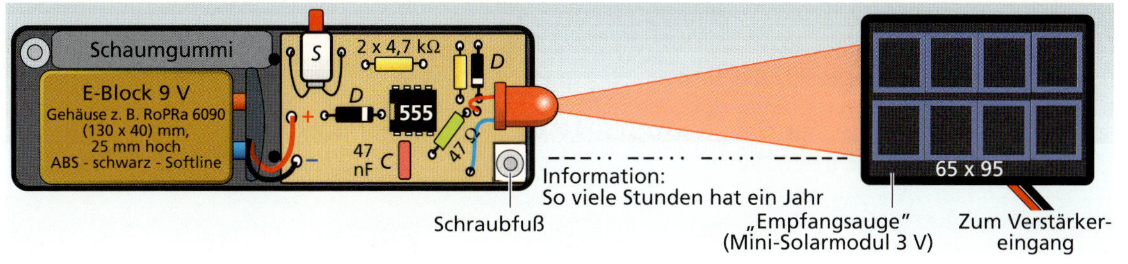

4 Übertragung von Morsezeichen mit Licht

Rotlicht: *Die Verwendung einer Rotlicht-LED bringt die größte Reichweite, weil Silizium-Solarzellen ihr Empfindlichkeitsmaximum im Rotbereich haben.*

Aufbau eines Lichtsenders

Auf der Senderseite sind Rechteckimpulse elektronisch leicht realisierbar. Der oben abgebildete Handsender verwendet hierzu einen AMV mit dem Timer-IC 555 (Schaltplan auf Seite 249, Abb. 4). Er benutzt das Rotlicht einer superhellen 5- oder 10-mm-LED, das ca. 3000-mal pro Sekunde ein- und ausgeschaltet wird. Bei einer Tonwiedergabe liegt daher der Ton im Maximum des menschlichen Hörbereichs. Somit ist der Piepston auch bei stärkerem Rauschen auf der Empfängerseite gut herauszuhören.

Sensoren auf der Empfangsseite

Als Sensoren dienen bei Lichttonübertragungen Fotodioden, Fototransistoren oder kleine Solarzellen. Nur diese Bauelemente können Signale trägheitsfrei verarbeiten. Im obigen Beispiel wird zur Steigerung der Sensorspannung ein Mini-Silizium-Solarmodul benutzt, das durch seine 8 in Serie geschalteten Zellen bei größerem Abstand zum Sender einen viel breiteren Lichtkegel erfasst als z.B. ein kleiner Fototransistor. So erhält man auch ohne speziellen Vorverstärker eine relativ große Sensorspannung, selbst wenn das Lichtbündel nicht optimal (d.h. senkrecht) auf den Sensor trifft.

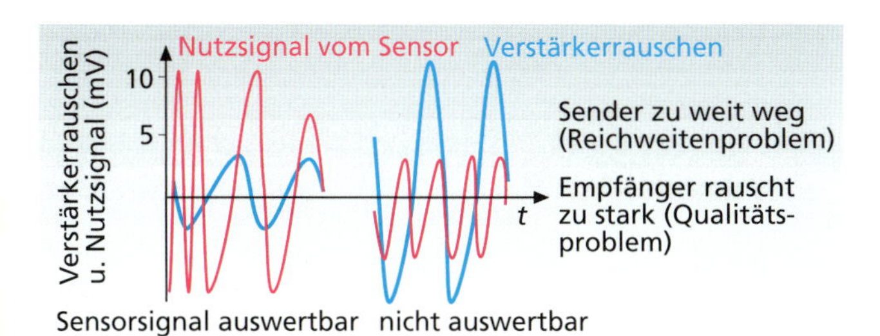

5 Sensorsignal und Verstärkerrauschen

Empfangsverstärker

In der Praxis muss der Empfangsverstärker schmalbandig sein, d.h. er soll nur das Frequenzband des Senders verstärken. Hierdurch werden die Empfindlichkeit und die Reichweite der drahtlosen Übertragung erhöht, denn Störeinflüsse werden somit fast ganz ausgeblendet.

Störeinflüsse: *Kunstlichter, vor allem Leuchtstoffröhren. Sie gehen je Sekunde 100-mal an und aus, was die Tonwiedergabe erheblich stört.*

Besondere Anforderungen werden an die erste Verstärkerstufe gestellt, da sie die oft sehr schwachen Sensorspannungen bei großer Reichweite vom Sender mit möglichst geringem eigenem Rauschen verstärken soll. In der Schule ist es aufgrund des erforderlichen schaltungstechnischen Aufwands nicht möglich, einen Empfänger zu bauen, der professionellen Anforderungen genügt. Wenn jedoch das oben abgebildete Solarmodul an den Mikrofoneingang eines Tonverstärkers angeschlossen wird, kann man mit dem vorgeschlagenen Rotlicht-Sender Morsesignale auf 5 bis 9 m übertragen. Die größte Reichweite wird bei Dunkelheit mit einer dicken Vorsatzlinse an der Sendediode erzielt.

Rauschen

Das informationslose Rauschen stört eine gute Tonwiedergabe. Vorwiegend kommt es durch die thermische Bewegung von Atomen zustande. Z-Dioden, hochohmige Widerstände und Darlingtons rauschen besonders stark. Daher wird für einen Mikrofonverstärker oft ein rauscharmer Transistor mit niederohmigem Eingang (Emitterschaltung) eingesetzt. Das Rauschen tritt vor allem bei hohen Frequenzen störend in Erscheinung und kann sehr schwache Signale im Verstärkerrauschen „untergehen" lassen, wie Abbildung 5 zeigt.

Senden und Empfangen: Eigenschaften von Radiowellen

Frequenz (f): *Anzahl der Schwingungen pro Sekunde. Einheit: 1 Hz = 1/s (1 Hertz)*

Hochfrequenz

Je höher die Frequenz eines Wechselstroms ist, desto weniger bleibt die elektrische Energie an den Leiter gebunden. Sie löst sich ab ca. 20 kHz zum Teil in Form von elektromagnetischen Wechselfeldern („Wellen") von der Leiteroberfläche ab und durchströmt mit Lichtgeschwindigkeit den freien Raum. Hierbei durchdringen aber diese „Wellen" im Gegensatz zu Licht nicht nur Glas, sondern z. B. auch Mauerwerk, Holz und Nebel. Metalle aber schwächen das elektromagnetische Feld erheblich. Eisen schirmt diese Felder besonders stark ab.

Obgleich der Übergang von Niederfrequenz zur Hochfrequenz fließend ist, versteht man im Allgemeinen unter „Hochfrequenz" nur Frequenzen über 20 kHz.

Bei Hochfrequenz entstehen elektromagnetische Wellen, die sich von einem Leiter oder einer Antenne lösen und im Raum verteilen.

Handy 900/1800 MHz
Freisprechfunkgerät 433 MHz
CB-Funkgerät 27 MHz

2 Verhalten von HF-Wellen

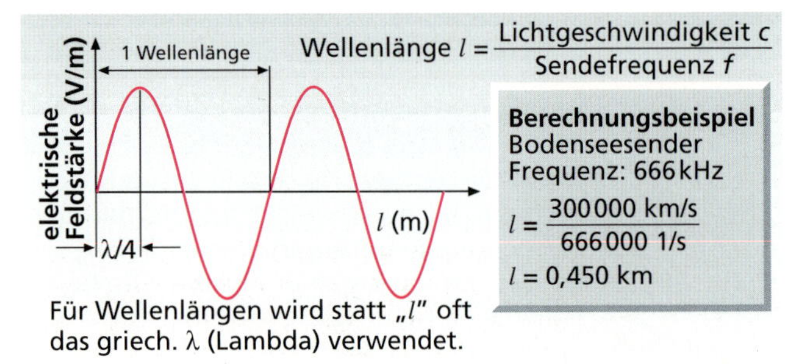

3 Berechnung der Wellenlänge von Hochfrequenzen

Radiowellen

Abb. 3 zeigt, dass man einer Frequenz eine Wellenlänge zuordnen kann. Die Wellenlängen von Radiostationen werden in Hörfunkbereiche eingeteilt. Abb. 1 zeigt diese Einteilung mit den deutschen und den englischen Kurzbezeichnungen.

87,5–108 MHz
Ultrakurzwelle (UKW)
FM Frequenzmodulation

5,9–15,5 MHz
Kurzwelle (KW)
SW Short Wave

525–1605 kHz
Mittelwelle (MW)
AM Amplitudenmodulation

153–281 kHz
Langwelle (LW)
LW Long Wave

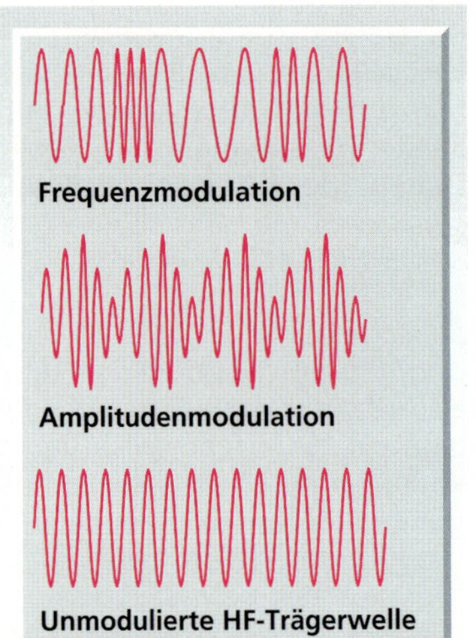

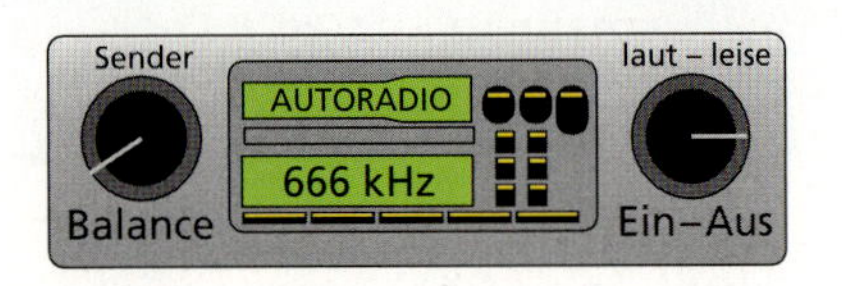

1 Wellenbereiche der Radiofrequenzen für Hörfunk

Mittelwellen

Diese Wellenart breitet sich tagsüber vorwiegend entlang der Erdoberfläche aus. Nachts kommt noch eine Reflexion der Wellen an der Ionosphäre in 80–800 km Höhe dazu, sodass es zu Überreichweiten kommt (ca. 1500 bis 4000 km). Mittelwellen durchdringen ganz gut die Innenräume, auch Keller. Im Gegensatz zu UKW muss bei MW keine Sichtverbindung zum Sender bestehen. Allerdings schirmen Stahlskelettbauten (Schulen, Hochhäuser) in der Regel die Mittelwellen stark ab. Daher ist der Empfang bei solchen Gebäuden in Fensternähe oft besser.

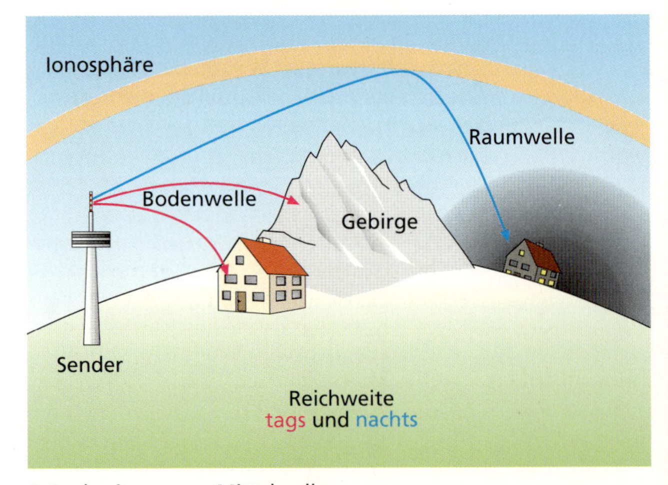

4 Ausbreitung von Mittelwellen

Senden und Empfangen: physikalische Gesetzmäßigkeiten

Parallelschwingkreis

Wird ein Kondensator mit einer Spule parallel geschaltet, kann man diese Anordnung zu Schwingungen anregen. Abb. 5 zeigt die einzelnen Zeitabläufe (Phasen).

In der 1. Phase wird der Kondensator geladen und baut ein elektrisches Feld (E-Feld) auf. Er entlädt sich über die Spule, wodurch in der 2. Phase ein Magnetfeld (M-Feld) entsteht. Nach seinem Aufbau bricht das M-Feld zusammen, wobei sich die Stromrichtung umkehrt, sodass der Kondensator in der 3. Phase umgekehrt wie in Phase 1 geladen wird. Daher dreht sich auch das M-Feld in der 4. Phase um. Bei ständiger Energiezufuhr geht das Spiel wie bei Phase 1 weiter. Der Strom fließt schnell hin und her. Dieser besondere Stromkreis heißt daher Schwingkreis.

Induktivität: *Maß für die Magnetfeldänderung einer Spule. Einheit: 1 H (1 Henry)*

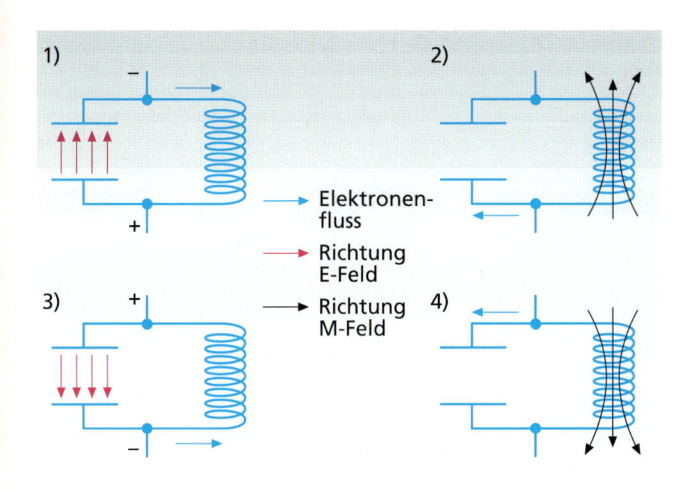

5 Vorgänge im Parallelschwingkreis

Resonanz

Bei einer bestimmten Frequenz f_0 hat ein Parallelschwingkreis seinen höchsten Innenwiderstand. Er schwingt dann auch mit wenig Energiezufuhr von außen besonders gut. Die Spannung an der Spule steigt stark an. Man benutzt dies bei der Abstimmung eines Empfängers, wobei für die Einstellung von f_0 entweder die Kapazität des Kondensators oder die Lage des Spulenkerns verändert wird.

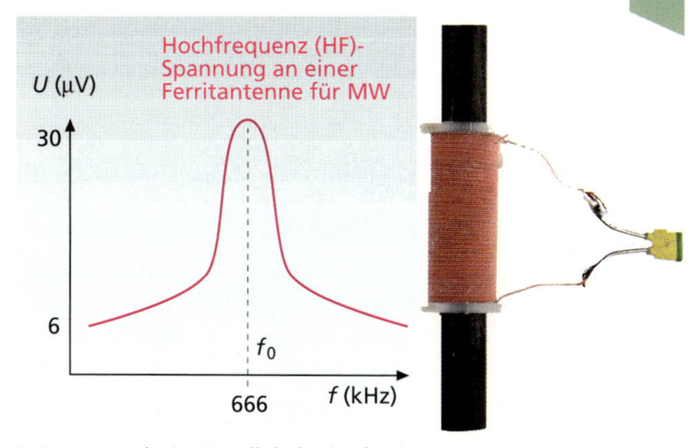

6 Resonanz beim Parallelschwingkreis

Demodulation

Eine Kopfhörermembran schwingt beim symmetrisch angelegten NF-Anteil einer HF-Welle nicht mit (Kräftegleichgewicht). Erst nach „Wegschneiden" einer HF-Hälfte hört man die NF-Information. Diesen Vorgang nennt man Demodulation.

HF-Schwingkreis im MW-Radio

Durch entsprechende Wahl des Kondensators und der Spule arbeitet der Schwingkreis im HF-Bereich. MW-Empfänger haben in der Regel eine Spule mit Ferritkern. Der Kern konzentriert das Magnetfeld in der Spule, sodass die Spulenspannung höher wird als ohne Kern. Durch die Ferritantenne kann man daher auf meterlange, frei hängende Antennendrähte verzichten.

Ferrit: *Mischung aus Eisen- und anderen Metalloxiden. Die Pulverteilchen sind im Ferritstab mit Kunstharz zusammengepresst.*

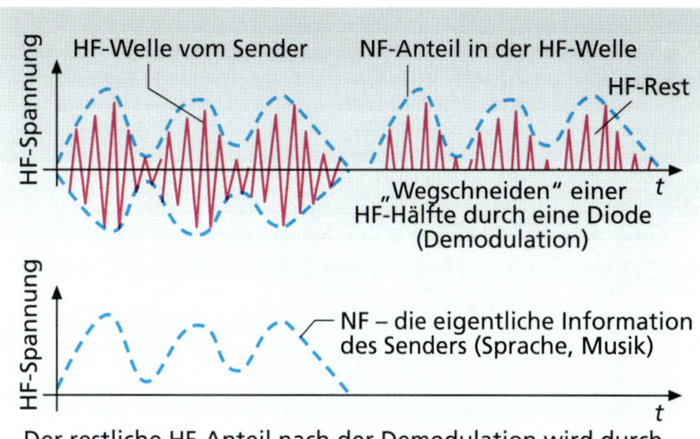

Der restliche HF-Anteil nach der Demodulation wird durch Kurzschluss über einen Kondensator beseitigt. Er würde im Kopfhörer oder Lautsprecher störendes Rauschen erzeugen.

7 Das „Herausschälen" der Information aus der HF-Welle

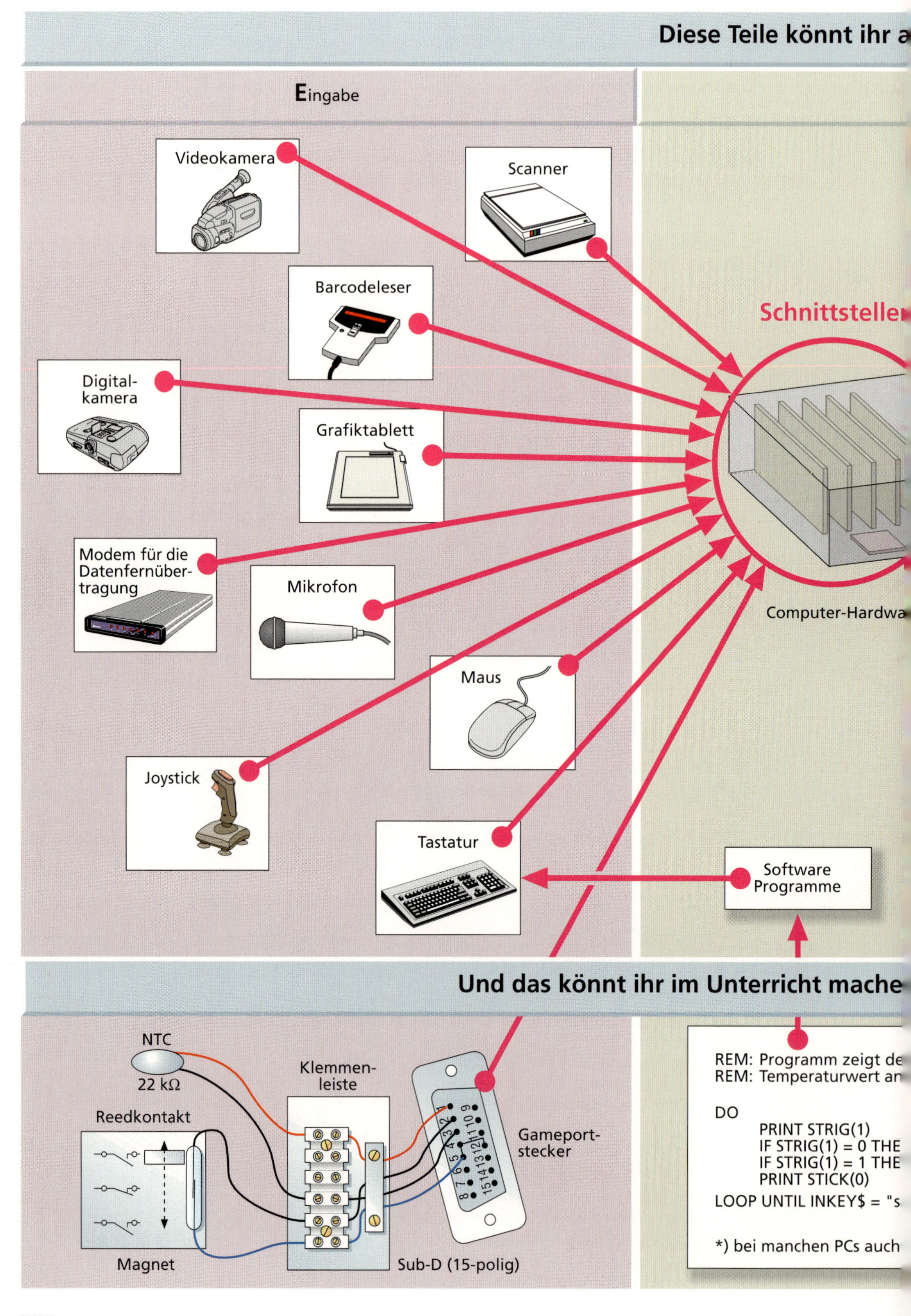
Diese Teile könnt ihr a
Eingabe
Videokamera
Scanner
Barcodeleser
Schnittstelle
Digital-
kamera
Grafiktablett
Modem für die
Datenfernüber-
tragung
Mikrofon
Computer-Hardwa
Maus
Joystick
Tastatur
Software
Programme
Und das könnt ihr im Unterricht mache
NTC
22 kΩ
Klemmen-
leiste
Reedkontakt
Gameport-
stecker
Magnet
Sub-D (15-polig)
REM: Programm zeigt de
REM: Temperaturwert an
DO
PRINT STRIG(1)
IF STRIG(1) = 0 THE
IF STRIG(1) = 1 THE
PRINT STICK(0)
LOOP UNTIL INKEY$ = "s
*) bei manchen PCs auch

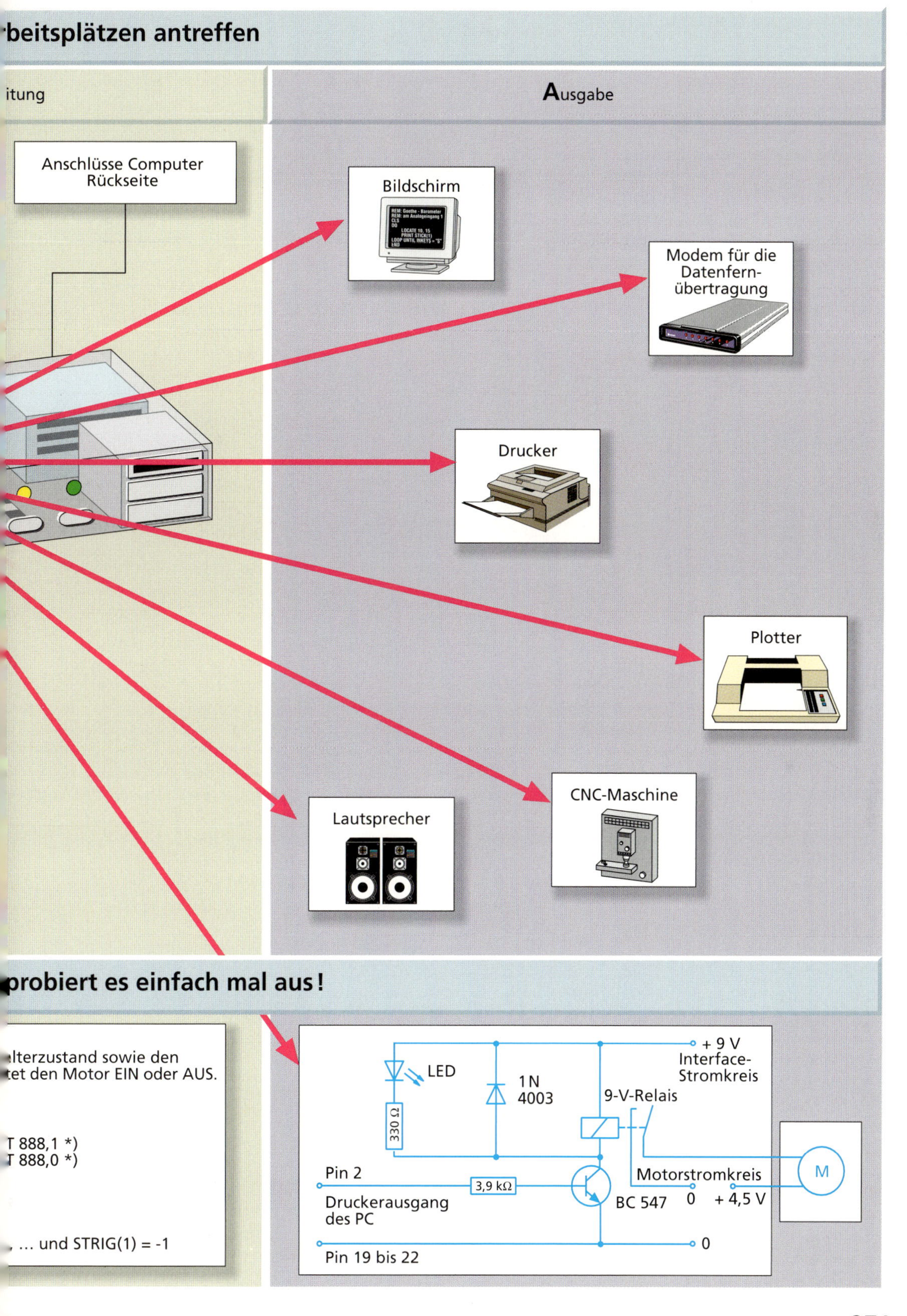

Informationstechnik

Codieren und Decodieren von Informationen

Mitteilungen für Menschen festhalten

Schon immer hatten Menschen das Bedürfnis, über Zeit und Raum hinweg anderen Menschen Nachrichten zukommen zu lassen.
Zunächst bildeten die Menschen auf einem Trägermedium (Höhlenwand, Stein, Ton, Papyrus) ihre Informationen z. B. als Höhlenzeichnungen, Keilschriften oder Hieroglyphen ab. So stand die Abbildung eines Sterns (vergleichbar einem Piktogramm) stets für den Begriff „Stern" oder „Himmel" oder „Gott".

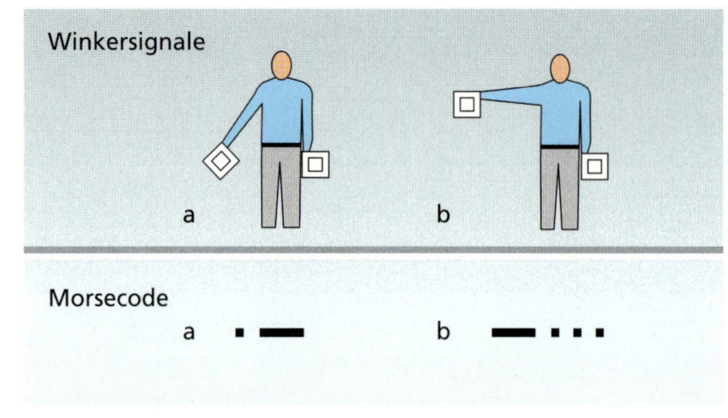

2 Nur kurzzeitig andauernde Signalzustände

Hieroglyphe	Gegenstand	Laut	Bedeutung
	Zepter	heka	Herrscher
	Säule	iun	Theben
	Oberägypt. Pflanze	resi	Süden
	Korb	re	Herr
	Mistkäfer	cheperu	verwandeln
	Sonne	ra	Sonnengott

1 Hieroglyphen

Die „Mutter" aller heutigen Buchstabenschriften wurde von Semitern im Vorderen Orient erfunden. Darin entspricht ein Zeichen im Wesentlichen einem Laut.
Bei den Schriften handelt es sich um ein System von Zeichen, die Laute oder auch Begriffe zum Zweck der Informationsübermittlung oder -aufbewahrung sichtbar machen.

Zeitdauer von Zeichen- und Signalzuständen

Neben zeitlich beständigen Trägermedien bedienten sich die Menschen auch vergänglicher optischer Trägermedien, wie z. B. Rauch, Licht, Signalflaggen oder Verkehrsampeln.
Akustische Signale, wie Trommeln oder Kanonenschüsse, wurden und werden noch immer zum Codieren und Übertragen von Informationen verwendet. Hier wird ebenfalls aus den optischen oder akustischen Zeichen erst dann eine Information, wenn Sender und Empfänger die vereinbarte Bedeutung dieser Zeichen und Signale kennen.

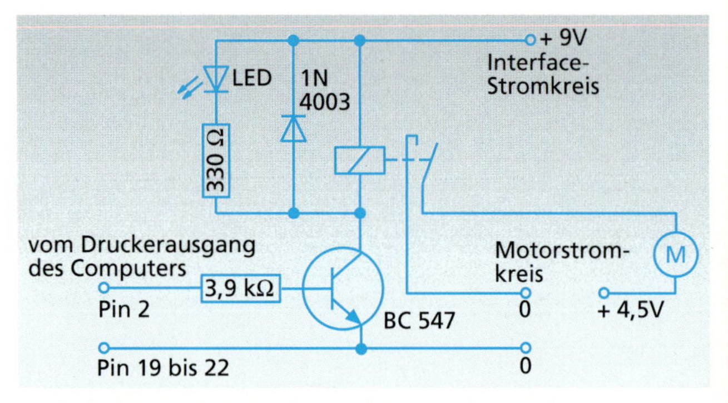

3 Schaltplan mit lang andauernden Signalzuständen

Schaltpläne und andere technische Zeichnungen stellen ebenfalls ein System von Zeichen zum Zwecke der Informationsübermittlung dar. Sie sind die „Sprache der Techniker". Die Kenntnis der zugrunde liegenden Vereinbarungen dieser „Sprache" ermöglicht es ihnen, sich über die Funktionsweise und die Konstruktion eines technischen Objekts zu informieren (decodieren) und zu verständigen.

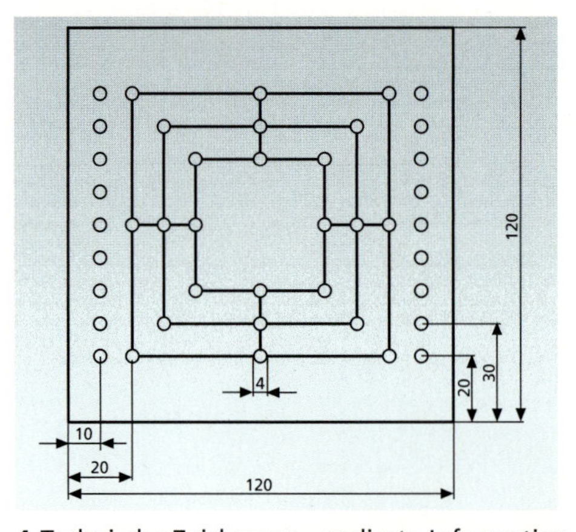

4 Technische Zeichnung – codierte Information

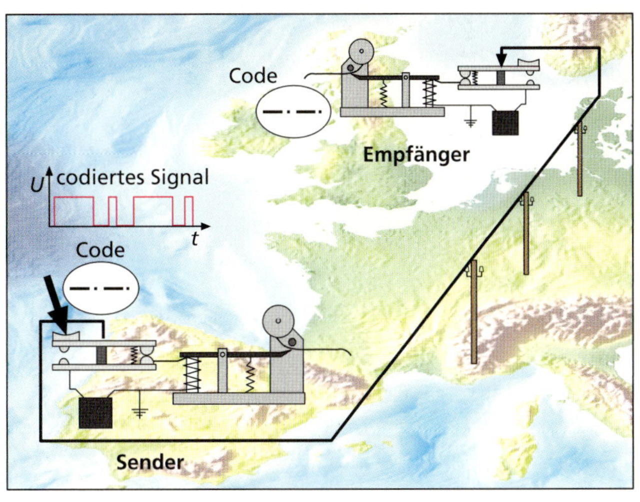

5 Prinzipdarstellung einer Morseanlage

a · –
b – · · ·
c – · – ·
d – · ·
e ·
f · · – ·
g – – ·
h · · · ·
i · ·
j · – – –
k – · –
l · – · ·
m – –
n – ·
o – – –
p · – – ·
q – – · –
r · – ·
s · · ·
t –
u · · –
v · · · –
w · – –
x – · · –
y – · – –
z – – · ·
0 – – – – –
1 · – – – –
2 · · – – –
3 · · · – –
4 · · · · –
5 · · · · ·
6 – · · · ·
7 – – · · ·
8 – – – · ·
9 – – – – ·

U
t
Impulsausgabe einer Nocke

Die Entdeckungen im Bereich der Elektrotechnik ermöglichten einen blitzschnellen Transport der Informationen über ungeahnte Entfernungen. Zunächst konnte man nur einen Stromkreis unterschiedlich lang öffnen und schließen. Das heißt, es war möglich, über weite Strecken Stromimpulse mit unterschiedlichen Längen und Pausen zu schicken. Diese wurden durch Elektromagnet, Anker mit Schreibstift und kontinuierlich laufender Papierrolle als Punkte und Striche sichtbar gemacht (Morseapparat). Schriftzeichen und Zahlen mussten aber in ein neues Zeichensystem, den Morsecode, übersetzt werden.

Die weitere Entwicklung führte zur drahtlosen Informationsübertragung. Hierbei wird eine hochfrequente elektromagnetische Welle zum Träger der codierten Informationen. So können zum Beispiel Toninformationen direkt und sekundenschnell rund um die Welt übermittelt werden.

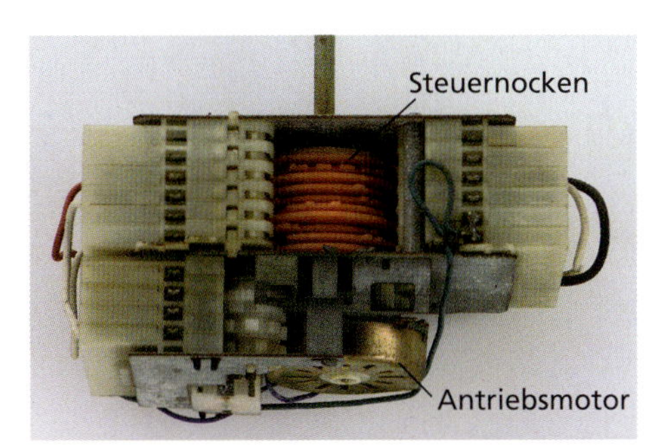

6 Nockensteuerung

Anweisungen an Maschinen übermitteln

Früher mussten die Menschen den Maschinen zunächst von Hand, z. B. durch Bewegen von Hebeln oder Drehen von Kurbeln, immer „vor Ort" Schritt um Schritt mitteilen, was sie zu tun hatten. Stiftwalzen, Kurvenscheiben, Nockenscheiben und Lochkarten waren lange Zeit die einzige Möglichkeit, Maschinen Arbeitsanweisungen automatisch mitzuteilen. Die Art und die Dauer der Arbeitsschritte und ihre Abfolge waren durch die Anordnung der Stifte, der Nocken und durch die Geschwindigkeit, mit der sie bewegt wurden, bestimmt.

Die rasante Entwicklung im Bereich der Elektronik, vor allem die Transistor- und IC-Technik, ermöglichte die Konstruktion von Maschinen mit elektronischen Speichern, deren Inhalt beliebig lange gespeichert und zudem verändert werden kann. Dabei wird jeder Arbeitsschritt codiert, d. h. als eine Folge von Nullen und Einsen in einer Binärzahl gespeichert.

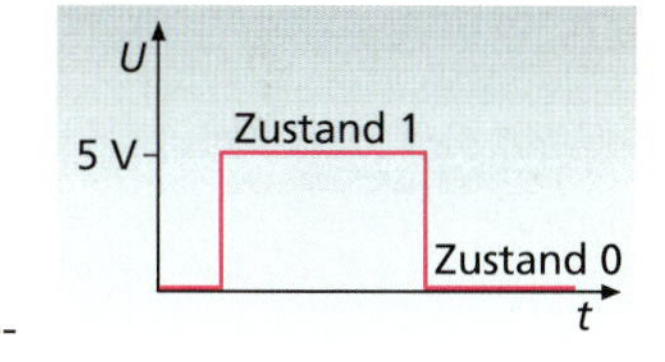

Bei neueren Werkzeugmaschinen (z. B. Koordinatentisch) hilft dabei ein Codierprogramm, sodass die Anweisungen vereinfacht als so genannte „G-Befehle" eingegeben werden können.

Codierung von Computerbefehlen

Computergesteuerte Maschinen können in kleinsten Speichereinheiten (Flip-Flops) nur zwei Zustände speichern: Spannung vorhanden: „1", Spannung nicht vorhanden: „0". Der Mensch muss der Maschine die Arbeitsschritte deshalb in Form codierter Befehle (Maschinensprache, Q-Basic, Pascal, ...) verständlich machen.

Computerintern erfolgt die Weiterleitung der Informationen zwischen den einzelnen Baugruppen über Datenleitungen, die ebenfalls nur die Spannungspegel 0 V oder 5 V führen. Alle Informationen, die in Form von elektrischen Signalen codiert sind, gelangen über Interfaces und „Ports" (Türen für Signale) in den Computer.

Codieren und Decodieren von Informationen

Äußere Ereignisse wirken auf Sensoren und lösen Signale aus. Das erfasste Ereignis kann ein von einem Dieb geöffnetes Fenster sein oder eine Lichtschranke, die von einem Fahrzeug unterbrochen wird.
Das alleinige Melden des Ereignisses genügt in vielen Fällen nicht. Man benötigt z. B. bei einem Windmesser noch zusätzlich die Information, wie schnell sich das Windrad dreht, also wie oft eine Lichtschranke pro Sekunde unterbrochen wird. Das vom Sensor gelieferte Signal kann die Zustände „high“ (+5 V) und „low“ (0 V) annehmen. Das Programm entnimmt hieraus die entsprechende Information.

- Beschreibt mit Tabelle oder Programmablaufplan genau, welche Informationen wie und in welcher Reihenfolge aus dem Eingangssignal gewonnen werden sollen.

- Wählt je nach Aufgabenstellung eines oder mehrere der folgenden Sprachelemente (Befehlsbausteine) aus. Die Programmiersprache „Q-Basic“ befindet sich in jeder WIN 3.x-Installation als Datei „qb.exe“ im Verzeichnis „C:\DOS“ und läuft auch unter WIN 95.
- Bindet die ausgewählten Befehlsbausteine in einen der beiden Strukturbausteine für komplette Programme ein.
- Untersucht die Programmbeispiele von Seite 275 auf ihre Eignung.

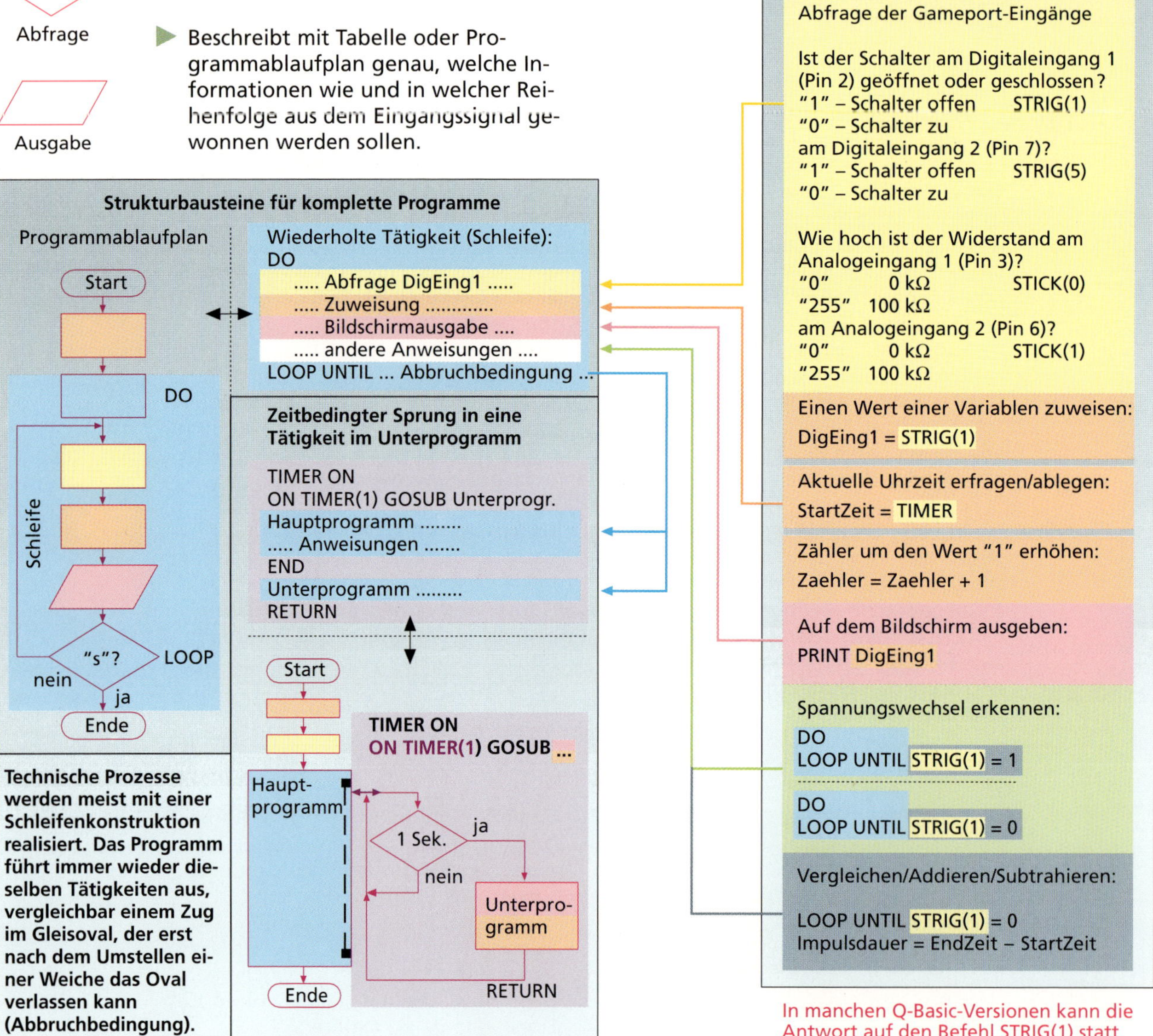

In manchen Q-Basic-Versionen kann die Antwort auf den Befehl STRIG(1) statt „1“ auch „-1“ lauten.

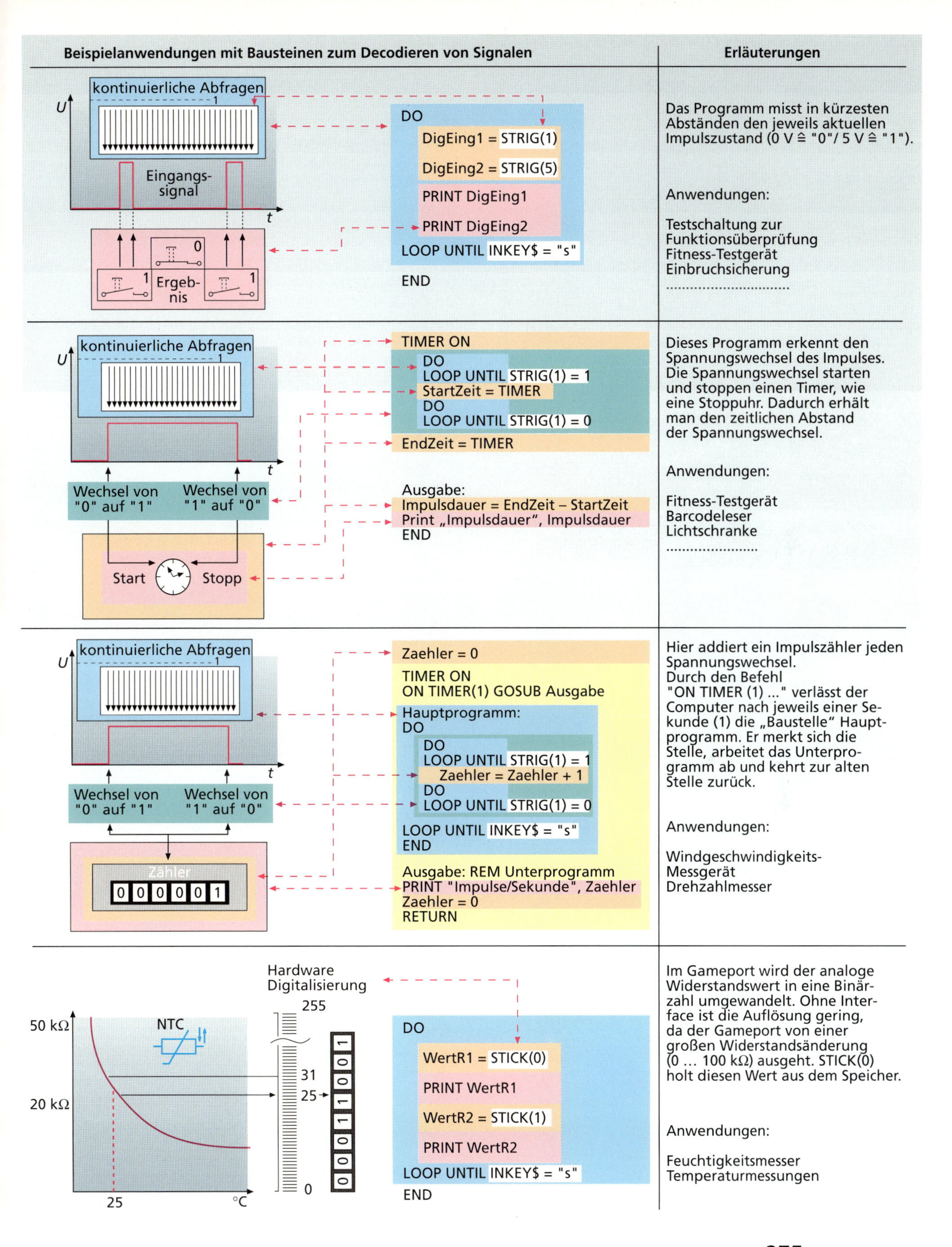
Beispielanwendungen mit Bausteinen zum Decodieren von Signalen
Erläuterungen
kontinuierliche Abfragen
U
1
Eingangs-
signal
t
0
1
Ergeb-
nis
1
DO
DigEing1 = STRIG(1)
DigEing2 = STRIG(5)
PRINT DigEing1
PRINT DigEing2
LOOP UNTIL INKEY$ = "s"
END
Das Programm misst in kürzesten Abständen den jeweils aktuellen Impulszustand (0 V ≙ "0"/ 5 V ≙ "1").
Anwendungen:
Testschaltung zur Funktionsüberprüfung
Fitness-Testgerät
Einbruchsicherung
....
kontinuierliche Abfragen
U
1
t
Wechsel von "0" auf "1"
Wechsel von "1" auf "0"
Start
Stopp
TIMER ON
DO
LOOP UNTIL STRIG(1) = 1
StartZeit = TIMER
DO
LOOP UNTIL STRIG(1) = 0
EndZeit = TIMER
Ausgabe:
Impulsdauer = EndZeit – StartZeit
Print „Impulsdauer“, Impulsdauer
END
Dieses Programm erkennt den Spannungswechsel des Impulses. Die Spannungswechsel starten und stoppen einen Timer, wie eine Stoppuhr. Dadurch erhält man den zeitlichen Abstand der Spannungswechsel.
Anwendungen:
Fitness-Testgerät
Barcodeleser
Lichtschranke
....
kontinuierliche Abfragen
U
1
t
Wechsel von "0" auf "1"
Wechsel von "1" auf "0"
Zähler
0 0 0 0 0 1
Zaehler = 0
TIMER ON
ON TIMER(1) GOSUB Ausgabe
Hauptprogramm:
DO
DO
LOOP UNTIL STRIG(1) = 1
Zaehler = Zaehler + 1
DO
LOOP UNTIL STRIG(1) = 0
LOOP UNTIL INKEY$ = "s"
END
Ausgabe: REM Unterprogramm
PRINT "Impulse/Sekunde", Zaehler
Zaehler = 0
RETURN
Hier addiert ein Impulszähler jeden Spannungswechsel. Durch den Befehl "ON TIMER (1) ..." verlässt der Computer nach jeweils einer Sekunde (1) die „Baustelle“ Hauptprogramm. Er merkt sich die Stelle, arbeitet das Unterprogramm ab und kehrt zur alten Stelle zurück.
Anwendungen:
Windgeschwindigkeits-Messgerät
Drehzahlmesser
Hardware Digitalisierung
255
50 kΩ
NTC
31
25
20 kΩ
0
0 0 0 1 1 0 0 1
25
°C
DO
WertR1 = STICK(0)
PRINT WertR1
WertR2 = STICK(1)
PRINT WertR2
LOOP UNTIL INKEY$ = "s"
END
Im Gameport wird der analoge Widerstandswert in eine Binärzahl umgewandelt. Ohne Interface ist die Auflösung gering, da der Gameport von einer großen Widerstandsänderung (0 … 100 kΩ) ausgeht. STICK(0) holt diesen Wert aus dem Speicher.
Anwendungen:
Feuchtigkeitsmesser
Temperaturmessungen

Signalerfassung und Signalverarbeitung in Natur und Technik

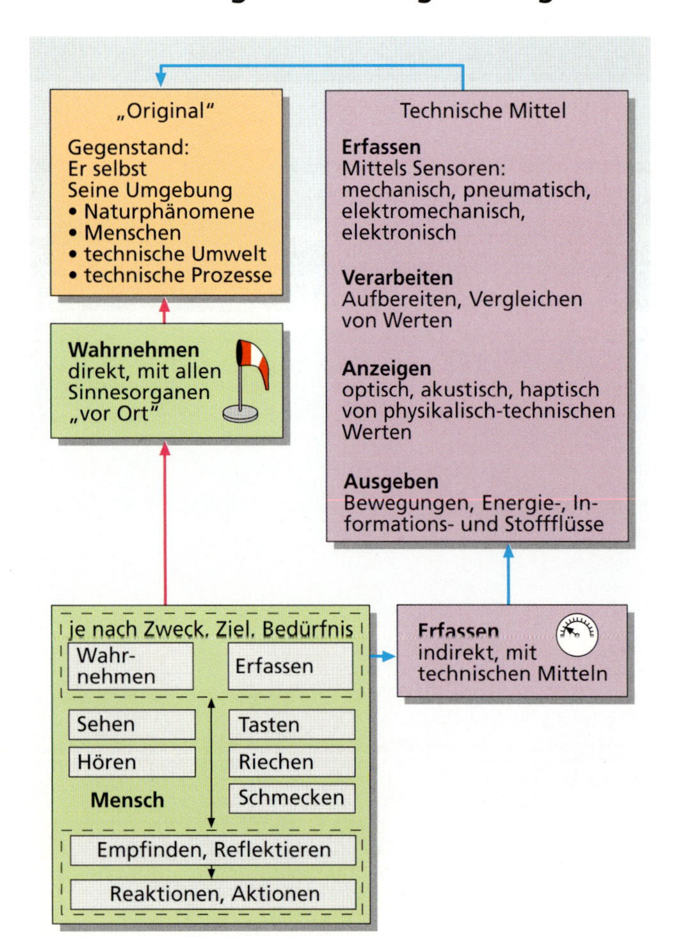

Unsere Sinne helfen, die Umgebung zu erfassen und zu verstehen. Wir können z. B. feststellen, wie hoch der Behälter einer Kaffeemaschine mit Wasser gefüllt ist, ob ein Gegenstand feucht oder trocken und ob dieser warm oder kalt ist.

Unsere Sinne können die empfangenen Signale aber häufig nicht eindeutig wahrnehmen. Dies kann zu Verfälschungen der codierten Informationen führen. Deshalb benötigen wir bei der direkten Wahrnehmung eines Sachverhalts mit unseren Sinnen meistens eine Vergleichsmöglichkeit (Maßstab). Die am Wasserbehälter angebrachte Tassenskala hilft z. B. beim Vergleich des Wasserstands mit der Skala, die Menge an Tassen zu erfassen.

An Autobahnbrücken mit Seitenwindgefahr erfasst ein Windsack Windrichtung und Windstärke. Er dreht sich mit dem Wind und erscheint je nach Windstärke mehr oder weniger prall gefüllt. Ein Autofahrer kann aufgrund seiner Erfahrung diese Kombination der Anzeigen richtig deuten und als Reaktion sein Fahrverhalten ändern.

Objekt	Physikalische Größe/Mittel/Funktion	Erfassen und Anzeigen
Windsack	Winddruck/Windsack/Aerodynamik: Aufblähen eines Hohlraumes durch Staudruck	Erfassen: mit Auge (optisch) Anzeigen: durch Form und Richtung des Windsackes (mechanisch)
Elektronisches Fieberthermometer	elektrischer Widerstand/ Analog-Digital-Wandler/ Umwandlung von Temperatursignalen in elektrische Signale	Erfassen: durch Sensorwiderstand Anzeigen: durch Display (digitale Anzeige)
Quecksilber-Fieberthermometer	Ausdehnung von Flüssigkeiten/ Röhrchen/ temperaturabhängige Volumenänderung	Erfassen: Volumenänderung der Flüssigkeit Anzeigen: durch Länge der Flüssigkeitssäule (analoge Anzeige)
Fritteuse	Widerstandsänderung/ Bimetallschalter/ temperaturabhängiges Öffnen und Schließen eines Schalters	Erfassen: durch Schalterzustand Anzeigen: durch Zustand einer Signallampe (leuchtet/ leuchtet nicht; binäre Anzeige)

Es gibt eine Vielfalt von Sensoren, die stellvertretend für den Menschen physikalische Größen erfassen. Sie müssen dann in der für unsere Wahrnehmung (optisch, akustisch, ...) geeigneten Weise angezeigt werden. Die Anzeige erfolgt analog oder digital mit der erforderlichen Präzision. Die analoge Anzeige eignet sich besonders zum Anzeigen von Tendenzen. Die digitale Anzeige eignet sich zum Erkennen von „Momentaufnahmen" (Wie hoch ist das Fieber?).

Signalerfassung und Signalverarbeitung mit Computern

Mit Sensoren und weiteren technischen Mitteln (Interfaces) können Computer physikalische Größen erfassen, verarbeiten und z.B auf dem Monitor ausgeben. Zusätzlich können wir den Computer veranlassen, die Werte zu speichern oder Maßnahmen zu ergreifen, damit z.B. eine Gefahr abgewendet wird (Feuerwarnanlage).
Sensoren wie NTC und PTC erfassen eine physikalische Größe (Temperatur) durch Ändern ihres Widerstandswerts.
Ein Analog-Digital-Wandler in einem Interface setzt die Widerstandswerte in Zahlenwerte (0...100 kΩ → 0...255) um.
Mit der IF ... THEN ... ELSE IF-Struktur des Hauptprogramms können diese Werte mit einer „Skala" verglichen und analog oder digital auf dem Monitor angezeigt werden.

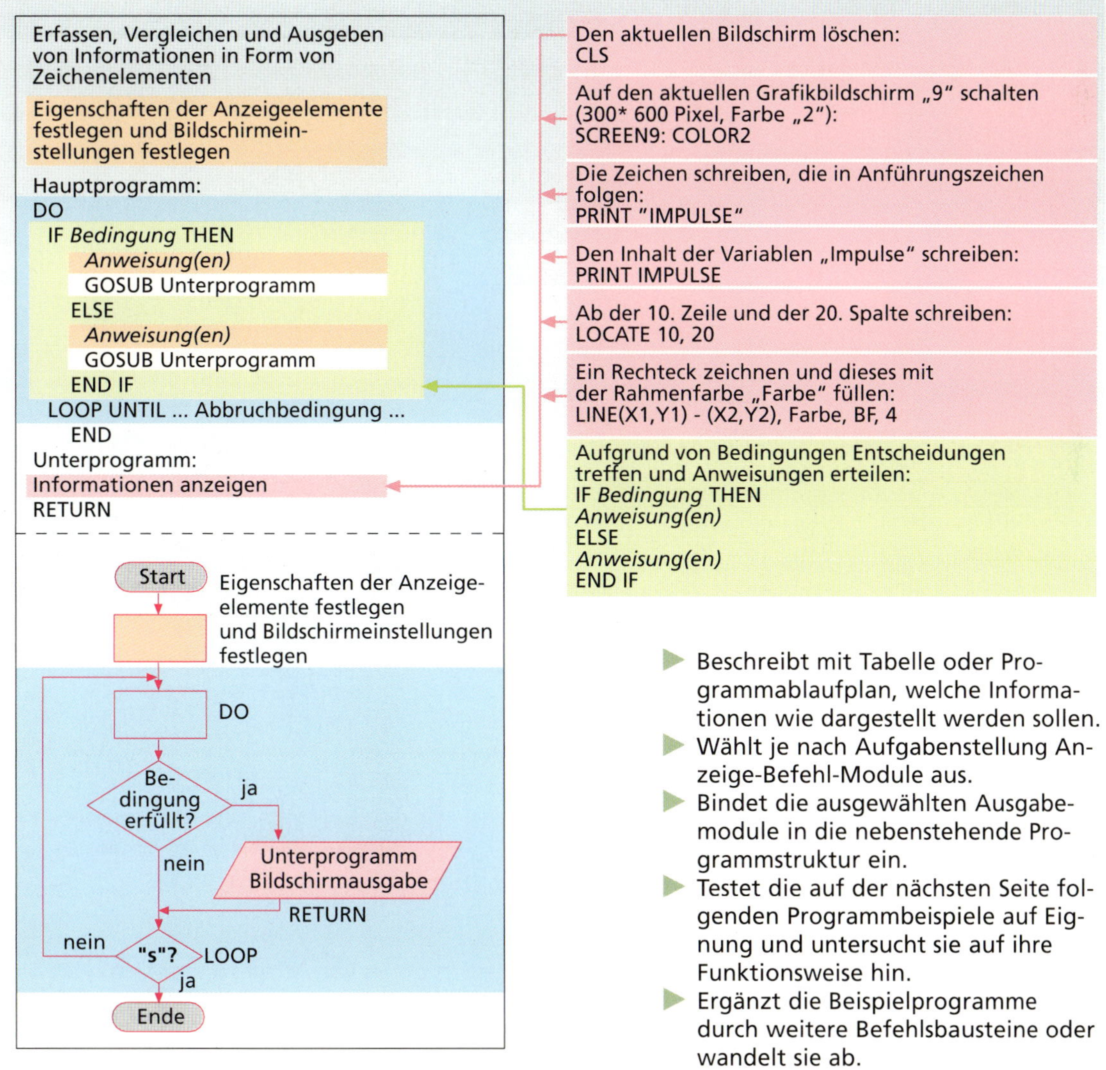

Erfassen, Vergleichen und Ausgeben von Informationen in Form von Zeichenelementen

Eigenschaften der Anzeigeelemente festlegen und Bildschirmeinstellungen festlegen

Hauptprogramm:

```
DO
  IF Bedingung THEN
      Anweisung(en)
      GOSUB Unterprogramm
    ELSE
      Anweisung(en)
      GOSUB Unterprogramm
    END IF
  LOOP UNTIL ... Abbruchbedingung ...
    END
```

Unterprogramm:

```
Informationen anzeigen
RETURN
```

Den aktuellen Bildschirm löschen:
CLS

Auf den aktuellen Grafikbildschirm „9" schalten (300* 600 Pixel, Farbe „2"):
SCREEN9: COLOR2

Die Zeichen schreiben, die in Anführungszeichen folgen:
PRINT "IMPULSE"

Den Inhalt der Variablen „Impulse" schreiben:
PRINT IMPULSE

Ab der 10. Zeile und der 20. Spalte schreiben:
LOCATE 10, 20

Ein Rechteck zeichnen und dieses mit der Rahmenfarbe „Farbe" füllen:
LINE(X1,Y1) - (X2,Y2), Farbe, BF, 4

Aufgrund von Bedingungen Entscheidungen treffen und Anweisungen erteilen:
IF *Bedingung* THEN
Anweisung(en)
ELSE
Anweisung(en)
END IF

Start
Eigenschaften der Anzeigeelemente festlegen und Bildschirmeinstellungen festlegen
DO
Bedingung erfüllt?
ja
nein
Unterprogramm Bildschirmausgabe
RETURN
nein
"s"?
LOOP
ja
Ende

- Beschreibt mit Tabelle oder Programmablaufplan, welche Informationen wie dargestellt werden sollen.
- Wählt je nach Aufgabenstellung Anzeige-Befehl-Module aus.
- Bindet die ausgewählten Ausgabemodule in die nebenstehende Programmstruktur ein.
- Testet die auf der nächsten Seite folgenden Programmbeispiele auf Eignung und untersucht sie auf ihre Funktionsweise hin.
- Ergänzt die Beispielprogramme durch weitere Befehlsbausteine oder wandelt sie ab.

Örtlich unbestimmte Zeichenausgabe

80 Spalten (Y)

Befehl:
CLS
PRINT: "Impulse/ min", 60
Impulse/ min: 60
Impulse/ min: 60
Impulse/ min: 60
Impulse/ min: 60
Impulse/ min: 60
Impulse/ min: 60
Impulse/ min: 60
Impulse/ min: 60

25 Zeilen (X)

Örtlich bestimmte Zeichenausgabe

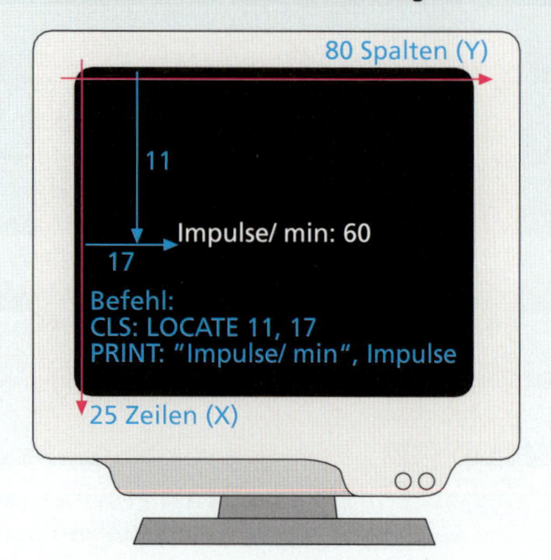


```
REM: Anzeige des Digitaleingangs 1 (als Leuchtfeld)
REM: Rechteckwerte:
        DigAnzeigX1 = 450: DigAnzeigX2 = 500
        DigAnzeigY1 = 100: DigAnzeigY2 = 150
        rot = 4: blau = 1
REM: Bildschirmeinstellungen:
        CLS: SCREEN9: COLOR2
REM: Hauptprogramm:
        DO
            IF STRIG(1) = 1 THEN
                Farbe = rot
                GOSUB DigitalAusgabe1
            ELSE
                Farbe = blau
                GOSUB DigitalAusgabe1
            END IF
        LOOP UNTIL INKEY$ = "s"
        END
DigitalAusgabe1:
        LINE (DigAnzeigX1, DigAnzeigY1) - (DigAnzeigX2, DigAnzeigY2), Farbe, BF, 4
        RETURN
```

600 X
oder
DigAnzeigY1
DigAnzeigY2
DigAnzeigX1
DigAnzeigX2
300 Y

```
REM: Programm zur Balkenanzeige des Analogeingangs 1
REM: Balkenwerte:
        BalkXstart = 200: BalkYstart = 300
        BalkXende = 220: GegBalkYende = 50

REM: Bildschirmeinstellungen:
        CLS: SCREEN9: COLOR2

REM: Hauptprogramm:
        DO
            MessWert = STICK(0)
            BalkYende = BalkYstart - MessWert
            GOSUB Anzeigen:
        LOOP UNTIL INKEY$ = "s"
        END

REM: Unterprogramm
Anzeigen:
        LINE (BalkXstart, BalkYstart) - (BalkXende, BalkYende), 4, BF, 4
        LINE (BalkXende, BalkYende) - (BalkXstart, GegBalkYende), 1, BF, 4
        RETURN
```

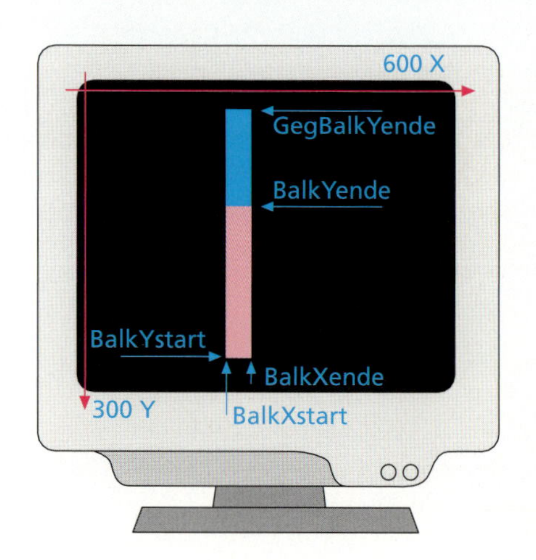

Ausgabe von Impulsen über die Leitungen des Druckerausgangs des PC

Der Computer soll die Arbeitsergebnisse nicht nur auf dem Bildschirm anzeigen. Er soll für uns auch auf andere Maschinen und Geräte Einfluss nehmen. So kann er in einer Intensivstation die Lebensfunktionen der Patienten überwachen, dokumentieren und bei Gefahr einen Arzt oder eine Ärztin herbeirufen. In der Technik kann er z. B. zum Steuern einer Werkzeugmaschine oder zum Regeln des Klimas in einem Gewächshaus eingesetzt werden.

Ein Tor zur Außenwelt ist der Druckerausgang (LPT1). Dieser Druckerport hat eine Adresse (888, manchmal auch 956), unter der er ansprechbar ist. Durch dieses Tor führen acht Leitungen.

Befehlsbausteine zur Ausgabe von Impulsen

Schaltbefehl

OUT 888, xxx

Schaltet die Signalleitung(en) xxx auf +5 V
888 – bei manchen Computern: 956
xxx – steht für den dezimalen Stellenwert der Ausgabeleitung

Zeitbefehl

FOR T = 1 TO yyy: NEXT T

yyy – Die Größe des Wertes entscheidet über die Schaltdauer

Impulsausgabe am Druckerport (Blinklicht, Leitung PB0)

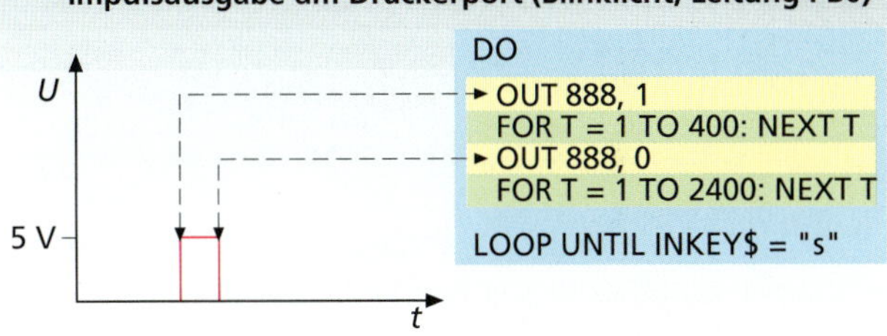

Die Ausgabe von Signalen über den Druckerausgang des PC

7	6	5	4	3	2	1	0	Signalleitung Nr.: PB...
2^7	2^6	2^5	2^4	2^3	2^2	2^1	2^0	Binärwerte/ Leitungen
128	64	32	16	8	4	2	1	Dezimalwerte/ Leitungen
5V	5V	5V	5V	5V	5V	5V	5V	Spannungszustände

Beispiel: An den Leitungen 0, 2, 3, 5 und 6 sollen +5 V anliegen

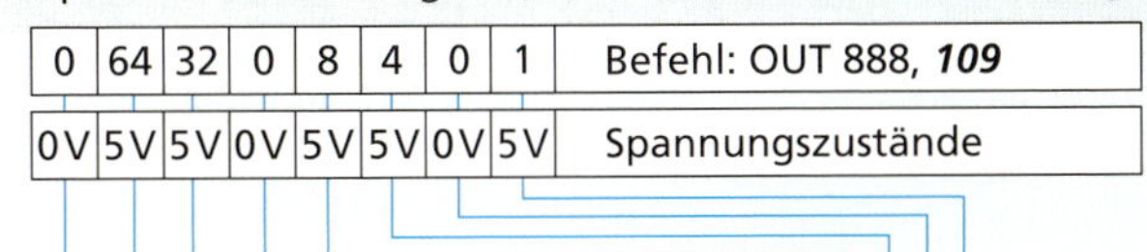

0	64	32	0	8	4	0	1	Befehl: OUT 888, ***109***
0V	5V	5V	0V	5V	5V	0V	5V	Spannungszustände

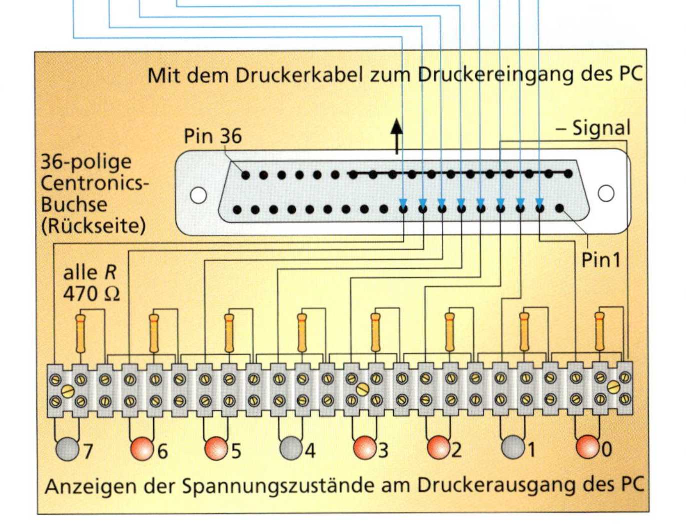

Anzeigen der Spannungszustände am Druckerausgang des PC

Diese Leitungen können unabhängig voneinander auf 0 V oder +5 V Spannung (zur Masse, Pin 25) geschaltet werden. Es sollte nicht mehr als ca. 10 mA Strom je Leitung fließen.

Die nebenstehende Brettchenschaltung eignet sich zur Anzeige der Spannungszustände auf den acht Datenleitungen des Druckerports und zum Programmieren eines Blink- oder Lauflichts. Für das Schalten größerer Leistungen, z. B. für Elektromotoren, wird ein Relaisinterface benötigt.

- Beschreibt mit Tabelle oder Programmablaufplan genau, zu welcher Zeit welcher Spannungszustand auf welcher Leitung anliegen soll.
- Wählt aus nebenstehender Übersicht die Dezimalwerte der entsprechenden Leitungen aus und addiert sie. Das Ergebnis wird dem Schaltbefehl hinzugefügt, in unserem Beispiel: OUT 888, 109.
- Bindet die „Schaltbefehle" mit dem auf die Schaltdauer abgestimmten „Zeitbefehl" in die oben dargestellte Programmstruktur ein.

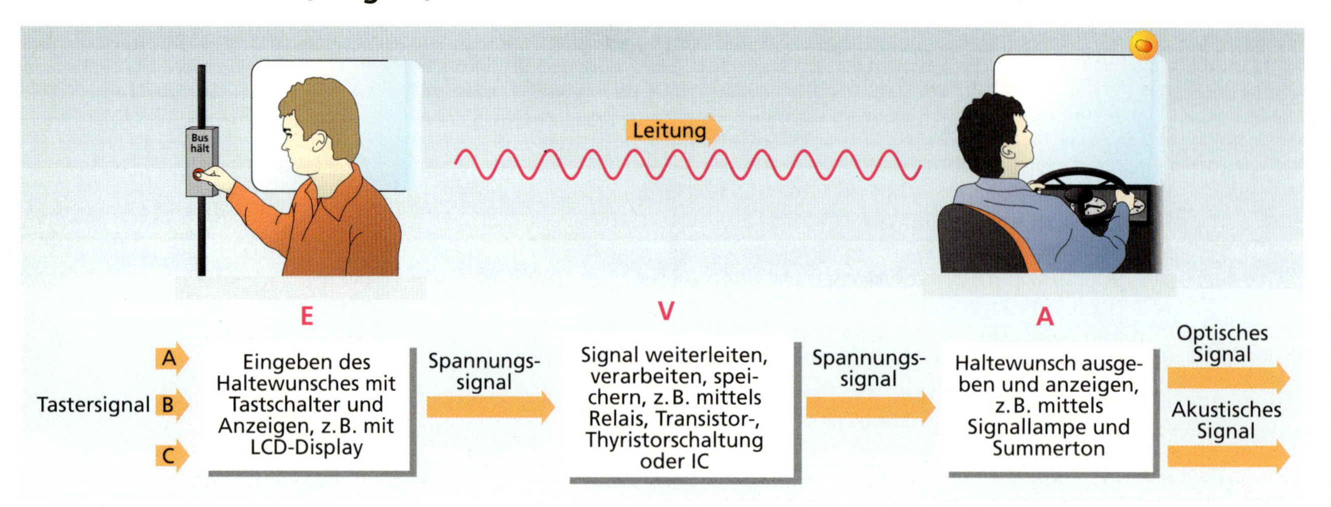

1 Blockschaltbild für Bus-Stopp

Steuern
Wenn du mit einem Bus oder einer Straßenbahn fährst und an der nächsten Haltestelle aussteigen möchtest, drückst du die Stopp-Taste. Dadurch wird ein Kontakt geschlossen, der ein elektrisches Signal zu einer Lampe beim Fahrer weitergibt. Du gibst dem Fahrer die Information: „Ich möchte an der nächsten Haltestelle aussteigen." Der Fahrer beobachtet die Signallampe und entnimmt daraus die ***Information***, dass Fahrgäste bei der nächsten Haltestelle aussteigen möchten. Das ***Signal*** bleibt gespeichert, bis es der Fahrer löscht.

Da die Signaleingabe von verschiedenen Stellen aus erfolgen kann, den Stellen A oder B oder C usw., spricht man von einer ODER-Schaltung. Dieser Wirkungszusammenhang lässt sich in einem ***Blockschaltbild*** darstellen.

Bei unserem Beispiel könnte die logische ODER-Verknüpfung durch parallel geschaltete Taster realisiert werden. Als ***Speicherglied*** könnte man ein Relais in Selbsthalteschaltung, einen Thyristor, eine bistabile Kippstufe mit Transistoren oder ein IC mit Speicherfunktion verwenden.

Bei der soeben beschriebenen Steuerung können die Taster nur zwei Schaltstellungen einnehmen, sie sind geschlossen oder offen. Die Lampe leuchtet oder leuchtet nicht. Die Signale werden somit ***binär*** verarbeitet.

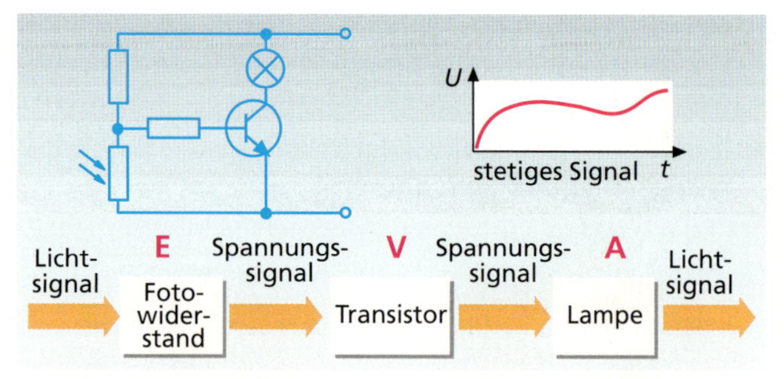

2 Blockschaltbild: Helligkeitssteuerung einer Lampe

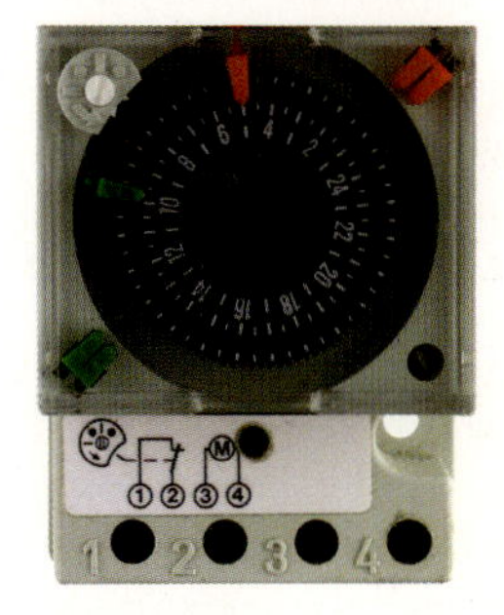

3 Schaltuhr

Eine Dunkelschaltung, bei der eine Lampe mit einem Transistor direkt gesteuert wird, kann ***automatisch*** und ***stetig*** arbeiten.

Eine Lampe kann mit einer Schaltuhr gesteuert werden. So eine Steuerung bezeichnet man als ***Programmsteuerung.***

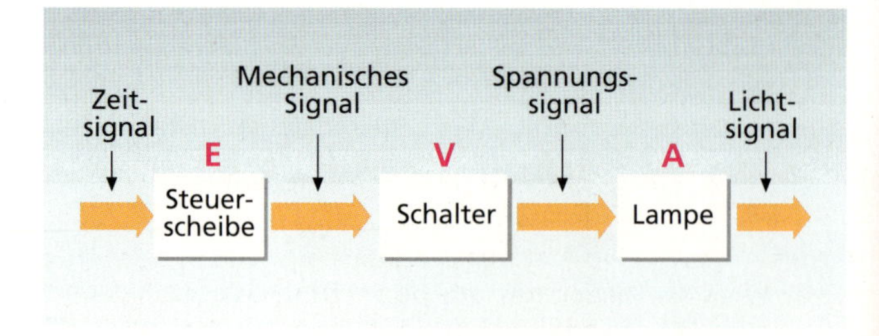

4 Blockschaltbild: Programmsteuerung einer Lampe

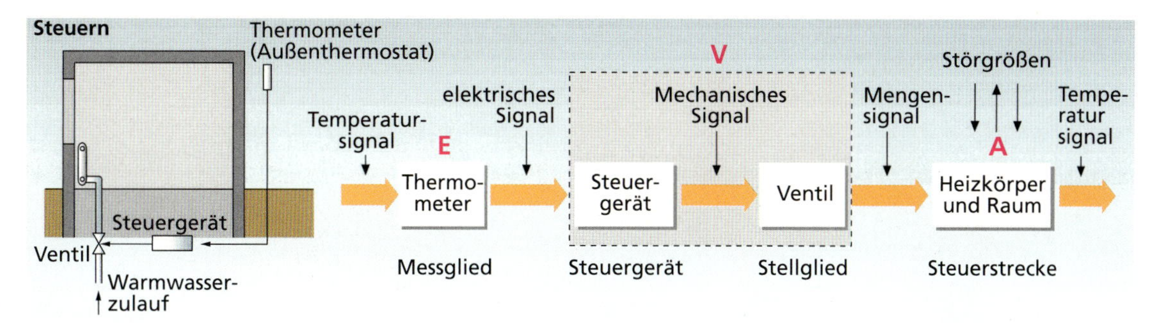

5 Prinzipdarstellung und Blockschaltbild einer Raumtemperatur-Steuerung

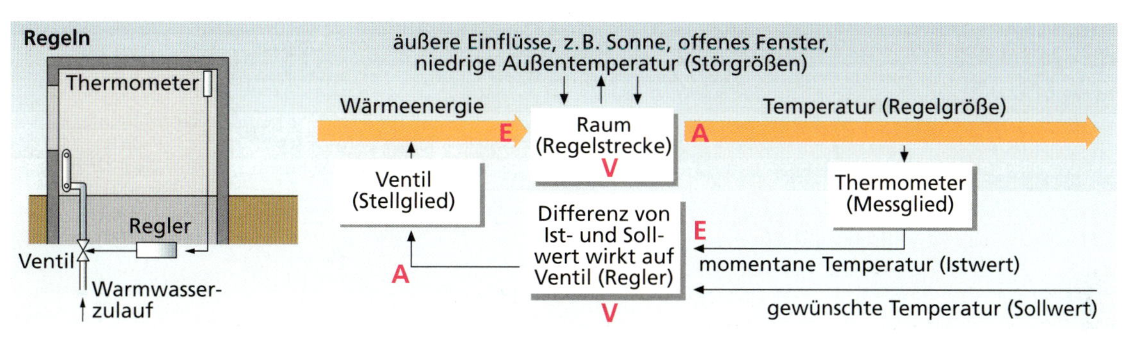

6 Prinzipdarstellung und Blockschaltbild einer Raumtemperatur-Regelung

Raumtemperatur steuern

Wird die Temperatur eines Raumes in Abhängigkeit von der Außentemperatur gesteuert, muss die Außentemperatur erfasst werden. Der Messwert wird einer Steuereinrichtung zugeführt. Sinkt die Außentemperatur unter einen bestimmten Wert, so öffnet sich das Ventil und der Heizkörper gibt Wärme ab. Die Raumtemperatur bzw. die Ausgangsgröße wirkt nicht auf die Eingangsgröße der Steuerung (= Außentemperatur) zurück. Die Heizung arbeitet ausschließlich in Abhängigkeit von der Außentemperatur, ganz gleich ob der Raum durch die Sonne aufgeheizt wird oder durch langes Lüften kalt ist. Die Steuerung reagiert also nicht auf Temperaturänderungen im Raum.

Steuern ist ein Vorgang, bei dem eine oder mehrere Größen am Eingang andere Größen am Ausgang nach einer bestimmten Gesetzmäßigkeit beeinflussen. Die Ausgangsgrößen wirken nicht auf die Eingangsgrößen zurück. Diesen offenen Wirkungsablauf bezeichnet man als ***Steuerkette.***

Raumtemperatur regeln

Soll sich die Temperatur eines Raumes automatisch auf einen gewünschten Wert einstellen, muss die Raumtemperatur dauernd erfasst werden. Der gemessene Wert (Istwert) wird bei einer Temperaturregelung im Regler mit dem gewünschten Wert (Sollwert) verglichen. Bei einer Abweichung des Istwerts vom Sollwert wird das Signal an das Ventil (Stellglied) weitergegeben. Die Wärmeabgabe ändert sich. Die Temperatur wird wieder verglichen. Dies wiederholt sich fortlaufend, bis die Temperaturdifferenz sehr klein geworden ist.
Im Gegensatz zur offenen Steuerkette ist beim Regelvorgang der Wirkungskreislauf geschlossen. Störungen von außen werden berücksichtigt und automatisch korrigiert.

Regeln ist ein Vorgang, bei dem die zu beeinflussende Größe fortlaufend gemessen und einem gewünschten Wert angeglichen wird. Der Wirkungsablauf ist ein geschlossener Kreisprozess. Man bezeichnet ihn als ***Regelkreis.***

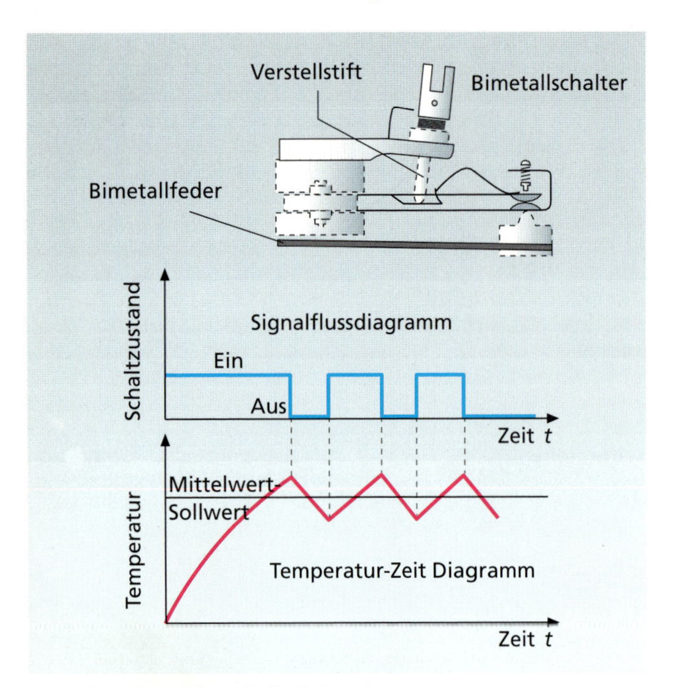

1 Zweipunktregelung beim Bügeleisen

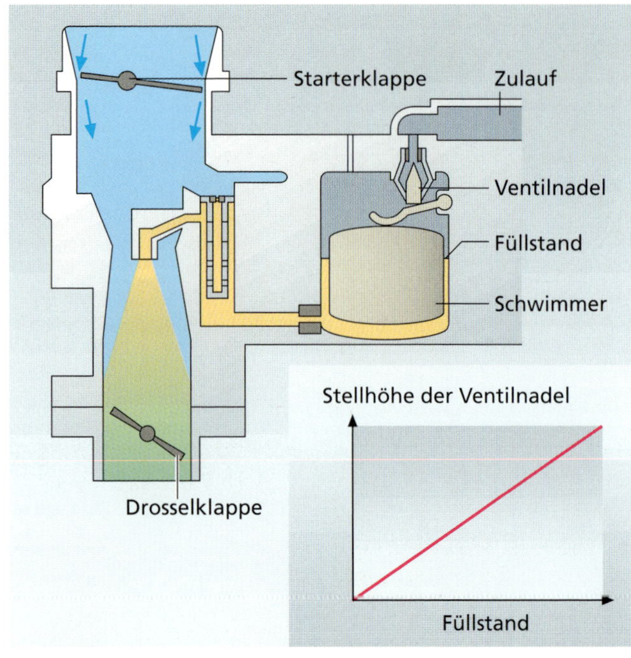

2 Stetige Regelung beim Vergaser

Zweipunktregelung

Beim Bügeleisen wird die Temperatur an der Sohle mit einem Bimetallschalter geregelt. Ist die gewünschte Temperatur (Sollwert) erreicht, schaltet der Bimetallschalter den Strom für die Heizwendel ab. Bei Abkühlung wird der Heizstromkreis wieder zugeschaltet. Da es nur zwei Schaltzustände gibt, Strom fließt oder fließt nicht, bezeichnet man so eine Regelung als ***unstetige Regelung*** oder als ***Zweipunktregelung.*** Die Temperaturhöhe, bei welcher der Heizstrom unterbrochen werden soll, kann mit der Stoffwahlscheibe des Bügeleisens eingestellt werden. Bei richtig eingestelltem Temperaturbereich spielt der Feuchtigkeitsgrad der Wäsche keine Rolle. Bei feuchter Wäsche wird das Bügeleisen automatisch häufiger erwärmt als bei trockener Wäsche. Das Bügeleisen korrigiert die „Störung" automatisch.

Bei einer Zweipunktregelung pendelt die Temperatur dauernd zwischen zwei Werten. Der Sollwert wird nur als Mittelwert erreicht. Zweipunktregelungen können verwendet werden, wenn es nicht auf ein genaues Einhalten des Sollwerts ankommt, z.B. beim Kühlschrank, beim Heizkissen, bei Kochplatten oder Warmwasserboilern.

Stetige Regelung

Beim Vergaser hebt und senkt sich der Füllstand des Kraftstoffs in der Schwimmerkammer, wenn Zufluss und Abfluss verschieden groß sind. Der Füllstand wird durch einen Schwimmer erfasst. Dieser schließt und öffnet mit einer Nadel den Zufluss. Die Nadel sitzt direkt auf dem Schwimmer oder wird über ein Hebelsystem betätigt. Sie reagiert auf die kleinste Änderung des Flüssigkeitsstands. Zwischen oberem und unterem Anschlag kann die Nadel jeden beliebigen Zwischenwert annehmen.

Man bezeichnet diese kontinuierlich arbeitende Regelung als ***stetige Regelung.*** Sie wird auch als ***Proportionalregelung*** bezeichnet, da die Verstellung der Ventilnadel einer Abweichung vom gewünschten Füllstand proportional folgt.

Die Kennlinie in Abb. 2 zeigt diesen Zusammenhang. Ist allerdings die Kraftstoffzufuhr unterbrochen oder die Abflussmenge durch die Hauptdüse größer als die größtmögliche Zulaufmenge, so liegt keine proportionale Funktion mehr vor.

Einteilung von Steuerungen und Regelungen

Man kann Steuerungen und Regelungen nach verschiedenen Gesichtspunkten einteilen, z.B.

- nach der Art der Betätigung
  – willensabhängig arbeitend (Handsteuerungen, Handregelungen)
  – automatisch arbeitend (automatische Steuerungen oder Regelungen)
- nach der Art der zu beeinflussenden physikalischen Größe (z.B. Temperatur-, Druck-, Licht-, Durchflussmengen-, Geschwindigkeitssteuerungen oder -regelungen)
- nach der Art der Signalverarbeitung (stetig oder unstetig arbeitende Steuerungen und Regelungen)
- nach der Einbeziehung von Computern (Steuerungen und Regelungen ohne oder mit Computer).

Automatisieren

Durch Steuerungen und Regelungen können technische Vorgänge automatisiert werden, also ohne Zutun des Menschen ablaufen.

Die Verkehrsregelung durch einen Polizisten kann von einer Ampel übernommen werden. Allerdings wird bei einer automatisch arbeitenden Verkehrssteuerung der Fahrzeugfluss nicht beobachtet. Die Ampel steuert ihn also lediglich. Durch Kontaktstreifen in den Fahrbahnen kann die Verkehrsdichte aber erfasst werden. Der Verkehr wird nun nicht mehr automatisch gesteuert, sondern automatisch geregelt, weil der Fahrzeugfluss gemessen und entsprechend beeinflusst wird. Damit es bei vielen Kreuzungen nicht zu einem Verkehrschaos kommt, können die Daten in einem zentralen Rechner erfasst und die Ampeln mit einem Computerprogramm geregelt werden.

Weitere Beispiele für automatische Steuerungen und Regelungen sind u.a. Waschmaschine, Geschirrspüler, Toaster, Schweißroboter, Flaschenabfüllanlagen oder Kraftwerke.

Viele technische Prozesse könnten ohne automatische Abläufe nicht funktionieren. Automaten nehmen den Menschen körperliche und geistige Routinearbeit und gesundheitsschädigende Arbeit ab. Sie entlasten, erhöhen die Produktivität, setzen aber auch Arbeitskräfte frei. Es entstehen neue Tätigkeiten, z.B. das Einstellen, Kontrollieren und Überwachen der Automaten. Die erhöhte Produktivität bedarf allerdings einer entsprechenden Nachfrage nach den produzierten Gütern auf dem Binnen- und Weltmarkt.

3 Automatischer Tomatenpflücker

4 Flaschenabfüllanlage

Steuern mit dem Computer: Bohr- und Fräsautomat

Bei der Herstellung von technischen Gegenständen in Mehrfachfertigung werden immer häufiger computergesteuerte Maschinen eingesetzt, die die Arbeitsgänge weitgehend „automatisch" steuern.

Arbeitsauftrag

Am Beispiel eines Mühlespiels lässt sich die Arbeitsweise einer CNC-Maschine verdeutlichen.

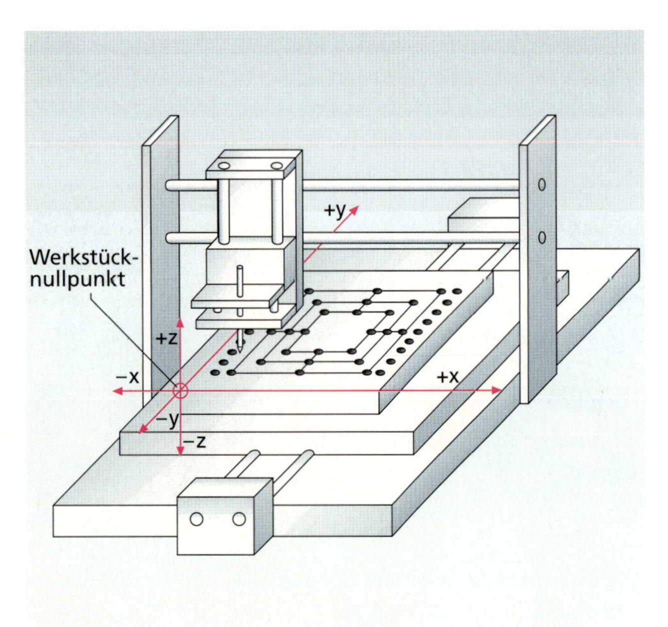

1 Mühlespiel auf dem Koordinatentisch

Analyse der Bewegungen der Maschine und ihre Umsetzung in Befehle für eine CNC-Maschine

CNC: Computerized Numerical Control = computergesteuert

Untersuche mit der Handsteuerung die zur Herstellung des Mühlespiels notwendigen Bewegungen der Maschine.

- Befestige auf der Arbeitsfläche des Koordinatentisches eine Platte mit einer technischen Zeichnung des Werkstücks auf Millimeterpapier.
- Spanne einen Bleistift in die Werkzeughalterung.
- Positioniere mit der Handsteuerung die Bleistiftspitze auf den Werkstücknullpunkt (Abb. 1).
- Speichere den Nullpunkt mit der Tastenkombination <Strg>+<Ende>.
- Fahre mit der Handsteuerung den Fahrweg zur Realisierung der ersten Bohrung ab und lies die eingeblendeten Werte tür X und Y ab.
- Trage die Werte in die vorbereitete Tabelle ein (ähnlich Tabelle 1).
- Entwickle nun Schritt für Schritt und unter Zuhilfenahme einer CNC-Befehlsliste das Programm für dein Mühlespiel.
- Durch die Eingabe der Befehle im „Direktmodus" können diese auf ihre Korrektheit überprüft werden.
- Wenn das Programm nach dem Probelauf fertig ist, kannst du die Zeichnung von der Platte entfernen und das Mühlespiel herstellen.

! Beachte die Sicherheitshinweise des Herstellers!

Direktbefehlsmodus: *Bei den meisten Programmen kann ein einzelner CNC-Befehl eingegeben und sofort ausgeführt werden.*

Bewegungen des Werkzeugs	CNC-Befehl	X-Achse	Y-Achse	Z-Achse	sonstige Aktionen	Bedeutung
1. Werkzeug auf einen Sicherheitsabstand von 5 mm anheben	G00	X0	Y0	Z5		Fahre im Eilgang
2. Werkzeug auf den Anfangspunkt einer Fräslinie fahren (z. B. X30, Y30)	G00	X30	Y30			Fahre im Eilgang
3. Werkzeug ins Material eintauchen (z. B. Tiefe 0,5 mm)	G01	X30	Y30	Z–0,5	F100	Fahre mit Materialeingriff
4. Linie fräsen (z. B. von Position X30, Y30 bis Position X30, Y120)	G01	X30	Y120			

Tabelle 1: Arbeitsblatt zur Erstellung des CNC-Programms

F100: *Vorschubgeschwindigkeit von 10 mm/s*

Untersuchung der Qualität der Fräsnut			
Fräsertyp	Drehzahl Frässpindel	Vorschub (F)	Ergebnis: 0/+/–

Tabelle 2: Untersuchung der Qualität der Fräsnut

2 CAD-CNC-Arbeitsplatz

Optimieren der Qualität der Arbeit

Diese hängt vom „Dreiklang" Vorschubgeschwindigkeit (F), Drehzahl der Fräserspindel (Rändelrad 1...6) und dem Fräsertyp ab.
Versetze die Frässtrecke auf einem Probestück um jeweils 10 mm in der y-Achse, ändere jeweils eine Größe des Fräsvorgangs, beobachte die Auswirkungen auf die Qualität der Fräsnut und trage die Beobachtungsergebnisse in Tabelle 2 ein.
Die Eingabe jedes einzelnen Arbeitsschritts ist zeitintensiv und erfordert hohe Konzentration. Außerdem muss zuvor noch die technische Zeichnung zu dem Werkstück erstellt werden. Deshalb hat man sich schon bald um eine bessere Lösung bemüht. Das Zeichenprogramm (CAD) wurde durch ein Programm ergänzt, das die mühsame Übersetzung der Einzelschritte in die Sprache der Maschine übernimmt.

CAD: *Computer Aided Design = computerunterstütztes Konstruieren*

Tipps für die Herstellung des Mühlespiels mit der CAD-CNC-Koppelung

Erstelle zunächst mithilfe des CAD-Programms die unten stehende technische Zeichnung. Die Umrisslinie des Werkstücks und die Bemaßung erstelle im Layer 9 (grau), die Kreislöcher im Layer 1 (hellgrün) und die Frässtrecken im Layer 2 (hellblau). Die Objekte im Layer 9 werden bei der Fertigung von der Maschine nicht berücksichtigt.
Ordne nun den Objekten in Layer 2 (Frässtrecken) die Technologiedaten zu, die du schon erkundet hast. Dies sind: Vorschubgeschwindigkeit (10 mm/s; Befehl: F100), Fräserdurchmesser (2 mm) und die Frästiefe (2 mm). Die Drehzahl des Fräsers sollte bei 1900 U/min (Rändelmutter: Stufe 3) liegen. Der Fräser soll „nicht versetzt" arbeiten.
Die Zuordnung der Technologiedaten zu den Kreislöchern in Layer 1 erfolgt auf dieselbe Weise. Die Frästiefe sollte 5 mm betragen und der Fräser nach „innen versetzt" arbeiten.
Justiere abschließend den Werkstücknullpunkt der Maschine.

Layer: *Schichten von Zeichenebenen (wie geschichtete Tageslichtprojektorfolien)*

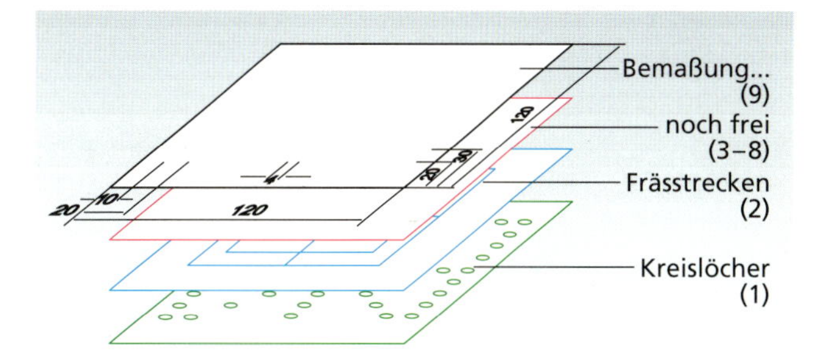

3 Anordnung der Layer

Prüfen, Verbessern und Erweitern der CAD-CNC-Fertigung

- Simuliere den Fräsvorgang.
- Fertige mit der Maschine ohne Bewegungen in der z-Achse (der Fräser arbeitet nicht!).
- Korrigiere eventuelle Fehler.
- Fertige das erste Werkstück und optimiere anschließend die Technologiedaten.
- Ergänze das Spiel (Name, Datum, ...).
- Vergleiche die Fertigung ohne CAD-CNC-Koppelung mit der Fertigung mit CAD-CNC-Koppelung (Art der Arbeit, Arbeitsaufwand, notwendige Kenntnisse, ...).

120

4

20

30

10

20

120

Steuern und Regeln mit Computern

Einsatz von Computern

2 Cockpit eines Passagierflugzeugs

ABS: *Anti-Blockier-System*

Computer können Messwerte erfassen, Signale verarbeiten, Werte speichern und diese auf dem Bildschirm ausgeben. Ihr Haupteinsatzgebiet in der Technik ist aber in der Automatisierung von technischen Vorgängen und Prozessen. Der „Autopilot" im Cockpit eines modernen Passagierflugzeugs kann selbsttätig den vorgegebenen Kurs und die Flughöhe halten. Der Computer kann eine CNC-Fräsmaschine zur Herstellung komplizierter Werkstücke steuern oder im Pkw den Bremsvorgang regeln (ABS).

Steuern mit Computern

In der Abfolge einer Steuerkette (z.B. einer Warnanlage) übernehmen die Computer die Aufgabe des Steuergeräts. Ein Computer kann die umfangreiche Absicherung des Computerraums gegen Einbruch und Feuer übernehmen. Preiswerte Sensoren, das Eingabe- und ein Ausgabe-Interface genügen, um die Warnsignale bis in eine Hausmeisterwohnung zu leiten.

Abb. 1 zeigt das Blockschaltbild einer ***Haltegliedsteuerung,*** die eingehende Signale auswertet und speichert. Der Programmaufbau gleicht dem Weg eines Modellzugs in einem Gleisoval.

Dieser kommt immer wieder an derselben Stelle vorbei, bis er das Signal zur Ausfahrt erhält.
Die von den Messgliedern kommenden Signale können sehr kurz sein. Sie müssen deshalb laufend abgefragt und ausgewertet werden. Im Alarmfall wird die Tätigkeit zugunsten der Alarmausgabe unterbrochen und der Computer „merkt" sich den Alarmzustand. Ein schneller Computer kann mehrere tausend „Abfragerunden" in der Sekunde schaffen. Obwohl er nur Befehl um Befehl abarbeiten kann, führt er diese somit scheinbar gleichzeitig aus.

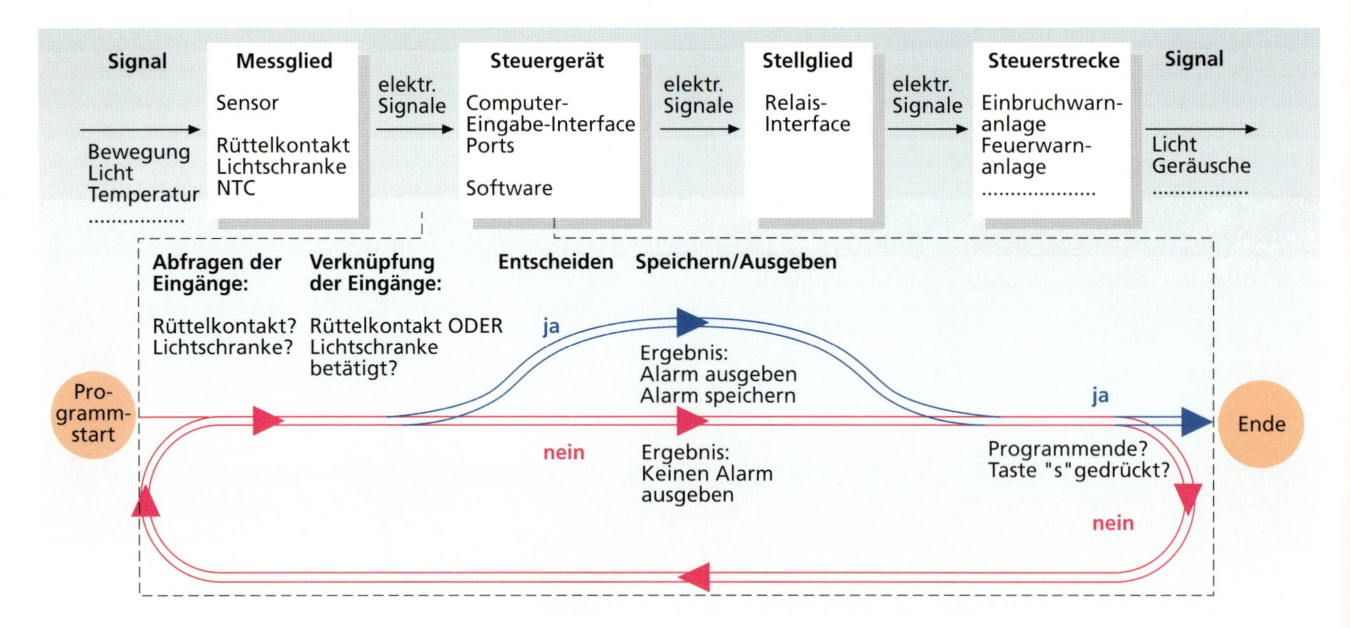

1 Funktionsblöcke einer computergesteuerten Warnanlage (vereinfachte Darstellung)

Haltegliedsteuerung

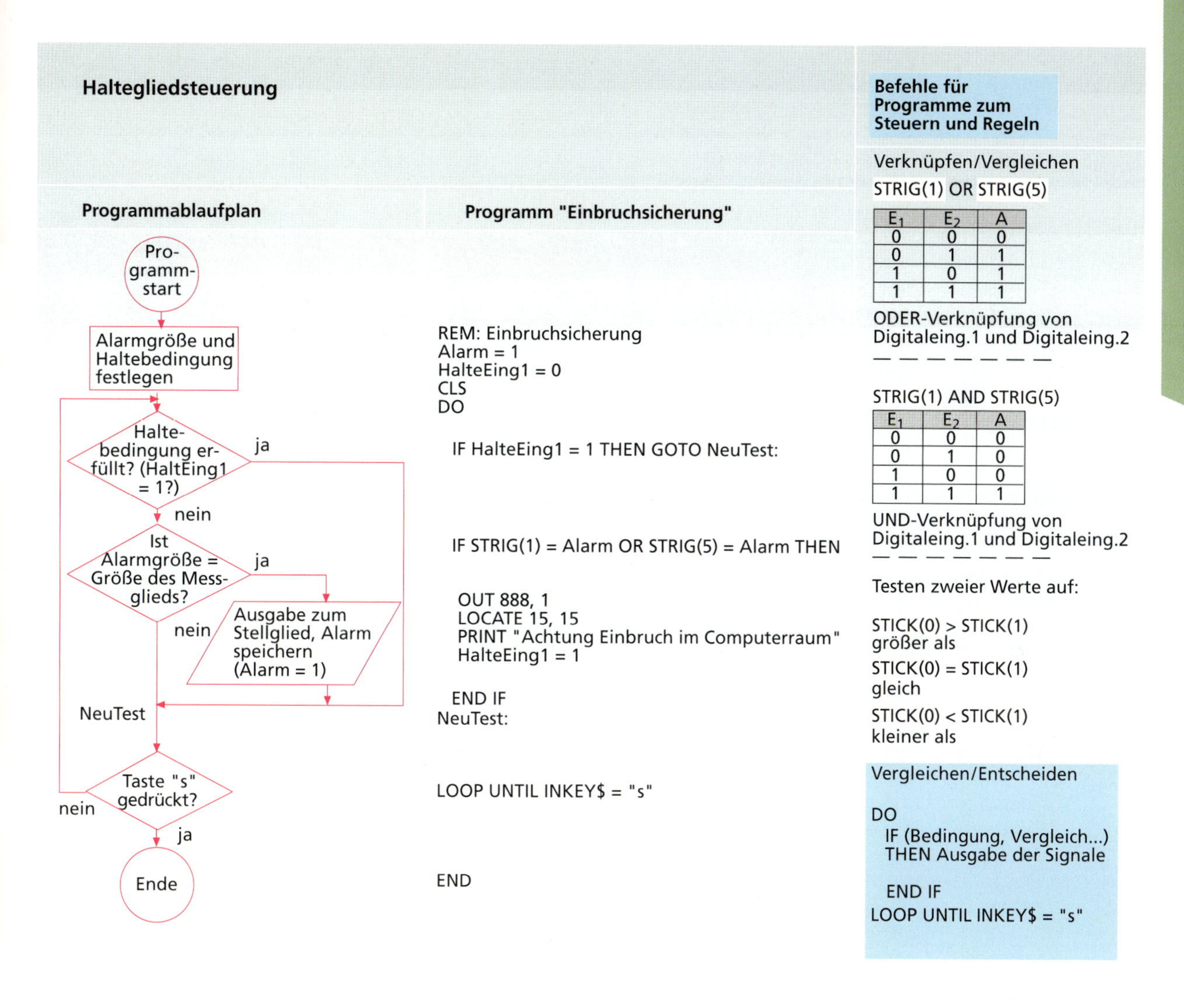

Programm "Einbruchsicherung"

```
REM: Einbruchsicherung
Alarm = 1
HalteEing1 = 0
CLS
DO
  IF HalteEing1 = 1 THEN GOTO NeuTest:
  IF STRIG(1) = Alarm OR STRIG(5) = Alarm THEN
    OUT 888, 1
    LOCATE 15, 15
    PRINT "Achtung Einbruch im Computerraum"
    HalteEing1 = 1
  END IF
NeuTest:
LOOP UNTIL INKEY$ = "s"
END
```

Befehle für Programme zum Steuern und Regeln

Verknüpfen/Vergleichen

STRIG(1) OR STRIG(5)

E_1	E_2	A
0	0	0
0	1	1
1	0	1
1	1	1

ODER-Verknüpfung von Digitaleing.1 und Digitaleing.2

STRIG(1) AND STRIG(5)

E_1	E_2	A
0	0	0
0	1	0
1	0	0
1	1	1

UND-Verknüpfung von Digitaleing.1 und Digitaleing.2

Testen zweier Werte auf:

STICK(0) > STICK(1)
größer als

STICK(0) = STICK(1)
gleich

STICK(0) < STICK(1)
kleiner als

Vergleichen/Entscheiden

```
DO
  IF (Bedingung, Vergleich...)
  THEN Ausgabe der Signale
  END IF
LOOP UNTIL INKEY$ = "s"
```

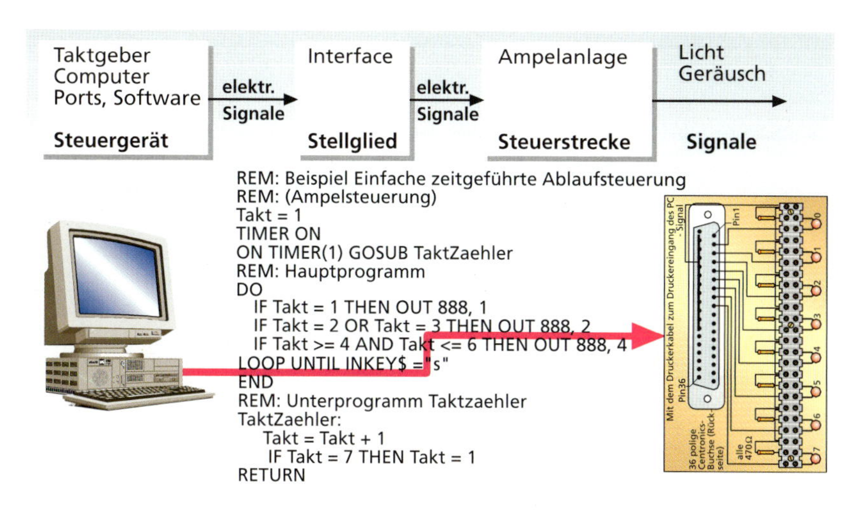


```
REM: Beispiel Einfache zeitgeführte Ablaufsteuerung
REM: (Ampelsteuerung)
Takt = 1
TIMER ON
ON TIMER(1) GOSUB TaktZaehler
REM: Hauptprogramm
DO
  IF Takt = 1 THEN OUT 888, 1
  IF Takt = 2 OR Takt = 3 THEN OUT 888, 2
  IF Takt >= 4 AND Takt <= 6 THEN OUT 888, 4
LOOP UNTIL INKEY$ = "s"
END
REM: Unterprogramm Taktzaehler
TaktZaehler:
   Takt = Takt + 1
   IF Takt = 7 THEN Takt = 1
RETURN
```

Zeitgeführte Ablaufsteuerung
Typische Beispiele sind die Abläufe in Ampelsteuerungen und Lauflichtern. Kennzeichen einer solchen Steuerung ist ein Zeittaktgeber. Dieser gibt für die zu steuernden Arbeitsgänge den Zeitpunkt der Arbeit und die Zeitdauer vor. Im Computer ist so ein Taktgeber schon eingebaut. Es ist gleichgültig, welchen Befehl das Programm gerade abarbeitet, der Computer führt den Arbeitsgang aus, der im Anschluss an „ON TIMER(1) GOSUB…“ steht. Das heißt, er erhöht den Wert des Sekunden-Taktgebers um den Wert 1. Mit „ON TIMER(10)…“ geschieht dieser Vorgang nach jeweils zehn Sekunden.

Steuern und Regeln mit Computern

Der Zeittakt ist die Führungsgröße für eine zeitgeführte Ablaufsteuerung. Im Programm muss der aktuelle Taktstand erfragt und die entsprechende Tätigkeit (Signale ausgeben) befohlen werden. Dementsprechend sollte auch bei der Planung vorgegangen werden.

- In einem Zeit-Tätigkeits-Diagramm wird die Abfolge der Tätigkeiten geplant.
- Darauf aufbauend wird der Programmablaufplan erstellt.
- Die notwendigen Befehle werden ausgewählt und das Programm eingegeben.

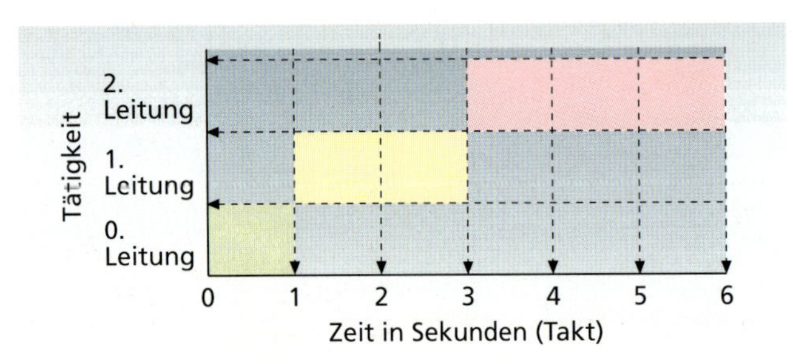

1 Zeit-Tätigkeits-Diagramm

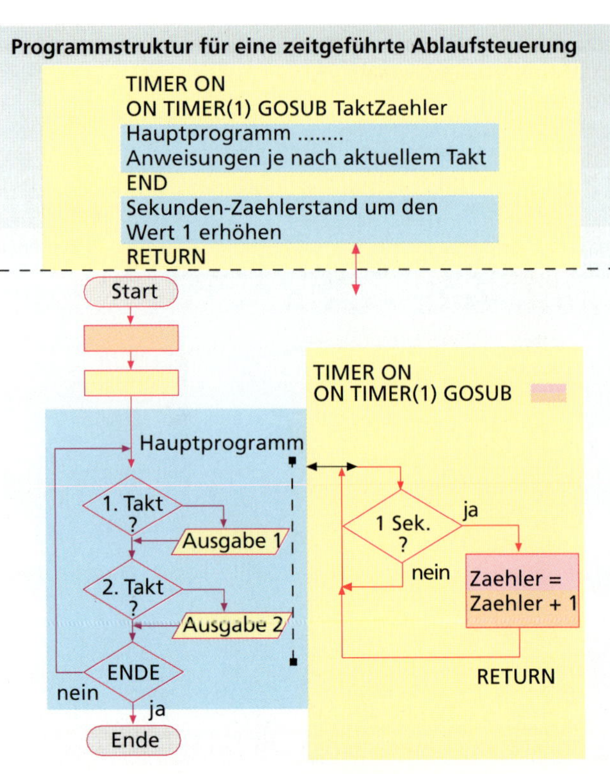

3 Programmstruktur für eine zeitgeführte Ablaufsteuerung

Regeln mit Computern

Innerhalb eines Regelkreises übernimmt der Computer die Aufgabe eines Reglers. Er überprüft fortlaufend die zu regelnde Größe (z. B. Fahrtrichtung). Entspricht diese nicht mehr dem gewünschten Wert (… Fahren in Richtung des Lichtstrahls), korrigiert er diese über Relaiskontakte. Somit entspricht der Wirkungsablauf einem geschlossenen Kreisprozess (Regelkreis).

Das Regel-Programm baut auf dem der Halteglied-Steuerung auf. Eine erweiterte Messeinrichtung (LDR) und der Sollwert kommen hinzu. Die Befehle zum Steuern der Motoren hängen von deren Verdrahtung mit den Kontakten des Relaisinterface ab.

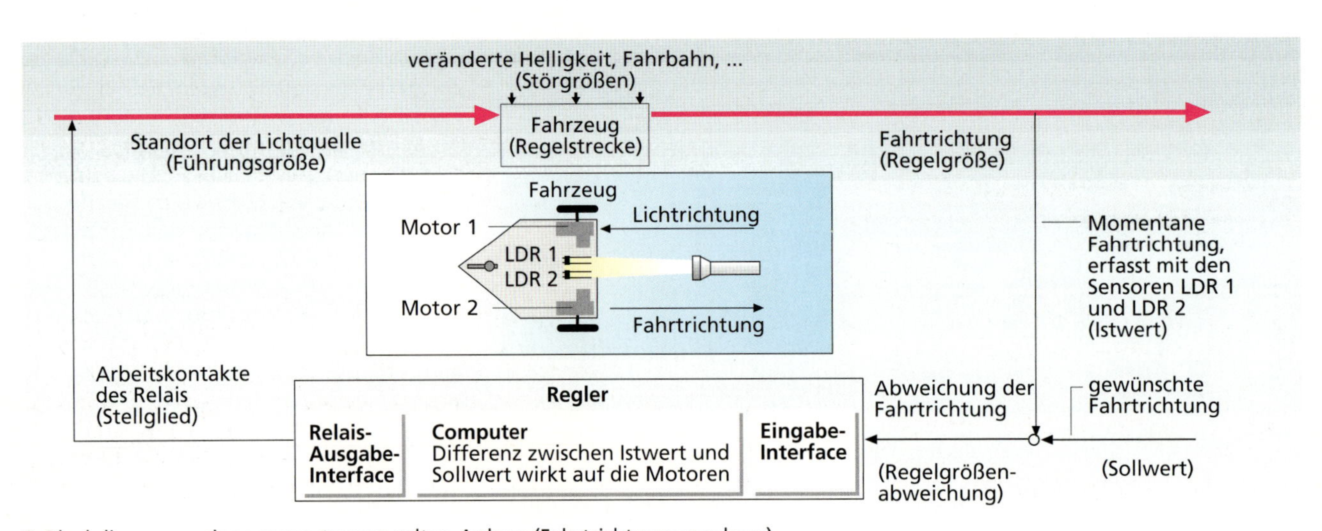

2 Blockdiagramm einer computergeregelten Anlage (Fahrtrichtungsregelung)

```
REM: Licht-Nachfuehrregelung fuer ein Fahrzeug
SollWert = 0
DO
    IF STICK(0) + SollWert > STICK(1) THEN OUT 888, 2
    IF STICK(0) + SollWert < STICK(1) THEN OUT 888, 4
    IF STICK(0) = STICK(1) THEN OUT 888, 2 + 4
LOOP UNTIL INKEY$ = "s"
```

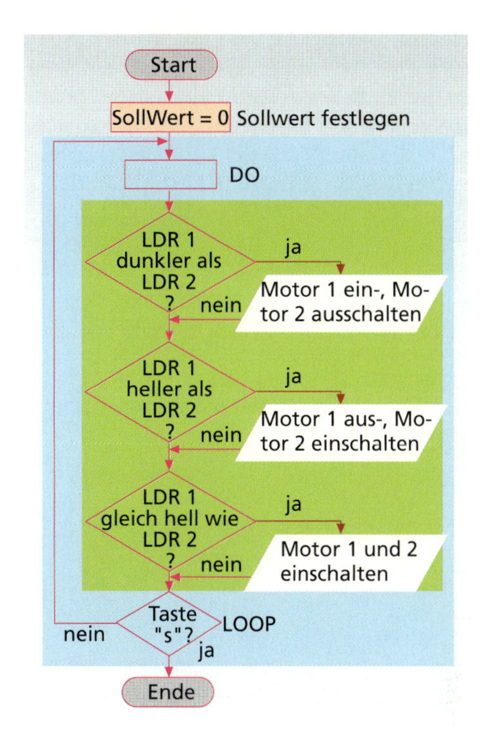

5 Programmablaufplan zur Fahrzeugregelung

kalibrieren: *an einen Bezugswert anpassen*

Kalibrieren von Eingangsgrößen

Bei Mess-, Prüf-, Steuer- und Regelungsaufgaben besteht die Notwendigkeit, die Eingangsgrößen zu kalibrieren. Mit dem Programmmodul von Abb. 4 kann diese Aufgabe durchgeführt werden. Es kann in den Hauptteil aller Programme eingefügt werden. Die Kalibrierung geschieht in folgenden Schritten:

Nullwerteinstellung

- Gebt das Programmmodul zur Kalibrierung ein (Abb. 4).
- Schließt einen NTC (22 kΩ bei 25 °C) am Analogeingang 1 des Interface an.
- Dreht am Poti R_6 des Interface, bis die Anzeige für den „MessWert" 60 beträgt.
- Messt die aktuelle Raumtemperatur.
- Passt durch das Verändern des „NullWerts" (ca. 43) den angezeigten „TempWert" der aktuellen Raumtemperatur an.

Streckung/Stauchung

- Bringt den NTC und das Thermometer gleichzeitig auf z. B. 37 °C (Föhn).
- Passt den auf dem Bildschirm angezeigten Wert durch Verändern des Streckwerts (–7) an die aktuellen Werte des Thermometers an.
- Führt die Nullwerteinstellung nochmals durch.

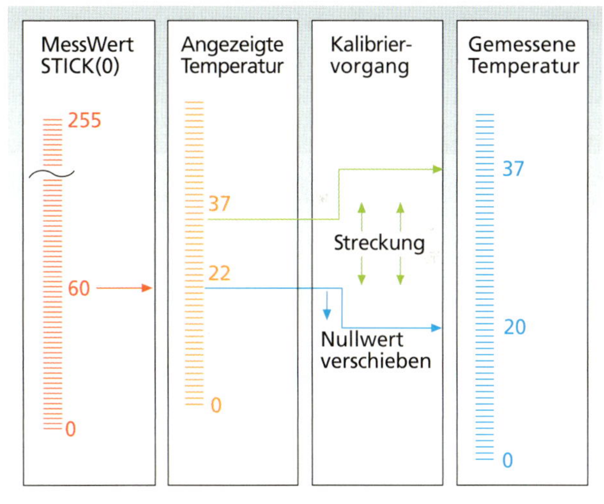

6 Abfolge des Kalibriervorgangs

```
NullWert = 43
DO
    MessWert = STICK(0): PRINT "Messwert" MessWert
    TempWert = -7* (1 / (1 - EXP (MessWert * (-1) / NullWert)) - 1/ (1 - EXP (-1)))
    TempWert = FIX (TempWert * 10): PRINT , , "Temperatur:" TempWert
LOOP UNTIL INKEY$ = "s"
```

4 Programmmodul zur Kalibrierung

Computer-Eingabe-Interface

Interface: *Gerät zur Anpassung zwischen Computer und zu steuerndem Objekt*

Die beiden Übersichten zeigen den Aufbau und die Funktionsweise der analogen und digitalen Teile eines möglichen Interfaces. An die Analogeingänge (A bis F) des Interfaces können Sensoren wie NTC, LDR, ... und Gleichspannungen (0...2 V) angeschlossen werden.

Die Digitaleingänge können für mechanische und elektronische Schalter genutzt werden. Die Steckermodule schützen durch ihre Gestaltung vor Fehlanschlüssen und stellen eine optimale Anpassung der Sensoren an das Interface sicher.

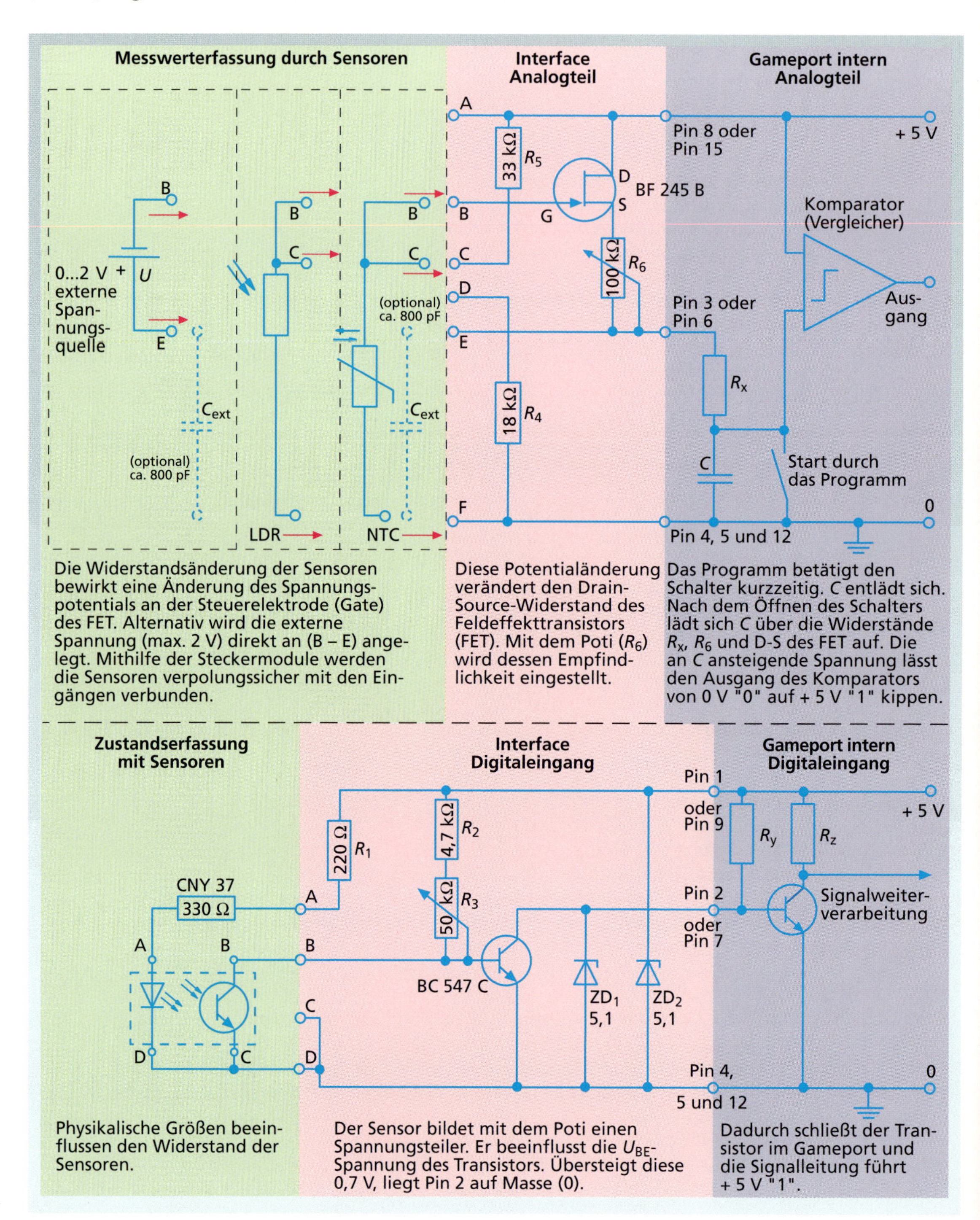

Messwerterfassung durch Sensoren
Interface Analogteil
Gameport intern Analogteil
0...2 V
externe Spannungsquelle
(optional) ca. 800 pF
LDR
NTC
33 kΩ
18 kΩ
100 kΩ
BF 245 B
Pin 8 oder Pin 15
Pin 3 oder Pin 6
Pin 4, 5 und 12
+ 5 V
Komparator (Vergleicher)
Ausgang
Start durch das Programm
Die Widerstandsänderung der Sensoren bewirkt eine Änderung des Spannungspotentials an der Steuerelektrode (Gate) des FET. Alternativ wird die externe Spannung (max. 2 V) direkt an (B – E) angelegt. Mithilfe der Steckermodule werden die Sensoren verpolungssicher mit den Eingängen verbunden.
Diese Potentialänderung verändert den Drain-Source-Widerstand des Feldeffekttransistors (FET). Mit dem Poti (R_6) wird dessen Empfindlichkeit eingestellt.
Das Programm betätigt den Schalter kurzzeitig. C entlädt sich. Nach dem Öffnen des Schalters lädt sich C über die Widerstände R_x, R_6 und D-S des FET auf. Die an C ansteigende Spannung lässt den Ausgang des Komparators von 0 V "0" auf + 5 V "1" kippen.
Zustandserfassung mit Sensoren
Interface Digitaleingang
Gameport intern Digitaleingang
CNY 37
330 Ω
220 Ω
4,7 kΩ
50 kΩ
BC 547 C
ZD1 5,1
ZD2 5,1
Pin 1 oder Pin 9
Pin 2 oder Pin 7
Pin 4, 5 und 12
Signalweiterverarbeitung
Physikalische Größen beeinflussen den Widerstand der Sensoren.
Der Sensor bildet mit dem Poti einen Spannungsteiler. Er beeinflusst die U_{BE}-Spannung des Transistors. Übersteigt diese 0,7 V, liegt Pin 2 auf Masse (0).
Dadurch schließt der Transistor im Gameport und die Signalleitung führt + 5 V "1".

Montage des Interface

- Übertragt das Platinenlayout auf die Platine.
- Ätzt die Platine. Alternativ kann die Platine auch nach der Isolierkanal-Methode mit einer CNC-Maschine hergestellt werden.
- Bohrt die Löcher.
- Bestückt die Platine mit den Bauteilen nach den Vorgaben des Bestückungsplans.
- Stellt die Boden- und die Deckplatte des Gehäuses sowie eine Leitungszugentlastung nach den Vorgaben (Bohrpunkte) des Platinenlayouts her.
- Stellt Sensor-Stecker-Module (30 mm x 40 mm) aus Platinen her (Sägen von Nuten in die Kupferseite – siehe Ansicht Unterseite/Kupferseite).
- Bestückt die Module oder schließt die Verbindungsleitungen an die Sensoren an und verlötet die Verbindungsstifte (Lötnägel, Ø 1,3 mm, oder Silberdraht).

Messen von Widerständen und Spannungen

Messen von 0 V / 5 V Pegeln

3 6 2 7 + 8 + 15 + 9 + 1 – 4,5,12

Eingabe-Interface

Originalgröße: 160 x 100

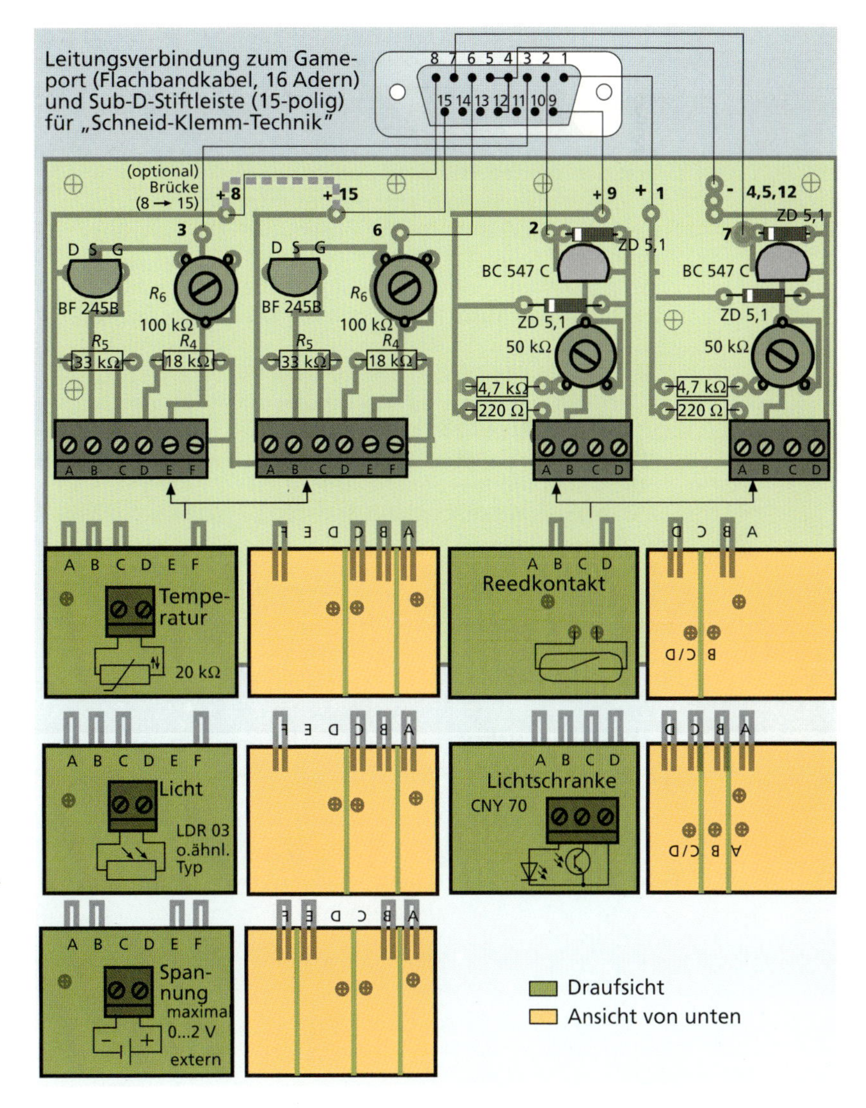

Testen des Interface

Beim Anschließen des Interface an ein Netzgerät sollte (ohne Sensormodul) nicht mehr als 40 mA Strom fließen. Danach werden die Reaktionen des Interface nach dem Anschließen und Betätigen der Sensoren gemessen (Spannungen der Ausgänge zur Masse). Die Spannungen an den Digitalausgängen müssen sich schlagartig zwischen 0 V und 5 V ändern (z. B. beim Abdunkeln des Fototransistors).
Die Spannungen an den Analogausgängen ändern sich kontinuierlich mit dem Verändern der Bedingungen für die Sensoren, z. B. beim Ändern der Lichtverhältnisse.

Man kann auch käufliche Interfaces benutzen, sowohl für die Eingabe von Signalen als auch für die Ausgabe von Signalen, z.b. ein Relais-Interface.

Analoge und digitale Signale

Wir nehmen ununterbrochen mit unseren Sinnesorganen technische Signale unterschiedlichster Art auf und entnehmen ihnen ganz bestimmte Informationen. In welcher Form ein Signal dargestellt wird, hängt vom System ab, zu dem dieses Signal gehört.

System, z. B.	Signal	Information
Verkehrsampel	Ampel auf Rot	HALT!
Thermometer	Flüssigkeitssäule	20 °C
Kaffeemaschine	Lampe in Schalter leuchtet	Gerät EIN

Von den obigen Beispielen weist nur das Thermometer Signale auf, die zur Information analog sind. Das heißt, entsprechend der Temperatur steigt oder fällt die Flüssigkeitssäule. Solche Signale bezeichnet man auch als ***analoge Signale***.

Signale, die nur bestimmte, abgestufte Informationen oder Werte annehmen und sich durch Abzählen unterscheiden lassen, wie z. B. die Finger einer Hand, nennt man ***digitale Signale.*** Dies trifft z. B. bei der Verkehrsampel und der Kaffeemaschine zu.

Können digitale Signale nur zwei verschiedene Werte annehmen, so bezeichnen wir sie als ***binär.***

digital: *von lat. digitus = Finger*

binär: *von lat. binarius = zwei enthaltend, aus zwei Einheiten oder Teilen bestehend*

Lampe im Schalter		Kaffeemaschine
leuchtet	●	eingeschaltet
leuchtet nicht	○	ausgeschaltet

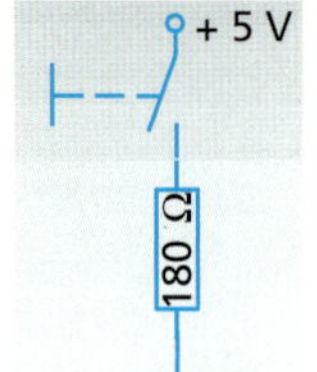

Typische Bauelemente, mit denen ihr binäre Signale erzeugen könnt, sind z. B. Schalter oder Relais. Elektrische Signale könnt ihr z. B. durch Leuchtdioden sichtbar machen.

EIN-Taster	Strom	LED
betätigt	fließt	leuchtet
nicht betätigt	fließt nicht	leuchtet nicht

Binäre logische Schaltungen

Beobachtet man die LED bei betätigtem Schalter, so stellt man fest: „***Wenn*** der EIN-Taster betätigt wird, ***dann*** leuchtet die LED." Zwischen EIN-Taster und LED besteht eine logische „Beziehung". Entsprechend kann man diese Schaltung als ***logische Schaltung*** bezeichnen.

Typisch für logische Schaltungen ist also, dass der Schaltzustand am Ausgang A (hier: LED) durch den Schaltzustand am Eingang E (hier: EIN-Taster) bestimmt wird.

Wenn … + 5 V, E, 180 Ω, A, dann … 0

Logik: *die Lehre vom schlüssigen und folgerichtigen Denken und Argumentieren*

Binären Schaltzuständen an Ein- und Ausgängen logischer Schaltungen ordnet man die Zeichen 0 und 1 zu. Wird wie in der Tabelle zugeordnet, so weist unsere Schaltung die logische Funktion „1" auf, das heißt, Eingang (Input) und Ausgang (Output) verhalten sich gleichartig. Fachleute nennen diese logische Funktion auch ***Identität.***

Eingang E		Ausgang A	
Schaltzustand	Binärzeichen	Schaltzustand	Binärzeichen
EIN-Taster nicht betätigt	0	LED leuchtet nicht	0
EIN-Taster betätigt	1	LED leuchtet	1

Logische Funktionen werden unabhängig vom schaltungstechnischen Aufbau durch Symbole und Funktionstabellen dargestellt.

Für die „1"-Funktion (Identität) sieht das dann so aus:

Symbol: E – [1] – A

Funktions- oder Wahrheitstabelle

E	A
0	0
1	1

Welche weiteren logischen Grundfunktionen es gibt und wie sie mithilfe von Schaltungen aus diskreten Bauteilen oder unter Verwendung von integrierten Schaltkreisen (ICs) aufgebaut werden können, zeigen die Seiten 293 bis 297.

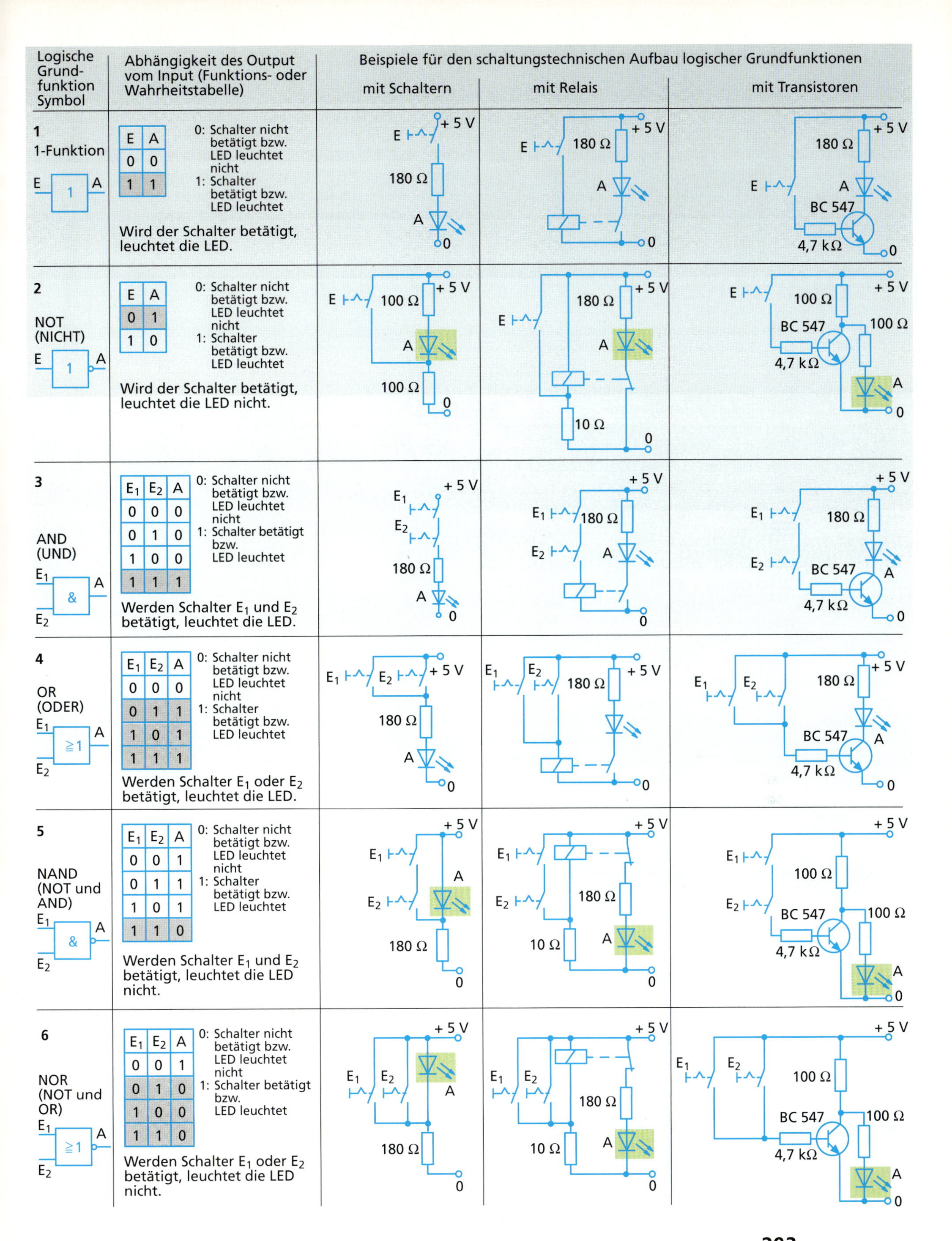

Logische Grundfunktion Symbol	Abhängigkeit des Output vom Input (Funktions- oder Wahrheitstabelle)		Beispiele für den schaltungstechnischen Aufbau logischer Grundfunktionen: mit Schaltern	mit Relais	mit Transistoren
1 1-Funktion E [1] A	E A 0 0 1 1 Wird der Schalter betätigt, leuchtet die LED.	0: Schalter nicht betätigt bzw. LED leuchtet nicht 1: Schalter betätigt bzw. LED leuchtet	E, +5 V, 180 Ω, A, 0	E, 180 Ω, +5 V, A, 0	180 Ω, +5 V, E, A, BC 547, 4,7 kΩ, 0
2 NOT (NICHT) E [1]o A	E A 0 1 1 0 Wird der Schalter betätigt, leuchtet die LED nicht.	0: Schalter nicht betätigt bzw. LED leuchtet nicht 1: Schalter betätigt bzw. LED leuchtet	E, 100 Ω, +5 V, A, 100 Ω, 0	E, 180 Ω, +5 V, A, 10 Ω, 0	E, 100 Ω, +5 V, BC 547, 100 Ω, 4,7 kΩ, A, 0
3 AND (UND) E_1, E_2 [&] A	E_1 E_2 A 0 0 0 0 1 0 1 0 0 1 1 1 Werden Schalter E_1 und E_2 betätigt, leuchtet die LED.	0: Schalter nicht betätigt bzw. LED leuchtet nicht 1: Schalter betätigt bzw. LED leuchtet	+5 V, E_1, E_2, 180 Ω, A, 0	+5 V, E_1, 180 Ω, E_2, A, 0	+5 V, E_1, 180 Ω, E_2, BC 547, A, 4,7 kΩ, 0
4 OR (ODER) E_1, E_2 [≧1] A	E_1 E_2 A 0 0 0 0 1 1 1 0 1 1 1 1 Werden Schalter E_1 oder E_2 betätigt, leuchtet die LED.	0: Schalter nicht betätigt bzw. LED leuchtet nicht 1: Schalter betätigt bzw. LED leuchtet	E_1, E_2, +5 V, 180 Ω, A, 0	E_1, E_2, 180 Ω, +5 V, 0	E_1, E_2, 180 Ω, +5 V, BC 547, A, 4,7 kΩ, 0
5 NAND (NOT und AND) E_1, E_2 [&]o A	E_1 E_2 A 0 0 1 0 1 1 1 0 1 1 1 0 Werden Schalter E_1 und E_2 betätigt, leuchtet die LED nicht.	0: Schalter nicht betätigt bzw. LED leuchtet nicht 1: Schalter betätigt bzw. LED leuchtet	+5 V, E_1, A, E_2, 180 Ω, 0	+5 V, E_1, E_2, 180 Ω, 10 Ω, A, 0	+5 V, E_1, 100 Ω, E_2, BC 547, 100 Ω, 4,7 kΩ, A, 0
6 NOR (NOT und OR) E_1, E_2 [≧1]o A	E_1 E_2 A 0 0 1 0 1 0 1 0 0 1 1 0 Werden Schalter E_1 oder E_2 betätigt, leuchtet die LED nicht.	0: Schalter nicht betätigt bzw. LED leuchtet nicht 1: Schalter betätigt bzw. LED leuchtet	+5 V, E_1, E_2, A, 180 Ω, 0	+5 V, E_1, E_2, 180 Ω, 10 Ω, A, 0	+5 V, E_1, E_2, 100 Ω, BC 547, 100 Ω, 4,7 kΩ, A, 0

Digitale Schaltkreise der 74er-Reihe

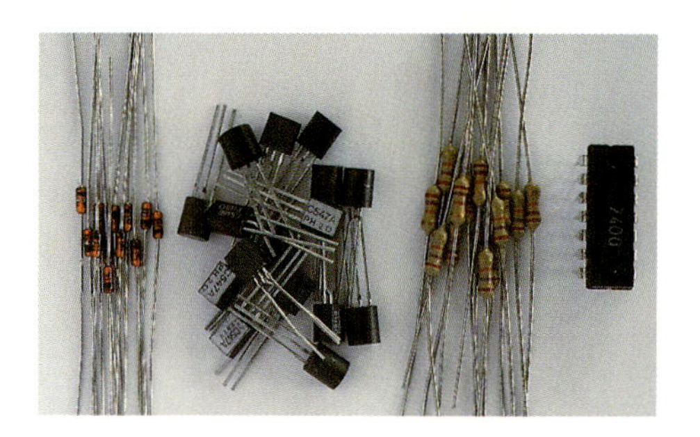

Das NAND-IC 7400

Die einfachste Art, die Eingänge an L- und H-Pegel zu legen, ist die Verbindung mit 0 V oder +5 V der Betriebsspannung. Welcher Pegel am Ausgang A vorhanden ist, kann z. B. mit einem Pegelprüfer oder durch eine LED angezeigt werden.

Pegelprüfer

IC: *Integrated Circuit*

diskrete Bauteile: *einzelne Bauteile, also Bauteile in nicht-integrierter Form*

Zum Erzeugen und Verarbeiten elektrischer Signale werden heute überwiegend integrierte Schaltkreise verwendet, kurz ICs genannt. Dies spart im Vergleich zur Verwendung diskreter Bauteile Platz und Zeit und senkt die Kosten. Ein Pentium-Chip wird euch beim Schalten und Steuern mit ICs zwar nicht begegnen, aber auch das Arbeiten mit integrierten Schaltkreisen der Reihe 74... kann Spaß machen.

Das IC 7400 könnt ihr in digitalen Schaltungen sehr vielfältig einsetzen. Das IC 7414 (siehe Seite 298) hilft, schleichendes Schalten zu vermeiden.

Integrierte Schaltkreise der Reihe 74...

L-Pegel: *low = niedrig*

H-Pegel: *high = hoch*

Ähnlich wie bei Schaltungen mit diskreten Bauteilen sind Eingänge und Ausgänge von Schaltkreisen der Reihe 74... logisch miteinander verknüpft. Im Unterschied zu logischen Schaltungen, z. B. mit Transistoren (Seite 293), spricht man bei diesen ICs anstelle von Spannungspotentialen von ***Pegeln.***

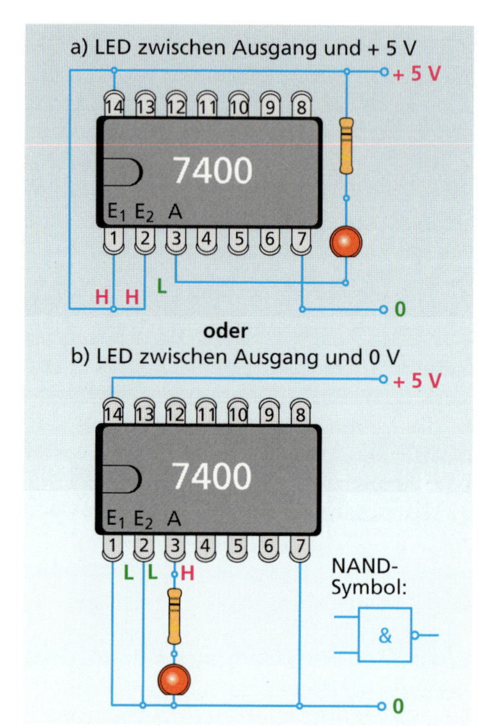

1 Schaltvarianten mit dem NAND-IC

100 Ω

LED leuchtet

LED leuchtet nicht

Wenn ... → dann ...

Eingänge | Verarbeitung | Ausgänge

H-Pegel: 2 V bis 5 V

L-Pegel: 0 V bis 0,8 V

logische Verknüpfungen: z. B. 1 (Input gleich Output)

14 13 12 11 10 9 8

74...

1 2 3 4 5 6 7

NOT, AND, NAND, OR und NOR

L-Pegel: 0,1 V bis 0,4 V

H-Pegel: 2,4 V bis 3,8 V

Für den Anschluss von Vorwiderstand und LED gilt:

Abb.	LED zwischen Ausgang und ...	Pegel am Ausgang A	LED zwischen A und ...
1 a)	+ 5 V	L-Pegel	A + 5 V
	+ 5 V	H-Pegel	A + 5 V
1 b)	0 V	H-Pegel	A 0 V
	0 V	L-Pegel	A 0 V

Die Tabelle zeigt, dass die LED nur dann leuchtet, wenn sie richtig gepolt zwischen einem H-Pegel und einem L-Pegel liegt.

Das IC 7400 – vielseitig einsetzbar

Die vier Schaltkreise des 7400 bezeichnet man auch als ***Gatter.***

Die NAND-Verknüpfung

Welche logische Funktion zwischen den Ein- und Ausgängen eines IC vorliegt, hängt davon ab, wie die integrierten Bauteile der Schaltkreise (siehe auch Seite 296, Abb. 1) miteinander „verknüpft“ sind.

Beim IC 7400 liegt eine logische NAND-Verknüpfung vor (auch NOT-AND oder NICHT-UND genannt): Der Ausgang A weist nur dann einen L-Pegel auf, wenn die beiden Eingänge E_1 und E_2 H-Pegel aufweisen.

Welche Schaltvarianten das NAND-IC ermöglicht, zeigt die so genannte Funktions- oder Wahrheitstabelle.

Wenn ...		dann ...		
Pegel an E_1	Pegel an E_2	Pegel an A	LED zwischen A und 0 V	
L	L	H	A 0 V	●
L	H	H	A 0 V	●
H	L	H	A 0 V	●
H	H	L	A 0 V	○

NAND – ein Vielzweckgatter

Wie die Seite 297 zeigt, könnt ihr im Technikunterricht mit dem IC 7400 die gebräuchlichsten Verknüpfungen und Funktionen 1 (Input gleich Output), NOT, AND, NAND, OR und NOR aufbauen.
Am häufigsten werdet ihr die Funktionen 1, NOT und AND benötigen.
Bei der ***NOT-Funktion*** müsst ihr die beiden Eingänge miteinander verbinden.

2 NOT aus NAND

Beim Vergleich der Pegel an Eingang und Ausgang zeigt die Funktionstabelle, dass am Ausgang der jeweils andere Pegel herrscht. Man sagt, das NAND-Gatter wirkt wie ein ***Inverter.***

Wenn ...	dann ...	
Pegel an E	Pegel an A	LED zwischen A und 0 V
L	H	●
H	L	○

Verbindet man den Ausgang der NOT-Schaltung mit den Eingängen eines weiteren Gatters, so erhält man die ***1-Funktion***. Das zweite Gatter invertiert den Pegel an Pin 3.

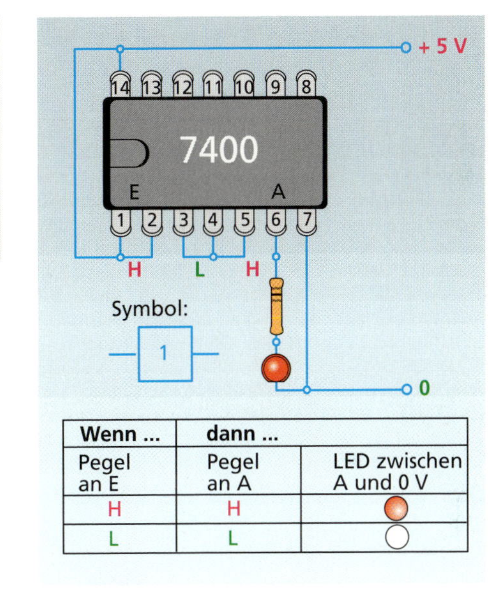

Wenn ...	dann ...	
Pegel an E	Pegel an A	LED zwischen A und 0 V
H	H	●
L	L	○

3 1-Funktion aus NAND

Werden am ersten Gatter die beiden Eingänge einzeln als E_1 und E_2 genutzt, so wird aus der ***1-Funktion*** eine ***AND-Schaltung.***

Wenn ...		dann ...	
Pegel an E_1	Pegel an E_2	Pegel an A	LED zwischen A und 0 V
H	H	H	●
L	H	L	○
H	L	L	○
L	L	L	○

4 Funktionstabelle: AND aus NAND

AND-Symbol:

Schaltungen mit dem IC 7400 aufbauen

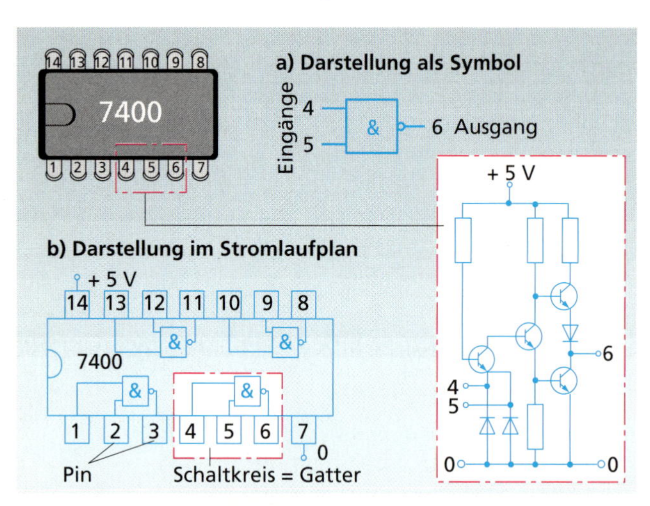

1 IC 7400 mit vier NAND-Gattern

Schaltpläne von IC-Schaltungen, z. B. in Zeitschriften und Fachbüchern, enthalten logische Funktionen als Symbole (Abb. 1 a). Sie müssen vor dem Aufbau in Stromlaufpläne umgesetzt werden (siehe Seite 297, Beispiele 1 bis 6).

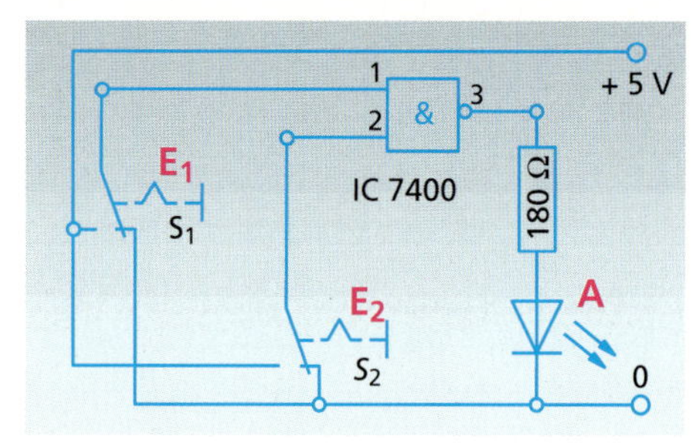

2 Schaltplan für NAND-Schaltung

Schaltungsaufbau mit dem IC 7400

Der Chip besitzt 14 Anschlüsse, auch Pins genannt, und wird grundsätzlich in eine entsprechende IC-Fassung gesteckt. Eine Markierung an IC und Fassung zwischen Pin 1 und 14 hilft, Verwechslungen zu verhindern. Alle Gatter erhalten ihre Betriebsspannung über Pin 7 und Pin 14. Die Pin-Abstände weisen ein Rastermaß von 2,54 mm auf.

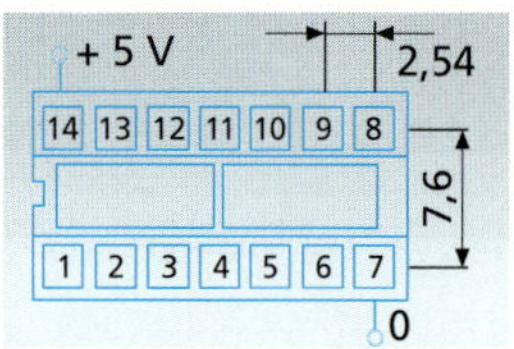

Sollen IC-Schaltungen erprobt und untersucht werden, eignet sich eine Experimentierplatte mit IC-Platine. Die Gattereingänge können auch schnell und einfach über kurze Verbindungen mit kleinen Abgreifklemmen an +5 V oder 0 V gelegt werden.

Für den dauerhaften Aufbau sind Streifenplatinen für IC zu empfehlen (siehe auch Seite 228). Wo notwendig, werden die Kupferbahnen unterbrochen.

Häufig wird die Verdrahtung der Bauteile dem Stromlaufplan (wie z. B. auf Seite 297) entsprechen. Wo dies nicht möglich ist, solltet ihr im Heft einen Verdrahtungsplan skizzieren. Schaut dazu eventuell auf den Seiten 110 und 111 nach.

Streifenplatine für IC

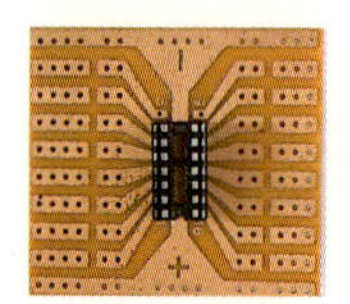

Die Leiterbahnen befinden sich auf der Unterseite

Hinweise zum Schaltungsaufbau:

- Verbindet in kleinen Abschnitten Pin mit Pin bzw. Pin mit einem Bauteil oder einer Verzweigungsstelle.
- Überprüft die Verdrahtung Schritt für Schritt auf ihre Richtigkeit und Vollständigkeit mit einer Checkliste.
- Bringt zu weit auseinander stehende IC-Anschlussreihen auf den passenden Abstand, indem ihr sie leicht gegen eine Unterlage drückt.

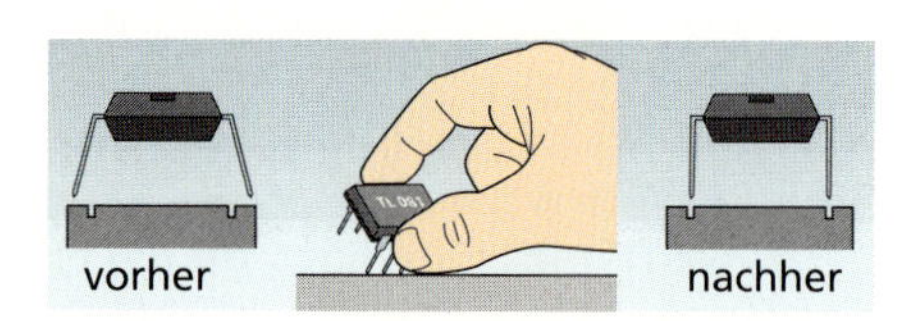

- Setzt das IC erst am Ende des Schaltungsaufbaus in die Fassung.
- Legt es dazu zunächst so auf die Fassung, dass die Markierung des IC über der Markierung der Fassung liegt.
- Drückt dann das IC vorsichtig so weit in die Fassung, dass zwischen seiner Unterseite und der Fassung noch ein schmaler Spalt bleibt. Dieser Spalt erleichtert es euch, das IC später aus der Fassung zu entfernen.
- Haltet die Betriebsspannung möglichst genau ein.
- Sorgt für eindeutige Pegel (H- oder L-Pegel) an den Eingängen der Schaltungen.

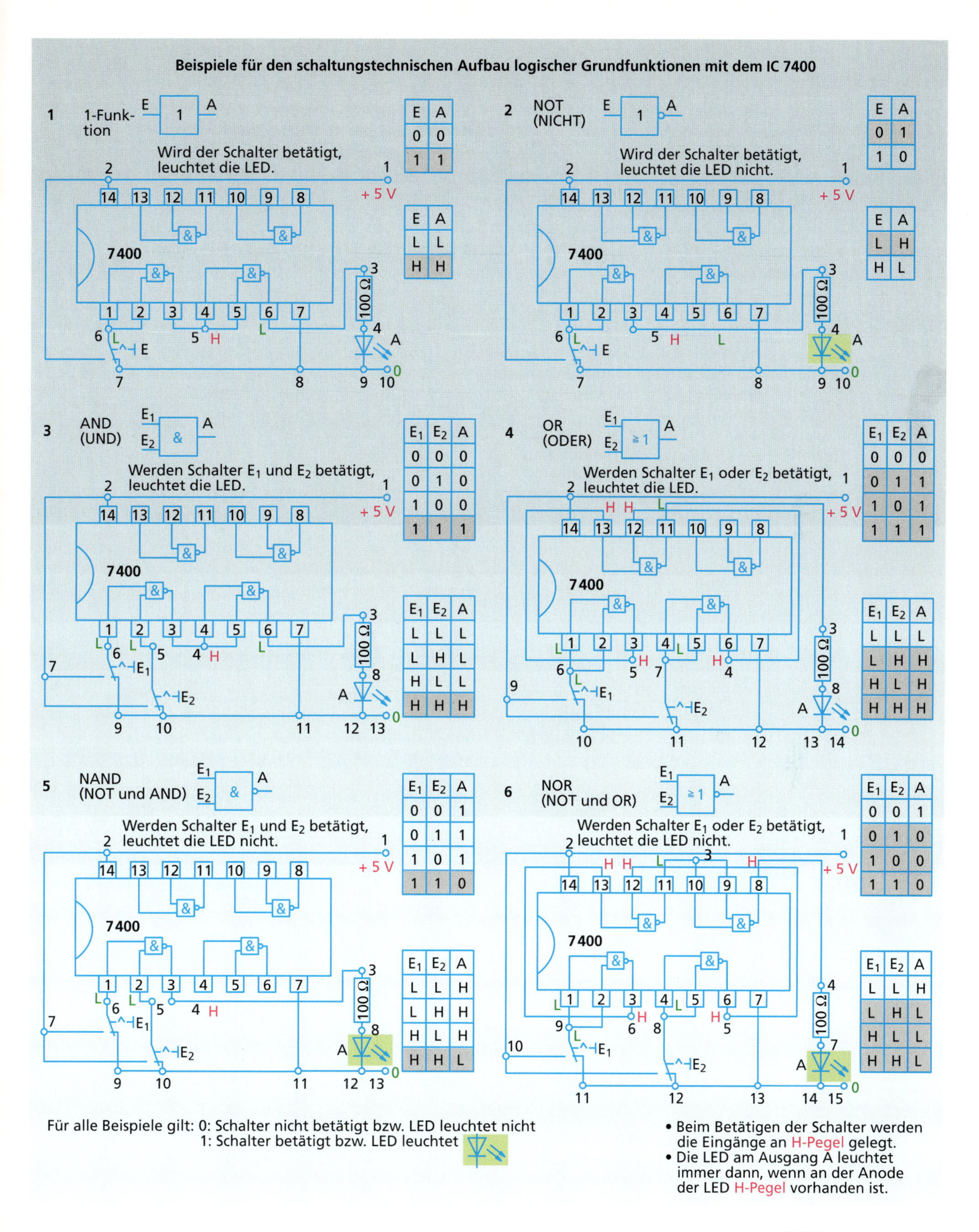

Beispiele für den schaltungstechnischen Aufbau logischer Grundfunktionen mit dem IC 7400
1 1-Funktion
Wird der Schalter betätigt, leuchtet die LED.
2 NOT (NICHT)
Wird der Schalter betätigt, leuchtet die LED nicht.
3 AND (UND)
Werden Schalter E1 und E2 betätigt, leuchtet die LED.
4 OR (ODER)
Werden Schalter E1 oder E2 betätigt, leuchtet die LED.
5 NAND (NOT und AND)
Werden Schalter E1 und E2 betätigt, leuchtet die LED nicht.
6 NOR (NOT und OR)
Werden Schalter E1 oder E2 betätigt, leuchtet die LED nicht.
7400
+ 5 V
100 Ω

1 1-Funktion

E	A
0	0
1	1

E	A
L	L
H	H

2 NOT (NICHT)

E	A
0	1
1	0

E	A
L	H
H	L

3 AND (UND)

E_1	E_2	A
0	0	0
0	1	0
1	0	0
1	1	1

E_1	E_2	A
L	L	L
L	H	L
H	L	L
H	H	H

4 OR (ODER)

E_1	E_2	A
0	0	0
0	1	1
1	0	1
1	1	1

E_1	E_2	A
L	L	L
L	H	H
H	L	H
H	H	H

5 NAND (NOT und AND)

E_1	E_2	A
0	0	1
0	1	1
1	0	1
1	1	0

E_1	E_2	A
L	L	H
L	H	H
H	L	H
H	H	L

6 NOR (NOT und OR)

E_1	E_2	A
0	0	1
0	1	0
1	0	0
1	1	0

E_1	E_2	A
L	L	H
L	H	L
H	L	L
H	H	L

Für alle Beispiele gilt: 0: Schalter nicht betätigt bzw. LED leuchtet nicht
1: Schalter betätigt bzw. LED leuchtet

- Beim Betätigen der Schalter werden die Eingänge an H-Pegel gelegt.
- Die LED am Ausgang A leuchtet immer dann, wenn an der Anode der LED H-Pegel vorhanden ist.

Schalten und Steuern mit dem IC 7414

Neben Transistorschaltungen kann man auch IC-Schaltungen einsetzen, um z. B. Leuchtdioden, Lampen, Relais oder Elektromotoren über Sensoren wie LDR, NTC oder Reedkontakt anzusteuern.

Soll ein „Verbraucher", ähnlich wie bei Transistorschaltungen, schlagartig ein- und ausgeschaltet werden, so kannst du das Schmitt-Trigger-IC 7414 verwenden.

Schmitt-Trigger mit NOT:

Schmitt-Trigger-IC 7414

Der Baustein 7414 enthält sechs invertierende Schmitt-Trigger mit je einem Eingang und Ausgang: Liegt am Eingang E eines Gatters L-Pegel, so weist sein Ausgang A H-Pegel auf und umgekehrt. Es liegt also eine logische NOT-Verknüpfung vor.
Das IC 7414 zeigt an seinem Ausgang bereits dann einen L-Pegel, wenn der Eingang mehr als 1,7 V erhält. H-Pegel am Ausgang ist dann vorhanden, wenn am Eingang zwischen 0 V und 0,9 V anliegen.

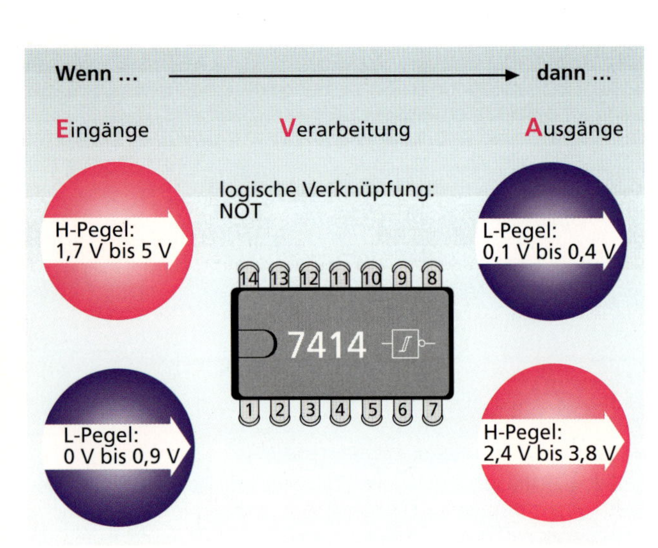

1 Spannungspegel und Logik beim IC 7414

Schalten mit Sensoren

Wie Abb. 2 zeigt, liegt bei Sensorschaltungen der Eingang des beschalteten Gatters an einem Spannungsteiler aus Sensor (z. B. LDR oder NTC) und Stellwiderstand. Verkleinert sich der Widerstand des LDR bei zunehmender Beleuchtung, so verringert sich die Spannung an Pin 1. Sinkt sie unter 0,9 V, herrscht an Pin 1 L-Pegel. Pin 2 nimmt dann H-Pegel an und die LED leuchtet. Um die Schaltung einzustellen, bleibt der LDR beleuchtet. Der Stellwiderstand wird – ausgehend vom größten Widerstandswert – so lange verändert, bis die LED leuchtet.

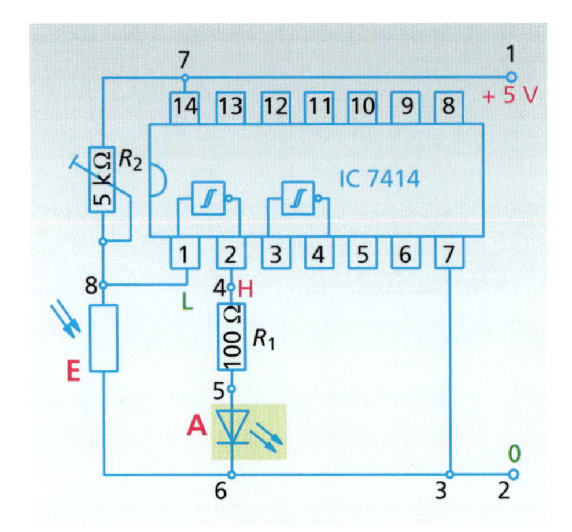

2 Hellschaltung mit IC 7414

Soll die Schaltfunktion umgekehrt werden und die LED leuchten, wenn der LDR abgedunkelt wird, so muss man ein weiteres Gatter beschalten.
Steigt die Spannung an Pin 1 über 1,7 V, weist Pin 1 H-Pegel auf. Pin 2 und Pin 3 haben dann L-Pegel. Pin 4 invertiert das Signal und nimmt H-Pegel an. Die LED leuchtet also.
Der Stellwiderstand braucht nicht verändert zu werden.

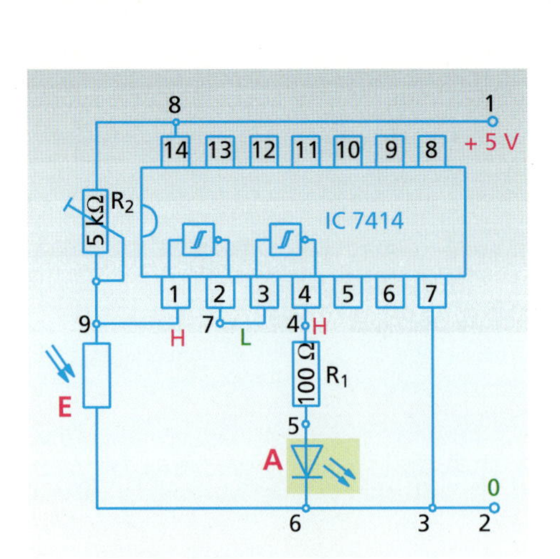

3 Dunkelschaltung mit IC 7414

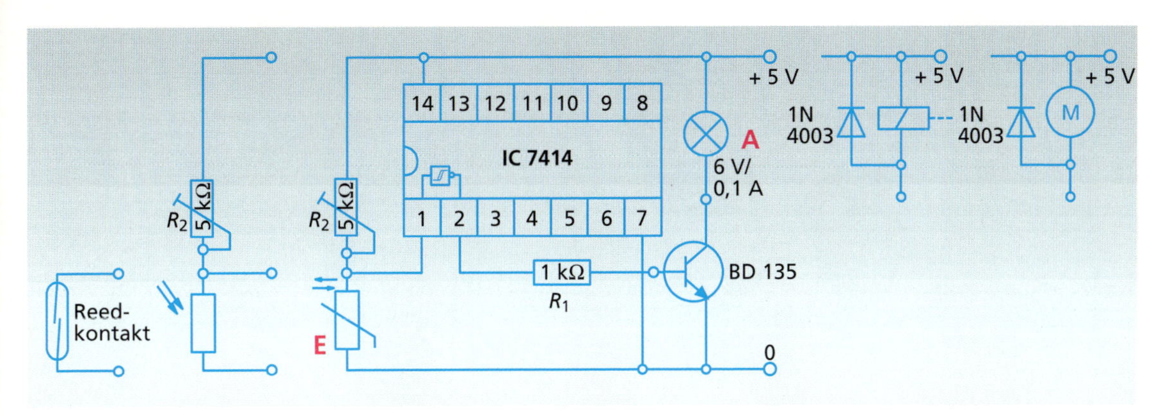

4 Schaltkombinationen mit dem IC 7414

Sensoren können beliebig mit Bauteilen auf der Ausgangsseite kombiniert werden (Abb. 4). Benötigen solche „Verbraucher" Ströme über 16 mA, so muss dem IC 7414 – wie beim 7400 auch – z. B. ein Transistor als Verstärker nachgeschaltet werden.

Impulse erzeugen mit dem IC 7414
Häufig steuert man IC-Schaltungen mit dem 7400 durch Impulse an. Solche Impulse lassen sich z. B. durch einen astabilen Multivibrator (siehe Seite 254) mit dem IC 7414 erzeugen. In der Schaltung nach Abb. 5 und 6 werden sie schon durch die Multivibratorschaltung selbst angezeigt.

Als Ausgangslage wird angenommen, dass an Pin 2 3,8 V liegt, also H-Pegel herrscht, und die LED leuchtet (Abb. 5).

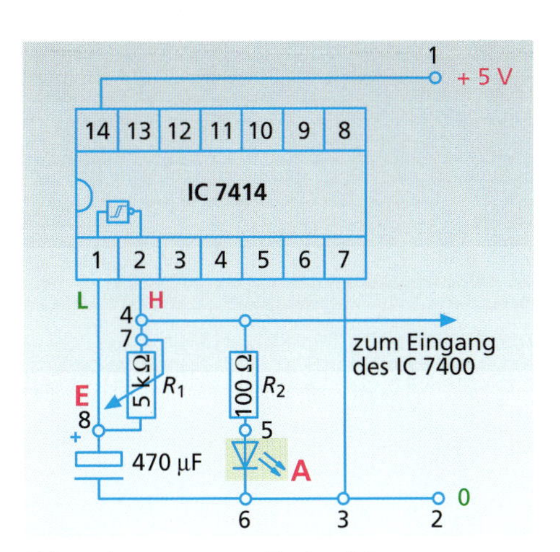

5 Impulserzeugung – Zustand 1

Der Kondensator lädt sich über den Stellwiderstand auf 1,7 V auf. Dadurch erhält Pin 1 H-Pegel und der Gatterausgang weist L-Pegel (0 V) auf: Die LED erlischt (Abb. 6).

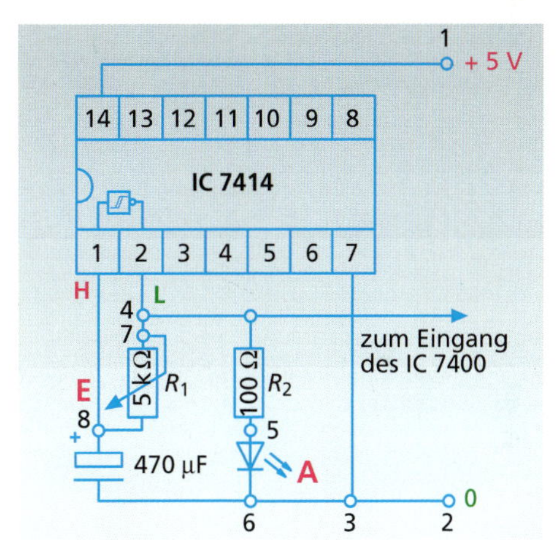

6 Impulserzeugung – Zustand 2

Nun entlädt sich der Kondensator, bis er 0,9 V erreicht und Pin 1 wieder auf L-Pegel wechselt. Eine Schwingung ist damit beendet und es beginnt die nächste.

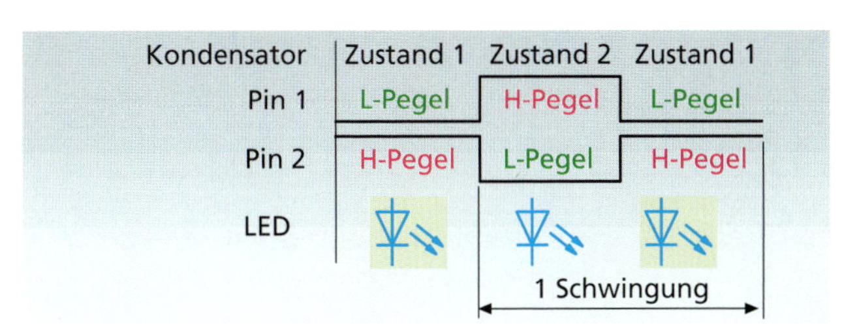

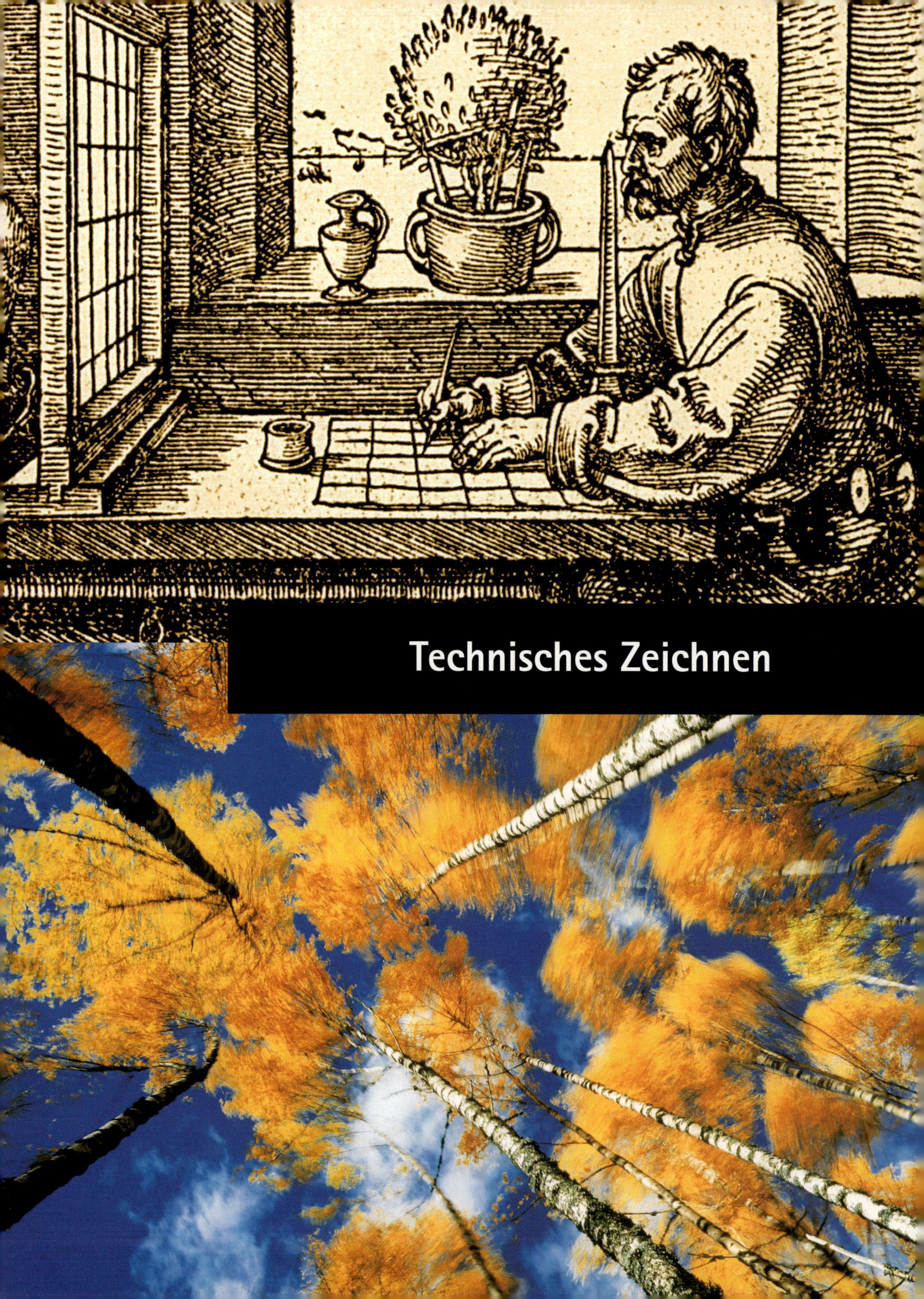
Technisches Zeichnen

Aus der Geschichte der technischen Zeichnung

Die ersten zeichnerischen Darstellungen zur Planung und Herstellung von Gegenständen, Geräten und Bauten haben ihren Ursprung in der Arbeitsteilung der Menschen des Altertums. Für bestimmte Aufgaben bildeten sich Spezialisten heraus, so z. B. Töpfer, Werkzeugmacher und Baumeister.
Sie ritzten ihre Aufzeichnungen auf Ton- oder Wachstafeln oder fertigten Baupläne auf Pergamenten.

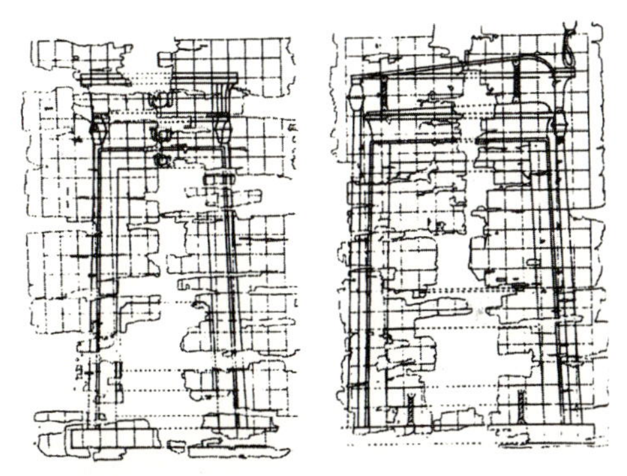

1 Bauplan auf einem Papyrus

In den mittelalterlichen Zünften der „Reißer" entstanden sehr genaue Pläne – auch „Risse" genannt – von Bauwerken und deren Einzelteilen, ohne die z. B. der Dombau nicht möglich gewesen wäre. Darstellungen technischer Gegenstände aus dieser Zeit zeigen in einfacher Form, wie die Menschen durch das Zusammenfügen und Zusammenwirken verschiedener Bauteile die Kräfte der Natur nutzten.

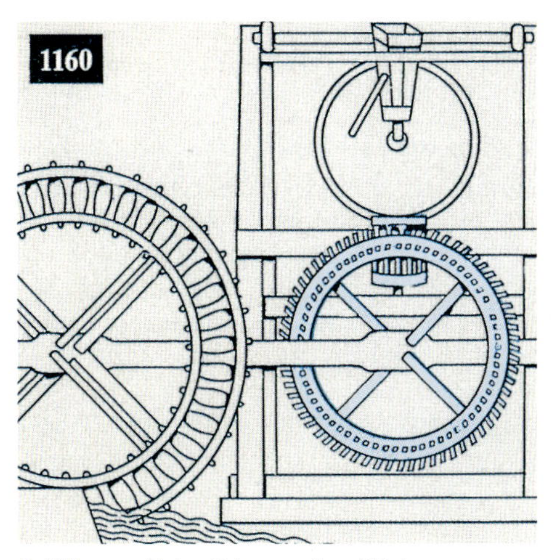

2 Hölzerne Zahnräder an einer Weinpresse

Die Werk- oder Ideenskizzen des Erfinders, Malers und Baumeisters Leonardo da Vinci (15. Jh.) sind – auch durch ihre räumliche Darstellung – seiner Zeit weit voraus. Erst Jahrhunderte später werden technische Darstellungen dieser Art in der Zeit der industriellen Revolution gefertigt.

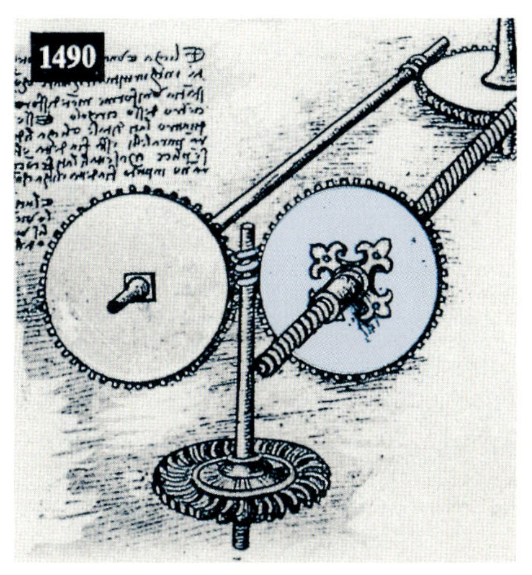

3 Werkskizze von Leonardo da Vinci

Allgemein verbindliche Darstellungsweisen der Technik entstehen erst mit der Massenfertigung von Gütern und der damit verbundenen Rationalisierung durch moderne, arbeitsteilige Fertigung mit vorgefertigten Einzelteilen, wie z. B. Schrauben oder Zahnrädern.
In Deutschland gibt es erst seit 1921 technische Zeichnungen, die nach einer festgelegten Zeichensprache mit Regeln und Bestimmungen gefertigt werden.

4 CAD-Arbeitsplatz

***CAD** =*
***C**omputer*
***A**ided*
***D**esign*

Skizze und Fertigungszeichnung

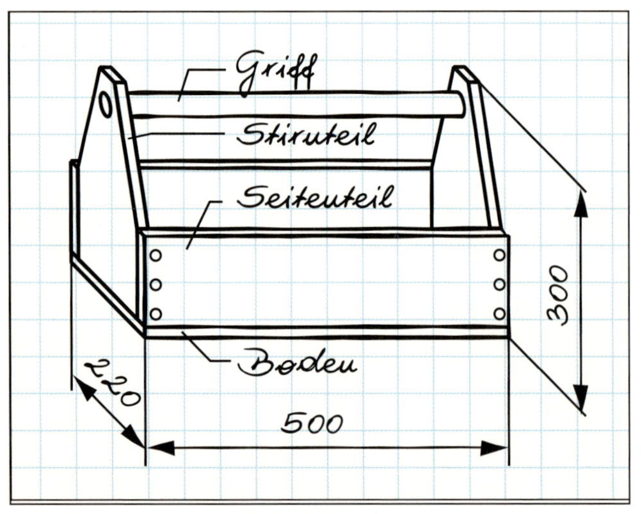

1 Entwurfsskizze eines Werkzeugkastens

Skizze

Skizzen werden in der Regel angefertigt, um etwas mit wenig Aufwand an Zeit und Hilfsmitteln zeichnerisch darzustellen (Abb. 1 und 2).
Das Skizzieren geschieht vorwiegend freihändig und ist nicht an Regeln und Bestimmungen gebunden. Die Verwendung von kariertem Papier kann das Skizzieren erleichtern.

Ideen- bzw. Entwurfsskizzen helfen, eigene Ideen zu finden bzw. zu klären und anderen zu erläutern.

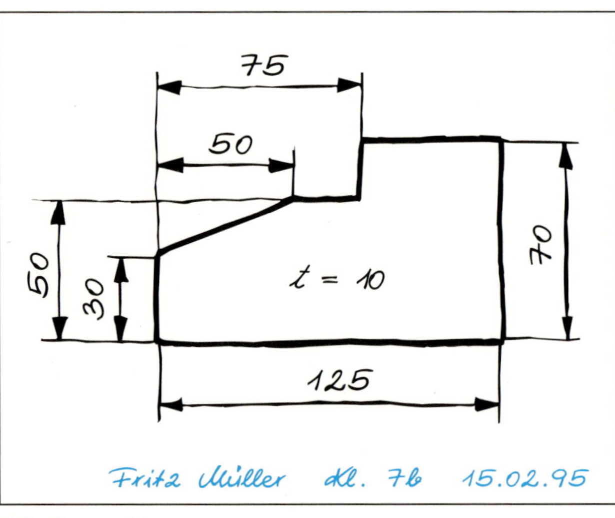

2 Fertigungsskizze

Fertigungsskizze

Sollen Gegenstände oder ihre Einzelteile zum Zweck ihrer Herstellung rasch und mit einfachen Mitteln dargestellt werden, so bietet sich die Fertigungsskizze an. Sie enthält alle notwendigen Angaben, so z. B. solche über

- die Abmessungen (Länge, Breite, Dicke)
- die Lage und Maße von Aussparung und Schräge
- die Benennung des Werkstücks
- Angaben zum Namen, zur Klasse und zum Datum

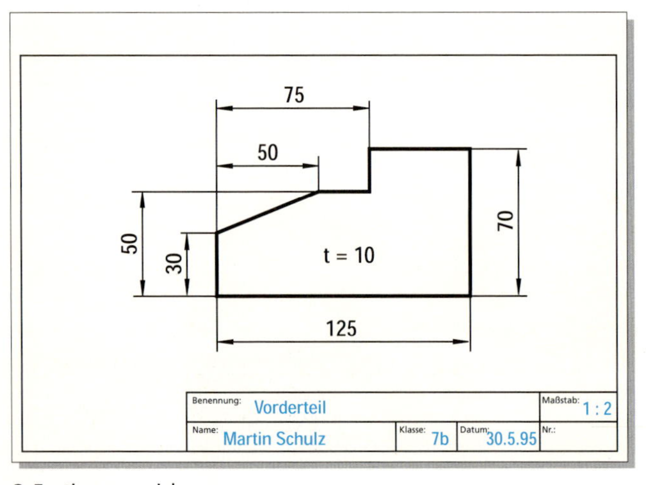

3 Fertigungszeichnung

Fertigungszeichnung

Für die Planung und Herstellung von Gegenständen im Technikunterricht ist vor allem die Fertigungszeichnung von Bedeutung. Ihre Anfertigung erfordert im Vergleich zur Fertigungsskizze neben einer Zeichenplatte mit Lineal vor allem zeichnerische Genauigkeit und Sauberkeit.

Maßstab

Sind Gegenstände unseres Alltags zeichnerisch darzustellen, so zeichnet man sie in wirklicher Größe, verkleinert oder vergrößert (Abb. 4).

In allen drei Beispielen stehen die Abmessungen des gezeichneten Gegenstands in einem bestimmten Verhältnis zu seiner wirklichen Größe.

Das Verhältnis der Abmessungen eines gezeichneten Gegenstands zu seiner wirklichen Größe nennt man Darstellungsmaßstab, abgekürzt M (Abb. 5).

In technischen Zeichnungen werden neben dem natürlichen Maßstab auch der Verkleinerungs- und der Vergrößerungsmaßstab verwendet (Abb. 6).

Beim ***Verkleinerungsmaßstab*** werden alle Abmessungen im angegebenen Verhältnis zeichnerisch verkleinert und beim ***Vergrößerungsmaßstab*** zeichnerisch vergrößert.

Verkleinerungs- und Vergrößerungsmaßstäbe, die beim technischen Zeichnen üblich sind, zeigt Abb. 7.

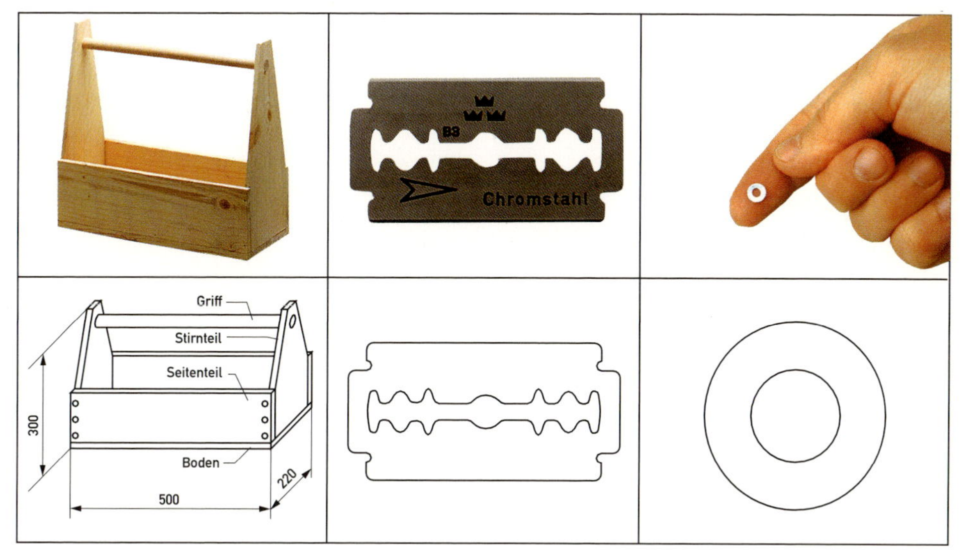

4 Gegenstände und maßstäbliche Zeichnungen

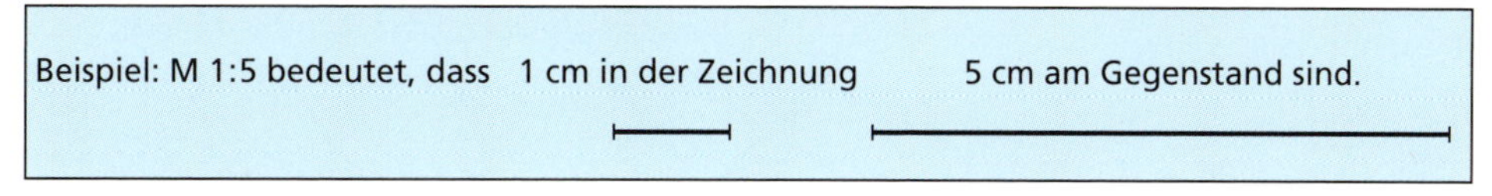

Beispiel: M 1:5 bedeutet, dass
1 cm in der Zeichnung
5 cm am Gegenstand sind.

5 Darstellungsmaßstab

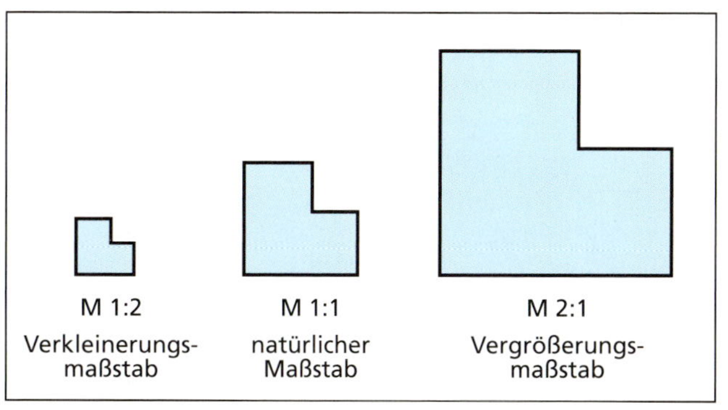

6 Verschiedene Maßstäbe

Arten der Maßstäbe	Empfohlene Maßstäbe		
natürlicher Maßstab			1:1
Vergrößerungsmaßstäbe	5:1 50:1	2:1 20:1	10:1
Verkleinerungsmaßstäbe	1:2 1:20	1:5 1:50	1:10 1:100

7 Empfohlene Maßstäbe

Schriftfeld, Beschriftung und Zeichenblatt

Benennung: Vorderteil			Maßstab: 1:1
Name: Martin Schulz	Klasse: 7b	Datum: 30.5.95	Nr.:

1 Vorschlag für ein Schriftfeld

Schriftfeld

Der verwendete Maßstab muss in der Zeichnung angegeben werden. Üblicherweise geschieht dies in einem dafür vorgesehenen Teil des Schriftfeldes (Abb. 1). Das Schriftfeld ermöglicht eine übersichtliche Anordnung von weiteren Angaben auf dem Zeichenblatt (Abb. 1).
Für unsere ersten Zeichnungen genügen Angaben zum Namen, zum Datum und zum Maßstab sowie zur Benennung des Dargestellten, zur Klasse und zur Blattnummer (Abb. 1).

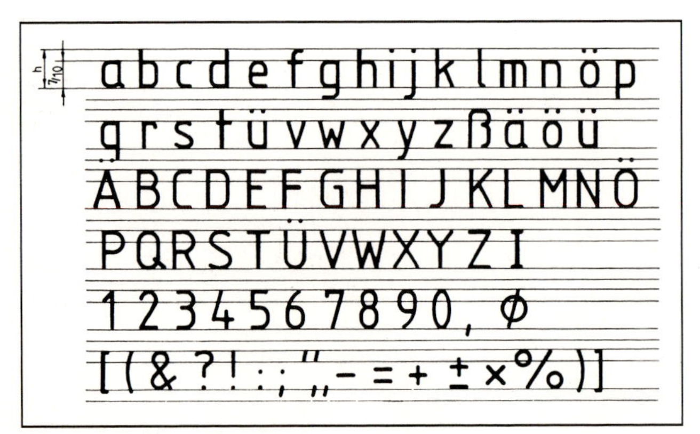

2 Normschrift

Beschriftung

Zur unmissverständlichen Fertigungszeichnung gehört auch die eindeutig und klar lesbare Beschriftung. Diese Forderung erfüllen verschiedene Schriftarten, die hierfür entwickelt wurden. Sie sind als ***Normschriften*** festgelegt (Abb. 2).

Zeichenblatt

Für unsere Zwecke sind Zeichenblätter mit einer leicht rauen Oberfläche geeignet, weil sie Minen- und Bleistiftstriche gut annehmen. Außerdem sollten sie ein mehrfaches Radieren erlauben, ohne dass Spuren zurückbleiben. Als Format wird in der Regel das DIN-A4-Format ausreichen (Abb. 3).

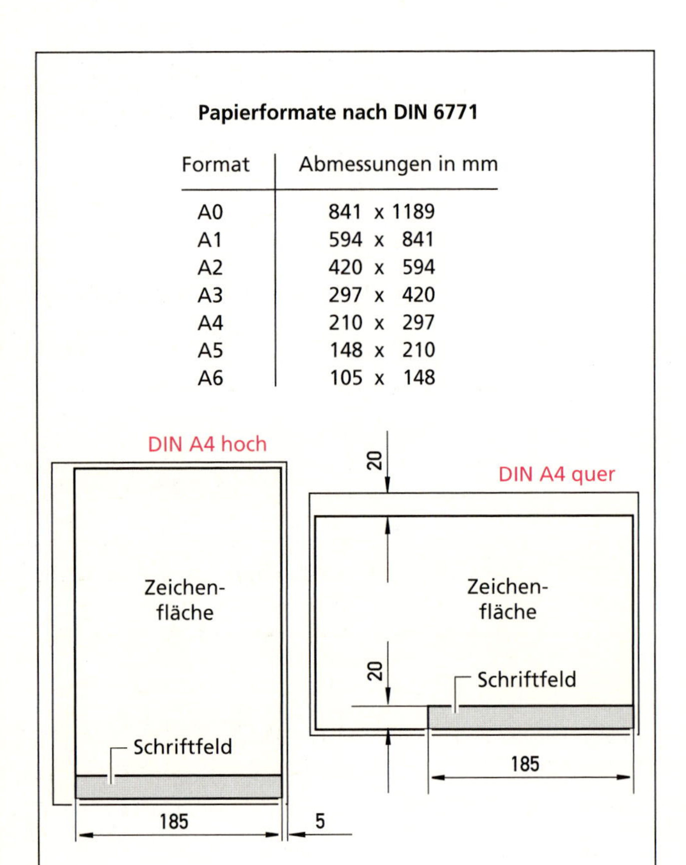

Papierformate nach DIN 6771

Format	Abmessungen in mm
A0	841 x 1189
A1	594 x 841
A2	420 x 594
A3	297 x 420
A4	210 x 297
A5	148 x 210
A6	105 x 148

3 DIN-Formate

Stückliste

Stücklisten in Handwerk und Industrie

Für die Herstellung mehrteiliger Gegenstände werden in Handwerk und Industrie Listen erstellt, in denen alle Teile, die für ihre Montage benötigt werden, aufgeführt sind (Abb. 4). Solche Listen werden als Stücklisten bezeichnet.

Form und Inhalt dieser Stücklisten sind genormt. Was in die einzelnen Spalten einzutragen ist, ist genau festgelegt und hängt mit der Organisation handwerklicher und industrieller Arbeit zusammen. Stücklisten können sich sowohl über als auch neben dem Schriftfeld der technischen Zeichnung befinden oder als gesondertes Stücklistenblatt ausgeführt sein.

Zeile		Werk	Benennung	Code-Nr.	PH	V	St	ME		
A 01	Stückliste	050	HYDROAGGREGAT	104019	D			1		0

Zeile	Merkmale
A 02 A 03	050 ATL ABS5 K KL A 1+

Zeile	Verw.Zeichnung			Gst
A 04	0265216009			29

Zeile	Änd.Nr.	Änd.Nr.	Änd.Nr.	Änd.Nr.	
A 05				0265216038	2

Pos.Nr.	Fak	Menge	ME		Nummer	Bst	Benennung
1		1	1	D	1 265 110 855	10	PUMPENGEHAEUSE
6		8	1		1 903 230 509	11	KUGEL-3,5-III-X
10		1	1		1 260 900 802	11	KUGELLAGER
11		1	1		1 261 250 800	11	HALTEBUEGEL
13		1	1		0 130 108 049	21	GLEICHSTROMMOTOR
14		2	1		2 260 025 001	11	UNTERLEGPLATTE
15		2	1	D	1 263 414 813	11	ZYLINDERSCHRAUBE
16		2	1		1 267 021 822	20	PUMPENELEMENT
18		2	1		1 263 462 806	11	VERSCHLUSSSCHRAUBE
19		2	1		1 260 505 845	11	DURCHFLUSSDROSSEL
22		2	1		1 260 210 874	11	O-RING
23		2	1		1 260 526 804	11	VERSCHLUSSDECKEL
24		2	1		2 260 210 711	11	O-RING 18,72X2,62
25		2	1		1 260 109 804	11	ABSTREIFRING

4 Stückliste aus der Industrie (Auszug)

Vereinfachte Stücklisten

Für die Planung und Herstellung mehrteiliger Gegenstände im Technikunterricht genügen vereinfachte Stücklisten, z. B. solche nach Abb. 5. Die Stückliste des Werkzeugkastens (Abb. 6) enthält alle seine Einzelteile. Dazu gehören neben herzustellenden Teilen auch Halbzeuge, wie z. B. Rundstäbe (siehe Griff), sowie Hilfsstoffe, wie Nägel und Schrauben.

Unabhängig von der Zahl der Teile, z. B. bei den Stirn- oder Seitenteilen, wird in der Spalte „Benennung" die Einzahl verwendet. Abmessungen werden in Millimeter angegeben, wobei die Maßeinheit selbst entfällt. Angaben zu Abmessungen der Teile sind in der Regel Rohmaße, also Maße mit Bearbeitungszugaben.

Das Erstellen von Stücklisten kann durch Anfertigen und Verwenden entsprechender Vordrucke vereinfacht werden.

Teil	Stück	Benennung	Werkstoff	Abmessungen
1	2	Stirnteil	Fichte	292 x 184 x 18
2	2	Seitenteil	Fichte	500 x 122 x 18
3	1	Griff	Buche	∅ 20 x 500
4	1	Boden	Sperrholz	500 x 220 x 8
5	12	Senkkopf-schraube		∅ 3,5 x 30
6	12	Senkkopf-schraube		∅ 2 x 16

5 Vereinfachte Stückliste

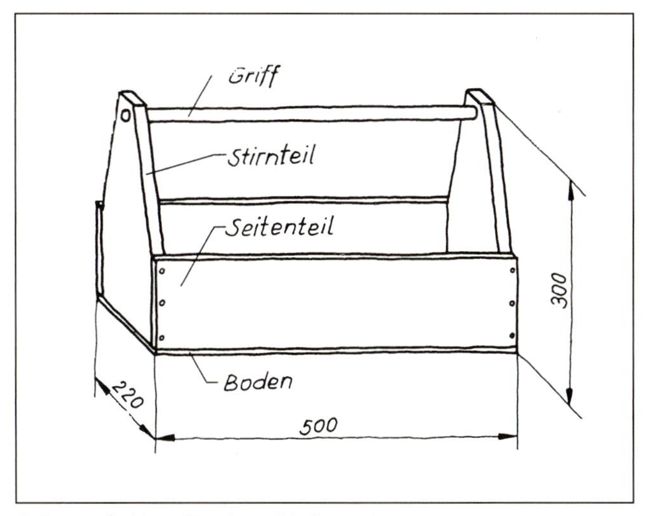

6 Entwurfsskizze für einen Werkzeugkasten

Umgang mit Bleistift und Feinminenstift

Bleistift

Feinminenstift

Stellzirkel

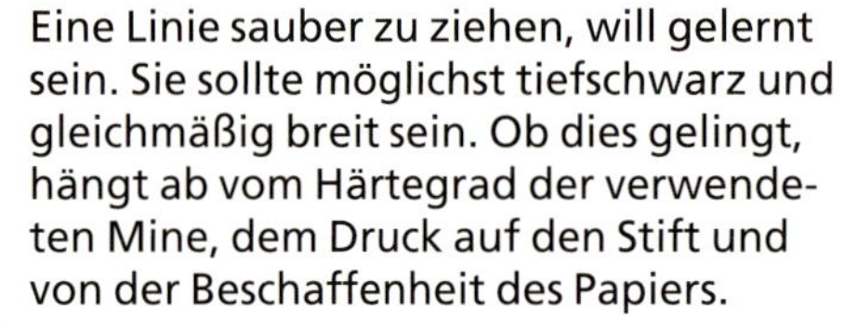

Eine Linie sauber zu ziehen, will gelernt sein. Sie sollte möglichst tiefschwarz und gleichmäßig breit sein. Ob dies gelingt, hängt ab vom Härtegrad der verwendeten Mine, dem Druck auf den Stift und von der Beschaffenheit des Papiers.

Die folgende Faustregel kann dir einen Anhaltspunkt geben:

- Beim Vorzeichnen sollte man härtere Minen, z. B. F oder H, verwenden und dabei nur geringen Druck ausüben.
- Zum Nachzeichnen (auch „Ausziehen" genannt) eignen sich weichere Minen, z. B. HB oder B. Dabei wird mit deutlich stärkerem Druck gearbeitet.

Um randscharfe Linien zu erhalten, sollten ***Holzbleistifte*** immer gut angespitzt werden und eng an der Linealkante entlang geführt werden (Abb. 1 a). Damit die Linie trotz Abrieb der Minenspitze möglichst gleichmäßig breit wird, neigt man den Stift schräg in Richtung der Linienführung und dreht ihn beim „Ziehen" zwischen den Fingern (Abb. 1 b).

Feinminenstifte gibt es für 0,3, 0,5 und 0,7 mm dicke Minen (Abb. 2). Mit ihnen kann man – leichter als mit dem Bleistift – entsprechend breite und gleichmäßige Linien zeichnen. Außerdem entfällt das Anspitzen. Da nur die Mine kürzer wird und der Stift seine Länge behält, liegt er immer gleich gut in der Hand.

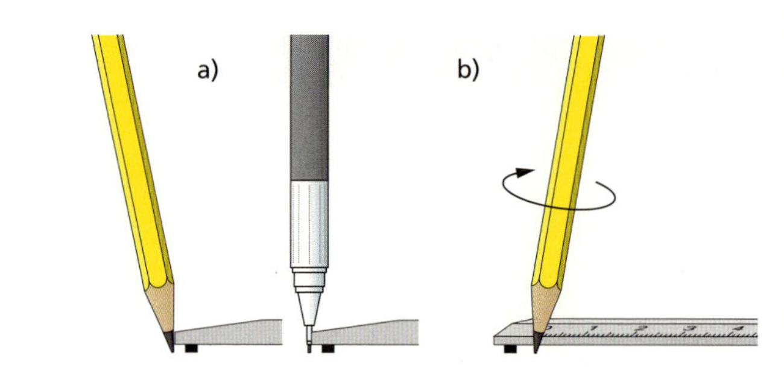

1 Zeichenstiftführung

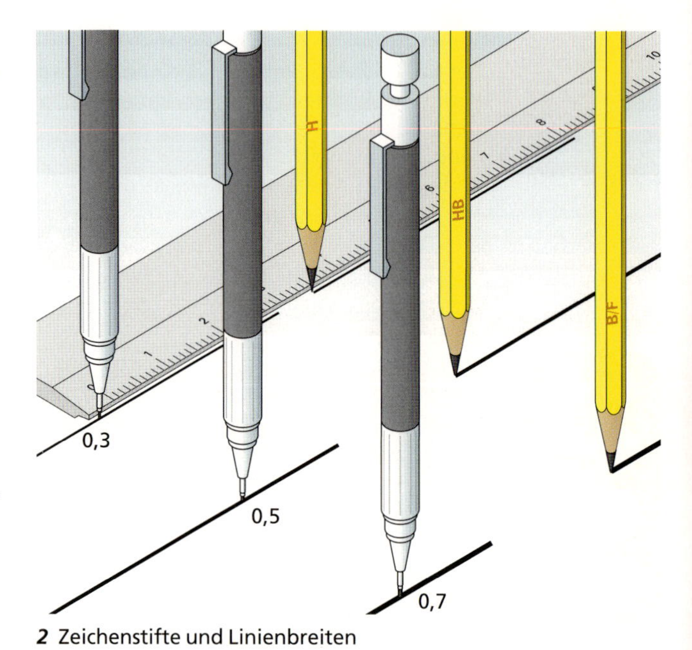

2 Zeichenstifte und Linienbreiten

Linienart	Benennung	Verwendung	Linienbreiten der Liniengruppe 0,7 bei Verwendung von: Tuschezeichnern	Feinminenstiften
▬▬▬▬	Volllinie, breit	für sichtbare Kanten und Umrisse	0,7	0,7
────	Volllinie, schmal	für Maßlinien, Maßhilfslinien, Schraffurlinien, kurze Mittellinien, Bezugslinien	0,35	0,3
～～	Freihandlinie	Bruchlinien		
—·—·—	Strichpunktlinie, schmal	für Mittellinien, Lochkreise, Darstellung der ursprünglichen Form, Gehäuse		
— — — —	Strichlinie	für verdeckte Kanten	0,5	0,5
▬·▬·▬	Strichpunktlinie, breit	für die Kennzeichnung des Schnittverlaufs	0,7	0,7

3 Linienarten und Linienbreiten

Umgang mit Zeichenplatte, Zirkel und Lochkreisschablone

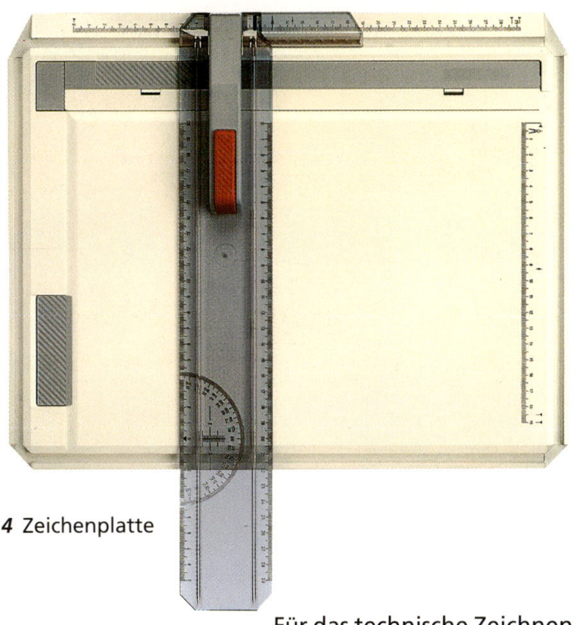

4 Zeichenplatte

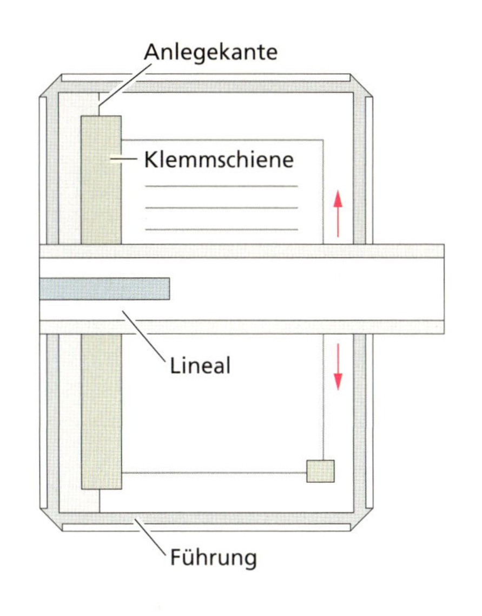

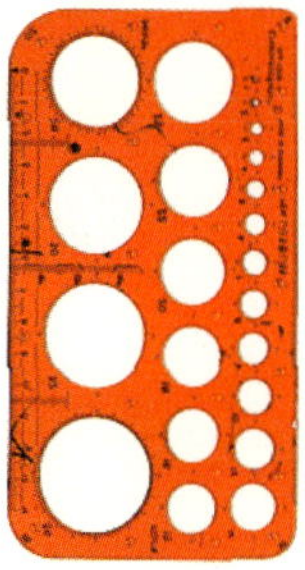

Für das technische Zeichnen in der Schule eignet sich die Zeichenplatte aus Kunststoff (Abb. 4).
Die Klemmschiene hält das Zeichenblatt. Unter ihr befindet sich eine Anlegekante, an der das Blatt randparallel bzw. rechtwinklig ausgerichtet wird.
Nuten oder Stege an allen 4 Seiten führen das ***Lineal***. Dieses kann man verschieben bzw. umsetzen und so parallele bzw. rechtwinklige Linien ziehen. Sollen am Lineal Schablonen oder Zeichendreiecke angelegt werden, so sollte man es zuvor feststellen. Genaues Zeichnen wird durch das Benutzen der Messskalen (in cm) auf Lineal und Klemmschiene erleichtert. Voraussetzung ist dabei das genaue Ablesen auf der Messskala (Abb. 5).

Kleinere Kreise und Radien lassen sich mit der ***Lochkreisschablone*** zeichnen, größere mit dem Zirkel. Bei der Arbeit mit dem ***Zirkel*** sollten Zentrierspitze und die angeschliffene Zirkelmine senkrecht auf dem Zeichenblatt stehen (Abb. 6).
Beim Zeichnen von Radien werden zuerst diese und dann die Anschlusslinien gezeichnet (Abb. 7). Zum Anschleifen der Zirkelmine ist das Schleifbrettchen eine praktische Hilfe.

Lochkreisschablone

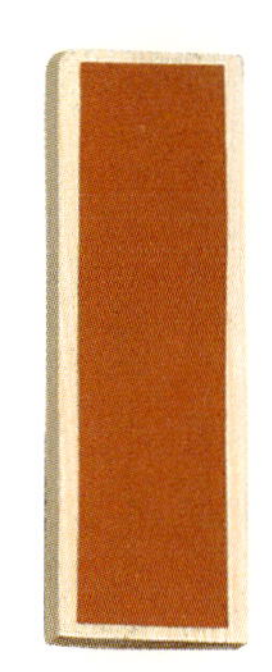

Schleifbrettchen

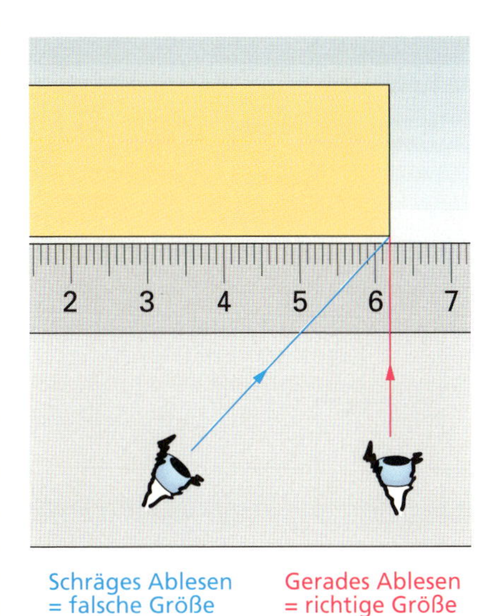

5 Messen mittels Lineal

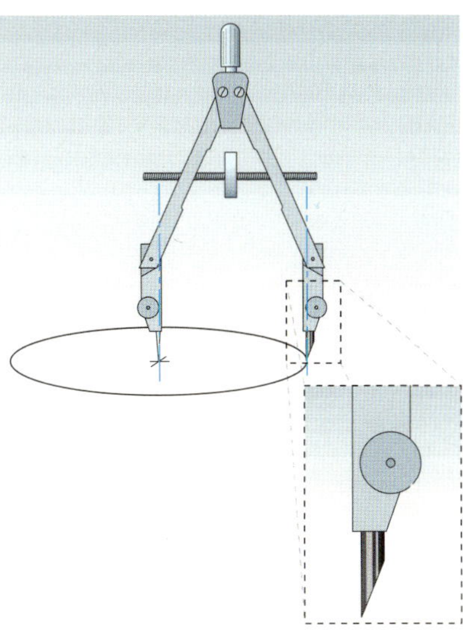

6 Zeichnen mittels Zirkel

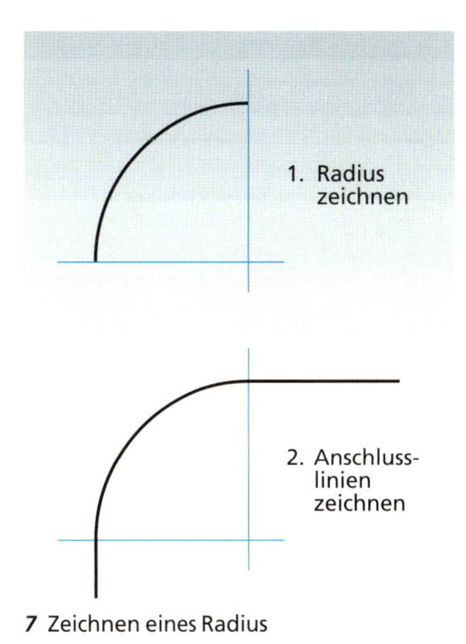

7 Zeichnen eines Radius

Darstellen im Eintafelbild

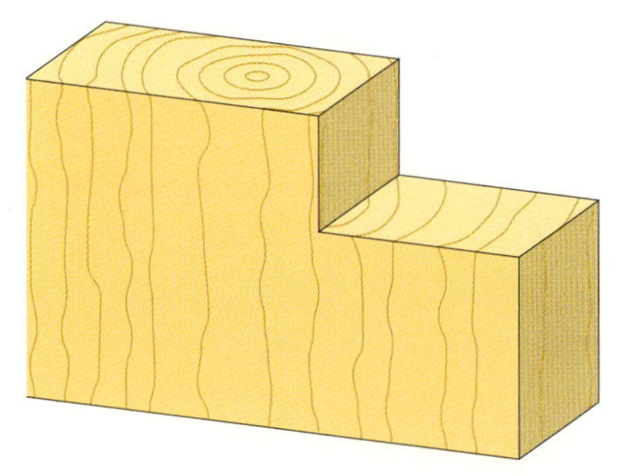

1 Flächiges Werkstück

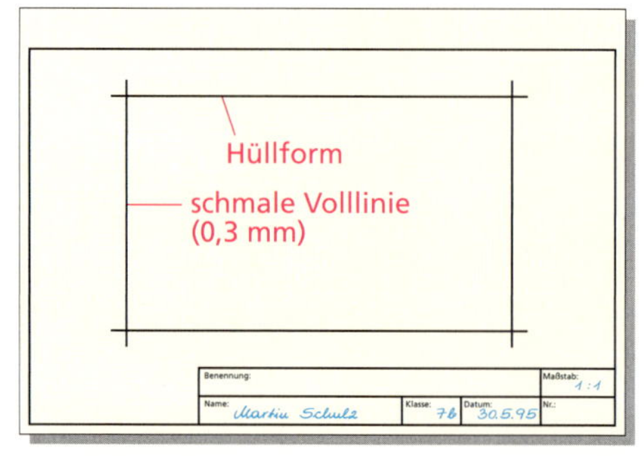

2 Hüllform zeichnen

Umrisslinien

Von flächigen Werkstücken, wie z. B. nach Abb. 1, wird nur die Hauptansicht gezeichnet. Dabei zeigen Umrisslinien die sichtbaren Kanten (Abb. 5). Umrisslinien sind die breitesten Linien in technischen Zeichnungen. Im Technikunterricht werden sie in der Regel 0,7 mm breit gezeichnet.

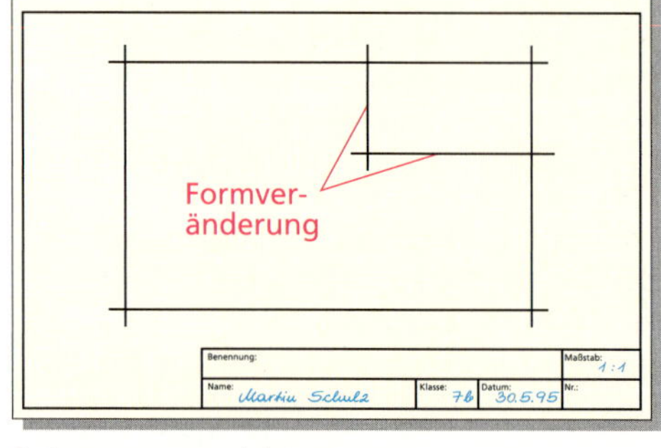

3 Aussparung zeichnen

Vorgehen beim Zeichnen

Beim Zeichnen eines Werkstücks empfiehlt es sich, die notwendigen Herstellungsschritte gedanklich und zeichnerisch nachzuvollziehen. Wie man vorgeht, zeigen die Abbildungen 2 bis 5.

Zeichenschritte:

1. Aufzeichnen der Hüllform (des Ausgangsbretts) mit der 0,3 mm breiten schmalen Volllinie (Abb. 2).
2. Einzeichnen der Formveränderung (Aussparung); Überprüfen der Darstellung (Abb. 3).
3. Radieren der überflüssigen Konstruktionslinien (Abb. 4).
4. Jetzt oder nach der Bemaßung die Fertigform mit der 0,7 mm breiten Volllinie ausziehen (Abb. 5).

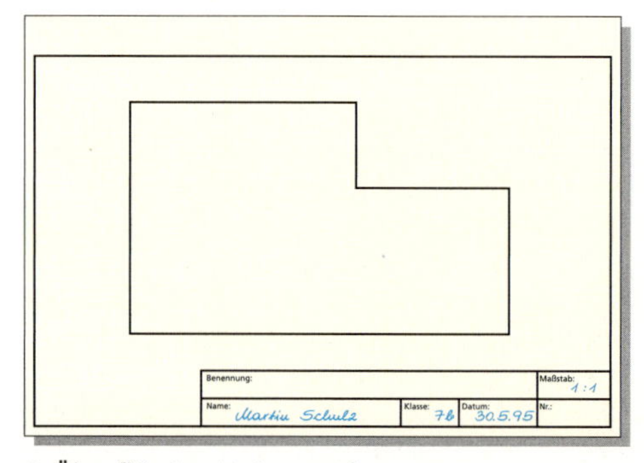

4 Überflüssige Linien entfernen

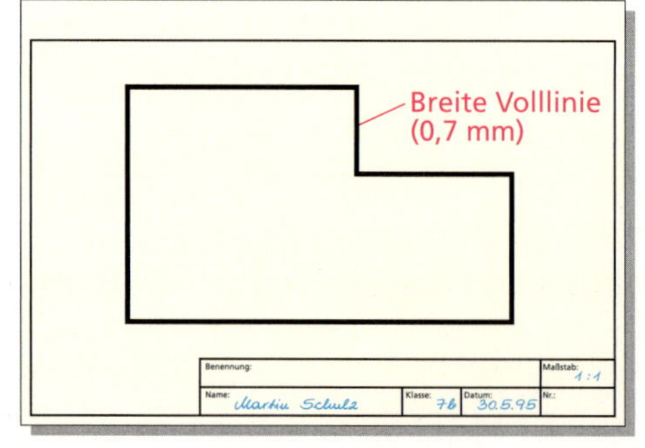

5 Fertigform ausziehen

Bemaßen im Eintafelbild

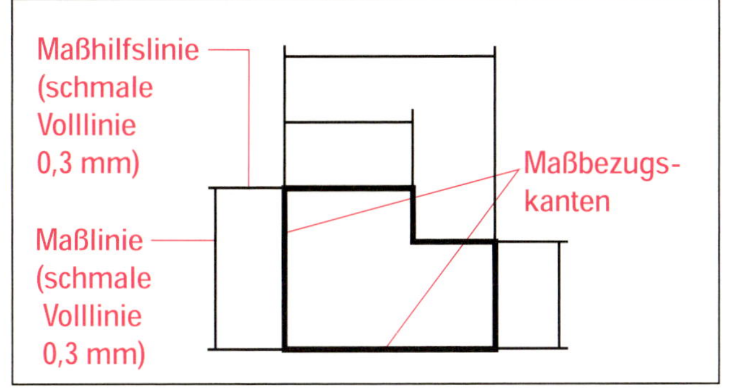

6 Bemaßungselemente

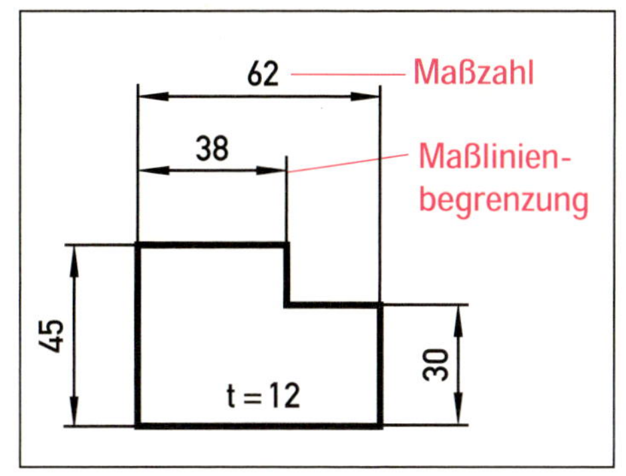

7 Zeichnung mit Bemaßung

Es ist nicht üblich, die Größe eines Werkstücks aus der technischen Zeichnung durch Messen zu entnehmen. Daher müssen Werkstücke bemaßt werden.

Erst Form und Bemaßung zusammen ergeben wichtige Informationen über den Gegenstand (Abb. 7).

Bemaßungselemente

Maßlinien werden parallel zur Werkstückkante zwischen die Maßhilfslinien gezeichnet. Ihr Abstand zu den Kanten sollte etwa 10 mm, zur nächsten Maßlinie etwa 7 mm betragen.

Maßhilfslinien zeichnet man durch „Verlängern" der Umrisslinien. Sie sollten sich nach Möglichkeit nicht kreuzen und etwa 2 mm über die Maßlinie hinausragen.

Maßzahlen geben die tatsächlichen Maße des Werkstücks in mm an. Die Maßeinheit entfällt. Auch beim Vergrößern und Verkleinern ändern sich die Maßzahlen nicht. Man schreibt sie so über die Maßlinie, dass sie in der Leselage des Schriftfelds von unten oder von rechts lesbar sind.

Als ***Maßlinienbegrenzung*** sind nach DIN-Norm der Maßpfeil, der Punkt oder der Schrägstrich zu verwenden. Innerhalb einer Zeichnung sollte in der Regel nur eine Art benutzt werden.

Da man im Eintafelbild die Dicke des Werkstücks nicht bemaßen kann, wird sie mit „t =" angegeben (Abb. 7).

t: Tiefe, thick

Bemaßung

Bei unsymmetrischen Werkstücken werden Maße von zwei rechtwinklig aufeinander stehenden ***Maßbezugskanten*** aus eingetragen (Abb. 6). Alle Maßlinien beginnen oder enden an diesen Maßbezugskanten.

Zeichenschritte bei der Bemaßung:
1. Lege die Bezugskanten fest (Abb. 6).
2. Ziehe die Maß- und Maßhilfslinien (Abb. 6).
3. Zeichne die Maßlinienbegrenzung (Abb. 7).
4. Trage die Maßzahlen und die Dicke des Werkstücks ein (Abb. 7).

Jede Abmessung darf nur einmal bemaßt werden!

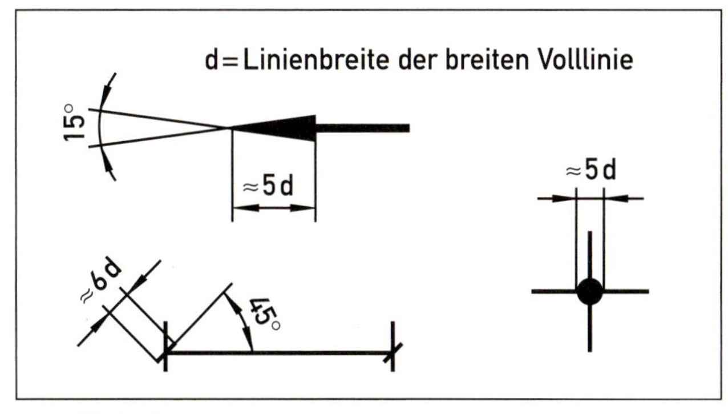

8 Maßlinienbegrenzungen

Bemaßen im Eintafelbild

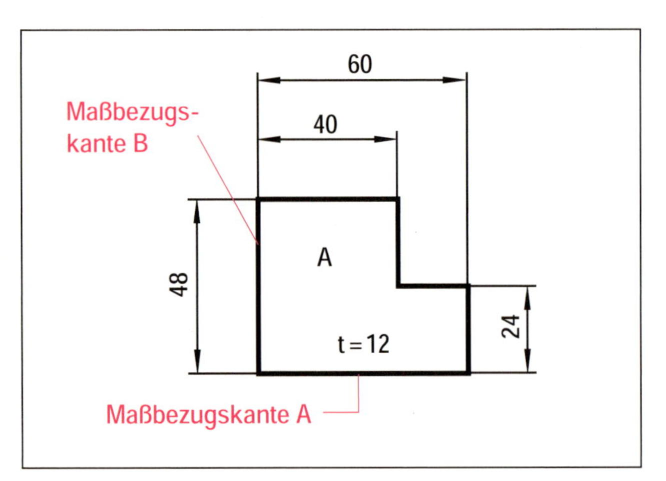

1 Wahl der Maßbezugskanten

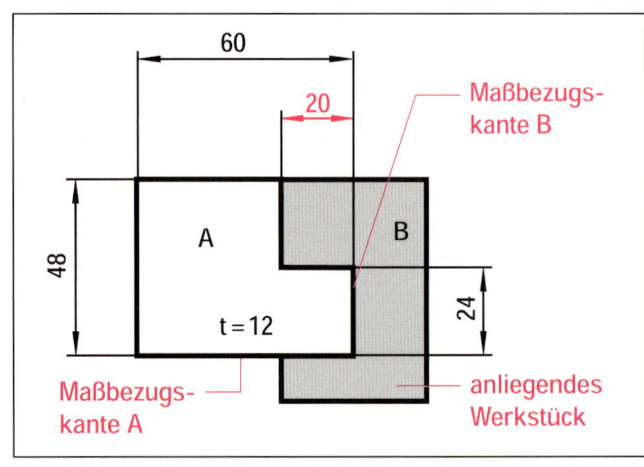

2 Wahl der Maßbezugskanten bei anliegendem Werkstück

Festlegen der Maßbezugskanten

In der Regel wählt man die linke und die untere Kante eines Werkstücks als Maßbezugskanten (Abb. 1).
Muss das Werkstück mit einem Gegenstück zusammenpassen, wird häufig von dieser Regel abgewichen.
In Abb. 1 soll der „Zapfen" des Werkstücks A in die Nut des Werkstücks B passen. Da an der rechten Kante von A das Werkstück B anliegt, wird diese Kante nun zur Maßbezugskante (Abb. 2).

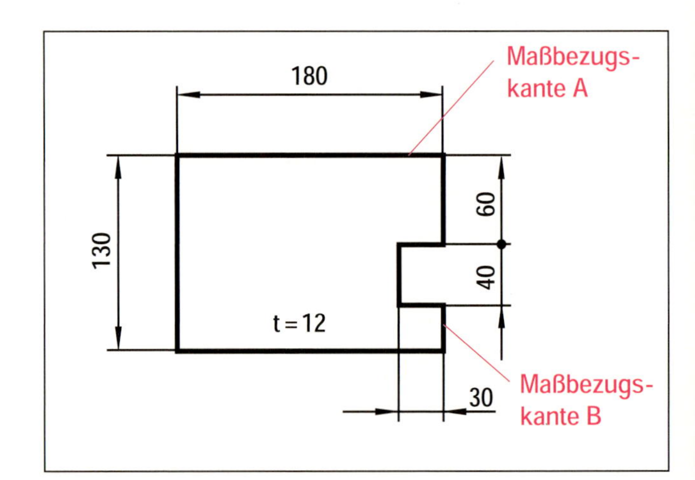

3 Bemaßung bei kurzer Maßlinie

Bemaßen bei kurzen Maßlinien

Bei sehr kurzen Maßlinien werden Maßlinien von außen an die Maßhilfslinien gesetzt (Abb. 3). Passt die Maßzahl nicht auf die Maßlinie, darf sie herausgerückt werden, wenn möglich nach rechts (siehe Maß 30). Haben die Maße eine Maßhilfslinie gemeinsam, kann der Maßpfeil durch einen Punkt ersetzt werden (Abb. 3).

Werkstücke mit Symmetrieachse

Bei symmetrischen Werkstücken werden Symmetrieachsen als Mittellinien gezeichnet. Man wählt für sie die schmale Strichpunktlinie. Wir zeichnen Mittellinien im Gegensatz zur Mathematik auch dann ein, wenn die Hälften eines Werkstücks in Kleinigkeiten voneinander abweichen (Abb. 4).

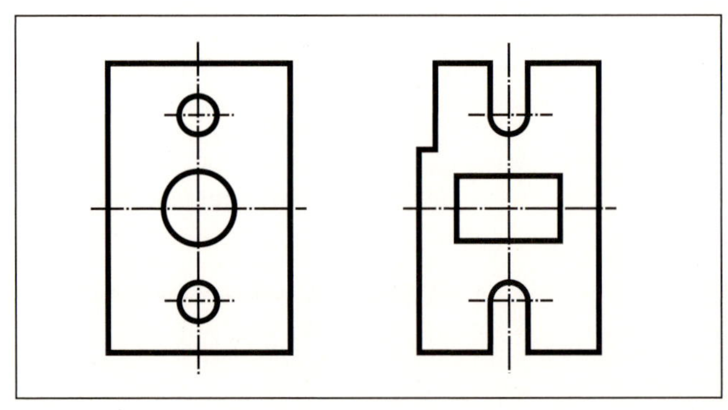

4 Werkstücke mit Mittellinien

Bemaßen von Werkstücken mit Mittellinien

Werkstücke mit einer Mittellinie erhalten nur eine Maßbezugskante (Abb. 5). Diese liegt rechtwinklig zur Mittellinie. Die Mittellinie ersetzt eine Maßbezugskante und wird zur ***Maßbezugslinie*** (Abb. 5). Gemessen und angerissen wird in diesem Fall von dieser Mittellinie aus.

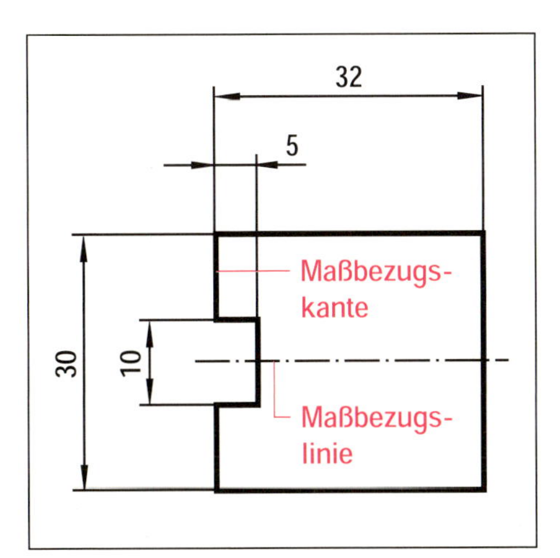

5 Maßbezugskante bei Werkstücken mit einer Mittellinie

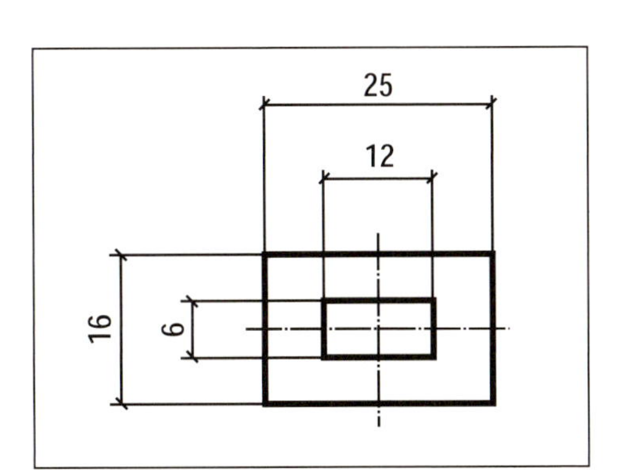

6 Werkstück ohne Maßbezugskanten

Bemaßen schiefwinkliger Kanten

Schräg zueinander stehende Kanten können auf zwei Arten bemaßt werden:
- durch die Angabe eines Winkels und eines Längenmaßes (Abb. 7 a).
- durch die Angabe von zwei Längenmaßen (Abb. 7 b).

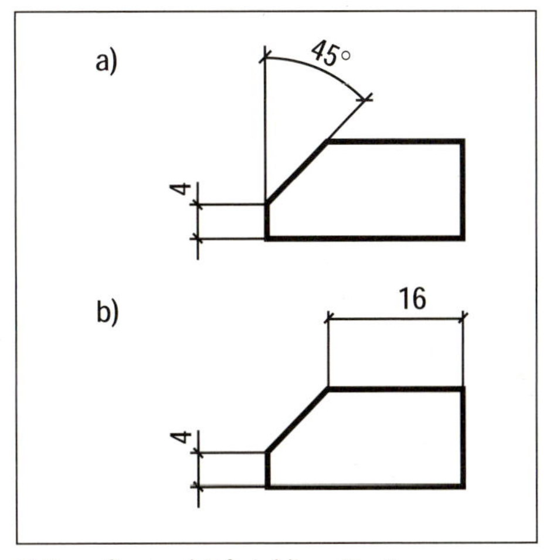

7 Bemaßung schiefwinkliger Kanten

Beide Arten können auch bei Werkstücken mit Mittellinien angewendet werden (Abb. 8 a und 8 b).
Die Winkelangaben sollen wie andere Maßzahlen von unten oder rechts lesbar sein.

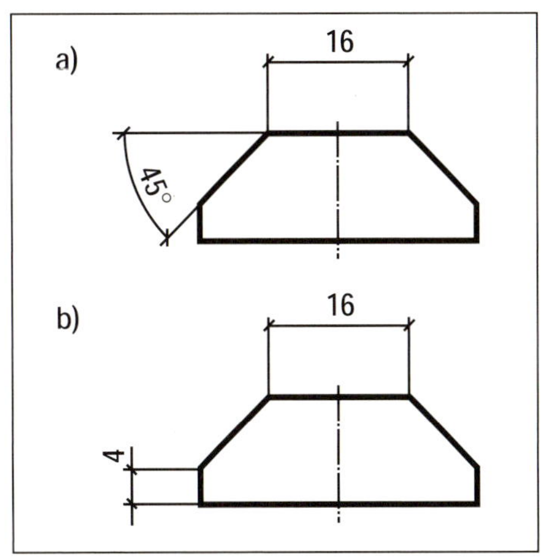

8 Bemaßung schiefwinkliger Kanten bei symmetrischen Werkstücken

Werkstücke mit Rundungen und Bohrungen

Mittellinien

Bohrungen erhalten in technischen Zeichnungen Mittellinien (Abb. 1). Sie werden mit der schmalen Strichpunktlinie gezeichnet. Bei Verwendung der 0,7 mm breiten Volllinie für die Kanten wird diese Strichpunktlinie bei Bleistiftzeichnungen in der Linienbreite 0,3 mm ausgeführt.
Mittellinien werden etwas über die zugehörigen Kanten hinausgeführt (Abb. 1, Punkt a). Im Schnittpunkt kreuzen sich die Strichlinien (Abb. 1, Punkt b).

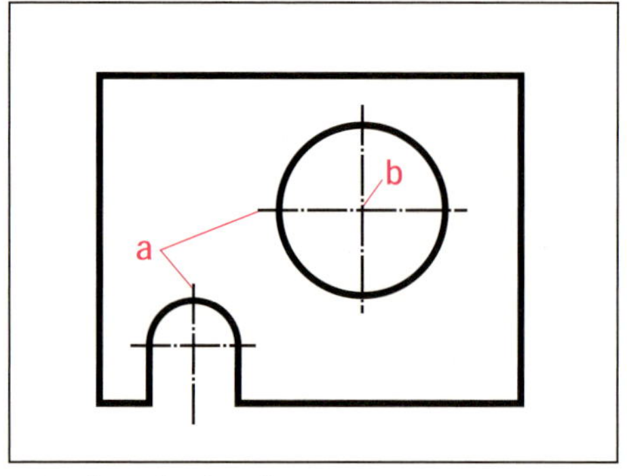

1 Werkstück mit Bohrung

Bemaßen von Rundungen

Kreisteile werden immer mit dem Radius bemaßt (Abb. 2). Sie erhalten in der Regel ein Mittellinienkreuz und einen Maßpfeil. Dieser wird bei großen Radien von innen an den Kreisbogen gezogen. Bei kleinen Radien wird der Maßpfeil von außen angetragen und die Maßlinie bis zum Mittelpunkt durchgezogen (Abb. 2, R 5). Die Kennzeichnung des Mittelpunkts kann bei sehr kleinen Radien entfallen (Abb. 2, R 2).

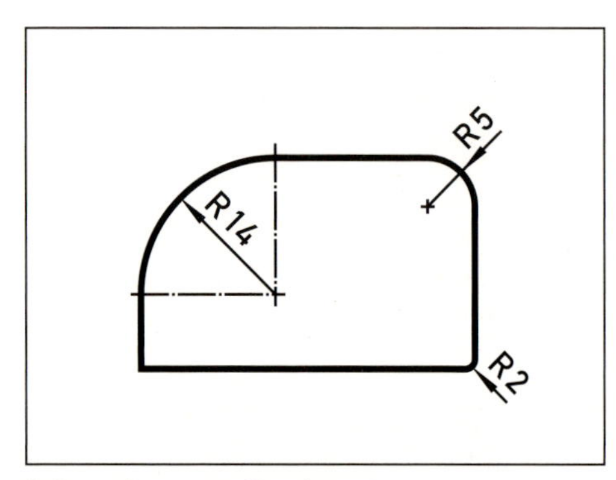

2 Bemaßung von Rundungen

Bemaßen von Biegeteilen

In Biegeteilen, wie z. B. Griffen, werden Bohrungen in der Regel vor dem Biegen angebracht. In Abb. 3 sind solche Bohrungen in einer Ansicht bemaßt, welche das Werkstück in seiner ursprünglichen („gestreckten") Länge zeigt. In dieser Ansicht sind die Stellen, an denen zu biegen ist, durch Biegelinien bemaßt. Der Biegeradius auf der Innenseite ergibt sich durch die Form der Biegevorrichtung.

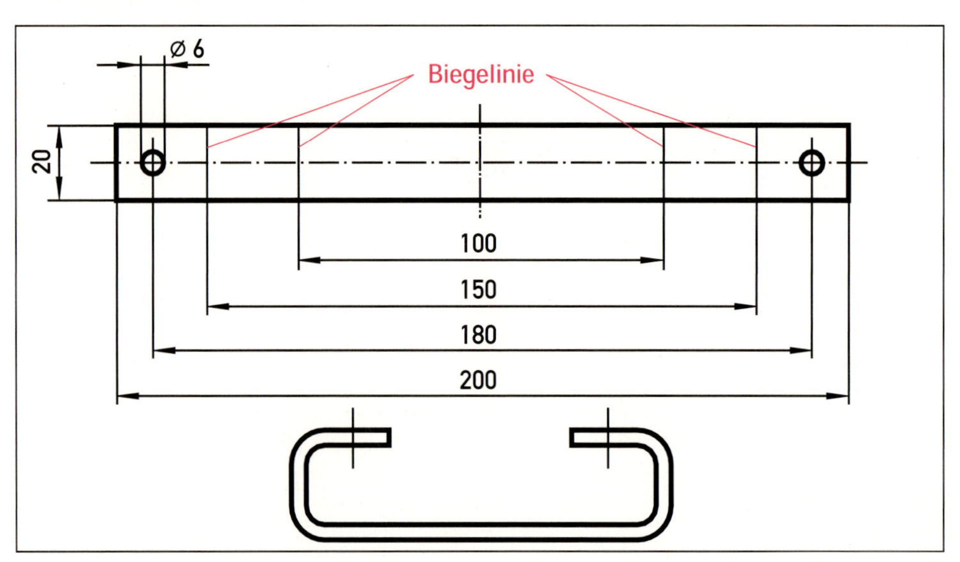

3 Bemaßung von Biegeteilen

Werkstücke mit Bohrungen

Bemaßen von Bohrungen

Mittellinien von Bohrungen werden von Bezugskanten bzw. Bezugslinien aus bemaßt (Abb. 4 c). Bemaßt werden Durchmesser und – mit Ausnahme von Durchgangsbohrungen – ihre Tiefe.

Sind Durchmesser als Kreise zu sehen, werden sie in der Regel an diesen Kreisen bemaßt. Je nach ihrer Größe kann das auf verschiedene Weise geschehen:

- am Kreis direkt mit durchgezogener Maßlinie und Maßpfeil oder mit Bezugslinie (Abb. 4 a).
  In Eintafelbildern kann außerdem durch einen Zusatz die Tiefe angegeben werden (Abb. 4 d).
- außerhalb des Kreises zwischen Maßhilfslinien (Abb. 4 b)
- im Kreis (Abb. 4 c). Zum Eintragen der Maßzahl dürfen Mittellinien unterbrochen werden.

Sind Bohrungen nicht als Kreis sichtbar, so kann man sie wie in Abb. 4 d vereinfacht darstellen und bemaßen.

In Abb. 4 e sind die Bohrungen mit Strichlinien dargestellt. Die Strichlängen sind zwischen 3 und 4 mm lang, Lücken etwa 2 mm.

Werden sichtbare Kanten mit der 0,7 mm breiten Volllinie gezeichnet, sollten Strichlinien 0,3 mm breit sein.

An Strichlinien wird in der Regel nicht bemaßt (Abb. 4 e). Zum Bemaßen wird das Werkstück gedanklich „aufgebrochen" und ein Teilschnitt angebracht (Abb. 4 f). Dieser Teil wird dann mit der schmalen Volllinie unter 45° schraffiert.

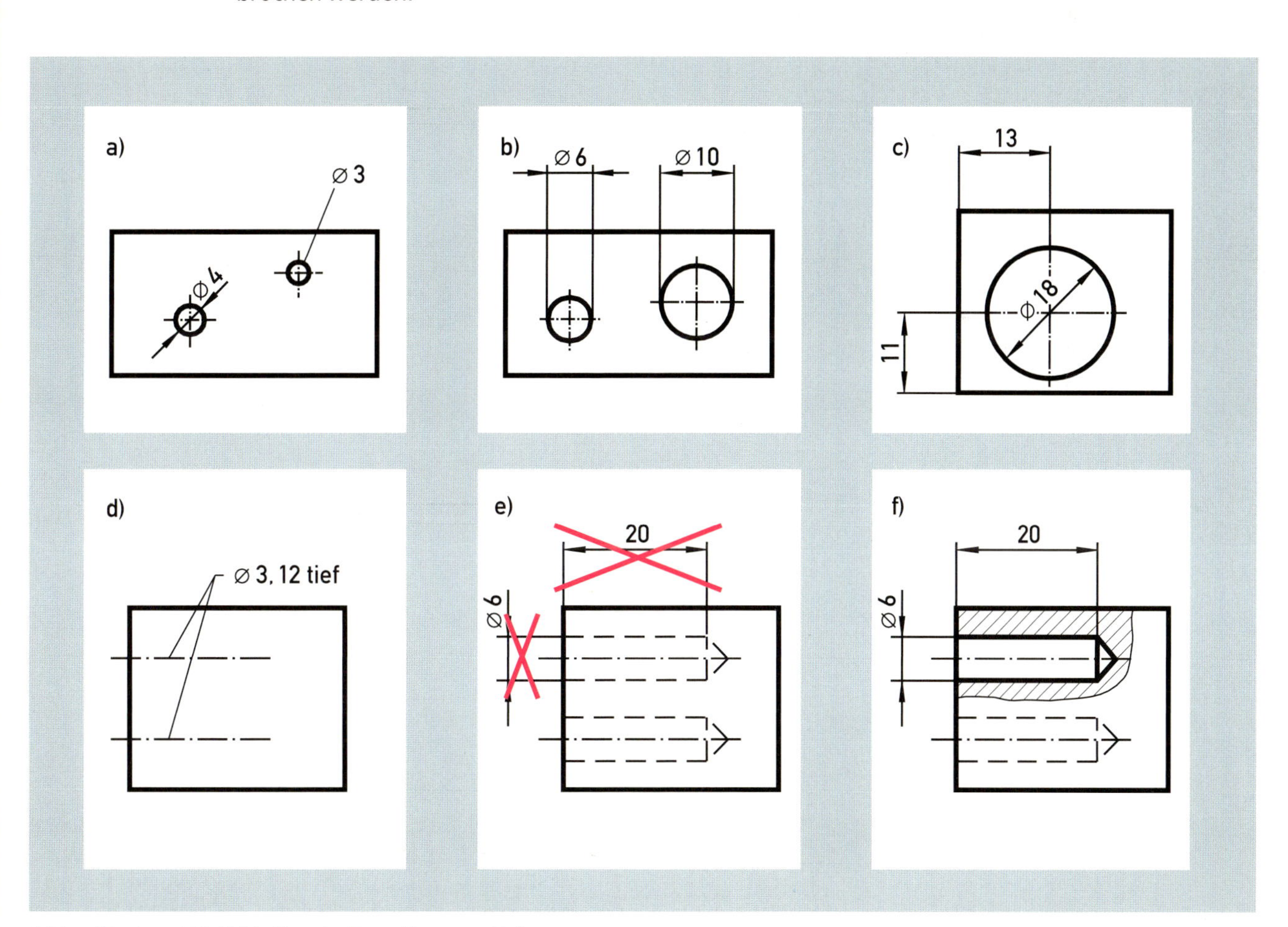

4 Verschiedene Möglichkeiten der Bemaßung von Bohrungen

Schnittdarstellung – Darstellung und Bemaßung von Gewinden

Schnittdarstellung

Um Teilformen eines Werkstücks bemaßen zu können, bedient man sich beim technischen Zeichnen häufig der Schnittdarstellung (Abb. 1 d).
Ein zeichnerischer Schnitt trennt das Werkstück „gedanklich" in einer Schnittebene in zwei Teile (Abb. 1 b). In der Schnittebene entstehen Schnittflächen. Ein Teil wird so geklappt, dass seine Schnittfläche in der Zeichenebene liegt (Abb. 1 c). Bisher verdeckte Kanten sind nun sichtbar. Sie werden mit der breiten Volllinie gezeichnet.
Schnittflächen werden mit der schmalen Volllinie unter 45° zum unteren Zeichenflächenrand schraffiert (Abb. 1 c).
Die Lage der Schnittebene wird durch die breite Strichpunktlinie gekennzeichnet (Abb. 1 d). Pfeile kurz vor dem Ende dieser Schnittlinie zeigen die Richtung, in die die Schnittfläche in die Zeichenebene geklappt wird.

Gewindedarstellung

Innengewinde mit Kernlochbohrung (Abb. 2 a und 2 c) werden in der Regel im Schnitt dargestellt. Die Gewindelochsenkung wird nicht gezeichnet.
Die Kernlochbohrung ist stets länger zu zeichnen als die Gewindebohrung.
Da der Gewindeauslauf außerhalb der nutzbaren Gewindelänge liegt, wird er nicht gezeichnet (Gewindeauslauf: etwa halber Gewinde-Nenndurchmesser). Auch beim ***Außengewinde*** (Abb. 2 b und 2 d) wird der Gewindeauslauf weggelassen.

Gewindebemaßung

Bei Gewinden wird stets der Gewinde-Nenndurchmesser bemaßt (Abb. 2 c und 2 d). Linksgewinde sind mit dem Zusatz „links" zu versehen. Als Gewindelänge ist die nutzbare Länge anzugeben.

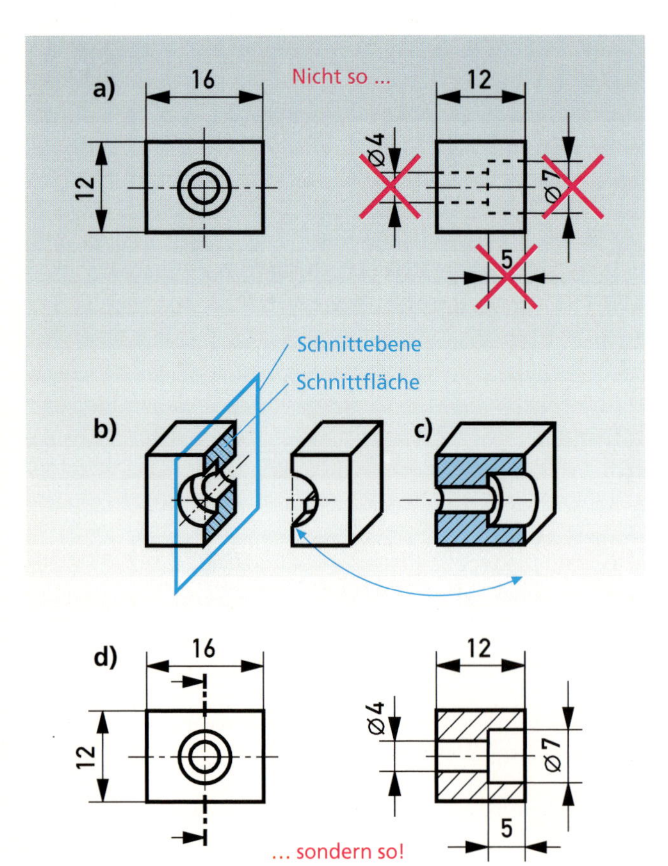

1 Schnittdarstellung

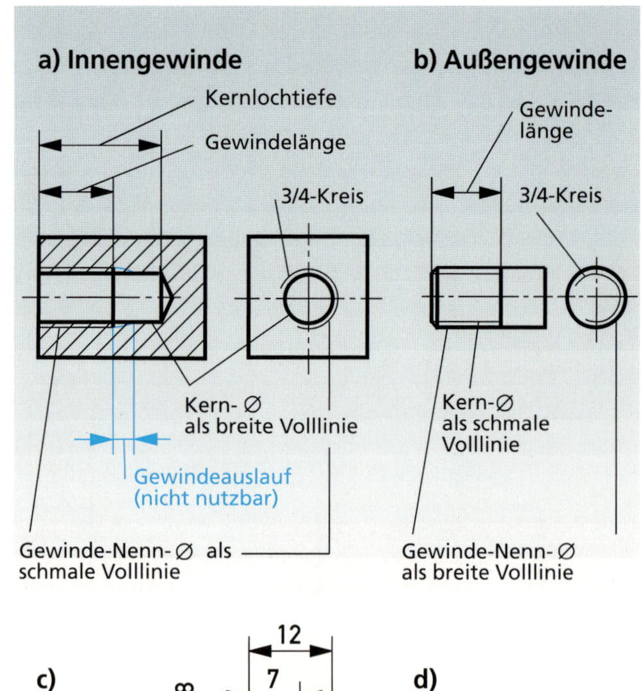

2 Gewindedarstellung und Gewindebemaßung

Darstellen in zwei Ansichten

Der Gegenstand in Abb. 3 weist eine Aussparung und eine Schräge auf. Um ihn eindeutig darstellen zu können, genügt eine Ansicht (ein Eintafelbild) allein nicht mehr.

Blicken wir aus Richtung des Pfeils A, so können wir den Winkel der Abschrägung weder zeichnen noch bemaßen. Bei einer Darstellung nur aus der Sicht des Pfeils B gilt dasselbe für die Tiefe der Aussparung.

Wir benötigen daher für die Herstellung des Gegenstands zwei Ansichten, und zwar aus jeder Pfeilrichtung eine (Abb. 4).
Die Ansicht aus Richtung A nennen wir „Vorderansicht", die aus Richtung B „Seitenansicht".

Zur Darstellung der einzelnen Ansichten gehört auch ihre Bemaßung. Damit beide unmissverständlich und eindeutig sind, sollten sie übersichtlich auf der Zeichenfläche angeordnet werden. Es empfiehlt sich daher, bei der Blatteinteilung jeweils zwischen ihnen und den Zeichenflächenrändern genügend und etwa gleich große Abstände einzuplanen.

Beim Platzbedarf pro Maß ist es üblich, von etwa 15 mm auszugehen.

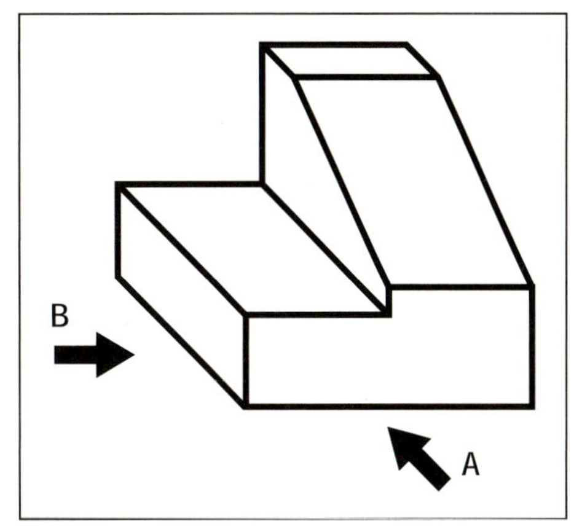

3 Körper mit Aussparung und Schräge

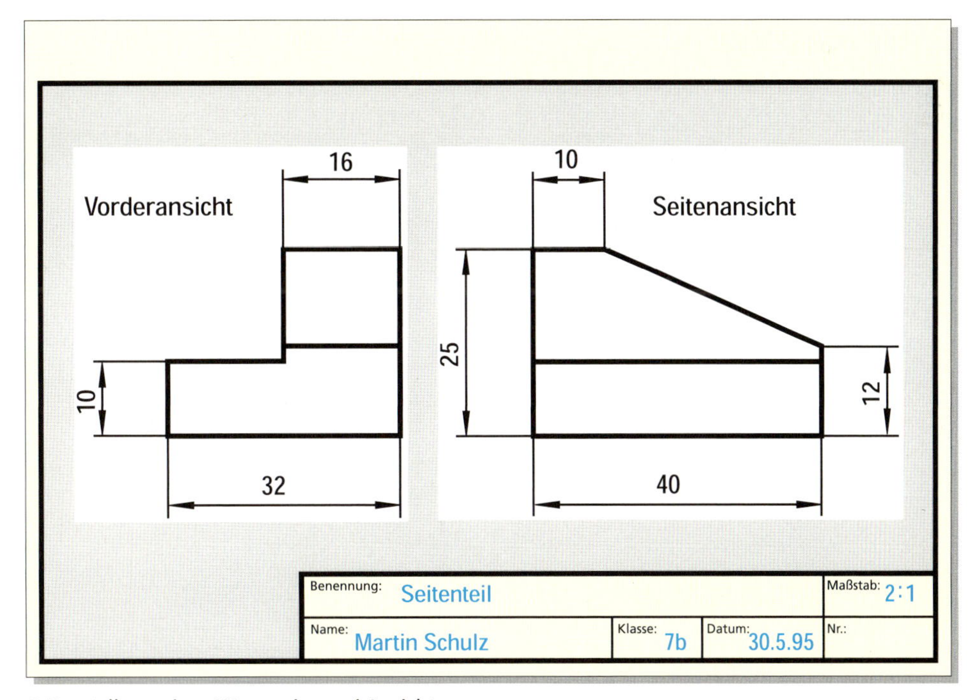

4 Darstellung eines Körpers in zwei Ansichten

Darstellen in mehreren Ansichten

Zur Herstellung von Gegenständen werden in der Regel flächige Zeichnungen angefertigt, da räumliche Darstellungen
- aufwendig zu zeichnen sind und
- Kreisformen in Kavalierperspektive und Dimetrie nur in der Vorderansicht auch als Kreise gezeichnet werden können.

Beim technischen Zeichnen wird daher meist die rechtwinklige Parallelprojektion angewendet.

Rechtwinklige Parallelprojektion

Mit ihrer Hilfe lassen sich Punkte, Strecken, Flächen und Körper auf einer dahinter liegenden Ebene zweidimensional abbilden (Abb. 2):
Parallele Projektionsstrahlen treffen rechtwinklig auf die Eckpunkte, Kanten und Flächen des Körpers. Sie ergeben ein genaues und maßgerechtes Abbild. Um einen Körper eindeutig darstellen zu können, sind meist drei Abbildungen (Projektionen bzw. Ansichten) erforderlich. Entsprechend werden drei Projektionsebenen benötigt. Diese sind rechtwinklig zueinander angeordnet. Sie bilden miteinander die nach vorne offene Raumecke (Abb. 1).

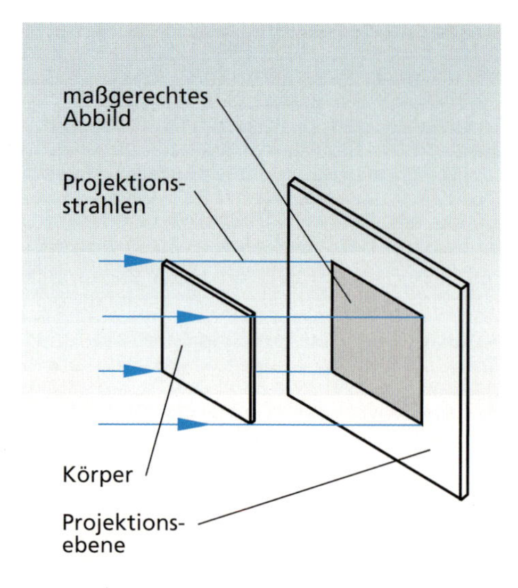

2 Rechtwinklige Parallelprojektion

Zur zeichnerischen Darstellung werden alle drei Projektionsebenen gedanklich in eine Zeichenflächenebene geklappt (Abb. 3). Ihre Verbindungsachsen werden zu Zeichenflächenachsen. Es entsteht das ***Dreitafelbild***.

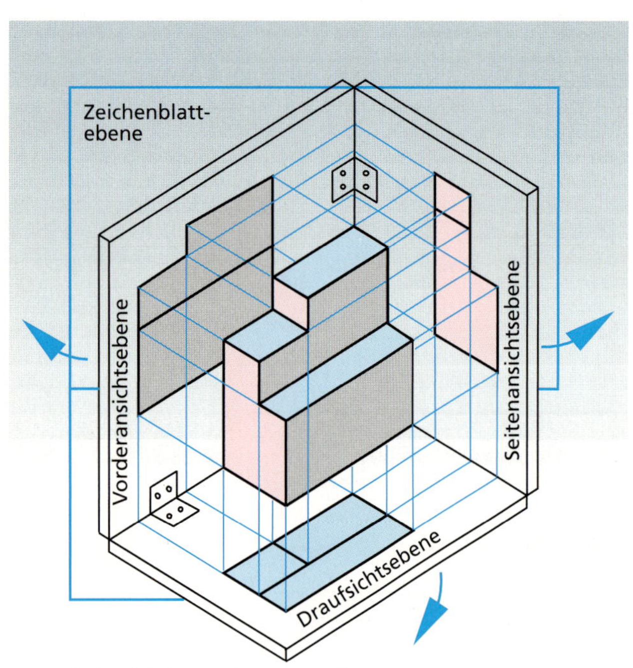

1 Parallelprojektion in der Raumecke

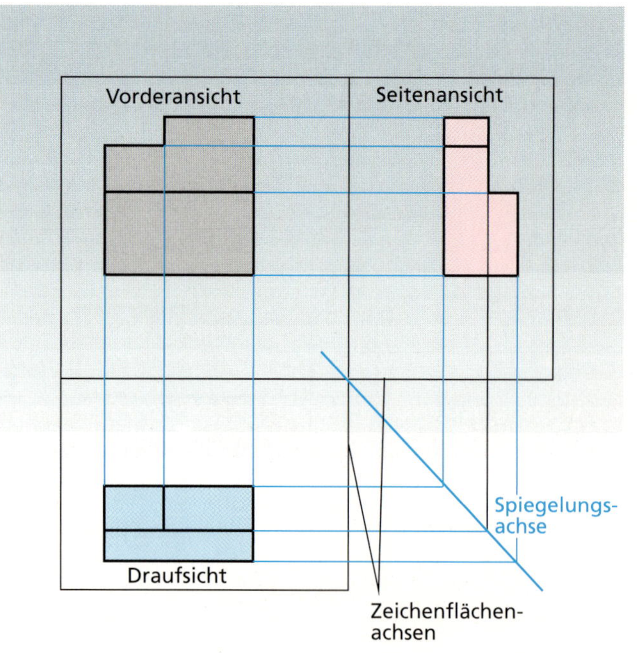

3 Dreitafelbild

Arbeitsweise beim Zeichnen: Konstruktion durch Messen und Übertragen

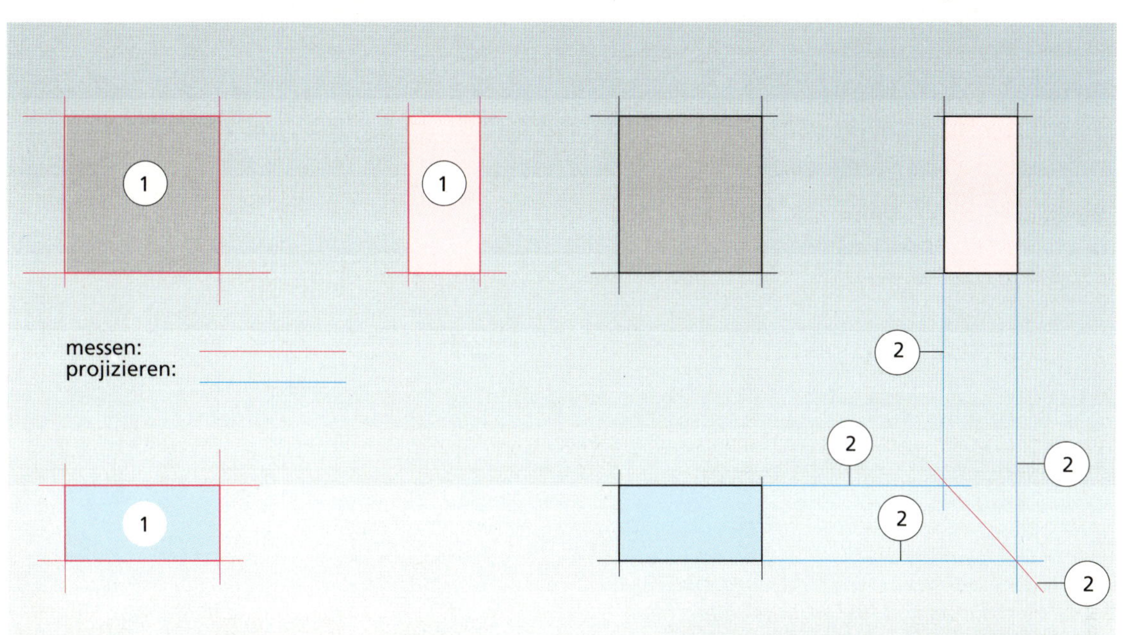

(1) Die Hüllform der 3 Ansichten zeichnen. Dazu Länge, Breite und Höhe einmessen. Die 3 Ansichten möglichst so anordnen, dass sie etwa den gleichen Abstand voneinander haben und das Zeichenblatt gut aufteilen. Siehe dazu auch Seite 319.

(2) Spiegelungsachse für Seitenansicht und Draufsicht einzeichnen. Dazu die Begrenzungslinien der Draufsicht nach rechts verlängern, die Begrenzungslinien der Seitenansicht nach unten. Die beiden Schnittpunkte durch eine Gerade (Spiegelungsachse) verbinden.

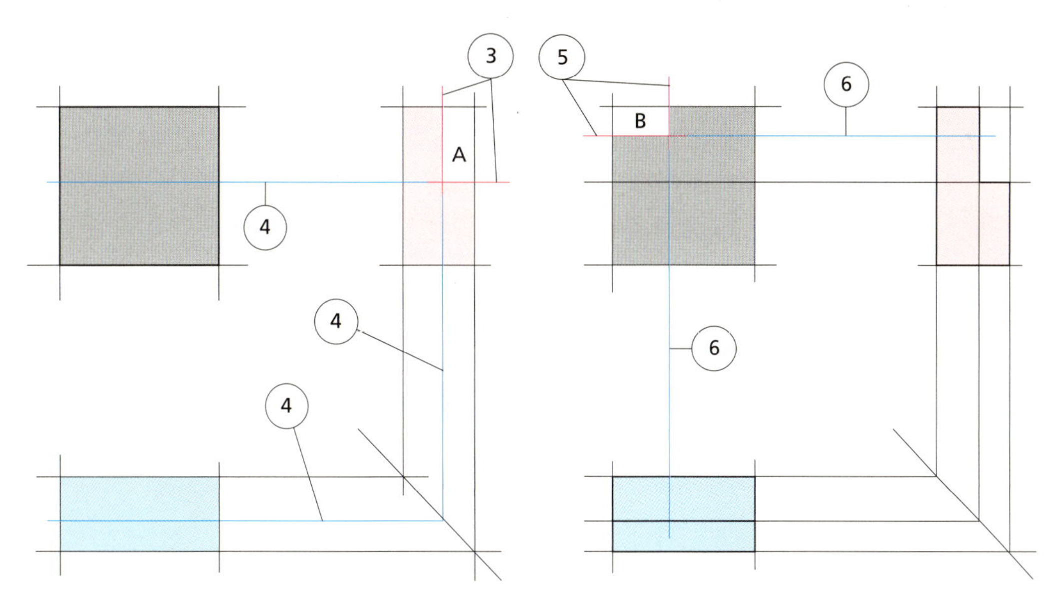

(3) Die Aussparung A in die Seitenansicht einzeichnen.

(4) Kanten der Aussparung A in die Vorderansicht und in die Draufsicht projizieren.

(5) Die Aussparung B in die Vorderansicht einzeichnen.

(6) Kanten der Aussparung B in die Seitenansicht und in die Draufsicht projizieren.

4 Arbeitsschritte beim Konstruieren eines Dreitafelbildes

Arbeitsweise beim Zeichnen: Ausziehen und Bemaßen

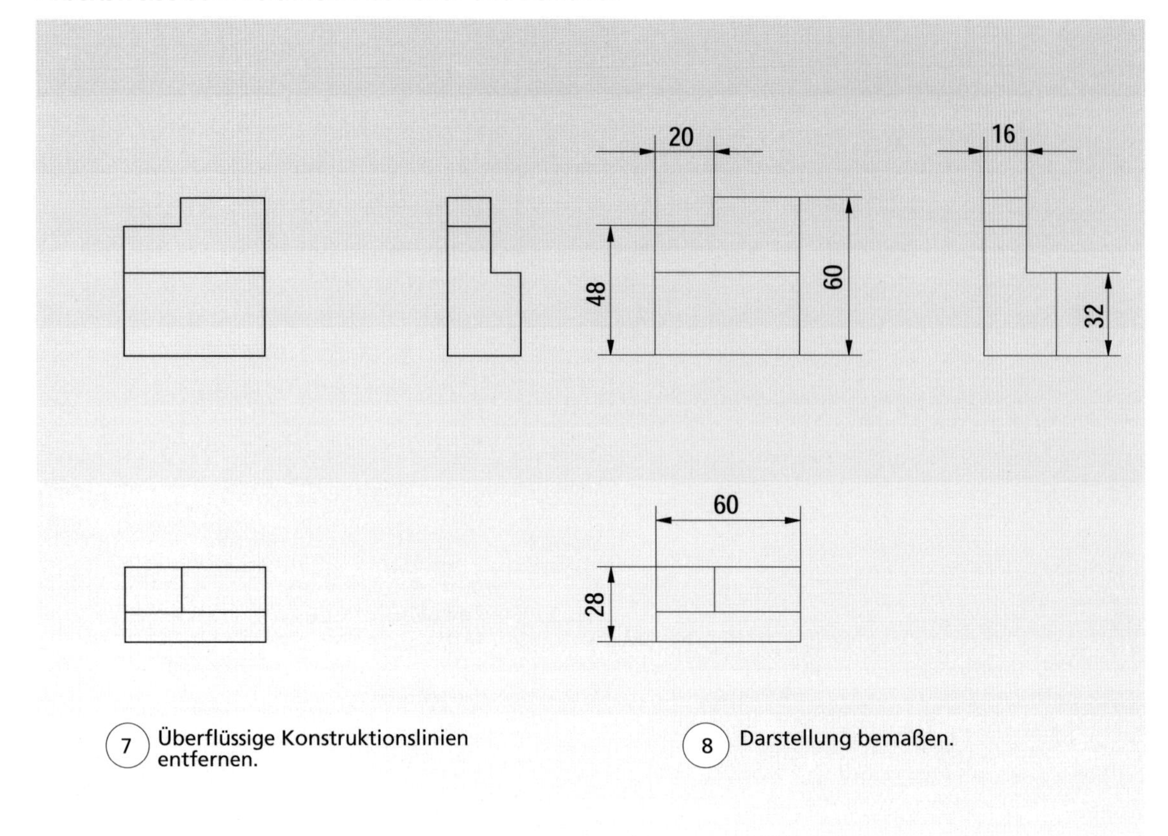

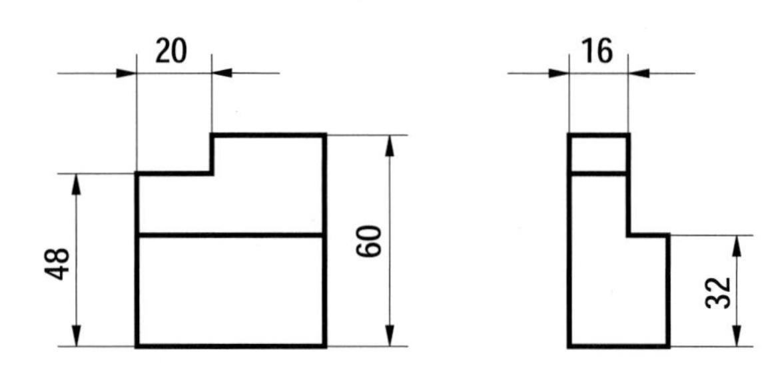

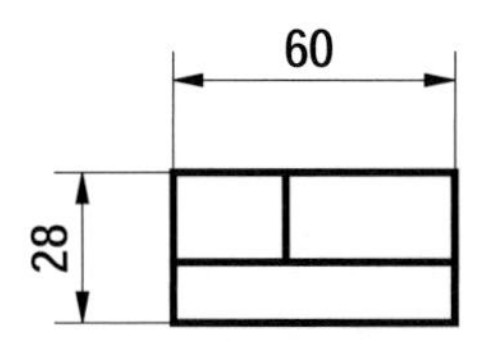

(9) Kanten geschickt ausziehen, indem man jeweils die Kanten einer Richtung nacheinander und ohne Umwechseln des Lineals zieht.

1 Arbeitsschritte beim Ausziehen und Bemaßen eines Dreitafelbildes

Blatteinteilung

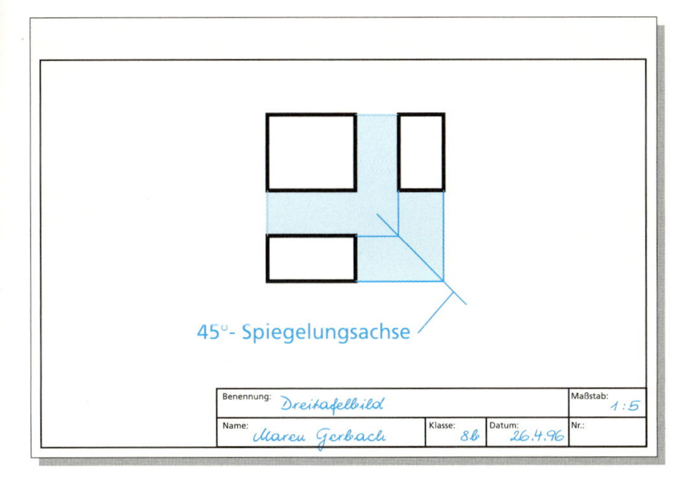

2 Blatteinteilung beim unbemaßten Dreitafelbild

Technische Zeichnungen sollten möglichst zentrisch auf der nutzbaren Zeichenfläche (grau angelegt) angeordnet werden. Dies ergibt eine klare und ausgewogene Anordnung der notwendigen Zeichenfläche (blau angelegt) auf dem Zeichenblatt.
Bei bemaßten Darstellungen ist auch der Platzbedarf für die Bemaßung zu berücksichtigen. Vergleiche dazu die Abbildungen 2 und 3.

Blatteinteilung beim Dreitafelbild

In der Regel sollten die Ansichten des Dreitafelbildes gleich weit voneinander entfernt sein. Deshalb solltest du schon bei der Blatteinteilung den Abstand der Zeichenfläche zum Zeichenflächenrand festlegen. Es empfiehlt sich, die Blatteinteilung durch Skizzieren auf Karopapier vorzubereiten.

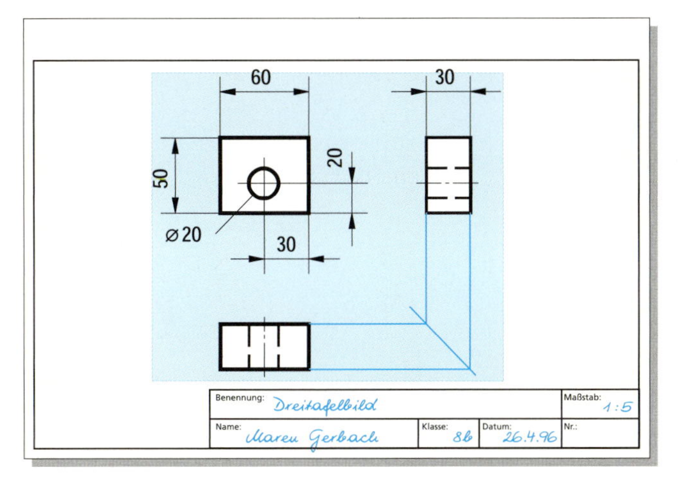

3 Blatteinteilung beim bemaßten Dreitafelbild

Platzbedarf bei räumlicher Darstellung

Um auch bei räumlichen Darstellungen eine möglichst zentrische Anordnung zu erreichen, kannst du die folgenden überschlägigen Angaben zur Gesamtbreite und Gesamthöhe von Perspektiven heranziehen.

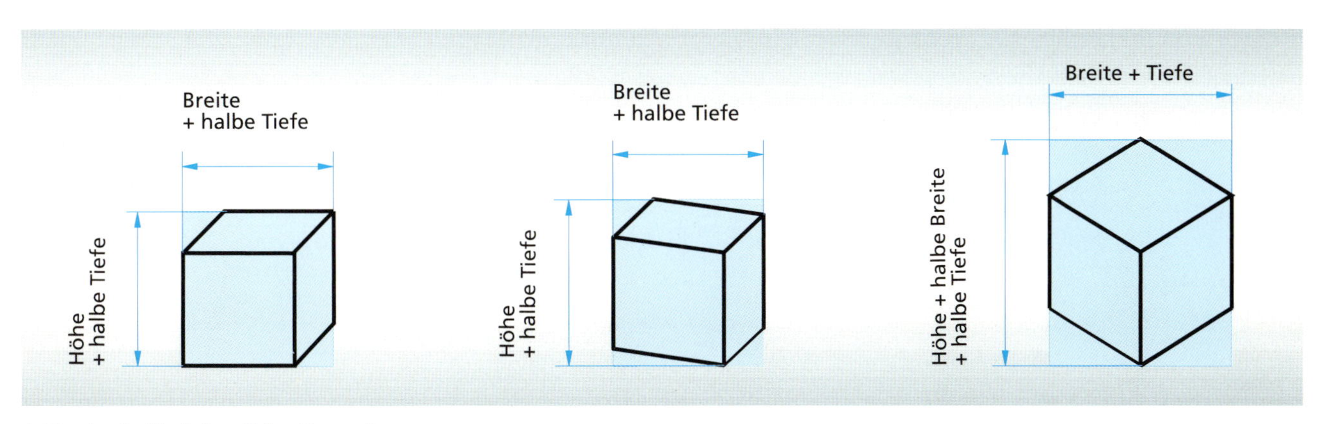

4 Platzbedarf bei räumlicher Darstellung

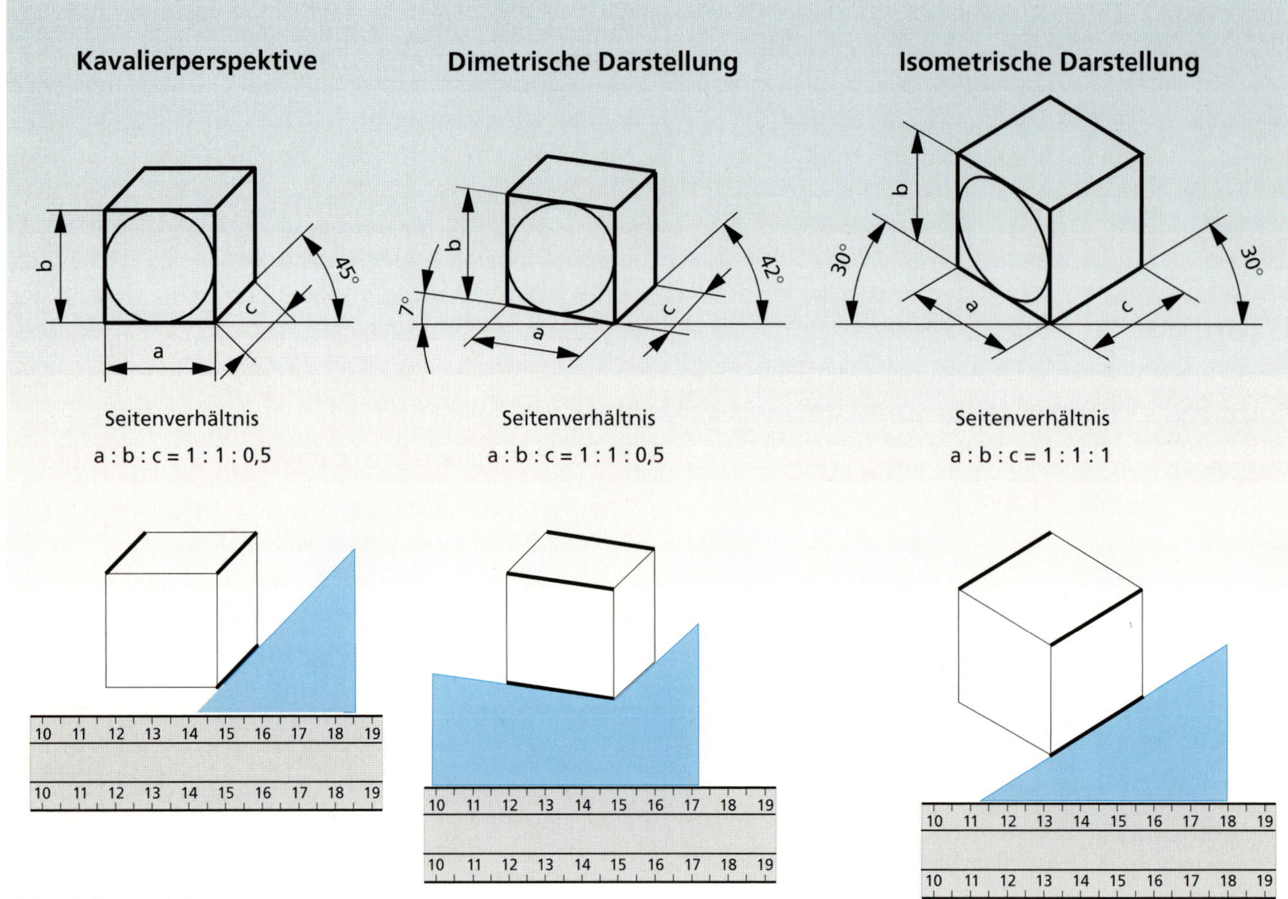

1 Parallelperspektiven

Mathematik: Schrägbild

Neben der Kavalierperspektive werden in technischen Zeichnungen auch die dimetrische und die isometrische Darstellung verwendet.
Bei beiden sind die Größenverhältnisse der Abmessungen in der Breite, Höhe und Tiefe genau festgelegt (genormt). Alle senkrechten Kanten werden auch senkrecht gezeichnet. Die Kanten von Vorder und Seitenansicht werden in unterschiedlichen Winkeln zur Waagerechten angetragen (Abb. 1).

In ***Kavalierperspektive*** und ***Dimetrie*** wird die Vorderseite der Darstellung betont. Weist sie Kreise auf, werden diese auch als solche gezeichnet.

Die ***Isometrie*** dagegen lässt alle drei Seiten gleich wichtig erscheinen. In allen Seiten wird der Kreis zur Ellipse.

Bei allen drei Parallelperspektiven liegt der Schwerpunkt beim Zeichnen auf der Parallelverschiebung von Linien oder Kanten.

Es gilt der Grundsatz:
So viel Parallelverschiebung wie möglich und so wenig Messen wie nötig!

Das Zeichnen solcher Raumbilder wird durch die Verwendung von Zeichendreiecken oder spezieller Zeichenschablonen erleichtert.

Vorgehen beim Zeichnen

Beim Zeichnen eines Werkstückes empfiehlt es sich, die notwendigen Herstellungsschritte gedanklich und zeichnerisch nachzuvollziehen. Wie du vorgehen kannst, zeigt dir Abb. 2.

Bemaßen von Raumbildern

Auch Raumbilder können bemaßt werden. Achte besonders darauf, dass sich Maß- und Maßhilfslinien möglichst nicht mit Kanten überschneiden.

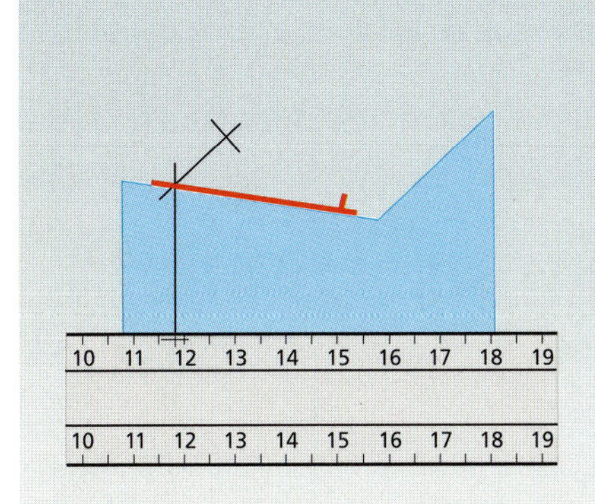

1. In jeder Richtung je eine Kante messen und zeichnen.

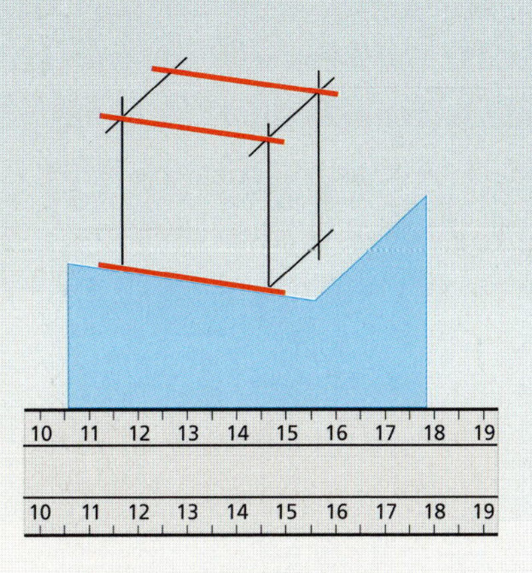

2. Durch Parallelverschieben der drei „Urkanten" die Hüllform konstruieren.

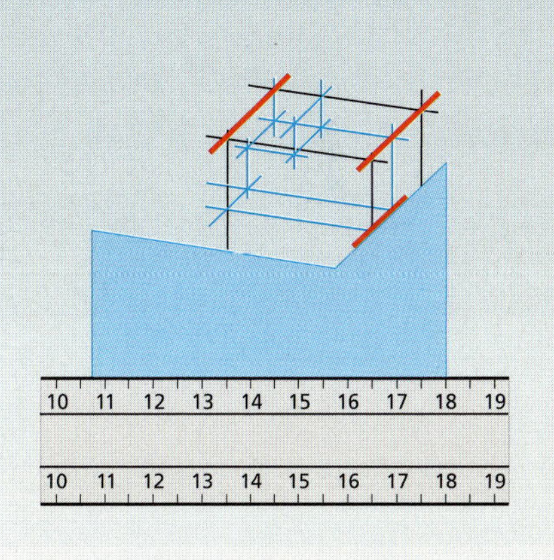

3. Formänderung einzeichnen und Darstellung überprüfen.

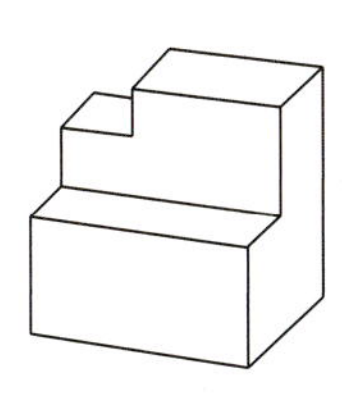

4. Überflüssige Konstruktionslinien entfernen.

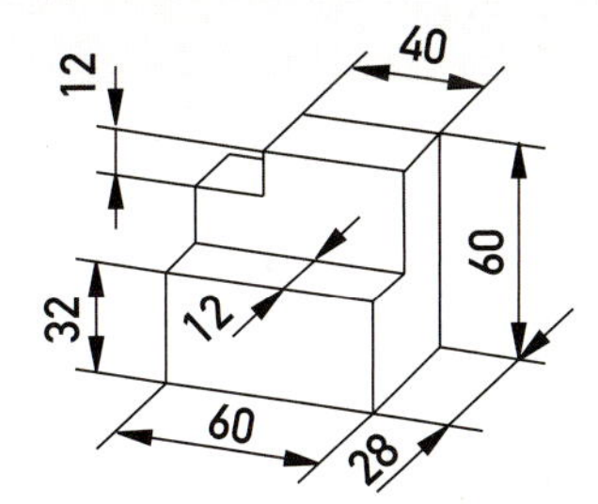

5. Darstellung bemaßen.

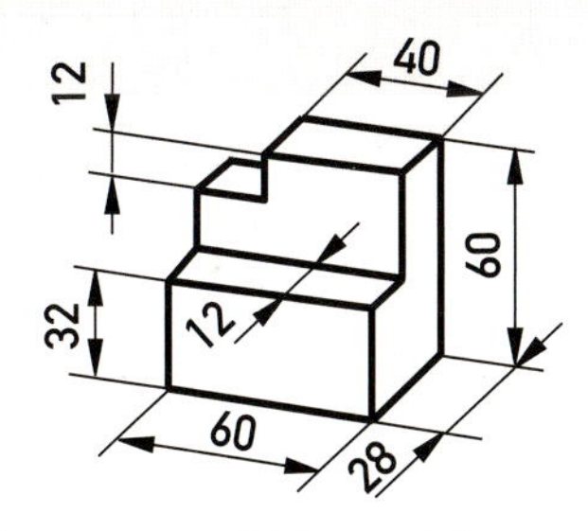

6. Kanten geschickt ausziehen, indem jeweils die Kanten einer Richtung nacheinander und ohne Umwechseln des Lineals bzw. Wechseln der Schablonenkante gezogen werden.

2 Vorgehen beim Darstellen in der Parallelperspektive

Zeichnerische Darstellung mithilfe des Computers

In mittleren und großen Betrieben wird seit 1973 zunehmend mithilfe von Computern und ***CAD*** (***C***omputer ***A***ided ***D***esign) entwickelt und konstruiert.
Dabei findet eine wechselseitige Kommunikation zwischen Benutzer und Rechner mithilfe von Bildschirm und Eingabegerät (z. B. Tastatur oder Maus) statt.

Linienart und Linienbreite werden beim abgebildeten Beispiel durch Anklicken von Symbolen (Icons) einer Auswahl (eines Menüs) festgelegt. Ebenso die Form der auf dem Bildschirm zu zeichnenden Elemente wie z. B. Linie, Rechteck oder Kreis.
Auch das Zeichnen übernimmt das Programm. Bei einem Rechteck z. B. benötigt es die Eingabe zweier Eckpunkte als Koordinatenmaße über die Tastatur oder das Anklicken dieser Eckpunkte mit der Maus. Ein Koordinatenfenster zeigt für jeden Punkt, an dem sich der Mauszeiger befindet, die geometrische Position. Das Positionieren des Mauszeigers wird durch ein Punktegitter erleichtert. Wenn gewünscht, kann man das Programm so einrichten, dass die Zeigerspitze im Umkreis z. B. von 2 Millimetern durch einen Gitterpunkt „gefangen" wird.

Neben Icons für geometrische Formen enthalten die Menüs auch Icons für typische Tätigkeiten beim technischen Zeichnen, so z. B. für das Bemaßen.
Fertige Zeichnungen werden mithilfe eines Druckers zu Papier gebracht.

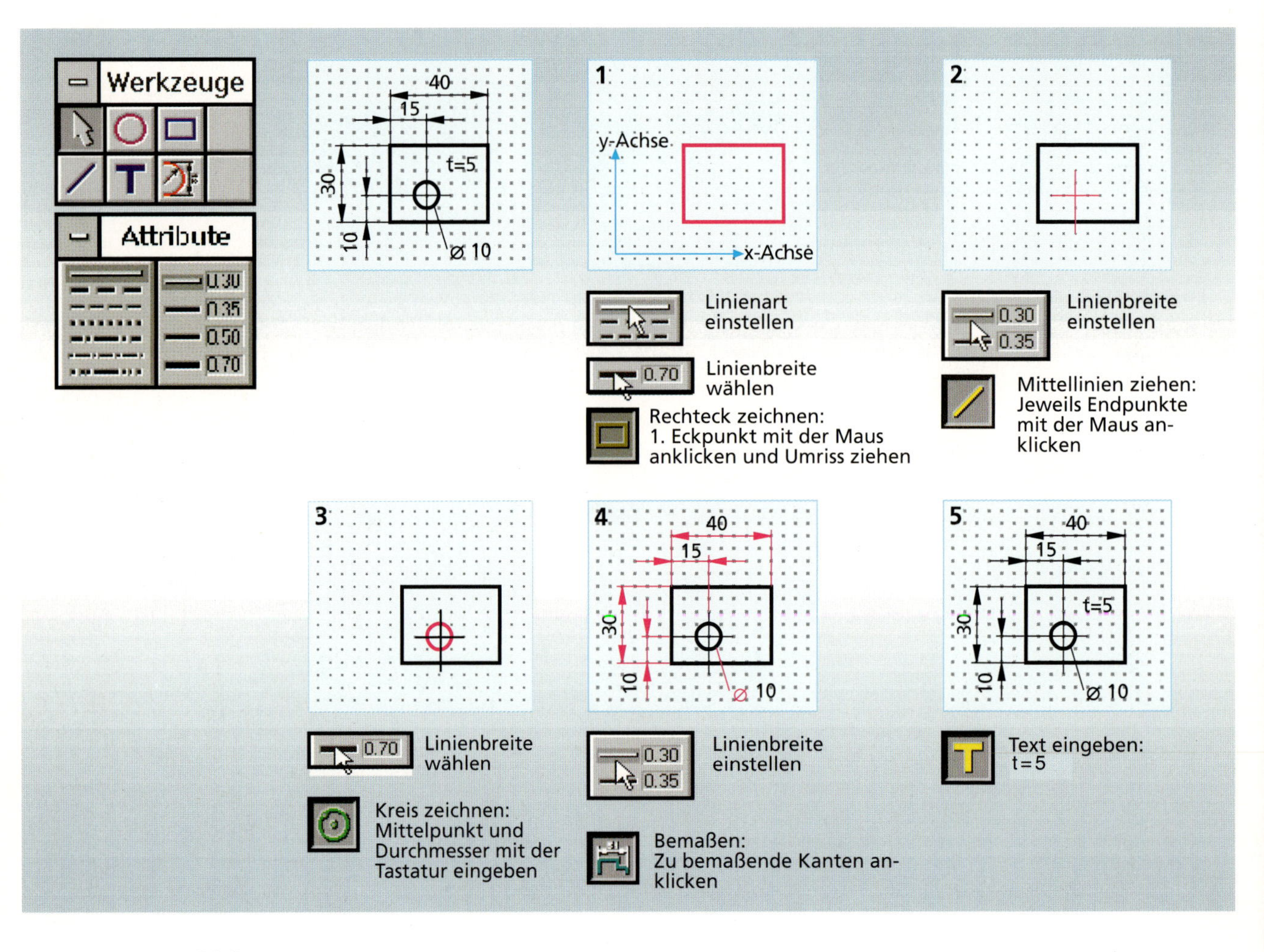

Werkstattordnung und Arbeitsregeln für praktische Arbeiten

Nur mit dem Lehrer!

Betritt den Werkraum nicht allein, sondern nur in Anwesenheit deines Lehrers oder deiner Lehrerin.
Gehe an deinen Arbeitsplatz.

Kleide dich richtig!

Lege Schals, Bänder, Halstücher und weite Jacken ab. Du könntest sonst mit ihnen bei praktischen Arbeiten an Werkzeugen oder Maschinen hängenbleiben. Jacken, Mäntel, Schals usw. gehören an die Garderobe.

Werkzeug – kein Spielzeug!

Benutze Werkzeuge und Maschinen nur, wenn du mit ihnen arbeiten musst. Vermeide jedes gedankenlose Hantieren an Maschinen, mit Werkzeugen und Materialien. Achte auf den Sicherheitsabstand. Überprüfe vor jedem Werkzeug- und Maschineneinsatz den einwandfreien Zustand.

Halte Ordnung!

Damit Werkzeuge nicht beschädigt werden, sollten sie geordnet am Arbeitsplatz gelagert werden. Unordnung ist gefährlich und behindert dich beim Arbeiten. Die Wegezonen des Werkraums müssen frei bleiben und dürfen nicht mit Stolperfallen wie Schultaschen oder Arbeitsmaterialien verstellt werden.

Bring dich und andere nicht in Gefahr!

Die Benutzung von Hobelmaschine, Kreissäge und Bandsäge ist dir nicht erlaubt. Aber auch die Arbeit mit Werkzeugmaschinen, wie z. B. Bohrmaschine, Schleifmaschine usw. ist nur bei richtiger Handhabung ungefährlich. Du darfst Maschinen nur nach vorheriger Unterweisung und nur mit Erlaubnis deines Lehrers oder deiner Lehrerin benutzen.

Nutze die Zeit!

Überbrücke Wartezeiten, indem du andere Arbeitsgänge erledigst. Verlasse den Arbeitsplatz nur, wenn es für den Arbeitsablauf notwendig ist.

Räume sorgfältig auf!

Das Aufräumen des Werkzeugs und anderer Arbeitsmittel ist Bestandteil der praktischen Arbeit und damit des Unterrichts. Beginne sofort nach Aufforderung deines Lehrers oder deiner Lehrerin mit dem Aufräumen. Es versteht sich von selbst, dass du den Arbeitsplatz und die benutzten Maschinen und Werkzeuge reinigst, unfallsicher aufräumst und sachgerecht lagerst.
Bringe die Materialreste in die dafür vorgesehenen Behälter.

Sei hilfsbereit!

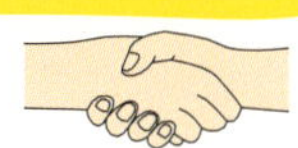

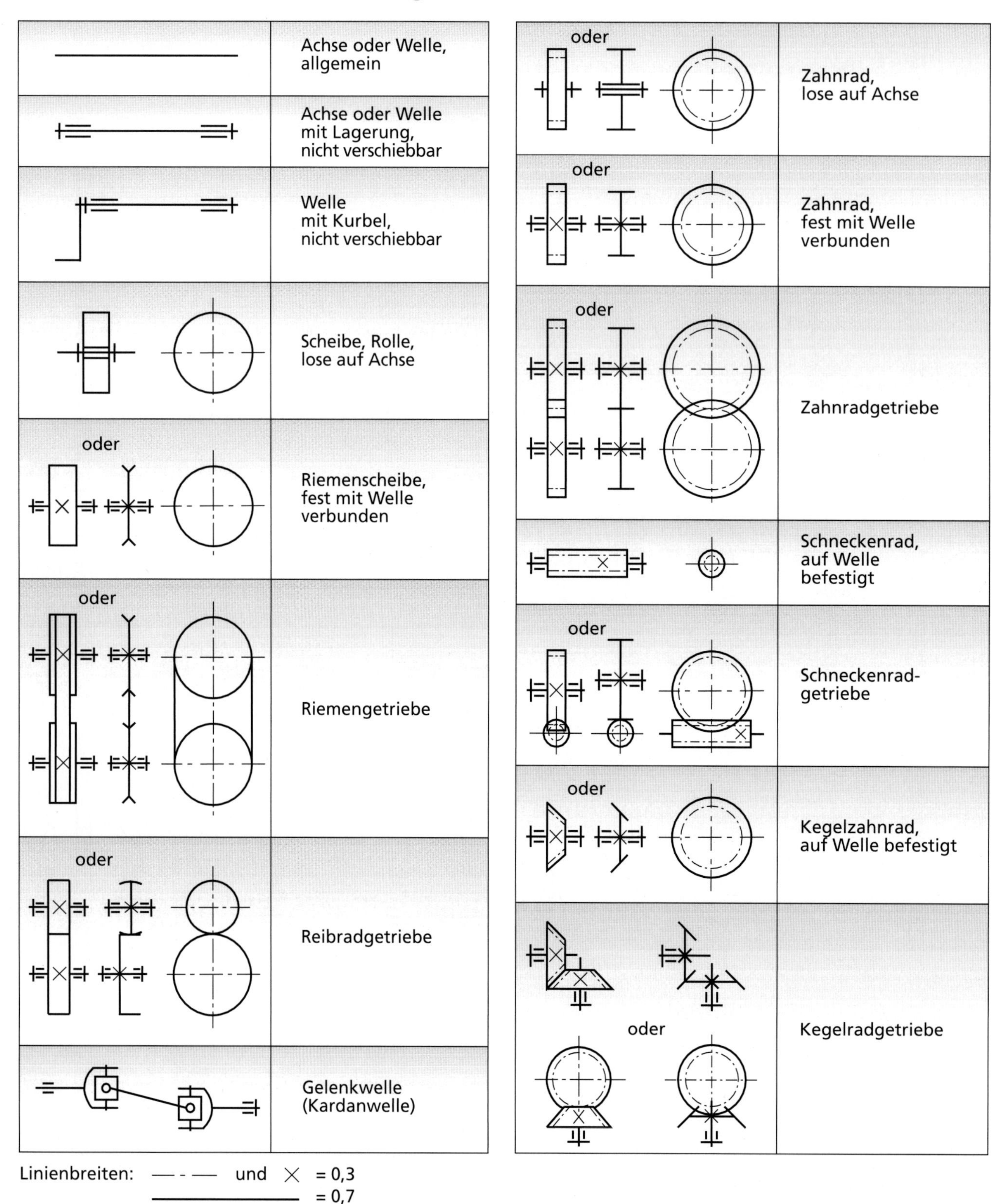

Linienbreiten: —·— und × = 0,3
——— = 0,7

Bautechnik – Symbole

Einrichtungsgegenstände und Maße für Stellflächen

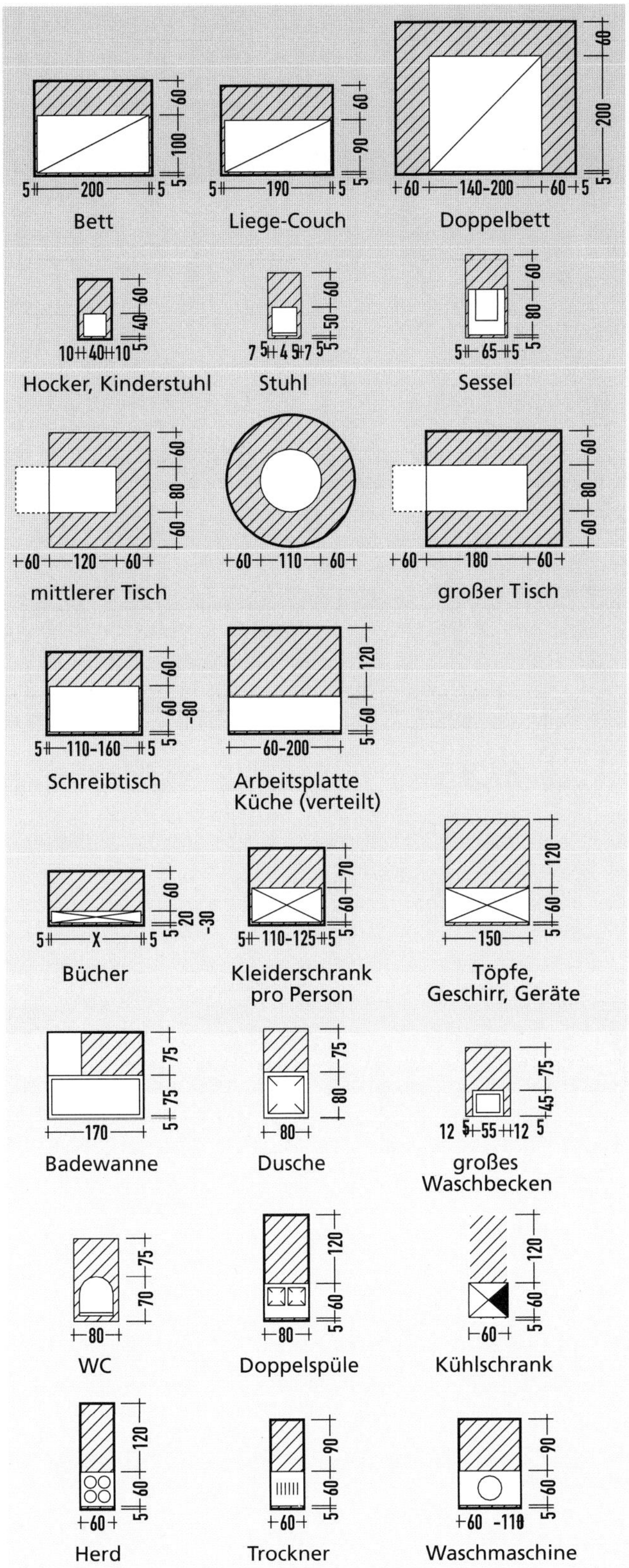

5 – 200 – 5; 5 – 100 – 60
Bett

5 – 190 – 5; 5 – 90 – 60
Liege-Couch

60 – 140-200 – 60 – 5; 5 – 200 – 60
Doppelbett

10 – 40 – 10; 5 – 40 – 60
Hocker, Kinderstuhl

7 5 – 4 5 – 7 5; 5 – 50 – 60
Stuhl

5 – 65 – 5; 5 – 80 – 60
Sessel

60 – 120 – 60; 60 – 80 – 60
mittlerer Tisch

60 – 110 – 60

60 – 180 – 60; 60 – 80 – 60
großer Tisch

5 – 110-160 – 5; 5 – 60-80 – 60
Schreibtisch

60-200; 5 – 60 – 120
Arbeitsplatte Küche (verteilt)

5 – X – 5; 5 – 20-30 – 60
Bücher

5 – 110-125 – 5; 5 – 60 – 70
Kleiderschrank pro Person

150; 5 – 60 – 120
Töpfe, Geschirr, Geräte

170; 5 – 75 – 75
Badewanne

80; 80 – 75
Dusche

12 5 – 55 – 12 5; 45 – 75
großes Waschbecken

80; 70 – 75
WC

80; 5 – 60 – 120
Doppelspüle

60; 5 – 60 – 120
Kühlschrank

60; 5 – 60 – 120
Herd

60; 5 – 60 – 90
Trockner

60 -110; 5 – 60 – 90
Waschmaschine

Auswahl von Planzeichen für den Bebauungsplan

WR	Reines Wohngebiet
WA	Allgemeines Wohngebiet
MD	Dorfgebiet
MI	Mischgebiet
GE	Gewerbegebiet
	Gehweg Fahrbahn
	Spielplatz
IV	Höchstgrenze Vollgeschosse
(IV)	Vollgeschosse zwingend
0,4	Grundflächenzahl oder Geschossflächenzahl
ED	nur Einzel- und Doppelhäuser
FD	Flachdach
o	offene Bauweise
g	geschlossene Bauweise
b	besondere Bauweise
	Baulinie
	Baugrenze
	Umformerstation
ST ST	Stellplätze
Ga	Garage
GGa	Gemeinschaftsgaragen
EGGa	erdgedeckte Gem.-Garagen
	Firstrichtung
	Gebäudeorientierung
	Abgrenzung unterschiedlicher Nutzung
	Abgrenzung unterschiedlicher Festsetzungen
	Zufahrtsverbot
	großkronige Bäume kleinkronige Bäume
	Baumgruppen
	Buschwerk flächenhafte Anpflanzung

Daten und Gehäuse ausgewählter Transistoren

Typ	Gehäuse	B	U_{CE0}	U_{BEmax}	$I_{C\ mittel}$	P_{max}	Anmerkung
BC 547 = BC 550 npn, Kleinsignal	TO-92/SOT-54 Kunststoff	240...900 B...C	45 V	6 V	0,1 A	0,5 W	Typ BC 550 ist rauscharm
BD 135-16, npn mittl. Leistung	TO-126/SOT-32 Kunststoff/Metall	100...250 für Typ 16	45 V	5 V	1,5 A	8 W	1-Loch-Montage möglich
2N 3055/BD 313 npn, große Leistung	TO-3 Metall	20...70	60 V	5 V	10 A	115 W	2-Loch-Montage möglich
BC 517, npn	TO-92/SOT-54	> 30 000	30 V	10 V	0,2 A	0,6 W	kleiner Darlington
BD 675, npn	TO-126/SOT-32	500...750	45 V	5 V	4 A	40 W	Darl. mittl. Leistung
BF 245 B, n-FET	SOT-30	U_{DS} 45 V	U_{GS} 30 V		I_D 10 mA	0,3 W	kleiner Sperrschicht-FET
BUZ 11, n-FET	TO-220AB	U_{DS} 50 V	U_{GS} 20 V		I_D 25 A	75 W	PowerFET

Gehäuse: TO-92/SOT-54, SOT-30 ist nahezu gleich

Für BF 245: Mitte: S, D statt E und G statt C

Abstand der Füße C–E: ca. 2,5 mm (1/10 Zoll)

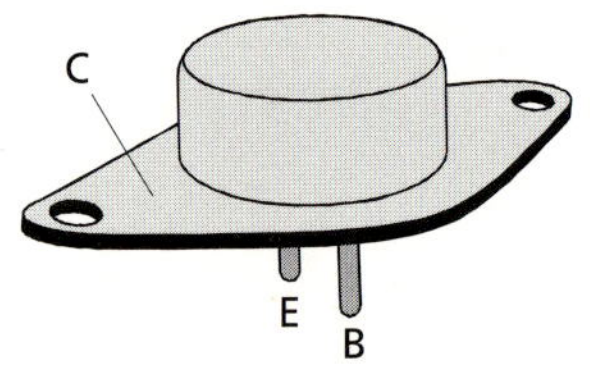

Fußabstand: 11 mm

Gehäuse: TO-3
Lochdurchmesser: 4 mm

Stiftabstand E/B zum linken Loch bei dieser Ansicht: 17 mm
Lochabstand: 30 mm

BD 135

E B C

Loch, z. B. für M-3-Schraube

Fußabstand: 2,5 mm

BUZ 11

G D S

Gehäuse: TO-126/SOT-32
Lochdurchmesser: 3 mm

Der Mittelfuß (Kollektor) ist mit dem Metallrücken und evtl. mit einem Kühlkörper verbunden.

Gehäuse: TO-220AB
Lochdurchmesser: 3,6 mm

Der Mittelfuß (Drain) ist mit dem Metallrücken und evtl. mit einem Kühlkörper verbunden.

Kennschlüssel für Halbleiter (Auswahl)

Europa: 1. Buchstabe A = Germanium, B = Silizium, S = Schottkytyp, Z = Zenerdiode

USA: 1N = Diode, 2N = Transistor

Europa: 2. Buchstabe
- A = Diode
- B = Kapazitätsdiode
- C = NF-Kleinsignaltransistor
- D = NF-Leistungstransistor
- F = HF-Transistor
- N = Optokoppler
- P = Optosensor
- Q = Optoemitter (z. B. LED)
- U = Leistungsschalttransistor
- Y = Leistungsdiode

Beispiele für den Kennschlüssel:

AA 116 = europäische Germaniumdiode
1N 4003 = amerikan. Diode mit 300 V Sperrspannung
BC 550 = Siliziumtransistor, NF-Kleinsignaltyp
BPW 40 = Silizium-Fotosensor mit 40° Empfangswinkel
BUZ 11 = Silizium-Leistungsschalttransistor (FET)
BD 135 = NF-Leistungstransistor ca. 1 A/35 V

Ein R als 2. Buchstabe oder ein X als 3. deutet in der Regel auf einen Thyristor hin.
Analoge ICs beginnen mit Firmen-Kennbuchstaben.

Schaltzeichen

Symbol	Bedeutung
	Kreuzung ohne leitende Verbindung
	Leitungsverzweigung lösbar nicht lösbar
	Batterie mit und ohne Polaritätsangabe
	Fotoelement Solarzelle
24 V	Spannungsquelle mit Spannungsangabe
	Gleichspannung Wechselspannung
	Taster, Schließer (handbetätigt)
	Taster, Öffner (handbetätigt)
	Stellschalter, Schließer (handbetätigt)
	Stellschalter, Wechsler (handbetätigt)
	Relais mit Schließer
	Relais mit Öffner
	Relais mit Wechsler
	Stromstoßschalter
	Reedkontakt
	Glühlampe
G M	links: Generator rechts: Motor
V	Voltmeter

Symbol	Bedeutung
A	Amperemeter
Ω	Ohmmeter
	links: Wecker, Klingel rechts: Summer, Schnarre
	Intervall-Signalgeber
	Mikrofon
	Lautsprecher
	Hörkapsel
	Verstärker
	Wicklung, wahlweise Darstellung
	Kondensator (allgemein)
	Elektrolytkondensator
	Drehkondensator
	Widerstand
	einstellbarer Widerstand
	Potentiometer
	LDR (Fotowiderstand)
	NTC-Widerstand (Heißleiter)
	PTC-Widerstand (Kaltleiter)

Symbol	Bedeutung
	Diode
	LED (Leuchtdiode)
	Z-Diode
	Schottkydiode
	Gleichrichter
	npn-Transistor
	pnp-Transistor
	npn-Fototransistor
	Darlington-transistor
	Thyristor
	Sperrschicht-FET mit n-Kanal
	Power-FET
1	1-Funktion (Identität)
1	NOT (NICHT)
&	AND (UND)
≧1	OR (ODER)
&	NAND (NOT und AND)
≧1	NOR (NOT und OR)

Bildquellenverzeichnis

Umschlagfoto: Image Bank (Yuri Dojc), München – 7.1 photonica (Nicholas Pavloff), Hamburg – 7.2 Okapia (Eckart Pott), Frankfurt/M. – 8.1a Hannelore Gloger, Künzelsau – 8.1b Mauritius (Mitterer), Mittenwald – 8.1c Cira Moro, Stuttgart – 8.1d Mauritius (Pigneter), Mittenwald – 8.2 Cira Moro, Stuttgart – 10.3 Werner Bleher, Reutlingen – 17.3 Oliver Bierwag, Asperg – 22.1 unbekannt – 22.2 Zefa, Düsseldorf – 23.1 AKG, Berlin – 23.2 Landesbildstelle Baden, Karlsruhe – 23.3 Helga Lade (G. Kiesling), Frankfurt/M. – 27.5, 6, 8 Arbeitsgemeinschaft Holz e.V., Düsseldorf – 27.7 Danzer, Reutlingen – 28.4 + 5 Woodmark Pressholz GmbH, Stockheim – 33.10. Alfred Köger, Steinheim – 42.1 Zefa, Düsseldorf – 42.2 unbekannt – 43.1 Brandenburgisches Landesmuseum für Ur- und Frühgeschichte (D. Sommer), Potsdam – 43.2 Bilderberg (Till Leeser), Hamburg – 43.3 Mauritius (Pigneter), Mittenwald – 44.2 Deutsches Museum, München – 45.4 Thyssen Stahl AG, Duisburg – 58.1 + 2 Image Bank, München – 59.1 Bayer AG, Leverkusen; Ticona GmbH, Oberhausen; Baumann, Ludwigsburg – 59.2 Helga Lade (M. Laemmerer), Frankfurt/M. – 59.3 Vinnolit Kunststoff GmbH, Burghausen – 60.1 Das Fotoarchiv (Sylvia Katz), Essen – 60.2 Bayer AG, Leverkusen – 61.4 Das Fotoarchiv, Essen – 62.1 Ralph Grimmel, Stuttgart – 62.2 Mauritius (ACE), Mittenwald – 62.3 Vitra GmbH (Hans Hansen), Weil am Rhein – 63.2 Fissler GmbH, Idar-Oberstein – 64.2 Bayer AG, Leverkusen – 64.3 BASF, Ludwigshafen – 65.1 Krupp Kautex, Bonn – 65.5 Engel Vertriebsgesellschaft m.b.H., A-Schwertberg – 66.1 Bayer AG, Leverkusen – 66.2 Harald Kaiser, Alfdorf – 66.3 Hermann Berstorff Maschinenbau GmbH, Hannover – 67.4 Rafael Cardenas, Karlsruhe (Architekt: Dipl.-Ing. Gerhard Assem, Karlsruhe) – 67.7 Illig Maschinenbau GmbH, Heilbronn – 68.1 Panduro Harzchemie GmbH, Köln-Bickendorf – 68.2 Rainer Schönherr, Oberteuringen – 69.4 Helga Lade (U. Mychalzik), Frankfurt/M. – 69.5 + 6 Bayer AG, Leverkusen – 70.2 Leuwico Büromöbel GmbH & Co. KG, Coburg – 70.3 Opel AG, Rüsselsheim – 71.4 Bayer AG, Leverkusen – 72.1 BASF AG, Ludwigshafen – 72.2 Targor GmbH, Mainz – 72.3 Vinnolit Kunststoff GmbH, Burghausen – 73.1 unbekannt – 73.2 Deutsche Telekom AG, Bonn – 73.3 BASF AG, Ludwigshafen – 74.1 Hoechst AG, Frankfurt/M. – 74.2 MAPA GmbH Gummi- und Plastikwerke, Zeven – 74.3 Ticona GmbH, Oberhausen – 75.1 Fissler GmbH, Idar-Oberstein – 75.2 Adidas, Herzogenaurach (Foto: Werbeatelier Fick, Nürnberg) – 76.1 Alno AG, Pfullendorf (Foto: Bogner Werbung, Friedrichshafen) – 76.2 Anthony Verlag (Deuter), Starnberg – 77.1 Aus dem Buch: Jean Pütz (Hrsg.) „Der Plastik-Report: Schöne neue Kunststoffwelt?", © vgs verlagsgesellschaft, Köln – 78.2 MEV, Augsburg – 78.1 Tony Stone, München – 79.1 Helga Lade, Frankfurt/M. – 79.2 Albuch Kotter, Böhmenkirch – 80.1 AKG, Berlin – 80.2 Claus Hansmann, München – 80.3 Dr. Angela Steinmeyer-Schareika, Filderstadt – 80.4 Deutsches Museum, München – 81.5 Archiv Gerstenberg, Wietze – 81.6 Deutsches Museum, München – 82 © Walt Disney, Micky Maus Nr. 52/1975 – 82.1 Deutsches Museum, München – 82.2 Ford AG, Köln – 83 Helga Lade (H. R. Bramaz), Frankfurt/M. – 84.1 Helga Lade (W. Krecichwost), Frankfurt/M. – 84.2 Volkswagen AG, Wolfsburg – 84.4 Siemens AG, München – 86.1 + 2 Helga Lade (G. Schneider; Dass), Frankfurt/M. – 87.3 Helga Lade (H. R. Bramaz), Frankfurt/M. – 90.1 unbekannt – 90.2 Stockmarket, Düsseldorf – 91.1 Deutsche Telekom AG, Bonn – 91.2 Carrera Century Toys GmbH, Fürth – 91.3 Mauritius (Ridder), Mittenwald – 91.4 Johann Leupold, Wendisch-Evern – 92.1 BPK, Berlin – 92.2 + 3 Deutsches Museum, München – 93.5 Mauritius (Macia), Mittenwald – 94.1 J. Brändli (Basel, 1893) – 95.6 (rechts) J. Brändli (Basel, 1893) – 95.7 Landesmuseum für Technik und Arbeit, Mannheim – 103.7 Trix, Nürnberg – 105.5 Rainer Schönherr, Oberteuringen – 112.1 Image Bank, München – 112.2 unbekannt – 113.1a Robert Bosch Hausgeräte GmbH, München – 113.1b AEG Hausgeräte AG, Nürnberg – 113.2a BMW, München – 113.2b Audi, Neckarsulm – 113.3a Mauritius (Rosenfeld), Mittenwald – 113.3b BPK (Friedrich Seidenstücker), Berlin – 113.4a Mauritius (Rosenfeld), Mittenwald – 113.4b Deutsches Museum, München – 114.1 + 2 Deutsches Museum, München – 114.3–6 Sigloch Edition, Künzelsau „Die großen Erfindungen" (S. 96–98) – 115.7–9 Deutsches Museum, München – 115.10 + 12 Sigloch Edition, Künzelsau „Die großen Erfindungen" (S. 102) – 115.11 Singer GmbH, Karlsruhe – 116.1 DaimlerChrysler – 118.1a Singer GmbH, Karlsruhe – 118.1b Robert Bosch Hausgeräte GmbH, München – 118.1c Black und Decker GmbH, Idstein – 118.2a Liebherr Holding GmbH, Biberach – 118.2b Deutsche Bahn AG, Berlin – 118.2c Jungheinrich AG, Hamburg – 118.3a Helga Lade (H. R. Bramaz), Frankfurt/M. – 118.3b Mauritius (Lehn), Mittenwald – 118.3c Volkswagen AG, Wolfsburg – 118.4a + b IBM Deutschland Informationssysteme GmbH – 118.4c Mauritius (O'Brien), Mittenwald – 119.1 + 120 (alle) Gerhard Hessel, Freiburg – 122.1 Elbe & Sohn GmbH, Bietigheim-Bissingen – 122.2 Gemo GmbH, Krefeld – 122.3 KTR-Kupplungstechnik GmbH, Rheine – 122.4 Gerhard Hessel, Freiburg (mit Erlaubnis der Firma Zahoranski Maschinenbau, Freiburg) – 123.5 Florian Karly, München – 123.6 FAG Kugelfischer AG, Schweinfurt – 125.5 Gerhard Hessel, Freiburg (mit Erlaubnis des Museé Français du Chemin de Fer, Mulhouse) – 125.6 Gerhard Hessel, Freiburg (mit Erlaubnis der Firma Zahoranski Maschinenbau, Freiburg) – 126.1 Gerhard Hessel, Freiburg – 126.2 HEILBRONN Maschinenbau GmbH, Heilbronn – 127.5 Werner Bleher, Reutlingen – 127.8 Gerhard Hessel, Freiburg (mit Erlaubnis der Firma Zahoranski Maschinenbau, Freiburg) – 128.1 Conrad Höllerer, Stuttgart – 128.2 Image Bank (Nasa Space), München – 129.1 dpa, Zentralbild (Janpeter Kasper), Frankfurt/M. – 129.2 Helga Lade (H. R. Bramaz), Frankfurt/M. – 129.3 Helga Lade (Benier), Frankfurt/M. – 129.4 DaimlerChrysler – 131.1 Barth Apparatebau GmbH, Kraichtal – 131.2 MAN Dezentrale Energiesysteme GmbH, Augsburg – 131.3 wpr communication, UFOP, Bonn – 131.4 VW AG, Wolfsburg – 133.2 + 4 Siemens AG (KWU), Erlangen – 133.3 DaimlerChrysler – 134.1 aus: James Watt und die Erfindung der Dampfmaschine, Georg Biedenkapp, Stuttgart – 134.2 New York Public Library – 134.4 ABB Kraftwerke AG, Mannheim – 136.1 aus: Erik Schumann: Vom Dampfwagen zum Auto (S. 31), Rowohlt Taschenbuch GmbH, Reinbek 1981 – 136.2 + 3 Deutsches Museum, München – 137.4–6 Deutsches Museum, München – 140 Briggs & Stratton Germany GmbH, Viernheim – 141.1–4 Der große ADAC-Ratgeber Auto, Verlag Das Beste GmbH, Stuttgart – 145.3 SenerTec GmbH, Schweinfurt – 146.1 Bombardier-Rotax GmbH, A-Gunskirchen – 147.3 Klett-Archiv – 147.4 Beyer u.a.: Fachkenntnisse Kraftfahrzeugmechaniker, Verlag Handwerk und Technik, Hamburg – 149.3 Eberspächer GmbH, Esslingen – 150.1 ADAC, München – 150.2 DaimlerChrysler – 150.3 Helga Lade (Kirchner), Frankfurt/M. – 150.4 BMW AG, München – 150.5 aus: Erdgasfahrzeuge, Unternehmensgruppe TÜV Bayern Sachsen, München – 151.2 DaimlerChrysler – 152.1 Paul Glaser, Berlin – 154.1 Okapia (Ingo Gerlach), Frankfurt/M. – 154.2 Okapia (Manfred P. Kage), Frankfurt/M. – 155.1 Hoechst Trevira GmbH, Frankfurt, Need Communication, Königstein – 155.2 dpa, Zentralbild (Michael Schulze), Frankfurt/M. – 155.3 Helga Lade (A. Schäfer), Frankfurt/M. – 156.2 Mauritius (Pigneter), Mittenwald – 156.3 Rainer Schönherr, Oberteuringen – 158.4 + 5 Stadtplanungsamt Freiburg – 159.1 Gemeinde Oberteuringen – 160.2 aus: Döring, Kurt: Fachzeichnen für das Baugewerbe 2, Steinbau 1, Ernst Klett Verlag, Stuttgart, 1970 – 161.3 Südwest Zement GmbH, Leonberg – 161.5 aus: Döring, Kurt: Fachzeichnen für das Baugewerbe 3, Steinbau 2, Ernst Klett Verlag, Stuttgart, 1970 – 162.1 Uwe Strobel, Altbach – 163.2 Jens Werlein, Schwäbisch Gmünd – 163.4 LOOK (Florian Werner), München – 166.3b + 167.6 Rainer Schönherr, Oberteuringen – 169.8 ARGE Holz e.V., Düsseldorf – 170.2 Götz ASIA, Anlagenbau GmbH, Fellbach – 170.3 Rainer Schönherr, Oberteuringen – 171.5 ARGE Holz e.V., Düsseldorf – 174.2 Fachverband Bau Baden-Württemberg e.V., Stuttgart – 175.5 Helga Lade (Wolfgang Anders) Frankfurt/M. – 176.1 + 3 Fachverband Bau Baden-Württemberg e.V., Stuttgart – 177.4 KBF Kehler Betonfertigteile GmbH, Kehl – 177.5 + 6 Rainer Schönherr, Oberteuringen – 177.7 aus: R. Gööck: Alle Wunder dieser Welt (S. 191), Mosaik Verlag, München – 178.1 Helga Lade (Klaus Baier), Frankfurt/M. – 178.2 Okapia (Frank Hecker), Frankfurt/M. – 179.1 dpa, Zentralbild (Martin Schutt), Frankfurt/M. – 179.2 Ruhrgas AG, Essen – 179.3 laenderpress/VT, Mainz – 179.4 Mauritius (E. Gebhardt), Mittenwald – 179.5 unbekannt – 180.1 dpa (Menk), Frankfurt/M. – 180.2 Mauritius (Mitterer), Mittenwald – 180.3 IFA-Bilderteam (Comnet), München – 180.4 Helga Lade (BAV), Frankfurt/M. – 180.5 Mauritius (Poehlmann), Mittenwald – 180.6 Mauritius (Habel), Mittenwald – 181.1 Helga Lade, Frankfurt/M. – 181.2 DaimlerChrysler – 181.3 laenderpress/VT, Mainz – 181.4 Studios dell'arte, Edwin Wall, Stuttgart – 181.5 Helga Lade, Frankfurt/M. – 181.6 Helga Lade/BAV, Frankfurt/M. – 188.2 Helga Lade (H. R. Bramaz), Frankfurt/M. – 191.2 Trautwein GmbH (subaqua), Emmendingen – 191.3 dpa, Zentralbild (Bernd Wüstneck), Frankfurt/M. – 192.1 Bilderberg (Renate v. Forster), Hamburg – 192.2 Expo Stadt, Ausstellungsatelier, Kassel – 192.3 Eckart Pott, Stuttgart – 193.1 + 2 Carl Platz GmbH, Saulgau – 193.3 Schwörer Haus GmbH, Hohenstein – 194.1 Helga Lade (M. Laemmerer), Frankfurt/M. – 194.2 Okapia (B+H Kunz), Frankfurt/M. – 195.2a Helga Lade (Schmied), Frankfurt/M. – 195.2b laenderpress/VT, Mainz – 195.3a Okapia (Janfot, Naturbild), Frankfurt/M. – 195.3b DaimlerChrysler – 195.4a Helga Lade (M. Kirchgeßner), Frankfurt/M. – 195.4b Superbild (Thomas Rinke), München – 196.2 Universität Stuttgart, Institut für Verfahrenstechnik und Dampfkesselwesen (Günter Baumbach), Stuttgart – 196.3 Ministerium für Umwelt und Verkehr Baden-Württemberg, Stuttgart – 196.4 Visum (Manfred Scharnberg), Hamburg – 197.5–10, 198.1–3, 201.3 Werner Bleher, Reutlingen – 201.4 Werner Frick, Stuttgart – 207.3 Werner Bleher, Reutlingen – 208.1 DaimlerChrysler – 211 oben Visum (Steche), Hamburg – 211.4 dpa (Götter), Frankfurt/M. – 211.5 Cira Moro, Stuttgart – 211.6 Helga Lade (U. Mychalzik), Frankfurt/M. – 211.7 Bundesanstalt für Arbeit (Martin Grundmeyer), Nürnberg – 213.1 argus-Fotoarchiv GmbH (Noel Matoff), Hamburg – 214.1 Helga Lade, Frankfurt/M. – 214.2 Premium (Minden Pictures), Düsseldorf – 215.1 Visum (Rudi Meisel), Hamburg – 215.2a Mauritius (Hackenberg), Stuttgart – 215.2b Audio Service, Herford – 215.3a action press (Thomas Haltner), Hamburg – 215.3b unbekannt – 215.3c Miniruf GmbH, Hannover – 215.4 DaimlerChrysler – 238.1 rechts AEG, Heilbronn – 242.3 CAME GmbH, Korntal – 248 oben rechts Helga Lade (Michler), Frankfurt/M. – 258.1 Zefa (Ruchszio), Düsseldorf – 258.2 Image Bank, München – 259.1 Cira Moro, Stuttgart – 259.2 Mauritius, Mittenwald – 259.3 Bilderberg (Georg Fischer), Hamburg – 259.4 unbekannt – 259.5 unbekannt – 259.6 dpa, Frankfurt/M. – 259 oben Conrad Höllerer, Stuttgart – 260.1 Erhard Hehl, Tiefenbronn – 260.2 AKG (AKG-Photo), Berlin – 260.3 Deutsches Rundfunkarchiv (Forrer), Frankfurt/M. – 260.4 AKG (AKG-Photo), Berlin – 260.1 Günther Schmidt, Stuttgart – 261.2 AKG, Berlin – 261.3 + 4 Helga Lade (K. Röhrig), Frankfurt/M. – 261.5 DaimlerChrysler – 262.1 Deutsches Museum, München – 262.2 AKG (AKG-Photo), Berlin – 263.3 + 4 IBM Deutschland Informationssysteme GmbH – 263.5 Helga Lade (BAV), Frankfurt/M. – 263.6 DaimlerChrysler – 272 Rand Klett-Archiv – 283.3 Bilderberg (Georg Fischer), Hamburg – 283.4 Helga Lade (Ernst Wrba), Frankfurt/M. – 286.2 Helga Lade (BAV), Frankfurt/M. – 294 links oben + Rand, 296 links unten + Rand Peter Kornaker, Heidenheim – 300.2 unbekannt – 301.1 Auer Verlag GmbH, Donauwörth – 301.2 und 3 Rotring GmbH, Hamburg – 301.4 Helga Lade (Krienke), Frankfurt/M. – 307.4 Rotring GmbH, Hamburg

Alle weiteren Fotos: Werkstatt Fotografie Neumann und Zörlein, Stuttgart

Nicht in allen Fällen war es uns möglich, den uns bekannten Rechteinhaber ausfindig zu machen. Berechtigte Ansprüche werden selbstverständlich im Rahmen der üblichen Vereinbarungen abgegolten.